近海环境生态修复与大型海藻资源利用

杨宇峰 等 著

科学出版社
北京

内 容 简 介

本书是我国近海环境生态修复与大型海藻资源利用和环境管理方面的综合性专著。作者以广东近海为主要研究海域，采用多学科综合研究和案例分析的方法，以大型海藻环境修复与资源利用为主线，较系统地介绍了广东典型海域环境特征和生物资源，珠江口滩涂湿地环境与生态修复，广东大型海藻资源与环境适应性，大型海藻生物修复的理论与实践，气候变化背景下大型海藻的光合功能适应，大型海藻在饲料、海水养殖和医学方面的应用，以及大型海藻在养殖海域环境保护与管理中的作用等方面的研究成果。

本书可作为科技人员、政府管理干部和高校师生的参考用书，也可作为高校生物和生态环境学科的专业教材。

图书在版编目（CIP）数据

近海环境生态修复与大型海藻资源利用/杨宇峰等著. —北京：科学出版社，2016.5

ISBN 978-7-03-048089-7

Ⅰ.①近… Ⅱ.①杨… Ⅲ.①近海–海洋环境–生态恢复–研究–中国 ②近海–海藻–资源利用–研究–中国 Ⅳ.①X145 ②Q949.2

中国版本图书馆 CIP 数据核字（2016）第 085646 号

责任编辑：王海光 / 责任校对：郑金红
责任印制：赵 博 / 封面设计：北京图阅盛世文化传媒有限公司

科学出版社 出版
北京东黄城根北街 16 号
邮政编码：100717
http：//www.sciencep.com
北京科印技术咨询服务有限公司数码印刷分部印刷
科学出版社发行 各地新华书店经销
*
2016 年 5 月第 一 版 开本：787×1092 1/16
2025 年 1 月第三次印刷 印张：23 3/4
字数：539 000

定价：180.00 元

（如有印装质量问题，我社负责调换）

作 者 简 介

杨宇峰 博士，二级教授，博士生导师。现于暨南大学水生生物研究所从事近海环境生物修复、水生生物地球化学与浮游生物群落分析的研究和教学工作。1993～2015 年曾在奥地利、英国、美国、加拿大、日本、韩国、捷克等 10 多个国家访问和开展国际合作研究。近 10 年先后主持科技部科技支撑项目、国家自然科学基金委—广东省人民政府联合基金重点项目、国家自然科学基金面上项目、广东省科技攻关项目等 10 多项课题，在水环境－浮游生物－大型海藻生物修复与水产养殖环境地球化学方面开展了较系统的研究工作。已在水生生物、海洋环境和渔业科学领域权威刊物 *Reviews in Fish Biology and Fisheries*、*Algal Research*、*Water Research*、*Harmful Algae*、*Aquaculture*、*Journal of Applied Phycology*、*Hydrobiologia* 等杂志上发表论文 130 多篇，其中 SCI 收录论文 40 多篇。曾获省部级以上奖励 3 次。

序

在资源短缺和环境污染的背景下，《国家中长期科学和技术发展规划纲要（2006-2020）》明确将“资源环境”领域“区域资源综合开发、生态脆弱区域环境保护与生态重建、近海海域生态与环境保护、海洋资源可持续利用”等作为我国科技发展的重点领域和优先主题。

近海环境演变与海水养殖等人类活动密切相关。中国是世界上海水养殖产量最高的国家，到 2014 年海水养殖总产量超过了 1800 万 t，鱼、贝、虾等经济动物的养殖产量占总产量的 80%以上。随着动物养殖规模的增大，养殖海域高浓度氮、磷引发的海水富营养化问题，有害藻华频发问题和养殖生态系统不平衡问题突显，对受损生态系统进行生物修复成为必须面对的研究课题。与经济动物养殖不同，大型海藻规模栽培能大量吸收氮、磷等营养物质，抑制浮游植物和有害微藻生长。大型海藻是国际上推崇的多营养层次综合养殖（integrated multi-trophic aquaculture，IMTA）的关键类群，对修复受损养殖生态系统和近海环境具有重要作用。有关大型海藻生态系统结构功能和生物地球化学过程的研究已成为国际上该领域的研究热点和发展方向。

该书作者秉持生态环境保护与资源可持续利用的理念，以广东典型海湾环境变迁和大型海藻环境修复与资源利用为主线，较系统地介绍了广东近海环境特征和大型海藻生物修复与资源高值化利用。

该书汇集多名从事海洋生态、水生生物、海水养殖、生物医学工程、环境化学、生物资源利用等方面的中青年学者，他们依据近年来的研究成果，并结合对大量国内外文献的综合分析，较全面系统地从理论和实践两个方面总结了大型海藻生物修复和资源利用等方面的成果，撰写完成了近海环境生态修复与大型海藻资源利用和渔业管理方面的综合性专著。

该书记录整理了广东沿海 250 种大型海藻种类，论证了我国近海应用大型海藻开展生物修复的可操作性和生态经济性，并对大型海藻在生物医药、海水健康养殖方面的作用进行了较全面的总结，具有较高的学术价值。

特作此序，祝贺该书面世。

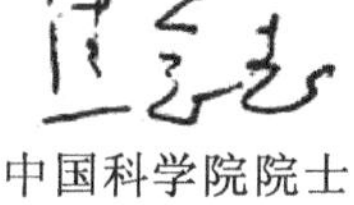

中国科学院院士

2015 年 12 月于厦门大学

前　言

人口、资源和环境是威胁人类当今和未来发展最主要的问题，提供足够的食品来面对日益增长的人口压力是一个全球性的问题。我国超过40%的人口居住在沿海地区，海岸带经济社会的快速发展及管理措施的相对滞后导致近海环境污染日趋严重。在此背景下，《国家中长期科学和技术发展规划纲要（2006-2020）》明确将“资源环境”领域“近海海域生态与环境保护、海洋资源可持续利用”等作为我国科技发展的重点领域和优先主题。

我国沿海经济社会发展和近海环境演变与海水养殖业的发展密切相关。我国海水养殖业始于20世纪50年代的海带栽培业，随后又相继发展了紫菜栽培，虾、贝和鱼类养殖等技术。到2014年海水养殖总产量超过了1800万t，位居世界第一已经20多年。我国海水养殖产量的提高在很大程度上是依靠增加投入和扩大养殖规模来实现的，其发展的局限性和负面效应已日益显露出来，因此开展海水健康养殖和生物修复技术研究与实践显得尤为迫切。

大型海藻是近海海域重要的初级生产者，具有快速吸收营养盐的能力，是海洋环境中重要的生物过滤器，大型海藻收获时能将营养盐从水体中转移出海洋系统，在栽培过程中能够吸收鱼、贝类养殖带来的污染物，可从根本上降低海水营养盐浓度，特别是降低养殖水体的富营养化程度，是近海环境生物修复的良好材料。

本书采用多学科综合研究和案例分析的方法，以广东典型海湾环境变迁和大型海藻生态环境修复与资源利用为主线，全书分近海环境生态修复——以广东近海为例、大型海藻资源与环境修复，大型海藻资源利用共三篇11章，较系统地介绍了广东典型海域环境特征和生物资源，珠江口滩涂湿地环境与生态修复，广东大型海藻资源与环境适应性，大型海藻生物修复的理论与实践，大型海藻在饲料、海水养殖和医学方面的应用，大型海藻在养殖海域环境保护与管理中的作用等方面的研究成果。

本书出版得到了国家科技支撑计划项目课题“南海附近海岸带生态修复及大型海藻利用技术及示范”（2012BAC07B05）、国家自然科学基金委-广东省人民政府联合基金重点项目“大型海藻龙须菜栽培生态系统结构功能及其关键生物地球化学过程”（U1301235）、农业部公益性行业（农业）科研专项“南海渔业资源增殖养护与渔场判别”（201403008）和国家自然科学基金面上项目（41276179）的支持，特此致谢。

由于作者水平有限，书中难免存在不足之处，恳请同行专家和广大读者批评指正。

杨宇峰

2015年11月于广州暨南园

目　　录

第二篇 大型海藻资源与环境修复

第三篇 大型海藻资源利用

第一篇

近海环境生态修复——以广东近海为例

第一章　广东近海环境概述

第一节　广东近海环境概况

一、地理环境

广东地处中国大陆最南部，东邻福建，北接江西、湖南，西连广西，珠江口东西两侧分别与香港、澳门特别行政区接壤，西南部雷州半岛与海南隔琼州海峡相望。全境位于北纬 20°09′～25°31′和东经 109°45′～117°20′。全省陆地面积 17.98 万 km^2，约占全国陆地面积的 1.85%。

广东是海洋大省，邻接南海，海域和海岸呈条状自东北向西南分布，基本位于北回归线以南，属热带、亚热带季风气候区。全省海域面积 41.93 万 km^2，其中内水面积 4.89 万 km^2，领海面积 1.64 万 km^2，200n mile[①]专属经济区面积 35.40 万 km^2，海岸线长 3368.1km，占全国的 1/5，居全国第一位。岛屿面积 1592.7 km^2，约占全省陆地面积的 0.89%。全省沿海共有面积 500m^2 以上的岛屿 759 个，数量仅次于浙江、福建两省，居全国第三位。其中，广东省珠海市有岛屿 147 个，为国内岛屿较多的城市之一。海洋资源丰富，拥有沿海港口泊位 1506 个，其中万吨级泊位 155 个，拥有渔港 133 个，滩涂面积 20.42 万 hm^2，海洋自然保护区 20 个，鱼类种类 1000 多种（詹文欢等，2013）。

广东沿海的重要港湾包括汕头港、海门湾、碣石湾、红海湾、大亚湾、大鹏湾、珠江口、广海湾、镇海湾、海陵湾、水东港、湛江港、雷州湾及安铺港等（图 1-1）。

二、气候特征与水文

广东属于东亚季风区，从北向南分别为中亚热带、南亚热带和热带气候，是我国光、热和水资源最为丰富的地区之一。从北向南，年平均日照时数由不足 1500h 增加到 2300h 以上，年太阳总辐射量为 4200～5400MJ/m^2，年平均气温为 19～24℃。全省平均日照时数为 1745.8h，年平均气温 22.3℃。1 月平均气温为 16～19℃，7 月平均气温为 28～29℃。

广东降水充沛，年平均降水量为 1300～2500mm，全省平均为 1777mm。降水的空间分布基本上呈南高北低的趋势。受地形的影响，在有利于水气抬升形成降水的山地迎风坡有恩平、海丰和清远 3 个多雨中心，年平均降水量均大于 2200mm；在背风坡的罗定盆地、兴梅盆地和沿海的雷州半岛、潮汕平原少雨区，年平均降水量＜1400mm。降水年内分配不均，4～9 月汛期降水占全年的 80%以上；年际变化也较大，多雨年降水量为少雨年的 2 倍以上。洪涝和干旱灾害经常发生，台风的影响也较为频繁。春季的低温阴雨、秋季的寒露风和秋末至春初的寒潮与霜冻，是广东多发的灾害性天气。

---

① n mile：海里，1n mile=1.852km

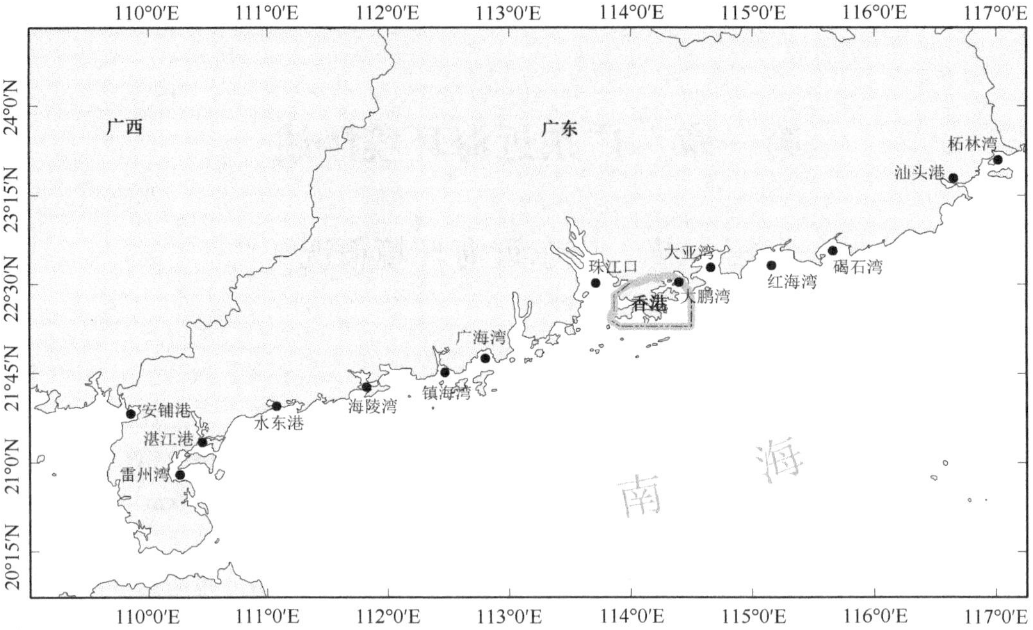

图 1-1 广东近海港湾的分布

广东是我国台风登陆最频繁的省份，每年有 1～7 个台风登陆广东沿海（贺海晏等，2003）。全国平均每年登陆的台风约 9.5 个，广东有 3.5 个，占 37%（叶雯，2002），由台风引发的风暴潮灾害严重。例如，1969 年 7 月 28 日 6903 号风暴潮在粤东造成了严重的灾害；1980 年 7 月 22 日 8007 号台风造成粤西南渡站最高风暴潮达 594m，是有验潮记录以来的最大值；2005 年台风"天鹰"（0508）、强热带风暴"珊瑚"（0510）、热带风暴"韦森特"（0516）、台风"达维"（0518）等风暴潮，使广东的直接经济损失达 7.94 亿元。1949～2005 年，广东沿海地区共发生特大风暴潮灾害 13 次，较大风暴潮灾 17 次，一般风暴潮灾 27 次。直接经济损失超过 100 亿元的风暴潮灾 1 次（9615 号台风）；直接经济损失为 20 亿～50 亿元的风暴潮灾 5 次（张俊香等，2008）。根据冯颖竹（1997）对 1949～1996 年台风和台风灾害的记录，发现登陆粤西地段的热带气旋较多，其次为珠江口地段，粤东较少。登陆珠江口、粤西的热带气旋个数平均在 8 月较多，而登陆粤东的热带气旋在 7 月和 9 月较多。

广东沿海属典型的亚热带至热带气候，海水水温较高，全年大部分季节水温均在 25℃以上（Wang et al.，2009）。水温的季节分布规律与气温相同，1 月水温较低，7 月较高，最低水温为 12～16℃，最高水温为 32～35℃，年平均水温在 22～25℃。广东沿海的潮汐主要受太平洋潮汐的影响，多为不规则半日潮，平均潮差为 0.8～3.5m。粤西海域潮差普遍较粤东海域高，其中粤西安铺港最大潮差达 6.61m。

三、海洋环境质量

根据《2013 年广东海洋环境质量公告》，2013 年广东近岸海域海水环境和沉积环境总体良好。79.0%的海域水质符合第一类或第二类海水水质标准，较 2012 年下降 7.1%。

水质劣于第四类海水水质标准的海域面积比例为 10.3%，较 2012 年上升 3.8%，主要集中在珠江口海域，污染物主要是无机氮和活性磷酸盐。93.5%的监测站点的近岸海洋沉积物质量符合第一类或第二类海洋沉积物质量标准。主要海水增养殖区环境状况基本满足其功能要求，海水浴场和滨海旅游度假区环境状况良好（表 1-1）。

表 1-1　2013 年广东近岸海域海洋功能区水质达标情况表（广东省海洋与渔业局，2014）

主要海洋功能区	要求水质类别	水质达标率/%	主要超标因子
工业与城镇用海区	第三类	58.3	无机氮
旅游休闲娱乐区	第三类	82.6	无机氮、活性磷酸盐
农渔业区	第二类	62.3	无机氮、活性磷酸盐
海洋保护区	第一类	55.6	无机氮、活性磷酸盐
港口航运区	第四类	55.9	无机氮
矿产与能源区	第三类	33.3	无机氮、活性磷酸盐
保留区	第三类	10.2	无机氮、活性磷酸盐

注：海水水质标准依据 GB 3097—1997 执行，按照海域的不同使用功能和保护目标，海水水质分为 4 类；第一类适用于海洋渔业水域、海上自然保护区和珍稀濒危海洋生物保护区；第二类适用于水产养殖区、海水浴场、人体直接接触海水的海上运动或娱乐区，以及与人类食用直接有关的工业用水区；第三类适用于一般工业用水区、滨海风景旅游区；第四类适用于海洋港口水域、海洋开发作业区

2013 年全省近岸海域水质符合《海水水质标准》第一类、第二类、第三类和第四类的海域面积比例分别为 66.7%、12.3%、7.7%和 3.0%（图 1-2）（广东省海洋与渔业局，2014）。水质劣于第四类海水水质标准的海域面积比例为 10.3%，主要污染区域为珠江口海域，主要污染物为无机氮和活性磷酸盐。与 2012 年相比，全省近岸海域水质状况有所下降，珠江口海域无机氮含量劣于第四类海水水质标准的监测站点比例有所增加。

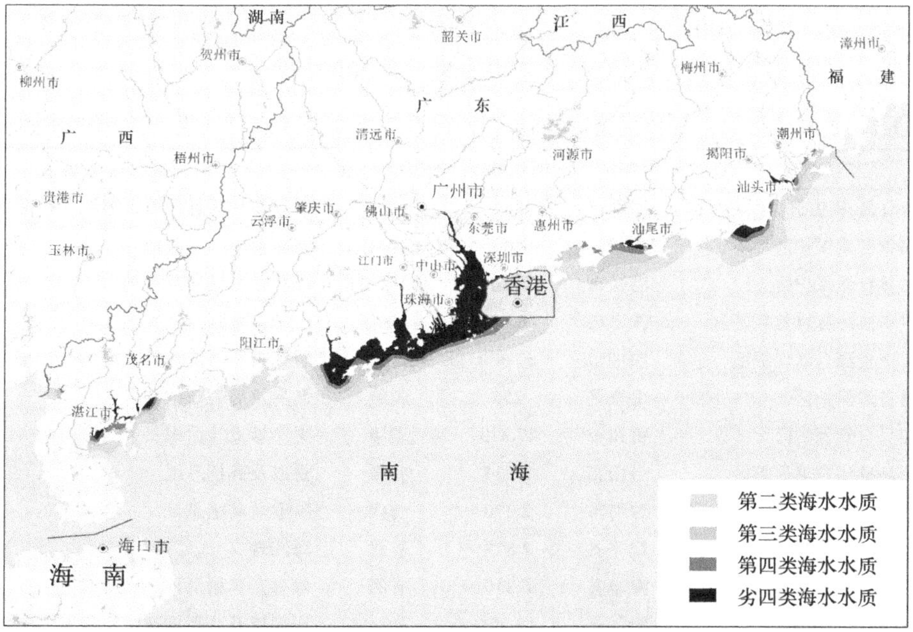

图 1-2　2003 年广东沿海海洋环境质量（广东省海洋与渔业局，2014）

全省近岸大部分海域海水溶解氧含量高于 6mg/L，符合第一类海水水质标准。广州、深圳、东莞近岸海域个别监测站点海水溶解氧含量低于 4mg/L，劣于第三类海水水质标准。全省近岸大部分海域海水化学需氧量符合第一类海水水质标准，珠江口局部海域海水化学需氧量超第二类海水水质标准。全省近岸大部分海域海水活性磷酸盐含量符合第一类海水水质标准，珠江口、汕头港和湛江港等近岸局部海域海水活性磷酸盐含量劣于第四类海水水质标准。全省近岸大部分海域海水无机氮含量符合第一类或第二类海水水质标准，珠江口大部分近岸海域海水无机氮含量劣于第四类海水水质标准。全省近岸大部分海域海水石油类含量符合第一类海水水质标准，大亚湾、水东港等近岸局部海域海水石油类含量符合第三类海水水质标准，珠江口局部海域海水石油类含量劣于第四类海水水质标准（广东省海洋与渔业局，2014）。

四、海洋生物与资源

广东海岸线长，海域辽阔，海洋资源丰富，海洋生物包括海洋动物和植物，共有浮游植物 406 种，浮游动物 416 种，底栖生物 828 种，游泳生物 1297 种；远洋和近海捕捞，以及海洋网箱养鱼与沿海养殖的牡蛎、虾类等海洋水产品年产量约 400 万 t；可供海水养殖面积 77.57 万 hm^2，实际海水养殖面积 20.82 万 hm^2，是全国著名的海洋水产大省。

广东沿海沙滩众多，气候温暖，红树林分布广、面积大，在中国大陆的最南端灯楼角又有中国唯一的大陆缘型珊瑚礁。全省现有红树林面积 9084hm^2，占全国红树林总面积的 41.2%。红树林主要分布在西起廉江市高桥镇、南至徐闻县五里镇、北至饶平县海山镇的泥质滩涂上，其中以粤西湛江段最为茂盛（麦少芝和徐颂军，2005）。广东沿海红树林植物种类繁多，主要有 19 科 28 种。现存天然红树林的主要类型包括秋茄林、木榄林、桐花林、白骨壤林及上述红树林的混合林。自 1984 年在深圳福田建立红树林鸟类自然保护区以来，截至 2001 年年底，广东已经建立了各级红树林自然保护区 7 个，其中国家级 2 个，市级 5 个（表 1-2）（麦少芝和徐颂军，2005）。

表 1-2 广东沿海自然保护区情况统计（统计时间 2002 年 12 月）（麦少芝和徐颂军，2005）

保护区名称	所在区域	面积/hm^2	保护区级别	主要保护对象
深圳内伶仃岛-福田自然保护区	深圳市	864	国家级	猕猴及其栖息环境、滩涂、红树林及鸟类
惠东港海龟自然保护区	惠东县	400	国家级	海龟及产卵繁殖地
湛江红树林自然保护区	湛江市	20 000	国家级	滩涂、红树林及鸟类
珠江口中华白海豚自然保护区	珠海市	46 000	国家级	中华白海豚及其生态环境
大亚湾水产资源自然保护区	深圳市	60 000	省级	珍珠贝、经济鱼虾及藻类
南澳候鸟自然保护区	南澳县	256	省级	候鸟及岛屿动植物
雷州白蝶贝自然保护区	雷州市	47 333	省级	大珠母贝（白蝶贝）
台山上川岛猕猴自然保护区	台山市	2 234	省级	猕猴及其栖息地
珠海担杆岛自然保护区	珠海市	2 270	省级	猕猴及其栖息地
饶平海山海滩岩田自然保护区	饶平县	2 875	省级	海滩岩
海丰公平大湖自然保护区	海丰县	6 310	省级	候鸟及其栖息地
徐闻珊瑚礁自然保护区	徐闻县	10 900	省级	珊瑚礁及其周围环境
硇洲岛沿海自然保护区	湛江市	1 500	市级	鲍鱼、龙虾等海洋水产资源

续表

保护区名称	所在区域	面积/hm^2	保护区级别	主要保护对象
汕头湿地自然保护区	汕头市	10 333	市级	候鸟、湿地
电白红树林自然保护区	电白县	1 905	市级	沿海滩涂、红树林及鸟类
惠东红树林自然保护区	惠东县	533	市级	沿海滩涂、红树林及鸟类
阳西豪光红树林自然保护区	阳西县	1 000	市级	沿海滩涂、红树林及鸟类
珠海淇澳红树林自然保护区	珠海市	1 000	市级	沿海滩涂、红树林及鸟类
大杧岛野生动物放养保护区	珠海市	420	市级	珍稀野生动植物及其生态环境
珠海荷包岛次生林保护区	珠海市	1 020	市级	次生阔叶林、珍稀野生动植物
珠海万山群岛自然保护区	珠海市	2 207	市级	南亚热带常绿阔叶林
饶平大埕湾海洋生态自然保护区	饶平县	2 750	市级	西施舌、文蛤、海胆
台山海湾红树林自然保护区	台山市	119	市级	沿海滩涂、红树林及鸟类

此外，广东沿海还拥有众多的优良港口资源。广州港、深圳港、汕头港和湛江港已成为中国国内对外交通和贸易的重要通道；大亚湾、大鹏湾、碣石湾、博贺湾及南澳岛等地还有可建大型深水良港的港址；珠江口外海域和北部湾的油气田已打出多口出油井；沿海的风能、潮汐能和波浪能都有一定的开发潜力。

第二节　重要港湾概况

一、柘林湾

柘林湾位于广东省饶平县南部，北靠黄冈河平原，东倚柘林半岛，南有海山岛、汛洲岛、西澳岛。面积约 79.3km^2，因东岸柘林镇得名。

柘林湾位于北纬23°31′～23°37′，东经116°58′～117°05′，是广东省12个重点开发的海湾之一。该湾潮汐为典型的不规则半日潮，潮差大，平均潮差为1.69m，月最大潮差达3.06～3.33m，涨潮历时大于落潮历时，主潮流道最大流速达1.08m/s，一般落潮流速大于涨潮流速（蔡爱智，1994）。

柘林湾内湾状如金锁，东西轴方向长，南北窄。东、西、北三面为陆地所包围，湾口朝南，面向南海，北依饶平县黄冈镇。湾内北部偏东方向有一淡水河（黄冈河）入湾，该河全长 88km，流域面积达 1321km^2，年入海水量平均为 6.22×10^8 m^3（1956～1979 年），多年平均流量 19.7m^3/s。目前，黄冈河已成为其周边城镇工农业生产和居民生活的排污水道，外源有机物质成为该河污染物的重要来源。自 1960 年建成汤溪水库后，全黄冈河流域面积的 63%成为水库积水区，入海泥沙减少到不足 130kt/年。

柘林湾内有两个港口：一个为位于西北方向的三百门港（又名潮州港），另一个为位于东面的柘林港。其中三百门港口始建于 1975 年 12 月，是粤东最大的港口之一，年吞吐能力为 220 万 t，是饶平县和邻近市、县出海的通道。柘林湾南有汛洲、西澳两岛相伴，远眺南澳岛，东起柘林港，西至海山岛东岸，东西宽达 10n mile。柘林湾湾口宽 6.5km，纵深 8.0km，岸线长 43.2km，湾内水域面积宽阔，以大、小金门口南的连线计算为 69 km^2，滩涂面积 16km^2，围垦区 91km^2。

柘林湾是一个稳定性比较好的半封闭小型河口湾，具有典型的亚热带特色。柘林湾内水深1～20m，以潮汐影响为主，属不正规半日潮，大潮高3.1m，小潮高2.3m，三百门最高潮位达4.8m。主要潮汐通道为大金门、小金门。湾内水流速缓慢，大金门至湾口流速较急，具有较强的冲刷能力。由于屏障条件好，据历史记载的特大台风，其最大浪高也仅2.5～3.0m，是良好的避风港湾（蔡爱智，1994）。

柘林湾生物资源丰富，围垦水域及网箱养殖的重要资源有石斑、鲈等经济鱼类，贝类在浅海增养殖资源中占有重要地位，其中凸壳肌蛤（薄壳）、花蛤（蛤仔）为本区浅海底栖优势贝类养殖资源。附着性养殖贝类重要资源有近江牡蛎、翡翠贻贝等。因其良好的地理条件和适宜的气候，柘林湾海水养殖业从20世纪80年代起得到迅猛发展，仅1999～2000年其养殖面积就增加了近一倍。例如，三百门港口就同时具有大面积的网箱和牡蛎养殖区；东面的柘林港口附近也有相当面积的网箱养殖，大金门和小金门两个湾口更是发展了大规模的渔排养殖区。自90年代后期以来，柘林湾成为我国养殖最为密集的海域，养殖网箱已达4万多箱，贝类养殖面积超过15 km^2（Wang et al.，2008）。

鱼类品种繁多，主要经济鱼类有蓝圆鲹（巴浪）、金色小沙丁（鲒鱼）、单角鲀（迪仔）、大黄鱼（金龙鱼）、竹筴鱼（阔目）、脂眼鲱（乾鱼）、长体圆鲹（铁鲒）、金线鱼（红三）、鱿鱼、章鱼、墨鱼、带鱼、画鱼、长刺鲷鱼（立鱼）、乌鲳、银鲳、鲨鱼、鳗鱼、石斑鱼、海鲶、条尾鲱（红鱼）、黄鲫（黄只）、海蜇及虾、琵琶虾、青蟹、梭子蟹等100多个品种。水产养殖业形成海水网箱、对虾、鳗鱼和贝类四大养殖基地，海水网箱养鱼是饶平县渔业经济的重要支柱，具有养殖周期短、产量高、经济效益好的优势，养殖种类主要有红斑、青斑、鲈科鱼、鲷科鱼、美国红鱼等优质品种。

柘林湾也是我国沿海赤潮多发区。1997年年底，球形棕囊藻赤潮首次在柘林湾养殖区发生，该海湾的养殖渔业一夜之间损失超过亿元；1999年7月，棕囊藻赤潮卷土重来，灾情中心海域仍然是柘林湾（黄长江等，2005）。柘林湾海域的水体富营养化除自身养殖业污染外，黄冈河径流的营养盐输入也是造成该湾富营养化的重要原因。

二、汕头港

汕头港位于北纬 23°19′～23°21′，东经116°38′～116°45′，在汕头市区中部，是一个河口港，榕江由西向东经牛田洋注入汕头港出海，韩江西溪叉道新津河、梅溪、红莲池河从北向南注入汕头港出海。

汕头港属于亚热带海洋性气候，平均气温21.3℃，1月平均气温13.1℃，7月平均气温28.3℃。年均降水量1538.6mm，多集中在夏季。由于汕头港是一个河口港，盐度较低，为2.31～32，变化趋势从河口向外海递增，枯水期盐度较高，底层盐度大于表层。春、秋、冬三季风向均以东北偏东风为主，夏季以偏南风为主。秋冬季节风速较高，月平均为2.8～3.0m；春夏季节风速较低，月平均为2.3～2.6m。

汕头港属于不规则半日潮港，最大潮差达 3.99m。热带气旋是影响汕头港的主要灾害性天气，影响汕头港的热带气旋年均3.3个，每年最多8个，最少1个。热带气旋风暴潮一般发生于5～11月，尤其以7～9月最多，期间风暴潮出现概率达78%。

汕头港表层沉积物以细颗粒沉积物、粉砂质黏土和黏土质粉砂占据绝对优势，水体中含沙量较高，一般在 0.01～0.098kg/m^3，平均含量为 0.052kg/m^3。

由于汕头港毗邻汕头市区，受到城市污水排放及河流携带营养物的影响，汕头港局部海域海水无机氮和活性磷酸盐含量劣于第四类海水水质标准，其他指标符合第一类或第二类海水水质标准；沉积物质量良好，各项指标均符合第一类海洋沉积物质量标准（广东省海洋与渔业局，2013）。

汕头港浮游植物类群丰富，组成主要以广温广盐硅藻为主，如中肋骨条藻、菱形海线藻等；此外广温低盐类也是该海域浮游植物的重要类群，如旋链角毛藻、丹麦细柱藻等；高温广盐类群则主要分布在水温较高的夏秋季节；高温高盐类则是由于受到湾外高温高盐水影响而带入，仅偶尔出现，在港区不属于优势类群。

浮游动物在数量和种类上均以桡足类占据优势，优势种类主要有真刺唇角水蚤、亚强真哲水蚤、刺尾纺锤水蚤等，此外一些浮游动物幼虫和鱼卵仔稚鱼也较为丰富。浮游动物类群主要包括：河口低盐类群，主要分布在盐度较低的海域和季节，虽然种类不多，但有时候会成为优势种，如火腿许水蚤、捷氏歪水蚤等；近岸广温类群：种类较少，主要出现在春季，以中华哲水蚤为代表种；近岸暖水类群，为汕头港的重要类群，种类多，数量大，代表种有真刺唇角水蚤、锥形宽水蚤等；高温高盐类群，主要分布在受到外洋水影响的海域，如强真哲水蚤、亚强真哲水蚤等。

汕头港潮下带底栖动物主要有甲壳动物、软体动物和多毛类，此外还包括一些底栖鱼类。许多底栖动物是鱼类等经济动物的优质饵料，而一些种类本身就是人们捕捞和养殖的经济动物，如近江牡蛎、五岛枪乌贼、墨吉对虾、新对虾等。

汕头港江河交错，有韩江、榕江、练江等河流注入，为海洋生物的繁殖和生长提供了大量营养盐和有机物质。此外，由于受到“黑潮”的影响，带来了外洋大量的高温高盐水和远洋生物及饵料，为海洋鱼类的生长繁殖与觅食提供了有利条件，是多种经济鱼类聚集、产卵、索饵和洄游的理想场所，也是幼苗成长的优良环境。汕头港水产资源丰富，主要经济鱼类有鲻、大鳞鲻、梭鲻、黄鳍鲷、平鲷、鲈等，其中黄鳍鲷、平鲷和鲈广泛分布于港内水域，鲻、大鳞鲻、梭鲻则分布于牛田洋河口区，同时黄鳍鲷、平鲷和鲈也是港湾内重要养殖鱼类。主要软体动物包括近江牡蛎、褶牡蛎、红肉河蓝蛤、泥蚶等，其中近江牡蛎主要分布于牛田洋南北沿岸及两胪港至妈屿海域，也是汕头港的主要养殖贝类；褶牡蛎主要分布于牛田洋海域，是该港的主要养殖品种。甲壳类主要有墨吉对虾、长毛对虾、日本对虾、短沟对虾、锯缘青蟹、红星梭子蟹等，牛田洋为主要养殖区。

三、大亚湾

大亚湾位于广东省惠州市惠东县、惠阳县及深圳市龙岗区之间，东靠红海湾，西邻大鹏湾，濒临南海，地理位置为北纬 22°30′～22°50′，东经 114°29′～114°49′。

大亚湾三面环山，湾口朝南，口宽 15km，腹宽 13.5～25km，水域面积近 650km^2，水深 5～18m，是南海向陆地延伸最深的海湾。大亚湾海岸线曲折，沿岸港湾众多，且大湾套小湾，主要港湾有烟囱湾、巽寮湾、大湾、范和港、澳头湾、南湾、大鹏澳等。湾内有岛屿和岩礁上百个，主要岛屿有港口列岛、中央列岛、辣甲列岛、纯洲岛、沙鱼洲岛、潮州岛、大洲头岛等。

大亚湾属于典型的亚热带海洋性气候，历年平均气温为 22℃左右，1 月平均气温为 14℃左右，7 月平均气温为 27.8℃左右。大亚湾海域降水充沛，年均降水量在 1500mm 以上，每年的 5～9 月为雨季，其中 6 月降水量最高。

大亚湾水温在 14.5～35℃，全年大部分季节水温高于 25℃，11 月底水温开始下降，至 12 月降至 20℃以下，1 月底水温到达最低值，3 月水温开始上升，至 3 月底水温升至 20℃，4 月中旬至 11 月中旬水温均维持在 35℃（王朝晖等，2004）。大亚湾海域没有大的河流注入，盐度变化范围在 15～33，在 5～9 月的台风和降雨季节盐度变化较大。

大亚湾面向南海，湾内港湾岛屿较多，海岸曲折，没有大的河流注入，潮汐受到湾内地形的影响较大，属于不规则半日潮。大亚湾是一个弱潮湾，潮差较小，平均潮差小于 1.0m，最大潮差只有 2.54m。热带气旋是该湾最为严重的气象灾害，每年受到热带气旋影响的次数为 0～6 次，年均受影响 3.3 次。5～12 月均可遭受热带气旋袭击，其中 7～8 月为频发季节。

大亚湾沉积物类型比较多样，共有 16 种，以细颗粒沉积物为主，粉砂质黏土和黏土质粉砂占据绝对优势，呈现出近岸粗远岸细、湾口粗湾内细的特点。大亚湾海水清澈，海水中含沙量低。

大亚湾沿岸工业比较发达，大亚湾顶部为惠州大亚湾经济技术开发区，西部为大亚湾核电站、岭澳核电站和大鹏澳养殖区。另外，沿岸城市污水的排放给大亚湾的海洋环境及水体生物带来了巨大危害。据统计，1996～2004 年仅惠州市污水排放量从 8612 万 t 增加到 13 585 万 t，其中工业废水从 1112 万 t 增加到 4039 万 t（柯东胜等，2008），主要为氮、磷、镉等化合物。大量污水的排放、核电站的运行和建设导致大亚湾浮游植物群落发生了很大变化，生物多样性降低；重金属等在生物体内不断积累，对生物的毒害作用逐渐增强（杜飞雁等，2008；黄小平等，2008；何雪琴等，2001）。

近年来大亚湾环境恶化较为明显，2013 年的调查结果显示（广东省海洋与渔业局，2013），澳头港局部海域活性磷酸盐含量劣于第四类海水水质标准，无机氮符合第三类海水水质标准；深圳局部海域活性磷酸盐含量符合第四类海水水质标准，石油类含量符合第三类海水水质标准；范和港及澳头至小桂海域石油类含量符合第三类海水水质标准，其他指标符合第一类或第二类海水水质标准。

大亚湾是我国海洋生产力最丰富的海域之一，浮游植物种类繁多，数量丰富。浮游植物组成主要以小型硅藻为主，如广温广盐的中肋骨条藻可全年占据优势，而近年来由于富营养化的加剧及水温的升高，蓝细菌数量有增加的趋势（Wang et al.，2014）。同时，大亚湾也是广东重要的海洋水产养殖和育苗基地，是许多鱼类和贝类的天然繁殖场所。大亚湾还有部分红树林海岸，主要分布在范和港，在湾口岛屿上有珊瑚生物群。1983 年，广东省人民政府已将大亚湾划为水产资源保护区。大亚湾主要经济鱼类有鲷科鱼、石斑鱼、蓝子鱼、海马等，甲壳类有龙虾、对虾、青蟹等，棘皮动物有海胆、海参等，贝类有马氏珠母贝、江珧、扇贝、贻贝、蚶等。大鹏澳是广东主要的马氏珠母贝天然采苗场和养殖基地，此外还有澳头湾珍珠贝养殖、网箱养殖，范和港至巽寮湾的扇贝、贻贝和珍珠贝养殖。

四、大鹏湾

大鹏湾位于深圳市大鹏半岛与香港九龙半岛之间，位于北纬 22°24′～22°36′，东经 114°12′～114°30′。西面和南面分别邻近香港的吉澳和西贡半岛，北面和东面则被深圳的盐田、大鹏和南澳所包围，海湾的中央为香港大埔区的东坪洲。

大鹏湾东、北、西三面环山，湾口朝东南，总面积约 335km^2。海湾周围山地丘陵由花岗岩构成，海岸曲折，沿岸港湾主要有南澳湾、土洋湾、沙头角湾、大埔海、大滩海峡等。西部近岸地形复杂，岛屿错落，水道纵横，陀罗水道深入九龙半岛腹地，湾内水较深，沙头角附近 8～10m，湾中部 18m，湾口 22～24m。底质北部为泥，南部为泥质砂，沿岸无大河流注入，无淤积。海底深槽平坦，两侧岸坡陡直。大鹏湾表层沉积物受到地形地貌、水深和水动力条件的控制，类型不多，仅有 7 种，细颗粒沉积类型占绝对优势，粉砂质黏土和黏土质粉砂分布广泛，沉积物在近岸、河口较粗，离岸海域较细。水体泥沙含量较高，春季高于秋季，涨潮大于落潮。

大鹏湾地处亚热带，气候温和、潮湿，气温全年变化不大，年平均气温为 22.2℃，最热为 7 月，多年平均气温为 28.3℃，最低气温为 1 月，多年平均气温为 14.3℃。海水温度年平均为 21.6℃ ，平均水温以 8 月最高，达 29.9℃，1 月最低，为 14.9℃；12 月至翌年 3 月的平均水温在 20℃以下。该海域为多雨区，雨量充沛，累计年降水量为 1899.1mm，降水量年际变化较大，年最大降水量为 2662.2mm，最小降水量为 1284.7mm。降水量的季节变化一般表现为夏秋季节（4～9 月）雨量集中，多年月平均降水量在 100mm 以上，占全年总降水量的 85%，其中以 6～8 月降水量最大，占全年降水量的 52%，11 月至翌年 2 月降水量最少（梁松等，1996）。潮汐属不正规半日潮，平均潮差 1.38m。每年受到热带气旋影响次数为 1～8 次，平均为 3.8 次。大鹏湾热带气旋多出现在 5～11 月，其中 8 月最为频繁。

深圳港位于大鹏湾海域西北部的盐田湾内，港区深入大鹏湾湾底。港口建设及远洋船舶的频繁往来对港口附近海域及周围生态环境、生物群落结构等产生一定的影响，加上大鹏湾是一个自然的半封闭性海湾，水体交换能力较差，导致大鹏湾海域出现石油类污染，局部海域石油类含量符合第三类海水水质标准，其他指标符合第一类或第二类海水水质标准。大鹏湾近岸海域沉积物质量良好，各项指标均符合第一类海洋沉积物质量标准。

浮游植物组成以硅藻类为主，是以广温广盐种类占据优势，优势硅藻主要有中肋骨条藻、尖刺拟菱形藻等。浮游动物以桡足类占优势，此外还包括水母、毛颚类、翼足类等。经济鱼类主要有青石斑鱼、鲑点石斑鱼、黄鳍鲷、黑鲷等。软体动物有毛蚶、翡翠贻贝、珍珠贝、扇贝等。

第三节 广东典型近海海域环境变化历程

一、大亚湾海洋环境变化

大亚湾位于珠江口东侧，是一个半封闭的亚热带海湾，同时也是广东重要的水产养殖基地。在1979年以前，大亚湾沿岸人口并不是很多，当地的客家人基本上以农业为主，渔民不多，人与海洋和谐相处，海洋环境质量良。1979年至80年代末，外来的潮汕人与部分当地人开始在该海域进行海水养殖。海水养殖带来的污染是当时该海域的主要污染，并引发了该海域赤潮的频繁发生。80年代末至今，随着惠州港及大亚湾和岭澳两个核电站的建设与运行，特别是大亚湾在1993年5月被批准设立国家级经济技术开发区后，人口大量涌入，经济迅猛发展，开发区石化项目及港口物流业开始建设，作为大亚湾发展物流业主要依托的惠州港，是国家一类对外开放口岸，这些变化给大亚湾的海洋环境带来新的问题。核电站温排水带来的热污染、工农业污水排放、石化产业和港口物流业带来的石油污染等，已经逐渐成为大亚湾海域的主要环境问题。

依据中国科学院南海海洋研究所大亚湾海洋生物综合实验站1982～2000年获得的大量现场观测数据和资料，大亚湾生态环境近年来的变化主要表现在：由贫营养状态发展到中营养状态，局部海域已出现富营养化趋势，N/P的平均值由20世纪80年代的1∶1.5上升到近年的＞50，大亚湾营养盐限制因子由80年代的N限制过渡到目前的P限制；生物群落组成明显小型化，生物多样性降低，生物资源衰退。大亚湾具有珊瑚礁、红树林、岩礁等多种海岸类型，但近年出现了石珊瑚白化现象，珊瑚礁群落的优势种发生了改变，在大亚湾澳头港附近水域多次发生赤潮（王友绍等，2004）。这些结果表明，大亚湾生态系统正经历着快速的退化过程。

最近的监测表明，大亚湾水环境和沉积环境总体质量良好，局部海域水体中无机氮和活性磷酸盐含量呈增高趋势，局部海域活性磷酸盐含量劣于第四类海水水质标准，无机氮符合第三类海水水质标准；石油类含量符合第三类海水水质标准；沉积物质量总体良好，局部海域沉积物中锌、铬、铜、铅、镉、砷和石油类含量符合第二类海洋沉积物质量标准（国家海洋局，2013）；生物群落结构状况一般，但是大亚湾核电站温排水对海区生物群落结构已经造成负面影响，群落结构趋于简单，不稳定性增加。总之，目前大亚湾生态系统处于亚健康状态，而围填海、海水养殖、热污染和陆源排污是威胁大亚湾生态系统健康的主要因素。

为了了解大亚湾海域的环境变化历程，本课题组在大亚湾大鹏澳海域和澳头海域设置了6个采样点（图1-3）。St.1、St.2和St.3分别位于大亚湾大鹏澳的核电站出水口附近（核电站）、贝类养殖区（贝区）和鱼类养殖区（渔排），St.4、St.5和St.6分别位于大亚湾澳头的鱼类养殖区（渔排）、惠州港主航道附近（惠州港）和开阔海域的对照区（对照区）。课题组于2005～2006年采集了50～90cm的柱状沉积物，分析了反映海域初级生产力水平及营养状况的总有机碳（TOC）、总氮（TN）和生物硅（BSi）等沉积指标的垂直变化特征，追溯大亚湾海域近50～100年来海洋环境的变化历程，揭示人口增加、工业发展、水产养殖业及核电站运行对大亚湾海域环境特别是浮游生物生产力的影响。

（一）BSi的变化

澳头海域的BSi值明显高于大鹏澳海域（图1-4）。上层50cm平均BSi含量：澳头海域为1.24%，大鹏澳海域为0.87%。

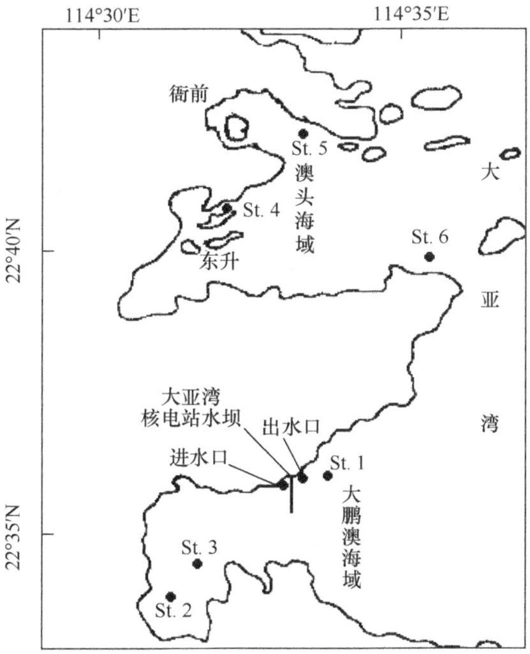

图 1-3　大亚湾海域柱状沉积物采样点的设置

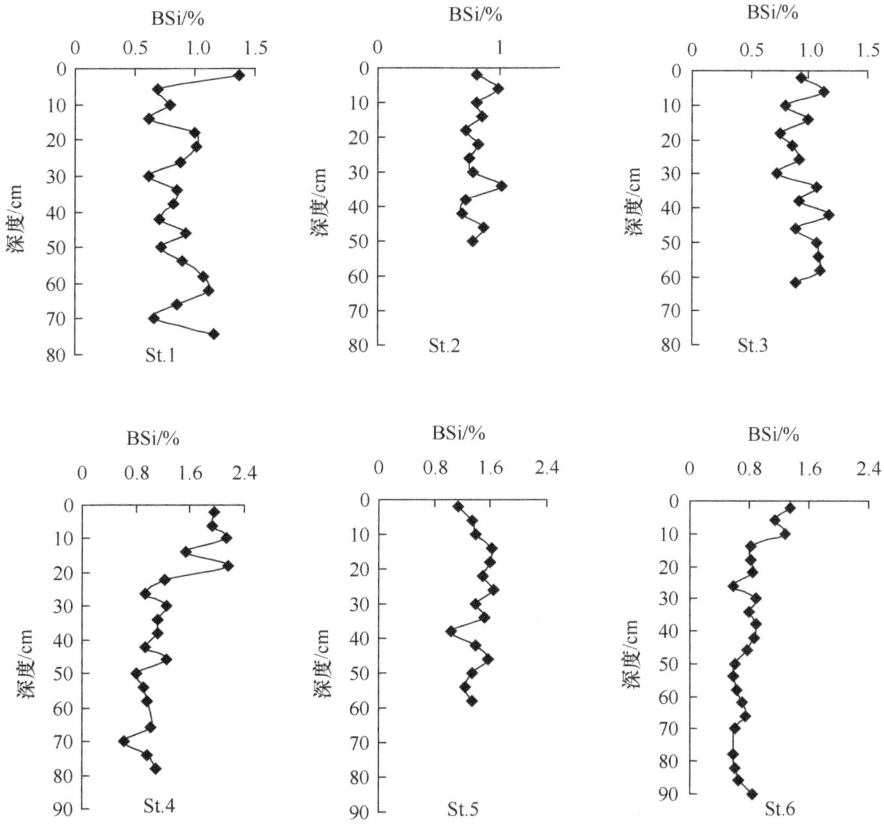

图 1-4　大亚湾海域生物硅（BSi）含量变化特征

大鹏澳三个站点的 BSi 值相差不大（图 1-4）。位于贝区的 St.2 站点和渔排的 St.3 站点的 BSi 值在近表层呈现出缓慢上升的趋势，而位于核电站海域的 St.1 站点的 BSi 值在 0.61%～1.37%波动，其垂直变化规律不明显，只是在最上表层出现一个明显峰值。位于贝区和渔排的两个站点 St.2、St.3 的 BSi 曲线峰值基本重合。St.2 的 BSi 值分别在深度 6cm、14cm、22cm、34cm 和 46cm 处有一峰值，St.3 也在相同或相近的层次出现峰值。根据牟德海（2002）在同一海域进行的沉积物年度测定结果，大亚湾海域过去 10 年的平均沉积速率为 1.28cm/年，那么核电站建成投产的 1994 年所对应的沉积深度为 14cm，而核电站 St.1 站点的 BSi 峰值区在 14cm 以下的深层沉积物中基本与其他两个站点相近，但在上表层有所区别，并且在最上表层达最高值 1.37%。

澳头海域 BSi 值的垂直变化规律比较明显，澳头三个站点中，位于渔排的 St.4 站点和惠州港的 St.5 站点的 BSi 值总体明显高于位于对照区的 St.6 站点（图 1-4）。在深度为 30cm 以下的样品中（大约为 20 世纪 80 年代初时所沉积），BSi 含量基本保持平稳，位于渔排和惠州港的 St.4、St.5 两站点的 BSi 值比较相近，明显高于位于对照区的 St.6 站点。在深度为 30～17cm（大约为惠州港建成使用时间的 1992 年）的样品中，3 个站点的 BSi 值整体上都呈由深至浅逐渐上升的趋势，特别是位于渔排的 St.4 站点 BSi 值曲线在此阶段更是急剧上升。在 17cm 以上的样品中，位于渔排的 St.4 站点和位于对照区的 St.6 站点 BSi 值仍保持由深至浅逐渐增加的趋势，而位于惠州港的 St.5 站点 BSi 值随着深度上升而逐渐减小。

（二）TOC 的变化

位于大鹏澳核电站的 St.1 站点，TOC 值有随沉积物深度上升而缓慢降低的趋势（图 1-5），但是核电站建设和运行初始阶段对大亚湾环境造成了一定影响，在核电站建设阶段的 14cm 沉积物处，TOC 值出现了较大幅度的下降，随后逐渐缓慢上升，并回复至原来水平。位于贝区和渔排的 St.2 和 St.3 站点的 TOC 值则有随着深度上升而逐渐增大的趋势，特别是在核电站建成后的表层 14cm 以上样品中，增加趋势更为明显。

除位于对照区的 St.6 站点，澳头海域 TOC 值均高于大鹏澳海域的 TOC 值。三个站点的 TOC 值整体上都有随深度上升呈缓慢增大的趋势，但位于渔排的 St.4 站点的 TOC 值在近表层处增加的速度比较快，且在 20cm、54cm 处各有一明显的峰值，显示在该沉积物沉降年代（分别约为 1989 年和 1950 年）曾发生过藻类水华。

（三）TN

位于核电站的 St.1 站点 TN 值在 20cm 以下深沉积物中基本维持稳定，但核电站建设时的 18～14cm 沉积段，TN 值迅速上升，并于 14cm 处形成一个高峰，随后回落，但在 10cm 沉积段开始逐渐上升，至最上表层达最高值，为 0.21%（图 1-6）。大鹏澳其他两个站点的 TN 值波动较小，而且整体上随深度上升呈上升的趋势。

总体来说，澳头海域 TN 含量明显高于大鹏澳海域（图 1-6），特别是位于渔排的 St.4 站点 TN 值明显较高。在 St.4 站点的 30cm 以下的深沉积物中，除个别高值点外，大部分沉积段 TN 含量与其他站点相近，基本上均小于 0.3%；而从 30cm 开始，TN 含量出现了持续快速增长期，直至 16cm 处达最高值，为 1.07%，随后稍微回落，但仍维持在较高水

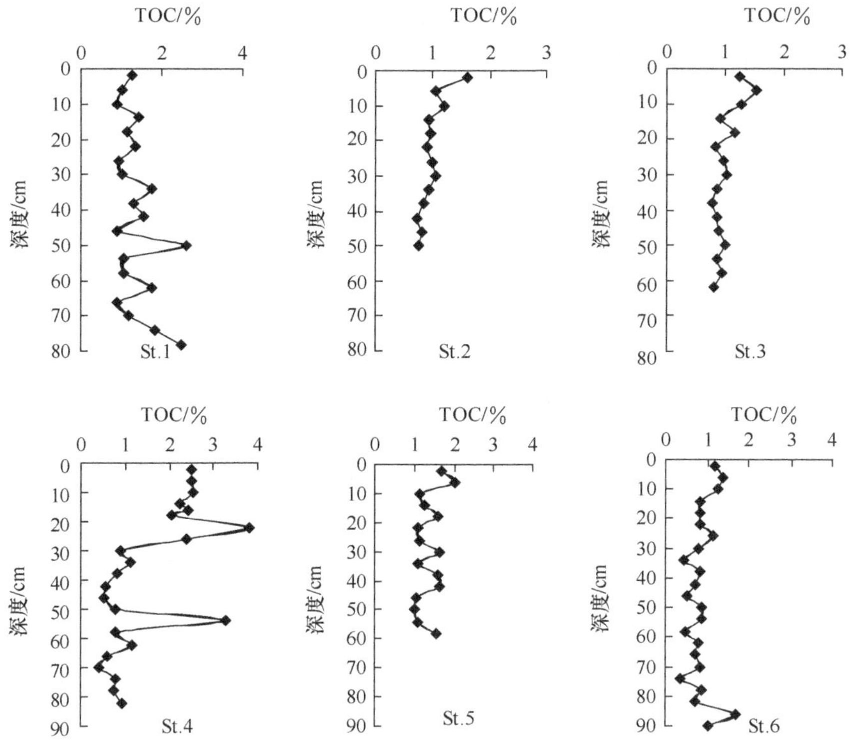

图 1-5　大亚湾海域总有机碳（TOC）含量变化特征

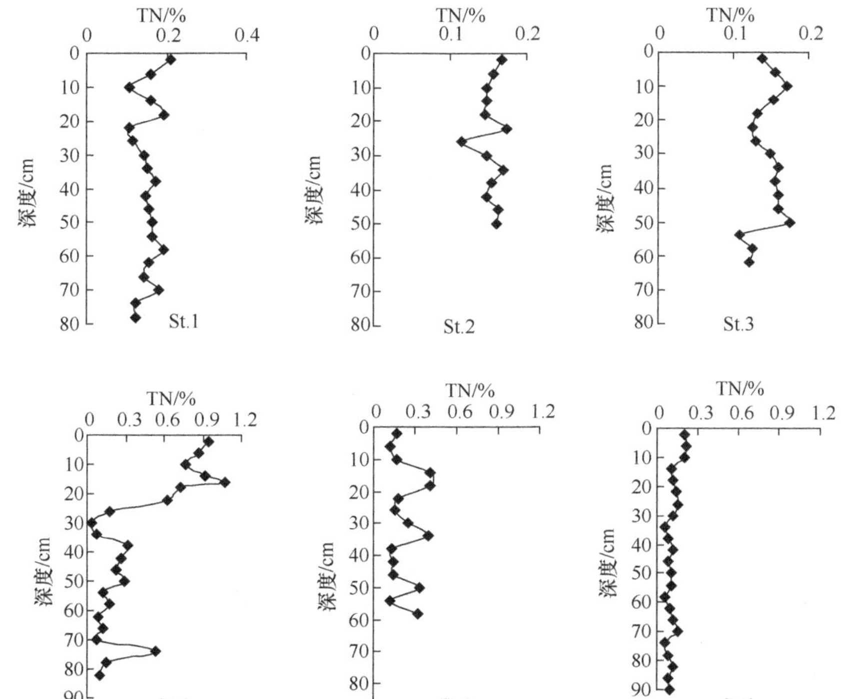

图 1-6　大亚湾海域总氮（TN）含量变化特征

平。位于惠州港 St.5 站点 TN 值也出现一些波动，在 50cm 和 35cm 左右出现了较高值，而最高值出现在惠州港建设阶段的 17cm 左右，为 0.41%，随后 TN 值急剧下降，并一直维持在较低水平。在位于对照区的 St.6 站点 14cm 以下的深沉积物中，TN 含量基本上呈现较低水平，在 0.1%左右徘徊；在 10cm 的沉积段，TN 值明显增加，并一直维持在 0.2%左右。

（四）人类活动与大亚湾环境变化

海水养殖、旅游等人为活动是导致养殖区沉积物 TOC 值、TN 值近二三十年来大幅上升的主要原因。在大亚湾养殖区 St.2、St.3 和 St.4 站点，TOC 值、TN 值都在深度 25～30cm 层次（对应于 20 世纪 80 年代初期）开始加速增大，而 80 年代初期正是大亚湾开始大规模海水养殖的时间。海水养殖对浅海生态系统的负面影响主要表现为养殖水域营养负荷增加，由于海水养殖普遍采用高密度放养，需投放大量的饵料来维持高的生产力，鲜饵料除一部分被养殖鱼类利用外，其余均以不同形式进入周围水体，加上养殖鱼类的排泄物增加，大大超过了水体的自净能力，使得养殖水域自身污染严重，导致养殖环境恶化，水体富营养化严重（王肇鼎等，2003）。除海水养殖带来的自身污染外，大量渔民常年住在渔排上，生活污水未经任何处理就直接排放到海水里。大亚湾近年来还大力发展海上旅游活动，渔排上的餐饮、游客生活污水污染等也不容忽视。特别是大鹏澳海域位于深圳市，周末和节假日旅游人数更多，导致海水中陆源营养物质增加，部分在沉积物中沉积下来。陆源输入是导致大亚湾海水养殖区营养盐增加的一个重要因子（何玉新等，2005；蔡树群等，2004）。大亚湾养殖区 St.2、St.3 和 St.4 站点的陆源有机碳都随着深度的上升而逐渐增大，表明大亚湾海水养殖区人为活动造成的陆源营养物质增加是 TOC、TN 值在海水养殖后快速上升的主要原因。

沉积物中 TOC、TN 垂直变化与海水养殖规模变化的记录以澳头海域鱼类养殖区 St.4 站点最为典型。St.4 站点的 TOC、TN 值都在 30cm 左右层次（对应 1980 年前后）的样品中开始急剧上升，并在 20cm 左右层次（约对应 20 世纪 90 年代初期）的样品中达到峰值，随后稍微回落，但仍维持在较高水平。经咨询当地渔民及现场观察，这种变化正好与当地海水养殖规模的变化相吻合。澳头海域从 1979 年开始大规模海水养殖，在 90 年代初期养殖规模基本上达到了高峰。此后，特别是大亚湾经济技术开发区于 1993 年成立后，周围工业的迅猛发展吸引了部分渔民从事其他行业工作。另外，长期高密度海水养殖造成养殖环境恶化，也促使当地海水养殖规模有所缩小。

二、珠江口桂山岛海域海洋环境变化

桂山岛面积 7.8km^2，位于伶仃洋，处在我国四大群岛之一的万山群岛之中，是万山群岛开发最完善、居住人口最多的岛屿，地处香港、深圳、澳门和珠海陆地之间。西距澳门、珠海香洲 17n mile，北距香港大屿山仅 3n mile，是各国船只通往珠江口的海上交通要道，同时也是珠江口海域重要的旅游区。桂山岛网箱养鱼著称于世，是广东重要的水产养殖区和渔场，主要养殖品种有石斑鱼、鳗白等。为了减少海洋潮汐的影响，1992～1993 年在桂山岛西侧距岸 500m 处修筑了两条长约 400m 和 800m 的防波堤，仅有两个出口用于船只进出港，堤外除东北部有少量养殖外，堤内养殖区密布，水体交换能力差，水体富营养化严重。桂山岛海域是我国的赤潮多发区之一，曾多次发生过赤潮。1998 年 4 月，桂山岛海域暴发大规模米氏凯伦藻赤潮，此次赤潮发生范围广，持续时间较长，对当地养殖业造成了重大经济损失（王朝晖等，2001）。此外，总长达 50km 的港珠澳大桥在 2009 年 12 月正式开工，拟于 2016 年建成通车，将横跨桂山岛海域。前期研究显示，珠江口海域沉积物已遭受到一定程度的重金属污染，珠江三角洲是主要的污染来源（Shi et al.，2010；Ip et al.，2004，2007）。为了了解珠江口桂山岛海域的环境变化，并为港珠澳大桥建设和运行提供环境背景资料，本课题组于 2009 年 1 月采集了桂山岛海域 8 个站点的表层沉积物样品，并采集了 G2 站点 62cm 柱状沉积物，具体采样点见图 1-7。分析了沉积物中生物硅（BSi）、总有机碳（TOC）、总氮（TN）、总磷（TP）等生源要素含量及 Hg、Pb、Cu、Zn、As、Cr、Co、Ni、Fe、Mn 等重金属含量，并对生物要素的生态危害及重金属的潜在生态危害进行了分析，以揭示珠江口海域沉积物污染现状，阐明沉积物污染历史和进程。

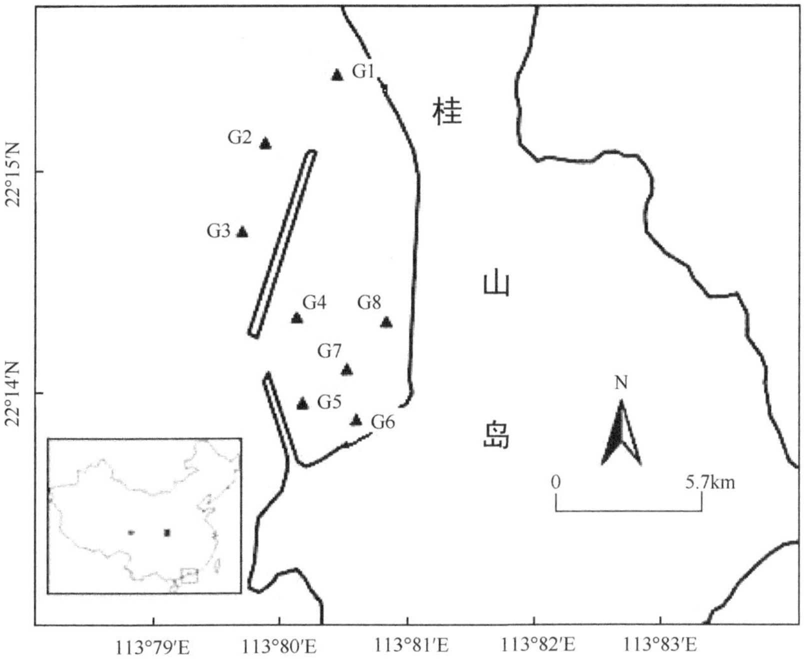

图 1-7 珠海桂山岛海域沉积物调查采样点的分布

（一）桂山岛表层沉积物中生源要素的分布

桂山岛表层沉积物中生源要素的分布见图 1-8。

桂山岛各调查站点的 TOC 含量为 1.17%～1.85%，平均值为 1.46%。最高值出现在 G5，此处位于桂山岛进出码头的航道上，每天有大量船只进出，可能是造成 TOC 含量较高的一个原因。TN 含量为 0.13%～0.17%，平均值为 0.16%，各站点含量基本相当，略低于柘林湾海域的含量。TP 含量为 0.03%～0.19%，平均值为 0.08%，略高于柘林湾海域的含量，最高值出现在 G4，G4 位于防波堤内养殖区中心，水体与外界交换速率较慢，养殖污染可能是造成沉积物中氮污染的主要途径。

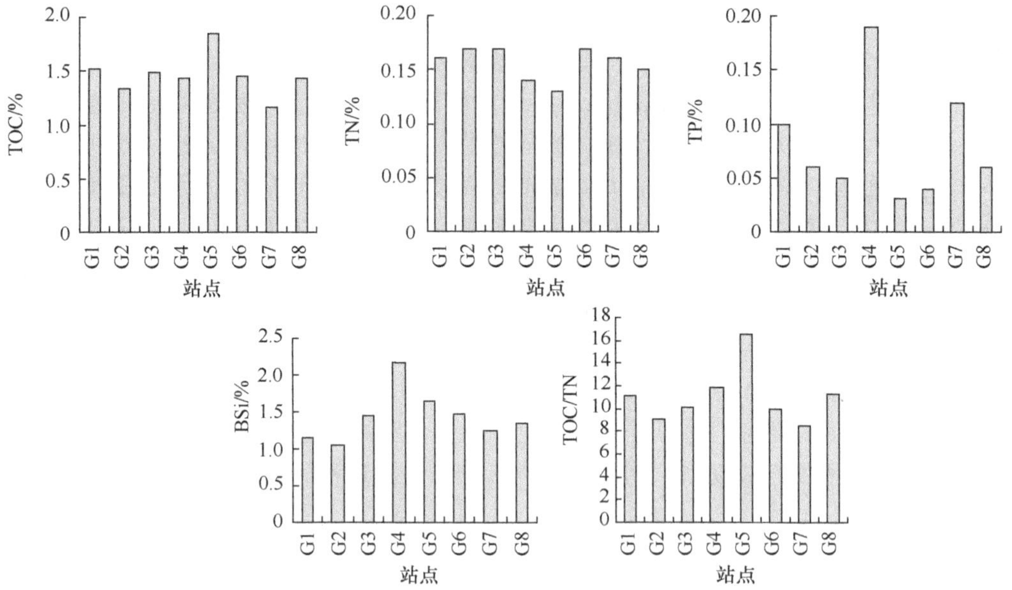

图 1-8　桂山岛海域表层沉积物中生源要素及 TOC/TN 值的分布

桂山岛海域沉积物中 TOC 和 TP 的含量较柘林湾海域高，可能是由桂山岛湾内水体因为防波堤的存在不易受到海浪的搅动与外海交换速率慢，加上岛上居民生活排污量大，进出港口船只多造成的。该区域还是重要的海水养殖区，历史上曾经发生过大规模的赤潮（王朝晖等，2001），也是造成沉积物中生源要素含量偏高的一个重要原因。

BSi 含量为 1.26%～2.16%，平均值为 1.56%，最高值 2.16%出现在 G4，最低值 1.14%出现在 G1。桂山岛海域的 BSi 含量较柘林湾海域稍低，与贾国东等（2002）对珠江口的研究结果接近。但与国内外其他海域相比仍然处于较高水平，这可能是由于珠江口地区近 30 年来人类社会活动加剧，造成该区域海区富营养化严重，从而直接刺激了硅藻生产力的提高。硅藻是富营养水域初级生产力的重要生产者，在营养物质较为丰富的海洋上升流区和海岸带地区一般都是优势藻种。在珠江口及其邻近海域，硅藻（如中肋骨条藻、拟菱形藻、柔弱根管藻等）在浮游植物种群中除春季的个别月份外都占绝对优势（林永水等，1994）。

桂山岛海域 8 个采样点 TOC/TN 值均大于 7，G5 站点达 16.6，可以看出该海域 TOC 含量受到水生和陆源的混合影响。

（二）桂山岛表层沉积物中生源要素的垂直分布与富营养化历程

通过对 G2 柱 ^{210}Pb 的测定，得出桂山岛海域 G2 柱的沉积速率为 1.566cm/年，62cm 的 G2 柱代表了近 40 年来的沉积物。

桂山岛沉积柱 G2 站点生源要素的垂直变化见图 1-9。TOC 含量为 0.52%～1.93%，平均值为 1.21%，总体上呈现出增加的趋势。沉积柱上部 TOC 含量变化波动较大，下部较稳定，在 10～30cm 处的含量明显较高，出现一个峰值期，之后呈缓慢下降趋势；在 30cm 以下，TOC 含量逐渐降低到 1%以下。TOC 含量最高的点在 27cm 处（相当于 1992 年），而此时 TOC/TN 值也最高，达 22.5，说明 1992～1993 年防波堤的修建导致陆源 TOC

含量增加。TOC 含量在 19～21cm 处（1996～1997 年）也较高，随后在 15～17cm 处（1998～1999 年）急剧下降，之后在 1.0%～1.5%徘徊。

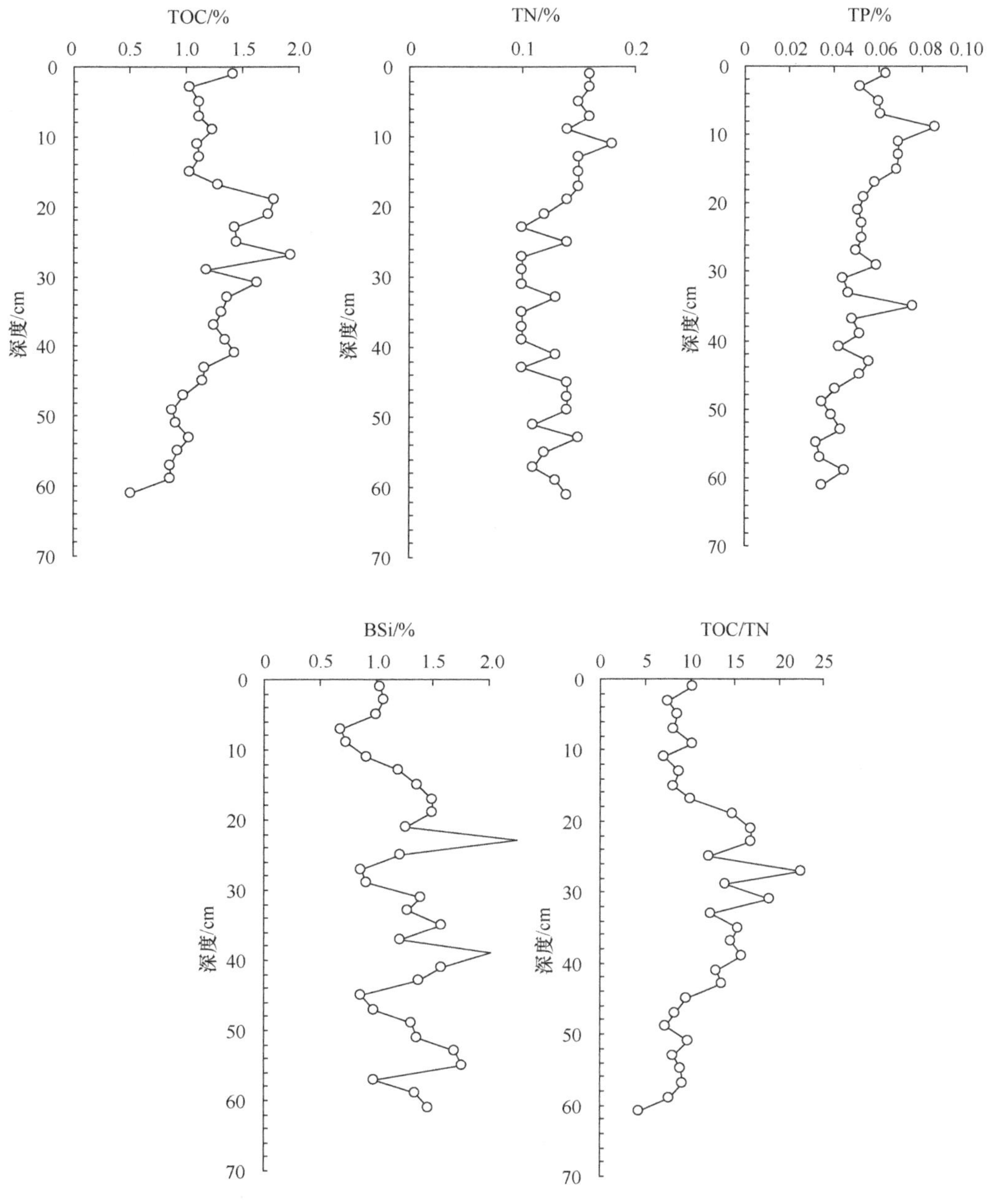

图 1-9　桂山岛 G2 柱状沉积物中生源要素及 TOC/TN 值的垂直分布

桂山岛海域的 TN、TP 含量总体上呈现表层高、底层低的分布趋势。在 0～20cm 处 TN、TP 的含量明显高于 20cm 以下。TN 含量在底层的 23～61cm 处（1970～1993 年）为 0.1%～0.14%，随后逐渐增加，在 12m 处（2001 年）达最大值 0.18%，之后在 0.14%～0.16%内波动。TP 含量呈逐渐增加的趋势，最低值为 61cm 处（1970 年）的 0.032%，最高值为 9cm 处（2003 年）的 0.09%。

BSi 值的变化范围为 0.68%～2.24%，平均含量为 1.26%。BSi 是代表硅藻生产力的一个有效指标（Liu et al.，2010），与其他生源要素相反，BSi 含量从沉积柱的底部到上层有下降的趋势，最大值出现在 23cm 处（1994 年），可能与当时暴发的硅藻赤潮有关，而在 53～55cm 处（1974～1975 年）及 39cm 处（1984 年）也出现了 BSi 的峰值。在 23cm 处（1994 年）BSi 含量下降，并保持在 1.0%左右。BSi 含量的下降，说明了自 20 世纪 90 年代中期以来桂山岛海域硅藻生产力的下降。大量的 N 输入及富营养化可能会因为硅缺乏而导致硅藻生长受到限制，从而使浮游植物群落结构向非硅藻型转变（Conley，1998），研究显示自 20 世纪 90 年代中期以来，华南沿海富营养化程度急剧上升，导致海水中营养盐结构改变（Wang et al.，2009），甲藻等非硅藻出现的频率及赤潮发生的次数也明显增加（Shen et al.，2012；Qi et al.，2004）；而桂山岛海域及华南沿海其他海域如大亚湾海域（Wang et al.，2011）表层沉积物中 BSi 含量的下降正是浮游植物群落结构变化的沉积物指示指标。

桂山岛柱状沉积物 TOC/TN 值与 TOC 含量呈现出相同的变化趋势，总体上在 10 左右，表明该海域沉积物中有机质受到水生与陆源的混合影响。

（三）桂山岛海域表层沉积物中重金属的分布及污染状况分析

桂山岛海域表层沉积物中重金属的分布见图 1-10。

在桂山岛海域 8 个站点中，As 含量为 2.23～9.12mg/kg，平均值为 6.18mg/kg。最高值出现在 G4，最低值出现在 G3，所有站点均远低于国家海洋沉积物 I 类质量标准（GB 18668—2002）。

Cd 含量为 0.011～0.076mg/kg，平均值为 0.043mg/kg。最高值 0.076mg/kg 出现在 G5，最低值 0.011mg/kg 出现在 G1，所有站点的含量远低于国家海洋沉积物 I 类质量标准（GB 18668—2002）。

Co 含量为 3.72～11.13mg/kg，平均值为 8.49mg/kg。最高值出现在 G2，其余站点与整个海湾调查平均值接近。

Cr 含量为 10.28～30.53mg/kg，平均值为 22.59mg/kg。最高值出现在 G2，最低值 10.28mg/kg 出现在 G5，其余站点与整个海湾调查平均值接近，所有站点均低于国家海洋沉积物 I 类质量标准（GB 18668—2002）。

Cu 含量为 9.53～71.47mg/kg，平均值为 35.17mg/kg。各站点之间的含量相差较大，最大值出现在 G8 站点，是最低值的 7 倍，其中 4 个站点 G1、G4、G7、G8 均超出国家海洋沉积物 I 类质量标准（GB 18668—2002），超标率为 50%。

Fe 含量为 12 732～357 78mg/kg，平均值为 29 164mg/kg。最高值出现在 G6，最低值出现在 G5，其余站点与整个海湾的调查平均值接近。

Hg 含量为 0.048～0.082mg/kg，平均值为 0.067mg/kg。最高值出现在 G2，最低值出现在 G4，其余站点与整个海湾的调查平均值接近，所有站点均低于国家海洋沉积物 I 类质量标准（GB 18668—2002）。

Mn 含量为 185～676mg/kg，平均值为 443mg/kg。最高值出现在 G2，最低值出现在 G5。

Ni 含量为 6.66～18.59mg/kg，平均值为 14.06mg/kg。最高值出现在 G2，最低值出现在 G5。

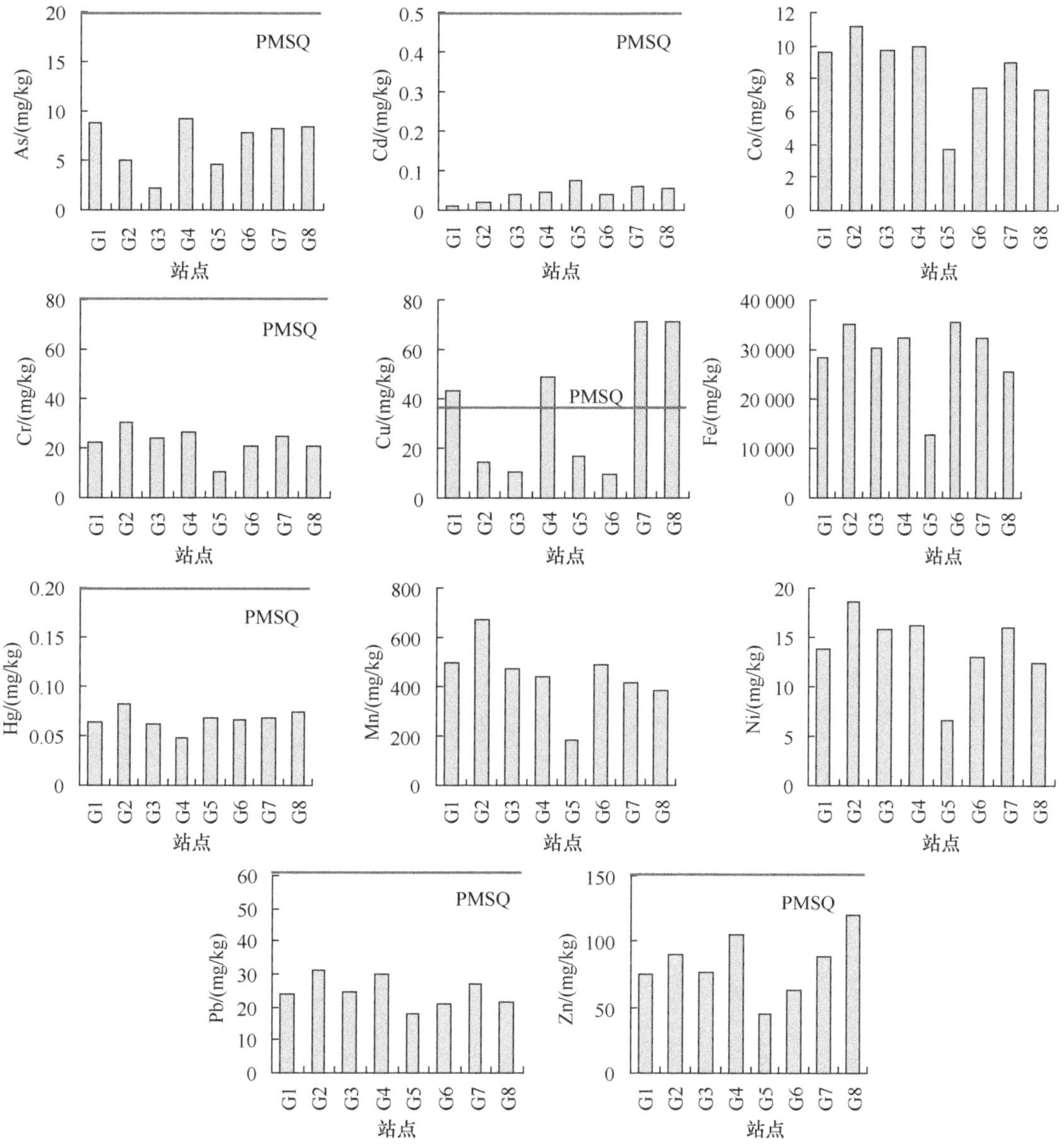

图 1-10　桂山岛海域表层沉积物中重金属的分布及其与国家海洋沉积物 I 类质量标准（粗线，PMSQ）的比较

PMSQ 为国家海洋沉积物 I 类质量标准（GB 18668—2002）

Pb 含量为 18.19～31.15mg/kg，平均值为 24.7mg/kg。所有站点的含量低于国家海洋沉积物 I 类质量标准（GB 18668—2002）。

Zn 含量为 44.88～119.8mg/kg，平均值为 82.96mg/kg。最高值出现在 G8，所有站点均未超出国家海洋沉积物 I 类质量标准（GB 18668—2002）。

（四）桂山岛海域重金属的垂直分布与污染历程

桂山岛海域重金属的垂直分布见图 1-11。桂山岛柱状沉积物中 As、Cd、Co、Cr、Cu、Fe、Hg、Mn、Ni、Pb、Zn 的含量变化范围分别为 2.43~6.23mg/kg、0.001~0.066mg/kg、

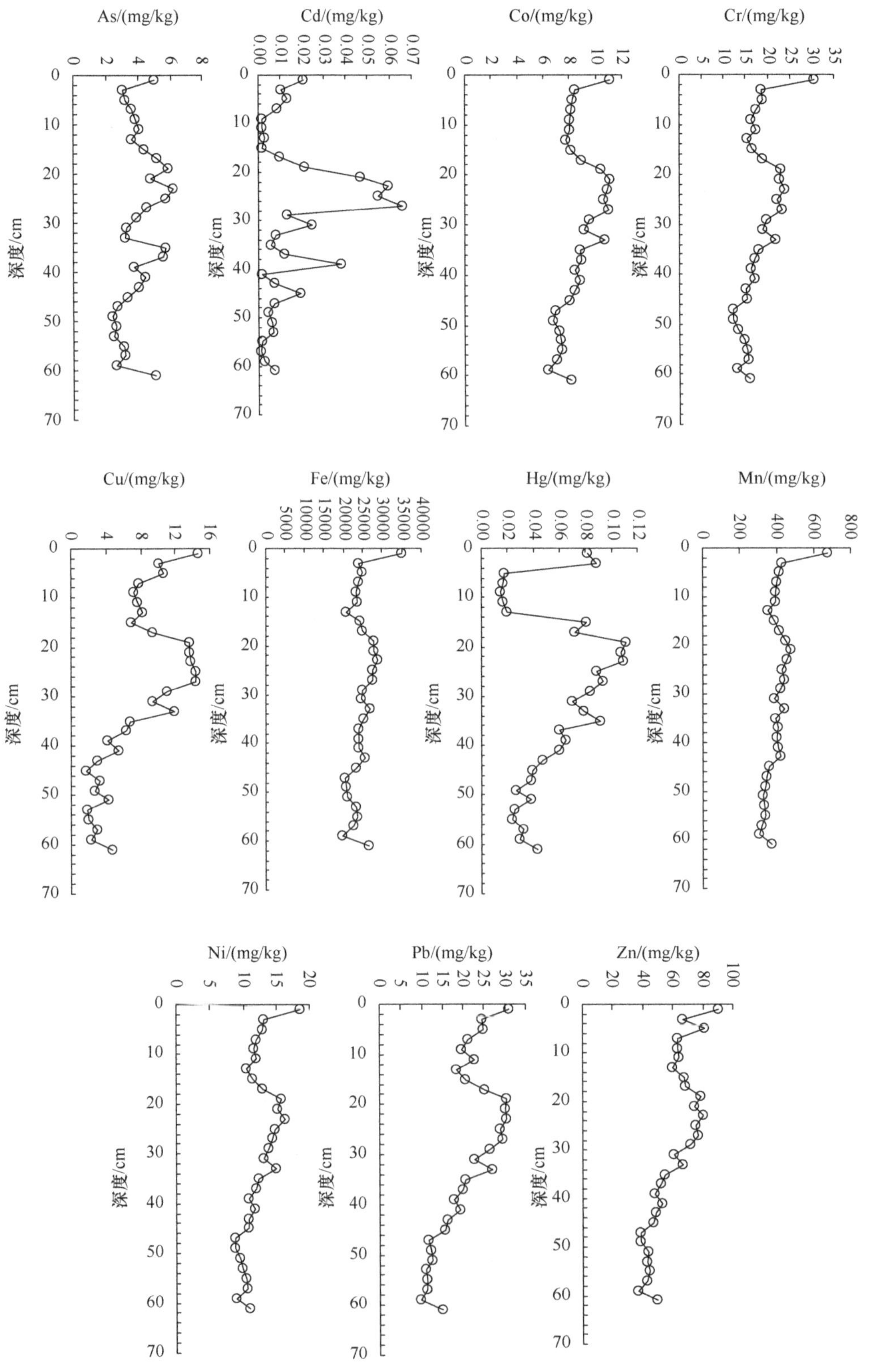

图 1-11 桂山岛海域 G2 柱状沉积物中金属元素的垂直分布

6.42~11.13mg/kg、12.16~30.53mg/kg、1.67~14.77mg/kg、1.99%~3.52%、0.015~0.11mg/kg、0.31%~0.68%、8.74~18.59mg/kg、9.87~31.15mg/kg、37.10~90.35mg/kg。平均值分别为4.04mg/kg、0.016mg/kg、8.70mg/kg、18.04mg/kg、7.64mg/kg、2.48%、0.057mg/kg、0.40%、12.29mg/kg、20.58mg/kg 和 59.64mg/kg。

在桂山岛海域 G2 沉积物柱中，除元素 Fe 和 Mn 外，所有金属元素均在上层沉积物中有一个明显的上升趋势，而 Fe 和 Mn 只是在最上层才出现明显上升（图 1-11）。在 45cm 以下深的底层沉积物中（20 世纪 70 年代），金属元素含量还是很多，随后在 45cm 处（1980 年）开始上升，在 20cm 左右（1995 年）达最高值，而 14～15cm 处（2000 年）又出现下降，近年来又有上升趋势。最为严重的污染是在 90 年代初至中期，如 As、Cd、Cu 和 Hg 的峰值均出现在 1992～1997 年，此时正处于防波堤建设和刚刚建成阶段。近年来 Fe 与 Mn 含量的上升可能是由于珠江三角洲房地产业过度开发，水土流失加剧，从而致使当地红土中 Fe 和 Mn 流入海洋中。

根据生源要素及重金属元素的垂直变化，可以将过去 40 年桂山岛海域的环境变化分为 3 个时期：①20 世纪 80 年代以前，主要表现为低的生源要素和重金属水平；②1980～2000 年，90 年代中期后加剧，此阶段重金属含量及 TOC 和 BSi 含量均增加；③2000 年以后，具体表现为生源要素和重金属元素含量下降。生源要素与重金属元素的垂直分布趋势与当地及珠江三角洲地区的经济发展相吻合。1978 年以前，珠江三角洲是一个典型的农业和渔业地区，经济较不发达；1980 年以后，该地区成为中国发展最快的地区；而 90 年代得到更加迅速的发展，海水养殖业也在 90 年代初大量引入。高的工业化程度、精耕细作的农业生产、人口的增加及密集的水产养殖导致了海洋环境的巨大变化，具体表现为有机物污染（Chau，2006）、重金属污染（Shi et al.，2010；Ip et al.，2004，2007）、富营养化和初级生产力上升（韦桂峰，2005）及有害藻华频繁发生（Shen et al.，2012；Qi et al.，2004）；而 2000 年以后重金属含量的下降可能与当地政府加大环保力度有关。

第四节　广东近海环境保护与管理对策

一、近海环境保护与管理

根据国家环境保护总局（现环保部）的指示，我国的海洋环境保护和管理应包括以下几个方面（国家环境保护总局，2004）。

（一）完善海洋环境保护法制体系

重视环境保护法制建设，制定了环境保护法律法规。目前我国已经形成了以《宪法》为基础，以《环境保护法》为主体的环境法律体系。一些与海洋环境保护相关的法律法规为统筹考虑流域上下游、海洋与陆地、污染防治和生态保护，用系统思想保护沿海和海洋环境及资源发挥了重要作用，包括《水法》《水污染防治法》《环境影响评价法》《固体废物污染环境防治法》《清洁生产促进法》《水土保持法》《野生动物保护法》及《自然保护区条例》等。

针对海洋生态环境的保护对象，制定颁布了《海洋环境保护法》。该法确立了保护和改善海洋环境、保护海洋资源、防治污染损害、维护生态平衡、保障人体健康、促进经济和社会可持续发展的基本方针。随后又先后颁布和实施了《防止船舶污染管理条例》《防治海洋石油勘探开发污染海洋管理条例》《防止倾废污染海洋管理条例》《防止陆源污染物污染损害海洋环境管理条例》《防止海岸工程建设项目污染损害海洋环境管理条例》和《防止拆船污染损害环境管理条例》等。此外，我国政府还制定了《近岸海域环境功能区划》，颁布了“近岸海域环境功能区划管理办法”，为我国沿海海域环境实现目标责任制管理提供了科学管理依据。

地方人民代表大会和地方人民政府为实施国家海洋环境保护法律，结合本地区的具体情况，制定和颁布了海洋环境保护的地方性法规。在建立健全环境法律体系的过程中，把沿海和海洋环境执法放在与环境立法同等重要的位置，在开展全国环境执法检查的同时，还开展了全国海洋环境保护联合执法检查，对污染和破坏海洋环境的行为进行严肃查处，对违法行为进行严厉打击。但是有法不依、执法不严的现象依然存在，加强环境执法仍然是一项重要任务。

（二）海洋污染防治

按照陆海兼顾和河海统筹的原则，将陆源污染防治和海上污染防治相结合，重点海域污染防治规划与其沿岸流域、城镇污染防治规划相结合，采取一切措施防止、减轻和控制陆上活动和海上活动对海洋环境的污染损害。

1）制定和实施“碧海行动计划”，努力改善海域生态环境。通过城镇污水处理厂、垃圾处理厂、沿海生态农业、沿海生态林业、沿海小流域治理、港口码头的油污染防治、海上溢油应急处理系统的建设及“禁磷”措施的实施，初步遏制了渤海海域环境继续恶化的趋势。为保护和改善海洋生态环境，促进沿海地区经济持续、快速、健康发展，目前沿海其他 7 省、自治区、直辖市也正在编制本区域的“碧海行动计划”，制定陆源污染防治和海上污染防治的具体措施。

2）实施以海洋环境容量为基础的陆源污染物排海总量控制制度。为把排污总量控制纳入程序化、法制化的轨道，按照陆海兼顾、河海统筹的原则，在调查研究的基础上，测算各海域环境容量，依据各海域环境容量确定各海域污染物允许排入量和陆源污染物排海削减量，制定各海域允许排污物排放总量，全面实施排污许可证制度。

3）防止和控制沿海工业污染物污染海域环境。采取一系列措施逐步强化沿海工业污染控制：①通过调整产业结构和产品结构，转变经济增长方式，发展循环经济。②加强重点工业污染源的治理，推行全过程清洁生产，采用高新适用技术改造传统产业，改造生产工艺和流程，减少工业废物的产生量，增加工业废物资源再利用率。③按照“谁污染，谁负担”的原则，进行专业处理和就地处理，禁止工业污染源中有毒有害物质的排放，彻底杜绝未经处理的工业废水直接排海。④加强沿海企业环境监督管理，严格执行环境影响评价和“三同时”制度。⑤实行污染物排放总量控制和排污许可证制度，将污染物排放总量削减指标落实到每一个直排海企业污染源，做到污染物排放总量有计划地稳定削减。

4）防止和控制沿海城市污染物污染海域环境。通过调整不合理的城镇规划、加强城镇绿化和城镇沿岸海防林建设、保护滨海湿地、加快沿海城镇污水收集管网和生活污水处理设施的建设、增加城镇污水收集和处理能力、提高城镇污水处理设施脱氮和脱磷能力等一系列措施，使沿海城市的环境污染防治能力得到进一步加强。同时，加强沿海城市污染治理的监督管理，结合国家“城考”、“创模”和“生态示范区”建设，将沿海城市近岸海域环境功能区纳入考核指标，强化防止和控制沿海城市污染物污染海域环境的措施。

5）防止、减轻和控制沿海农业污染物污染海域环境。一些沿海省、市结合生态省、生态市建设，积极发展生态农业，控制土壤侵蚀，综合应用减少化肥、农药径流的技术体系，减少农业面源污染负荷。严格控制环境敏感海域的陆地汇水区的畜禽养殖密度和规模，建立养殖场集中控制区，规范畜禽养殖场管理，有效处理养殖场污染物，严格执行废物排放标准并限期达标。

6）流域污染防治和海域污染防治相结合。环境保护部组织编制了《辽河水污染防治计划》《海河水污染防治计划》《淮河水污染防治计划》等防治陆源污染的综合治理计划，经国务院批复正式实施。通过上述“计划”中的城镇污水处理厂、垃圾处理厂、生态农业、生态林业、小流域治理等污染治理和生态建设工程，有效地削减了河流入海污染负荷。

7）防止、减轻和控制船舶污染物污染海域环境。在渤海海域，启动船舶油类物质污染物“零排放”计划，实施船舶排污设备铅封制度，加强渔港、渔船的污染防治。建立大型港口废水、废油、废渣回收与处理系统，实现交通运输和渔业船只排放污染物的集中回收，岸上处理，达标排放。

8）制定海上船舶溢油和有毒化学品泄漏应急计划，制定港口环境污染事故应急计划，建立应急响应系统，防止、减少突发性污染事故的发生。目前，《中国船舶重大溢油事故应急计划》已经完成，今后将积极协调有关部门和沿海省、自治区、直辖市人民政府制定《国家重大海上污染事故应急计划》。

9）防止、减轻和控制海上养殖污染。我国海水养殖主要位于水交换能力较差的浅海滩涂和内湾水域，养殖自身污染已引起局部水域环境恶化。今后，应建立海上养殖区环境管理制度和标准，编制海域养殖区域规划，合理控制海域养殖密度和面积，建立各种清洁养殖模式，控制养殖业药物投放，通过实施各种养殖水域生态修复工程和示范，改善被污染和正在被污染的水产养殖环境，减轻或控制海域养殖业引起的海域环境污染。

10）防止和控制海上石油平台产生石油类等污染物及生活垃圾对海洋环境的污染。2003 年部分海洋油气区专项环境监测结果显示，油气田及周边区域的环境质量符合该类功能区环境质量控制要求，未对邻近其他海洋功能区产生不利影响，开发过程中无重大溢油事故发生。在钻井、采油、作业平台应配备油污水、生活污水处理设施，使其全部达标排放。

11）防止和控制海上倾废污染。严格管理和控制向海洋倾倒废弃物，禁止向海上倾倒放射性废物和有害物质。2003 年主要倾倒区及其周边环境监测表明，所监测倾倒区的底质环境状况总体保持正常，倾倒区尚有底栖生物存在，其优势类群主要为软体动物和节肢动物，倾倒区环境质量基本满足倾倒区的环境功能要求。今后，应加强对倾倒区的监督管理和监测，严格执行倾倒区的环境影响评价和备案制度，及时了解倾倒区的环境状况及其对周围海域环境、资源的影响，防止海洋倾倒对生态环境、海洋资源等造成损害。

（三）海洋生态环境与生物多样性的保护

《中国生物多样性保护行动计划》是指导全国生物多样性保护行动的纲领性文件，提出了包括海洋生物资源在内的各种生物源保护目标和行动计划。《全国生态环境建设规划》和《全国生态环境保护纲要》两个纲领性文件是全国海洋生态环境保护与建设的基本依据。经过长期努力，我国沿海和海洋生态环境保护与建设取得了较大的成就。

1）加强海洋自然保护区建设，保护海岸和海洋生态系统的多样性。海岸和海洋自然保护区的建立，保护了具有较高科研、教学、自然历史价值的海岸、河口、岛屿等海洋生境，保护了中华白海豚、斑海豹、儒艮、绿海龟、文昌鱼等珍稀濒危海洋动物及其栖息地，也保护了红树林、珊瑚礁、滨海湿地等典型海洋生态系统。然而，我国海岸和海洋自然保护区面临的问题依然十分突出，资源开发与保护的矛盾日益加剧，人为破坏等现象还未彻底杜绝。今后，应加强协调海岸带和海洋资源开发与生态环境保护，科学合理地确定各类海岸带和海洋自然保护区的结构、布局和面积，规划建设新的海岸带和海洋自然保护区，加强现有保护区的能力建设，提高管理水平，控制人为因素造成的海岸带和海洋生态环境破坏。

2）加强沿海防护林建设。自《全国沿海防护林体系建设总体规划》实施以来，到2000年底，经过10余年的建设，全国沿海防护林一期工程结束，取得了巨大的成就。工程区森林覆盖率由一期建设前的24.9%增加到35.45%，提高了10.55%。一期工程建设增加了沿海地区的森林资源，改善了生态环境。

3）实施伏季休渔制度，加强资源养护措施的实施，保护渔业资源。实施生物资源增殖和养护，大力发展生态渔业和休闲渔业，控制海洋捕捞强度，积极引导和扶植渔民转产转业，调整和完善生物资源养护措施，规定保护资源的品种，加强新建、扩建和改建海水养殖场的环境影响评价和监督管理，制定和实施水生生物产卵区、索饵区、育肥区和回游通道的保护计划，建立渔业资源保护区，促进海洋生物资源的可持续利用。

4）建立海岸带综合管理试验区，加强海岸带生态环境的保护。积极组织制定以修复和改善海岸带生态系统和生物多样性为目标，合理开发海岸带资源，保护海岸带生态环境的海岸带生态环境保护指标体系，依此加强海岸带生态环境的评价和监督管理。在沿海重点地区建立海岸带生态环境保护与管理示范区，促进海岸带生态环境的改善。

5）保护海岛生态环境，促进海岛的可持续发展。海岛陆域狭小，环境容量小，生态环境极其脆弱，因此保护海岛环境极为重要。鼓励岛上企业发展清洁生产，控制岛源污染，保持海岛周围优良水质，加强海岛生态建设，保护海岛水土资源，适度开发海岛旅游景观，制定海岛生态环境保护规划和生物多样性保护计划，加强海岛自然保护区建设，不断提高海岛环境质量，建设海岛及其沿岸海域生物资源保护与可持续利用工程，保护海洋珍稀和重要经济生物，努力实现海岛生产发展、生活富裕、生态良好的目标。

6）加强近岸海域赤潮的监测、监视和预警，努力减少赤潮灾害损失。国家加强赤潮监测、监视的能力建设，建立近岸海域环境与赤潮监测、监视、预警网络，制定赤潮监测、监视、预报、预警及应急方案，并重点在近岸海域、水产养殖区和江河入海口水域进行特殊监测和严密监视，及时获取有关信息，减轻赤潮灾害造成的损失程度，保障人民生命财产安全。

（四）海洋环境保护的国际合作

保护海洋环境是全人类的共同任务，在以尊重国家主权为基础的条件下，兼顾各国的现实利益和世界的长远利益，加强海洋环境保护的国际合作。

我国政府在采取一系列措施保护沿海和海洋环境的同时，积极参与海洋环境保护的国际合作，支持并积极参与联合国系统开展的环境事务。目前，中国已缔结和参加国际环境条约 50 多个，其中涉及海洋环境保护的国际条约和协议主要有《1982 年联合国海洋法公约》《1969 年国际油污损害民事责任公约》《1972 年防止倾倒废弃物和其他物质污染海洋公约》《73/78 国际防止船舶造成污染公约》《1990 年国际油污防备、反应和合作公约》《1992 年生物多样性公约》和《1971 年关于特别是作为水禽栖息地的国际重要湿地公约》等。积极参与保护海洋环境免受陆地活动影响的全球行动计划、联合国环境署的区域海行动计划，如西北太平洋行动计划、东亚海行动计划等，对保护亚太地区的海洋环境做出了贡献。

国际海洋环境合作项目为我国海洋生态环境保护工作提供了重要技术支撑，取得了明显成效。南中国海项目中防治陆源污染物污染海洋、红树林、湿地及海草等研究工作，在摸清我国南方沿海三省海洋生态环境和资源的污染现状和破坏程度基础上，分析原因，提出对策，为制定该区域海洋与海岸带生态环境保护行动计划起到了重要的指导作用。

二、广东沿海赤潮防控与管理

（一）广东沿海赤潮发生概况

广东沿海地处热带、亚热带，气候暖和，是我国赤潮的多发海区之一。随着现代化工农业生产的发展，沿海地区人口城市化，大量工农业废水和生活污水排入海洋，海水养殖业的扩大，沿海开发程度的提高，导致沿海富营养化程度越来越高。同时，由于国际海运的发展，导致有害藻类的引入，赤潮发生频繁。

根据广东省海洋环境质量公报及文献数据（广东省海洋与渔业局，2001～2014），广东沿海 1980～2013 年共记录赤潮事件 263 次（图 1-12）。应该说明的是，由于赤潮发生突然和信息网络不健全，目前尚未被广大群众所认识，监测、监视力量也有限，特别是在 1990 年以前，由于监测网络尚未健全，实际赤潮发生数目应该远远高出这个数目。1990 年以前，广东沿海赤潮发生数量一般在每年 5 次以下。1990～1992 年，由于经济的发展，沿海富营养化程度增加，赤潮发生数目急剧上升，每年赤潮发生次数为 10～22 次，其中大部分赤潮发生在深圳大鹏湾海域，这是由于暨南大学与国家海洋局南海分局在此期间承担了国家自然科学基金重大项目，以大鹏湾为常规赤潮监测点，加大了赤潮监测密度，从而也使观察到的赤潮数量急剧上升。1993～1997 年，赤潮数量下降至每年 5 次以下。1998 年是广东沿海赤潮的高发年份，共记录赤潮 18 次，3 月下旬至 4 月中旬，珠江口发生了米氏裸甲藻赤潮事件，4 月底深圳湾发生了条纹环沟藻赤潮，11 月又在海门湾、红海湾东部、大亚湾等海域发生了赤潮。2000 年以后，广东沿海赤潮发生次数每年在 10～15 次变动。

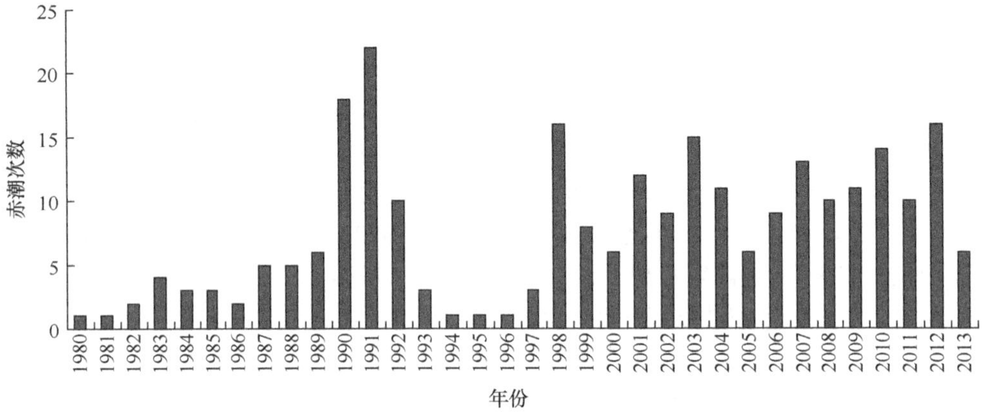

图 1-12　广东沿海 1980～2013 年赤潮发生次数

广东沿海赤潮的发生具有明显的季节性（图 1-13）。在 2000 年以前，大部分赤潮均在春季发生，春季赤潮发生数量占全年的 60%以上；但 2000 年以后，随着全球气候的变化及富营养化程度的提高，赤潮发生的季节性减弱，全年均可发生赤潮，其中 4 月、6 月和 8 月赤潮发生较频繁，累计赤潮发生次数超过了 20 次。1980～2013 年，广东沿海各海域赤潮发生频率见表 1-3。广东沿海的赤潮大部分发生于经济发达的粤中海域，2000 年以前粤东和粤西海域基本上未发生赤潮，2000 年以后虽然粤东和粤西海域也有赤潮发生的记录，但次数远远低于粤中海域的大亚湾、珠江口、深圳湾和大鹏湾等海域。

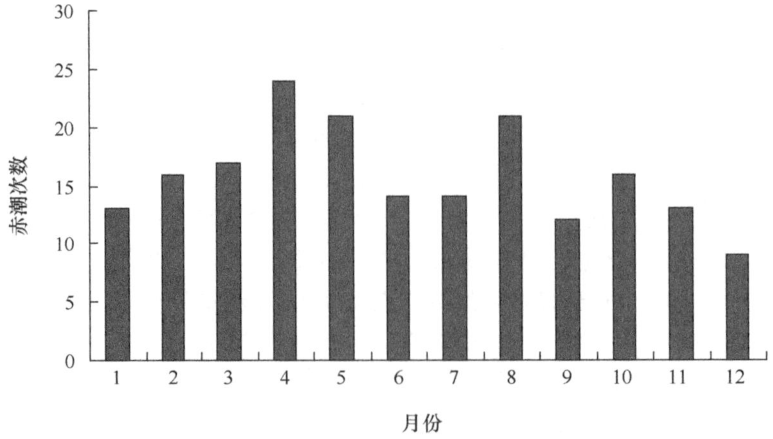

图 1-13　2000～2013 年广东沿海各月份赤潮发生次数

表 1-3 广东沿海各海域不同时期赤潮发生次数

海域	1980～1989 年	1990～1999 年	2000～2009 年	2010～2013 年	合计
粤东海域	0	9	27	7	43
粤中海域	33	69	96	29	227
大亚湾	5	13	23	10	51
珠江口	6	7	22	6	41
深圳湾	9	6	22	3	40
大鹏湾	12	49	29	10	100
粤西海域	1	2	17	7	27

（二）广东沿海赤潮发生趋势

广东沿海地处热带、亚热带，气候温和，水温非常适合赤潮藻类生长，而且近岸海域富营养化程度较高，导致赤潮生物种类繁多，赤潮频繁发生。除本地起源物种外，随着华南沿海航运业的发展，由船舶压舱水引入的外来赤潮生物种越来越多。广东沿海拥有广州港、深圳港、香港港及湛江港等特大国际港口，由船舶压舱水带来生态入侵的风险更高。广东沿海赤潮发生的规律及趋势有以下特点。

1）频率增多：从发生赤潮的频率看，据不完全统计，广东沿海 1980～2013 年有记录的赤潮 263 次，平均每年 7.7 次，其中 1980～1990 年平均每年 3.2 次，1990～2000 年平均每年 8.1 次，2000～2013 年平均每年 10.9 次，赤潮发生频率呈明显增加趋势。

2）全年均可发生赤潮：2000 年以前，赤潮主要发生在每年东北季风向西南季风转换时的 3～6 月，约占赤潮次数的 70%，7～10 月较少，11 月至翌年 2 月发生的赤潮更少；而 2000 年之后，赤潮发生的季节变化不明显，全年均可发生赤潮。

3）赤潮发生区域扩大：从发生赤潮的区域看，珠江口、大鹏湾是广东沿海赤潮多发区，1980～1992 年发生了 53 次赤潮，约占赤潮次数的 80%。但近期广东沿海赤潮有扩展趋势，粤东的饶平、汕尾、惠州及粤西的阳江、湛江等地也频发赤潮。

4）持续时间长、危害程度大：过去广东沿海发生的赤潮多则几天，少则几小时就消失，危害面积也相对不大。而 1997 年 11 月柘林湾和 1998 年 3～4 月珠江口发生的赤潮，持续时间达数月之久，危害程度大，经济损失严重。

5）新记录种类和有毒种类赤潮增加：在过去的赤潮事件中，主要是由夜光藻引起的赤潮，约占赤潮事件的 50%。自 20 世纪 90 年代中后期以来，广东沿海浮游植物新记录种不断涌现，特别是以前从未出现的有毒有害藻种类和数量持续增加。自 90 年代后期以来，我国海域许多新记录有害赤潮均首先发生于广东沿海，随后向全国扩展，如海洋卡盾藻、球形棕囊藻、米氏凯伦藻及双胞旋沟藻等危害较大的赤潮藻类都是首发于广东沿海，随后扩展至其他海域，相继在浙江沿海、渤海湾等海域引发了面积超过 1000km^2 的特大赤潮。

（三）赤潮防治

1. 控制污染，减少营养盐的输入

海水中的营养物质（如氮、磷）是浮游植物生长、发育、繁殖阶段所必需的。但是

如果营养物质输入过量，就会在水体中积累，造成水体富营养化，水体富营养化是赤潮生物大量增殖和藻华发生的物质基础。许多研究都证实了水体富营养化与赤潮之间的关系，营养盐的输入增加了水体营养负荷，而且使营养盐结构发生变化，从而导致赤潮特别是有毒有害藻华频繁发生（Olsena et al.，2001；Moncheva et al.，2001）。徐宁等通过对国内外几个养殖区的赤潮发生和营养盐状况进行分析得出，营养盐输入和富营养化加剧是赤潮频繁发生的重要原因（徐宁等，2004）。因此，要预防赤潮发生，就必须有效地控制海水富营养化。

海水中的营养物质主要来源于工农业废水、生活污水及养殖区的自身污染，富营养化现象在沿岸浅水区、河口区、封闭性或半封闭性海湾的影响尤为突出。控制海域富营养化，首先应该加强对城市污水和工农业废水的管理和控制，完善和增加污水处理设施，提高污水净化率，使污水能够达标排放；其次应合理开发利用海洋资源，科学管理海水养殖业，提倡复合养殖，利用鱼、虾、贝、藻等混合养殖，实现养殖生态环境的良性循环；推广饵料系数低、稳定性好的优质颗粒饵料和膨化饵料，减少残饵带来的污染；将养殖塘的污水和废物经处理后循环使用，减少养殖海域的污染负荷；推广和扩大海带、龙须菜等大型经济藻类栽培，以吸收海水中的营养物质。通过以上措施，减缓由海水养殖带来的水体富营养化问题。

2. 赤潮的治理

由于赤潮的频繁发生，其带来的危害也日趋严重，赤潮的防治已经引起了世界各国的重视。到目前为止，国内外已经提出了几十种治理赤潮的方法，上千种灭藻药剂，但能真正用于野外治理海洋赤潮的却寥寥无几。

在自然海洋环境中，海浪、海流等的冲击会改变药剂浓度，因此如何能保持足以杀死赤潮生物的药剂浓度，但不对非赤潮生物产生危害，不存在二次污染和残毒，是赤潮治理技术的关键。

（1）化学防治

化学防治具有见效快的特点，是使用最早、最多和发展最快的一种防治方法，目前大量赤潮防治研究专家仍然花费大量精力和资金进行试验，力图将其用于实践之中。使用化学药物直接杀灭赤潮生物仍是世界各国赤潮研究专家研究的热门课题，目前用于赤潮防治的化学药物主要包括无机除藻剂和有机除藻剂。

无机除藻剂有硫酸铜、过氧化氢等，可直接抑制或灭杀赤潮生物。为了降低海水对化学药物浓度的稀释，利用生物材料作为生物缓释剂吸附化学药物，并投放于赤潮水体中，缓慢释放出化学物杀灭赤潮生物。目前有利用生物材料处理含 Cu^{2+}等工业废水来灭杀赤潮生物的实验室研究（梁想等，2001；林荣根等，1998；Hawins et al.，1987），但尚未大规模使用于赤潮现场。虽然 Cu^{2+}对藻类具有较强的灭杀作用，但 Cu^{2+}对海洋生态环境也具有较大的破坏作用，而且成本较高。为此，科学家也致力于寻找一种低危害的化学药剂来代替硫酸铜。日本和法国科学家都曾尝试用次氯酸、过氧化氢和臭氧等氧化物质用于赤潮治理，但由于种种原因，均未能取得满意的现场灭杀效果，尚不能用于大面积赤潮治理（缪锦来等，2002）。

有机除藻剂可分为人工化学物质和生物活性物质两类，但大部分化学药剂有环境危害较大，成本较高等不利因素。目前，化学药物治理赤潮技术大多处于实验室研究阶段，至今尚没有行之有效的成熟方法运用于实际中。

凝聚剂沉淀法是利用化学手段消除赤潮的又一重要途径，是利用凝聚剂使赤潮生物凝集、沉降。现在国际上使用的凝聚剂有四大类：无机凝聚剂、表面活性剂、高分子凝聚剂和天然矿物絮凝剂。

凝聚剂沉淀法在赤潮生物密集时极为有效，而且所需时间较短，对非赤潮生物的影响也较化学药品杀除法小，同时还可消除水体中其他悬浮物。1990 年，日本奥田庚二曾用铝盐、铁盐在海水中形成胶体颗粒凝聚赤潮生物，加入 30min 后，有 90%的赤潮生物被絮凝沉淀（缪锦来等，2002）。

用天然矿物（如黏土）治理赤潮是一种很有发展潜力的方法，主要利用黏土对赤潮生物的絮凝作用而去除赤潮藻类。由于矿物具有来源广、成本低、操作方便、无二次污染等优点，该方法在国际上受到广泛关注和研究（Anderson，1997）。在日本鹿儿岛海面曾进行过一定规模的撒播黏土治理赤潮的尝试，韩国也于1996年曾用6×10^4t 黏土制剂治理了100km^2海域赤潮（缪锦来等，2002）。黏土治理赤潮生物具有来源丰富和污染少的优点，但黏土矿物的絮凝能力较低，应用时存在用量大（约1000mg/L）、余渣多的问题。我国的黏土治理赤潮研究主要由中国科学院海洋研究所俞志明研究员主持进行，他们对黏土表面进行了改性，提高了黏土对赤潮藻类的絮凝力，黏土用量大大降低，提高了黏土防治赤潮的应用价值（曹西华等，2003；俞志明等，1999）。

（2）物理防治

物理防治主要利用围隔法（屠健，1991）、超声波法、紫外线等方法来控制或抑制赤潮生物生长。但这些方法难以应用于较大面积的有害赤潮防治，故在实际应用中受到较大的限制。

（3）生物防治

生物方法是人们希望培养出赤潮生物的克星如病毒和择食生物等消除赤潮生物的方法。这是一种理想的防治方法，但当赤潮大量大面积突然发生时没有很好的对策。

利用不同生物间相克竞争性的原理来控制赤潮，如利用浮游动物或滤食性鱼类和贝类对赤潮藻类的捕食（梁松等，1992）；利用大型藻类吸收营养盐降低水体富营养化程度，从而控制赤潮藻类生长（Sagehashi et al.，2000）；利用噬菌体及抑藻菌抑制赤潮藻类的生长等（Park et al.，1998；Imai et al.，1998）。尽管生物防治方法是目前修复养殖区海洋生态环境、改善水体水质状况较为推崇的一种方法，但由于实际操作的复杂性，目前仍处于试验阶段，尚未有实际应用的报道。

此外，红树林等湿地的保护也被认为是赤潮生物防治的重要手段之一。红树林是生长在热带、亚热带海岸潮间带上部，受周期性潮水浸淹，由以红树植物为主体的常绿灌木或乔木组成的潮滩湿地木本生物群落。红树林湿地作为重要的海岸湿地类型，已被列入拉姆萨尔公约国第四届成员国大会（蒙特利尔，1990 年）制定的拉姆萨尔湿地分类系统及我国海岸湿地分类系统。红树林是我国海岸重要的湿地类型之一，自然分布于海南、广西、广东、福建、台湾等省区。红树林是海岸带生态关键区，为2000多种鱼类、无脊椎动物和附生动植物提供了良好的栖息、摄食和繁殖场所，是海岸带良好的生态缓冲区和生物多样性区域，在维护河口海岸食物链、促进近海渔业方面具有重要作用。红树林对氮、磷等营养物质具有良好的吸附和去除能力，而且还具有很强的截污和去污能力，可减缓由工农业污染、生活污染及养殖污染所产生的海域富营养化，起到生物净化作用，从而减少赤潮发生。

三、压舱水生物生态入侵管理与控制

（一）船舶压舱水与外来生物生态入侵

海洋航运业承担着国际上80%的商务运输，海洋运输造成的外来生物入侵是目前世界范围内海洋生态环境面临的严重危害之一，同时也造成了巨大的经济损失。由船舶运输特别是压舱水所引起的外来生物物种入侵问题已经得到广大海洋生物学家、生态学家及政府部门和国际社会的广泛关注和重视，但这个问题尚未在我国引起足够重视，而有关压舱水的监测才刚刚起步。

随着国际航运业的发展，外来海洋生物物种生态入侵问题日趋严重，每天大约有10 000种海洋生物物种通过海洋运输向世界各地传播（Carlton，1999），而北美洲300多种外来海洋生物中约有 80%是通过船舶运输侵入（Niimi，2004）。虽然大部分生物在船舶运输过程中不能承受压载舱中黑暗、缺氧的条件和船垢中的污浊环境，而且也不一定能在新的环境下成功生存，但是近年来海洋生物的生态入侵还是以惊人的速度发展。对美国、澳大利亚、新西兰6个港口的研究表明，新的外来生物以每周32～85种的速率入侵（Bax et al.，2003）。

外来入侵生物对本地生态系统的影响主要包括：①对本地种群的摄食压力；②改变生态系统群落结构；③造成生境结构改变。此外，不同外来生物所产生的生态影响具有协同作用，可以通过对环境和生物群落的改变促进其他外来生物的生长定居，这种累加并逐步升级的生态入侵效应称为“入侵坍塌”（Cohen and Carlton，1998）。许多外来入侵生物还可造成巨大的经济损失，由于对管道、船体等的破坏作用，斑马贻贝每年在美国大湖造成的经济损失高达50亿美元（Threshcr，1999），而美国由外来生物入侵造成的年经济损失高达1000亿美元（Hewitt et al.，1999）。

一般情况下，浮游藻类只能随着洋流扩散，扩散范围有限，通过船舶压舱水可以将浮游藻类扩散至数万千米之外的海域。大多数海洋微藻在压舱水中不易存活，但一些藻类的休眠孢囊具有较强的生存能力，随压舱水排放到其他海域后，这些休眠孢囊遇到合适的环境条件即可萌发成营养细胞，迅速繁殖并引发赤潮。因此，近年来有害藻类国际化分布趋势日趋明显，某一地区的特异性物种在短时间内就可发展成为全球性物种。

外来微藻对欧洲海域的入侵具有较长的历史，最早记录为20世纪初。而近10年来，越来越多的外来有害赤潮藻类入侵欧洲海域，这些有害赤潮藻类的入侵，极大地破坏了生态环境和造成了巨大的经济损失（Gollasch，2006）。米氏凯伦藻（*Karenia mikimotoi*）最先在日本海域发现，通过海产品的进口传播至欧洲海域，并在多处发生赤潮，致使养殖鱼类大量死亡（Bax et al.，2003）。另外一种成功入侵欧洲海域的典型赤潮微藻为链状裸甲藻（*Gymnodinium catenatum*），这是一种能形成休眠孢囊的甲藻，可以在船舶压舱水中黑暗、低营养和缺氧的条件下长时间生存。链状裸甲藻通过压舱水从阿根廷海域首先侵入西班牙海域，在 20 世纪 90 年代末又扩散至北欧海域（Gollasch，2006）。链状裸甲藻是产生麻痹性贝类毒素（paralytic shellfish poisoning，PSP）的重要微藻，由于该藻的入侵，1976 年西班牙西北部的加利西亚省就发生了 200 起 PSP 中毒事件（Cranfield et al.，1998）。

有关由澳大利亚海域船舶压舱水引起的生态入侵问题，Hallegraeff 教授研究小组于 20 世纪 90 年代进行了深入研究（Hallegraeff，1998；McMinn et al.，1997）。他们对澳大利亚 18 个港口中的 343 艘船只的压舱水及压舱泥进行了调查，发现 65%的压载舱中含有较丰富的沉积物，而所有的沉积物样品中都存在硅藻和硅藻的孢子，50%的沉积物样品中存在甲藻孢囊，其中包括许多非本地种，20 种孢囊和孢子可以成功萌发。值得注意的是，在 16 艘船只的压载舱中检测出许多有毒种类的孢囊，最多的船只可携带 3 亿个亚历山大藻孢囊（McMinn et al.，1997）。他们的研究结果被澳大利亚检验检疫部门采纳，并且于 1991 年制定了有关压舱水管理和控制的法规。链状裸甲藻是在澳大利亚海域造成较大损失的外来有害赤潮物种。链状裸甲藻孢囊从 1972 年开始在塔斯马尼亚岛南部海域出现，是通过压舱水从日本或西班牙海域入侵，随后又向墨尔本及澳大利亚南部海域扩展（Hallegraeff，1998）。链状裸甲藻赤潮最早于 1980 年在塔斯马尼亚岛南部海域发生，其后又于 1986 年、1991 年和 1993 年发生了大规模赤潮，导致贝类体内 PSP 毒素严重超标（>8000μg STXeq/100g 肉），致使 35 个贝类养殖场关闭长达 6 个月，造成了巨大的经济损失（McMinn et al.，1997）。

改革开放以来，我国国际航运业蓬勃发展，与此同时船舶压舱水的排放必然带来许多舶来种类。近年来，我国沿海浮游植物新记录种不断涌现，以前从未出现过的有毒有害赤潮生物种类和数量持续增加，这些赤潮已成为肆虐我国沿海海域的一种严重的生态灾难和海洋环境问题。棕囊藻是一种危害严重的有害赤潮藻类，原本认为是一种寒带和温带物种，其赤潮也多在南极和北欧海域发生（Schoemanna et al.，2005），但近年来有向热带、亚热带海域扩展的趋势。1997 年，在广东柘林湾海域首次发生棕囊藻赤潮，使养殖鱼类大量死亡，直接经济损失达 6000 万元，此后又于 1999 年和 2000 年在该海域发生（Qi et al.，2004）。虽然未有该藻来源于压舱水的直接证据，但就其在我国出现的时间及发生趋势来看，该种有可能属于外来生物物种。卡盾藻是世界上危害最为严重的赤潮藻类之一，在日本沿海及世界其他海域发生过赤潮并造成严重的经济损失。1991 年，在深圳大鹏湾首次发生了海洋卡盾藻赤潮，随后其赤潮又在黄海北部海域和大亚湾发生，并且成为黄海、渤海海域常见赤潮生物（齐雨藻和黄长江，1997；矫晓阳和郭皓，1996）。研究结果表明，卡盾藻赤潮发生的种源可能是由船舶压舱水所带来的休眠孢囊（王朝晖等，2006）。米氏凯伦藻是产生细胞毒素和溶血性毒素的赤潮藻类，其赤潮可以导致养殖鱼类大量死亡。1998 年春，米氏裸甲藻赤潮首次在我国珠江口海域发生，造成巨大的经济损失。2004 年 6 月，天津塘沽附近海域至渤海湾中东部及北部海域发生了面积约 3200km^2 的米氏凯伦藻赤潮（国家海洋局，2004）；2005 年 6 月，在浙江舟山、温州等海域又发生了面积达 7000km^2 的米氏凯伦藻赤潮（国家海洋局，2005），说明米氏凯伦藻赤潮已经从我国南海海域向东海和黄渤海海域扩展。近年来在欧洲海域频繁发生赤潮的米氏凯伦藻被认为是一种外来入侵生物。

（二）生态入侵的管理对策

1. 压舱水更换

压舱水更换是指将近岸海域的压舱水在船舶航行过程中更换为远洋海水。压舱水更换是压舱水处理中最为常见的方法，同时也是国际海事组织（International Maritime Organization，IMO）推荐执行的控制压舱水外来生物入侵的重要手段（Carlton et al.，1995）。由于远洋海洋生物一般难以在近岸海洋环境生存，这样就可以在一定程度上避免将其他港口的近岸海水带入目的港。目前各国政府对压舱水的管理主要也是压舱水更换，但强制要求船只装载压舱水管理系统的仅有澳大利亚、英国、加拿大等少数国家，大部分压舱水没有在远洋海域得到更换（IMO，2003）。

压舱水更换一般要求在离岸超过 200 英里①或者水深大于 2000m 的远洋中进行（IMO，2003）。压舱水更换主要有两种方式：①“清空-灌注更换法”（empty-and-refill exchange），也就是先将原有的压舱水排空，然后再注入远洋海水。②“灌流更换法”（flow-through exchange），在已经装载压舱水的压载舱内注入远洋海水，满载后原有的压舱水就会溢流出压载舱，这样注入 3 倍容量的远洋海水就可以更换 95%的压舱水。压舱水更换也存在一些不足之处。考虑到船舶的安全性，对于载重超过 4 万 t 的船舶，在大洋中用“清空-灌注法”更换压舱水还存在一定困难（Woodward et al.，1992）。此外，压舱水更换对于距离较短的国际航运来说较为困难，如欧洲亚得里亚海国家和地中海国家之间的航运，由于航程短而无法实施压舱水更换，而且这些航运也无法满足 IMO 更换水域离岸距离的要求。

由于压舱泥中存在大量的底栖生物及浮游生物的休眠体等，这些生物抵达目的港后，同样具有生物入侵能力，而压舱水更换尚不能减少底泥中海洋生物入侵的风险，因此这种处理方法的效果如何尚属未知。虽然如此，压舱水更换仍是目前 IMO 各成员国普遍认可的一种预防和控制压舱水生态入侵的措施。

2. 压舱水处理

压舱水处理是在船舶航行过程中，用物理或者化学方法将压舱水和压舱泥中的生物杀灭，使其不能在目的港生长定居。相对于压舱水更换法来说，压舱水处理法较为安全。由于藻类的孢囊对许多化学物质及处理具有较强抵抗能力，压舱水处理方法是否有效，一般以孢囊的失活为依据（Bolch and Hallegraeff，1993）。

（1）化学方法

用于压舱水消毒的生物灭杀剂主要有氯气、臭氧、过氧化氢等氧化剂，金属离子、戊二醛、有机酸等非氧化剂。研究发现，高浓度的硫酸铜及 pH、盐度的改变都不能杀死甲藻孢囊；而高浓度的氯气和过氧化氢才能使甲藻孢囊失去活性（Carlton et al.，1995）。

---

① 1 英里=1.609 344km

但考虑到化学试剂的成本及对船体的腐蚀性，高浓度化学物质的使用在实际处理中基本上不可能。在化学处理前可先进行过滤处理，将较大的生物体包括大部分甲藻孢囊去除，可以提高化学处理法的效率。但总的来说，化学处理方法是一种比较昂贵且对环境具有不良影响的方法。

（2）物理处理

过滤是国际社会上目前较为推崇的压舱水处理方法。筛网、滤筛和滤膜也可用于压舱水过滤，但需要考虑和权衡滤网孔径与处理效率及处理费用之间的关系。过滤可以大大减少压载舱中的含泥量，也大大减少了生物种类和数量。但是过滤使压舱水的装载速度大大降低，同时病原菌、微生物和微藻仍可以进入压舱水。因此，压舱水的过滤还需要与其他方法如紫外线、加热及化学方法等结合使用，以灭杀小型生物体（Hallegraeff et al.，1997）。紫外线只能杀死细菌和其他微生物，对大型生物体及孢囊、孢子、藻类和真菌的效果不太理想，而且紫外线处理效果会受到水中悬浮物的影响，紫外线处理一般用于过滤处理后（Hallegraeff et al.，1997）。研究发现，水温上升至40～45℃可以杀死许多甲藻孢囊（Gauthier and Steel，1996）。加拿大和日本学者设计了利用船舶发动机引擎的能力来加热压舱水的装置，在实际运用中，已经有一艘澳大利亚船只和一艘日本船只成功尝试用发动机冷却水来加热压舱水（Rigby et al.，1999）。加热1200万gal[①]的压舱水，需要45～90MW的能量，考虑到传输过程中的能量消耗，需要2～4倍的引擎能量才能加热这些压舱水。此外，压舱水加热处理需要考虑加热对压载舱的影响及热压舱水排放的环境影响（Gauthier and Steel，1996；Carlton et al.，1995）。目前该方法尚未运用于实践之中。在淡水资源丰富的港口，可以考虑使用淡水作为压舱水。淡水作为压舱水费用较便宜，但目前此方法还未得到普遍认可，具体的操作方法尚需要进一步实践。

3. 压舱水的管理和控制

目前，一些国际和地区机构已经意识到外来海洋生物入侵的危害，并通过一些法律条文和条例来防止外来海洋生物入侵，其中最重要的决议为1982年的联合国海洋法律大会（United Nations Conventions on the Law of the Sea，LOS Convention）及1992年的生物多样性大会（Convention on Biological Diversity，CBD）。海洋法律大会要求各国尽其所能来防止、减少和控制有目的的或偶然的可造成明显有害影响的海洋生物入侵，而1992年联合国生物多样性大会也提到了同样的条例。

国际海事组织（IMO）是联合国的一个特别机构，是专门负责国际船务安全及减少和控制船舶污染的机构。自1973年以来，IMO的海洋环境保护委员会（The Marine Environmental Protection Committee，MEPC）注意到了船舶压舱水所引起的外来生物入侵问题；20世纪80年代末，MEPC成立了一个有关压舱水入侵问题的工作组，并制定了指导性指南；1991年和1993年将这些指南汇编为A774（18）号决议“防止有害水生生物和病原体通过压舱水和沉积物入侵的国际指南”（International Guidelines for Preventing the Introduction of Unwanted Aquatic Organisms and Pathogens from Ship’s Ballast Water and Sediment Discharges）；1997年11月，IMO又制定了A868（20）号决

① 1gal（UK）=4.546 09L

议“控制和管理船舶压舱水以减少有害水生生物和病原体传播指南”（Guidelines for the Control and Management of Ship’s Ballast Water to Minimize the Transfer of Harmful Aquatic Organisms and Pathogens）。指南建议沿海各国和港口采用统一的管理和控制方法，并且要求船只在大洋更换压舱水（mid-ocean ballast water exchange，BWE），尽量减少在有害赤潮频繁发生海域更换压舱水。2004 年“国际压舱水和压舱泥管理和控制大会”在伦敦举行，会议制定了压舱水排放的生物标准：对于≥50μm 的个体，要求压舱水中数量<10/m^3；个体大小在 10～50μm 的，数量应<10/mL。此项决议在各成员国签署一年后生效，有 30 个成员国签署了此决议，将覆盖世界商务航运的 35%。

目前只有少数海洋环境受到外来生物入侵危害的国家如澳大利亚、新西兰、加拿大、美国、智利、以色列和日本等，执行了 IMO 的指南要求，强制对进港的船只进行相关监测，压舱水所带来的生态入侵问题在大部分国家和港口仍未得到有效控制和管理。澳大利亚和新西兰还要求对目标外来生物进行跟踪和分析，包括对外来生物扩散的监测、入侵突发事件应急措施和协调、对已经入侵生物进行长期监控等。

参 考 文 献

蔡爱智. 1994. 粤东柘林湾的泥沙来源与沉积环境. 厦门大学学报(自然科学版), 33(4): 515-520.

蔡树群，韦桂峰，王肇鼎. 2004. 外源输入对大亚湾大鹏澳浮游生物影响的模拟研究. 生态科学, 23(2): 101-105.

曹西华，俞志明. 2003. 有机改性黏土去除有害赤潮藻的研究. 应用生态学报, 14(7): 1169-1172.

杜飞雁，王雪辉，李纯厚，等. 2008. 大亚湾大型底栖动物物种多样性现状. 南方水产, 4(6): 33-41.

冯颖竹. 1997. 登陆广东热带气旋的气候特征及灾害特点. 仲恺农业技术学院学报, 10(2): 38-44.

广东省海洋与渔业局. 2001-2014. 广东省海洋环境质量公报.

国家海洋局. 1998-2013. 中国海洋环境质量公报.

国家环境保护总局. 2004. 中国的海洋环境保护. 环境保护, 6: 3-8.

何雪琴，张观希，郑庆华，等. 2001. 大亚湾底栖生物体中 4 种重金属残毒量分析与评价. 地理科学, 21(3): 282-285.

何玉新，黄小平，黄良民，等. 2005. 大亚湾养殖海域营养盐的周年变化及其来源分析. 海洋环境科学, 24(4): 20-23.

贺海晏，简茂球，宋丽莉，等. 2003. 近 50a 广东登陆热带气旋的若干气候特征. 气象科学, 23(4): 401-409.

黄长江，董巧香，吴常文，等. 2005. 大规模增养殖区柘林湾叶绿素 a 的时空分布. 海洋学报, 27(2): 127-134.

黄小平，郭芳，黄良民. 2008. 大亚湾典型养殖区表层沉积物环境特征研究. 热带海洋学报, 27(5): 37-42.

贾国东，彭平安，傅家谟. 2002. 珠江口近百年来富营养化加剧的沉积记录. 第四纪研究, 22(2): 158-166.

矫晓阳，郭皓. 1996. 中国北黄海发生的两次海洋褐胞藻赤潮. 海洋环境科学, 15(3): 41-46.

柯东胜，高阳，李秀芹，等. 2008. 大亚湾生态问题成因分析及应对措施. 海洋开发与管理, 4: 32-36.

梁松，钱宏林，齐雨藻. 1992. 赤潮研究的现状和有关问题. 生态科学, 1: 120-126.

梁松，张展霞，钱宏林，等. 1996. 大鹏湾环境与赤潮研究. 北京：海洋出版社.

梁想，尹平河，赵玲，等. 2001.生物载体除藻剂去除海洋赤潮藻. 中国环境科学, 21(1): 15-17.

林荣根，周俊良，黄朋林，等. 1998. 螺旋藻吸附水溶液中铜离子的初步研究. 海洋环境科学, 17(2): 8-11.

林永水，周雅操，王国才. 1994. 珠江口赤潮生物及其与环境关系. 热带海洋, 13(4): 58-64.

麦少芝，徐颂军. 2005. 广东红树林资源的保护与开发. 海洋开发与管理, 1: 45-48.

缪锦来，石红旗，李光友，等. 2002. 赤潮灾害的发展趋势、防治技术及其研究进展. 安全与环境学报, 2(3): 40-44.

牟德海. 2002. 大亚湾放射生态学及沉积物的生物地球化学研究. 暨南大学博士学位论文.

齐雨藻，黄长江. 1997. 南海大鹏湾海洋卡盾藻赤潮发生的环境背景. 海洋与湖沼, 28(4): 337-342.

钱宏林，梁松，齐雨藻. 2000. 广东沿海赤潮的特点及成因研究. 生态科学, 19(3): 8-16.

屠健. 1991. 赤潮防治技术概况. 海洋通报, 10(6): 91-94.

王朝晖，李锦蓉，齐雨藻，等. 2004. 大亚湾养殖区营养盐状况分析与评价. 海洋环境科学, 23(2): 25-28.

王朝晖，齐雨藻，陈菊芳，等. 2006. 大亚湾春季卡盾藻种群动态及其赤潮成因分析. 水生生物学报, 30(4): 394-398.

王朝晖，尹伊伟，齐雨藻，等. 2001. 珠海桂山岛米氏裸甲藻赤潮对鱼鳃损伤的病理学组织观察. 海洋学报, 23(1): 133-139.

王友绍，王肇鼎，黄良民. 2004. 近 20 年来大亚湾生态环境的变化及其发展趋势. 热带海洋学报, 23(5): 85-95.

王肇鼎，彭云辉，孙丽华，等. 2003. 大鹏澳网箱养鱼水体自身污染及富营养化研究. 海洋科学, 27(2): 77-80.

韦桂峰.2005. 广东大亚湾西南部海域营养盐结构的长期变化. 生态科学, 24(1): 1-5.

徐宁，吕颂辉，段舜山，等. 2004. 营养物质输入对赤潮发生的影响. 海洋环境科学, 23(2): 20-24.

叶雯. 2002. 广东省台风灾害特点及减灾对策. 灾害学, 17(3): 54-59.

俞志明，宋秀贤，张波，等. 1999. 黏土表面改性及对赤潮生物絮凝作用研究. 科学通报, 44(3): 307-310.

詹文欢，姚衍桃，孙杰. 2013. 广东省海洋环境资源基本现状. 北京：海洋出版社.

张俊香，黄崇福，刘旭拢. 2008.广东沿海台风暴潮灾害的地理分布特征和风险评估(1949-2005). 应用基础与工程科学学报, 16(3): 393-402.

Anderson D M. 1997. Turning back the harmful red tide. Nature, 388: 513-514.

Bax N, Williamson A, Aguero M, et al. 2003. Marine invasive alien species: a threat to global biodiversity. Marine Policy, 27: 313-323.

Bolch C J S, Hallegraeff G M.1993. Chemical and physical treatment options to kill toxic dinoflagellate cysts in ships' ballast water. Journal of Marine and Environmental Engineering, 1: 23-29.

Carlton J T, Reid D M, van Leeuwen H. 1995.The role of shipping in the introduction of nonindigenous aquatic organisms to the coastal waters of the United States (other than the Great Lakes) and an analysis of control options. Report No. CG-D-11-95. U. S. Coast Guard, Groton C T and U. S. Dept. of Transportation, Washington DC.

Carlton J T. 1999.The scale and ecological consequences of biological invasions in the world's oceans *in*: Sandlund O T, Schei P J, Viken A, et al. Invasive Species and Biodiversity Management. Netherlands: Kluwer Publishers: 195-212.

Chau K W. 2006.Persistent organic pollution characterization of sediments in Pearl River estuary. Chemosphere, 64: 1545-1549.

Cohen A N, Carlton J T. 1998. Accelerating invasion rate in a highly invaded estuary. Science, 279: 555-557.

Conley D J. 1998.An interlaboratory comparison for the measurement of biogenic silica in sediments. Marine Chemistry, 63: 39-48.

Cranfield H J, Gordon D P, Willan R C, et al. 1998.Adventive marine species in New Zealand. NIWA, Technical Report #34, Wellington, N. Z.

Gauthier D, Steel D A.1996.A synopsis of the situation regarding the introduction of nonindigenous species by ship-transporting ballast water in Canada and selected countries. Canadian Manuscript Report Fisheries Aquatic Science.

Gollasch S.2006. Overview on introduced aquatic species in European navigational and adjacent waters. Helgoland Marine Research, 60: 84-89.

Hallegraeff G M, Munda Y B, Baden D G, et al. 1998.Marina raphidophyte bloom associated with mortality of cultured bluefin tuna (*Thunnus maccoyii*) in south Australia *in*: Reguera J, Blanco M, Fernandez T, et al. eds. Harmful Algae, VIII Conference on Harmful Algae. Vigo, Spain: Intergovernmental Oceanographic Commission of UNESCO: 93-96.

Hallegraeff G M, Valentine J P, Marshall J A, et al. 1997. Temperature tolerances of toxic dinoflagellate cysts: application to the treatment of ships' ballast water. Aquatic Ecology, 31: 47-52.

Hawins P R, Griffiths D J.1987. Copper as an algaecide in a tropical research. Water Research, 21: 475-480.

Hewitt C, Campbell M, Thresher R, et al. 1999.Marine biological invasions of Port Phillip Bay, Victoria. CRIMP Technical Report 20, CSIRO Marine Research, Hobart, Tasmania.

Imai I, Kim M, Nagasaki K. 1998.Relationships between dynamics of red tide causing raphidophycean flagellates and algicidal micro-organisms in the coastal sea of Japan. Phycological Research, 46: 139-146.

International Maritime Organization (IMO). 2003.Marine Environmental Protection Committee (MEPC), Draft International Convention for the Control of Management of Ships' Ballast Water and Sediments.

Ip C C, Li X D, Zhang G, et al. 2004.Over one hundred years of trace metal fluxes in the sediments of the Pearl River Estuary, South China. Environmental Pollution, 132: 157-172.

Ip C C, Li X D, Zhang G, et al. 2007.Trace metal distribution in sediments of the Pearl River Estuary and the surrounding coastal area, South China.Environmental Pollution, 147: 311-323.

Liu S M, Zhu B D, Zhang J, et al. 2010. Environmental change in Jiaozhou Bay recorded by nutrient components in sediments. Marine Pollution Bulletin, 60: 1591-1599.

McMinn A, Hallegraeff G M, Thomson P, et al. 1997.Cyst and radionucleotide evidence for the recent introduction of the toxic dinoflagellate *Gymnodinium catenatum* into Tasmanian waters. Marine Ecology Progress Series, 161: 165-173.

Moncheva S, Gotsis-Skretas O, Pagou K, et al. 2001.Phytoplankton blooms in Black Sea and Mediterranean coastal ecosystems subjected to anthropogenic eutrophication: similarities and differences. Estuarine, Coastal and Shelf Science, 53: 281-295.

Niimi A J.2004. Roles of container vessels in the introduction of the exotic species. Marine Pollution Bulletin, 49: 778-782.

Olsena Y, Reinertsena H, Reinertsena O, et al.2001. Comparative analysis of food webs based on flow networks: effects of nutrient supply on structure and function of coastal plankton communities. Continental Shelf Research, 21: 2043-2053.

Park Y T, Park J B, Chung S Y.1998. Isolation of marine bacteria killing red tide microalgae: 1. Isolation and algicidal properties of *Micrococcus* sp. LG21 possessing killing activity for harmful dinoflagellate *Cochlodinium polykrikoides*. Journal of the Korean Fisheries Society, 31: 767-773.

Qi Y, Chen J, Wang Z, et al. 2004.Some observations on harmful algal bloom (HAB) events along the coast of Guangdong, Southern China in 1998. Hydrobiologia, 512: 209-214.

Rigby G R, Hallegraeff G M, Sutton C.1999. Novel ballast water heating technique offers cost-effective treatment to reduce the risk of global transport of harmful marine organisms. Marine Ecology Progress Series, 191: 289-293.

Sagehashi M, Sakoda A, Suzuki M. 2000.Predictive model of long-term stability after biomanipulation of shallow lakes. Water Research, 34: 40144028.

Schoemanna V, Becquevorta S, Stefels J, et al. 2005.Phaeocystis blooms in the global ocean and their controlling mechanisms: a review. Journal of Sea Research, 53: 43-66.

Shen P P, Li Y N, Qi Y Z, et al.2010. Morphology and bloom dynamics of *Cochlodinium geminatum* (Schutt) Schutt in the Pearl River Estuary, South China Sea. Harmful Algae, 13: 10-19.

Shi Q, Leipe T, Rueckert P, et al. 2010.Geochemical sources, deposition and enrichment of heavy metals in short sediment cores from the Pearl River Estuary, Southern China. Journal of Marine Systems, 82: S28-S42.

Thresher R E. 1999. Diversity, impacts and options for managing invasive marine species in Australian waters. Australian Journal of Environmental Management, 6: 137-148.

Wang C, Li X, Lai Z, et al. 2008. The study on seasonal trait of Nitzschia population in Zhelin Bay of eastern Guangdong. Estuary, Costal and Shelf Science, 76(2): 319-326.

Wang Z H, Mu D, Li Y, et al. 2011.Recent eutrophication and human disturbance in Daya Bay, the South China Sea: dinoflagellate cyst and geochemical evidence. Estuarine, Coastal and Shelf Science, 92(3): 403-414.

Wang Z H, Song S H, Qi Y Z. 2014. A comparative study of phytoneuston and the phytoplankton community structure in Daya Bay, South China Sea. Journal of Sea Research, 85: 474-482.

Wang Z H, Zhao J, Zhang Y, et al. 2009. Phytoplankton community structure and environmental parameters in aquaculture areas of Daya Bay, South China Sea. Journal of Environmental Science, 21(9): 1268-1275.

Woodward J B, Parsons M G, Troesch A W. 1992.Ship operational and safety aspects of ballast water exchange at sea. Marine Technology, 31(4): 315-326.

第二章　广东典型海域环境特征和生物资源

第一节　汕头南澳海域环境和生物资源

一、环境概况

（一）地理位置与气候条件

南澳岛地处粤东、南海与台湾海峡交界的海域，是广东唯一的海岛县，位于广东东端、南海与台湾海峡交界的海域上，共有 35 个岛屿，总面积 108.57km^2，其中主岛南澳岛面积 106.14km^2，海岸线 76.77km，人口 7.2 万，目前仍以海洋渔业为主要产业（赖学文和陈伟洲，2006）。

南澳岛地处北回归线，属于南亚热带海洋性季风区，常年气候温暖，光照充足，雨量偏少，霜冻很少，常有热带气旋、强风、干旱、寒露风、低温阴雨等灾害性天气出现。其多年平均气温为 21.5℃，最高 36.2℃，最低 2.9℃，气温 1 月低，7 月高。多年平均降水量为 1382.9mm；年最大降水量 2502.1mm（1990 年），年最小降水量 812.3mm（1967 年）。全年盛行东北风到东风，其次是偏南风（中国科学院南海海洋研究所，2006）。

南澳海域潮汐主要由太平洋潮波经巴士海峡和巴林塘海峡进入南海后形成，属于不正规半日潮，每天出现两次低潮和两次高潮。两次高潮和低潮的高度不等，涨潮和落潮的历时也不相等。涨潮平均历时长于落潮平均历时 1h，涨潮平均历时在 6 时 30 分至 6 时 50 分，落潮平均历时 5 时 30 分至 5 时 50 分。南澳海域潮差 1.0～1.5m。南澳海域表层海流因受地形影响，东海区潮流运动形式呈往复流，且涨落因地形而异，旋转方向为近岸沿逆时针旋转的多，远岸为顺时针旋转，潮落流速大于涨潮流速（中国科学院南海海洋研究所，2006）。

研究区域深澳湾位于南澳岛东北部，面积约 6.84km^2，平均水深 3m。近岸受到韩江和黄冈河径流影响。深澳湾从 20 世纪 80 年代开始大规模海水养殖，主要养殖鱼类为石斑鱼，贝类为葡萄牙牡蛎。2000 年以后开始了大型海藻龙须菜的规模栽培。至 2011 年，龙须菜的栽培面积超过了 1500hm^2（Yang et al.，2015），改善了养殖区的环境状况。本课题组对南澳深澳湾海域的水体和沉积物环境状况进行了调查，采样区域见图 2-1。

（二）水体环境特征

调查发现，深澳湾表层水体中重金属 Cd、Pb、Cr、Ni、Cu、Zn、Fe 和 Mn 的含量范围分别为 0.06～0.35μg/L、0.01～3.89μg/L、0.02～8.96μg/L、0.01～8.81μg/L、0.01～4.74μg/L、21.51～84.33μg/L、16.46～18.62μg/L 和 5.61～20.84μg/L；底层水体中重金属

Cd、Pb、Cr、Ni、Cu、Zn、Fe 和 Mn 含量的范围分别为 0.04～0.34μg/L、1.32～3.89μg/L、0.01～10.19μg/L、0.02～9.43μg/L、1.20～4.74μg/L、21.51～82.81μg/L、16.51～17.21μg/L 和 5.10～20.84μg/L（表 2-1）。底层水体大部分重金属含量较表层水体重金属含量要高，可能与底层沉积物的释放有关。

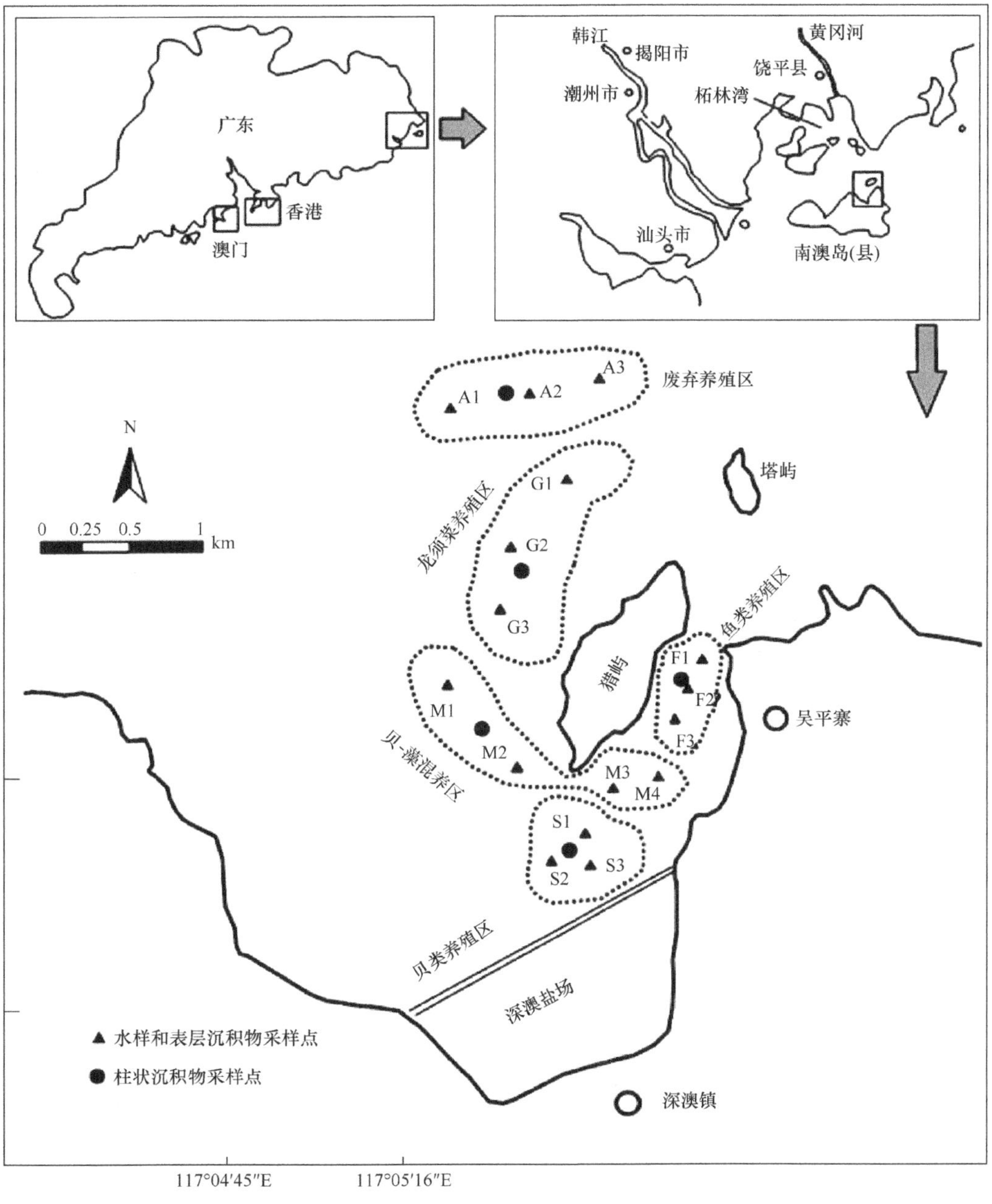

图 2-1　深澳湾样品采样站点图

F1～F3.鱼类养殖区；S1～S3.贝类养殖区；G1～G3.龙须菜栽培区；M1～M4.贝-藻混养区；A1～A3.废弃养殖区

表 2-1　汕头南澳深澳湾海域表层和底层水体中重金属含量（μg/L）

重金属	水体分层	最小值	最大值	平均值	标准差	标准误
Cd	表层	0.06	0.35	0.19	0.09	0.02
	底层	0.04	0.34	0.18	0.07	0.01
Pb	表层	0.01	3.89	2.29	0.97	0.24
	底层	1.32	3.89	2.41	0.69	0.17
Cr	表层	0.02	8.96	1.15	2.52	0.63
	底层	0.01	10.19	1.24	2.65	0.66
Ni	表层	0.01	8.81	2.12	2.95	0.74
	底层	0.02	9.43	1.80	3.14	0.78
Cu	表层	0.01	4.74	1.86	1.24	0.31
	底层	1.20	4.74	2.11	0.89	0.22
Zn	表层	21.51	84.33	46.47	20.37	5.09
	底层	21.51	82.81	47.00	17.81	4.45
Fe	表层	16.46	18.62	16.85	0.51	0.13
	底层	16.51	17.21	16.79	0.18	0.05
Mn	表层	5.61	20.84	12.43	4.73	1.18
	底层	5.10	20.84	12.89	4.73	1.18

表层和底层水体中 Cd、Pb、Cu、Zn、Fe 和 Mn 含量均由近岸鱼类养殖区和贝类养殖区向外递减；表层和底层水体中 Cr 由外海向内递减，可能与韩江水体注入有关；表层和底层中 Ni 分布较均匀。主成分分析结果表明，Cd、Pb、Cr、Ni 4 种重金属元素可能来源于煤燃烧、柴油等燃烧和陆源输入；Ni、Cu、Zn 3 种重金属可能来源于饵料和含有 Cu、Zn 和 Ni 的鱼药；Mn 可能主要来源于油漆、电镀等。

鱼类养殖区、贝类养殖区和贝-藻混养区的表层水体中大部分重金属含量较高；而底层水体中大部分重金属在鱼类养殖区、贝类养殖区和龙须菜栽培区含量较高（表 2-2）。

表 2-2　深澳湾不同养殖区水体重金属含量（μg/L）

水体分层	养殖区域	Cd	Pb	Cr	Ni	Cu	Zn	Fe	Mn
表层水体	鱼类养殖区	0.13 ± 0.01	2.69 ± 0.32	0.13 ± 0.08	0.75 ± 0.73	2.24 ± 0.80	54.49 ± 17.29	17.37 ± 0.63	10.61 ± 2.59
	贝类养殖区	0.26 ± 0.04	2.16 ± 0.19	0.14 ± 0.07	2.95 ± 2.93	2.70 ± 1.03	46.24 ± 10.91	16.69 ± 0.05	13.17 ± 2.87
	龙须菜栽培区	0.10 ± 0.03	0.88 ± 0.54	3.26 ± 2.85	2.58 ± 2.33	1.24 ± 0.77	37.08 ± 3.24	16.61 ± 0.08	8.23 ± 2.20
	贝-藻混养区	0.21 ± 0.02	3.16 ± 0.38	0.41 ± 0.38	1.73 ± 0.97	1.61 ± 0.60	55.63 ± 13.70	17.00 ± 0.04	13.79 ± 2.83
	废弃养殖区	0.23 ± 0.08	2.28 ± 0.21	2.09 ± 1.87	2.73 ± 1.92	1.61 ± 0.35	35.86 ± 6.69	16.54 ± 0.02	15.90 ± 1.46
底层水体	鱼类养殖区	0.16 ± 0.01	2.33 ± 0.26	0.96 ± 0.90	1.15 ± 1.13	1.82 ± 0.44	60.56 ± 14.72	16.59 ± 0.04	12.81 ± 2.26
	贝类养殖区	0.26 ± 0.04	2.16 ± 0.20	0.14 ± 0.07	2.96 ± 2.96	2.69 ± 1.03	46.24 ± 10.91	16.69 ± 0.05	13.17 ± 2.87
	龙须菜栽培区	0.08 ± 0.02	1.89 ± 0.52	4.93 ± 2.79	4.47 ± 2.72	2.27 ± 0.25	39.95 ± 3.19	16.70 ± 0.03	10.08 ± 2.49
	贝-藻混养区	0.21 ± 0.02	3.05 ± 0.38	0.03 ± 0.02	0.77 ± 0.57	2.26 ± 0.29	51.22 ± 11.19	16.93 ± 0.03	14.42 ± 2.49
	废弃养殖区	0.18 ± 0.03	2.40 ± 0.26	0.54 ± 0.45	0.02 ± 0.01	1.39 ± 0.10	35.63 ± 1.82	16.98 ± 0.12	13.45 ± 4.27

（三）沉积物环境状况

1. 表层沉积物理化特征与含量分布

（1）总有机碳（TOC）、粒度、总氮（TN）和总磷（TP）

深澳湾海水养殖区 TOC、TN 和 TP 含量的范围分别为 0.61%～0.89%、645.82～1427.91mg/kg 和 380.20～995.34mg/kg，TOC、TN 和 TP 含量的最高值均出现在鱼类养殖区或鱼类养殖区附近。TOC、TN 和 TP 含量有相似的空间分布（图 2-2）。20 世纪 90 年代深澳湾养殖区有近百名渔民在鱼排上居住，进行渔业养殖管理，高密度的鱼类养殖和养殖人员的生活垃圾直接排放到鱼类养殖区域，可能是导致该区域 TOC、TN、TP 含量较高的原因。沉积物粒度分析表明：细颗粒（＜63μm）在不同养殖类型之间没有显著性差异（ANOVA，P＞0.05）；除 F2、F3、L1 和 M3 站点外，粉砂（silt）是养殖区所有站点粒度的主要组成成分，粉砂含量范围在 62.53%～82.69%（图 2-2）。

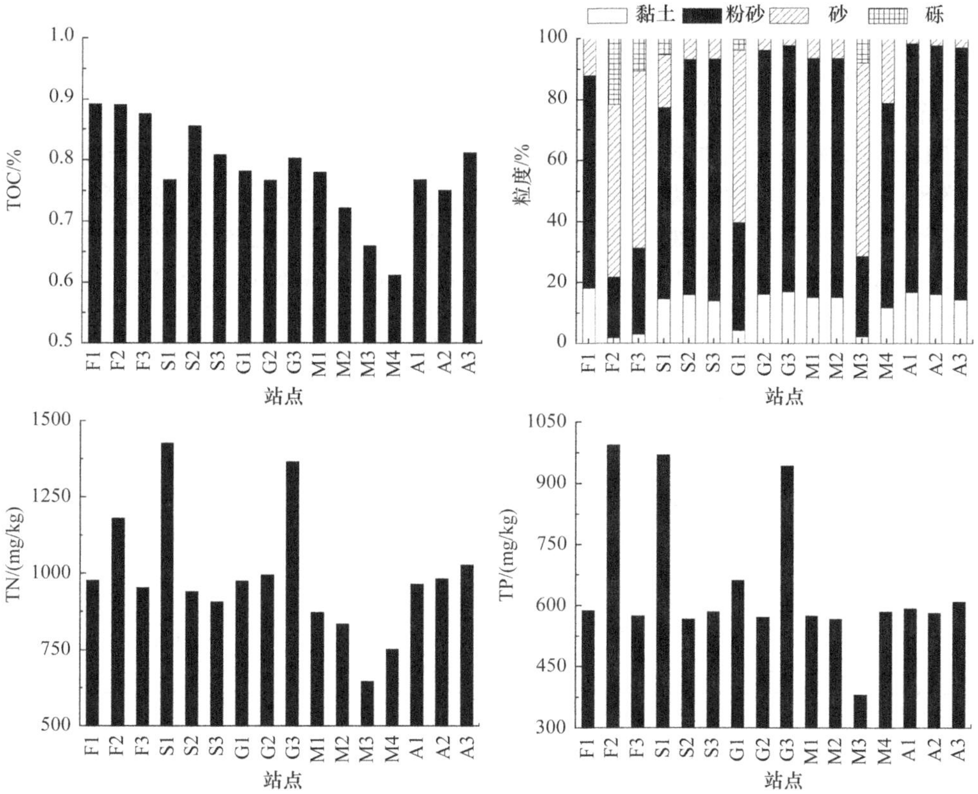

图 2-2　深澳湾表层沉积物中各站点的总有机碳、粒度、总氮和总磷

F1～F3. 鱼类养殖区；S1～S3. 贝类养殖区；G1～G3. 龙须菜栽培区；M1～M4. 贝-藻混养区；A1～A3. 废弃养殖区；黏土（clay）＜2μm；粉砂（silt）2～63μm；砂（sand）63～2000μm；砾（gravel）＞2000μm

（2）重金属含量水平与分布特征

深澳湾养殖区表层沉积物中重金属 Cd、Pb、Cr、Ni、Cu、Zn、Fe 和 Mn 的含量范围分别为 0.00～0.22mg/kg、24.22～39.61mg/kg、25.30～42.66mg/kg、10.83～19.54mg/kg、

15.06～39.24mg/kg、55.12～141.73mg/kg、17 680.00～29 210.00mg/kg 和 349.41～720.59mg/kg，平均值分别为 0.06mg/kg、36.16mg/kg、31.58mg/kg、17.06mg/kg、21.72mg/kg、88.71mg/kg、25 853.13mg/kg 和 572.64mg/kg（表 2-3）。8 种重金属含量大小顺序为 Fe＞Mn＞Zn＞Pb＞Cr＞Cu＞Ni＞Cd。

表 2-3　深澳湾表层沉积物重金属含量（mg/kg，干重）

重金属	最小值	最大值	平均值	标准差	标准误
Cd	0.04	0.22	0.06	0.05	0.01
Pb	24.22	39.61	36.16	3.71	0.93
Cr	25.30	42.66	31.58	4.30	1.08
Ni	10.83	19.54	17.06	2.01	0.50
Cu	15.06	39.24	21.72	5.36	1.34
Zn	55.12	141.73	88.71	22.85	5.71
Fe	17 680.00	29 210.00	25 853.13	2 504.81	626.20
Mn	349.41	720.59	572.64	88.08	22.02

重金属 Cd、Cr、Cu 和 Zn 在 5 种不同养殖类型间有显著差异，含量较高区域均出现在鱼类养殖区或邻近鱼类养殖区域，Pb、Ni、Fe 和 Mn 则呈现均匀分布（表 2-4）。Cd、Cr 和 Zn 的含量在 5 个不同类型养殖区的大小顺序均为鱼类养殖区＞贝类养殖区—龙须菜栽培区—贝—藻混养区—废弃养殖区；Cu 的含量则为鱼类养殖区—贝类养殖区＞龙须菜栽培区—贝—藻混养区—废弃养殖区；而 Pb、Ni、Fe 和 Mn 在各养殖区含量相当。Cd、Cr、Zn 和 Cu 在靠近鱼类养殖区的区域含量较高，可能与其邻近人类聚集区，含大量的生活污水和残饵有关。

表 2-4　深澳湾不同类型养殖区表层沉积物中重金属含量（mg/kg，干重）

养殖类型	Cd	Pb	Cr	Ni	Cu	Zn	Fe	Mn
鱼类	0.14a ± 0.09	37.56a ± 1.59	36.16a ± 1.95	17.53a ± 0.18	29.17ab ± 10.08	126.15a ± 30.34	25 760.00a ± 1 397.47	534.52ab ± 15.71
贝类	0.06b ± 0.01	36.87a ± 2.11	34.34b ± 8.47	18.0a ± 1.68	21.96ab ± 2.88	87.72b ± 9.10	26 223.33a ± 1 582.92	521.90a ± 48.37
龙须菜	0.05b ± 0.02	35.97a ± 2.71	30.38b ± 0.14	16.62a ± 1.84	18.69b ± 1.49	77.11b ± 8.33	26 016.67a ± 1 139.44	606.33ab ± 33.04
贝-藻混养	0.04b ± 0.01	34.39a ± 7.13	28.86b ± 2.60	16.39a ± 3.77	19.77 b ± 3.23	78.85b ± 16.14	25 297.50a ± 5 171.61	535.98ab ± 132.19
废弃	0.04b ± 0.01	36.58a ± 2.83	29.07b ± 1.87	16.92a ± 1.26	19.65b ± 2.52	77.10b ± 4.76	26 153.33a ± 1 464.26	676.69b ± 58.22
背景值*	0.18	15.6	39.3	14.83	7.43	54.4	—	—

注：多重比较用 Duncan 法，显著性 α=0.05，5 种养殖类型之间显著性采用字母标记法表示；—表示文献中没有该值；*表示南海表层沉积物背景值源自张远辉和杜俊民（2005）

2. 柱状沉积物理化性质与重金属含量分布

（1）总有机碳

深澳湾养殖区柱状沉积物中 TOC 的含量为 0.54%～1.03%，其中鱼类养殖区 TOC 的含量高于贝类养殖区、龙须菜栽培区、贝-藻混养区和废弃养殖区。除鱼类养殖区外，剩余 4 个养殖区的 TOC 含量在表层沉积物中略有升高，揭示其不稳定的沉积过程。

鱼类养殖区 TOC 含量在 30～15cm 呈现出增加趋势，15～0cm 含量一直较高；贝类养殖区 TOC 含量在 30～15cm 呈现出先减小趋势，然后 TOC 含量变化不大；龙须菜栽培区、贝-藻混养区和废弃的养殖区 TOC 含量随深度变化不大（图 2-3）。

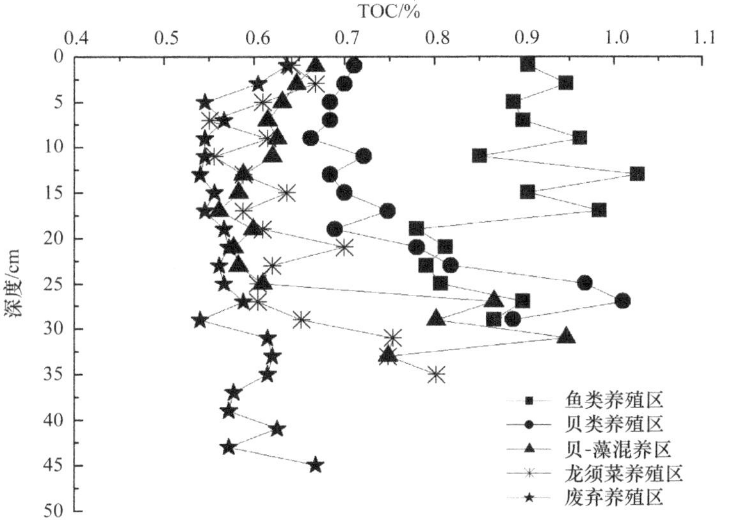

图 2-3　深澳湾 5 种不同类型养殖区总有机碳的垂直分布

（2）重金属含量与分布特征

深澳湾养殖区柱状沉积物中重金属 Cd、Pb、Cr、Ni、Cu、Zn、Fe 和 Mn 的含量范围分别为 0.01～0.11mg/kg、24.20～51.70mg/kg、22.80～68.10mg/kg、9.30～21.30mg/kg、10.80～27.50mg/kg、30.00～260.00mg/kg、27 130.00～49 000.00mg/kg、262.00～764.00mg/kg，平均值分别是 0.04mg/kg、37.88mg/kg、53.60mg/kg、17.33mg/kg、18.03mg/kg、102.38mg/kg、37 923.64mg/kg、575.72mg/kg（表 2-5）。

柱状沉积物中重金属含量的平均值反映了各养殖区域在一定时间内的重金属污染水平。统计结果表明，鱼类养殖区柱状沉积物中重金属平均含量顺序为 Fe＞Mn＞Zn＞Cr＞Pb＞Cu＞Ni＞Cd，除 Cr 和 Ni 外，其余重金属平均含量均高于南海沉积物背景值。贝类养殖区柱状沉积物中重金属平均含量顺序为 Fe＞Mn＞Zn＞Cr＞Pb＞Cu＞Ni＞Cd，除 Cr、Ni 和 Cd 外，其余重金属平均含量均高于南海沉积物背景值。龙须菜栽培区柱状沉积物中重金属平均含量顺序为 Fe＞Mn＞Zn＞Cr＞Pb＞Ni＞Cu＞Cd，除 Cr、Ni 和 Cd 外，其余重金属平均含量均高于南海沉积物背景值。贝-藻混养区柱状沉积物中重金属平均含量顺序为 Fe＞Mn＞Zn＞Cr＞Pb＞Cu＞Ni＞Cd，除 Cr、Ni 和 Cd 外，其余重金属平均含量均高于南海沉积物背景值。废弃养殖区柱状沉积物中重金属平均含量顺序为 Fe＞Mn＞Zn＞Cr＞Pb＞Cu＞Ni＞Cd，除 Cr、Ni 和 Cd 外，其余重金属平均含量均高于南海沉积物背景值。可见，5 个区域柱状沉积物中的重金属受到人类活动影响较大，与近年来高密度水产养殖、生活污水排放、火力发电和汽油动力船舶的大量使用有关。

从总体上看，各养殖区柱状沉积物中大部分重金属的含量近年来都有所增加，其中鱼类养殖区 Cd、Pb、Cr、Ni、Cu、Zn 和 Mn 逐年增长率较其他养殖区要快。鱼类养殖区靠近陆地生活区，有大量的污水排放、养殖残饵、鱼药和柴油燃烧，这些可能是导致其增长率较高的主要原因。

表 2-5　深澳湾柱状沉积物重金属含量（mg/kg）

养殖类型		Cd	Pb	Cr	Ni	Cu	Zn	Fe	Mn
鱼类养殖区	最小值	0.03	24.30	38.50	11.50	12.10	72.00	27 130.00	432.00
	最大值	0.11	42.80	65.50	18.20	27.50	163.00	45 050.00	638.00
	平均值	0.06	33.19	56.58	15.05	19.15	119.53	34 048.00	537.33
	标准差	0.03	5.82	7.06	1.85	4.79	30.19	4 361.49	53.84
	标准误	0.01	1.50	1.82	0.48	1.24	7.79	1 126.13	13.90
贝类养殖区	最小值	0.02	24.20	22.80	9.30	10.80	30.00	29 500.00	359.00
	最大值	0.05	45.70	59.60	18.60	20.30	235.00	46 650.00	620.00
	平均值	0.04	35.09	52.01	15.61	15.99	90.33	37 106.67	520.33
	标准差	0.01	5.40	8.98	2.33	2.17	45.18	3 814.86	75.73
	标准误	0.00	1.39	2.32	0.60	0.56	11.67	984.99	19.55
龙须菜养殖区	最小值	0.02	28.90	44.70	14.40	12.20	76.00	30 500.00	545.00
	最大值	0.04	44.50	62.50	21.00	20.30	260.00	46 830.00	764.00
	平均值	0.03	38.24	54.58	18.39	16.79	114.89	39 123.33	678.94
	标准差	0.01	4.52	4.49	1.57	2.45	38.05	3 714.75	48.09
	标准误	0.00	1.07	1.06	0.37	0.58	8.97	875.57	11.33
贝-藻混养区	最小值	0.03	31.80	48.00	17.50	15.70	72.00	35 930.00	323.00
	最大值	0.06	44.20	68.10	19.40	21.80	118.00	41 030.00	690.00
	平均值	0.03	40.31	54.12	18.37	19.35	101.53	38 514.12	590.94
	标准差	0.01	3.99	6.40	0.62	1.84	12.30	1 432.87	86.40
	标准误	0.00	0.97	1.55	0.15	0.45	2.98	347.52	20.95
废弃养殖区	最小值	0.01	34.60	45.40	16.30	15.10	36.00	33 600.00	262.00
	最大值	0.06	51.70	62.10	21.30	22.80	157.00	49 000.00	734.00
	平均值	0.03	40.70	51.57	18.34	18.63	89.87	39 608.70	544.83
	标准差	0.01	4.15	3.57	1.13	1.73	24.60	3 105.19	121.07
	标准误	0.00	0.87	0.74	0.24	0.36	5.13	647.48	25.24
背景值*		0.053	20	60	20	13	61	28 700	490

*表示引自迟清华和鄢明才（2007）

二、渔业资源与海水养殖发展

（一）渔业资源状况

南澳岛地处东、南两海交汇处，位于闽南-台湾浅滩边缘，海域面积 4600km^2，海岸线长达 99 km，环岛水深 10m 以内的海域达 165.7 km^2。环岛海区水质好，污染源少，饵料生物种类多，初级生产力丰富，鱼、虾、贝、藻类等海洋生物种类达 1300 余种。南澳渔业资源丰富，海洋捕捞业发达，其中经济种类 700 多种，主要有石斑鱼、鲳鱼、金龙鱼等。

海洋渔业是南澳的传统支柱产业，占全县国民经济总量的 60%。海洋捕捞主要作业类型有拖网、流刺、钓业、笼捕、围网等，拥有渔船近 800 艘。近年来，南澳积极调整优化渔业产业结构，在巩固海洋捕捞的基础上，充分发挥得天独厚的自然优势，大力发展海水养殖业

（中国海洋年鉴编纂委员会，2003）。近几年，南澳有关部门在海洋资源增殖方面做了大量工作，如人工放流鱼苗、建造人工鱼礁等。

（二）海水养殖

南澳海区属外海性，初级生产力丰富，发展生态养殖具有独特的区位优势和自然条件。据南澳县政府工作报告统计，2013 年南澳岛全县水产品总产量 17 万 t，其中海洋捕捞产量 7.02 万 t，海水养殖产量 9.9 万 t。南澳海域浅海滩途面积广阔，可供养殖面积约 10 万亩[①]。岛周围海域水质良好，无工业污染，适合于建设海水养殖、种苗培育基地。目前，全县海养面积超过 4 万亩，初步形成了规模化和基地化，并建成了全国最大的县级葡萄牙牡蛎养殖基地、全省最大的大型海藻栽培基地。全县已建成鱼、贝、藻类培育场 13 个，育苗水体 2 万 m^3。养殖品种近百种，有鱼、虾、蟹、贝、藻类及棘皮动物类等，养殖的主要品种有葡萄牙牡蛎、台湾九孔鲍、扇贝、翡翠贻贝、马氏珍珠贝、西施舌、龙须菜、羊栖菜、紫菜、海胆、真鲷、石斑鱼、美国红鱼等，成为粤东地区重要的水产品出口生产基地，被农业部列为中国 20 个水产健康养殖示范县之一。养殖方式从地播到网箱吊养及深水网箱等，形成了大规模、多层次的立体养殖模式，逐步推广鱼、藻、贝立体生态养殖，使养殖区形成良好的生态系统，有效地改善了养殖海区的水质和生态环境，取得了较好的经济效益、生态效益和社会效益。据统计，全县常年从事养殖生产的劳动力超过 3000 人，旺季达 5000 人；海水养殖产值占渔业总产值从 20 世纪 90 年代初的不足 7%提高到现在的近 50%。

南澳岛海水鱼类网箱养殖已有 30 年历史。从 1984 年渔民开始用简易鱼排饲养石斑鱼，养殖品种逐渐扩展到红斑、美国红鱼和青鲈等高价值食用鱼。饲养的鱼主要销往福州、温州等国内拥有大型水产品交易市场的城市及日本、韩国等周边国家和中国香港、台湾等地区。

南澳贝类养殖主要以葡萄牙牡蛎为主，养殖面积超过 2 万亩。深澳镇是南澳县最大的养殖镇，目前该镇牡蛎养殖面积超过 1.2 万亩，年产量超过 6.6 万 t。葡萄牙牡蛎营养价值丰富，含有大量人体需要的元素，特别是含 Zn 量居食物之最。2011 年，南澳牡蛎单位产量约 4.2 万 kg/hm^2，折合经济效益为 3.3 万元/hm^2（李杰等，2012）。

南澳大型海藻栽培主要以江蓠属龙须菜为主，还有坛紫菜、细基江蓠繁枝变种、羊栖菜、马尾藻、石花菜、蜈蚣藻等。龙须菜用途广泛，药用价值高，是一种健康食品，而且是提取琼脂的绝好原料和良好的鲍鱼饲料。2011 年，龙须菜单位产量约 3.6 万 kg/hm^2，折合经济效益为 4.7 万元/hm^2（李杰等，2012）。

21 世纪初，针对前期海水养殖倚重发展网箱养鱼、贝类养殖而造成的弊端，引进具有净化海区水质功能的龙须菜、紫菜、脆江蓠等藻类，大力推广生态效益显著的羊栖菜、马尾藻等当地名优藻类的高产栽培，全面推进生态型藻类基地的建设。依托龙须菜、紫菜等藻类能有效吸纳消化牡蛎等贝类淤积的富营养成分的特点，按 1∶3 的比例实行贝-藻类混养，解决海水富营养化问题，开创了中国贝、藻类立体生态化大规模养殖的先例，取得了显著的生态效益、经济效益和社会效益。目前，南澳海水养殖业的进一步发展还

① 1 亩≈666.67m^2

需要各方面的推动，在技术上需要突破种苗缺乏、成活率低的限制，政府应该牵头成立海水养殖行业商会，同时组织成立海产品贸易公司，倡导建立“公司+养殖户”经营模式，以保障南澳养殖业可持续发展。

三、生物资源特征

（一）微生物

2009 年 1 月和 2012 年 2 月的调查发现，对照海区、龙须菜栽培区和鱼类养殖区表层水体的异养细菌数量的平均值分别为 5.10×10^4CFU/mL 和 3.59×10^4CFU/mL，7.28×10^4CFU/mL 和 1.71×10^4CFU/mL，4.92×10^4CFU/mL 和 2.22×10^4CFU/mL。与 2009 年 1 月的调查结果相比较，2012 年 2 月对照海区、龙须菜栽培区、鱼类养殖区表层水体的异养细菌数量均有不同程度的下降，但仍保持在 10^4CFU/mL。

2009 年 1 月，对照海区、龙须菜栽培区和鱼类养殖区表层水体的弧菌数量整体呈现较低的水平，各站点平均值为 10^2CFU/mL，其中龙须菜栽培区表层水体的弧菌数量最低；2012 年 2 月，各功能区表层水体的弧菌数量均大幅增加，达 10^3CFU/mL。

2009 年 1 月，对照海区、龙须菜栽培区和鱼类养殖区表层水体的粪大肠菌群数量的平均值分别为 200CFU/L、41CFU/L 和 3487CFU/L，呈现出鱼类养殖区>对照区>龙须菜栽培区的趋势；而 2012 年 2 月，对照海区和鱼类养殖区表层水体的粪大肠菌群数量大幅减少，各功能区的粪大肠菌群数量远低于国家海水水质标准。

分子测序结果显示，深澳湾海域主要有 44 种优势菌，分别属于 α-变形菌、黄杆菌、γ-变形菌、β-变形菌、蓝细菌、厚壁菌、放线菌七大类。其中黄杆菌、α-变形菌和 γ-变形菌为优势菌，分别占该海域主要优势菌的 33.1%、32.2% 和 19.5%。不同功能区水体主要优势细菌的组成有所不同：对照海区由 α-变形菌、黄杆菌、γ-变形菌、β-变形菌、蓝细菌、厚壁菌、放线菌七大类细菌组成；而龙须菜栽培区和鱼类养殖区由除放线菌外的六大类细菌组成。不同功能区最主要优势菌的优势度也有所不同：对照区和龙须菜栽培区以 α-变形菌为最主要优势菌，其优势度分别为 39.9% 和 34.5%，鱼类养殖区优势菌为黄杆菌，其优势度为 32.2%。

调查结果表明，对照海区、龙须菜栽培区、鱼类养殖区表层沉积物的细菌具有较丰富的多样性，主要优势菌属于 α-变形菌、γ-变形菌、δ-变形菌、ε-变形菌、酸杆菌、放线菌、厚壁菌、拟杆菌、浮霉菌九大类群。其中 γ-变形菌和 δ-变形菌为最主要优势类群，所占比例达 36.0%和 17.3%。深澳湾海域不同功能区表层沉积物主要优势细菌的组成不同：对照海区九大类群均有分布；龙须菜栽培区主要优势菌包括 α-变形菌、γ-变形菌、δ-变形菌、ε-变形菌、酸杆菌、放线菌、厚壁菌、浮霉菌八大类群；鱼类养殖区包括 α-变形菌、γ-变形菌、δ-变形菌、ε-变形菌、酸杆菌、放线菌、厚壁菌、拟杆菌八大类群。三个功能区表层沉积物的最主要优势菌均为 γ-变形菌和 δ-变形菌，在龙须菜栽培区，这两类细菌所占的比例高达 39.6%和 19.9%。

（二）浮游植物

南澳深澳湾海域浮游植物种类丰富，调查期间共发现浮游植物 4 门 78 属 143 种（表

2-6）。其中硅藻门 52 属 107 种，是该区浮游植物的主要门类，占总种数的 74.8%；其次是甲藻，共 16 属 30 种，占 21.0%；蓝藻门 2 属 3 种；着色鞭毛藻门 2 属 2 种；另外还有少量未鉴定的其他种类。所有种类中共有赤潮藻种 93 种，占总种类数的 65.0%。

表 2-6　调查期间南澳深澳湾海域浮游植物名录

门	属	中文名	拉丁名
硅藻门	斑条藻属	海生斑条藻	*Grammatophora marina*
	半管藻属	膜质半管藻	*Hemiaulus membranacus*
		印度半管藻	*Hemiaulus indicus*
		中华半管藻	*Hemiaulus sinensis*
	布纹藻属	波罗的海布纹藻	*Gyrosigma balticum*
	脆杆藻属	脆杆藻	*Fragilaria* sp.
	短棘藻属	矮小短棘藻	*Detonula pumila*
	辐杆藻	辐杆藻	*Bacteriastrum* sp.
		小辐杆藻	*Bacteriastrum minus*
	圆筛藻属	六幅辐裥藻	*Coscinodiscus senarius*
	根管藻属	笔尖形根管藻	*Rhizosolenia styliformis*
		粗根管藻	*Rhizosolenia robusta*
		钝根管藻半刺变型	*Rhizosolenia hebetate* f. *semispina*
		覆瓦根管藻	*Rhizosolenia imbricata*
		覆瓦根管藻细径变种	*Rhizosolenia imbricata* var. *schrubsolei*
		刚毛根管藻	*Rhizosolenia setigera*
		根管藻	*Rhizosolenia* sp.
		厚刺根管藻	*Rhizosolenia crass*
		翼根管藻	*Rhizosolenia alata*
		翼根管藻纤细变型	*Rhizosolenia alata* f. *gracillima*
		翼根管藻印度变型	*Rhizosolenia alata* f. *indica*
		中华根管藻	*Rhizosolenia sinensis*
	骨条藻属	热带骨条藻	*Skeletonema tropicum*
		中肋骨条藻	*Skeletonema costatum*
	冠盖藻属	掌状冠盘藻	*Stephanopyxis palmeriana*
	棍形藻属	奇异棍形藻	*Bacillaria paradoxa*
	海链藻属	海链藻	*Thalassiosira* sp.
		离心式海链藻	*Thalassiosira eccentrica*
		诺氏海链藻	*Thalassiosira nordenskioldii*
		太平洋海链藻	*Thalassiosira pacifica*
		圆海链藻	*Thalassiosira rotula*
	海毛藻属	佛氏海毛藻	*Thalassiothrix frauenfeldii*
	海线藻属	菱形海线藻	*Thalassionema nitschioides*
	盒形藻属	钝角盒形藻	*Biddulphia obtusa*
		高盒形藻	*Biddulphia regia*
		盒形藻	*Biddulphia* sp.

续表

门	属	中文名	拉丁名
硅藻门	盒形藻属	活动盒形藻	*Biddulphia mobiliensis*
		三刺盒形藻	*Biddulphia tridens*
		网状盒形藻	*Biddulphia retiformis*
		异角盒形藻	*Biddulphia heteroceros*
		正盒形藻	*Biddulphia biddulphiana*
		中华盒形藻	*Biddulphia sinensis*
	棘冠藻属	棘冠藻	*Corethron criophilum*
	几内亚藻属	薄壁几内亚藻	*Guinardia flaccida*
	根管藻属	柔弱根管藻	*Rhizosolenia delicatula*
		斯氏根管藻	*Guinardia striata*
	茧形藻属	翼茧形藻	*Amphiprora alata*
	角管藻属	海洋角管藻	*Cerataulina pelagica*
	角毛藻属	角毛藻	*Chaetoceros* sp.
	菱形藻属	长菱形藻	*Nitzschia longissima*
		菱形藻	*Nitzschia* sp.
		洛氏菱形藻	*Nitzschia lorenziana*
		琴式菱形藻	*Nitzschia panduriformis*
		弯端长菱形藻	*Nitzschia longissima* var. *reversa*
		新月菱形藻	*Nitzschia closterium*
	娄氏藻属	环纹娄氏藻	*Lauderia annulata*
	卵形藻属	盾形卵形藻	*Cocconeis scutellum*
		假边卵形藻	*Cocconeis pseudomarginatus*
		卵形藻	*Cocconeis* sp.
		透明卵形藻	*Cocconeis pellucida*
	马鞍藻属	马鞍藻	*Campylodiscus* sp.
	明盘藻属	细弱明盘藻	*Hyalodiscus subtilis*
	拟脆杆藻属	拟脆杆藻	*Fragilariopsis* sp.
	拟菱形藻属	尖刺拟菱形藻	*Pseudo-nitzschia pungens*
		柔弱拟菱形藻	*Pseudo-nitzschia delicatissima*
	星杆藻属	冰河拟星杆藻	*Asterionellipsis glacialis*
	漂流藻属	具翼漂流藻	*Planktoniella blanda*
	桥弯藻属	桥弯藻	*Cymbella* sp.
	曲壳藻属	短柄曲壳藻	*Achnanthes brevipes*
	曲舟藻属	端尖曲舟藻	*Pleurosigma acutum*
		曲舟藻	*Pleurosigma* sp.
	三角藻属	巴里三角藻方面变型	*Triceratium balearicum* f. *biquadrata*
	双壁藻属	蜂腰双壁藻	*Diploneis bombus*
		施氏双壁藻	*Diploneis schmidtii*
		双壁藻	*Diploneis* sp.
	双菱藻属	双菱藻	*surirella* sp.

续表

门	属	中文名	拉丁名
硅藻门	双眉藻属	双眉藻	*Amphora* sp.
	双尾藻属	布氏双尾藻	*Ditylum brightwellii*
	唐氏藻属	唐氏藻	*Donkinia* sp.
	梯形藻属	双凹梯形藻	*Climacodium biconcavum*
	弯角藻属	长角弯角藻	*Eucampia cornuta*
		短角弯角藻	*Eucampia zoodiacus*
	细柱藻属	丹麦细柱藻	*Cylindrotheca danicus*
		地中海细柱藻	*Cylindrotheca mediterraneus*
		小细柱藻	*Cylindrotheca minimus*
	小环藻属	条纹小环藻	*Cyclotella striata* var. *striata*
		微小小环藻	*Cyclotella caspia*
		小环藻	*Cyclotella* sp.
	楔形藻属	短楔形藻	*Licmophora abbreviate*
	星脐藻属	克氏星脐藻	*Asteromphalus cleveanus*
	旭氏藻属	优美旭氏藻	*Schröderella delicatula*
		优美旭氏藻矮小变种	*Schröderella delicatula* f. *schröderi*
	羽纹藻属	羽纹藻	*Pinnularia* sp.
	圆筛藻属	具边线型圆筛藻	*Coscinodiscus marginato-lineatus*
		具边圆筛藻	*Coscinodiscus marginatus*
		汕头圆筛藻	*Coscinodiscus shantouensis*
		细弱圆筛藻	*Coscinodiscus subtilis*
		星脐圆筛藻	*Coscinodiscus asteromphalus*
		有翼圆筛藻	*Coscinodiscus bipartitus*
		圆筛藻	*Coscinodiscus* sp.
		中心圆筛藻	*Coscinodiscus centralis*
	针杆藻属	针杆藻	*Synedra* sp.
	直链藻属	具槽直链藻	*Melosira sulcata* var. *sulcata*
		颗粒直链藻	*Melosira granulata*
		念珠直链藻	*Melosira moniliformis*
		直链藻	*Melosira* sp.
	舟形藻属	舟形藻	*Navicula* sp.
甲藻门	多甲藻属	多甲藻	*Peridinium* sp.
	哈卡藻属	血红哈卡藻	*Akashiwo sanguinea*
	环沟藻属	螺旋环沟藻	*Gyrodinium spirale*
		条纹环沟藻	*Gyrodinium instriatum*
	角藻属	叉状角藻	*Ceratium furca*
		角甲藻	*Ceratium* sp.
		三角角藻	*Ceratium tripos*
		梭甲藻	*Ceratium fusus*
	裸甲藻属	裸甲藻	*Gymnodinium* sp.

续表

门	属	中文名	拉丁名
甲藻门	裸甲藻属	米氏裸甲藻	*Gymnodinium mikimotoi*
	鳍藻属	渐尖鳍藻	*Dinophysis acuminate*
		具尾鳍藻	*Dinophysis caudate*
	舌甲藻属	多边舌甲藻	*Lingulodinium polyedrum*
	斯氏藻属	锥形斯氏藻	*Scrippsiella trochoidea*
	膝沟藻属	春膝沟藻	*Gonyaulax verior*
		多纹膝沟藻	*Gonyaulax polygramma*
		具刺膝沟藻	*Gonyaulax spinifera*
		膝沟藻	*Gonyaulax* sp.
	亚历山大藻属	链状亚历山大藻	*Alexandrium catenella*
		塔玛亚历山大藻	*Alexandrium tamarense*
		微小亚历山大藻	*Alexandrium minutum*
		亚历山大藻	*Alexandrium* sp.
		夜光藻	*Noctiluca scintillans*
	原多甲藻属	二角原多甲藻	*Protoperidinium bipes*
		原多甲藻	*Protoperidinium* sp.
	原甲藻属	反曲原甲藻	*Prorocentrum sigmoides*
		海洋原甲藻	*Prorocentrum micans*
		利马原甲藻	*Prorocentrum lima*
		微小原甲藻	*Prorocentrum minimum*
		原甲藻	*Prorocentrum* sp.
	卡盾藻属	卡盾藻	*Chattonella marina*
	硅鞭藻属	小等刺硅鞭藻	*Dictyocha fibula*
蓝藻门	颤藻属	汉氏颤藻	*Oscillatoria hildebrandtii*
		红海颤藻	*Oscillatoria erythraea*
	蓝纤维藻属	针状蓝纤维藻	*Dactylococcopsis acicularis*

硅藻占据深澳湾海域浮游植物群落的绝对优势，硅藻丰度比例基本大于 50%，种类数超过总种数的 60%。深澳湾海域第二优势类群为甲藻，蓝藻偶尔形成优势种，主要是红海颤藻（*Trichodesmium erythraeum*）。

南澳海域浮游植物丰度在不同的季节变化较大。2012 年 2 月，南澳深澳湾海域的浮游植物细胞密度变化范围为（29.5～49.3）$\times10^4$ 细胞/L，其中最高值和最低值分别出现在对照海区和龙须菜栽培区。对照海区的浮游植物平均细胞数量最高，为（43.3 ± 6.1）$\times10^4$ 细胞/L；龙须菜栽培区的浮游植物平均细胞密度为（30.8 ± 1.2）$\times10^4$ 细胞/L。2012 年 4～5 月，南澳深澳湾海域浮游植物细胞数量变化范围为（33.5～209.5）$\times10^4$ 细胞/L，其中最高值和最低值分别出现在对照海区和龙须菜栽培区。

为了调查龙须菜栽培对浮游植物丰度的影响，本课题组于 2012 年 4～5 月在龙须菜收获前后对深澳湾海域进行了连续调查。非龙须菜栽培区（对照海区和鱼类养殖区）的浮游植物细胞密度最高，平均为（107.17 ± 10.17）$\times10^4$ 细胞/L，变化范围为（39.50～209.50）

$\times 10^4$ 细胞/L；龙须菜栽培区的细胞密度要低于非龙须菜栽培区，平均细胞密度为（86.39 ± 6.57）$\times 10^4$ 细胞/L，变化范围为（37.50～187.50）$\times 10^4$ 细胞/L（图 2-4）。在龙须菜收获前，因为水温较低并伴有降水，各功能区浮游植物细胞密度相对较低，但龙须菜栽培区的浮游植物密度（47.29 ± 3.28）$\times 10^4$ 细胞/L 要低于非龙须菜栽培区的（83.13 ± 9.79）$\times 10^4$ 细胞/L。经方差分析，龙须菜栽培区浮游植物密度显著低于非龙须菜栽培区（$P<0.05$）。在龙须菜收获后，随着温度的增高，浮游植物繁殖加快，原龙须菜栽培区的细胞密度（138.00 ± 44.79）$\times 10^4$ 细胞/L 和非龙须菜栽培区的浮游植物密度（145.67 ± 45.41）$\times 10^4$ 细胞/L 都有明显增加，但两个区域之间的细胞密度差别不大。

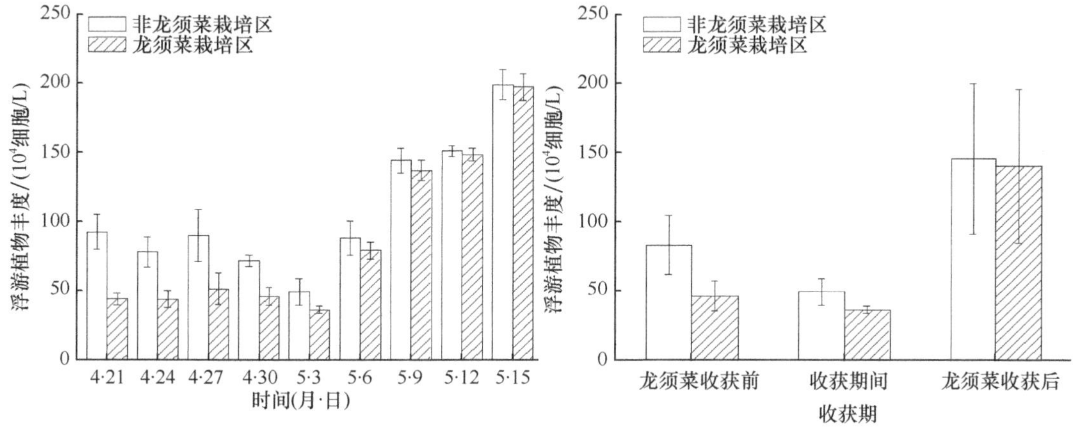

图 2-4　龙须菜栽培区与非栽培区浮游植物细胞数量的时空分布

（三）浮游动物

深澳湾海域共鉴定出浮游动物 65 种，其中原生动物 16 属 30 种，桡足类 10 属 18 种，枝角类 1 属 1 种，轮虫 4 属 4 种，浮游幼虫 9 种，以及住囊虫、水母、箭虫等。种类名录见表 2-7。

表 2-7　南澳海域浮游动物种类组成

类群	中文名	拉丁名
原生动物	根状拟铃虫	*Tintinnopsis radix*
	百系拟铃虫	*Tintinnopsis beroidea*
	卡拉直克拟铃虫	*Tintinnopsis karajacensis*
	妥肯丁拟铃虫	*Tintinnopsis tocantinensis*
	布氏拟铃虫	*Tintinnopsis butschlii*
	具甲拟铃虫	*Tintinnopsis loricata*
	波罗的拟铃虫	*Tintinnopsis baltica*
	筒状拟铃虫	*Tintinnopsis tubulosoides*
	盾形拟铃虫	*Tintinnopsis urnula*
	斯科特拟铃虫	*Tintinnopsis schotti*

续表

类群	中文名	拉丁名
原生动物	东方拟铃虫	*Tintinnopsis orientalis*
	一种拟铃虫	*Tintinnopsis* sp.
	钟状网纹虫	*Favella campanula*
	艾氏网纹虫	*Favella ehrenbergii*
	其他网纹虫	*Favella* sp.
	奥氏类铃虫	*Codonellopsis ostenfeldi*
	波特薄铃虫	*Leprotintinnus bottnicus*
	简单薄铃虫	*Leprotintinnus simplex*
	贪婪领壳虫	*Codonella rapa*
	太平洋细领壳虫	*Stenosemella pacifica*
	开口真丁丁虫	*Eutintinnus apertus*
	诺氏麻铃虫	*Leprotintinnus nordquisti*
	游仆虫	*Euplotes* sp.
	急游虫	*Strombidium* sp.
	中缢虫	*Mesodinium* sp.
	刀口虫	*Spathidium* sp.
	累枝虫	*Epistylis* sp.
	楯纤虫	Aspidiscidae sp.
	放射虫	*Acanthometra* sp.
	夜光虫	*Noctiluca scintillous*
轮虫	蛭态目轮虫	Bdelloidea sp.
	疣毛轮虫	*Synchaeta* sp.
	三肢轮虫	*Filinia* sp.
	异尾轮虫	*Trichocerca* sp.
枝角类	鸟喙尖头蚤	*Penilla avirostris*
桡足类	小拟哲水蚤	*Paracalanus parvus*
	强额拟哲水蚤	*Paracalanus crassirotris*
	针刺拟哲水蚤	*Paracalanus aculeatus*
	一种哲水蚤	Calanoida sp.
	微驼隆哲水蚤	*Acrocalanus gracilis*
	瘦新哲水蚤	*Paracalanus gracilis*
	红纺锤水蚤	*Acartia erythraea*
	火腿许水蚤	*Schmackeria poplesia*
	坚长腹剑水蚤	*Oithona rigida*
	短角长腹剑水蚤	*Oithona brevicornis*
	小长腹剑水蚤	*Oithona nana*

续表

类群	中文名	拉丁名
桡足类	一种长腹剑水蚤	*Oithona* sp.
	大眼剑水蚤	*Corycaeus* sp.
	尖额谐猛水蚤	*Euterpina acutifrons*
	红小毛猛水蚤	*Microsetella rosea*
	小毛猛水蚤	*Microsetella norvegica*
	一种暴猛水蚤	*Clytemnestra* sp.
	一种猛水蚤	Harpacticoida sp.
浮游幼虫	蔓足类六肢幼体	*Cirripedia nauplius*
	短尾类蚤状幼体	*Brachyura zoea*
	蝌蚪幼体	Tadpole larva
	腹足类面盘幼虫	Gastropoda larva
	瓣鳃类面盘幼虫	Lamellibranchia larva
	磷虾幼虫	krill larva
	帚毛虫幼虫	Sabellariidae larva
	多毛类幼虫	Polychaeta larva
	一种幼虫	other larva
	水母	—
被囊动物	住囊虫	*Oikopleura* sp.
毛颚动物	箭虫	*Sagitta* sp.

深澳湾海域浮游动物丰度在不同的季节变化较大：2007 年 5 月调查发现，浮游动物的丰度为 15.7～37.9ind./L；2008 年 2～3 月，浮游动物的丰度为 1.2～5.8ind./L；2008 年 12 月，浮游动物的丰度为 2.0～6.5ind./L。养殖区与非养殖区浮游动物丰度差异明显，养殖区浮游动物丰度小于非养殖区，不同养殖品种对浮游动物的种类组成和丰度也有一定影响。

（四）游泳动物

中国水产科学研究院南海水产研究所李纯厚等于 2013 年 4 月采用流刺网（高 3m，长 150m，网目约 80mm）现场调查了南澳深澳湾海域春季非养殖区和养殖区渔业资源的种类和数量，对比分析了大规模海藻养殖对渔业资源的影响。渔业资源的数量以质量渔获率［kg/(1000m·h)］和个体渔获率［ind./(1000m·h)］表示。

养殖区和非养殖区的渔获物种类对比结果见表 2-8，养殖区外捕获的种类数有 12 种，养殖区内捕获的种类数有 7 种。在养殖区外质量渔获率为 0.301kg/(1000m·h)，个体渔获率为 5.370ind./(1000m·h)；在养殖区内质量渔获率为 0.079kg/(1000m·h)，个体渔获率为 2.778ind./(1000m·h)。本次调查发现养殖区外的渔获物种类高于养殖区内，分别为 12 种和 7 种；养殖区外的质量渔获率和个体渔获率也均高于养殖区内，分别是养殖区的 3.81 倍和 1.93 倍。

表 2-8　养殖区外和养殖区内流刺网捕获的渔获物种类

区域	种类	质量/kg	个体数/ind.	体长小/mm	体长大/mm	质量小/g	质量大/g
养殖区外	黄斑蓝子鱼	0.350	1	225		350	
	刺鲳	0.090	3	89	92	28	33
	带鱼	0.220	5	120	155	32	55
	龙头鱼	0.220	3	198	225	56	86
	鲻	0.150	7	99	112	18	27
	日本金线鱼	0.145	3	107	120	34	58
	艾氏蛇鳗	0.072	1	167		72	
	近缘新对虾	0.024	1	41		24	
	长毛对虾	0.032	1	41		32	
	三疣梭子蟹	0.260	1	73		260	
	日本蟳	0.019	1	30		19	
	口虾蛄	0.046	2	29	32	20	26
总计	12 种	1.628	29				
养殖区内	刺鲳	0.024	1	87		24	
	带鱼	0.040	1	137		40	
	鲻	0.045	3	88	101	11	20
	龙头鱼	0.079	5	114	131	10	22
	近缘新对虾	0.028	1	43		28	
	三疣梭子蟹	0.170	1	62		170	
	口虾蛄	0.043	3	19	31	6	27
总计	7 种	0.429	15				

注：本表来自于李纯厚等未发表数据

第二节　珠江口环境特征和生物资源

一、万山海域环境与生物资源状况

（一）地理位置与气候条件

珠江口是中国三大河口之一，地处南亚热带季风气候区。受珠江径流、广东沿岸流和外海水潮流的影响，珠江口环境因子波动剧烈，生态环境独特，生物组成多样化。依据珠江口盐度的不同，研究者将珠江口浮游动物群落结构划分为淡水控制区、咸淡水控制区和外海水控制区（李开枝，2007；Lin et al.，2011；Li，2006）。桂山岛和外伶仃岛海域属珠海市万山海洋开发区管辖，地处珠江口中段的咸淡水控制区。咸淡水控制区环境因子波动最为剧烈，桡足类种类多样性和丰度介于淡水控制区和外海水控制区之间（Lin et al.，2011；Li，2006）。珠江口伶仃洋及附近海域的沉积物主要为砂、泥质砂、粉砂质淤泥和淤泥，沉积物分布情况复杂且呈斑块状（陈繁荣，2007）。

桂山岛地处香港、澳门、深圳和珠海交界的海域，与牛头岛、中心洲岛相连，陆地面积达 10.38km^2（朱玉玺和王国九，2010）。桂山岛位于珠江口东侧主航道上，是进出珠江口的重要海上要道及重要旅游景点。桂山岛近海海域从 20 世纪 90 年代开始至今发展了海水养殖、旅游业和开采工业，邻近桂山镇政府的海湾建设了海水网箱养殖基地和船舶停靠处。为了减少风浪，桂山岛西侧修有两道防波堤，仅有两个出口用于船只进出港，堤外除东北部有少量养殖外，堤内养殖区密布，水交换能力差，水体富营养化严重。

外伶仃岛在珠海香洲东南部，距桂山岛东部 12n mile，面积 4.23km^2，地势东西高、北部和中间低、东部沿岸较陡，以发展旅游和渔业作为主要经济产业，海岛渔业主要以海洋产品加工业为主。

（二）水体与沉积物环境状况

2012 年 7 月调查了桂山岛西侧海湾，平均水温为(29.5 ± 0.28)℃，湾内平均水深为(4.2 ± 0.3)m，湾外平均水深为(8.7 ± 2.1)m，水体总氮含量为 22.79～40.63μmol/L，总磷含量为 1.3～1.93μmol/L，叶绿素含量为 4.86～16.78μg/L，防波堤内外总氮和总磷含量差异不显著，湾内水体叶绿素浓度高于湾外。沉积物中砂含量为 1.70%～12.85%，黏土含量为 24.52%～32.03%，粉砂含量为 62.64%～69.86%，沉积物结构大部分为黏土质粉砂，但不同站点的粉砂和砂含量有差异。

（三）微生物

桂山岛表层水体中微生物群落的优势菌属于γ-变形菌、α-变形菌、蓝细菌和不可培养细菌，变形菌的优势度最高，主要优势菌为交替假单胞 *Pseudoalteromonas* sp.，属于γ-变形菌。桂山岛海域表层沉积物的主要优势菌分别属于γ-变形菌、δ-变形菌、拟杆菌、酸杆菌、放线菌五大类，所占比例分别为 27.8%、19.8%、23.1%、22.2%和 7.0%，这与表层水体的主要优势菌组成有所不同，只有γ-变形菌为表层水体和表层沉积物的共有优势菌类。

2013 年 3～4 月对外伶仃岛海域浮游细菌的数量进行调查发现，浮游细菌平均数量为（2.19 ± 0.15）×10^{6}ind./mL，浮游细菌数量与水体总氮、溶解性总氮、溶解性总磷含量显著正相关，与溶解氧显著负相关，与温度、盐度、总磷含量的相关性均不显著。

（四）浮游生物

2012 年 7 月在桂山岛海域共发现桡足类 8 种，分别为小拟哲水蚤、刺尾纺锤水蚤、锥形宽水蚤、太平洋纺锤水蚤、亚强次真哲水蚤、微刺哲水蚤、左指华哲水蚤、短角长腹剑水蚤；枝角类有鸟喙尖头蚤和肥胖三角蚤；其他浮游动物包括藤壶幼体和被囊类、多毛类幼体、棘毛类幼体等。浮游动物以小拟哲水蚤为优势种。

桂山岛海域桡足类休眠卵对水体的潜在补充量为（8.9～56）×10^4 卵/m^3，平均补充量为 2.2×10^5 卵/m^3，呈现不均匀分布，呈湾内低、湾外高的格局。桡足类休眠卵经萌发、培养、成体鉴定为刺尾纺锤水蚤和瘦尾胸刺水蚤两种，其中刺尾纺锤水蚤为主要种类。Pearson 相关分析显示，桡足类休眠卵潜在补充量与水深、粉砂含量呈显著正相关（$P<0.05$）。桂山岛海域各站点轮虫休眠卵的潜在补充量为（7.2～95.6）×10^4 卵/m^3，平均补充量为 2.9×10^5 卵/m^3。轮虫休眠卵潜在补充量和桡足类有相反的分布趋势，基本上呈潜在补充量湾内高于湾外的分布趋势。轮虫种类组成为疣毛轮虫（*Synchacta* sp.）和异尾轮虫（*Trichocerca* sp.）。

2012 年 11 月至 2013 年 4 月在外伶仃岛海域共发现桡足类 14 种，分别为小拟哲水蚤、精致真刺水蚤、锥形宽水蚤、强次真哲水蚤、中华哲水蚤、亚强次真哲水蚤、瘦尾胸刺水蚤、刺尾纺锤水蚤、微刺哲水蚤、奥氏胸刺水蚤、丽隆剑水蚤、大眼剑水蚤、平头水蚤、瘦长毛猛水蚤。

外伶仃岛海域桡足类休眠卵潜在补充量为（5.0～29.6）$\times 10^5$ 卵/m^3，平均补充量为 1.7×10^6 卵/m^3，呈不均匀分布。桡足类休眠卵经萌发、培养、成体鉴定为刺尾纺锤水蚤。

（五）渔业资源状况

珠江口海域万山群岛渔场为广东六大渔场之一。珠江口海域一直作为珠江三角洲区域重要和传统的海洋捕捞作业渔场。该海域渔业资源的盛衰不仅关系着珠江三角洲沿海渔业人民的生活和就业出路问题，而且影响着珠江三角洲人民生活和经济的持续发展。

20 世纪八九十年代珠江口的鱼类为 150 多种，头足类 10 余种，虾类 20 余种，其中鱼类经济种类多达 50 余种（广东省海岛资源综合调查大队，1993）。而近年来，游泳动物种类大幅减少，2009 年鱼类种类数为 90 余种，头足类仅 6 种，虾类不足 10 种，而且鱼类低值化、低龄化、小型化现象日趋严重（肖瑜璋等，2010）。90 年代后珠江口海洋捕捞总产量大幅减少，2000 年后海洋捕捞总产量下降趋缓，但是渔业形势依旧严峻。以珠海市为例，1990 年海洋捕捞总量约为 2.30 万 t，2000 年约为 1.61 万 t，2000 年比 1990 年减少了约 1/3，而 2000 年后下降稍缓，至 2006 年减少为 1.27 万 t（国家统计局国际统计信息中心，2008），2006 年比 1990 年减少了 1 万多 t（肖瑜璋等，2010）。

（六）大型海藻防鱼安全栽培

大型海藻是水域生态系统的天然组成成分，龙须菜等江蓠属海藻是鲍鱼等经济动物的良好饵料，龙须菜栽培在粤东发展良好，但在珠海近海和中部沿海地区几乎没有规模栽培。一个重要的原因是珠海万山群岛海域受珠江口冲淡水影响盐度变化大，常年水温较高，受蓝子鱼摄食影响严重。珠海万山区桂山岛、外伶仃岛渔民养殖鲍鱼有较大规模，所需的大型海藻鲜藻从外地运回，成本高，需求难以满足。珠海万山区拟大力发展大型海藻栽培，但受蓝子鱼摄食影响，安全栽培技术尚未解决，严重制约了珠海海藻产业的发展。

珠江口水域属于亚热带海域，全年大多数月份水温高于 20℃，植食性鱼类蓝子鱼常年分布在该海区，如何防治鱼害问题成为解决龙须菜栽培的关键。借鉴网箱养殖的思路，课题组通过制作多孔的网袋和网架进行防鱼栽培试验。

1. 桂山岛与外伶仃岛龙须菜防鱼栽培试验

2011 年 3～12 月，在珠江口桂山岛海域采用网箱养殖等方式栽培龙须菜、脆江蓠、石莼、浒苔等大型海藻，在防鱼害方面取得了进展。3 月 28 日至 5 月 17 日，龙须菜由每米 66g 增重至平均每米 1970g，最高增重 2300g，日相对生长率为 6.66%，春季水温较低时龙须菜与脆江蓠日相对生长率可达 9%～11%（图 2-5）。

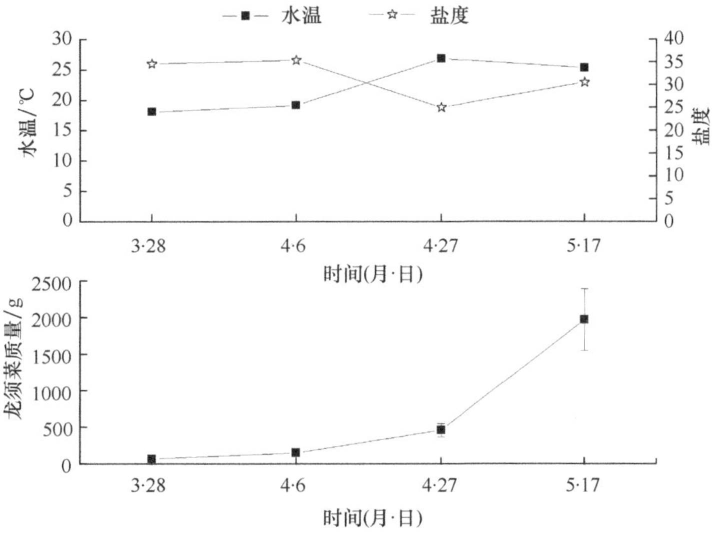

图 2-5　桂山岛大型海藻龙须菜的安全栽培

2012 年 11 月至 2013 年 6 月，在珠江口外伶仃岛水域进行了龙须菜的防鱼安全栽培，设计了防鱼网架，采用了传统夹苗和串绕夹苗栽培方法，对比了青岛和汕头两种种源龙须菜的生长情况。结果表明，青岛种源龙须菜生长较快，2012 年 12 月至 2013 年 2 月，串绕夹苗法的龙须菜平均由 95g/绳增至 2460g/绳，传统夹苗法平均由 154g/绳增至 1732g/绳；栽培前期串绕夹苗法的龙须菜生长速率明显高于传统夹苗法；栽培后期串绕夹苗法的龙须菜生物量高于传统夹苗法；在冬季栽培中，青岛种源龙须菜串绕夹苗法日增长率达 10.5%。试验结果表明：适宜网孔的防鱼网架能有效地防止蓝子鱼的啃食，减少杂藻在网衣的附着，并在一定程度上保证水流的畅通。课题组所设计的简易防鱼网架，制作简单，成本低廉，防鱼效果较好，龙须菜生物量增长明显。

2. 龙须菜栽培夹苗方法的改进

龙须菜栽培传统的夹苗方法是使用聚乙烯绳作为苗绳，按每米苗绳夹龙须菜 30～50g 的密度进行夹苗，每簇龙须菜的质量为 3～5g，簇与簇的间距为 8～10cm。在栽培实践中发现，该种夹苗方法着生点较少，风浪较大时易脱落，人为截断的藻体易腐烂等。

总结以往其他海区的栽培经验，本课题组在外伶仃岛的试验中采用新的夹苗方法。将龙须菜的藻体自然串绕在尼龙绳上，每隔 2～3cm 做一次串绕，每米苗绳夹龙须菜 30～50g。

为了比较夹苗方式对龙须菜栽培的影响，试验中分别采用传统夹苗和串绕夹苗方法对龙须菜进行栽培试验。

与传统夹苗方式相比，串绕夹苗方式用的种苗更少，并提供了更多的生长点，增长率更大，充分利用了苗绳空间，并且不容易因为龙须菜的少部分腐烂而引起大规模的脱落，所以在生长期龙须菜生物量增长速率更快，生物量更大。栽培初至 2013 年 2 月 18 日 62 天的栽培称重显示，传统夹苗方式的生物量由原来的平均 154g/绳增长到 1753g/绳，为初始夹苗的 11.4 倍，而同一种源的串绕夹苗方式的生物量由原来的 95g/绳增长到 2165g/绳，为初始数量的 22.8 倍，获得了更多的生物量（图 2-6）。

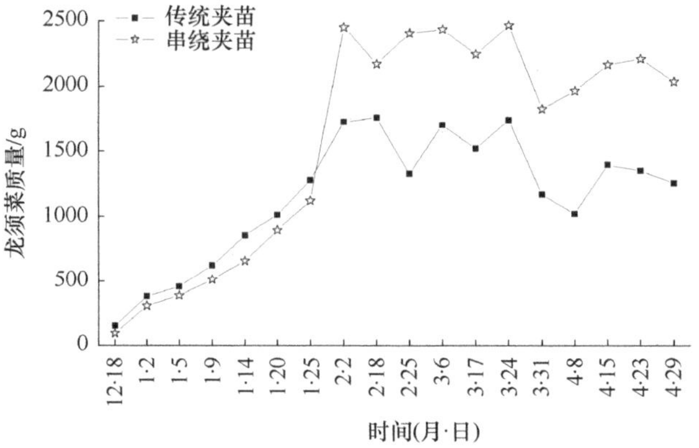

图 2-6 不同夹苗方式对龙须菜生长的影响

上述结果表明，在蓝子鱼较多的海区，采用防鱼网栽培大型海藻是可行的。在夹苗方式上，串绕夹苗比传统分簇夹苗能收获更多的龙须菜。

3. 防鱼网架在大型海藻安全栽培中的应用

2013 年 10 月 12 日至 2014 年 1 月 10 日，课题组在汕头大学南澳实验站附近海域构建了长 1000m、宽 1.8m、面积达 1800m^2 的坛紫菜防鱼栽培试验示范区。从试验开始至 12 月上旬，水温较高（17℃以上），一直有蓝子鱼啃食大型海藻。通过在坛紫菜筏架外设置网径 1.0cm 的渔网，坛紫菜能正常生长，渔网能起到防止蓝子鱼啃食紫菜的效果。至试验结束，共收获紫菜干品 1200kg，产生了良好的经济和环境效益。

二、珠江口低盐水体环境特征与生物资源状况

（一）珠江环境特征

珠江是中国径流量第二大河流。珠江流域由西江、北江、东江和珠江三角洲诸河四大水系组成，经虎门、蕉门、洪奇门、横门、磨刀门、鸡啼门、虎跳门、崖门八大口门呈放射状排列的分流水道流入南海，构成珠江独特的“三江汇集，八口分流”水系特征（程锦潮，2011）。

珠江口为亚热带海洋季风气候，年均温度在 20℃以上，径流量大，年平均径流总量为 3.4×10^{11}m^3，丰水期集中在夏季，枯水期在冬季（陈社军，2006），是咸淡水交汇的水域，受珠江径流、广东沿岸流和外海水潮流的综合影响，具有生态环境独特、生物组成多样化的特点（李开枝等，2007；Li et al.，2006）。同时，珠江流域生态系统由于受到工业废水、生活污水排入及大量农业废水的影响，已呈现出环境退化状况。南沙区地处珠江三角洲河口河网地带，是珠江三角洲经济区的几何中心，湿地生物多样性丰富（彭友贵，2005）。

（二）广州河段环境与浮游生物群落演变

1. 理化因子

2007～2013 年，每月采集珠江广州河段中大码头和鱼珠码头水样。水质理化指标包

括水深、温度、盐度、透明度、溶解氧、pH、叶绿素 a、高锰酸钾指数、总氮和总磷等。珠江广州河段位于热带-亚热带流域，4～9 月为珠江流域汛期，两站点水温 5～11 月较高，均超过 20℃；两站点盐度均小于 2，处于低盐水平，且丰水期盐度低于枯水期，进入枯水期后，由于潮汐作用，海水侵入，盐度会升高；叶绿素反映水体中浮游植物生物量的高低，珠江广州河段叶绿素 a 浓度较高，中大码头叶绿素 a 浓度变化范围为 7.34～229.97μg/L，鱼珠码头叶绿素 a 浓度变化范围为 4.69～183.61μg/L，叶绿素 a 浓度高值期为每年的 9 月至第二年 3 月，珠江汛期期间较低。各项指标波动范围及均值见表 2-9。

表 2-9　2007 年 1 月至 2013 年 12 月珠江广州河段水质指标

采样区域指标		中大码头	鱼珠码头
水温/℃	变动范围	12.10～30.70	12.08～31.14
	平均值	23.09 ± 5.31	23.16 ± 5.19
盐度	变动范围	0.10～1.71	0.03～1.80
	平均值	0.28 ± 0.22	0.43 ± 0.64
透明度/m	变动范围	0.08～0.80	0.08～0.80
	平均值	0.41 ± 0.15	0.34 ± 0.12
溶解氧/(mg/L)	变动范围	0.20～8.24	0.24～9.90
	平均值	2.53 ± 1.83	2.40 ± 2.08
叶绿素 a/(μg/L)	变动范围	7.34～229.97	4.69～183.61
	平均值	67.47 ± 50.53	53.12 ± 37.66
高锰酸钾指数/(mg/L)	变动范围	1.01～45.22	1.20～27.92
	平均值	11.52 ± 9.01	9.78 ± 5.03
总氮/(mg/L)	变动范围	1.61～20.41	2.14～22.54
	平均值	7.16 ± 3.48	7.20 ± 3.84
总磷/(mg/L)	变动范围	0.13～2.66	0.12～2.22
	平均值	0.61 ± 0.44	0.63 ± 0.43
氮磷比	变动范围	2.35～73.69	2.13～56.89
	平均值	15.85 ± 11.39	14.84 ± 9.72

2. 浮游动物种类组成

调查期间，在广州城市河段共发现桡足类 9 种，其中中大码头站点 7 种，鱼珠码头站点 9 种，较常见的桡足类有温中剑水蚤和台湾温剑水蚤两种；枝角类共发现 8 种，其中微型裸腹蚤、角突网纹蚤、象鼻蚤是珠江广州城市河段较常见的枝角类；轮虫共发现 48 种，其中中大码头站点 43 种，鱼珠码头站点 44 种（表 2-10），轮虫种类较多的有臂尾轮虫、三肢轮虫、异尾轮虫和腔轮虫，分别占 18.75%、10.42%、12.50%和 16.67%。裂痕龟纹轮虫、微型多突轮虫、尾突臂尾轮虫、西式三肢轮虫、角突臂尾轮虫、热带龟甲轮虫、暗小异尾轮虫为珠江广州河段常见的轮虫种类。两个站点共发现轮虫污染指示种 33 种，其中寡污型 8 种，占 24.2%；o-β 和 β-o 型 8 种，占 24.2%；β-α 中污型 5 种，占 15.2%；β 中污型 12 种，占 36.4%。

表 2-10 珠江口低盐河段浮游动物种类组成

类群	属	种类	中大码头	鱼珠码头	南沙河涌	虎门大桥	香洲码头	污染指示等级
桡足类		左指华哲水蚤 *Sinocalanus laevidactylus*		+	+	+	+	
		强额孔雀哲水蚤 *Pavocalanus crassirostris*			+	+	+	
		火腿伪镖水蚤 *Pseudodiaptomus poplesia*	+	+	+	+	+	
		灯泡伪镖水蚤 *P. bulb*	+	+			+	
		锥肢蒙镖水蚤 *Mongolodiaptomus birulai*		+				
		中华异水蚤 *Acartiella sinensis*			+	+	+	
		闻名大剑水蚤 *Macrocyclops distinctus*	+	+				
		中华咸水剑水蚤 *Macrocyclops sinensis*	+	+				
		短角异剑水蚤 *Apocyclops royi*			+	+	+	
		温中剑水蚤 *Mesocyclops thermocyclopoides*	+	+	+	+	+	
		台湾温剑水蚤 *Thermocyclops taihokuensis*	+	+	+	+		
		猛水蚤 *Harpacticoida* sp.	+	+	+	+	+	
枝角类		秀体蚤 *Diaphanosoma* sp.	+	+	+	+		
		象鼻蚤 *Bosmina* spp.	+	+	+	+		
		微型裸腹蚤 *Moina micrura*	+	+	+	+		
		近亲裸腹蚤 *Moina affinis*	+	+				
		底栖泥蚤 *Ilyocryptus sordidus*	+	+				
		角突网纹蚤 *Ceriodaphnia cornuta*	+	+		+		
		镰角锐额蚤 *Alonella excisa*	+	+		+		
轮虫	龟甲轮属	螺形龟甲轮虫 *Keratella cochlearis*	+	+	+	+	+	β-o
		热带龟甲轮虫 *Keratella tropica*	+	+	+	+	+	
	臂尾轮属	角突臂尾轮虫 *Brachionus angularis*	+	+	+	+	+	β-α
		蒲达臂尾轮虫 *Brachionus budapestiensis*	+	+	+	+		β
		镰状臂尾轮虫 *Brachionus falcatus*	+	+	+	+	+	β
		萼花臂尾轮虫 *Brachionus calyciflorus*	+	+	+	+	+	β-α
		尾突臂尾轮虫 *Brachionus caudatus*	+	+	+	+	+	
		壶状臂尾轮虫 *Brachionus urceus*	+	+	+	+		β-α
		方形臂尾轮虫 *Brachionus quadridentatus*	+	+	+	+	+	β-α
		裂足臂尾轮虫 *Brachionus diversicornis*	+	+	+			o-β
		剪形臂尾轮虫 *Brachionus forficula*		+		+		β
	龟纹轮属	裂痕龟纹轮虫 *Anuraeopsis fissa*	+	+	+	+	+	o
	晶囊轮属	盖氏晶囊轮虫 *Asplanchna girodi*	+	+				o-β
		卜氏晶囊轮虫 *Asplanchna brightwelli*	+	+	+	+		β
	三肢轮属	角三肢轮虫 *Filinia camasecla*	+	+				
		西氏三肢轮虫 *Filinia novaezealandiae*	+	+	+	+		
		脾状三肢轮虫 *Filinia opoliensis*	+	+		+		
		臂三肢轮虫 *Filinia brachiata*		+				o
		长三肢轮虫 *Filinia longiseta*	+	+				β-α

续表

类群	属	种类	中大码头	鱼珠码头	南沙河涌	虎门大桥	香洲码头	污染指示等级
轮虫	多肢轮属	广布多肢轮虫 *Polyarthra vulgaris*	+	+	+	+	+	β
		长肢多肢轮虫 *Polyarthra dolichoptera*	+	+	+	+		β
	异尾轮属	冠饰异尾轮虫 *Trichocerca lophoessa*	+	+				o
		纵长异尾轮虫 *Trichocerca elongata*	+	+	+	+	+	o
		暗小异尾轮虫 *Trichocerca pusilla*	+	+	+	+	+	β
		对棘异尾轮虫 *Trichocerca stylata*	+	+	+	+	+	o
		细异尾轮虫 *Trichocerca gracilis*		+				
		圆筒异尾轮虫 *Trichocerca cylindrica*		+				o
	腔轮属	梨形腔轮虫 *Lecane*（*Monostyla*）*pyriformis*	+					β
		爪趾腔轮虫 *Lecane*（*Monostyla*）*unguitata*	+					
		细爪腔轮虫 *Lecane tenuiseta*	+	+				β
		月形腔轮虫 *Lecane luna*	+	+	+	+		o-β
		尖趾腔轮虫 *Lecan*（*Monostyla*）*closterocerca*	+	+				β
		囊形腔轮虫 *Lecane*（*Monostyla*）*bulla*	+	+	+	+		o-β
		共趾腔轮虫 *Lecane sympoda*	+	+				
		华美腔轮虫 *Lecane elegans*	+	+		+		
	鞍甲轮属	一种鞍甲轮虫 *Lepadella* sp.	+				+	
	泡轮属	沟痕泡轮虫 *Pompholyx sulcata*	+	+	+	+	+	β
		扁平泡轮虫 *Pompholyx complanata*	+	+	+			o-β
	六腕轮属	奇异六腕轮虫 *Hexarthra mira*	+	+	+	+	+	β
	无肢轮属	无翅无肢轮虫 *Anarthra aptera*	+	+	+			
	水轮属	粗足水轮虫 *Epiphanes macrourus*	+	+	+	+	+	
	狭甲轮属	爱得里亚狭甲轮虫 *Colurellidae adriatica*	+	+				β-o
		钩状狭甲轮虫 *Colurellidae uncinata*	+	+				o
	多突轮属	微型多突轮虫 *Lififerotrocha subtilis*	+	+	+	+		
	巨头轮属	尾棘巨头轮虫 *Cephalodella sterea*	+	+				o-β
	胶鞘轮属	一种胶鞘轮虫 *Collotheca* sp.	+	+				
	旋轮属	一种旋轮虫 *Philodina* sp.	+		+			
	疣毛轮属	一种疣毛轮虫 *Synchaeta* sp.				+	+	
	聚花轮属	团状聚花轮虫 *Conochilus hippocrepis*		+	+			o

注：o 为寡污型；o-β 为寡污到 β 中污型；β-o 为中污到寡污型；β 为 β 中污型；β-α 为 β-α 中污型；+表示在该站点有出现

调查期间，广州河段的桡足类丰度范围分别为 0～373ind./L 和 0～75ind./L，平均丰度分别为（31±64）ind./L 和（13±14）ind./L，中大码头站点桡足类平均丰度较高；两个站点的枝角类丰度范围分别为 0～154ind./L 和 0～300ind./L，平均丰度分别为（11±27）ind./L 和（8±35）ind./L；两个站点的轮虫丰度范围分别为 2～4063ind./L 和 11～3563ind./L，平均丰度分别为（1236±1033）ind./L 和（1081±854）ind./L，两个站点的轮虫丰度在枯水期或枯水末期较高。

（三）广州-珠海海域环境变化和浮游动物群落

1. 理化因子

2013 年 1 月至 2013 年 12 月，对南沙-珠海河段南沙河涌、虎门大桥和香洲码头 3 个站点进行每月一次的环境调查，并对水质理化指标进行测定，包括水深、水温、盐度、透明度、溶解氧、pH、叶绿素 a、高锰酸钾指数、总氮和总磷等指标。

南沙河涌、虎门大桥和香洲码头 3 个站点处于珠江口不同水域，调查期间温度变化趋势一致。从 3 月到 11 月，3 个站点的温度均在 20℃以上，3 个站点存在明显的盐度梯度。各项指标的波动范围及均值见表 2-11。

表 2-11 2013 年珠江南沙-珠海水域水质指标

采样区域指标		南沙河涌	虎门大桥	香洲码头
水温/℃	变动范围	14.80～31.00	15.30～30.60	14.50～30.30
	平均值	23.81 ± 5.56	23.27 ± 5.00	23.48 ± 5.56
盐度	变动范围	0.11～8.60	0.08～12.44	1.19～21.26
	平均值	1.20 ± 2.95	4.55 ± 4.50	11.59 ± 7.33
透明度/m	变动范围	0.05～0.50	0.14～0.75	0.05～0.80
	平均值	0.19 ± 0.13	0.36 ± 0.20	0.40 ± 0.24
叶绿素 a/(μg/L)	变动范围	0.74～15.93	1.79～15.42	1.52～15.02
	平均值	8.63 ± 4.32	4.95 ± 3.94	6.71 ± 4.70
高锰酸钾指数/(mg/L)	变动范围	0.64～22.88	0.60～22.32	0.92～22.07
	平均值	9.28 ± 6.80	11.18 ± 6.14	13.01 ± 6.68
总氮/(μmol/L)	变动范围	20.31～161.67	43.44～184.64	49.06～162.51
	平均值	108.55 ± 38.17	123.18 ± 36.48	105.11 ± 33.96
总磷/(μmol/L)	变动范围	0.97～9.77	0.91～6.51	1.02～9.01
	平均值	4.03 ± 2.76	3.56 ± 1.46	4.16 ± 2.12
亚硝酸钠/(μmol/L)	变动范围	0.36～19.47	0.89～45.93	0.47～13.96
	平均值	5.91 ± 5.90	13.93 ± 13.40	6.68 ± 4.55
硝酸钠/(μmol/L)	变动范围	27.52～229.47	10.34～211.17	11.00～242.73
	平均值	115.46 ± 51.08	111.88 ± 62.10	83.07 ± 68.47
铵盐/(μmol/L)	变动范围	0.86～32.86	6.09～41.24	6.35～47.01
	平均值	13.67 ± 9.15	27.12 ± 10.23	19.59 ± 13.15
磷酸盐/(μmol/L)	变动范围	0.36～3.55	1.14～3.13	1.38～3.79
	平均值	2.04 ± 0.98	2.26 ± 0.66	2.64 ± 0.70
氮磷比	变动范围	4.93～83.32	11.58～94.98	5.45～126.06
	平均值	37.57 ± 24.29	40.97 ± 22.01	35.90 ± 31.15

2. 浮游动物种类组成

珠江南沙-珠海水域浮游动物组成种类名录见表 2-10。调查期间，在珠江南沙-珠海水域发现桡足类 9 种，其中南沙河涌站点 8 种，虎门大桥站点 9 种，香洲码头站点 7 种，强额孔雀哲水蚤和中华异水蚤为珠江南沙-珠海水域较常见的桡足类；在珠江南沙-珠海水域发现枝角类 4 种，南沙河涌站点出现 3 种，虎门大桥站点出现 4 种，香洲码头站点并没有观察到枝角类，象鼻蚤属和微型裸腹蚤是珠江广州-珠海河段较常见的枝角类种类。

珠江南沙-珠海水域共发现轮虫 33 种，其中南沙河涌站点 28 种，虎门大桥站点 28 种，香洲码头站点 16 种。3 个站点共发现轮虫污染指示种 22 种，其中寡污型 4 种，占 18.18%；o-β 和 β-o 型 4 种，占 18.18%；β-α 中污型 5 种，占 22.73%；β 中污型 9 种，占 40.91%，广布多肢轮虫、热带龟甲轮虫、角突臂尾轮虫、粗足水轮虫为珠江广州-珠海河段较常见轮虫种类。

调查期间，珠江南沙-珠海水域 3 个站点桡足类丰度范围分别为 0.25～10.65ind./L、0.35～13.50ind./L 和 0～30.50ind./L，平均丰度分别为(3.44 ± 2.75)ind./L、（3.75 ± 4.14）ind./L 和（7.27 ± 8.45）ind./L，香洲码头站点桡足类丰度高于其他两个站点；珠江南沙-珠海水域南沙河涌和虎门大桥两个站点的枝角类丰度范围分别为 0～4ind./L 和 0～1.00ind./L，平均丰度分别为（0.85 ± 1.12）ind./L、（0.27 ± 0.32）ind./L，香洲码头站点并没有发现枝角类；珠江南沙-珠海水域 3 个站点的轮虫丰度范围分别为 5.50～150.50ind./L、0～116.00ind./L 和 0～71.50ind./L，平均丰度分别为（54.38 ± 45.03）ind./L、（23.58 ± 34.32）ind./L 和（15.88 ± 25.53）ind./L，其中南沙河涌站点的轮虫丰度高于虎门大桥站点和香洲码头站点。

第三节　广东近海水体中典型有毒有害污染物

广东近海及珠江三角洲河口地区是中国经济最发达的地区之一，该地区生态环境复杂多样，人口众多，工业发达。珠江三角洲是西江、北江、东江入海时冲击沉积而成的一个三角洲，面积约 5.6 万 km^2。区域内气候温暖湿润，雨量充沛，属南亚热带海洋季风区；地表河网密布，大小河流纵横交错，海陆水体联系紧密。广东近海及珠江三角洲地区城市密集，工业区多环绕城市周围分布，人类对区域内环境扰动剧烈且频繁，各类典型有毒有害污染物（persistence，bioaccumulation and toxicity substance，PBT）如有机磷、有机氯农药，多氯联苯（PCB），多溴联苯醚（PBDE）及各类新型有机污染物在近海及河口地区被广泛检出（Liu et al.，2013；Zhang et al.，2012a；Yu et al.，2011a；Zhao et al.，2010a；Guan et al.，2009；Zeng et al.，2008；Peng et al.，2008b；Mai et al.，2005；Nie et al.，2005；陈社军等，2005）。了解和认识广东近海生态环境中典型毒害污染物的分布、污染水平及其迁移转化行为与对区域内居民健康可能产生的潜在威胁，对区域可持续发展具有重要意义。

一、广东近海水体中药物和个人护理用品污染现状

药物和个人护理用品（pharmaceuticals and personal care product，PPCP）是非常庞杂的一类化合物的统称。药物包括各类处方药和非处方药（抗生素、类固醇、消炎药、镇静剂、显影剂、止痛药、降压药、避孕药、催眠药及减肥药等），其化合物种类超过 3000

种；个人护理用品如香料、牙膏、发胶、化妆品、香皂、洗发水等化合物种类也在千种以上。伴随着经济的快速发展，人们的医疗和护理意识增强，医药品的销售和使用量在逐年增加。中国人口众多，畜牧业和水产养殖业发达，PPCP 的生产和使用总量位居世界前列。PPCP 作为一类“新型污染物”正在持续不断地进入水体、土壤和大气等环境介质中，成为全球继典型持久性环境污染物质之后又一个关注的焦点。珠江三角洲地区是中国经济高速发展的地区之一，药物和个人护理品的大量消耗造成了该地区环境中 PPCP 显著增加。由于 PPCP 的极性性质，大部分 PPCP 进入水中而非大气中，因此在水体环境中广泛分布。

PPCP 可以通过许多种途径进入环境，如医药品经人体或动物服用后，只有很少部分发生代谢，大部分以原形通过尿液或粪便进入环境中；个人清洁护理用品则随沐浴、游泳等活动进入排污管内汇入生活污水；PPCP 生产过程中的废水排放；未经过任何处理的农业废水、养殖废水和生活污水直接排放等（贾瑷等，2009；代朝猛等，2009）。其中，城市污水处理厂排水是自然水体 PPCP 最主要的来源之一。因为传统污水处理厂对 PPCP 的处理效率非常有限，而 PPCP 作为生活污水中的重要成分之一，可随着城市污水的不断排放而进入到水体环境中。尽管多数 PPCP 在环境中的半衰期不是很长，但由于这种持续排放，可能会造成其在水体环境中以较稳定的浓度存在，因此 PPCP 又被称为“假持久性”有机污染物。

在水体环境被广泛检出的药物中，抗生素由于被广泛应用于人类临床和畜牧业中而受到特别关注。激素类药物因其存在内分泌干扰效应，对水环境和生物健康存在潜在的威胁，也是一类受到广泛研究的药物。消炎镇痛类非甾体药物如双氯芬酸、布洛芬等，降血脂类药物如氯贝丁酯、吉非贝齐等因被广泛使用也日益受到关注（Liu et al.，2011；Yu et al.，2011）。此外，个人护理品如三氯生和三氯卡班等及芳香添加剂如硝基麝香、麝香酮和多环麝香等也都在水体中经常被检出（Liu et al.，2013）。典型 PPCP 的主要分类见表 2-12。

（一）抗生素

抗生素（antibiotics）是由微生物（包括细菌、真菌、放线菌属）或高等动植物在生活过程中所产生的具有抗病原体的一类次级代谢产物，是能干扰其他生活细胞代谢活动的化学物质。抗生素主要分为：β-内酰胺类，如硫霉素类、单内酰环类等；氨基糖苷类，如链霉素、庆大霉素等；氯霉素类，如氯霉素、甲砜霉素等；大环内酯类，如红霉素、吉他霉素等；喹诺酮类抗生素，如诺氟沙星、氧氟沙星等；四环素类，如四环素、土霉素等；糖肽类抗生素，如万古霉素、去甲万古霉素等；作用于 G^-菌的其他抗生素，如多黏菌素、利福平等；抗真菌抗生素，如多烯类、嘧啶类；抗肿瘤抗生素，如丝裂霉素、放线菌素 D 等；抗结核菌类，如异烟肼、吡嗪酰胺等；具有免疫抑制作用的抗生素，如环孢霉素等。

自 1941 年弗来明发现青霉素以来，抗生素被广泛地应用于各种感染性疾病的治疗和预防中，为人类健康和动物疾病防治发挥了重要作用。然而，抗生素不当使用可能会破坏水环境中的微生态系统平衡，引发耐药病原菌出现。近年来，抗生素在环境水体中的出现、迁移及潜在的生态危害，已成为国际上环境领域研究的热点之一（Ruan et al.，2012；

表 2-12　典型 PPCP 的主要分类及代表类型

主要类别		典型代表物	主要性质与功能
药物	抗生素	土霉素 氯霉素 红霉素 磺胺甲恶唑 环丙沙星 诺氟沙星	主要治疗受到细菌和真菌感染的人或动物，主要包括酰胺类、大环内酯类、喹诺酮、磺胺类、四环素类及其他
	激素	雌激素酮 雌二醇 雌三醇 睾酮	主要用于治疗更年期症状、各类激素代谢紊乱及减退和用作口服避孕药物
	止痛剂和非甾体消炎药	双氯芬酸 布洛芬 对乙酰氨基酚 阿司匹林	常用作处方药和非处方药，主要作用为镇痛、退烧、消炎
	抗癫痫药物	立痛定（卡巴咪嗪） 扑痫酮（去氧苯巴比妥） 氟西汀 帕罗西汀	用于治疗惊厥，有些用于治疗精神紊乱，如焦虑、沮丧和情绪不稳
	脂类调节剂	安妥明（氯贝丁酯） 吉非贝齐（二甲苯氧庚酸） 苯扎贝特 辛伐他汀	用于治疗代谢紊乱，降低血脂、胆固醇等
	受体阻滞剂	美托洛尔 心得安（普萘洛尔）	用于治疗心血管疾病，如高血压、冠状动脉病和心律不齐等
	造影剂	泛影酸盐 （二乙酰氨基三碘苯甲酸盐） 碘普罗胺	主要用作非治疗医用剂，如各类成像、造影技术应用等
	细胞抑制剂	异环磷酰胺 环磷酰胺	主要用于治疗不同种类肿瘤及自体免疫疾病、移植排异抑制等
个人护理品	防晒剂	二苯甲酮 甲氧基肉桂酸辛酯 氧苯酮	主要用于皮肤保护，防治紫外线等辐射等
	抗菌药物/消毒剂	三氯生 三氯卡班	主要用于杀菌、防腐等
	香料	佳乐麝香（HHCB） 吐纳麝香（AHTN） 萨利麝香（ADBI）	主要用于商业香味产品（化妆品、洗涤剂）及其他个人护理用品
	防腐剂	对羟基苯甲酸酯类	主要用于各类防腐等

Zhang et al.，2012；Peng et al.，2011；Xu et al.，2007）。目前我国抗生素类使用销售量位于前列，据统计，2006 年我国畜禽、水产养殖等动物养殖的抗生素消耗为 9.7 万 t，占全国抗生素总用量的 54%（Luo et al.，2010）。2014 年世界卫生组织发布的《全球抗生素耐药报告》明确指出，抗生素抗性是 21 世纪公共卫生的严峻挑战。中国是抗生素的生产、消费大国，抗生素生产过程中的废水、养殖业和人类自身滥用抗生素所产生的抗生素类药物残留对水体生态环境已构成重大威胁。

在珠江三角洲地区的河流中已经普遍发现抗生素类药物的存在（叶计朋，2007；刘玉春等，2006；徐维海等，2006）。谭建华等（2009）利用固相萃取（SPE）与高效液相色谱（HPLC）分析珠江广州河段的水体，检测到磺胺甲恶唑、氧氟沙星、诺氟沙星及环丙沙星，质量浓度范围为0.197～0.510μg/L。徐维海（2007）对珠江广州河段、深圳河、深圳湾不同区域及香港维多利亚湾等水体和珠江三角洲地区不同污水处理厂进出水水体中的抗生素进行分析，结果表明，珠江广州河段存在抗生素污染，枯水期污染尤为严重，远高于发达国家河流中抗生素的含量，与其污水中的浓度数量级相近；深圳河抗生素药物污染非常严重，药物含量大多在几百纳克每升，特别是脱水红霉素，在珠江广州河段及深圳河段的含量均高于1000ng/L；而香港维多利亚湾水体中大多数抗生素均未检出，表明该处水体受（生活）污水影响较小，且水体具有良好的动态更新能力；珠江三角洲地区的4家污水处理厂（香港、广州各两家）对抗生素污染物的去除率都不是很高，抗生素均有检出，最高含量超过2000ng/L，表明现有的常规污水处理工艺并不适于抗生素去除。Zhang等（2012a）对珠江三角洲地区东江水体进行了调查，检出了抗生素浓度为0.9～67.4ng/L。东江水体中大环内酯类抗生素主要来源于生活污水排放，而磺胺类和甲氧苄啶主要来源于农业用水。与广州的珠江流域和相邻的香港维多利亚湾的抗生素含量相比，维多利亚湾沿岸抗生素含量相对较低，低于定量限。而在珠江广州段水体中检测出目标物，表明珠江广州段水体中抗生素污染较严重。

珠江是广州接收城市污水的重要场所，无论处理过的还是未处理过的污水大多直接或间接排入珠江。表2-13列出了珠江三角洲水环境（土壤、养殖池塘、珠江沉积物和污水处理厂淤泥）中表层土壤、沉积物和污泥中各种抗生素的含量（徐维海，2007）。珠江广州段河水已经受到严重的抗生素污染，而且广州段水环境中的抗生素含量在枯水季节和洪水季节有明显不同（表2-14）。广州河段在枯季和洪季的抗生素含量在10～100ng/L数量级，枯季河水中药物含量要明显高于洪季，洪季时药物含量呈现出明显的日变化，主要与城市中生活污水的排放呈正相关。珠江广州河段抗生素含量水平明显高于发达国家的一些河流，尤其是大环内酯类药物含量远高于欧洲国家，与某些污水处理厂水平相当（徐维海，2007）。

表2-13 珠江三角洲水环境中表层土壤、沉积物和淤泥中各种抗生素的含量（ng/g）（徐维海，2007）

化合物	土壤	养殖池塘	珠江沉积物	污水处理厂淤泥
氧氟沙星	n.d.	n.d.	n.d.	886
诺氟沙星	n.d.	n.d.	n.d.	401
罗红霉素	n.d.	n.d.	20	49
红霉素	n.d.	22	32	155
磺胺嘧啶	n.d.	n.d.	n.d.	n.d.
磺胺二甲嘧啶	n.d.	n.d.	10	23
磺胺甲恶唑	n.d.	n.d.	44	15
阿莫西林	n.d.	n.d.	n.d.	n.d.
氯霉素	n.d.	n.d.	n.d.	n.d.

注：n.d.表示未检出

表 2-14　枯季和洪季珠江广州河段抗生素的含量水平（ng/L）（徐维海，2007）

化合物	洪季			枯季		
	检出率	含量范围	平均值	检出率	含量范围	平均值
氧氟沙星	16	n.d.～16	14	100	53～108	74
诺氟沙星	16	n.d.～13	13	100	117～251	166
罗红霉素	91	n.d.～105	21	100	13～169	70
红霉素	100	13～423	63	100	423～636	489
磺胺嘧啶	100	3～141	46	100	135～336	218
磺胺二甲嘧啶	100	4～179	59	100	107～323	210
磺胺甲恶唑	100	2～165	52	100	111～193	143
阿莫西林	0	n.d.	n.d.	0	n.d.	n.d.
氯霉素	100	11～266	69	100	54～166	125

注：检出率指的是 12 个采样时间点药物出现的频率

珠江流域水产养殖业相当发达，水产养殖中使用抗生素预防和治疗鱼类等的疾病也是常规手段之一，但不合理使用甚至滥用可导致未被吸收的药物最终进入环境中或者吸附在池塘沉积物中。梁惜梅等（2013）以珠江口典型水产养殖区作为研究对象，调查分析磺胺类、喹诺酮类、四环素类和大环内酯类抗生素在养殖区水和沉积物中的含量水平。结果表明，在所有样品中磺胺类抗生素均未检出，其他 3 类抗生素残留浓度和检出率的大小顺序为喹诺酮类抗生素＞四环素类抗生素＞大环内酯类抗生素。在水和沉积物中分别检出 2 类 3 种（诺氟沙星、氧氟沙星和四环素）和 3 类 5 种（诺氟沙星、氧氟沙星、恩诺沙星、四环素和脱水红霉素）抗生素残留，平均质量浓度分别为 7.63～59.00ng/L 和 0.97～85.25ng/g。沉积物中抗生素的检出率和种类均比水中的高，表明沉积物既是抗生素的储存库又是水中抗生素潜在的污染源。相同养殖模式下，养殖时间越长，抗生素的总量越高，显示出抗生素的累积效应。药物进入地表水体后，即开始其表生地球化学过程，将在水体、悬浮物、底泥、生物等环境介质中发生迁移、转化、降解和消亡，并产生生物效应，而抗生素类药物在水体沉积物和土壤上的吸附和结合，是其主要环境归宿之一。

（二）激素

除抗生素外，激素类药物是我国污水处理厂出水中普遍存在的威胁公共健康的另一类污染物。目前报道较多的类固醇激素包括天然雌激素酮（E1）、雌二醇（E2）、雌三醇（E3）和人工合成激素炔雌醇（EE2）等，其他的激素如雄激素、孕前激素和糖皮质激素等也有报道。在珠江三角洲流域，广州污水处理厂出水检出的雌激素酮和雌二醇的含量为 5.0～66.8ng/L（Yu et al.，2011b）。在关于广东污水处理厂中类固醇、雄激素、孕前激素和糖皮质激素含量的调查报道中发现，雄激素的含量最高，为 13.3～1778ng/L，其次是糖皮质激素（2.2～192ng/L）、雌激素（5.6～60.2ng/L）和孕前激素（6.9～40.5ng/L）（Liu et al.，2012b）。在东江水体中，激素的含量达 3.6ng/L（Gong et al.，2009）。在深圳的 2 个水库中，雌激素水平在 3～11ng/L（Lee et al.，2006）。在我国大中城市污水处理厂的污水中，天然和人工合成的激素都有检出，说明自然排放和治疗用途对环境废水中的激素水平都有贡献。除研究较多的雌激素外，其他的激素类群如雄激素和孕前激素也具有较高的含量。这可能是由于在人类尿液中这些成分具有较高的含量，而且这些激素特别是人工合成的孕前激素还被广泛地应用于人类和牲畜的治疗中，它们在污水中具有很高的含量，可能会对生态系统造成潜在威胁（Liu et al.，2011a，2012b）。

除抗生素和激素外，其他包括消炎药、镇痛剂、血脂调节剂、抗高血压药、抗痉挛药、安定药在内的药物及血脂调节剂和抗癫痫药物也经常在珠江中被检出（Peng et al.，2008b）。有些在污水处理厂进水中的浓度可达 89 500ng/L，出水中的浓度可达 3239ng/L（Zhao et al.，2010b）。目前已报道的个人护理品包括抗菌剂、香料、驱虫剂和防晒剂等在珠江三角洲广州地区的河流中均有检出，如环境中最常检出的抗菌剂是三氯生和三氯卡班（Zhao et al.，2010a）。最常检出的香料为佳乐麝香（HHCB）和吐纳麝香（ANTH）（Zeng et al.，2007）。珠江中的抗菌剂含量可高达 2506ng/L，防腐剂含量高达 3142ng/L（Peng et al.，2008b）。

天然水体中的 PPCP 在多种环境介质中迁移时会部分转化分解，但还有相当一部分被沉积物和浮游生物吸附。大部分的抗菌剂如三氯生都被沉积物吸附。吸附过程受多种因素影响，如 pH 等。吸附能够去除部分的 PPCP，然而这个过程是可逆的，在一定条件下，沉积物中吸附的 PPCP 又会被重新释放到水体中。沉积物由于可吸附污染物，因此其 PPCP 含量大于表面水体，但低于污泥中的含量。目前在珠江及其近海域沉积物中可检出抗生素[n.d.～1560ng/g（dw）]（Yang et al.，2010）、抗真菌药物[1～35ng/g（dw）]（Huang et al.，2010）、激素[＜0.9～10.9ng/g（dw）]（Gong et al.，2011）、抗菌剂[＜0.6～2633ng/g（dw）]（Yu et al.，2011a；Zhao et al.，2010a）、多环香料[＜0.3～121ng/g（dw）]（Zeng et al.，2008）。

二、广东近海水体中持久性有机污染物概况

随着国民经济快速发展及城市化进程加快，越来越多的化工生产基地向沿海区域转移，大量的工农业废水和生产污水排入大海，对海洋生态环境造成严重威胁。其中，多溴联苯醚、多氯联苯类及邻苯二甲酸酯类等持久性有机污染物因其生物积累性及内分泌干扰危害性而受到广泛关注。对我国海洋环境中持久性有机污染物的监测发现，多溴联苯醚、多氯联苯类及邻苯二甲酸酯类等持久性有机污染物在近海环境中普遍被检出。广东沿海及珠江海域因其特殊的地理位置和在经济发展中的重要地位，其环境状况备受关注。随着周边地区经济的发展，特别是城镇化快速发展，农业特别是水产养殖的大规模发展及港口和核电站的建设，海洋生态环境发生了较大变化。总结相关研究进展，将有助于深入认识广东海域环境污染特征和演变趋势，为制定该区域的环境保护与治理决策提供科学依据。

（一）多溴联苯醚

多溴联苯醚（polybrominated diphenyl ether，PBDE）是一类以溴为基础的有机化合物，化学通式为 $C_{12}H_{(0\sim9)}Br_{(1\sim10)}$，按所含溴原子数分为 10 个同系组，有 209 种同系物，常见的如四溴联苯醚（tetra-BDE）、五溴联苯醚（penta-BDE）、六溴联苯醚（hexa-BDE）、八溴联苯醚（octa-BDE）和十溴联苯醚（deca-BDE）等。PBDE 在室温下具有蒸气压低

和亲脂性强的特点，可以散逸到空气中，随大气长距离迁移，同时化学性质稳定，可以随着食物链生物富集和放大。PBDE 的沸点为 310～425℃，在水中溶解度小，具有相当稳定的化学结构，很难通过普通的物理、化学或生物方法降解。PBDE 在高温分解时产生溴原子，溴原子可以通过捕获羟基自由基、氧自由基等燃烧反应的核心游离基达到阻燃灭火目的。因此，PBDE 被大量生产，并应用于聚合物作为阻燃剂使用。PBDE 作为一种添加型阻燃剂，由于缺乏化学键的束缚作用，在添加于产品的过程中很容易通过挥发、渗出等方式进入环境，并随着大气、水体迁移造成大气、水体、沉积物、土壤及生物圈的广泛污染。研究证实，PBDE 已经成为一类重要的环境污染物，在自然环境（空气、水体、沉积物、土壤、植物等）、野生动物及人体中被广泛检出（陈社军等，2005）。

PBDE 主要有 3 种类型的商业品种，按溴含量的不同分别为十溴联苯醚、八溴联苯醚和五溴联苯醚。十溴联苯醚主要添加于各种纺织品和电路板聚酯中；八溴联苯醚主要用于丙烯腈丁二烯苯乙烯、聚碳酸酯和热固塑料中；五溴联苯醚则主要用于环氧树脂、酚类树脂、聚酯、聚氨酯泡沫和纤维的生产中。自 20 世纪 70 年代溴系阻燃剂被确立为化学阻燃剂主导地位以来，作为其主力军的 PBDE 产量逐年上升。据统计，1990 年全球 PBDE 的产量为 40 000t，其中十溴、八溴和五溴联苯醚分别为 30 000t、6000t 和 4000t，到 2001 年全球 PBDE 的需求量已增加到 67 000t。PBDE 在产品制造、使用、报废和焚化等过程中通过蒸发和渗漏而进入环境，并在大气、土壤、水体和沉积物等多种环境介质中蓄积、放大而造成污染。其中，废弃的电子产品（通常被称为电子垃圾，e-Waste）是产生 PBDE 污染的最主要途径之一（Mai et al.，2005）。有资料表明，在 1997～2004 年经 eWaste 进入到环境中的 PBDE 有 12×10^{8}kg 之多，并呈现出逐年增高的趋势（Ikonomou et al.，2002）。Mai 等（2005）对珠江入海口的沉积物进行调查，结果显示 PBDE 分布存在明显地理差异。其中，∑BDE 为东江＞珠江＞澳门近岸＞珠江口＞南海北部＞西江；BDE-209 为东江＞珠江＞澳门近岸＞珠江口＞西江＞南海北部，呈现典型的河流＞近岸＞开阔海洋的陆源分布。此外，珠江口和南海北部沉积物中 PBDE 的种类和分布与珠江及东江河道的样品类似，东江可能是珠江口 PBDE 污染的重要源头。东江和珠江的 PBDE 污染最为严重，东江干流经惠州流入东莞，东莞正处在东江北干流与南支流之间的东江三角洲河网区内，这两个地区是中国电子信息产品的制造中心，多溴联苯醚阻燃剂的大量使用不可避免，工业废水排放导致了东江下游河网沉积物中 PBDE 含量急剧增加，东江沉积物中 PBDE 的分布没有明显规律，这是因为遍布该地区的工业点源排放是东江 PBDE 的主要来源。珠江沉积物中 PBDE 的高含量区主要在广州河段和珠江、东江交汇处。广州河段的 PBDE 主要来自广州工业污水的排放，交汇处的高含量（特别是 BDE-209）则受东江水的影响。珠江下游（狮子洋水道）沉积物中 PBDE 含量相对较低，可能是由潮水的稀释和扩散作用所致。西江沉积物中的 PBDE 含量相对较低，西江流经三水和江门等市，这一带的经济和工业结构有别于广州和东莞，而且西江径流量较大，有利于悬浮颗粒物及污染物稀释和往河口及外海迁移。PBDE 的另一个高污染区是澳门水域，该区域 PBDE 主要来自上游河流及河口，由于受科氏力的影响，伶仃洋（珠江口）径流偏右（西）而出，潮流偏左（东）而入，这样从上游河流到达河口的颗粒物会更多地被带到珠江口西岸，而有机污染物往往易吸附于悬浮颗粒物等细小颗粒上。另外，澳门水域毗邻西江入海口（磨刀门），接收部分来自西江的颗粒物，长期的沉降积累很可能使澳门水域形成 PBDE 高污染区，即污染物的“汇”。

伶仃洋海域水体中PBDE的含量随季节和水体性质不同呈现出一定的差异性。在丰水期以冲淡海水为主的水体中，由于雨水及海水的稀释作用，PBDE含量较低，同时由于高盐度和较长滞留时间的影响，PBDE在溶解相和颗粒相间的分配系数高于枯水期，加上较高的颗粒物含量，使更多的PBDE存在于颗粒相中，颗粒物含量是控制水体中PBDE含量的主要因素。在枯水期以河水为主的水体样品中，由于缺少雨水和海水的稀释，PBDE含量高于丰水期所采样品，在空间分布上呈现明显的随河口方向距离增加PBDE浓度降低的趋势，垂向上呈现从表层向底层PBDE含量逐渐降低的趋势，PBDE在两相中的分配系数要小于丰水期样品，由于较少的颗粒物含量及相对小的分配系数，PBDE主要存在于溶解相中。溶解性有机碳（DOC）含量和颗粒物有机碳（POC）含量对PBDE在溶解相和颗粒相中的分布都有影响，但随水体性质的不同这种影响存在较大差别。

（二）多氯联苯

多氯联苯（polychlorinated biphenyl，PCB）是联苯 1～10 位上的氢原子被一个或一个以上的氯原子取代后而形成的氯代烃类化合物，它是由一系列氯化联苯的异构体组成的一大类有机含氯化合物，其同分异构体和同系物多达 209 种。PCB 是典型的环境持久性有机污染物之一，被列为斯德哥尔摩公约中优先控制的 12 类持久性有机污染物之一。PCB 于 1881 年由德国人 H. Schmidt 和 G. Schuts 等在实验室合成，之后被广泛应用于电力、塑料、化工和印刷等领域，20 世纪 30 年代开始实现商业化生产，到 1980 年世界各国生产的 PCB 已达近 100 万 t（Guan et al.，2009；Xing et al.，2005）。由于 PCB 结构稳定，半衰期长，尽管已经被禁用，但在各类环境介质中仍可被广泛检出。

水环境中的 PCB 主要来源于城市工业废水排放及大气沉降和各类点源污染等。由于多氯联苯具有较高的辛醇-水分配系数，水溶性差，因此在水环境中浓度较小，但易溶于脂溶性物质或吸附于颗粒性物质表面。近年的研究显示，大部分监测河流 PCB 未出现中重度污染。但是由于 PCB 具有强的亲脂特性，能够通过生物富集而放大，当它们被小型水生生物和鱼类富集时，经过食物链的传递，最后聚集在鱼类和哺乳动物体内，浓度达到水中的几千倍，如某些水鸟体内 PCB 浓度可达水中的 50 万～100 万倍。此外，PCB 在水体沉积物中的含量也相当高，PCB 可被沉积物中的有机质吸附，当环境条件发生改变时便会重新释放到水体中，对水环境中的浓度产生一定影响（Ho et al.，2001）。

珠江口及南海北部海域环境介质中的 PCB 含量在总体上处于较低水平，但在地域分布上有显著差异，以珠江河道和珠江口的污染程度最为严重。珠江及邻近海域沉积物中的 PCB 大部分来源于广州和香港，除河口和大型港口水域外，其他水域沉积物中的 PCB 含量极低。对珠江四大入海河口水体中 PCB 的分析表明，虎门 PCB 平均含量最高，含量范围为 2.18～3.93ng/L，平均含量为 2.73ng/L；蕉门次之，含量范围为 1.73～3.25ng/L，平均含量为 2.62ng/L；横门最低，含量范围为 0.48～1.54ng/L，平均含量为 0.99ng/L；斗门含量范围为 0.51～1.83ng/L，平均含量为 1.16ng/L。长江入海口水体中 PCB 的平均含量为 1.46～3.85ng/L，珠江入海口 PCB 的平均含量与其接近，与其他河口海岸比较，珠江河口水体中 PCB 含量较低，近年呈下降趋势，2005 年水体中 PCB 浓度为 2.47～6.75ng/L，2009 年为 0.12～1.47ng/L（Guan，2009；Xing et al.，2005）。沉积物与水体中

PCB 同系物的组成存在较大差异，珠江口沉积物中五氯和六氯联苯为总 PCB 的主要组成部分（60%～80%），水体中则以四、五、六、七氯为主（Nie et al.，2005）。这源于 PCB 同系物物理化学性质的差异：随氯原子数的增加，PCB 的水溶性和挥发性变弱，而亲脂性和吸附能力增强，导致各同系物在长距离迁移、大气迁移及生物营养级迁移的过程中发生“分馏”，从而使它们在不同环境介质中的比例发生变化。

大亚湾西部的哑铃湾及澳头近海的 PCB 含量较高，这可能与澳头经济发展，人口增长带来的工业废水、生活污水和船舶污水有关；而该地区养殖海区 PCB 含量较高可能和养殖污染有关；邻近油码头的 PCB 含量较高，可能是由船舶污水所致。PCB 含量有西部海域高、东部海域低的趋势，人口多和水产养殖密集的海区污染较重。沿岸种植业、工业废水、生活污水、船舶污水、水产养殖自身污染和水动力等与该海区 PCB 含量密切相关（麦碧娴等，2000）。

（三）邻苯二甲酸酯

邻苯二甲酸酯（phthalic acid ester，PAE，又称酞酸酯）是由邻苯二甲酸和酐与醇类发生酯化反应生成、具有刚性平面芳烃和两个可塑非线性脂肪侧链的化合物。作为一种广泛使用的聚合物添加剂，它们在改变聚合物的性质、聚合物的加工及产品的性能等方面发挥着巨大作用。20 世纪 30 年代以后被当作增塑剂广泛添加于日用及工业高分子塑料产品及包装材料中。常见的酞酸酯类化合物有 6 种，分别是二乙基己基酞酸酯（DEHP）、单乙基己基酞酸酯（MEHP）、二甲基酞酸酯（DMP）、丁基苯基酞酸酯（BBP）、二丁基酞酸酯（DBP）、二辛基酞酸酯（DOP）。其中，二乙基己基酞酸酯的使用量最多，约占这类化合物总量的 1/4（李新，2012；胡晓宇和张克荣，2003）。

作为增塑剂，PAE 与塑料分子以氢键或范德华力连接，而并非共价聚合，为塑料产品提供了必要的可塑性。但由于全球塑料制品的大量使用和时间的推移，PAE 从塑料分子中溶解出来，造成环境污染。目前，PAE 在全球生态环境中已达到了普遍检出的程度，在空气、土壤、水体、食品，甚至在生物体中均检测到 PAE 的存在（陈慧，2008；李潇等，2008；蔡全英等，2005）。酞酸酯的全球性污染状况严重，已超过了滴滴涕（DDT）和六六六（HCH）。美国国家环保局已将其中 6 种 PAE 化合物列属“优控污染物”名单。由于 PAE 在环境中稳定、持久，通常具有生物累积效应和内分泌干扰作用，可通过食物链营养关系危及人体的健康与安全。目前中国也将 DBP 等 3 种酞酸酯列为环境优控污染物。

酞酸酯是一类分布广泛的污染物。许多国家和地区的大气、水体和土壤中均已检出 PAE，浓度达 10^{-9} 或 10^{-6} 级（杜兵等，2004；刘文新等，2005）。水体中的 PAE 主要来源于含有该类化合物的工业废水排放、固体废弃物的堆积和雨水淋洗、各类塑料制品老化过程中的缓慢释放及大气的干沉降（张蕴晖等，2003；胡晓宇和张克荣，2003）。珠江流域是我国经济高速发展的地区，酞酸酯类物质使用量很大并呈逐年上升趋势，近年来珠江流域各种环境中陆续发现了 PAE 的存在，这与珠江三角洲内普遍存在的塑料、油漆、合成纤维及润滑油等工业中作为增塑剂和柔软剂广泛应用密切相关。

研究表明，珠江三角洲城市（深圳、珠海、东莞、中山、珠江广州段）水体中酞酸酯的总量为 3.0～503.5μg/L，其中优先控制污染物[包括邻苯二甲酸二甲酯（DMP）、邻苯二甲酸二乙酯（DEP）、邻苯二甲酸二正丁酯（DBP）、邻苯二甲酸二正辛酯（DOP）

及邻苯二甲酸二（2-乙基己基）酯（DEHP）]的总浓度为2.7～448.2μg/L。虽然种类、含量不同，但该类化合物在所有采样点均可检出，其中邻苯二甲酸二正丁酯是所有水样中丰度最高的酞酸酯。在珠江三角洲的7条支流中，酞酸酯类物质普遍存在且含量较高，这可能与塑料制品厂家废水的直接排放及从环境废弃产品中释放入河水有关。由于酞酸酯是疏水亲脂的有机物，进入水体的酞酸酯可通过各种途径吸附于沉积物的固体颗粒上，并集中到水体沉积物中，从而使得河流底泥中PAE的浓度高出河水中浓度10^2～10^3倍。因此，酞酸酯在水环境中集中分布于沉积物中。

PAE类物质不仅在珠江流域各类环境介质中被普遍检出，而且在珠江流域生物体内也发现了PAE的存在。王兆梅等（2010）测得广东主要养殖基地中罗非鱼体内的PAE污染物主要有DMP、DEHP、DBP和DEP，其中DBP含量高达38mg/kg，其余3种含量为16～25mg/kg。对养殖池塘中3种淡水鱼类（草鱼、鲫鱼和罗非鱼）体内6种PAE含量的测定结果表明，这些鱼类均受到DEHP、DBP和DOP的污染（李潇等，2008）。聂湘平等（2008）研究表明，酞酸酯类化合物可在生物体内富集，甚至可在食物链中传递，随着酞酸酯侧链长度的增加，它们在龙须菜体内的积累量呈增加趋势：DMP＜DEP＜DBP＜DEHP。侧链最长的DEHP在龙须菜体内的含量随暴露时间的延长呈增加趋势，30d体内累积量可达2.35mg/kg；侧链最短的DMP在龙须菜体内的质量为0.04～0.10mg/kg，随时间变化差异不显著。在鱼体内，DEHP和DBP都有不同程度的积累，尤其是在鱼内脏组织中积累得特别显著。大量研究证明，即使较低含量的PAE暴露，也存在干扰生物体内激素分泌，造成动物生殖扰乱的风险，所以邻苯二甲酸酯类化合物如DBP、DEHP是重要的环境激素类物质或内分泌干扰物质，其在环境中的行为特别是在水生食物链中的风险应引起广泛关注。

三、广东近海水体中农药污染物概况

农药的施用一直以来都是农业生产中抵抗病虫害、提高作物产量的有效手段。由于农业在广东经济中占据着重要的地位，广东是农药使用大省。虽然高毒有机氯农药和有机磷农药已经被禁用，但新型的农药又在不断被开发并投入使用。农药使用后，除少部分残留在作物上外，大部分会通过沉降、降水进入土壤、地下水，相当一部分再随地表径流进入湖泊、河流，最终进入海洋。因此，沿海水域中农药的残留仍旧是海洋环境问题研究的重点之一。

我国目前主要的农药种类有：①有机氯农药，残留高，能通过生物富集影响高营养级生物，尽管早已被禁用，但由于其较长的半衰期，在环境中仍可广泛被检出；②有机磷农药，作为有机氯农药的替代，虽残留低于有机氯农药，但其通过抑制生物体内胆碱酯酶引起神经生理紊乱从而导致中毒，是造成农药中毒、食品安全问题最多的农药，大多也已禁用；③氨基甲酸酯类农药，类似有机磷农药的低残留、高毒性农药，逐渐被拟除虫菊酯所代替，目前只有少数几种在使用；④拟除虫菊酯类农药，具有高效、低残留、对高等动物低毒的特点，是目前运用范围很广的一类农药（黄群腾，2008；张征等，2006），但是该类农药对鱼类、蚌类、海底节肢动物等水生生物高毒（王朝晖等，2000；龚瑞忠等，1988）；⑤酰胺类农药，是近年来使用量最大的除草剂，研究发现一些酰胺类农药残效期长（如丁草胺为 6～10 周），异丙甲草胺和丁草胺还具有明显的致突变性（范立民等，2005；王骐全和刘维屏，1999）；⑥苯胺类（包括二硝基苯胺类）农药，是一类重要的选择性芽前除草剂，其中用量最大的是氟乐灵和二甲戊乐灵，研究表明二甲戊乐灵会影响肝细胞的代谢及甲状腺的排出，是一种内分泌干扰物，对水生生物高毒；⑦含氮杂环类农药，该类农药具有选择性好、活性高、用量少、毒性低特点。广东是我国经济发展最快的地区之一，农药施用量高。随着经济和城市化的快速发展，土地的大规模开发利用，使得原有农药残留、重金属污染等可随雨水冲刷、地表径流和大气沉降进入珠江河口及广东邻近海域。

（一）有机氯农药

有机氯农药（organ chlorine pesticide，OCP）是一类典型的、在环境中广泛存在的难降解有机污染物。由于其结构稳定，难分解，毒性大，易溶于有机溶剂和脂肪组织中，是高效、高毒和高残留农药，极易在环境中累积，对生态系统的破坏非常严重，如土壤中的 DDT 分解 95%需 30 年之久，而有机氯农药还可通过生物富集和食物链进入人体和动物体内，在肝、肾和心脏组织中蓄积。

尽管珠江三角洲地区在 1982 年之后已停止使用有机氯农药，但相关研究表明，在珠江三角洲地区及广东沿海的大气、水体、土壤及沉积物中仍然有有机氯农药残留（周涛等，2014；赵李娜等，2013；邱耀文等，2007；罗孝俊等，2005；康跃惠等，2001；麦碧娴等，2000；Guan et al.，2009）。李建民等（2013）对珠江八大出海口门水体中有机氯农药的污染状况进行分析，发现在珠江水体中 3 种典型有机氯农药均有检出，说明残留有机氯农药仍比较普遍，枯水期水体中有机氯农药普遍较丰水期高（邱耀文，2007）。而作为出海口，其中的有机氯农药残留的最终归宿是海洋，由此可见，海域中有机氯农药来源依旧广泛。

邱耀文等（2007）通过对大亚湾海域上覆水和沉积物中有机氯农药（HCH、DDT 和狄氏剂等）含量的调查分析，结果显示大亚湾海域水体中（主要指上覆水中）尚残留一定量的 HCH（7.0ng/L）和 DDT（21.6ng/L），狄氏剂未检出。其中，HCH 主要分布在大亚湾北部近岸海域和湾口海域，DDT 也大都分布在大亚湾北部海域和湾口东侧。而在大亚湾海域沉积物中，HCH 和 DDT 也有一定的残留，含量范围为 1.4～4.6ng/g 和 8.7～34.3ng/g，狄氏剂的含量则较低。其中，HCH 主要分布于上层和下层沉积物中，由表层至深层大致呈上升趋势，表层沉积物中 HCH 的含量相对较低，这说明当时水体中 HCH 的含量较早期低。研究人员对从大亚湾海域采集的生物样品和沉积物样品进行分析，检测其中 DDT、HCH 和氯丹（CHL）各组分的含量及脂含量和同位素值，与其他海区相比，该海域生物体中 DDT 的含量相对较高，HCH 和 CHL 含量较低，并且近年来仍有此类化学物质输入大亚湾海域（邱耀文，2007；姜重臣，2005）。

大亚湾的生物样品研究表明，OCP 在生物累积中表现出脂溶性的特征，生物体内脂含量越高，其 OCP 含量也越高；而同位素的研究结果显示，肉食性生物比植食性生物更易累积 OCP。秦春艳（2007）在对珠江口海域 14 种习见水生动物样品体内 DDT、HCH 的含量进行分析时发现，各种生物体内经反复测定均未检出 HCH，但可以检测出 DDT，为 21.75～394.38ng/g 干重，且各生物体内含量按从大到小排序为鱼类、双壳类、甲壳类、头足类，证实了OCP的生物累积与生物体内脂含量存在相关性。即使这些生物体内DDT的含量大多都在可食用范围内，但这一污染问题也不可忽视。至于海洋哺乳类动物体内DDT含量的分布情况，研究发现热带点斑原海豚所检器官中都是心脏中DDT含量最高，其次是胰脏，胃中含量最低，且海豚体内的DDT含量远高于常见水生动物，这就佐证了DDT含量沿食物链呈逐级放大的特性。

丘耀文等（2008）对从深圳湾采集的样品进行研究，发现鱼类DDT、HCH和CHL的含量范围分别为1.84～286.83ng/g、0.08～1.85ng/g、0.45～118.81ng/g（鲜重），肉食性鱼类OCP含量通常较高。与其他海区相比，深圳湾海域水生生物体中DDT的含量相对较高，部分鱼类样品中DDT含量超过我国海洋生物质量国家标准（GB 18421—2001）的二级标准，HCH和CHL则相对较低。

罗孝俊等（2005）的研究表明，澳门内港水体中DDT主要来源是沉积物再悬浮作用的释放，有机氯农药含量范围为0.176～12.85ng/g，分布特征为珠江、东江＞西江＞珠江口＞南海近海；南海样品的有机氯农药含量随着离岸距离的增加而下降。因此，沉积物污染研究有着重要意义。2014年中国南海的研究结果显示，作为DDT的一种异构体，pp'-DDT仍是该海域最主要的OCP种类，且各层含量分布特征大致呈现为表层＞200m层＞500m层。这一方面可能是由于其性质稳定，不易降解，另一方面说明目前有些地方仍在使用含氯农药，但各站点间OCP的含量水平并没有规律性，由此可以推断，调查海域附近陆地区域在调查时期正处于农作物灭虫时期，有大量OCP被使用。罗慧等（2010）在调查中国部分海域海水中溶解态有机氯农药残留分布特征时发现，珠海淇澳岛水体也显示有新的DDT输入。不仅如此，早期的报道中也显示有机氯农药和珠江口河水水量变化有较好的对应关系，即在流量较大的年份，有机氯农药的含量较高，在枯水期年份，农药的含量较低。研究者用径流量的变化来解释其在沉积物中的垂直变化（康跃惠等，2001），说明了有机氯农药虽然已被禁用多年，但水体中仍存在它的输入源。

（二）有机磷农药

有机磷农药是一类含有P=S或者P=O键的化合物，具备高效、快速、广谱性，常被作为杀虫剂、杀菌剂及除草剂。因其易降解、残留短等非持久性特征，被作为有机氯农药的替代而广泛运用于农业。但近年来随着人们对有机磷农药环境化学行为和环境毒理性质研究的深入，发现它可能存在一定程度的蓄积性，对环境生态造成较大的损害。

有学者对珠江河口流域蕉门水道和沙湾水道有机磷农药（OPP）残留物的污染情况进行了长期调查研究，发现有8种OPP农药被检出，其中甲拌磷、乙拌磷、乐果、敌敌畏为主要污染物，浓度水平均在微克每升。与2000年分析结果相比，甲基对硫磷、敌敌畏、乐果等农药的浓度变化不明显，马拉硫磷没有检出，说明在农药使用种类上也存在一定的变化。与国内外其他研究比较，珠江河口流域有机磷农药污染水平总体上处于中等水平（周敏，2013；杨旋，2011）。河道中表层水的OPP浓度总体上大于深层水的OPP浓度，农业播种面积较大区域的附近河道OPP含量往往更高。这些都说明有机磷农药依旧是当地农业生产使用的主要农药之一，作为入海口的珠江河口地区面临OPP污染的形势仍较为严峻（周敏，2013）。

对珠江口这一区域水体中有机磷农药污染现状进行风险评价，表明虽然珠江河口区域水体中各种有机磷农药的浓度都在可以接受的范围内，但是甲拌磷已经接近可接受范围的临界点，无论对环境质量还是对人体健康，都存在着潜在风险。此外，该区域丰水期时 9 种有机磷农药混合物总风险比枯水期时农药混合物总风险大，水样中总有机磷农药的浓度有所上升，说明在环境介质中残留的有机磷农药随着降水和地表径流被带入到水体中，其中甲拌磷对总体风险的贡献最大（郭强，2014；杨旋，2011）。

（三）其他类农药

菊酯类农药是 20 世纪 70 年代人工合成的一类重要杀虫剂，迄今已商品化的拟除虫菊酯有 50 多种，因其具有高效、低毒、广谱、残留少等特点，已被广泛应用于农业生产和家庭生活中。在高毒有机磷农药被禁止使用后，菊酯类杀虫剂有了更广泛的使用空间，但在使用的同时也带来了环境污染和食品安全等问题。有研究发现，其对鱼、虾、蟹、贝类等水生生物毒性较高（张征，2006；王朝辉，2000）。

对珠江河口沉积物中菊酯类农药的污染状况进行调查表明，表层沉积物（以干重计）中 7 种菊酯类农药质量分数为 n.d.～6.59μg/kg（n.d.表示未检出），平均值为 0.75μg/kg；组成比例表明，氯菊酯最多，占总量的 57.63%，检出率约为 61.90%，甲氰菊酯其次，约占总量的 16.39%，检出率为 28.57%，氯菊酯占主要组成部分，可能与其在珠江三角洲居民生活中被大量使用及其降解速率有关。与国内外其他地区相比，珠江河口沉积物中菊酯农药处于较低水平，珠江河口拟除虫菊酯不存在生态风险（郭强，2014；赵李娜，2013；张祖麟，2001）。其他农药如苯胺类农药、含氮杂环类农药等，由于使用不广泛或是新型农药使用时间尚不长，关于这些农药在广东海域环境中的分布及污染现状的研究尚不明确。

综上所述，广东地区的农药污染依旧严重，一些高残留有机氯农药残留仍可频繁被检出，这不仅与其较长的半衰期有关，还与存在新的点源污染相关。虽然这些农药都已被禁用，但近年来仍然存在新的输入，说明在农业生产中仍然存在使用对环境污染严重的农药的行为，因此要加强农药使用监管，开展相关研究任重而道远。

参 考 文 献

蔡全英，莫测辉，李云辉，等. 2005. 广州、深圳地区蔬菜生产基地土壤中邻苯二甲酸酯(PAE)研究. 生态学报, 25(2): 283-288.

陈繁荣. 2007. 珠江口及近海沉积物中重金属元素的分布、赋存形态及其潜在生态风险评价. 中国科学院博士学位论文.

陈慧. 2008. 四种邻苯二甲酸酯在黄河兰州段水体中环境行为的研究. 西北师范大学硕士学位论文.

陈社军. 2006. 珠江三角洲河流、河口及邻近南海海域和长江三角洲主要水体沉积物中的多溴联苯醚. 中国科学院硕士学位论文.

陈社军，麦碧娴，曾永平，等. 2005. 珠江三角洲及南海北部海域表层沉积物中多溴联苯醚的分布特征. 环境科学学报, 25(9): 1265-1271.

陈实. 2011. 粤闽典型海水养殖区沉积物氮磷地球化学特征研究. 暨南大学硕士学位论文.

程锦潮. 2011. 珠江水运发展所面临的形势与对策分析. 珠江水运, 12(2): 13-17.

迟清华，鄢明才. 2007. 应用地球化学元素丰度手册. 北京：地质出版社.

储少岗. 1995. 典型污染地区底泥和土壤中残留多氯联苯的情况调查. 中国环境科学, 15(3): 199-203.

代朝猛, 周雪飞, 张亚雷, 等. 2009. 环境介质中药物和个人护理品的潜在风险研究进展. 环境污染与防治, 31(2): 77-81.
范立民, 马晓燕, 胡庚东, 等. 2005. 除草剂丁草胺对两种鱼的急性毒性研究. 浙江海洋学院学报(自然科学版), 4: 377-379.
龚瑞忠, 蔡道基. 1988. 拟除虫菊酯类农药对水生生物的毒性评价研究. 环境科学研究, 4: 39-44.
广东省海岛资源综合调查大队. 1993. 珠江口海区海岛资源综合调查报告. 广州: 广东科技出版社.
郭强, 田慧, 毛潇萱, 等. 2014. 珠江河口水域有机磷农药水生生态系统风险评价. 环境科学, 3: 1029-1034.
国家统计局国际统计信息中心. 2008. 长江和珠江三角洲及港澳特别行政区统计年鉴. 北京: 中国统计出版社.
胡晓宇, 张克荣. 2003. 中国环境中邻苯二甲酸酯类化合物污染的研究. 中国卫生检验杂志, 2(13): 9-14.
黄群腾. 2008. 水环境中 36 种农药残留的同时分析方法及其应用. 厦门大学硕士学位论文.
贾瑗, 胡建英, 孙建仙, 等. 2009. 环境中的医药品与个人护理品. 化学进展, 21(2): 389-399.
姜重臣. 2005. 大亚湾海域有机污染物的来源及其分布特征研究. 中国海洋大学硕士学位论文.
蒋新. 2000. 长江南京段水中悬浮物及沉积物中多氯有毒有机污染物. 中国环境科学, 20(3): 193-197.
康跃惠, 盛国英, 傅家谟, 等. 2001. 珠江澳门河口沉积物柱样中有机氯农药的垂直分布特点. 环境科学, 1: 81-85.
赖学文, 陈伟洲. 2006. 南澳岛海水生态养殖的进展和研究. 水产科技, 2: 33-34.
李建民, 刘昕宇, 何景亮. 2013. 珠江八大出海口门水体中有机氯农药的污染状况初探. 人民珠江, 5: 52-54.
李杰, 雷驰宙, 陈伟洲. 2012. 南澳贝藻混养互利机制的初步研究. 水产科学, 31(8): 449-453.
李开枝, 尹健强, 黄良民, 等. 2007. 珠江口浮游桡足类的生态研究. 生态科学, 26(2): 97-102.
李萍, 周厚诚, 黄卫凯. 2000. 广东省南澳岛的生态旅游资源及开发战略. 生态科学, 19(4): 90-94.
李宵. 2009. 海水养殖对浮游植物群落结构和水质的影响. 暨南大学硕士学位论文.
李潇, 聂湘平, 潘德博, 等. 2008. 养殖鱼体邻苯二甲酸酯含量与分布特征. 环境与健康杂质, 25(3): 202-205.
李新. 2012. 化妆品中邻苯二甲酸酯类和己二酸酯类成分色谱分析方法的研究. 新疆大学硕士学位论文.
梁惜梅, 施震, 黄小平, 等. 2013. 珠江口典型水产养殖区抗生素的污染特征. 生态环境学报, 22(2): 304-310.
刘文新, 陈江麟, 林秀梅, 等. 2005. 渤海表层沉积物中 DDT、PCB 及酞酸酯的空间分布特征. 环境科学学报, 25(1): 58-63.
刘文新, 凌晰, 陈江麟, 等. 2008. 黄海近岸表层沉积物中 DDT、PCB 与酞酸酯的地理分布. 环境科学, 29(7): 1761-1767.
刘玉春, 徐维海, 余莉莉, 等. 2006. 固相萃取液相色谱质谱/质谱联用测定河水中大环内酯类抗生素. 分析测试学报, 25(2): 1-5.
罗慧, 王新红, 汤丽, 等. 2010.中国部分沿海海域水体中溶解态有机氯农药和多氯联苯的残留分布特征. 海洋环境科学, 1: 115-120.
罗孝俊, 陈社军, 麦碧娴, 等. 2005. 珠江三角洲河流及南海近海区域表层沉积物中有机氯农药含量及分布. 环境科学学报, 9: 1272-1279.
麦碧娴, 林峥, 张干, 等. 2000. 珠江三角洲河流和珠江口表层沉积物中有机污染物研究-多环芳烃和有机氯农药的分布及特征. 环境科学学报, 20(2): 192-197.

聂湘平，李桂英，吴志辉，等. 2008. 四种酞酸酯在龙须菜(*Gracilaria lemaneiformis*)-篮子鱼(*Siganus oramin*)食物链中的积累放大研究. 海洋科学, 32(1): 19-23.
聂湘平. 2001. 珠江广州段水体中沉积物及底栖生物中的多氯联苯. 中国环境科学, 21(5): 417-421.
彭友贵，陈桂珠，夏北成. 2005. 广州南沙地区湿地生态系统的特征分析. 海洋环境科学, 24(3): 51-55.
乔永民，顾继光，杨扬，等. 2010. 南澳岛海域表层沉积物重金属分布、富集与污染评价. 热带海洋学报, 29(1): 77-84.
秦春艳. 2007. 广东沿海海洋生物体内有毒物质的生物积累与污染评价. 华南师范大学硕士学位论文.
丘耀文，郭玲利，张干. 2008. 深圳湾典型有机氯农药的生物累积及其人体健康风. 生态毒理学报, 1: 42-47.
丘耀文，张干，郭玲利，等. 2007. 大亚湾海域典型有机氯农药生物累积特征及变化因素研究. 海洋学报(中文版), 2: 51-58.
谭建华，唐才明，余以义，等. 2009. 高效液相色谱法同时分析城市河水中的多种抗生素. 色谱, 25(4): 546-549.
王朝晖，尹伊伟，林小涛，等. 2000. 拟除虫菊酯农药对水生态系统的生态毒理学研究综述. 暨南大学学报(自然科学与医学版), 3: 123-127.
王琪. 2010. 珠江三角洲典型养殖区磺胺类抗生素的监测分析及其生物标记物研究. 暨南大学硕士学位论文.
王琪全，刘维屏. 1999. 除草剂乙草胺、异丙甲草胺的光降解及其致突变性. 中国环境科学, 1: 2-5.
王泰. 2007. 海河与渤海湾水体中溶解态多氯联苯和有机氯农药污染状况调查. 环境科学, 28(4): 730-735.
肖瑜璋，王蓉，张保学. 2010. 珠江口海域海洋渔业资源现状分析与建议. 黑龙江科技信息, (28): 233.
徐维海，张干，邹世春，等. 2006. 香港维多利港和珠江广州河段水体中抗生素的含量特征及其季节变化. 环境科学, 27(12): 2458-2462.
徐维海. 2007. 典型抗生素类药物在珠江三角洲水环境中的分布、行为与归宿. 中国科学院博士学位论文.
杨璇. 2011. 珠江河口水体常见有机磷农药污染现状及风险评价. 暨南大学硕士学位论文.
杨燕红，傅家谟，盛国英，等. 1998. 珠江三角洲一些城市水体中微量有机污染物的初步研究. 环境科学学报, 16(1): 59-65.
叶计朋，邹世春，张干，等. 2007. 典型抗生素类药物在珠江三角洲水体中的污染特征. 生态环境, 16(2): 384-388.
张远辉，杜俊民. 2005. 南海表层沉积物中主要污染物的环境背景值. 海洋学报, 27(4): 161-166.
张蕴晖，陈秉衡，郑力行，等. 2003. 环境样品中邻苯二甲酸酯类物质的测定与分析. 环境与健康杂志, 20(9): 283-286.
张征，李今，梁威，等. 2006. 拟除虫菊酯杀虫剂对水生态系统的毒性作用. 长江流域资源与环境, 1: 125-129.
张祖麟. 2001. 河口流域有机农药污染物的环境行为及其风险影响评价. 厦门大学博士学位论文.
赵李娜，赖子尼，李秀丽，等. 2013. 珠江河口沉积物中拟除虫菊酯类农药污染及毒性评价. 生态环境学报, 8: 1408-1413.
中国海洋年鉴编纂委员会. 2003. 中国海洋年鉴. 北京：海洋出版社: 639.
中国科学院南海海洋研究所. 2006. 汕头市南澳岛(引韩)供水工程. 海洋环境影响报告书.
周敏. 2013. 珠江河口地区水体与土壤/沉积物中有机磷农药污染研究. 暨南大学硕士学位论文.
周涛，韩彬，徐亚岩，等. 2014. 中国南海海水中有机氯农药和多氯联苯的含量及分布特征. 岩矿测试, 1: 90-95.
朱玉玺, 王国九. 2010. 桂山岛供水方案研究. 给水排水, 37(增刊): 196-198.
Chang H, Wan Y, Wu S M, et al. 2011. Occurrence of androgens and progestogens in wastewater treatment plants and receiving river waters: comparison to estrogens. Water Research, 45: 732-740.
Daughton C G, Ternes T A. 1999. Pharmaceuticals and personal care products in the environment: agents of subtle change? Environmental Healthy and Perspective, 107: 907-938.
Gao L H, Shi Y L, Li W H, et al. 2012. Occurrence of antibiotics in eight sewage treatment plants in Beijing, China. Chemosphere, 86: 665-671.
Gong J, Ran Y, Chen D Y, et al. 2009. Occurrence and environmental risk of endocrine-disrupting chemicals in surface waters of the Pearl River, South China. Environmental Monitoring Assessment, 156: 199-210.
Gong J, Ran Y, Chen D Y, et al. 2011. Occurrence of endocrine-disrupting chemicals in riverine sediments from the Pearl River Delta, China. Marine Pollution Bulletin, 63: 556-563.
Guan Y F, Wang J Z, Ni H G, et al. 2009. Organochlorine pesticides and polychlorinated biphenyls in riverine run off of the Pearl River Delta, China: assessment of mass loading, input source and environmental fate. Environmental Pollution, 157(2): 618-624.
Ho K C, Hui K C. 2001. Chemical contamination of the East River(Dongjiang)and its implication on sustainable development in the Pearl River Delta. Environment International, 26: 303-308.
Huang Q X, Yu Y Y, Tang C M, et al. 2010. Determination of commonly used azole antifungals in various waters and sewage sludge using ultra-high performance liquid chromatography-tandem mass spectrometry. Journal of Chromatography A, 1217: 3481-3488.
Huang Q X, Zhang K, Wang Z F, et al. 2012. Enantiomeric determination of azole antifungals in wastewater and sludge by liquid chromatography-tandem mass spectrometry. Analytical and Bioanalytical Chemistry, 403: 1751-1760.
Ikonomou M S, Rayne M, Addison R F.2002. Exponential increases of brominated flame retardants polybrominated diphenylethers in the Canadian Arctic from 1981-2000. Environmental Science and Technology, 36: 1886-1892.
Lee Y C, Wang L M, Xue Y H, et al. 2006. Natural estrogens in the surface water of Shenzhen and the sewage discharge of Hong Kong. Human Ecological Risk Assessment, 12: 301-312.
Li K Z, Yin J Q, Huang L M, et al. 2006. Spatial and temporal variations of mesozooplankton in the Pearl River Estuary, China. Estuarine, Coastal and Shelf Science, 67(4): 543-552.
Lin D, Li X, Fang H, et al. 2011. Calanoid copepods assemblages in Pearl River Estuary of China in summer: relationships between species distribution and environmental variables. Estuarine, Coastal and Shelf Science, 93(3): 259-267.
Lin Y C A, Yu T H, Lateef S K. 2009. Removal of pharmaceuticals in secondary wastewater treatment processes in Taiwan. Journal of Hazard Materials, 167: 1163-1169.
Liu J L, Wong M H. 2013. Pharmaceuticals and personal care products(PPCPs): a review on environmental contamination in China. Environmental International, 59: 208-224.
Liu S, Ying G G, Zhao J L, et al. 2011a. Trace analysis of 28 steroids in surface water, wastewater and sludge samples by rapid resolution liquid chromatography electrospray ionization tandem mass spectrometry. Journal of Chromatography A, 1218: 1367-1378.
Liu S, Ying G G, Zhao J L, et al. 2012b. Occurrence and fate of androgens, estrogens, glucocorticoids and progestagens in two different types of municipal wastewater treatment plants. Journal of Environmental Monitoring, 14: 482-491.
Luo Y, Mao D, Rysz M, et al. 2010. Trends in antibiotic resistance genes occurrence in Haihe River, China. Environmental Science and Technology, 44: 7220-7225.
Mai B, Chen S, Luo X, et al. 2005. Distribution of polybrominated diphenyl ethers in sediments of the Pearl River Delta and adjacent South China Sea. Environmental Science and Technology, 39(10):

3521-3527.

Nie X, Lan C, Wei T. 2005. Distribution of polychlorinated biphenyls in the water, sediment and fish from the Pearl River Estuary, China. Marine Pollution Bulletin, 50(5): 537-546.

Peng X Z, Yu Y Y, Tang C M, et al. 2008. Occurrence of steroid estrogens, endocrine-disrupting phenols, and acid pharmaceutical residues in urban riverine water of the Pearl River Delta, South China. Science of the Total Environmental, 397: 158-166.

Peng X Z, Zhang K, Tang C M, et al. 2011. Distribution pattern, behavior, and fate of antibacterials in urban aquatic environments in South China. Journal of Environmental Monitoring, 13: 446-454.

Ruan T, Liu R Z, Fu Q, et al. 2012. Concentrations and composition profiles of benzotriazole UV stabilizers in municipal sewage sludge in China. Environmental Science and Technology, 46: 2071-2079.

Xing G Y, Lu Y, Dawson R W, et al. 2005. A spatial temporal assessment of pollution from PCBs in China. Chemosphere, 60(6): 731-739.

Xu W H, Zhang G, Li X D, et al. 2007. Occurrence and elimination of antibiotics at four sewage treatment plants in the Pearl River Delta(PRD), South China. Water Research, 41: 4526-4534.

Yang J F, Ying G G, Zhao J L, et al. 2010. Simultaneous determination of four classes of antibiotics in sediments of the Pearl Rivers using RRLC-MS/MS. Science of the Total Environment, 408: 3424-3432.

Yang Y F, Chai Z Y, Wang Q, et al. 2015. Cultivation of seaweed *Gracilaria* in Chinese coastal waters and its contribution to environmental improvements. Algal Research 9: 236-244.

Yu Y Y, Huang Q X , Cui J L, et al. 2011a. Determination of pharmaceuticals, steroid hormones, and endocrine-disrupting personal care products in sewage sludge by ultra-high-performance liquid chromatography-tandem mass spectrometry. Analytical and Bioanalytical Chemistry, 399: 891-902.

Yu Y Y, Huang Q X, Wang Z F, et al. 2011b. Occurrence and behavior of pharmaceuticals, steroid hormones, and endocrine-disrupting personal care products in wastewater and the recipient river water of the Pearl River Delta, South China. Journal of Environmental Monitoring, 13: 871-878.

Zeng X Y, Mai B X, Sheng G Y, et al. 2008. Distribution of polycyclic musks in surface sediments from the Pearl River Delta and Macao coastal region, South China. Environmental Toxicology and Chemistry, 27: 18-23.

Zeng X Y, Sheng G Y, Gui H Y, et al. 2007. Preliminary study on the occurrence and distribution of polycyclic musks in a wastewater treatment plant in Guangdong, China. Chemosphere, 69: 1305-1311.

Zhang R J, Zhang G, Tang J H, et al. 2012. Levels, spatial distribution and sources of selected antibiotics in the East River(Dongjiang), South China. Aquatic Ecosystem Healthy, 15: 210-218.

Zhao J L, Ying G G, Liu Y S, et al. 2010a. Occurrence and risks of triclosan and triclocarban in the Pearl River system, South China: from source to the receiving environment. Journal of Hazard Materials, 179: 215-222.

Zhao J L, Ying G G, Liu Y S, et al. 2010b.Occurrence and a screening-level risk assessment of human pharmaceuticals in the Pearl River system, South China. Environmental Toxicology and Chemistry, 29: 1377-1384.

Zhou H D, Huang X, Gao M J, et al. 2009. Distribution and elimination of polycyclic musks in three sewage treatment plants of Beijing, China. Marine Environmental Research, 21: 561-567.

Zhou Y Q, Zha J M, Wang Z J. 2011.Occurrence and fate of steroid estrogens in the largest wastewater treatment plant in Beijing, China. Environmental Monitoring and Assessment, 184: 6799-6813.

第三章 珠江口滩涂湿地环境与生态修复

第一节 珠江口滩涂湿地环境特征

珠江口位于广东海岸线中部，内侧为伶仃洋，外侧为万山群岛及南海。珠江口主要包括广州、东莞、深圳、珠海、台山、中山、澳门、香港沿岸滩涂及邻近 100 多个大小岛屿，地理位置为北纬 21°46'～22°33'，东经 112°15'～114°19'。珠江口历史上分布有丰富的天然红树林，20 世纪 80 年代天然红树林达 4.57km^2，近 20 年来，由于大规模的围垦滩涂、围海港口、河口建闸、采沙、采石和海岸工程等人类活动，红树林面积已经减少了 3/4，导致该区域的生物资源锐减，鱼、鸟类不断减少，严重威胁到海湾和河口地区的生态平衡（刘凯等，2005）。

一、珠江口滩涂湿地环境污染状况

根据 2013 年广东省海洋环境状况公报（广东省海洋与渔业局，2014），2013 年由珠江八大口门径流携带入海的主要污染物总量为 93.06×10^{4}t。其中，化学需氧量 53.62×10^{4}t，约占总量的 57.62%；氨氮（以氮计）1.50×10^{4}t，约占总量的 1.62%；硝酸盐氮（以氮计）31.89×10^{4}t，约占总量的 34.27%；亚硝酸盐氮（以氮计）2.57×10^{4}t，约占总量的 2.76%；总磷（以磷计）2.01×10^{4}t，约占总量的 2.17%；石油类 1.13×10^{4}t，约占总量的 1.21%；重金属 0.3×10^{4}t 和砷 0.045×10^{4}t，共占总量的 0.35%。全省近岸海域水质劣于第四类海水水质标准的海域面积的比例为 10.3%，主要污染区域在珠江口海域，主要污染物为无机氮和活性磷酸盐。受河口海水氮、磷污染的影响，珠江口滩涂湿地氮、磷污染比较严重。

由于重金属不可降解及悬浮泥沙的吸附和搬运积累作用，河口湿地成为重金属等有毒难降解污染物的主要归宿场所之一。随着珠江三角洲地区及上游地区经济的快速发展，每年大量的重金属污染物排入珠江河口海域。根据广东省海洋环境质量公报，2002～2007 年从珠江口排放入海的重金属含量持续增长，由 3095t 增加至 8996t，其中砷的排放量由 448t 增加至 3190t。到 2013 年，全年仍有 2888t 重金属和 452t 砷从珠江口排放入海。长期大量排放的重金属不断累积在河口湿地，使得珠江口湿地重金属污染加剧。

根据珠江口湿地类型的分布状况，于 2005 年采集湿地土壤沉积物样品 90 个，分别进行了不同类型湿地沉积物中重金属含量、化学形态特征及重金属潜在生态风险评价等一系列调查研究，其中红树林湿地 22 个、潮间带泥滩湿地 35 个、潮间带沙滩 12 个、排污渠口附近湿地 21 个。红树林湿地主要位于淇澳岛自然保护区和万顷沙湿地公园；泥滩湿地主要分布在珠江口海域西岸及河口地区，东岸面积较小；沙滩主要位于虎门河口；排污渠口湿地样品主要采自中山民众、东莞虎门、深圳福永等的城市污水排污渠口附近 100～400m 的泥滩或草滩。

调查发现，Cd 和 Cu 的含量顺序为排污口附近湿地＞泥滩湿地＞红树林湿地＞沙滩；Zn、Ni 和 Cr 的含量顺序为排污口附近湿地＞红树林湿地＞泥滩湿地＞沙滩；Pb 的含量顺序为排污口附近湿地＞红树林湿地＞泥滩湿地＞沙滩（表 3-1）（Li et al.，2007）。

表 3-1 珠江口不同湿地类型沉积物中重金属含量的比较（mg/kg）（Li et al.，2007）

湿地类型	项目	Cd	Pb	Cu	Zn	Ni	Cr
红树林湿地	均值±标准差	4.21 ± 0.63	35.3 ± 15.6	64.5 ± 10.4	334.7 ± 53.3	73.7 ± 9.6	85.0 ± 20.0
	范围	3.52～5.82	20.6～65.0	49.6～86.8	249.3～411.0	57.3～96.5	47.5～115.0
泥滩湿地	均值±标准差	4.22 ± 0.94	32.3 ± 13.6	68.2 ± 71.4	311.1 ± 53.3	60.4 ± 23.1	79.9 ± 26.4
	范围	2.33～5.88	13.4～58.9	n.d.～351.2	227.6～406.8	19.4～143.9	22.6～129.4
沙滩	均值±标准差	2.79 ± 0.96	32.4 ± 27.3	14.7 ± 22.8	239.4 ± 104.9	24.8 ± 17.8	40.2 ± 29.8
	范围	1.84～4.14	12.3～86.0	n.d.～49.4	120.5～392.4	13.8～60.4	13.5～97.9
排污口附近湿地	均值±标准差	4.65 ± 1.19	39.4 ± 13.8	141.1 ± 89.7	345.7 ± 48.7	122.1 ± 76.2	110.9 ± 35.4
	范围	3.17～6.43	13.8～59.3	38.8～318.9	270.4～435.3	52.9～318.3	64.6～191.2

注：n.d. 表示未检测出

排污口湿地重金属含量最高，说明重金属既来源于排污口，又来源于珠江水体。沙滩重金属含量最低，主要由于其黏土含量最少，对重金属的吸附也最少。通过与相关背景值及标准对比，珠江口湿地重金属含量显著超过广东土壤重金属含量背景值和香港海域沉积物重金属含量背景值（EPD，1992；中国环境监测总站，1990）。根据海洋沉积物环境质量标准（GB 18668—2002），按照海域的不同使用功能和环境保护目标，海洋沉积物质量分为三类：第一类适用于海洋渔业水域、海洋自然保护区、珍稀与濒危生物自然保护区、海水养殖区、海水浴场、人体直接接触沉积物的海上运动或娱乐区、与人类食用直接有关的工业用水区；第二类适用于一般工业用水区、滨海风景旅游区；第三类适用于海洋港口水域、特殊用途的海洋开发作业区。对比该标准，珠江口所有样品的 Cd 和 Ni 含量、25%～45%的 Zn 含量超过二类标准。所有的红树林湿地和泥滩湿地均不满足自然保护和水产养殖的环境质量要求。按照农业土壤环境质量国家标准（GB 15618—1995），所有样品的 Cd 含量、71%样品的 Ni 含量及 65%样品的 Zn 含量达不到农田土壤环境质量要求，意味着如果围垦成为农田，达不到质量要求。

二、珠江口滩涂湿地重金属化学形态特征

重金属污染造成的危害及可能产生的生态风险不仅取决于总量，而且与重金属化学形态密切相关。根据珠江口不同湿地类型分别选择红树林湿地、泥滩湿地、排污口附近 100～400m 湿地沉积物代表性样品各 10 个，采用 Tessier 逐级连续浸提方法（Tessier，1979）对重金属化学形态进行了分析，发现红树林湿地、泥滩湿地和排污口附近湿地沉积物的重金属形态总体显示出类似的特征。其中，Cd 的可交换态平均含量远高于沉积物背景值总量，可交换态比例高达 36%～45%，主要是由于滨海湿地沉积物和土壤含盐量较高，达 2.5～10g/kg，而且 Cl^-含量占 19.6%～54.9%，导致大量的 Cd 以相对稳定的复合物 $CdCl^+$和 $CdCl_2$ 的形式存在。Norvell 等（2000）证实，当土壤溶液中 Cl^-浓度达 10mmol/L 时，上述复合物的形成很明显，使 Cd 趋向于由固态向土壤溶液迁移，从而提

高了 Cd 的溶解性。Man 等（2004）发现，在香港米铺湿地和深圳河口湿地中 Cd 容易从沉积相变成具有生物有效性的孔隙水相。Cd 的碳酸盐结合态约为 20%，主要是由于相当数量的沉积物来源于珠江上游石灰性土壤区域，HCO_3^-含量占 2%～17%，在中性酸碱环境下容易形成 $CdCO_3$。

Zn 的化学形态以可交换态、残留态和碳酸盐结合态为主，可交换态含量＞残留态含量＞碳酸盐结合态含量＞铁锰氧化态和有机态含量。这与珠江口海域沉积物中 Zn 的化学形态不同，在海域中 Zn 的残留态含量＞铁锰氧化态含量＞有机态含量＞可交换态和碳酸盐结合态含量（Li et al.，2001）。在添加外源 Zn 后的形态转化研究中，一般认为在 pH 较低的酸性土壤中 Zn 的交换态比例较高（Hseu，2006），而珠江口湿地土壤的 pH 为中性，但 Zn 的可交换态比例却仍较高。Zn 可交换态的平均含量为 114.5mg/kg，比例高达 34%～43%，可交换态含量和比例都比 1980 年年初的第二次土壤普查时高，当时滨海盐渍沼泽土的有效态锌（0.1mol/L HCl 浸提）含量为 54.2mg/kg，占总量的 26%（陆发熹，1988）。通常情况下，由于重金属的老化作用，土壤沉积物中重金属的生物有效性会随着时间降低。而在外源 Zn 不断增加的情况下，若没有足够的老化时间，活性 Zn 的含量就会不断增加（魏孝荣等，2005）。说明随着珠江不断带来外源 Zn，在 pH 为中性的湿地土壤沉积物中重金属的老化时间不够，导致沉积物中 Zn 的可交换态含量和比例逐步上升。珠江口湿地土壤沉积物中 Zn 的碳酸盐氧化态平均含量为 46.75mg/kg，占其形态总量的 15.9%，主要是与 HCO_3^-含量较高有关。而铁锰氧化态和有机态含量很低，可能是 Zn 与其他重金属存在竞争关系，在对铁锰氧化物、有机物的竞争吸附中处于劣势，如 Zn 和 Cr 的铁锰氧化态呈显著负相关，而 Cr 的铁锰氧化态含量平均达 27.76mg/kg，占其形态总量的 30%。

珠江口湿地 Pb 的各形态总量约为香港海域沉积物背景值的 1.5 倍，形态分布为可交换态含量＞残留态含量＞铁锰氧化态含量＞碳酸盐结合态和有机结合态含量。珠江口湿地 Cu 的形态分布一般为残留态含量＞有机态含量＞铁锰氧化态含量＞碳酸盐结合态含量＞可交换态含量，这与珠江口海底剖面沉积物 Cu 的形态分布一致（Li et al.，2001）。排污口附近湿地 Cu 的形态分布为有机态含量＞残留态含量＞碳酸盐结合态含量＞铁锰氧化态含量＞可交换态含量，Cu 的有机态平均含量占各形态总量的 38%，Cu 的有机态平均含量 2～4 倍于沉积物背景值总量水平，说明外源 Cu 中有相当部分已经转化成了有机态。排污口附近湿地因为沉积时间较短，Cu 的碳酸盐结合态含量比其他湿地偏高，反映出 Cu 存在由碳酸盐结合态向有机结合态、残留态转化的趋势。

Cr 的形态分布在不同湿地类型中表现不同。除泥滩湿地以残留态为主外，其余均以铁锰氧化态为主，铁锰氧化态含量所占比例为 27.4%～41.8%。有机态含量和碳酸盐态结合含量比例大致相同，为 10.8%～24.3%。排列顺序为铁锰氧化态＞残留态＞有机态=碳酸盐结合态＞可交换态，主要受沉积物来源影响。珠江口湿地沉积物中的黏土矿物以高岭土为主，黏粒中（＜0.001mm）Fe_2O_3 含量达 10.73%～14.26%（陆发熹，1988），而氧化铁和高岭土对 Cr 有强烈的吸附作用（陈怀满，2005），因此 Cr 的铁锰氧化态含量比例较高。Ni 的化学形态以残留态占绝对优势，其次是铁锰氧化态和可交换态。

综上所述，珠江口红树林湿地、泥滩湿地和排污口附近湿地沉积物中 Cd、Zn 的主要形态为可交换态，其次为残留态；Pb 的形态含量多少依次为可交换态、残留态、铁锰氧化态、碳酸盐结合态和有机结合态；Cu 则主要以残留态和有机态的形式存在；Cr 的铁锰氧化态和残留态含量最高；Ni 的主要形态为残留态，其次是铁锰氧化态，这些化学形态特征决定了它们的生物有效性和生态风险。

三、珠江口滩涂湿地重金属潜在生态风险评价

（一）湿地土壤重金属含量

珠江口湿地土壤中重金属含量为 Zn＞Cr＞Cu＞Pb＞Cd，含量显著高于香港海域沉积物重金属背景值（EPD，1992）和广东省土壤重金属环境背景值（中国环境监测总站，1990）。其中 Cd 的平均含量是背景值的 40～60 倍、Zn 为背景值的 6 倍、Cu 为 4～8 倍、Cr 为 1.4～5 倍，只有 Pb 的平均值接近广东省土壤背景值，略高于香港海域沉积物背景值（Li et al.，2001）。与香港海域沉积物比较，珠江口湿地土壤中重金属含量普遍较高，反映出重金属含量的分布从沿岸到浅海呈递减趋势，其来源主要为陆源污染。珠江三角洲地区工业类型中对重金属排放贡献较大的电子及通信设备、电镀及金属制品、化工、电器、造纸、纺织印染等行业规模很大，而且中小企业数量多，布局分散，污水处理与环境监管难度大，造成含重金属的废水排放量大。另外，珠江上游长期存在的有色冶金矿产开采也是 Cd 等金属的重要来源。按王增焕等（2004）监测的河口水体中重金属 Cd 含量计算，珠江河口 Cd 年入海量约 480t，从而导致了珠江口湿地土壤中重金属 Cd 的大量积累。由于珠江重金属排放量大及珠江口扩散能力较差，因此使珠江口湿地土壤的重金属含量高于国内其他主要河口海岸湿地，如辽河口的辽东湾湿地、黄河口的莱州湾湿地及长江口湿地。

（二）湿地土壤重金属生态危害评价

采用 Hakanson 潜在生态危害指数法（Hakanson，1980）及土壤（沉积物）多种重金属潜在生态危害指数 RI 值：$RI=\sum E^i_r$，评价湿地土壤中重金属的潜在生态危害。参比值采用 Hakanson 提出的现代工业化前沉积物中重金属的最高背景值，毒性系数也按 Hakanson 给定值计算（Hakanson，1980）。结果显示，珠江口湿地土壤中重金属绝大多数达到中度生态危害水平，危害元素主要是 Cd；其他元素除泥滩湿地和排污口附近湿地有部分采样点的 Cu 接近轻度危害水平外，剩余基本处在低潜在生态危害水平。不同湿地类型土壤中重金属的潜在生态危害程度顺序为排污口附近湿地＞红树林湿地和泥滩湿地＞沙滩（表 3-2）。湿地土壤的严重污染给滩涂围垦、水产养殖和生态保护提出了挑战。

（三）珠江口滩涂围垦农田作物重金属健康风险评价

据统计，近 50 年来珠江口滩涂围垦 600km^2，其中自 1981 年以来为 410km^2。滩涂围垦成为珠江三角洲地区后备耕地资源的主要来源之一，并且曾一度出现过度围垦的局面（崔伟中，2004）。这些围垦农田目前主要种植香蕉、莲藕、蔬菜、木瓜等作物，已形成了许多品牌农产品种植基地，如著名的万顷沙香蕉、新垦莲藕等。同时，由于重金属累积在滩涂土壤中，由这些滩涂土壤围垦而来的农田重金属污染状况及其健康风险备

表 3-2　Hakanson 潜在生态危害指数评价结果（付红波，2009）

湿地类型	项目	E^i_r					RI
		Cd	Pb	Cu	Zn	Cr	
红树林湿地	平均值	126 ± 19	3 ± 1	6 ± 1	2 ± 0	2 ± 0	139 ± 20
	范围	106～175	1～5	5～9	1～2	1～3	117～188
泥滩湿地	平均值	127 ± 28	2 ± 1	7 ± 7	2 ± 0	2 ± 1	139 ± 32
	范围	70～176	1～4	0～35	1～22	1～3	74～193
沙滩	平均值	84 ± 29	2 ± 2	1 ± 2	1 ± 1	1 ± 1	90 ± 33
	范围	55～124	11～6	0～5	1～2	0～2	157～136
排污口附近湿地	平均值	140 ± 36	3 ± 1	14 ± 9	2 ± 0	2 ± 1	161 ± 31
	范围	95～193	1～4	4～32	1～2	1～4	125～209

受关注。在围垦农田中选择具有代表性的农作物和土壤样品，于 2007 年采集农田表层土壤（0～20cm）114 个样品及对应的水果、蔬菜 114 个样品，在采集蔬菜、水果样品时同步采集与其相应的根际土壤样品。

1. 滩涂围垦农田土壤重金属含量

滩涂围垦农田根据作物类型及其生长条件分为莲藕地，主要种植作物为莲藕；水果地，主要种植香蕉、木瓜；蔬菜地，主要种植各种蔬菜。由表 3-3 可知，珠江三角洲滩涂围垦农田土壤中 6 种重金属（Cu、Pb、Cd、Ni、Cr、Zn）的平均含量分别为 56.06mg/kg、48.30mg/kg、0.72mg/kg、41.15mg/kg、115.11mg/kg、200.10mg/kg，均超过广东省土壤环境背景值，其中 Cu、Ni、Cr、Zn 含量在所有样品均高于广东省土壤环境背景值，Pb、Cd 分别有 86.8%、98.2%的样品大于广东省土壤环境背景值，说明这些土壤已受到人为因素污染的影响，土壤中重金属呈明显增加的趋势。与《土壤环境质量标准》（GB 15618—1995）中Ⅱ级标准（pH＜6.5＝比较，不同土地利用类型农田土壤中 Pb、Cr 含量变化比较小，其含量均未超过土壤环境质量Ⅱ级标准；而 Cu、Cd 分别有 72.7%和 87.7%的超标率，Cd 在水果地、莲藕地、蔬菜地的含量超标率分别达 91.1%、92.3%、87.5%。从不同土地利用类型土壤的重金属分布来看，Cu、Cr、Pb 的含量，蔬菜地＞莲藕地＞水果地；Cd 的含量，莲藕地＞水果地＞蔬菜地；Ni 和 Zn 的含量，蔬菜地＞水果地＞莲藕地，相对于其他 4 种重金属，农田土壤中 Cd 和 Zn 更易受到外界干扰（付红波等，2009）。

2. 滩涂围垦农田农作物重金属含量

珠江口滩涂围垦区农作物中重金属 Cu、Pb、Cd、Ni、Cr、Zn 的平均含量为 0.64mg/kg、0.09mg/kg、0.02mg/kg、0.41mg/kg、0.45mg/kg、3.16mg/kg（鲜重）。各元素之间存在较大差异，部分已达到较高的残留水平，超过了《食品中污染物限量》（GB 2762—2005）等相关标准。农田农作物中各重金属污染程度为 Pb＞Ni＞Cr＞Zn＞Cd＞Cu。农作物中 Pb、Cd、Ni、Cr、Zn 的超标率分别为 28.9%、2.6%、48.3%、27.2%、6.1%（表 3-4）。不同农作物中重金属的污染程度表现为莲藕＞水果＞茄果类＞叶菜类。珠江口滩涂围垦农田农作物中重金属污染问题比较突出。

表 3-3　农田土壤中重金属含量（mg/kg）及超标率（%）（付红波，2009）

类型	项目	Cu	Pb	Cd	Ni	Cr	Zn
水果地	范围	29.41～68.96	14.31～103.22	0.04～3.78	26.89～53.06	63.69～143.13	54.49～594.13
	平均值±标准差	51.70±8.08	44.70±14.32	0.76±0.51	39.79±5.41	111.1±16.43	186.8±141.14
	超标率 a/%	100.0	83.9	98.2	100.0	100.0	100.0
	超标率 b/%	58.9	0.0	91.1	46.4	0.0	23.2
莲藕地	范围	40.59～64.07	30.15～84.84	0.20～1.78	24.61～58.74	86.18～148.93	92.91～364.98
	平均值±标准差	53.77±7.24	47.33±15.29	0.90±0.43	39.28±7.62	114.46±17.88	175.04±82.91
	超标率 a/%	100.0	76.9	100.0	100.0	100.0	100.0
	超标率 b/%	76.9	0.0	92.3	38.5	0.0	30.8
蔬菜地	范围	38.13～169.64	25.27～87.52	0.00～1.79	30.24～53.12	87.73～140.38	32.33～540.10
	平均值±标准差	62.14±17.44	53.06±14.04	0.62±0.36	43.37±4.83	120.23±14.09	223.84±125.6
	超标率 a/%	100.0	93.3	97.8	100.0	100.0	97.8
	超标率 b/%	91.1	0.0	84.4	82.2	0.0	37.8
全区	范围	29.41～169.64	14.31～103.22	0.00～3.78	24.61～58.74	63.69～148.93	32.33～594.13
	平均值±标准差	56.06±13.43	48.30±14.73	0.72±0.45	41.15±5.73	115.11±16.16	200.10±130.2
	超标率 a/%	100.0	86.8	98.2	100.0	100.0	99.1
	超标率 b/%	73.7	0.0	88.6	59.6	0.0	28.9

注：超标率 a 以广东省土壤背景值为参比；超标率 b 以国家 II 级标准为参比

表 3-4　农作物（鲜样）中重金属含量（mg/kg）及超标率（%）（付红波，2009）

类型	项目	Cu	Pb	Cd	Ni	Cr	Zn
	范围	0.008～1.798	0.001～0.17	0.000～0.02	0.003～1.306	0.000～3.496	0.027～9.082
水果（n=56）	平均值±标准差	0.702±0.426	0.088±0.046	0.004±0.004	0.374±0.308	0.332±0.670	2.947±1.666
	超标率/%	0.0	35.7	0.0	46.4	10.7	12.5
	范围	0.597～1.316	0.082～0.192	0.000～0.013	0.351～4.358	0.057～2.621	2.573～6.437
莲藕（n=13）	平均值±标准差	0.816±0.198	0.156±0.033	0.010±0.004	1.079 ±1.213	0.963±0.801	3.904±1.135
	超标率/%	0.0	92.3	0.0	100.0	69.2	0.0
	范围	0.180～1.016	0.033～0.252	0.003～0.272	0.038～0.791	0.180～0.969	0.495～6.031
叶菜类（n=39）	平均值±标准差	0.429±0.149	0.096 ±0.050	0.057±0.052	0.238±0.163	0.476±0.197	3.153±1.081
	超标率/%	0.0	0.0	2.6	28.2	41.0	0.0
	范围	0.875～1.406	0.038～0.102	0.001～0.120	0.134～0.800	0.029～0.380	1.942～4.663
茄果类（n=6）	平均值±标准差	1.065±0.207	0.079±0.024	0.033 ±0.048	0.502±0.252	0.243±0.153	3.611±1.302
	超标率/%	0.0	16.7	16.7	83.3	0.0	0.0
	范围	0.008～1.798	0.001～0.252	0.000～0.272	0.003～4.358	0.000～3.496	0.027～9.082
全区（n=114）	平均值±标准差	0.641±0.364	0.098±0.050	0.024 ±0.040	0.414 ±0.526	0.448 ±0.584	3.161 ±1.433
	超标率/%	0.0	28.9	2.6	48.3	27.2	6.1

注：表中 n 表示样品数

Pb、Ni、Cr 均为土壤中移动性较差、不易被农作物吸收富集的元素，珠江口滩涂围垦农田农作物中 Pb、Ni、Cr 的超标率均高于较易被富集的元素 Cd，有可能是当地农作物在环境重金属污染的逆境胁迫下表现出被动吸引的特性。土壤中的重金属是影响农作物重金属含量的重要因子，滩涂围垦区农作物可食部位中 Pb、Cr 含量超标严重，而该区土壤重金属环境质量中 Pb、Cr 都未超过国家Ⅱ级标准中的土壤环境质量限定值，由此可以认为围垦区农作物中重金属超标的成因较为复杂，很有可能与来源不明确的污染源有关，如农田长期大量施用化肥、灌溉、大气和灰尘沉降等。

四、珠江口滩涂湿地生物资源

珠江口滩涂湿地生物资源丰富，植被类型多样，以次生常绿阔叶林为主，优势种以旱生性、阳生性植物为主。珠江口沿岸及岛屿地区原生植被因受到人为干扰较大，早已被破坏殆尽，现仅有一些次生常绿阔叶林存在。珠江口沿岸地区的典型地带性植被应为热带季雨林型的常绿阔叶林，群落的优势种包括假苹婆（*Sterculia lanceolata*）、红鳞蒲桃（*Syzygium hancei*）、黄桐（*Endospermum chinense*）、鸭脚木（*Scheff lera octophylla*）、银柴（*Aporosa chinensis*）、金叶树（*Chrysophyllum lanceolatum*）等。根据中国植被、广东植被等分类系统，珠江口沿岸及岛屿地区的主要植被有（南）亚热带常绿阔叶林、（南）亚热带针阔叶混交林、（南）亚热带红树林、竹林、灌丛及草丛等，其他为人工植被及农业植被（蓝崇钰和王勇军，2001）。此外，红树林植被具有明显特色。淇澳岛大围湾红树林属东方群系，现有红树植物 7 科 9 种，半红树 5 科 6 种，伴生植物 5 科 8 种。目前淇澳岛红树林以人工林为主体，外貌较简单。据实地调查，大围湾的红树林群落包括秋茄群落（*Kandelia* Com.）、桐花树群落（*Aegiceras corniculatum* community Com.）、老鼠簕群落（*Acanthus ilicifolius* Com.）、无瓣海桑单优群落（*Sonneratia apetala* Com.）、木榄-银叶树群落（*Bruguier agymnorrhiza-Heritiera littoralis* Com.）。此外，半红树林呈散生状态，主要种类有海芒果（*Cerbera manghas* L.）、水黄皮（*Pongamia pinnata*）等。滩涂群落除上述的红树林群落外，由入侵种形成的互花米草群落（*Spartinaalter niflora* Com.）占地最广，已大面积出现。互花米草群落位于整个海滩植物群的最外侧，呈长 1500m、宽 1100m 的区域分布，占滩涂面积的 1/3 以上，与芦苇群落（*Phragmites communis* Com.）等交错分布，其中无瓣海桑单优群落散布在滩涂外面的互花米草群落之间（周凡等，2003）。

综上所述，珠江口湿地土壤中重金属含量普遍较高，其来源主要为陆源污染；珠江三角洲滩涂围垦农田土壤中重金属 Cu、Pb、Cd、Ni、Cr 和 Zn 均存在累积现象，表现为以 Cd 为主的多种重金属混合污染。湿地土壤中重金属绝大多数达到中度生态危害水平；珠江口滩涂围垦农田农作物中重金属污染问题比较突出，滩涂围垦农田农作物中各重金属污染程度为 Ni＞Pb＞Cr＞Zn＞Cd＞Cu，不同农作物中重金属污染程度表现为莲藕＞水果＞茄果类＞叶菜类。滩涂湿地环境污染不仅使滩涂生物受到威胁，湿地生态系统健康受到损害，而且对滩涂围垦、水产养殖和生态保护均提出了挑战。

第二节 珠江口滩涂湿地重金属污染生态修复

一、盐分对珠江口滩涂湿地重金属环境行为的影响

盐分是河口、滨海湿地与其他内陆湿地的重要差异因子，盐分变化对滩涂土壤中重金属的环境行为产生重要影响。一方面盐分可以直接改变重金属在土壤中的存在形态，进而影响重金属的迁移能力和植物有效性；另一方面盐分可以通过对植物生长的胁迫作用，使植物对重金属的吸收、转运特征发生变化，从而影响土壤中重金属的植物有效性。因此，盐分是影响珠江口滩涂湿地重金属污染生态修复的重要因素。

（一）盐分对珠江口滩涂湿地重金属化学形态转化的影响

供试土壤取自珠江河口湿地土壤，采样深度为0～20cm。试验处理按正交试验设计，分6个盐分梯度、4个重金属含量梯度（T1、T2、T3和T4）和一个对照组CK，共30个处理，每个处理3个重复（表3-5）。6个盐分梯度分别为质量浓度是0%、0.2%、0.4%、0.6%、0.8%、1.0%的NaCl，根据研究区域可能出现的土壤重金属污染最高含量确定重金属加入量的上限，再设计成5个重金属含量梯度（表3-5）。将2.5kg土壤置于容器中，加入相应的NaCl和重金属，充分混合均匀，8个月后对土壤重金属各形态采用Tessier化学逐级连续浸提法提取分析。在未加盐分的条件下，珠江河口湿地土壤外源重金属的形态转化如表3-6所示。

土壤本底Ni、Cu、Cr和Zn的残留态均占绝对优势，分别占总量的78%（Ni）、68%（Cu）、69%（Cr）、69%（Zn）；其次为铁锰氧化态和有机态，碳酸盐结合态和可交换态含量很低，说明土壤本底Ni、Cu、Cr和Zn的活性态含量和迁移能力均很低。外源Ni、Cu和Cr进入土壤后，重金属各形态的质量浓度增大，且随着加入量的增大而上升，按上升幅度大小排列为铁锰氧化态＞有机态＞碳酸盐结合态＞残留态和可交换态，残留态含量上升幅度均不大。当重金属加入量达最大值时，Cu和Cr的有机态超过残留态，成为第二优势态。其形态分布最后表现出铁锰氧化态＞残留态＞有机态＞碳酸盐结合态＞可交换态（Ni）；铁锰氧化态＞有机态＞残留态＞碳酸盐结合态＞可交换态（Cr、Cu）。外源Zn进入土壤后，随着Zn加入量的增大，铁锰氧化态质量浓度大幅上升，其次为有机态，残留态、可交换态小幅上升，碳酸盐结合态的变化则不明显。其形态分布最后表现出铁锰氧化态＞残留态＞有机态＞碳酸盐结合态＞可交换态。

表3-5 重金属可交换态百分含量在不同盐度下的分布情况（徐小娇，2010）

重金属	Cd				Pb			
盐度/%	T1	T2	T3	T4	T1	T2	T3	T4
0	22.66aA	27.09dD	25.91cC	24.67aA	1.91aA	0.40aA	0.28aA	1.06bB
0.2	23.20bB	21.94cC	25.67aA	26.57bB	2.34cC	1.14bB	1.37dD	0.69aA
0.4	25.56cC	20.99aA	29.16dD	28.67cC	2.43eE	2.24eE	2.09fF	1.24cC
0.6	27.25dD	21.69bB	25.83bB	34.83dD	2.83fF	2.14dD	1.72eE	2.21fF
0.8	46.64fF	41.45fF	37.66fF	48.95fF	2.42dD	1.92cC	1.15cC	1.35dD
1.0	38.19eE	37.54eE	35.55eE	35.38eE	2.06bB	2.26fF	0.85bB	1.70eE

表 3-6 未加盐分土壤中重金属各形态含量变化（mg/kg）（徐小娇，2010）

元素	处理 /（mg/kg）	可交换态	碳酸盐结合态	铁锰氧化态	有机态	残留态	形态累积总量	回收率 /%
Zn	CK（162.99）	0.15aA	7.62bB	33.25aA	12.75aA	116.59	170.36	105
	T1（202.99）	1.59bB	6.92aA	63.69bB	23.50bB	123.72	219.42	108
	T2（242.99）	3.79cC	10.02cC	93.11cC	30.50cC	81.57	218.99	90
	T3（282.99）	4.18dD	10.94dD	113.33dD	35.00dD	127.02	290.47	103
	T4（322.99）	6.25eE	13.39eE	143.13eE	43.25aA	113.1	319.12	99
Ni	CK（54.61）	0.00aA	0.58aA	7.32aA	3.22aA	37.61	48.73	89
	T1（74.61）	0.00aA	2.67bB	23.73bB	7.97bB	38.16	72.53	97
	T2（94.61）	1.19bB	5.20cC	38.24cC	10.21cC	37.69	92.53	98
	T3（114.61）	2.55cC	8.39dD	52.91dD	15.65dD	37.95	117.45	102
	T4（134.61）	3.53dD	9.20eE	59.20eE	20.53eE	43.90	136.36	101
Cd	CK（0.94）	0.15aA	0.21aA	0.49aA	0.11aA	0.25	1.21	129
	T1（3.94）	1.31bB	1.63bB	1.97bB	0.10aA	0.14	5.15	131
	T2（6.94）	2.41cC	1.94cC	3.52cC	0.21bB	0.26	8.34	120
	T3（9.94）	2.98dD	3.19dD	4.65dD	0.28cC	0.21	11.31	114
	T4（12.94）	3.75eE	4.65eE	5.79eE	0.59dD	0.26	15.04	116
Cu	CK（55.33）	0.09aA	1.34aA	7.71aA	10.79aA	41.69	61.62	111
	T1（75.33）	0.13bB	3.98bB	23.42bB	21.89bB	38.85	88.27	117
	T2（95.33）	0.22cC	6.19cC	31.45cC	29.37cC	41.81	109.04	114
	T3（115.33）	0.22cC	9.73dD	41.57dD	37.42dD	43.90	132.84	115
	T4（135.33）	0.35dD	13.54eE	53.02eE	45.82eE	44.55	157.28	116
Cr	CK（98.30）	0.00aA	1.69aA	17.34aA	13.07aA	71.46	103.56	105
	T1（158.30）	1.72bB	4.15bB	50.01bB	30.20bB	60.42	146.50	93
	T2（218.30）	3.08cC	9.78cC	84.79cC	49.83cC	69.86	217.34	100
	T3（278.30）	3.64eE	12.53dD	121.16dD	67.18dD	73.96	278.47	100
	T4（338.30）	3.34dD	13.30eE	154.02eE	80.57eE	77.04	328.27	97
Pb	CK（57.62）	0.00aA	3.67aA	13.85aA	10.12aA	25.42	53.06	92
	T1（77.62）	1.64eE	6.59bB	26.07bB	15.29bB	25.41	75.00	97
	T2（97.62）	0.69bB	8.90cC	35.83cC	19.02cC	32.31	96.75	99
	T3（117.62）	1.21cC	12.23dD	44.39dD	26.41dD	26.96	111.20	95
	T4（137.62）	1.34dD	17.86eE	51.12eE	33.13eE	32.33	135.78	99

注：同一竖列的不同字母表示用新复极差法检验处理间的差异程度；a、b、c、d、e 表示 5%水平上的差异显著性；A、B、C、D、E 表示 1%水平上的差异极显著性（下同）

与其他本底重金属以残留态为主不同，土壤本底 Cd 的形态分布以铁锰氧化态为主，占总量的 40%左右，残留态含量偏低（20%左右）。不同 Cd 负荷量的土壤中，Cd 的可交换态和碳酸盐结合态比例也远远高于其他元素，分别占总量的 12%～17%和 15%～18%，有机态最低（9%左右）。由此看出，本底 Cd 活性态含量很高，迁移能力远远高于其他元素。随着外源 Cd 的加入，除其有机态、残留态的质量浓度上升变化很小外，碳酸盐结合态、可交换态和铁锰氧化态质量浓度一致表现为大幅度递增，三者之间的递增幅度差别不大（陈小娇等，2010）。

由于外源重金属在土壤中可通过吸附、络合和沉淀等化学反应与胶体物质、碳酸盐、氧化物、有机质和黏粒矿物作用转化为可交换态、碳酸盐结合态、氧化态、有机态和残留态，重金属在转化过程中不仅受重金属加入量影响，还是土壤性质和重金属种类共同作用的结果。与对照相比，随着重金属添加量的增加，土壤中非残留态含量逐渐增大，所占比例也明显提高，而残留态含量上升不明显，所占比例显著降低。这表明，经过 8 个月的形态转化，外源重金属污染在珠江河口湿地土壤中仍以可利用态和潜在可利用态的形态存在（陈小娇等，2010）。这是由于珠江河口地处南亚热带气候区，湿地土壤中有较高的游离铁锰氧化物含量，导致外源 Ni、Zn、Cu、Cr 和 Pb 主要向铁锰氧化态转化。河口湿地土壤经常受到潮汐、洪水水浸的影响，属于还原性土壤环境。在还原性环境中，铁锰氧化态重金属容易释放。因此，外源重金属进入珠江河口湿地土壤后，在较长时间内仍主要以可利用态和潜在可利用态形式存在。珠江河口湿地土壤本底 Cd 的可交换态和碳酸盐态很高，外源 Cd 进入土壤后，也主要向可交换态和碳酸盐结合态转化；相反，土壤中有机态的 Cd 较少，外源 Cd 向其转化的量也不明显。这可能是因为部分有机质参与了土壤表面吸附离子的交换作用，致使 Cd 在土壤中以吸附交换态存在。Cd^{2+}与有机配位体形成配合物的能力较弱，故土壤有机态的 Cd 含量比较低。由于可交换态、碳酸盐结合态重金属生物有效性最强，所以 Cd 对生物的毒性最大。

从试验结果来看，盐分含量对土壤本底重金属的形态分布没有明显影响（表 3-6）。同时随着土壤外源重金属的加入，也未观察到土壤盐分含量的递增对重金属 Cu、Zn、Ni 和 Cr 形态分布产生的影响（试验数据未列出）。同一重金属负荷量下，随着土壤盐分添加量的上升，土壤 Cd 的可交换态百分含量大体呈逐渐上升趋势，当从第四个盐分梯度向第五个盐度跨越时，Cd 的可交换态百分含量骤然大幅上升，上升幅度为 12%～23.44%，随后可交换态百分含量随盐分梯度而呈下降趋势。此趋势在重金属 Cd 不同加入量下也得到较好的重现。土壤含盐量对重金属 Pb 和 Cd 的影响主要体现在可交换态，而对其他形态的影响不明显。

由此可见，外源重金属进入珠江河口湿地土壤 8 个月后，Ni、Zn、Cu、Cr、Pb 主要向铁锰氧化态转化，其次为有机态；而 Cd 主要向可交换态和碳酸盐结合态转化；各金属均很少向残留态转化。由于珠江河口湿地属于还原性土壤环境，铁锰氧化态重金属容易释放，因此外源重金属主要以可利用态和潜在可利用态形式存在。由于 Cl^-对 Cd、Pb 的络合作用，随着土壤含盐量上升，Cd、Pb 的可交换态百分含量逐步增大，增强了它们的生物有效性。

（二）盐分胁迫下滩涂围垦农田不同作物对重金属的吸收累积特征

滩涂围垦变成农田后，土壤盐分仍然较高，种植的农作物将同时受到重金属和盐分的双重胁迫，导致其对重金属的吸收累积具有不同的特征。2007 年 12 月采集珠江口的滩涂围垦土壤，供试作物为珠江三角洲地区常见的叶类蔬菜小白菜、芥蓝、菜心、芥菜、苋菜和通心菜，以及果类蔬菜番茄和青椒共 8 种蔬菜。采用盆栽试验，苋菜为 30d 收获，通心菜和芥蓝分别是 42d、50d 收获，小白菜、菜心、芥菜是 45d ± 2d 收获，青椒 60d 收获，番茄 110d 收获，对盐分胁迫下不同作物对重金属的吸收特性进行研究。

土壤理化性质和重金属本底值为：含盐量 0.37%，pH6.5，游离氧化铁 3.3%，$CaCO_3$ 含量 0.32%，有机质 1.87%，阳离子交换量 CEC 11.71cmol/kg，Cd 1.4mg/kg，Zn 235.1mg/kg，Pb 50.6mg/kg，Cu 64.8mg/kg，Cr 79mg/kg，Ni 42.4mg/kg。不同处理中土壤添加的重金属浓度见表 3-7。

表 3-7 不同处理中土壤添加的重金属浓度（mg/kg）

	Cu	Zn	Pb	Ni	Cr	Cd
CK	0	0	0	0	0	0
处理 1	20	38	11	22	35	0.55
处理 2	40	64	22	45	70	1.10
处理 3	60	90	37	67	105	1.65
处理 4	100	115	51	112	142	2.41
处理 5	120	140	70	160	180	3.20

1. 盐分胁迫下作物对重金属的吸收特性

把作物重金属含量（鲜重）与土壤中重金属含量的比值称为富集系数（BF），也称吸收系数，作为作物体内重金属累积能力大小的评价指标，衡量作物吸收不同重金属能力的强弱。重金属在各处理水平下的富集系数的几何平均值列于表 3-8。

表 3-8 作物样品富集系数（BF）（‰）

	Cd	Zn	Pb	Cr	Cu	Ni
小白菜	55.70	13.30	12.90	11.60	9.90	7.30
芥　菜	44.10	15.80	7.80	5.00	5.90	3.40
菜　心	36.90	17.90	7.10	7.70	4.00	4.50
苋　菜	47.40	13.50	10.20	9.80	10.70	5.00
芥　蓝	58.60	15.90	15.60	13.70	9.10	7.80
通心菜	97.70	18.60	29.00	19.60	27.80	10.70
青　椒	33.70	4.60	9.00	4.70	9.50	3.40
番　茄	22.20	5.00	5.00	2.40	7.00	3.50
平均	49.54	13.08	12.08	9.31	10.49	5.70

比较重金属元素在土壤-植物系统的迁移特性可知，8 种作物均是富集 Cd 的能力最强，富集 Ni 的能力最弱。作物对重金属 Cd 的富集系数最大，说明 Cd 相对于其他重金属更易被作物吸收，其对人类的潜在危害远大于其他重金属。Cd 易被作物吸收的原因主要是其具有高溶解性，而且在主要的重金属污染物中，Cd 有着较高的生物迁移性，具有很强的从土壤向植物迁移的能力。除通心菜和青椒外，其余 6 种作物对 Cd、Zn、Pb 的

吸收顺序表现为 Cd>Zn>Pb。在土壤-植物系统中，Zn 的化学行为与 Cd 相似，但 Cd 的有效性更高，所以作物对 Zn 的富集系数大大低于 Cd，而与 Pb 相近。

不同作物对 Cd 的富集系数有显著差异，叶菜类蔬菜对 Cd 的富集能力比果类蔬菜要强很多，这与 Cd 的迁移途径较长有关。各作物对 Cd 的累积强弱顺序为通心菜>芥蓝>小白菜>苋菜>芥菜>菜心>青椒>番茄。Pb 是珠江三角洲地区围垦滩涂土壤污染严重的另一重金属，8 种作物的平均富集系数为 1.2%。各作物对 Pb 的累积强弱顺序为通心菜>芥蓝>小白菜>苋菜>青椒>芥菜>菜心>番茄。8 种作物对 Cr 的平均富集系数也比较高，为 1.27%，说明在围垦滩涂土壤中 Cr 也具有较高的生物毒性。各种叶类菜对 Zn 的富集系数都较高，而且比较一致，果类菜对 Zn 的富集系数都较低，而且也较一致。通心菜对 Cu 的富集系数最高，达 2.07%，最低是菜心，为 0.52%。青椒作为果类菜，却比有些叶类菜对 Cu 的富集系数高，说明其对 Cu 具有较强的吸收能力。各蔬菜对 Cu 的吸收能力顺序为通心菜>小白菜>青椒>苋菜>芥蓝>芥菜>番茄>菜心。8 种蔬菜对 Ni 的平均富集系数最低，仅 0.67%，反映 Ni 的生物毒性最小，这主要是由于本区围垦滩涂土壤中 Ni 的化学形态以残留态为主，可交换态比例平均在 10%以下。对 Ni 的富集系数依然是通心菜最高，达 1.09%，果类的青椒和番茄最低，仅为 0.38%和 0.39%。

因此，在盐分胁迫下不同作物对重金属的富集能力差异很大，除 Zn、Cu 外，通心菜对其他重金属的富集系数都最高，是最容易受重金属污染的蔬菜，而最耐盐的番茄富集系数最低，累积重金属最少。说明在盐分较高的重金属污染土壤中，种植相对耐盐的作物可有效降低重金属的健康风险。

2. 盐分胁迫下作物重金属 Cd 的亚细胞分布

珠江口土壤盐分较高的滩涂围垦农田种植的农作物受到重金属和盐分的双重胁迫，作物对重金属的吸收累积特征受到其耐盐特性的影响。为了揭示相关机制，以最易造成污染的重金属 Cd 为研究对象，开展了盐分胁迫下作物重金属的亚细胞分布研究。

试验作物为苋菜。水培试验之前进行了苋菜耐盐性试验，通过盐分胁迫下不同苋菜品种的发芽率试验挑选出耐盐型和盐分敏感型两个品种为水培试验的供试植物。从 18 个苋菜品种中最终选定台湾白苋菜（耐盐型，土壤含盐量为 0.3%时种子发芽率为 90%）和尖叶青苋菜（敏感型，土壤含盐量为 0.3%时种子发芽率为 50%）为供试品种。

（1）苋菜不同器官中 Cd 亚细胞分布特征

耐盐型台湾白苋菜和敏感型尖叶青苋菜不同器官中 Cd 亚细胞含量如表 3-9 和表 3-10 所示，根、茎和叶中各亚细胞组分含量大小顺序为细胞壁（$F_{Ⅰ}$）>细胞器（$F_{Ⅱ}$）≫细胞溶胶（$F_{Ⅲ}$），其中细胞溶胶（$F_{Ⅲ}$）中 Cd 含量为 1.0～2.0μg/kg（苋菜鲜样），远远低于细胞壁（$F_{Ⅰ}$）和细胞器（$F_{Ⅱ}$）中 Cd 含量。与对照相比，NaCl 胁迫下台湾白苋菜根、茎和叶的细胞壁（$F_{Ⅰ}$）和细胞器（$F_{Ⅱ}$）中 Cd 含量均出现显著下降，其中根细胞壁（$F_{Ⅰ}$）中 Cd 含量下降率高达 50%。4 个盐分处理间，随 NaCl 浓度的增加，台湾白苋菜根、茎和叶的各亚细胞组分中 Cd 含量呈小幅度下降趋势或在小范围内波动。与对照相比，NaCl 胁迫下尖叶青苋菜根和叶的细胞壁（$F_{Ⅰ}$）和细胞器（$F_{Ⅱ}$）中 Cd 含量均呈现显著下降趋势，茎细胞壁（$F_{Ⅰ}$）和细胞器（$F_{Ⅱ}$）中 Cd 含量下降趋势稍小。

表 3-9 台湾白苋菜不同器官中 Cd 亚细胞含量（μg/kg，苋菜鲜样）（周丽珍，2015）

NaCl 浓度/(g/L)	根			茎			叶		
	F_{I}	F_{II}	F_{III}	F_{I}	F_{II}	F_{III}	F_{I}	F_{II}	F_{III}
CK	83.79	51.75	1.83	39.54	1.84	0.97	95.44	21.11	1.07
2.5	47.12	31.07	1.85	27.60	9.31	1.01	79.88	21.49	0.95
5.0	36.28	23.70	1.78	21.90	10.55	1.75	65.14	17.72	1.11
7.5	36.70	28.50	1.80	20.19	10.01	1.03	66.69	25.21	1.14
10.0	47.70	14.89	1.70	15.33	8.98	0.94	70.87	15.34	1.11

表 3-10 尖叶青苋菜不同器官中 Cd 亚细胞含量（μg/kg，苋菜鲜样）（周丽珍，2015）

NaCl 浓度/(g/L)	根			茎			叶		
	F_{I}	F_{II}	F_{III}	F_{I}	F_{II}	F_{III}	F_{I}	F_{II}	F_{III}
CK	104.92	44.34	1.65	22.47	21.10	1.03	101.03	42.12	1.14
2.5	56.82	28.82	1.86	21.33	18.96	1.02	97.17	25.85	1.06
5.0	56.33	28.38	1.76	18.47	19.63	1.04	111.07	23.82	1.12
7.5	49.34	26.85	1.67	23.49	17.06	1.16	87.49	23.42	1.32
10.0	43.94	30.03	1.71	23.27	11.34	1.67	82.67	18.93	1.07

研究表明（Hayens et al.，1989），植物细胞壁中的多糖分子（包括纤维素、半纤维素、木质素和果胶等）和蛋白质分子含有大量羧基、醛基、羟基、氨基和磷酸基等亲金属离子的带负电配位基团，能与进入细胞的各类金属离子进行配位络合，减少通过跨膜运输进入细胞内部的金属离子数量，达到降低细胞原生质体内金属离子浓度和维持细胞正常生理代谢的目的。于方明等（2007）对 Cd 在圆锥南芥中亚细胞分布的研究认为，Cd 主要储存在细胞壁中，其次是核糖体和细胞核。本研究表明，苋菜根、茎和叶吸收的 Cd 也主要储存在细胞壁，其次是细胞器，细胞溶胶中 Cd 含量较低。NaCl 胁迫下苋菜根系细胞壁中 Cd 含量较对照处理显著下降，这主要是由于 Na 的代换作用阻碍了细胞壁对 Cd 的吸附。耐盐型台湾白苋菜和敏感型尖叶青苋菜叶中 Cd 亚细胞分布百分比大小顺序为细胞壁（F_{I}）＞细胞器（F_{II}）≫细胞溶胶（F_{III}）。随着 NaCl 浓度的增加，各亚细胞组分所占百分比在小范围内波动。

（2）不同 NaCl 浓度下苋菜中 Cd、Ca、Mg 的器官分布特征

Cd 在苋菜不同器官间的含量分布顺序为叶＞根＞茎。与对照相比，NaCl 处理下苋菜根、茎和叶中 Cd 含量均显著下降。当营养液 NaCl 浓度从 2.5g/L 上升至 10.0g/L 时，耐盐型台湾白苋菜各器官中 Cd 含量无显著变化；敏感型尖叶青苋菜根中 Cd 含量没有显著变化，茎和叶中 Cd 含量在高盐分含量处理（7.5g/L、10.0g/L）时出现显著下降。当营养液 NaCl 浓度等于 10.0g/L 时，敏感型尖叶青苋菜生长发育明显受阻，茎、叶中 Cd 含量均降低。

Ca 在耐盐型台湾白苋菜各个器官间的含量分布顺序为叶＞根＞茎。NaCl 胁迫下苋菜根、茎和叶中 Ca 含量较对照处理显著下降。Ca 不仅是植物正常生长的必需元素，且盐分胁迫下 Ca 的存在对细胞膜的完整性、细胞渗透调节等有重要作用，叶片保持高 Ca^{2+}含量可降低 Na^{+}的毒害性。在 NaCl 胁迫下，耐盐型台湾白苋菜的主要功能器

官根和叶都保持较高含量的 Ca^{2+}，从而保证生长过程中营养元素的吸收和光合作用顺利进行；尖叶青苋菜根、茎和叶中 Ca^{2+}含量都出现了不同程度的下降，叶片中 Ca^{2+}含量下降尤其显著，表明根、茎吸收和转运 Ca^{2+}的能力遭到破坏，苋菜生长受到损害。Ca 含量变化趋势的品种差异与 Cd 一致。

耐盐型台湾白苋菜叶片中 Mg 含量远远高于根和茎中 Mg 含量，器官间含量分布顺序为叶 ≫ 根＞茎。Mg 作为植物正常生长的必需元素之一，是叶绿素的主要构成成分，主要存在于植物叶片中，参与光合作用过程。在本试验中，两种苋菜叶片中 Mg 含量均远远高于根、茎中 Mg 含量。随着营养液 NaCl 浓度的增加，耐盐型台湾白苋菜叶中 Mg 含量先小幅下降然后基本保持不变，而敏感型尖叶青苋菜叶中 Mg 含量显著下降，表明苋菜耐盐性的增大，有利于叶中 Mg 含量的保持，从而保证植物正常生长。Mg 含量变化趋势的品种差异与 Ca、Cd 一致（周丽珍等，2015）。

（3）离子通道抑制剂对根系吸收金属的影响

表 3-11 显示了离子通道抑制剂处理对台湾白苋菜根系吸收金属的影响。与对照相比，钙离子通道抑制剂 $LaCl_3$ 显著降低了 Na、K、Ca、Mg、Cd 的吸收。钾离子通道抑制剂 TEA 显著降低了 Na、K 的吸收，但没有显著降低 Ca、Mg、Cd 的吸收。说明 Na 可以通过钙离子通道和钾离子通道吸收，而 Ca、Mg、Cd 主要通过钙离子通道而不是钾离子通道吸收。相关研究也报道了钾离子通道可以通行 Na^+（Kronzucker and Britto，2011），钙离子通道可以通行 Mg^{2+}、Cd^{2+}等二价阳离子（Lu et al.，2010）。因此在盐分胁迫下，Na^+对根系细胞膜钙通道的竞争减少了 Cd 通过钙通道的机会，从而减少了 Cd 的吸收。

表 3-11 离子通道抑制剂处理对苋菜根系吸收金属的影响（mmol/kg，根鲜重）

	K	Na	Ca	Mg	Cd
CK	8.620 ± 0.421a	1.48 ± 0.12a	2.15 ± 0.45a	4.72 ± 0.26a	0.010 ± 0.002a
$LaCl_3$	7.49 ± 0.37b	1.01 ± 0.19b	1.22 ± 0.32b	3.58 ± 0.59b	0.003 ± 0.001b
TEA	4.85 ± 0.35c	0.96 ± 0.22b	1.66 ± 0.18ab	4.96 ± 0.30a	0.008 ± 0.002a

注：a、b、c 代表每列显著性差异（p<0.05）；各处理和对照 3 次重复

总之，苋菜根、茎、叶中的 Cd 主要富集在细胞壁和细胞器中。NaCl 胁迫下，细胞壁、细胞器中 Cd 质量分数总体显著下降，但细胞溶胶中 Cd 质量分数无明显变化，主要归因于 Na^+的竞争吸附和吸收。盐分胁迫下，细胞壁和细胞器中 Ca 质量分数发生显著变化，可能影响细胞壁膜结构和膜通透性，从而影响 Cd 的亚细胞分布和转运。随着 NaCl 质量浓度增加，Cd 在根、茎、叶中细胞壁、细胞器和细胞溶胶的分配比例会发生不同程度的变化，且耐盐型和敏感型苋菜的变化规律不同，这与它们适应盐分胁迫的机制差异有关。在盐压和植物叶片渗透调节的作用下，苋菜对金属离子（K、Ca、Mg）的根、茎运输选择性下降，茎、叶运输选择性上升，但 Cd 的根、茎和茎、叶转运系数均上升。

二、围垦淋洗脱盐对珠江口滩涂重金属环境行为的影响及其修复作用

围垦是珠江口滩涂湿地的重要利用方式之一。滩涂土壤含盐量较高，珠江口滩涂多

数属于含盐量超过 0.6%的重度盐渍土，土壤盐分离子组成以 Cl^-、Na^+占绝对优势，平均为 Cl^- 54%、SO_4^{2-}6.9%、HCO_3^-2.9%、Na^+32.4%、K^+2.2%、Ca^{2+}2.2%、Mg^{2+}3.0%。在围垦过程中，需要采取抛石促淤、建立堤围、淡水淋洗等措施，使土壤摆脱海水浸泡，并逐渐脱盐，这样才能将滩涂土壤改良成为可以耕作的农业土壤。为此，围绕围垦淋洗脱盐过程对土壤中重金属的化学形态、迁移状况、剖面分布和生物有效性的影响，并开展了重金属污染滩涂土壤环境修复研究。

（一）淋洗脱盐过程对滩涂土壤孔隙水重金属垂直迁移的影响

采用土柱淋洗方法进行，所用滩涂土壤采集于珠江口淇澳岛。采集深度为 0～20cm 的土壤，去除碎石、垃圾后，进行充分混匀搅拌，直到所有土壤的电导率测定值完全一致。试验设计了 8 个脱盐梯度处理，采用监测土壤电导率的方法控制每个土柱的脱盐程度。所用的淋洗用水为蒸馏水，淋洗前在每个土柱的土壤表层 10cm 处插入一个电导电极，定期监测淋洗过程中每个土柱表层土壤电导率的变化。当土壤电导率逐渐下降，并达到目标电导率的时候，即停止加水淋洗。8 个处理的目标电导率分别是 8000μs/cm（处理 1）、7000μs/cm（处理 2）、6000μs/cm（处理 3）、5000μs/cm（处理 4）、4000μs/cm（处理 5）、3000μs/cm（处理 6）、2000μs/cm（处理 7）、1000μs/cm（处理 8），每个处理设置 3 个重复。从处理 1 到处理 8，淋洗时间分别持续 65～224d。按 Bufflap 和 Allen（1995）的方法采集土壤孔隙水，另一部分土样经自然风干后过 0.125mm 筛，测定土壤重金属含量及形态。

1. 不同脱盐梯度下土壤孔隙水中盐分总量及各离子含量的变化

随着淋洗时间的增加，不同脱盐梯度下土壤孔隙水中盐分总量及各离子含量的变化如表 3-12 所示。Na^+、K^+、Mg^{2+}、Ca^{2+}和 Cl^-、SO_4^{2-}的含量较淋洗之前分别下降了 80.3%、73.5%、86.6%、90.1%、81.8%、98.2%；CO_3^{2-}、HCO_3^-的含量有所增加，但是离子总量呈减少的趋势，从淋洗前的 31 016.8mg/L 下降到 5714.7mg/L，总离子被淋洗除去 81.6%。淋洗开始时盐分下降很快，说明含盐量越高，淋洗效果越明显。可见淋洗可以很好地去除滩涂土壤中的盐分，从而促进滩涂土壤的开发和利用。

表 3-12 土壤孔隙水中盐分离子组成及含量变化（mg/L）（Li et al.，2011）

0～65cm 平均	Na^+	K^+	Mg^{2+}	Ca^{2+}	Cl^-	CO_3^{2-}	HCO_3^-	SO_4^{2-}	阴阳离子总合	pH
淋洗前	8 537.7	547.0	1 081.6	93.2	17 093.8	0.0	109.8	3 553.7	31 016.8	7.71
处理 1	5 746.5	326.8	406.3	63.9	9 691.3	30.7	303.7	1 273.2	17 842.2	8.46
处理 2	4 322.7	327.4	410.3	10.8	9 009.9	39.0	329.4	527.9	14 977.4	8.61
处理 3	4 053.4	311.5	386.4	10.1	8 251.0	47.0	308.7	646.5	14 014.6	8.71
处理 4	3 459.5	261.4	263.7	15.6	6 990.9	55.6	339.6	515.9	11 902.2	8.79
处理 5	3 151.4	256.1	287.1	3.9	6 455.0	61.3	397.8	407.0	11 019.7	8.85
处理 6	2 994.3	235.8	259.8	3.6	6 244.6	69.4	484.6	150.3	10 442.3	8.74
处理 7	2 220.9	175.5	180.4	3.5	4 605.4	108.4	536.5	69.2	7 899.7	9.03
处理 8	1 685.3	145.2	144.4	8.5	3 104.9	92.6	471.7	62.2	5 714.7	8.81

由表 3-12 可以看出，随着淋洗时间的不断增加，土壤孔隙水 pH 整体呈上升趋势，

这是由于土壤脱盐时溶液中的 Ca^{2+}减少了，因受容度积的支配作用：$CaCO_3+CO_2+H_2O \longleftrightarrow Ca^{2+}+2HCO_3^-$，土壤中的 $CaCO_3$ 部分溶解，随着 Ca^{2+}被淋洗掉，相应提高了溶液中 HCO_3^-的含量，使得土壤孔隙水的 pH 升高。

淋洗过程中 Na^+占离子总量的比例变化不明显，K^+所占的比例淋洗之后较淋洗之前有上升的趋势，Mg^{2+}所占比例基本趋于平稳，Ca^{2+}所占比例是先降低然后趋于平稳。由于脱盐过程中各种阴阳离子在土壤中的迁移能力不同，因此引起盐分离子组成的变化。但 Cl^-所占比例一直处于 54%～60%，占有明显优势，说明淋洗过程中孔隙水的化学类型一直是氯化钠型。CO_3^{2-}由开始含量为 0.0%增加到占总离子比例的 1.6%，HCO_3^-所占比例呈上升趋势，主要是由于滩涂土壤氧化还原电位较低，淋洗开始后缺乏搅动，处于还原条件下，土壤中的厌氧微生物分解土壤有机物产生乙酸、甲酸等有机酸，从而促进碳酸盐溶解，因此 CO_3^{2-}的含量会增加；同时随着阳离子被淋洗掉，CO_3^{2-}有一部分转化成 HCO_3^-，所以 HCO_3^-所占比例呈上升趋势。SO_4^{2-}所占比例整体呈下降趋势，下降速率比其他离子更快，占总盐分离子比例由淋洗前的 11.5%下降到 1.1%（表 3-13）。

表 3-13 土壤孔隙水中各盐分离子比例的变化（%）（Li et al.，2011）

0～65cm 平均	Na^+	K^+	Mg^{2+}	Ca^{2+}	Cl^-	CO_3^{2-}	HCO_3^-	SO_4^{2-}	
淋洗前	27.5	1.8	3.5	0.3	55.1	0.0	0.4	11.5	100.0
处理 1	32.2	1.8	2.3	0.4	54.3	0.2	1.7	7.1	100.0
处理 2	28.9	2.2	2.7	0.1	60.2	0.3	2.2	3.5	100.0
处理 3	28.9	2.2	2.8	0.1	58.9	0.3	2.2	4.6	100.0
处理 4	29.1	2.2	2.2	0.1	58.7	0.5	2.9	4.3	100.0
处理 5	28.6	2.3	2.6	0.0	58.6	0.6	3.6	3.7	100.0
处理 6	28.7	2.3	2.5	0.0	59.8	0.7	4.6	1.4	100.0
处理 7	28.1	2.2	2.3	0.0	58.3	1.4	6.8	0.9	100.0
处理 8	29.5	2.5	2.5	0.1	54.3	1.6	8.3	1.1	100.0

2. 土壤孔隙水中重金属含量的变化

从处理前到处理 8 的整个淋洗过程中，土柱孔隙水中 Cd、Cr、Pb、Cu 和 Zn 元素的总平均浓度总体都呈现下降趋势（Ni 元素仪器未检出）。各处理的淋洗时间和各种重金属总平均浓度减小幅度如表 3-14 所示：经过 65d 的淋洗后，Cd 的总平均浓度减小幅度最大，Cu 和 Zn 次之，Cr 和 Pb 的浓度减小幅度最小。这在某种程度上说明了水溶性 Cd 在土壤中比 Zn、Cu、Cr 和 Pb 较易被淋洗出去。对于 Cr 和 Pb，淋洗时间越长，淋洗出去的量越多，而 Cr 相对较易被淋洗完全。Cu 和 Zn 到达一定浓度后，基本不再减小，其中 Zn 与 Cu 相比淋洗较完全，而 Cr 保持一定的迁移速度直到被完全淋洗出去。从 Pb 的变化趋势看，随着淋洗时间的增加，Pb 被完全淋洗出去的可能性较大，但需要的淋洗时间较长。

（二）滩涂土壤淋洗脱盐对土壤重金属含量及化学形态的影响

滩涂土壤淋洗脱盐后土壤的含盐量及土壤重金属含量的对比如表 3-15 和表 3-16 所示。其中重金属元素全量分析用 HNO_3+HClO_4+HF 消化，重金属形态分析采用 Tessier 连续提取法，用火焰原子吸收分光光度计测定，低于火焰法检出限的样品用石墨炉法测定。

滩涂土壤经过淋洗脱盐后，土壤含盐量显著下降，到处理7和处理8时，表层土壤已经达到轻度盐渍化水平，适合大多数作物生长（表3-15）。经过淋洗后，土壤中Pb和Cd的总平均含量减小幅度最大，其次为Zn、Cu和Cr，Ni含量没有显著变化。经过处理1后，土壤中Cd、Cr、Pb、Cu和Zn的含量都基本保持不变，说明淋洗开始时土壤中水溶态重金属浓度较大，向下层迁移的速度较快。经过65d淋洗后，水溶态重金属基本都被淋洗出去，在随后的淋洗处理中基本不再向孔隙水中转移。与淋洗前相比，土壤中Cd、Pb、Cr、Cu、Zn重金属总量的下降幅度分别达26.2%、32.1%、11.0%、13.8%和14.0%（表3-16），说明围垦淋洗脱盐可以有效地降低滩涂土壤中重金属含量，具有一定的修复效果。

表3-14 各处理的淋洗时间和孔隙水中重金属总平均浓度下降幅度（Li et al.，2011）

处理	淋洗时间/d	浓度下降幅度/%				
		Cd	Cr	Pb	Cu	Zn
处理1	65	92	47	6	61	77
处理2	77	90	71	15	66	82
处理3	96	84	62	36	80	88
处理4	121	93	89	32	81	84
处理5	138	98	92	43	69	66
处理6	150	96	85	46	63	66
处理7	195	98	100	65	59	79
处理8	224	99	100	74	75	88

表3-15 滩涂土壤经过淋洗脱盐后的土壤含盐量（Li et al.，2011）

处理	含盐量/%（干重）				
	0～10cm	10～20cm	20～35cm	35～50cm	50～65cm
处理1	0.67 ± 0.01	0.97 ± 0.04	1.13 ± 0.00	1.17 ± 0.03	1.15 ± 0.03
处理2	0.60 ± 0.03	0.90 ± 0.03	1.09 ± 0.01	1.16 ± 0.01	1.11 ± 0.01
处理3	0.54 ± 0.01	0.84 ± 0.01	1.06 ± 0.02	1.12 ± 0.04	1.11 ± 0.02
处理4	0.46 ± 0.02	0.68 ± 0.02	0.93 ± 0.02	1.04 ± 0.01	1.07 ± 0.01
处理5	0.38 ± 0.01	0.59 ± 0.01	0.86 ± 0.03	1.02 ± 0.00	1.03 ± 0.03
处理6	0.34 ± 0.01	0.53 ± 0.02	0.76 ± 0.03	0.95 ± 0.00	0.97 ± 0.01
处理7	0.18 ± 0.00	0.32 ± 0.01	0.51 ± 0.01	0.69 ± 0.02	0.85 ± 0.04
处理8	0.14 ± 0.01	0.28 ± 0.02	0.47 ± 0.01	0.59 ± 0.04	0.66 ± 0.08

表3-16 淋洗结束前后各个处理土壤重金属含量的对比（mg/ kg，干重）（Li et al.，2011）

	Cd	Cr	Pb	Cu	Zn	Ni
淋洗前	1.43 ± 0.11a	80.5 ± 3.33a	79.9 ± 3.72a	74.7 ± 2.96a	251 ± 6.70a	50.0 ± 1.89a
处理1	1.08 ± 0.06b	74.8 ± 0.06b	57.9 ± 5.0b	60.4 ± 2.52b	214 ± 6.46b	51.8 ± 1.96a
处理2	1.04 ± 0.06b	72.3 ± 0.73b	56.4 ± 4.69b	60.7 ± 2.85b	218 ± 11.9b	48.9 ± 1.41a
处理3	1.11 ± 0.12b	73.9 ± 0.98b	55.3 ± 6.59b	64.0 ± 2.89b	216 ± 10.6b	50.0 ± 1.93a
处理4	1.03 ± 0.03b	68.4 ± 0.90b	54.8 ± 6.29b	64.6 ± 3.14b	212 ± 9.29b	49.5 ± 1.21a
处理5	1.02 ± 0.10b	69.8 ± 1.50b	52.0 ± 2.31b	66.0 ± 2.27b	215 ± 10.5b	48.6 ± 1.38a
处理6	1.02 ± 0.15b	72.7 ± 0.28b	51.5 ± 3.41b	65.9 ± 2.13b	217 ± 7.15b	49.0 ± 1.87a
处理7	1.08 ± 0.05b	69.1 ± 0.16b	53.5 ± 5.18b	65.0 ± 2.43b	220 ± 6.34b	50.1 ± 1.18a
处理8	1.08 ± 0.03b	72.2 ± 0.21b	53.8 ± 5.28b	65.8 ± 0.50b	212 ± 5.46b	48.8 ± 1.50a

注：a和b表示在$p<0.05$水平呈显著性差异

由于盐分中阴离子的络合作用、阳离子的置换作用和竞争性吸附作用，使土壤中重金属的化学形态发生改变，进而被淡水淋洗掉。不同形态的重金属含量淋洗后较淋洗前都有所降低，如表 3-17 所示。可交换态重金属离子的含量，淋洗后较淋洗前 Cd、Pb、Zn 的下降率分别是 38.5%、63.4%、69.7%。淋洗前土壤孔隙水中盐分离子 Na^+、Mg^{2+}和 Cl^-的含量都很高，其中土壤盐分中的 Cl^-能与土壤中的 Cd、Zn 等重金属离子形成较为稳定的复合物，从而使土壤中的 Cd、Zn 等重金属由固态向土壤溶液迁移，使 Cd、Zn 等重金属的可交换态比例增加（Li et al.，2011，促进土壤吸附态（可交换态）Cd、Zn 解析，从而可以促使重金属离子由吸附态转化为可交换态。同时，大量 Na^+、Mg^{2+}等阳离子可以通过离子交换作用将可交换态的 Cd、Pb、Zn 置换到土壤溶液中来，被置换到土壤溶液中的重金属离子被淡水淋洗掉。土壤中的阳离子也会与土壤重金属离子产生竞争性吸附，对 Zn 和 Cd 尤为如此（Du Laing et al.，2008），如 Ca^{2+}、Mg^{2+}等二价离子可以与 Cd^{2+}竞争土壤中黏土矿物、氧化物及有机质上的阳离子交换吸附点位，从而促进 Cd 由固态向可交换态转化，进而被淡水淋洗掉。

表 3-17　淋洗前后土壤中各形态重金属的含量（mg/kg）（Li et al.，2011）

		可交换态	碳酸盐结合态	铁锰氧化态	有机态	残留态	总和	回收率%
Cd	淋洗前	0.301	0.028	0.293	0.318	0.397	1.337	93.5
	淋洗后	0.185	0.026	0.149	0.234	0.388	0.982	91.4
Pb	淋洗前	6.713	9.94	25.14	11.02	25.06	77.88	97.5
	淋洗后	2.458	2.21	19.22	10.67	25.58	60.13	111.8
Cr	淋洗前	0	2.69	12.49	6.73	55.25	77.16	95.9
	淋洗后	0	1.03	11.13	5.87	53.08	71.10	98.5
Cu	淋洗前	0.345	3.95	12.51	21.44	30.70	68.94	92.3
	淋洗后	0.421	1.25	11.73	16.93	26.98	57.31	87.1
Zn	淋洗前	2.328	11.99	78.13	21.66	124.94	239.05	95.4
	淋洗后	0.705	3.94	67.80	21.09	123.72	217.25	102.5

碳酸盐结合态重金属的含量，淋洗后较淋洗前 Cd、Pb、Cr、Cu、Zn 分别下降 7.1%、77.8%、61.7%、68.4%、67.1%，只有 Cd 下降幅度比较小，其他 4 种重金属离子下降率都达 60%以上。一是由于在淋洗脱盐过程中，土壤溶液中的 Ca^{2+}不断被淋洗掉，因此一部分碳酸盐结合态的重金属离子被释放；二是由于滩涂土壤本身氧化还原电位较低，淋洗开始后缺乏搅动，处于还原条件下，一些厌氧微生物分解土壤中的有机物产生乙酸、甲酸等有机酸，促进碳酸盐的溶解和碳酸盐结合态重金属离子的释放。

由于淋洗过程中土壤氧化还原电位的变化和盐分离子含量及比例的变化，使得铁锰氧化态重金属的含量，淋洗后较淋洗前 Cd、Pb、Cr、Cu、Zn 分别下降 49.1%、23.5%、10.9%、6.2%、13.2%，其中 Cd 下降幅度最大，达 49.1%，其次是 Pb，下降率为 23.5%，残留态重金属含量淋洗前后变化不大，因为它主要来源于天然矿物，一般存在于硅酸盐、原生和次生矿物等土壤晶格中，是自然地质风化的结果（李宇庆等，2004），不容易受土壤理化性质及盐分变化的影响而释放重金属离子。而有机态重金属含量淋洗后较淋洗前没有显著性降低，只有 Cu 变化较大。

总之，淋洗可以改变土壤中重金属的化学形态，进而影响重金属在土壤中的迁移状况。由于淋洗前后土壤的理化性质和盐分含量发生变化，盐分中阴离子的络合作用和阳离子的交换作用与竞争性吸附作用使土壤中的重金属形态发生了改变，导致淡水淋洗作用使土壤中重金属的含量有所下降。

三、不同改良剂对珠江口围垦滩涂土壤重金属的淋洗修复

重金属污染土壤的修复从原理上可分为物理化学修复技术和植物修复技术两大类，在工艺上不同修复技术又可分为原位修复和异位修复两大类。具体内容如下。

化学氧化/还原处理：把土壤中污染物转化为无毒或低毒的化合物，或使其形成化学性质更稳定、迁移性更弱的化合物。该技术的缺点是污染物仍然存在于土壤中，一旦土壤理化环境变化，重金属有可能重新活化产生危害。

淋洗技术：是用水或其他化学溶液等淋洗剂淋洗土壤，以去除土壤污染物的过程。常用化学制剂有稀 HCl、EDTA、$CaCl_2$ 等。目前该技术已大量投入商业运作。日本学者曾将EDTA 0.3kg/km^{2}撒在土壤中Cd含量分别为10.4mg/kg和27.9mg/kg的稻田和旱地中，淹水或小雨淋洗，水量以能达到根层外而未达到地下水位为宜，淋洗 1 次可以降低根层中 Cd 含量 50%，2 次淋洗使稻米中 Cd 含量降低 81%（陈怀满，2005）。该技术的主要缺点是有些淋洗剂如 EDTA 容易造成土壤二次污染。

电动力学技术：即把电极插入土中，再通入低强度的直流电，使带电的污染颗粒（或离子）在电场的作用下朝着电极两端方向做定向移动，并聚集在电极附近以便进行收集，最后在地面上把污染物进行后期处理。这项技术只能处理溶解在土壤孔隙水中以带电离子形式存在的污染物，目前主要用于处理渗透性低的污染土壤。该技术的缺点是污染物必须溶解，效果依赖于土壤的 pH，必须使用缓冲溶液来维持电极 pH。

固化/稳定化处理技术：把污染物裹限在某种介质中。根据介质不同，包括水泥固化、石灰固化、改性黏土、热塑、热固树脂等不同处理。该技术的缺点是破坏了土壤结构，土壤不能继续使用，适合高强度污染场地修复。

玻璃化技术：即在高温（1500℃以上）下将污染土壤熔化为玻璃或玻璃质与晶体的混合物。经该技术处理过的土壤不能继续使用。

植物修复技术：主要是利用重金属超富集植物对土壤重金属进行提取、修复，具有成本低、生态风险小等特点。主要适用于大面积、表层低-中等污染程度土壤的修复。目前全世界已发现 700 多种重金属超积累/富集植物，其中以镍超积累植物最多，主要分布在南欧、北美、西澳大利亚及印度等地区。对于被 Cd、Pb 污染的土壤，杨肖娥等首次发现我国原生的 Zn/Cd 超积累、Pb 富集植物东南景天（Yang et al.，2002）。刘威等（2003）报道了 Cd 超富集植物宝山堇菜。魏树和等（2005）报道了 Cd 超积累植物龙葵。该技术目前存在的主要障碍是具有重金属超积累/富集植物多为野生植物，产量低，修复时间长，一般需要若干年；植物生长有很强的地域性，不一定适应多种气候和土壤条件；栽培管理技术也处于小面积试验阶段，与污染土壤修复产业化的形成相距甚远；收获后的植物处理也存在问题。

联合修复技术：即对多种技术集成组装，开展综合修复。对中轻度污染农田土壤实

行“边生产边修复”，不断探索套种、间种、植物-化学联合修复、植物-微生物联合修复等方法。例如，在化学促进条件下，种植东南景天一季能去除土壤中 Cd 10%以上；利用东南景天和玉米套种，东南景天对根际土壤中的 Zn、Cd 有较强的吸收能力，能够有效降低与其套种的玉米根际的 Zn、Cd 有效态含量，使玉米可食部的 Zn、Cd 含量显著降低（Liu et al.，2005）。

上述修复技术各有优缺点和适用条件，从总体来看，针对各地重金属污染土壤的具体情况，因地制宜地筛选和改进现有修复技术，研发修复新技术，或者集成组装相关技术，形成适合本地推广应用的技术体系，是重金属污染土壤修复研究及其实现产业化发展的主要趋势。现有的重金属污染土壤修复研究主要针对矿山污染土壤、普通农田污染土壤，而针对围垦滩涂土壤的修复技术研究还鲜见报道。

珠江口被重金属污染的围垦滩涂土壤具有以下特点：①受围垦前海水浸泡的影响，盐分含量普遍较高，一般为 0.1%～0.3%；在土壤盐分作用下，土壤中 Cd、Pb 的化学形态以植物有效性很高的可交换态即吸附态为主，分别占其总量的 38.3%和 43.2%，为采用离子代换方法进行修复提供了前提条件。②土壤重金属的垂直剖面分布与普通农田污染不同，普通农田土壤污染一般集中在表层，而围垦滩涂土壤由沉积物经人工抛石促淤而成，沉积物的污染导致围垦土壤从表层到底层 1m 深以下的整个剖面都受到污染，而且剖面分布比较一致，形成了珠江口地区耕地土壤重金属含量的所谓“高背景值”地区。要大面积修复整个剖面的土壤，既无必要，也无可能，比较现实的方法是只对根层土壤进行修复。③由于围垦滩涂土壤区域的浅层地下水受到海水影响，多为含盐量超过 3000mg/L 的咸水，而且部分有毒重金属本底含量较高，如 Cd 0.01mg/L、Cr 0.15mg/L、Ni 0.13mg/L，属于劣五类地下水水质，基本不具备使用价值。这样，如果采用原位淋洗技术进行修复，给地下水带来的额外生态风险相对较小，为采用原位淋洗技术进行修复创造了条件。

（一）烟气脱硫石膏淋洗修复重金属污染围垦滩涂土壤技术

烟气脱硫石膏是燃煤电厂采用湿式石灰石/石膏法进行脱硫过程产生的一种固体废弃物，其主要化学成分为 $CaSO_4·2H_2O$，即石膏，占 85%～90%；其他成分大致为 H_2O 5%～15%、$CaSO_3$ 1.2%、$CaCO_3$ 5%～8%、MgO 0.86%、SiO_2 1.2%、Al_2O_3 2.8%、Fe_2O_3 0.6%（陈云嫩和梁礼明，2005）。由于烟气脱硫石膏含有少量的杂质，因此其在土壤改良中的安全性问题也备受关注。已有的研究表明（徐胜光，2004；李跃进，2004），在一般情况下特别是在符合国家有关标准的情况下，在土壤中施用烟气脱硫石膏是安全的，不会造成二次污染。

1. 不同脱硫石膏施用量下土壤中重金属的解吸效果

供试土壤采自广州南沙滩涂围垦区。土壤样品经自然风干后，去除杂物，碾碎，过 2mm 尼龙筛，保存待测。供试土壤的 CEC 为 123.9mmol/kg，pH 为 6.4，有机质质量分数为 1.42%，可交换态 Ca 为 4.7mmol/kg，可交换态 Mg 为 2.4mmol/kg，各重金属质量分数为 Cd 1.09mg/kg、Cu 55.43mg/kg、Ni 41.31mg/kg、Zn 141.87mg/kg、Pb 54.71mg/kg、Cr 95.69mg/kg。烟气脱硫石膏取自广州黄埔电厂，pH 为 5.51，$CaSO_4·2H_2O$ 质量分数为

86.2%，6 种重金属均未检出。

脱硫石膏处理前，土壤中重金属 Pb、Zn 和 Cr 的质量分数接近国家土壤环境质量Ⅱ级标准（GB 15618—1995），Cu、Ni 超出国家土壤环境质量Ⅱ级标准（GB 15618—1995），Cd 超过国家土壤环境质量Ⅲ级标准（GB 15618—1995）。在各重金属的可交换态和碳酸盐结合态中，Cd 质量分数最大，其次为 Pb。铁锰氧化态含量的分布为 Zn＞Cd＞Pb＞Cu＞Ni＞Cr。Zn 的铁锰氧化态质量分数最大，主要是由于与其他重金属相比，Zn 与铁锰氧化物具有更强的结合力。Cu 容易与有机质形成有机络合物，Cu 的有机态质量分数明显高于其他 5 种重金属。Cr 的残留态质量分数高于其他 5 种重金属，Cd 的残留态为最低。

供试土壤中重金属对脱硫石膏较为敏感，增加脱硫石膏的施用量，土壤中重金属的解吸率均表现为上升趋势。2.02～6.06g/kg 的脱硫石膏施用量就能显著解吸供试土壤的 6 种重金属。另外，随着脱硫石膏施用量从 2.02g/kg 增加到 8.08g/kg，处理后土壤中 6 种重金属的质量分数相应降低，而且相邻处理间差异显著。当施用量从 8.08g/kg 增加到 20.2g/kg，重金属质量分数基本保持不变，处理间差异不显著，可见 8.08g/kg 是供试土壤最合适的施用量（童泽军等，2009）。

2. 脱硫石膏处理后土壤中重金属的化学形态变化

脱硫石膏影响可交换态重金属变化的原因是离子的交换吸附作用。由于土壤胶体微粒带有不同电性的电荷，当它与溶液接触时，便能吸附溶液中带异性电荷的离子，与此同时把土壤胶体上等当量的相同电荷的其他离子代换出来而达到动态平衡。脱硫石膏提供了大量 Ca^{2+}源，将土壤胶体中的可交换态重金属置换出来，并通过离心将其排出，而且交换反应可以在短时间内完成，因此在短时间内对供试土壤中重金属可交换态的去除有较大成效。

供试土壤在经脱硫石膏处理后各重金属可交换态含量有大幅度变化，与原土相比分别下降了 66.7%（Cd）、40.35%（Cr）、56.03%（Cu）、35.34%（Pb）、84.73%（Zn）、56.43%（Ni）。施用脱硫石膏对 Cd、Cu、Ni、Zn、Pb 和 Cr 的碳酸盐结合态也有较大幅度的解吸效果，分别使其下降了 0.077mg/kg、2.856mg/kg、1.140mg/kg、3.696mg/kg、3.509mg/kg、1.848mg/kg。铁锰氧化态平均下降了 12.9%，有机态、残余态则变化不大（童泽军等，2009）。

可见，脱硫石膏能有效降低土壤对重金属的吸附，其解吸效果顺序为 Cd＞Cu＞Ni＞Zn＞Pb＞Cr。在 5 种重金属形态中，脱硫石膏主要影响可交换态和碳酸盐结合态的解吸。各重金属的可交换态含量显著降低，解吸率达 50%以上，其机制主要是钙离子和可交换态重金属的交换吸附；碳酸盐结合态也有不同程度的降低。

（二）咸水浸泡淋洗对珠江口滩涂围垦土壤中重金属的去除效果

由于盐分对土壤重金属的溶解及对其化学行为有着重要的作用，因此可以利用这一原理来进行围垦滩涂土壤中重金属污染的修复。珠江口几乎每年都会出现咸潮，大量海水倒灌在河口下游，如果能够利用倒灌海水中的盐分对土壤重金属进行去除，那么咸潮将可以变为可利用的资源，因此利用咸水的主要成分 NaCl 浸泡淋洗滩涂围垦土壤，研究浸泡时间和 NaCl 浓度对重金属去除的效果，为咸水修复被重金属污染的滩涂围垦土壤提供科学依据。

试验土壤采集于珠江口围垦农田，采样深度 0～20cm。土样经过风干后过 2mm 筛，部分土样进一步用玛瑙研钵研磨过 0.125mm 筛，供元素全量分析用，供试土壤基本理化性质见表 3-18。模拟咸潮袭击时咸水的盐度，试验用分析纯试剂 NaCl 和蒸馏水配置不同浓度梯度的 NaCl 溶液，浸泡 30d。浸泡试验设置 1d、10d、20d、30d、40d、50d、60d 7 个处理，浸泡盐分浓度为 8g/L。

表 3-18　供试土壤基本理化性质（崔志红，2010）

项目	参数	项目	参数
CEC/(cmol/kg)	11.71	Mg^{2+}/(mg/kg)	49.58
pH	6.51	$CaCO_3$ 含量/%	0.32
有机质/%	1.87	游离氧化铁/%	3.30
Cl^-/(mg/kg)	534.67	Cu/(mg/kg)	58.65
NO_3^-/(mg/kg)	30.70	Zn/(mg/kg)	153.96
SO_4^{2-}/(mg/kg)	301.40	Pb/(mg/kg)	54.67
Na^+/(mg/kg)	175.35	Cd/(mg/kg)	1.144
K^+/(mg/kg)	59.90	Cr/(mg/kg)	99.44
Ca^{2+}/(mg/kg)	284.75	Ni/(mg/kg)	41.64

1. 浸泡时间对重金属去除率的影响

珠江口围垦农田土壤中含有较多的游离氧化铁，在浸泡作用下很容易发生还原反应改变其氧化还原电位，浸泡时间越长，氧化还原电位变化越大。采用 NaCl 浸泡对 Cd、Cu、Ni、Zn、Pb 和 Cr 6 种重金属的去除都有明显效果，随着浸泡天数的增加，重金属的去除率也相应增加，而且增加的幅度较大，重金属在浸泡 60d 时达最大去除率（崔志红等，2010）。Du Laing 等（2008）的研究结果也显示，在还原反应过程中 Cl^-很容易与 Cd、Zn、Cu、Pb、Cr 和 Ni 等重金属离子络合成比较稳定的可溶络合物。这是因为 Cl^-是一种无机配位体，在一定条件下它具有较强的络合能力，可将土壤中可交换态、可溶态部分的重金属解吸而形成各级络合物。

2. NaCl 浓度对重金属去除率的影响

NaCl 浸泡对 Cd 的去除效果最好，其次是 Zn，然后是 Cr 和 Ni，最后是 Cu 和 Pb，其原因可能是土壤中黏粒、有机质和金属氧化物对 Cd、Zn、Cu、Pb、Cr 和 Ni 6 种重金属离子存在专性吸附，对 Pb、Cu 的吸附强度明显大于 Cd、Zn 等。当 NaCl 溶液浓度＜8g/L 时，Cd、Cu、Ni、Zn、Pb 和 Cr 6 种重金属元素的去除率增加幅度不大，当 NaCl 溶液浓度＞8g/L 时，除 Cu 外，其他几种重金属元素的去除率开始大幅增加，而且随着 NaCl 溶液浓度的增加，土壤中 6 种重金属元素的去除率也相应增加，Cd 去除率的增加幅度最大。当 NaCl 溶液浓度为 16g/L 时，6 种重金属元素的去除率达最大（崔志红等，2010）。

3. 浸泡前后土壤重金属形态的变化

NaCl 浸泡能有效去除 Cd、Zn、Cu、Pb、Ni 和 Cr 可交换态、碳酸盐结合态和氧化态中的重金属离子，但是有机态和残留态中的重金属去除率比较低。其原因是可交换态的重金属离子很容易与 Cl^-络合形成稳定的络合物而从土壤中解吸出来（崔志红等，2010；Li et al.，2011）。Du Laing 等（2008）的研究结果表明，增加盐分会降低土壤 pH，导致土壤 $CaCO_3$ 溶解，碳酸盐结合态重金属在溶解的过程被 Cl^-络合成较稳定的可溶络合物而被去除。而氧化态重金属能被有效去除是因为浸泡作用改变了土壤的氧化还原电位。在铁锰氧化物被还原的过程中所释放的重金属离子与 Cl^-络合形成各级可溶络合物而被去除。有机态去除率比较低的原因是在浸泡作用下由氧化环境变为还原环境，而有机态是可氧化态，在还原环境下很难发生形态转化，因此很难释放重金属离子。残留态重金属一般存在于硅酸盐、原生和次生矿物等土壤晶格中，是自然地质风化的结果，很难释放重金属离子。可见，Cl^-对重金属离子的络合解吸作用与其存在的化学形态有关，在不同条件下这种络合解吸能力也不同。

总之，咸水浸泡淋洗对珠江口滩涂围垦土壤中 Cd、Zn、Cu、Pb、Cr 和 Ni 6 种重金属均有明显的去除作用，且随着浸泡天数的增加，重金属的去除率也相应增加，在浸泡 60d 时达最大去除率。NaCl 浸泡能有效去除 Cd、Zn、Cu、Pb、Ni 和 Cr 可交换态、碳酸盐结合态和氧化态中的重金属离子，但是有机态和残留态中的重金属去除率比较低。当 NaCl 溶液浓度为 16g/L 时，6 种重金属元素的去除率达最大，NaCl 浸泡对 Cd 的去除效果最好，其次是 Zn，然后是 Cr 和 Ni，最后是 Cu 和 Pb。

对滩涂进行围垦利用是我国沿海地区解决人多地少、土地资源缺乏的重要途径。由于珠江三角洲区域经济发展迅速，大量污染物排入珠江河口，其中相当部分的重金属累积在滩涂土壤中，带来了较大的健康风险。重金属元素是一类具有累积效应、毒性较强的污染物质，只能从一种形态转化为另一种形态，不能去除，往往会通过食物链的方式在生物体内累积，使其毒性放大。珠江口滩涂围垦区土壤中的重金属对脱硫石膏较为敏感，利用烟气脱硫石膏可以大幅解吸滩涂围垦土壤中 Cd、Zn、Cu、Pb、Cr 和 Ni 6 种重金属可交换态、碳酸盐结合态中的重金属离子，从而降低重金属在滩涂围垦土壤中的生物可利用性和毒性。咸水浸泡淋洗也能有效去除可交换态、碳酸盐结合态和氧化态中的重金属离子，但对有机态和残留态中重金属的去除率比较低。同时大量研究表明（朱颖等，2009），生长于潮间带的红树植物对沉积环境中的重金属具有一定的富集作用，其耐受力也相对较高。红树植物组织对 Cu、Zn、Cd、Pb 4 种重金属元素的富集能力与林龄正相关，其中红树植物根部的富集能力最强。植被在珠江河口湿地重金属污染修复中也发挥着巨大的作用。

第三节　珠江口滩涂湿地氮的形态转化与生态修复

一、珠江口滩涂湿地氮的形态转化

氮是构成水体初级生产力和食物链最重要的生源要素，也是河口富营养化的关键限制性因子之一。湿地干湿交替的水文特征及独特多样的生物条件对氮的转化过程有着显著的影响。湿地氮的形态转化涉及物理、化学和生物等过程，是植物、微生物和土壤共同作用的结果。其基本过程主要包括：发生在水体和沉积物表层的硝化作用；发生在沉积物底层的反硝化作用；发生在沉积物与水体之间铵态氮的吸收储存、吸附和解吸作用；发生在厌氧沉积物中的有机氮储存过程；水中氨氮的挥发作用；与湿地植物生长和凋亡有关的无机氮和有机氮之间的转化过程等。

（一）滩涂湿地沉积物中氮的赋存形态对氮循环作用的影响

沉积物-水界面氮的赋存形态对其迁移转化有着重要的影响。氮可分为无机氮和有机氮两种形态，有机氮又分为溶解态和颗粒态，颗粒态有机氮主要是生物碎屑和活的生物体，溶解态有机氮包括蛋白质、肽、氨基酸、氨基糖、核酸、叶绿素及其他相关色素和腐殖质等（马洪波等，2003）。湿地沉积物间隙水中各形态氮的分布与表层沉积物中氮的矿化作用及硝化作用密切相关。沉积物早期成岩作用使间隙水中大量的有机化合物以NO_3^-、Mn、Fe 和 SO_4^{2-}为电子受体发生氧化作用，进而分解矿化形成铵态氮后以可溶态的形式存在间隙水中，因此在沉积物间隙水中氨氮含量要高于其他两种无机态氮（White and Reddy，2001）。

沉积物中氮的赋存形态决定了沉积物中能够参与交换的生物可利用氮的含量（吕晓霞等，2004）。沉积物中不同形态氮的地球化学特征不同，导致它们对氮循环的作用和贡献也存在明显差异。2009 年采集珠江口 3 种不同类型滩涂湿地沉积物（红树林、芦苇和光滩湿地），采用分相浸取法对不同粒度沉积物中的氮分级提取，得到 4 种不同形态的可转化态氮：离子交换态（IEF-N）、弱酸可浸取态（WAEF-N）、强碱可浸取态（SAEF-N）、强氧化剂可浸取态（SOEF-N）。其中，离子交换态氮（IEF-N）是由中性强离子进行盐浸取获，IEF-N 是结合能力最弱的吸附态氮，也是最易参与氮循环的形态，它的形成与释放除与温度、盐度、pH、溶解氧（DO）及有机物等环境因素有关外，还与沉积物自身的结构性质及粒度组成直接相关（周召千等，2008）。在有红树林和芦苇等植物的滩涂湿地，IEF-N 的相对百分含量高于没有植物的光滩区域，这与植物区沉积物中具有较高的有机质含量和细粒度组分含量有关。但植物区和光滩区中 IEF-N 占总氮的百分含量均较低，表明研究区域沉积物中能直接参与循环的氮含量非常有限。

弱酸可浸取态氮（WAEF-N）的产生与分布主要取决于沉积物中有机质矿化作用过程中 pH 变化，且沉积物中细粒度组分含量对 WAEF-N 的含量与分布有较大影响。已知上覆水体的盐度对 WAEF-N 的形成与释放具有一定的促进作用，光滩区 WAEF-N 的含量高于芦苇区和红树林区，从氮循环的贡献率看，弱酸可浸取态氮是可转化成无机态氮的优势形态，而河口区域盐度变化较大，因此这部分氮在沉积物和上覆水体之间的转化作用不可忽视。

强碱可浸取态氮（SAEF-N）主要是由铁锰氧化物吸附的氮，它的形成与分布主要受沉积物的氧化还原环境所控制。在氧化环境下，沉积物中铁锰含量较高时，SAEF-N 的含量也较高。当粒度是氧化还原环境的主要控制因素时，SAEF-N 应与细粒度沉积物含量成负相关。在光滩和红树林及芦苇区域，SAEF-N 均是可浸取态氮中含量最低的存在形态，说明研究区域沉积环境更倾向于还原环境，沉积物中铁锰含量均较低，且光滩区域粒度是氧化还原条件的主要控制因素。而在红树林区域，由于有植物，沉积物中氧的含量略高于光滩区，SAEF-N 占总氮的百分含量较光滩区也略有增加。

强氧化剂可浸取态氮（SOEF-N）主要为有机结合形式的氮，其释放能力在可转化态氮的 4 种形态中最弱，最难被释放参与氮循环，SOEF-N 的分布与有机质的含量呈良好的相关性，受沉积物中细粒度组分含量的影响最强。河口区域受水动力条件的影响显著，经过长期冲刷保留了大量的细颗粒物质，再加上陆源输入有机质，使沉积物堆积速度较快，有机质在沉降过程中还来不及矿化分解就已经沉积，致使 SOEF-N 的含量远高于其他可浸取态氮，占 75%以上，是河口沉积物中可转化态氮的主要赋存形式，且在植物区沉积物中更容易积累。湿地沉积物的氧化还原电位和有机质含量与不同形态可交换态氮的含量显著相关，表明河口湿地沉积物中有机质的积累和矿化对河口湿地氮的生物地球化学过程具有重要影响。

（二）河口滩涂湿地的硝化与反硝化作用

河口地区是氮生物地球化学循环最为活跃的地区之一，在微生物的作用下，氮不断发生着形态变化。湿地氮循环中的生物固氮、氨化、硝化和反硝化作用是特定微生物作用的结果，微生物几乎参与了氮循环的各个过程。硝化与反硝化作用是氮生物地球化学循环重要的组成部分，在控制河口和近海水体富营养化和全球氮循环过程中扮演着十分重要的角色，也是近年来研究的热点问题之一（徐继荣等，2005；胡玲珍和陈振楼，2003）。很多物理化学及生物因素都会对氮的硝化作用产生影响，包括温度、铵态氮含量、溶解氧浓度，pH、盐度和微生物等（陈旭良等，2005）。

1. 不同湿地沉积物的硝化作用及影响因素

（1）不同湿地沉积物的硝化作用

硝化和反硝化作用都是典型的以微生物为媒介的地球化学循环过程，其速率很大程度上取决于功能微生物的数量、活性及多样性。硝化细菌根据其参与硝化反应过程的两个不同阶段，可以分为氨氧化细菌和硝酸盐细菌。氨氧化是整个硝化过程的起始和限速步骤。本课题组于 2010 年 9 月、2010 年 12 月、2011 年 3 月和 2011 年 6 月分别采集珠江口淇澳岛红树林、芦苇和光滩 3 种不同生态环境表层（0～10cm）湿地的沉积物样品，沉积物的理化性质如表 3-19 所示。通过 MPN 计数法对沉积物中的氨氧化细菌、反硝化细菌计数，比较三种不同湿地环境沉积物的硝化及反硝化速率，并研究环境因子对硝化和反硝化速率的影响。

氨氧化细菌的分布和硝化速率的波动具有时空分布的特点，在同一湿地类型沉积物中，氨氧化细菌的数量和硝化速率均在 12 月最高，9 月最低。红树林和芦苇湿地沉积物中的氨氧化细菌数量明显高于光滩，分别是光滩湿地沉积物中氨氧化细菌的 3.9 倍和 2.8 倍，表明植物根际有利于氨氧化细菌生存，能够提高其数量和活性。氨氧化细菌数量受沉积物理化性质的共同影响，与沉积物有机质含量呈正相关（王玉萍等，2012）。氨氧化细菌是化能自养微生物，沉积物有机质虽然不是氨化细菌的碳源或能源，但其对微生物的生长有一定促进作用。

在相同的月份中，不同类型湿地沉积物的硝化速率表现为红树林区＞芦苇区＞光滩区。红树林、芦苇和光滩湿地沉积物硝化速率的平均值分别为 2.71mg/(kg·h)、1.73mg/(kg·h) 和 0.64mg/(kg·h)（王玉萍等，2012）。已知河流沉积物的硝化作用在很大程度上取决于 C/N，当 C/N＜20，硝化作用受 NH_4^+的可利用性控制；当 C/N＞20，受有机碳的可利用

表 3-19　湿地沉积物理化性质

项目	湿地类型	9 月	12 月	3 月	6 月
温度/℃	光滩区	30.2～31.3	17.2～18.7	19.8～20.7	27.2～28.1
	红树林区	29.2～30.6	16.2～17.9	18.9～20.6	26.5～28.2
	芦苇区	30.2～31.5	16.8～18.2	18.1～19.7	27.1～28.8
盐度	光滩区	15.5～17.4	26.5～29.3	18.5～21.6	4.1～6.5
	红树林区	16.4～19.4	25.7～27.2	18.6～21.7	4.2～5.7
	芦苇区	14.7～17.4	24.6～27.4	17.5～20.4	4.8～6.1
氧化还原电位（Eh）/mV	光滩区	−109～−102	11～20	−87～−74	−114～−105
	红树林区	−113～−103	43～72	−65～−54	−121～−107
	芦苇区	−111～−102	27～58	−74～−53	−115～−104
pH	光滩区	8.07～8.23	7.83～7.95	7.85～8.05	7.82～8.05
	红树林区	8.03～8.24	7.83～8.09	7.81～7.98	7.89～8.06
	芦苇区	8.03～8.25	7.68～7.95	7.86～8.05	7.84～8.06
含水率/%	光滩区	40.6～46.1	35.0～41.7	39.5～48.9	43.4～50.5
	红树林区	38.4～40.4	32.1～44.3	35.6～51.7	40.2～43.3
	芦苇区	47.8～57.8	32.5～50.6	32.8～38.7	38.2～42.2
有机质含量/%	光滩区	9.54～10.10	9.24～9.42	9.31～9.46	9.58～9.69
	红树林区	10.50～10.80	10.10～10.43	10.50～10.60	10.60～10.90
	芦苇区	10.10～10.60	9.23～9.78	9.53～9.82	10.40～10.80

性控制，红树林和芦苇区域的沉积物中含有较多植物碎屑，有机质含量较高，沉积物 C/N 远高于光滩区域，因此硝化作用受有机碳影响较大（连小莹等，2008）。另外，植物根部的好氧环境及其根系分泌物有利于微生物的生长，导致微生物数量增加，从而加强了硝化过程。大型红树林植物根系发达，使更多的溶解氧进入沉积物颗粒间空隙，水中的铵态氮经蒸腾作用输送到沉积物中，而铵态氮含量的增加对硝化作用具有促进作用。因此，筛选出对硝化作用具有明显促进作用的物种对沿海湿地硝化过程有着重要作用。

（2）影响湿地沉积物硝化作用的主要因素

通过实验室模拟温度、pH、盐度和氨氮浓度等环境因素对滩涂湿地沉积物硝化作用的影响（王玉萍等，2012）。在不同的环境条件下，红树林湿地沉积物均表现出优于芦苇与光滩湿地沉积物的硝化性能。在相同的温度、pH 和盐度及氨氮浓度影响条件下，有植物区域的硝化性能比光滩区更稳定，硝化效率也更高。盐度与硝化速率负相关，当盐度超过 15 时，硝化强度明显下降，当达 35 时，红树林、芦苇和光滩区的硝化速率分别削减了 29%、31%、37%。不同的削减程度也反映出不同湿地类型对盐度变化的适应能力，其中光滩湿地受盐度影响最大。

pH 从 6.5 提高到 8.5，红树林、芦苇和光滩区硝化速率均有显著提高。当 pH 为 8.5 时，红树林、芦苇和光滩区的硝化速率较 pH 为 6.5 时提高了约 2.5 倍，说明偏酸性条件会抑制硝化作用。pH 主要从两方面影响硝化作用，一方面影响硝化细菌的生长和代谢，另一方面影响硝化机质和产物的毒性与有效性。与其他环境因子的影响程度相比，pH 对硝化作用的影响最为显著。因此，要保证不同湿地生态环境的稳定硝化性能，应尽量避免可能导致河口水域 pH 变化的外源污染。上覆水体中氨氮浓度增加在一定程度上可以促进硝化作用的发生。

已有研究表明，在不同的环境因子下硝化作用的强度不同，硝化作用是影响河口总无机氮的主要因素之一。硝化作用与沉积物中 NO_3^-和 NH_4^+的含量与 Eh 等性质及水相中的有机质浓度有关（李佳霖等，2009）。其中硝化作用是湿地中 NH_4^+-N 与 NO_3^--N 转化的重要途径，其形成的 NO_3^--N 极易被淋失或经反硝化作用发生气态损失（如 N_2O 和 N_2 等），进而对湿地系统自身及全球变暖产生重要影响。

2. 湿地沉积物反硝化作用及影响因素

（1）湿地沉积物的反硝化作用

反硝化细菌属异养型兼性厌氧菌，在有氧条件下正常代谢生长，在缺氧条件下以 NO_2^-或 NO_3^-为电子受体，以有机质为电子供体还原氮，发生反硝化作用。不同的环境条件下，湿地沉积物的反硝化速率都不同，红树林和芦苇湿地沉积物的反硝化速率均高于光滩湿地沉积物，反硝化速率的变化与反硝化细菌数量变化趋势一致。

不同类型湿地沉积物的反硝化速率有一定的时空分布特征。红树林、芦苇和光滩湿地沉积物反硝化速率的最高值都出现在 9 月，最低值出现在 12 月。这是由于温度和溶解氧会在夏、秋季形成明显的跃层，跃层会阻碍溶解氧的扩散，沉积物中的有机质和还原性无机物在分解和氧化的过程需消耗溶解氧，由于溶解氧得不到及时补充，就会形成缺氧环境，有利于反硝化作用的发生（杨琼等，2009）。另外，Eh 的最低值出现在 9 月，最高值出现在 12 月，表明 Eh 对反硝化速率也有一定的影响。不同的生态环境中，反硝化速率由高到低依次是红树林、芦苇和光滩湿地沉积物。一方面植物可以为反硝化细菌的生长提供场所，促进反硝化细菌的生长，从而提高反硝化速率，另一反面植物促进氮素向水体扩散。而且由于时间的积累，大型植物产生的枯枝落叶在降解的过程中释放出的部分有机质也会促进沉积物中反硝化作用的发生。

（2）盐度对反硝化作用的影响

盐度对沉积物反硝化作用具有抑制作用。与光滩湿地沉积物反硝化速率相比，当环境因素发生改变时，红树林湿地沉积物反硝化作用波动相对较小。红树林和芦苇湿地沉积物的硝化、反硝化速率均高于光滩湿地沉积物，其中红树林湿地沉积物的硝化、反硝化作用强度受环境因素影响最小，说明植物的存在有利于硝化和反硝化作用的发生，特别是大型植物有利于提高湿地沉积物对环境变化的适用性，对氮循环具有重要的作用。

反硝化作用是氮循环中十分重要的组成部分，对湿地硝化-反硝化作用进行研究，不但可揭示湿地氮的生物地球化学行为及其生态学意义，而且还能够为湿地生态系统生产力和土壤质量演变等研究提供科学依据。沉积物的氨氧化细菌数量、硝化速率、反硝化细菌数量和反硝化速率与沉积物理化性质的相关分析结果如表 3-20 所示。

表 3-20　沉积物的氨氧化细菌数量、反硝化细菌数量、硝化速率和反硝化速率与环境因子的相关关系

	氨氧化细菌数量	硝化速率	反硝化细菌数量	反硝化速率
温度	–0.766**	–0.657*	0.942**	0.914**
盐度	0.712**	0.615*	–0.723**	–0.562
Eh	0.620*	0.537	–0.658*	–0.554
pH	–0.493	–0.453	0.652*	0.823**
含水率	–0.266	–0.240	0.383	–0.284
有机质	–0.473	–0.480	0.372	–0.951**

*表示在 0.05 水平上显著相关；**表示在 0.01 水平上显著相关

研究表明，长江口反硝化速率的主要影响因子包括盐度、溶解氧、氨氮含量和反硝化细菌数量，其中反硝化细菌数量的影响作用高达 90.3%，两者呈线性相关关系，反硝化细菌数量以低氧区的高值区为中心向周围逐渐减少，其分布与盐度呈显著负相关，与 NH_4^+浓度呈显著正相关，活性主要受吸附系数和总有机碳含量影响（王东启等，2006）。

二、珠江口滩涂湿地氮的生态修复

随着珠江三角洲地区经济的发展和人口的增长，人类活动对珠江河口湿地的负面影响越来越大，湿地面积急剧缩小，生物多样性锐减，引发海岸带环境恶化、赤潮频发等一系列问题，严重影响了珠江三角洲地区的社会、经济和生态效益。除海平面上升、全球气候变化，以及入海淡水量减少和外来物种入侵等自然因素导致的河口湿地退化外，围垦、陆源污染等人为因素是导致河口湿地大面积减少的主要原因。围垦导致湿地水文情况发生改变，迫使湿地类型和性质从根本上发生变化。人类的围垦活动对垦区内营养物质循环产生影响，有研究表明围垦后湿地无机氮含量有增加趋势，柱状沉积物中无机氮含量的季节性变化明显加剧，同时氮的时空分布也发生变化（欧东妮等，2002）。由于围垦导致堤内潮滩湿地与外部海域全部或者部分隔绝，围垦区水域盐度逐渐降低，土壤表层不再有潮汐带来的泥沙沉积，土壤因地下水位下降而不断脱盐，生境条件的改变最终导致盐沼植被群落结构发生演替，对潮滩生物产生影响（李加林等，2007）。

湿地中氮循环是物理过程、化学过程和生物过程的综合，其主要途径是氮的输入，有机氮矿化为无机氮，植物的吸收利用，氮素在动植物之间的转移及微生物的分解、硝化、反硝化将部分氮素转化为气态氮返回大气中。微生物的硝化和反硝化作用是去除湿地污染物的重要途径。湿地土壤中的氮主要以有机氮形式存在，而植物可直接吸收利用的铵态氮和硝态氮在湿地中含量很低，尤其是湿地中上覆水的存在，为底泥的反硝化作用提供了良好的厌氧环境。河口滩涂湿地氮的生态修复以“微生物-植物联合技术”为主，其中依靠微生物进行的反硝化过程（denitrification）是河口湿地氮去除的重要途径。在这个过程中，好氧区微生物将有机氮转化为氨氮，通过硝化作用生成硝态氮，植物进行吸收利用；而厌氧区反硝化细菌将硝态氮还原为气态氮，将湿地中的部分氮彻底消除。脱氮作用可转移人类活动向海岸带输送的过量氮，有助于缓解这些环境中的富营养化趋势，对氮浓度升高起到重要的缓冲作用（彭晓彤和周怀阳，2002）。湿地植物能够吸收铵盐、氨或者硝酸盐，通过同化作用供植物自身生长，在氮循环中起着非常重要的作用，也是河口湿地氮生态修复的重要途径之一（李娜等，2013）。湿地植物对氮的吸收能力与植物类型有关，并且湿地植物对氮的吸收利用表现出明显的季节差异，如互花米草和芦苇地上部分总氮的含量春季远大于冬季。植物对氮的吸收受氮形态的影响，湿地大型水生植物吸收氨氮的能力要远高于硝酸盐氮（高建华等，2006）。研究发现（李策等，2010），在河口潮滩区域种植红树林对近海生态系统和环境的健康、持续发展具有重要意义。红树林生态系统通过泥土表面吸收、化学性沉淀、微生物代谢作用和植物吸收等来过滤外界排放的污染物和有机物，对污水中的重金属和 N、P 等营养物有较强的吸收容纳力，对缓解河口区域水质恶化、减少赤潮发生具有重要作用。

参 考 文 献

陈怀满. 2005. 环境土壤学. 北京: 科学出版社.

陈小娇, 李取生, 杜烨锋, 等. 2010. 外源重金属在珠江河口湿地土壤中的形态转化. 生态与农村环境学报, 26(3): 251-256.

陈旭良, 郑平, 金仁村, 等. 2005. pH 和碱度对生物硝化影响的探讨. 浙江大学学报, 31(6): 755-759.

陈云嫩, 梁礼明. 2005. 湿法烟气脱硫石膏在胶结尾砂充填的应用. 矿产综合利用, 2(1): 42-45.

崔伟中. 2004. 珠江河口滩涂湿地的问题及其保护研究. 湿地科学, 2(1): 26-30.

崔志红, 李取生, 谭小琪, 等. 2010. 咸水浸泡对珠江口滩涂围垦土壤重金属的去除效果.中国环境科学, 30(2): 246-250.

付红波, 李取生, 骆承程, 等. 2009. 珠三角滩涂围垦农田土壤和农作物重金属污染.农业环境科学学报, 28(6): 1142-1146.

高建华, 杨桂山, 欧维新. 2006. 苏北潮滩湿地植被对沉积物 N、P 含量的影响.地理科学, 26(2): 224-230.

广东省海洋与渔业局. 2014. 2013 年广东省海洋环境状况公报. http://www.gdofa.gov.cn/index.php/Catagories/view/id/ 174869 [2014-5-27]

国家质量监督检验检疫总局. 1995. 中华人民共和国国家标准-土壤环境质量(GB 15618—1995).

国家质量监督检验检疫总局. 2002. 中华人民共和国国家标准-海洋沉积物质量(GB 18668—2002).

胡玲珍, 陈振楼. 2003. 河口沉积物反硝化反应影响因子综述. 环境科学动态, (4): 41-42.

蓝崇钰, 王勇军. 2001. 广东内伶仃岛的自然资源与生态研究. 北京: 中国林业出版社.

李策, 刘玉, 黄少峰. 2010. 珠江口红树种植——养殖耦合系统浮游藻类及水质氮磷营养研究. 中山大学学报(自然科学版), 49(5): 150-154.

李加林, 杨晓平, 童一勤. 2007. 潮滩围垦对海岸环境的影响研究进展. 地理科学进展, 26(2): 43-51.

李佳霖, 白洁, 高会旺, 等. 2009. 海域夏季沉积物硝化细菌与硝化作用. 环境科学, 30(11): 3203-3208.

李娜, 陈丕茂, 乔培培, 等. 2013. 滨海红树林湿地海洋生态效应及修复.技术研究进展, 20: 157-160.

李宇庆, 陈玲, 仇雁翎, 等. 2004. 上海化学工业区土壤重金属元素形态分析.生态环境, 13(2): 154-155.

李跃进, 乌力更, 芦永兴, 等. 2004. 燃煤烟气脱硫副产物改良碱化土壤田间试验研究. 华北农学报, 19(S1): 10-15.

连小莹, 李先宁, 谢祥峰, 等. 2008.C/N 及氮源形式对潜流式人工湿地脱氮效果的影响. 电力环境保护, 24(2): 27-29.
刘凯, 黎夏, 王树功, 等. 2005. 珠江口近20年红树林湿地的遥感动态监测.热带地理, (2): 111-116.
刘威, 束文圣, 蓝崇钰. 2003. 宝山堇菜(*Viola baoshanensis*)——一种新的镉超富集植物.科学通报, 48(19): 2046-2049.
陆发熹.1988.珠江三角洲土壤. 北京: 中国环境科学出版社.
吕晓霞, 宋金明, 袁华茂, 等. 2004. 南黄海表层沉积物中氮的潜在生态学功能. 生态学报, 24(8): 1635-1642.
马红波, 宋金明, 吕晓霞, 等. 2003. 渤海沉积物中氮的形态及其在循环中的作用. 地球化学, 32(1): 48-54.
欧冬妮, 刘敏, 侯立军, 等. 2002. 围垦为东海农场沉积物无机氮分布的影响.海洋环境科学, 21(3): 18-22.
彭晓彤, 周怀阳. 2002. 海岸带沉积物中脱氮作用的研究进展. 海洋科学, 26(5): 31-34.
童泽军, 李取生, 周永胜. 2009. 烟气脱硫石膏对滩涂围垦土壤重金属解吸及残留形态的影响. 生态环境学报, 18(6): 2172-2217.
国家环境保护总局. 2005. 土壤环境监测技术规范(HJ/T 166—2004). 北京: 中国环境科学出版社.
王东启, 陈振楼, 许世远, 等. 2006. 长江口崇明东滩沉积物反硝化作用研究. 中国科学D集(地球科学), 36(6): 544-551.
王娟, 王圣瑞, 金相灿, 等. 2007. 长江中下游浅水湖泊表层沉积物对氨氮的吸附特征. 农业环境科学学报, 26(4): 1224-1229.
王玉萍, 王立立, 李取生, 等. 2012. 珠江河口湿地沉积物硝化作用强度及影响因素研究. 生态科学, 31(3): 330-334.
王增焕, 林钦, 李纯厚, 等. 2004. 珠江口重金属变化特征与生态评价. 中国水产科学, 11(3): 214-219.
魏树和, 周启星, 王新. 2005. 超积累植物龙葵及其对镉的富集特征. 环境科学, 26(3): 167-171.
魏孝荣, 郝明德, 张春霞. 2005. 黄土高原地区连续施锌条件下土壤锌的形态及有效性.中国农业科学, 38(7): 1386-1393.
徐继荣, 王友绍, 殷建平, 等. 2005. 河段DIN形态转化与硝化和反硝化作用. 环境科学学报, 25(5): 686-692.
徐胜光, 蓝佩玲, 廖新荣, 等. 2005. 燃煤烟气脱硫副产物的重金属环境行为. 生态环境, 14(1): 38-42.
杨琼, 李刚, 谭凤仪, 等. 2009. 红树林人工湿地硝化和反硝化作用研究. 海洋技术, 28(3): 62-69.
于方明, 汤叶涛, 周小勇, 等. 2007. 镉在圆锥南芥(*Arabis paniculata* Franch)中的亚细胞分布及其化学形态.中山大学学报(自然科版), 46(6): 88-92.
中国环境监测总站. 1990. 中国土壤元素背景值. 北京: 中国环境科学出版社.
中华人民共和国卫生部, 国家标准化管理委员会. 2005. 食品中污染物限量(GB 2762—2005). 北京: 中国标准出版社.
周凡, 邝栋明, 简永强, 等. 2003. 珠海市淇澳岛红树林群落组成初步研究. 生态科学, 22(3): 237-241.
周丽珍, 罗璇, 何宝燕, 等. 2015. NaCl胁迫下苋菜中镉的亚细胞分布及转运研究. 生态环境学报, 24(1): 139-145.
周召千, 刘素美, 戚晓红, 等. 2008. 胶州湾潮滩沉积物-水界面交换对海洋营养盐的影响. 海洋环境科学, 2008(5): 422-426.
朱颖, 吴纯德, 叶健, 等. 2009. 淇澳岛红树林生态系统中重金属含量相关性. 环境科学与技术, 32(11): 95-98.
Bufflap S E, Allen H E. 1995. Sediment porewater collection methods for trace metal analysis: a review.

Water Research, 29(1): 165-177.

Du Laing G, De Vos R, Vandecasteele B. 2008. Effect of salinity on heavy mental mobility and availability in intertidal sediments of the Scheldt Estuary.Estuarine, Coastal and Shelf Science, 77(4): 589-602.

EPD.1992. Marine Water Quality in Hong Kong. Environmental Protection Department. Hong Kong Government Printer, Hong Kong.

Hakanson L. 1980. An ecological risk index for aquatic pollution control - a sedimentological approach. Water Research, 14: 975-1001.

Havens K E, Allan D L, Jarrell W M. 1989. Proton and copper adsorption to maize and soybean root cell walls. Plant Physiology, 89: 823- 832.

Hseu Z Y . 2006. Extractability and bioavailability of zinc over time in three tropical soils incubated with biosolids. Chemosphere, 63: 762-771.

Kronzucker H J, Britto D T . 2011. Sodium transport in plants: a critical review. New Phytologist, 189: 54-81.

Li Q S, Liu Y N, Du Y F, et al. 2011. The behavior of heavy metals in tidal flat sediments during fresh water leaching. Chemosphere, 82: 834-838.

Li Q S, Wu Z F, Chu B, et al. 2007. Heavy metals in coastal wetland sediments of the Pearl River Estuary, China. Environmental Pollution, 149(2): 158-164.

Li X D, Shen Z G, Wai O W, et al. 2001. Chemical forms of Pb, Zn and Cu in the sediment profiles of the Pearl River Estuary. Marine Pollution Bulletin, 42(3): 215-223.

Li X D, Wai O W, Li Y S, et al. 2000. Heavy metal distribution in sediment profiles of the Pearl River Estuary, South China . Applied Geochemistry, 15: 567-581.

Liu X M, Wu Q T, Katherine B M. 2005. Effects of simultaneous establishment of *Sedum alfredii* and *Zea mays* on heavy metal accumulation in plants. International Journal of Phytoremediation, 7(1): 43-53.

Lu L L, Tian S K, Zhang M, et al. 2010. The role of Ca pathway in Cd uptake and translocation by the hyperaccumulator *Sedum alfredii*. J Hazardous Material, 183: 22-28.

Man K W, Zheng J S, Leung A P K, et al. 2004. Distribution and behavior of trace metals in the sediment and porewater of a tropical coastal wetland. Science of the Total Environment, 327: 295-314.

Norvell W A, Wu J, Hopkins D G, et al. 2000. Association of cadmium in durum wheat grain with soil chloride and chelate-extractable soil cadmium. Soil Science Society of America Journal, 64: 2162-2168.

Tessier A, Campbell P G C, Bisson M. 1979. Sequential extraction procedure for the speciation of particulate trace metals. Analytic Chemistry, 51: 844-851.

White J R, Reddy K R. 2001. Influence of selected inorganic electron acceptors on organic nitrogen mineralization in Everglades soils. Soil Science Society of Americal Journal, 65(3): 941-948.

Yang X E, He B, Ni W Z, et al. 2002. *Sedum alfredii*: a new lead-accumulating ecotype. Acta Botanica Sinica, 44(11): 1365-1370.

Zhou H Y, Cheung R Y H, Chan K M, et al. 1998. Metal concentrations in sediments and Tilapia collected from inland waters of Hong Kong. Water Research, 32: 3331-3340.

第二篇

大型海藻资源与环境修复

第四章　广东大型海藻资源与环境适应性

第一节　广东大型海藻研究概况及发展趋势

一、大型海藻及其价值

大型海藻（seaweed，marine macroalgae）是指肉眼可见的生活在海水中的藻类，一般由多细胞组成。它们属于没有根、茎、叶分化的孢子植物。大多数大型海藻种类都生长在沿海岸较浅水域的硬质基质（如岩石、珊瑚礁）上，也称为底栖海藻；一些种类也附着于各类较硬质的附着基上，或漂浮在海面上。大型海藻是沿岸水域主要的初级生产者之一，它们个体大小不一，小的成体仅几厘米（如绿藻门的丝藻）甚至更小，大的可达 60m，甚至超过 100m（如褐藻门中的巨藻）。

在《中国海藻志》中，大型海藻包括红藻门（Rhodophyta）、褐藻门（Phaeophyta）、绿藻门（Chlorophyta）和蓝藻门（Cyanophyta/Cyanobacteria）。我国大型海藻物种数达 1661 种，其中红藻门 16 目 46 科 216 属 845 种及变种（丁兰平等，2015a），褐藻门 13 目 28 科 74 属 378 种及变种（黄冰心等，2015），绿藻门 14 目 25 科 57 属 287 种及变种（丁兰平等，2015b），蓝藻门 5 目 20 科 56 属 161 种及变种（黄冰心和丁兰平，2014）。

大型海藻自身富含多种营养成分，自古以来便是人们喜爱的食物，素有“海洋蔬菜”的美誉。不仅如此，大型海藻的生态学功能也逐渐引起人们的注意，近年来成为了近海生态修复的研究热点。

（一）食用价值

海藻含有丰富的多糖、蛋白质、氨基酸、维生素、不饱和脂肪酸和矿物质等营养成分。据不完全统计，目前可供食用的海藻种类达 60 余种。红藻中的紫菜、麒麟菜，褐藻中的海带、裙带菜，绿藻中的浒苔、石莼等都是常见的食用海藻。海藻不仅可以作为食品，还可作为饲料和饵料。在西方发达国家，海藻粉很早就作为水产及畜牧饲料投入生产，在爱尔兰、英国等还建立了生产海藻饲料的专业工厂。我国在近 10 年对海藻饲料也进行了一些研究，发现海藻饲料对动物无毒性作用，能改进饲料的营养结构，提高饲料利用率，增强鱼、虾、蟹的免疫力（常巧玲和孙建义，2006）。

（二）药用价值

我国自古以来就利用海藻作为中药材，目前估计已有 100 种以上。海藻含有的多种天然活性物质如海藻多糖、氨基酸、多肽、牛磺酸、甾类、多萜等，在降血脂、提高免疫力、抗肿瘤等方面都有其独特功效（曾呈奎等，1962）。由我国研制成功的藻酸双酯钠对缺血性心脑血管疾病及高血黏度综合征有显著的疗效；从坛紫菜中提取的藻蓝蛋白在治疗白血病上效果良好；凹顶藻中的某些种类含有抗肿瘤或者抑制肿瘤生长的物质，是有前途的抗癌药物（梁惠等，2005）；从海带中提取的甘露醇对气管炎、哮喘有较好的治疗效果；研究发现孔石莼、浒苔等能降低大白鼠的血脂胆固醇；大型海藻中含有丙烯酸，对细菌具有一定的抑制作用（Smith，2004；Takahashi et al.，2002）。此外，海藻中还含有一些可以吸附重金属离子、放射性元素等，能补充人体所需的多种有益因子，因此海藻化妆品、保健品越来越受到人们的青睐。

（三）生态价值

大型底栖海藻可在浅水海域大面积生长，形成海藻床，是近海生态系统的重要组成部分（章守宇和孙宏超，2007）。大型底栖海藻是海藻床生态系统的支持生物，也是形成海藻床生态系统最关键的类群。形成海藻床的主要种类是褐藻类（如马尾藻属、巨藻属、海带属、裙带菜属、昆布属等），也有珊瑚藻、紫菜、石花菜、蜈蚣藻等红藻类和石莼、浒苔、礁膜等绿藻类海藻。海藻床拥有很高的生产力，如印度洋近岸海藻床的生产力高达2000mgC/（m^2·年），相当于陆地热带雨林的产量（沈国英，2002）。海藻床在为海洋动物提供栖息地和繁育场所、改善环境、净化水体等方面起着重要的作用（黄冰心等，2013；丁兰平等，2011）。

1）海藻床能减缓水流，改变海流动力学，使海藻床内部形成安静、稳定的空间，水温比周围水体变化小，有益于海洋生物的休养，成为灾害天气时海洋生物的避难场所，形成大量的生物生存空间，成为海洋生物躲避敌害的优良场所（Komatsu，1985）。海藻床内具有丰富的动物卵附着基，而大型海藻及其附生生物又可作为鱼类等多种海洋动物的饵料，为多种鱼类的生殖产卵及稚鱼的孵化提供了便利。大型海藻藻体死亡与分解形成的腐殖质有利于饵料生物的繁殖，使海藻床成为海洋生物的索饵场。因此，海藻床成为鱼、虾、贝类生息与产卵及稚鱼孵化的绝佳场所。

2）海藻床有丰富的大型底栖海藻，它们直接从海水中吸收氮、磷等无机营养盐类，金属及重金属等，对近海水质具有显著的净化作用，具有水体修复功能。近年来，大型海藻的生物修复作用引起了国内外学者的广泛关注。Troell 等（1997）发现，在网箱养殖区栽培的江蓠生长率提高了 40%，并且吸收了网箱养殖区排放的 5%无机氮、27%无机磷。汤坤贤等（2005）发现，菊花心江蓠能显著提高水体 DO 溶解氧浓度。杨宇峰和费修绠（2003）认为，大型海藻具有吸收和储存氮、磷及其他污染物的能力，是行之有效的生物过滤器。邹定辉和夏建荣（2011）认为，大型海藻在近海富营养化水域规模化栽培可以对经济动物养殖所带来的额外营养负荷起到良好的平衡作用，能有效降低近海污染的风险。研究表明，1km^2 马尾藻床的氮处理能力大约相当于一个 5 万人的生活污水处理厂（Friedlander and Dawes，1985）。

3）海藻床对水体 pH、溶解氧及水温的分布和变化具有缓冲作用（章守宇和孙宏超，2007）。以马尾藻床为例，其对 pH 的缓冲作用主要是通过海藻白天的光合作用和晚上的呼吸作用来实现的。海藻床水域温度上升或下降都会出现延迟，水温分布模式受到马尾藻床高度和密度的影响。

二、广东大型海藻研究概况

20 世纪 40 年代初，曾呈奎院士开展了广东沿海大型海藻区系分类研究工作，为广东海藻资源研究的先驱。50～70年代，中国科学院南海海洋研究所等单位在曾呈奎院士的带领下，对广东海藻资源进行了系统的生态调查，并开展了海带南移和紫菜、江蓠人工栽培试验工作，在汕头地区栽培出达国家Ⅱ级标准的海带，创造了海带南移的记录。就学科发展来说，广东大型海藻研究主要集中在如下几个方面：①分类学研究；②栽培生物学研究；③工业应用研究；④海水环境改善与生物修复研究。

在分类学研究方面，主要有中国科学院海洋研究所、中国科学院南海海洋研究、汕头大学、广东海洋大学等单位开展过研究工作。根据本课题组的研究与对文献的整理，目前广东大型海藻有4门33目59科97属250种及变种。其中，蓝藻门5目13科21属25种及变种；红藻门2亚纲14目27科46属123种及变种；褐藻门6目8科16属72种及变种；绿藻门8目11科14属30种及变种。这是首次系统性介绍广东大型海藻的物种多样性。

在栽培生物学研究方面，中国科学院海洋研究所、中国科学院南海海洋研究所、中国水产科学研究院黄海水产研究所、中国水产科学研究院南海水产研究所、广东海洋大学和汕头大学等单位先后在海带、紫菜和江蓠人工栽培技术方面进行了有益的探索。目前，坛紫菜和龙须菜在汕头南澳海域开展了大面积的栽培应用，龙须菜栽培面积超过2万亩，坛紫菜栽培面积达5600亩，年创收1亿元以上。广东大型海藻种质资源较为丰富，如坛紫菜、细枝江蓠、马尾藻等，目前发现有近百种海藻具有药用、食用保健等商业开发价值，海藻栽培产业前景可观。

在工业应用研究方面，广东沿海已发展了琼胶、褐藻胶、海藻药物提取、食品保健、养殖动物饲料等深加工技术，并广泛应用于工业生产，取得了可观的经济效益，市场对海藻初级产品的需求快速增加，资源供不应求。

在海水环境改善与生物修复研究方面，杨宇峰和费修绠（2003）在国内最早提出了利用大型海藻修复富营养化海域的理论，开展了大型海藻龙须菜对近海环境生态修复的系统研究（Yang et al.，2015，2006，2004；Yu and Yang，2008），利用大型海藻防治赤潮灾害在理论和实践上也取得了较大突破（Yang et al.，2014）。暨南大学、中国科学院海洋研究所、中国水产科学研究院黄海水产研究所、汕头大学、中国海洋大学、上海海洋大学等单位多位学者开展了龙须菜、紫菜、江蓠等大型海藻生物修复研究，在国际上发表了一系列论文，中国大型海藻生物修复研究在国际上产生了重要学术影响（Yang et al.，2015）。目前，大型海藻受到了管理、科研和生产应用部门的高度重视，藻–虾、藻–贝、藻–鱼等混养技术不断得到发展。通过大型海藻规模栽培，利用其吸收水体中氮、磷、钾及重金属的特性，有利于改善污染海域环境。

随着科学研究和资源开发利用的深入，一些问题也逐渐显现：①由于环境污染和破坏及人工采收大型海藻，自然资源量急剧减少；②人工栽培的品种数量少，栽培结构单一，栽培规模还有待发展，远不能满足市场和社会发展的需要；③对海藻栽培与开发的重视和投入相对不够，人才队伍储备不足；④海藻产品的深加工技术还有待突破。考虑到海藻的社会经济和环境意义，广东发展海藻栽培和海藻生物技术产业乃当务之急，否则会影响广东科技兴海战略的实施与海洋经济的可持续发展。

三、广东大型海藻产业发展趋势

广东具有人工栽培海藻的自然条件优势和对其利用开发的技术与市场优势。广东海域面积达 45 万 km^2，是陆地面积的 2.5 倍（向文洲等，2002）；海域阳光充足，海水透光性好，水温适宜，有利于温带或亚热带海藻生长；营养盐丰富，适宜于大型海藻的快速生长；滩涂面积大，多海湾和海岛，为不同类型海藻的人工栽培提供了优良场所。

广东历来是我国海藻产品的集散地和主要消费地区之一，是海藻产品通往欧美、港澳及东南亚地区的传统窗口；在海藻利用开发与研究方面具有较好的基础，特别是在坛紫菜、龙须菜、细基江蓠人工栽培和深加工，虾–藻混养，海藻药物开发方面取得了一系列成果，为广东海藻生物技术储备了一定的人才、产业技术和群众基础。广东还具有良好的资金和政策优势，可为创建广东海藻生物技术产业链提供充分的支撑条件。

今后一段时期，广东在大型海藻方面可优先开展以下内容的研发。

1）开展野生资源的调查、多样性及环境适应性研究。调查评估广东海藻资源现状，为筛选适应地方环境栽培和环境修复大型海藻物种提供条件，解决栽培品种单一和栽培规模小等问题。

2）建立以现代生物技术为指导的海藻优质种苗培育及成苗技术，解决海藻栽培种苗等瓶颈问题。建立广东海藻种质资源库并鼓励引进有开发潜力的新藻种。结合海区类型，以经济高效和生态保护为前提，开展优化栽培示范，继续推广和探索藻–鱼、藻–虾、藻–贝混养技术，合理有效地开发资源，充分发挥广东海洋方面的自然优势条件。

3）促进大型海藻全产业链的培育和发展。充分利用广东在大型海藻产品、海洋药物开发、产品市场开拓、海藻化工技术等技术和市场方面的优势，优化产业链结构。以海藻高附加值产品和大市场容量为主线，走综合开发之路，为促进科技兴海战略做出贡献。

第二节　广东沿海大型海藻主要分布区及其环境特征

作为底栖生物，沿海岸地质类型决定了大型海藻的分布。大型海藻一般需要较坚硬的附着基，在自然环境下，岩礁是大型海藻的主要附着基。在广东沿海，大型海藻的分布主要集中在粤东和粤西沿海地区。

一、粤东沿海地区

粤东沿海地区是指珠江口以东的广东沿海地方，包括汕头、潮州、揭阳和汕尾等。其中，汕头地处北回归线，属亚热带海洋气候，全年温和湿润，阳光充沛，是广东沿海最重要的大型海藻栽培区域。

粤东沿海海湾、河口、岩礁、泥沙质滩涂海岸交错分布，海水肥沃，营养物质丰富，全年平均气温在 22℃左右，潮汐为不规则半日潮，优越的自然条件有利于大型海藻的自然生长分布。该地区的大型海藻大部分属于亚热带类群，典型的大型海藻的分布地点有汕头的南澳岛、平屿，汕尾的遮浪等地。其中，汕头地区的紫菜、江蓠、沙菜、半叶马尾藻、石莼、松藻等为主要的野生类群，汕尾地区的凹顶藻类、沙菜、团扇藻、网地藻、石莼、蕨藻等则为主要的野生类群。

二、粤西沿海地区

粤西沿海地区是广东西部沿海地区的简称，包括湛江、茂名、阳江等，以山地丘陵和台地为主，属亚热带海洋气候和热带海洋气候。雷州半岛为热带海洋气候，其他地区为亚热带海洋气候。

粤西沿海海湾、基岩、珊瑚礁、泥沙质滩涂、红树林海岸等交错分布，全年平均气温在24℃左右，潮汐为不规则半日潮。该地区典型的大型海藻的分布地点有硇洲岛等地。一些热带类群，如粉枝藻、马尾藻等为主要的野生类群。

第三节　广东沿海大型海藻物种多样性及区系特点

一、广东沿海大型海藻物种多样性

我国学者开展大型海藻的研究始于20世纪30年代，在曾呈奎院士的带领下，其后有几十位学者相继从事着相关门类的研究工作，丰富和奠定了我国海藻分类学的知识和基础。但广东大型海藻分类学研究相对滞后，一直没有展开系统性的研究工作。直到2010年以后，以丁兰平教授为首的藻类专家才有组织、系统性地开展了粤东大型海藻的资源调查工作。以此为基础，结合过去零散的报道，组织编研了广东省第一部大型海藻名录（附录Ⅰ）。

关于大型海藻的分类系统，由于分子生物学方法的引入，已经发生了较大的变化。蓝藻门Cyanophyta，目前归为原核生物超界Prokaryota细菌界Bacteria蓝细菌门Cyanobacteria；红藻门，目前归为真核生物超界Eukaryota植物界Plantae红藻门Rhodophyta；褐藻门，目前归为真核生物超界Eukaryota色素界Chromista褐藻门Phaeophyta；绿藻门，目前归为真核生物超界Eukaryota植物界Plantae绿藻门Chlorophyta。其中，蓝藻门的特征与其他3门存在明显不同，但《中国海藻志》将其列入大型海藻范畴来编研，因此本名录仍沿用这个模式。

为了与《中国海藻志》编研体例一致，本名录主要基于形态分类学编制，但有些最近基于形态与分子结合的研究也编入本名录。根据这个原则，结合大量的文献资料和本课题组的研究结果，对广东大型海藻的物种进行了核实与甄别，其中蓝藻门5目13科21属25种及变种、褐藻门6目8科16属72种及变种、红藻门2亚纲14目27科46属123种及变种、绿藻门8目11科14属30种及变种。因此，广东沿海大型海藻的物种数为4门33目59科97属250种及变种。

二、广东沿海大型海藻区系特点

关于我国大型海藻的区系，曾呈奎和张峻甫（1962，1960，1959）与曾呈奎（1963）进行了充分的探讨，主要根据温度性质划分为三区四小区。三区为黄海区、东海区和南海区，四小区为黄海西区、东海西区、南海北区和南海南区，其中南海南区包括台湾区系、海南岛区系和珊瑚岛区系（表 4-1）。这种区系划分得到了检验和肯定（刘瑞玉，2008；丁兰平等，2011）。

表 4-1　我国海藻区系划分

区系组	区	亚区	小区	备注
北温带海洋植物区系组	北太平洋植物区	东亚亚区	黄海西区	
暖水植物区系组	印度-西太平洋植物区	中国-日本亚区	东海西区	
			南海北区	
		印度-马来亚区	南海南区	台湾区系、海南岛区系和珊瑚岛区系

根据大型海藻区系的划分，广东沿海归为南海北区，但就广东沿海的地理位置和岩礁分布还存在一些问题。粤东、粤南、粤西三大片区的纬度是逐渐下降的，粤东地处台湾海峡南端，陆上与福建接壤，其自然环境与温度特征交叉于东海西区南部和南海北区北部特点；而粤西与海南岛北部和广西南部有较一致的气候特点。广东沿海虽然地处南海北区，但经过仔细分析物种多样性和群落分布资料，发现有许多不同之处。

在粤东地区具有区域特色的大型海藻主要有拟膜形星丝藻 *Erythrotrichia pseudomembranacea*、厚膜茎丝藻 *Stylonema crassimembranaceum*、简单茎丝藻 *Stylonema simplicissimum*、纤细茎丝藻 *Stylonema tenue*、皱紫菜 *Porphyra crispata*、长紫菜 *Porphyra dentata*、广东紫菜 *Porphyra guangdongensis*、坛紫菜 *Porphyra haitanensis*、太平洋旋体藻 *Audouinella pacifica*、宽扁叉节藻 *Amphiroa anceps*、蹄形叉珊藻粗短变型 *Jania ungulata* f. *brevior*、亚圆形石花菜 *Gelidium tsengii*、粗壮链藻 *Catenella nipae*、亚伞形链藻 *Catenella subumbellata*、鹿角海萝 *Gloiopeltis tenax*、江氏蜈蚣藻 *Grateloupia chiangii*、角质蜈蚣藻 *Grateloupia cornea*、海门蜈蚣藻 *Grateloupia haimenensis*、复瓦蜈蚣藻 *Grateloupia imbricata*、稀疏蜈蚣藻 *Grateloupia sparsa*、阳江蜈蚣藻 *Grateloupia yangjiangensis*、裸干沙菜 *Hypnea chordacea*、粗江蓠 *Gracilaria gigas*、真江蓠简枝变种 *Gracilaria vermiculophylla* var. *zhengii*、日本环节藻 *Champia japonica*、凝菜 *Campylaephora crassa*、帚状绒线藻 *Dasya scoparia*、鹧鸪菜 *Caloglossa leprieurii*、侧枝鹧鸪菜 *Caloglossa ogasawaraensis*、凹顶藻 *Laurencia chinensis*、倾伏新管藻 *Neosiphonia decumbens*、东木新管藻 *Neosiphonia eastwoodae*、蛇皮新管藻 *Neosiphonia harlandii*、混乱多管藻 *Polysiphonia confuse*、六棱多管藻 *Polysiphonia forfex*、纤细多管藻 *Polysiphonia gracilis*、膨根多管藻 *Polysiphonia upolensis*、叉开黑顶藻 *Sphacelaria divaricata*、宽叶网翼藻 *Dictyopteris latiuscula*、波状网翼藻 *Dictyopteris undulata*、刺叉网地藻 *Dictyota patens*、树状团扇藻 *Padina arborescens*、南方团扇藻 *Padina australis*、包氏团扇藻 *Padina boryana*、小团扇藻 *Padina minor*、褐舌藻 *Spatoglossum pacificum*、圈扇藻 *Zonaria diesingiana*、铁钉菜 *Ishige okamurae*、叶状铁钉菜 *Ishige sinicola*、石棉藻 *Petrospongium rugosum*、考氏多丝藻 *Myrionema corunnae*、羊栖菜 *Hizikia fusiformis*、果叶马尾藻 *Sargassum carpophyllum*、灰叶马尾藻 *Sargassum cinereum*、无肋马尾藻 *Sargassum fulvellum*、草叶马尾藻 *Sargassum graminifolium*、半叶马尾藻中国变种 *Sargassum hemiphyllum* var. *chinense*、亨氏马尾藻 *Sargassum henslowianum*、铜藻 *Sargassum horneri*、海黍子 *Sargassum muticum*、展枝马尾藻 *Sargassum patens*、斜叶马尾藻 *Sargassum plagiophyllum*、上川马尾藻 *Sargassum shangchuanii*、裂叶马尾藻 *Sargassum siliquastrum*、瓦氏马尾藻 *Sargassum vachellianum*、边缘盘苔 *Blidingia marginata*、天见石莼 *Ulva amamiensis*、网石莼 *Ulva reticulata*、腔刺网球藻 *Dictyosphaeria spinifera*、杉叶蕨藻 *Caulerpa taxifolia*、长松藻 *Codium cylindricum* 等 70 余种。而在粤西地区具有区域特色的大型海藻主要有网地旋体藻 *Audouinella dictyotae*、连续旋体藻 *Audouinella seriata*、太平洋乳节藻 *Galaxaura pacifica*、大井粉枝藻 *Liagora dajingensis*、广东粉枝藻 *Liagora guangdongensis*、徐闻粉枝藻 *Liagora xuwenensis*、拟中叶藻 *Mesophyllum simulans*、太平洋宽珊藻 *Mastophora pacifica*、匍匐石花菜圆柱变种 *Gelidium pusillum* var. *cylindricum*、匍匐石花菜扁平变种 *Gelidium pusillum* var. *pacificum*、异枝江蓠 *Gracilaria bailinae*、张氏江蓠 *Gracilaria changii*、硬江蓠 *Gracilaria firma*、缢江蓠 *Gracilaria salicornia*、乳头栅凹藻 *Palisada perforata*、似瘤凹顶藻 *Laurencia similis*、霍维多管藻 *Polysiphonia howei*、阿拉伯松藻 *Codium arabicum*、球形轴球藻 *Bornetella sphaerica*、毛窝费氏藻 *Feldmannia minor*、松果褐茸藻 *Hincksia conifera*、具角黑顶藻 *Sphacelaria cornuta*、围绕马尾藻 *Sargassum cinctum*、中间马尾藻 *Sargassum intermedium*、雷州马尾藻 *Sargassum leizhouense*、硇洲马尾藻 *Sargassum naozhouense*、羽叶马尾藻 *Sargassum pinnatifidum* 等 30 余种。

根据对粤东和粤西地区特征性大型海藻物种分布的分析，粤东沿海大型海藻区系属于亚热带性质，其物种大部分与台湾海峡甚至东海西区南部相类似，如主要分布于亚热带的紫菜属物种分布在该地区；而粤西地区更具有亚热带性质并兼有部分热带区系的特征，其物种明显具有海南岛北部区系的特点，如主要分布于热带-亚热带的粉枝藻属物种分布在该地区。

第四节 广东沿海几种大型海藻的环境适应性分析

植物对环境的适应是指植物在生长发育和系统进化过程中为了应对变化的环境条件，在形态结构、生理机制、遗传特性等生物学特征上表现的能动响应和积极调整。但适应是相对的，任何植物对环境因子的适应性都有一定的界限范围。目前，生物适应性研究已成为了国际研究热点之一，涉及气候、环境、无性繁殖、入侵生物、进化、群落等多个方面。

大型海藻主要分布于潮间带中上部，直接受到人类活动、海洋环境和气候变化的影响。生态环境的变化及其他生物和非生物因素等的协同作用，严重影响了海藻的生存、生长策略和竞争优势，从而改变海藻的种群结构和生态功能，导致一些类群逐渐减少甚至消失，而适应环境变化能力较强的类群，如浒苔、刚毛藻、硬毛藻、松藻和蕨藻等却过度繁殖生长或入侵，导致海洋灾害发生。它们是如何在变化的环境和人类活动的影响下逐渐演变成优势类群的呢？了解环境变化对海藻栽培生长的可能影响及其适应问题、筛选适应气候变化的栽培品系已成为当前我国科技工作者急需解决的紧迫课题。本课题组对具有经济或环境价值的几种典型已开展了环境适应性研究，目的是筛选适合广东沿海大规模人工栽培的大型海藻物种（品种），并为某些类群可能引发的灾害防治策略提供科学依据。

一、刺枝鱼栖苔对海水温度和盐度的适应

刺枝鱼栖苔（*Acanthophora spicifera*）（图 4-1）隶属于红藻门仙菜目松节藻科鱼栖苔属。国内主要分布于台湾及南中国海沿岸，国外分布于日本、印度尼西亚、澳大利亚、印度洋及美国北大西洋等海域（曾呈奎等，2011）。刺枝鱼栖苔富含多种营养成分如氨基酸、维生素、蛋白质等，在食品工业方面有很广泛的用途，另外它也富含卡拉胶，可作为稳定剂、增稠剂使用（Parekh et al.，1989），是我国南中国海可供栽培的经济海藻之一。国内外学者对刺枝鱼栖苔的研究主要集中于其化学成分分析（Wahidulla et al.，1991；王超杰等，1998；史大永等，2007）。本课题组结合近几年的野外调查，就温度和盐度对刺枝鱼栖苔生长及对其几种光合色素的影响进行了初步研究（丁兰平等，2013），以期确定刺枝鱼栖苔生长的适温和适盐条件，以及探究其在不同环境条件下的生理响应，为栽培生产提供理论依据。

图 4-1　刺枝鱼栖苔（Guiry and Guiry，2015）

（一）温度和盐度对刺枝鱼栖苔生理特性的影响

1. 生长

在相同的温度条件下，刺枝鱼栖苔相对生长率（RGR）在盐度 15～45 内随盐度的升高呈现先升高后下降的趋势，盐度 20 时 RGR 最高为 4.33%（图 4-2）。当盐度高于 20 或者低于 20 时，刺枝鱼栖苔 RGR 随盐度升高或降低而降低。除温度 15℃、盐度 15 处理外，在盐度 15～35 内，各处理中刺枝鱼栖苔均保持较高的 RGR。而当盐度高于 35 时，刺枝鱼栖苔的生长受到明显抑制，甚至出现负增长现象，相比于盐度 20 的处理，RGR 降幅最大为 103.73%（温度 30℃、盐度 45）。温度对刺枝鱼栖苔生长的影响十分明显，表现为在温度为 20℃和 25℃时其生长较快，在 15℃时刺枝鱼栖苔 RGR 明显低于其他温度组。以盐度 30 为例，温度为 25℃时，刺枝鱼栖苔 RGR 最高为 3.35%，而在温度 15℃时，RGR 最高仅为 1.44%，相差近 1.5 倍。各温度组优劣顺序为 25℃＞20℃＞30℃＞15℃。方差分析表明，温度与盐度对刺枝鱼栖苔 RGR 的影响差异显著（P＜0.05）。但是在温度 15～30℃、盐度 15～45 内，温度和盐度双因子之间对刺枝鱼栖苔生长的交互影响作用不明显（P＞0.05）。方差分析同时表明，最适温度为 25℃，最适盐度为 20。

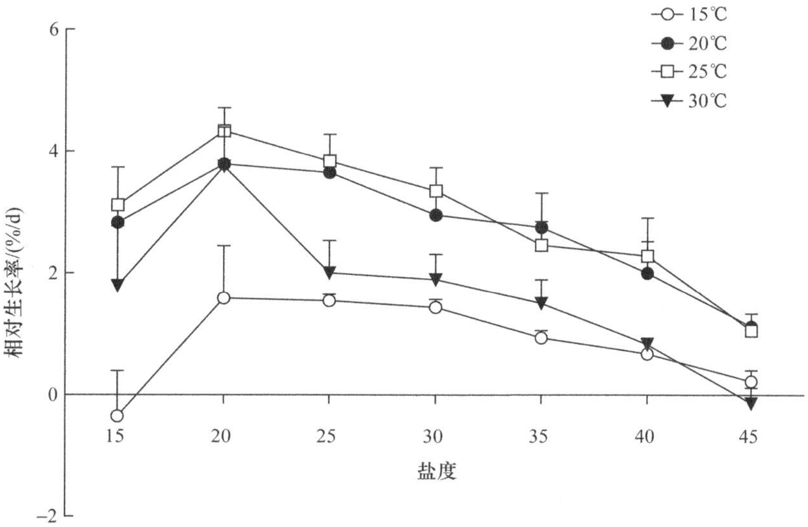

图 4-2　温度和盐度对刺枝鱼栖苔相对生长率的影响

2. 光合色素

在相同的温度条件下，刺枝鱼栖苔叶绿素 a（Chl a）在盐度 20 时含量最高，最高可达 0.16mg/g（图 4-3）。在盐度 15～35 内，刺枝鱼栖苔 Chl a 含量较高，当盐度超过 35 时，随盐度的升高 Chl a 含量下降明显，最低仅为 0.03mg/g（温度 30℃、盐度 45）。在相同的盐度条件下，刺枝鱼栖苔 Chl a 含量在 25℃时最高，其次为 20℃，15℃时 Chl a 平均含量最低。方差分析结果表明，温度与盐度对刺枝鱼栖苔 Chl a 含量的影响差异显著

（$P<0.05$），但在试验温度与盐度范围内温度和盐度双因子之间对刺枝鱼栖苔 Chl a 含量的交互影响作用不显著（$P>0.05$）。

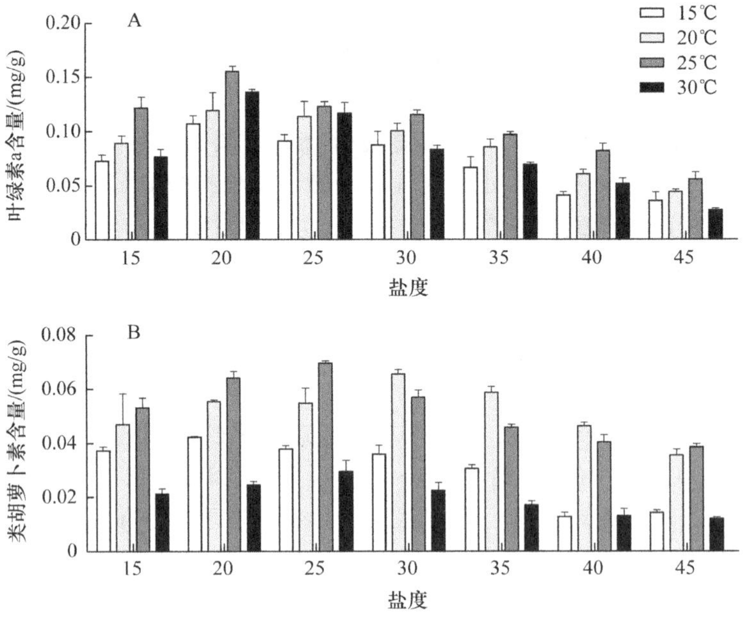

图 4-3　温度和盐度对刺枝鱼栖苔 Chl a 及 Car 含量的影响

在相同的温度条件下，刺枝鱼栖苔的类胡萝卜素（Car）含量在盐度 15～35 内保持较高水平，最高为 0.07mg/g（温度 25℃、盐度 25），当高于盐度 35 时随盐度的升高 Car 含量逐渐降低，但下降并不明显。在相同的盐度条件下，刺枝鱼栖苔 Car 含量受温度变化影响较大，20℃与 25℃下 Car 含量明显高于其他温度组（$P<0.05$），30℃下 Car 含量最高仅为 0.03mg/g（温度 30℃、盐度 25）。双因子方差分析结果差异显著（$P<0.05$）。

在相同的温度条件下，盐度 20 时藻红蛋白（PE）含量最高，为 0.30mg/g（图 4-4）。当盐度高于或低于 20 时，随盐度的升高或降低，刺枝鱼栖苔 PE 含量呈逐渐下降的趋势。温度对刺枝鱼栖苔 PE 含量的影响作用显著，在相同的盐度条件下，15～25℃内随温度升高 PE 含量增加，30℃时刺枝鱼栖苔仅在盐度 20 和 30 时 PE 含量增加，其余盐度条件下含量降低。受高温高盐胁迫，刺枝鱼栖苔 PE 含量明显降低，最低为 0.01mg/g（温度 30℃、盐度 45）。方差分析结果显示，温度与盐度对刺枝鱼栖苔 PE 含量的影响差异显著（$P<0.05$），在试验温度与盐度范围内两者对刺枝鱼栖苔 PE 含量的影响存在交互作用（$P<0.05$）。

在相同的温度条件下，刺枝鱼栖苔藻蓝蛋白（PC）含量在盐度 25 时最高，达 0.10mg/g（温度 30℃、盐度 25），高盐胁迫下 PC 含量明显降低。在相同盐度条件下，温度对刺枝鱼栖苔 PC 含量的影响与 PE 相似，高温处理组 PC 含量高于低温处理组。方差分析显示，温度与盐度对刺枝鱼栖苔 PC 含量的影响差异显著（$P<0.05$），但在试验温度与盐度范围内两者对刺枝鱼栖苔 PC 含量的交互影响作用不显著（$P>0.05$）。

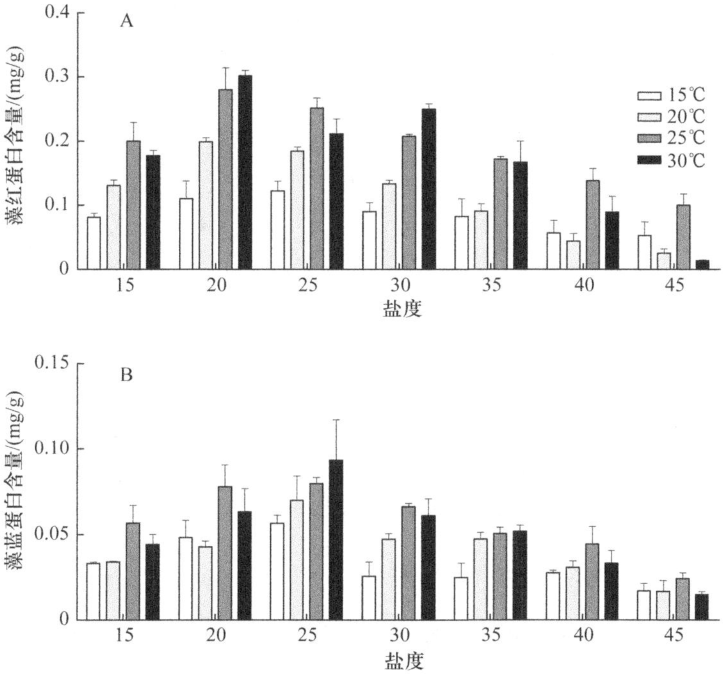

图 4-4　温度和盐度对刺枝鱼栖苔 PE 及 PC 含量的影响

（二）刺枝鱼栖苔对温、盐度的适应及其栽培应用的可能性分析

通过研究温度和盐度两个环境因子对刺枝鱼栖苔生长和色素含量变化的影响，表明刺枝鱼栖苔在温度 15～30℃、盐度 15～45 内均能生长，并能通过改变自身某些色素的含量来适应不利环境，如高温下通过降低 Chl a 含量来减少光抑制现象的发生和高光强对机体的损伤，体现出较强的环境适应能力。其较广的温度和盐度耐受范围能应对因受潮汐涨落影响而出现的温、盐度条件多变的潮间带环境。试验材料采自汕头南澳岛深澳湾临海鱼虾养殖池塘，据调查最初由当地养殖户从台湾引进，用以喂养鲍鱼，后来在该池塘自然繁殖生长。这也是刺枝鱼栖苔环境适应能力强的一种体现，能够在短时间内适应新的生存环境并快速繁殖。

刺枝鱼栖苔在我国南海海区是可供栽培的经济红藻之一，根据研究结果，其具有在潮间带生长繁殖的巨大潜力，甚至比龙须菜的适应能力更强。因为养殖池塘环境的变化不像潮间带那样剧烈，在相对温和的环境下，在池塘边较浅水区均可采集到刺枝鱼栖苔和龙须菜野生样品，但是前者的生物量要远远大于后者。由此推论，刺枝鱼栖苔应该可以在南澳岛潮间带生长繁殖，在粤东以南沿海都可进行栽培应用，可作为浅水池塘、近岸海水养殖区一个较好的经济/环境修复栽培种，具有推广应用价值。

二、细基江蓠对海水池塘养殖区 Cu^{2+} 的修复与适应

海水养殖满足了人们对动物蛋白的巨大需求，并产生了巨大的经济效益，但海产品中重金属的富集及其超标问题已引起广泛关注。重金属可通过食物链传递进入人体，对

人体造成多方面、多层次的危害。海水养殖区的环境和构造特殊，利用物理方法、化学方法和膜分离技术治理不仅耗时费力，还会带来一定的经济损失，而通过生物修复途径能较好地规避这些缺陷。许多研究表明，大型海藻对重金属有比较明显的富集能力，对水域污染有一定的生物修复能力（吴小松等，2009；魏海峰等，2008；Tamilselvan et al.，2013；Chen et al.，2008；Hashim and Chu，2004）。利用大型海藻去除重金属有诸多优点，如能耗低、效率高、吸附量大、环境友好，以及可处理高浓度或低浓度重金属污染水体等，潜能巨大。

目前，大多数重金属生物修复研究多集中在近海岸，对我国传统海水池塘养殖的相关报道却很少。但海水池塘养殖是沿海养殖的主要方式之一，属于投饵养殖，污染物难以稀释，因此海水池塘养殖生物修复的研究形势更为严峻。徐永健等（2007）报道了菊花江蓠对养殖池塘氮、磷的修复试验。细基江蓠作为我国南部海水池塘栽培的主要大型经济海藻，已产生较大的经济效益（潘红球和李思东，2010；陈锤，2001）。研究发现，细基江蓠对海水池塘养殖区重金属的生物修复能力和适应能力很强（丁兰平等，2014）。

（一）Cu^{2+}对细基江蓠外观形态的影响

藻体外观形态的变化是反映藻体对重金属胁迫的反应最直观的指标。经过 14d 的连续观察，细基江蓠在 0～0.8mg/L Cu^{2+}处理下其外观形态基本无变化，而在 2.0mg/L Cu^{2+}处理下，从第 2 天细基江蓠藻体开始绿化，到第 4 天细基江蓠藻体已有一半绿化，到第 14 天仅有少量细基江蓠藻体未被绿化。

由图 4-5A 和图 4-5B 比较可以发现，受胁迫细基江蓠藻体样品大量被绿化，说明在 2.0mg/L Cu^{2+}浓度下，细基江蓠藻体已不能正常生长。

图 4-5　细基江蓠受胁迫样品（A）与健康样品（B）外观对比（彩图请扫封底二维码获取）

图 4-6A～图 4-6D 均为受胁迫藻体片段，图 4-6E 和图 4-6F 均为健康藻体片段，两者比较发现，受胁迫藻体表面有大量黑色素沉积，且部分藻体颜色明显变浅，说明 Cu^{2+}在藻体内部富集会造成藻体色素变化；从图 4-6B～图 4-6D 藻体片段可以看出，大部分藻体的绿化是从主轴开始，然后逐步向分枝绿化。

（二）细基江蓠生长对Cu^{2+}的响应及去除能力

图 4-7 显示，细基江蓠的生长率（SGR）随着 Cu^{2+}浓度的升高呈先上升后下降的趋

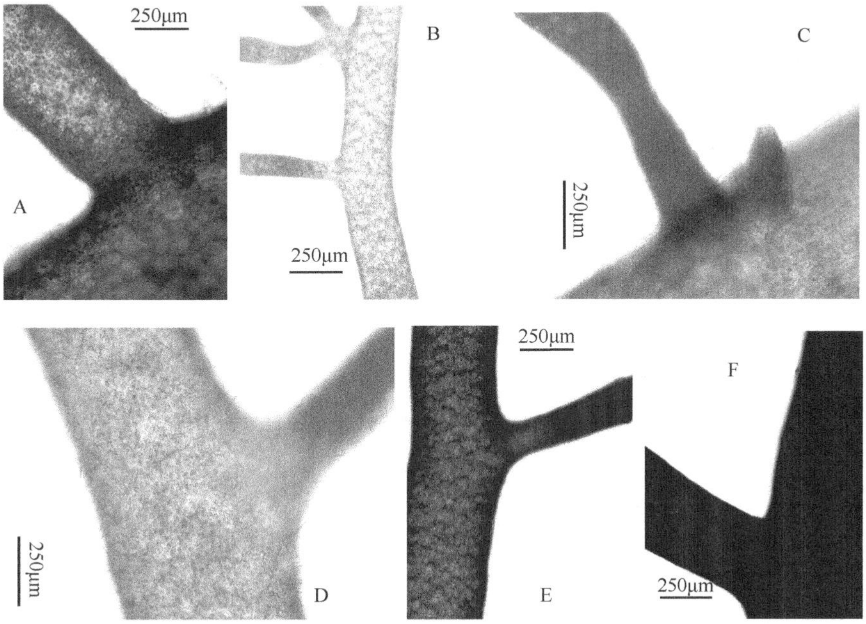

图 4-6　细基江蓠受胁迫的藻体片段（A～D）与健康片段（E、F）的形态特征比较
（彩图请扫封底二维码获取）

势，在较高浓度 2.0mg/L Cu^{2+}胁迫下，细基江蓠鲜重出现负增长；在 0.2mg/L Cu^{2+}浓度下，SGR 达最大值，说明在该浓度下细基江蓠生长最为迅速。

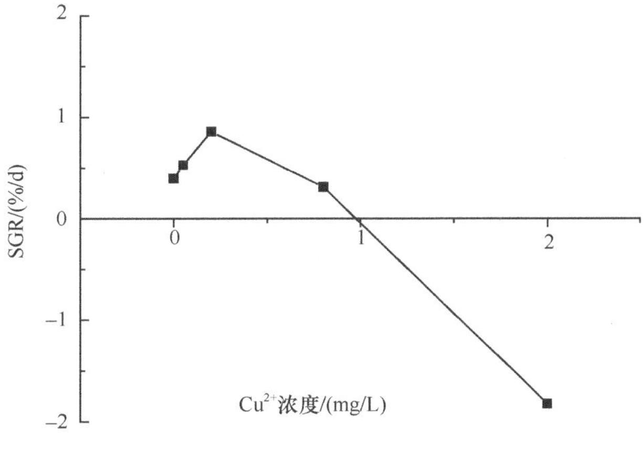

图 4-7　不同 Cu^{2+}浓度对细基江蓠生长率（SGR）的影响

在培养 5d 后，细基江蓠对水体中 Cu^{2+}的去除效果见图 4-8。结果表明，细基江蓠在一定程度上能吸收水体中的 Cu^{2+}，并且随着时间的变化，水体中 Cu^{2+}浓度呈下降趋势。细基江蓠对水体中 Cu^{2+}的去除率呈先下降再上升的趋势，在较高浓度 Cu^{2+}（0.8mg/L）处理下，其去除率达 55.8%，而最高浓度 Cu^{2+}（2.0mg/L）处理下的去除率为 69.9%。

试验研究了细基江蓠在 Cu^{2+}处理 5d 后的吸附量，结果如图 4-9 所示。在试验范围内，细基江蓠对 Cu^{2+}的吸附量随着 Cu^{2+}浓度的增高而增大。

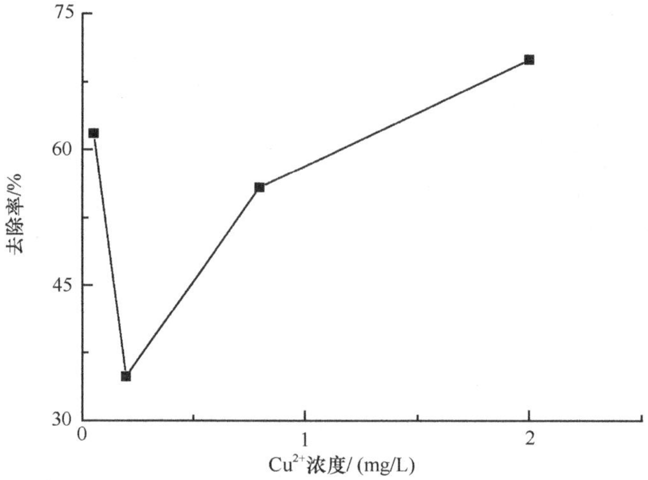

图 4-8　不同 Cu^{2+}浓度下细基江蓠去除水体中 Cu^{2+}的效果

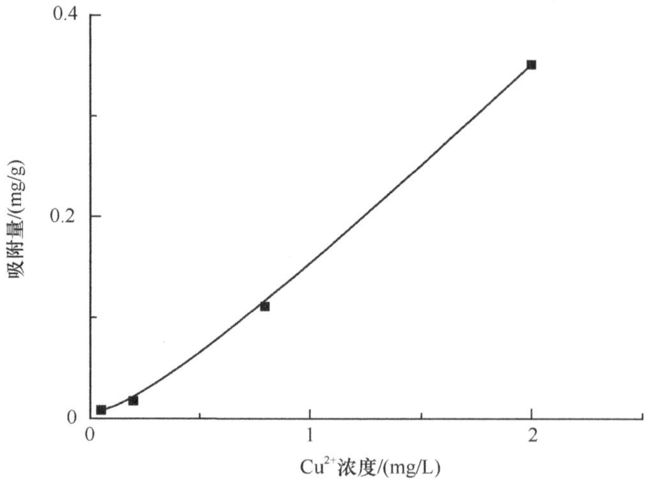

图 4-9　不同 Cu^{2+}浓度下细基江蓠吸附 Cu^{2+}的效果

（三）水体中 Cu^{2+}浓度对细基江蓠实际光合效率的影响

经测定，在 Cu^{2+}处理的第 4 天、第 9 天、第 14 天，0～0.8mg/L Cu^{2+}浓度培养条件下细基江蓠的实际光合效率（*Y* 值）处于 0.625～0.720，没有明显的线性变化，而 2.0mg/L Cu^{2+}浓度培养条件下细基江蓠的 *Y* 值均处于 0.413～0.540。比较两组数据可知，2.0mg/L Cu^{2+}浓度对细基江蓠产生胁迫，其光合效率明显下降。

（四）细基江蓠对 Cu^{2+}的修复及其适应性分析

综合分析 14d 试验中各组细基江蓠的外观形态，以及生长率变化，结果显示，在＜0.8mg/L Cu^{2+}浓度下江蓠形态上没有明显变化，而在 2.0mg/L Cu^{2+}浓度下江蓠明显受到胁迫，不能正常生长；细基江蓠的生长率随 Cu^{2+}浓度的升高呈现先升高后下降的趋势，在 0.2mg/L Cu^{2+}浓度下达最高值，说明在该浓度下细基江蓠生长速度最快，对该浓度

以下的 Cu^{2+}浓度具有比较强的适应能力。通过比较 5d 后与最初水体中 Cu^{2+}含量的变化，在试验范围内发现，细基江蓠对 Cu^{2+}的去除率随着 Cu^{2+}浓度的升高呈现先下降后上升的趋势，在 0.2mg/L Cu^{2+}浓度下的去除效果差。分析发现这主要是由于 5d 后 0.05mg/L Cu^{2+}浓度下的测量值出现异常，导致该浓度下 Cu^{2+}去除率异常高，是否属正常现象还有待进一步研究验证。而细基江蓠对 Cu^{2+}的吸附量随着 Cu^{2+}浓度的升高呈逐步升高的状态，这说明在高浓度（≥0.8mg/L）时，细基江蓠对 Cu^{2+}有较好的去除效果，且能吸附大量的 Cu^{2+}。在试验的第 4 天、第 9 天、第 14 天测定各组江蓠的光合效率，得出 2.0mg/L Cu^{2+}浓度下细基江蓠组的光合活力明显小于其余试验组，而其余试验组之间并无明显差异，说明 2.0mg/L Cu^{2+}浓度对江蓠产生严重胁迫，影响了其光合效率。

研究表明，细基江蓠对重金属 Cu 有较好的耐受性和生物富集能力。在海水池塘养殖中可以选择细基江蓠与鱼虾等进行混养，通过细基江蓠对池塘进行生物修复，以达到降低海产品重金属含量的目的。细基江蓠是值得进行大面积推广应用的大型海藻栽培物种。

三、绿藻刺松藻的环境适应特征

（一）松藻的分布及特征

松藻属（*Codium*）是一类多核管状大型绿藻，广泛分布于南北半球热带亚热带海域的潮间带或潮下带（Silva，1955）。目前，分类学上认可的松藻属约 130 种（Guiry and Guiry，2015；Silva，1992；Yoshida，1998）。松藻属有两种不同形态的藻体，分别称为海绵状体和丝状体（Arasaki et al.，1956）。海绵状体外围由囊状细胞（囊胞）呈栅栏状排列组成，内部由丝状体盘曲交错组成髓部（图 4-10），而内部丝状体由外围囊胞底部发育而来。髓丝生长到一定程度末端又会形成新的囊胞（Arasaki et al.，1956；Silva，1955），囊胞的顶端有时会有产生毛或脱落毛痕。当条件成熟时，囊胞的中上部产生一至多个配子囊（Silva，1955）。丝状体具有许多细小分枝（Fletcher et al.，1989；Borden and Stein，1969；Arasaki et al.，1956），丝状体可由雌配子、合子、单个囊胞和髓丝发育而来，而海绵状体由丝状体发育而来。在海绵状体原基形成的过程中，水流形成的剪切力必不可少（Yang et al.，1997；Ramus，1972；Borden and Stein，1969；Arasaki et al.，1956）。在自然水域中，有学者观察到丝状体的存在，并且发育成海绵状体（Yotsui and Migita，1989；Arasaki et al.，1956），潮起潮落、海浪、波流等都能形成剪切力，可能对海绵状体的发育起促进作用。然而，在实验室静水培养条件下却很少观察到丝状体发育成海绵状体（Nanba et al.，2002；Yang et al.，1997；Fletcher et al.，1989；Ramus，1973；Bordene and Stein，1969；Arasaki et al.，1956）。自然生长的刺松藻（*Codium fragile*）主要受温度和光强的影响（Hanisak，1979a），但在实验室条件下完成海绵状体的发育需要通气过程（Park and Sohn，1992），也有人认为水流速度和光强能影响海绵状体的发育（Nanba et al.，2005），高水流速度和高光强是海绵状体发育的优越条件。

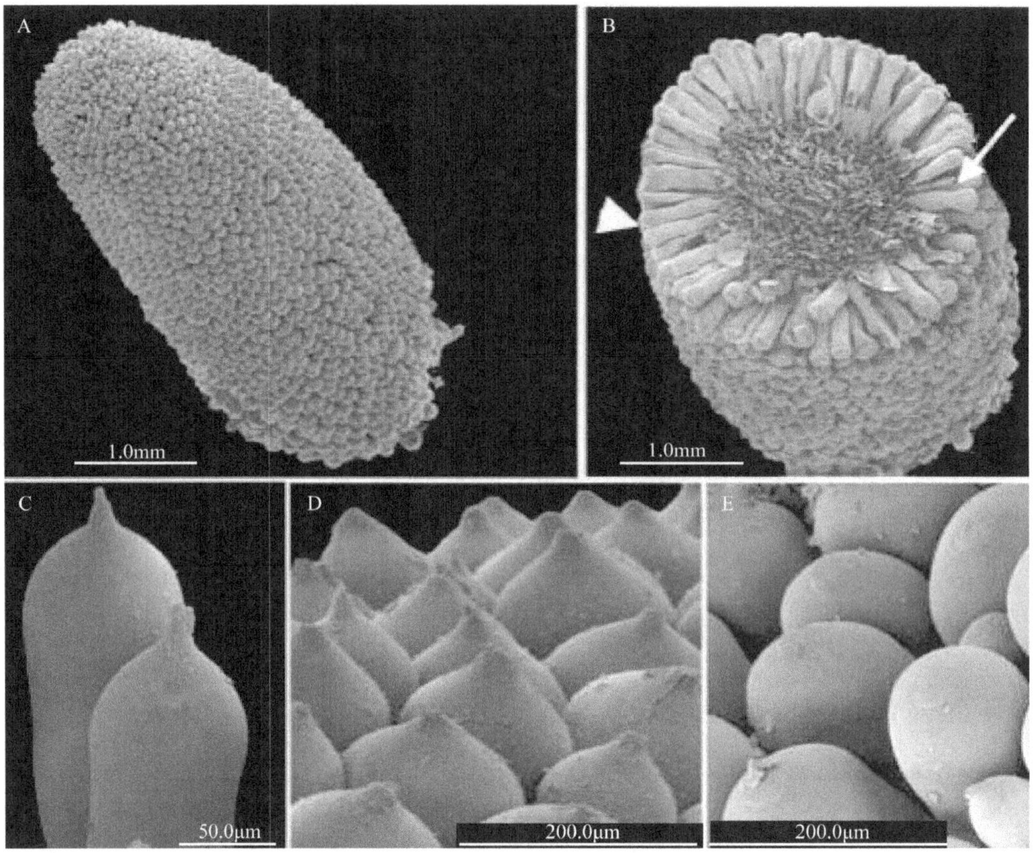

图 4-10　刺松藻的外部形态扫描电镜照片（Provan et al.，2007）

（二）松藻的生物入侵

有关松藻的生态学研究始于 20 世纪 70 年代。1957 年刺松藻首次出现在北美大西洋中部海岸，后向北蔓延至缅因州，作为一种入侵海藻，刺松藻具有多种入侵成功的特性（Lodge，1993）。这种最早报道于日本的海藻现在已入侵到了世界范围内的多个区域，包括大西洋西北沿岸、美国佛罗里达州、新英格兰南部海域、地中海、澳大利亚、新西兰及智利（Israel et al.，2010；Neill et al.，2006；Lapointe et al.，2005；Jacoby et al.，2004；Chapman，1999；Trowbridge，1995；Bird et al.，1993；Perez-Cirera et al.，1989；Gerbal et al.，1985；Carlton and Scanlon，1985；Churchill and Moeller，1972；Dromgoole，1975；Silva，1955）。虽然大型海藻主要附着于硬基质上如岩礁等，但最近的研究表明，某些类群如刺松藻也能在软基质上附着生长（Williams，2007），由于它们的大量生长繁殖，与其他生物竞争营养、光照和生态位（Drouin et al.，2011），因此刺松藻现在被公认为是浅水生态系统最大的威胁之一（Vitousek et al.，1997）。在北美新英格兰南部，刺松藻近乎疯狂的生长已经严重影响了当地的水产养殖业（Ramus，1973）。在智利，刺松藻绒毛亚种的大量繁生已对当地的江蓠养殖业产生影响（Neill et al.，2006）。1990 年，在北美佛罗里达州的布劳沃德郡，因在 24～40m 深的水底中覆盖了 2m 厚的松藻（*C. isthmnocladum*），影响了海底的生物多样性，被风浪冲到岸边影响了当地的旅游业。1995 年，*C. isthmnocladum* 已扩散到棕榈滩，覆盖在珊瑚上（Jaceby et al.，2004）。从 2004 年起，*C. parvulum* 在以色列的海法港造成几次绿潮（Israel et al.，2010）。通过与过去保存的标本进行比对，Provan 等（2007）认为刺松藻绒毛亚种入侵事实早于历史记录（表 4-2）。

表 4-2 刺松藻绒毛亚种入侵记录（Provan et al.，2007）

地区	最早的鉴定记录	最早的入侵记录
欧洲	1845 年	1939 年
美国东海岸	—	1957 年
美国西海岸	—	1975 年
南美西海岸	—	2001 年
南非	1937 年	1999 年
澳大利亚南海岸	1985 年	1995 年
新西兰	1935 年	2000 年

在我国东南沿海地区，刺松藻和长松藻呈逐年增多趋势，应引起高度重视。到了生长季，广东汕头南澳岛海水养殖区的筏架等附着基上，往往有大量刺松藻附着繁生，在泥沙海湾水底，长松藻茂盛生长并随着风浪卷到岸边。根据作者 2014 年在香港沿海的潜水调查及走访当地潜水员，发现近年来香港海域的长松藻在生长季也大量繁生，个体长度甚至可达 3m 以上。

（三）松藻的有性生殖

松藻生活史和生殖特性等方面的研究，主要以刺松藻（Hanisak，1979a；Fraliek and Mathieson，1973；Ramus，1972；Borden and Stein，1969）及刺松藻绒毛亚种（Trowbridge and Todd，1999）为研究对象，因为它们已被视为导致生态问题的入侵种类。在刺松藻的生活史中，配子囊是进行有性生殖的主要结构。成熟雌配子囊墨绿色，囊内配子轮廓分明；成熟雄配子囊黄褐色，囊内配子轮廓不分明；配子顶端生有两根等长鞭毛（Prince and Trowbridge，2004；Borden and Stein，1969；Arasaki et al.，1956）。雌配子梨形，大小为 11μm×（20～25）μm，顶端有一个球形细胞核，细胞核被一个线粒体和较多的圆盘状叶绿体包围（Miravalles et al.，2012）；雄配子梨形，大小约 2.5μm×5μm，细胞核也位于顶端，细胞核外被一个大的倒“V”形线粒体和 2～3 个叶绿体及一个较大的淀粉粒（Miravalles et al.，2011）。目前，文献报道的多为松藻雌株及雌配子的特征，而关于雄株及雄配子的特征的种只有 5 个，分别为刺松藻、益缩松藻、毡无松藻、亚筒状松藻和 *C. isthmocladum*（Prince and Trowbridge，2004；Borden and Stein，1969；Arasaki et al.，1956；Williams，1925）。通常藻体是雌雄异株，也有雌雄同株的现象。雌雄同株的雌、雄配子囊生长在不同的囊胞上，其株型如分枝更像雄株，而藻体颜色更像雌株（Prince and Trowbridge，2004）。雌、雄配子结合成合子后萌发为丝状体，而丝状体可维持数月甚至数年才发育为新的囊胞。关于雌、雄配子结合及萌发存在两种观点：

①雌、雄配子结合才能产生丝状体，雌配子不能萌发成丝状体（Borden and Steinet，1969；Arasaki et al.，1956）；②雌配子能萌发成丝状体，雄配子的功能及有性生殖未知（Ansell et al.，1998）。Churchill 和 Moeller（1972）发现松藻繁殖结构的出现有着明显季节性，夏季长出配子囊，冬季和早春季节则没有，可能存在单性生殖。Prince（1988）发现刺松藻绒毛亚种的一个配子囊能产生雌、雄两种配子，雌配子更大且数量多，但雌、雄配子为异配结合。配子释放过程也存在两种观点：①配子囊顶端裂开为两瓣（Hurd，1916），②雌配子囊顶端有一个孔口（Borden and Stein，1969），雌配子按顺序缓慢释放出来，雄配子呈包埋黏液团块状快速释放。已报道松藻配子释放过程的有软毛松藻（Gibson，1900）、延伸松藻（Oltmanns，1922）和刺松藻（Arasaki et al.，1956）。Gibson 观察到配子释放时囊顶端破裂。Oltmanns 描述了配子释放过程像是通过一个“隧道”。温度是松藻进入繁殖生殖的决定性因素，12～15℃是繁殖器官发生的最低温度，低于这个温度范围将抑制配子囊的形成，盐度对松藻繁殖器官的数量也有影响（Churchill and Moeller，1972）。

（四）松藻的无性繁殖

除藻体自身的散布能力、快速的生长方式及适宜的环境条件外，无性繁殖也是造成藻类大量繁生的重要原因（Trowbridge，1996）。杉叶蕨藻就是以无性繁殖方式大量繁生的案例，其最初生长在热带海域，在偶然的情况下侵入地中海，在适应当地环境后以断裂生殖的方式迅速蔓延至地中海沿岸国家（如法国、意大利、西班牙等），既取代了该海域原先的物种，又造成了重大的生态问题（Campbell，1999；Bird et al.，1993）。据报道，松藻的无性繁殖方式可达 7 种：①孤雌生殖（Prince and Trowbridge，2004；Ramus，1972），由于其产生的丝状体能够经受宽泛的环境条件，被认为是松藻生活史中一个稳定的阶段（Yang et al.，1997；Fletcher et al.，1989；Borden and Stein，1969）；②囊胞繁殖，组成海绵状体的单个囊胞都能够独立发育成丝状体并进而形成囊胞（Borden and Stein，1969）；③髓丝繁殖，通常作为松藻栽培业种苗的来源（Yotsui and Migita，1989），但其繁殖能力不如囊胞（Nanba et al.，2002）；④繁殖体（王旭雷，2013），一般认为松藻繁殖体由配子囊转化而来，多呈梭形，比配子囊大，其上有突起，而配子囊缺乏次级结构，该突起可生长为丝状体，后发育为囊胞，是一种有效的无性繁殖结构；⑤毛繁殖，藻体囊胞靠近顶端位置长出的毛也具有繁殖的能力（王旭雷，2013）；⑥残留固着器繁殖，残留固着器可在第二年春天重新长出藻体（D'Amours and Scheibling，2007）；⑦断裂片段和碎片繁殖，由于气温变化、动物啃食或风浪影响，松藻藻体断裂片段又能够传播和重新附着生长（Bégin and Scheibling，2003；Fralick and Matheison，1972），藻体碎片可能通过囊胞形成丝状体进而附着再生（Campbell，1999；Fletcher et al.，1989；Dromgoole，1975）。

（五）环境因子对松藻的影响

刺松藻之所以能成为成功入侵者，部分原因是它能适应宽泛的环境条件（Fraliek and Mathieson，1973；Ramus and Malinowski，1973），温度、光照、盐度、氮源等对刺松藻的生长都有影响（Hanisak，1979a）。

刺松藻能够在 6～33℃内生长，特定盐度下（6～48）的生长与温度变化具有高度的相关性。例如，24℃时藻体能够在盐度 12～42 下生长，最适宜盐度范围为 24～30，当盐度为 6 时，各个温度下的藻体都死亡，盐度为 48 时，18℃及以上的藻体死亡。光照和温度相互影响藻体的生长，藻体在较高温度（18～30℃）、低光照下出现光饱和现象，在较低温度（6～12℃）情况下则没有。高温（24～30℃）比低温更容易抑制藻体的生长，30℃时比 24℃时抑制更明显。温度和盐度影响幼苗萌发和生长，温度 6～30℃和盐度低于 18 时幼苗不能萌发，盐度 48 和温度 12℃时幼苗同样不能萌发，最适宜生长的温盐条件为温度 24℃和盐度 30～36 的组合，幼苗能够在盐度 48 和温度 18～24℃的组合下生长。幼苗的生长也受光照、光周期和温度交互影响，24℃时，幼苗生长明显被高光强抑制，随着光周期的增加，抑制愈加明显，并且引起抑制的最低光照强度减小。

在松藻的生长季节，氮源是限制其生长的主要因子之一（Hanisak，1979b），硝酸盐、亚硝酸盐、铵盐或是尿素，藻体都能够吸收并作为良好的氮源，这是松藻能够取得生态成功的因素之一（Fraliek and Mathieson，1973；Ramus and Malinowski，1973）。

刺松藻能够适应季节性的环境变化，还表现在藻体形态和光合生理等方面。初冬季节，当种间竞争减弱和潮幅变小时，其碳固定、色素成分和含量都达最大值，碱酸可溶性多磷酸盐比例表明它在这个季节进入营养储存阶段。夏季，当竞争变得激烈和潮幅变大、外界条件变得严酷时，刺松藻进入生殖阶段，光合速率、色素含量都相应降低，叶绿体也变小，藻体囊胞靠近顶端位置长出毛，帮助吸收营养（Benson et al.，1983）。刺松藻光合作用也有明显的季节性，最大光合速率出现在营养生长的冬季，最低光合速率出现在生殖生长的夏季。松藻还能够适应高潮下的低光强，叶绿体内光捕获色素含量高，特别是管藻素和管藻黄素（Cobb，1978）。

四、短节硬毛藻对温度和盐度的适应

绿潮是一种海洋生态异常现象，它普遍发生于世界沿海各国（唐启升等，2010；Yabe et al.，2009；Charlier et al.，2007；Largo et al.，2004；Nelson et al.，2003；Schories et al.，2000；Fletcher，1996）。近几年来，在黄海海域连续大规模暴发的绿潮，改变了近海海洋生态环境，严重影响了沿岸的生态景观及养殖，造成了经济损失，引起了社会各界的高度关注（田晓玲等，2011；吴玲娟等，2013；丁兰平和栾日孝，2009；Ding et al.，2009）。绿潮的主要种类是石莼科的石莼属、浒苔属和刚毛藻科的硬毛藻属、刚毛藻属等大型海藻（吴玲娟等，2013；Ding et al.，2009；Menendez，2005），其中石莼属和浒苔属形成常见绿潮，受关注较多，但其他的物种如刚毛藻和硬毛藻类往往被忽视（邓蕴彦等，2011）。

硬毛藻属物种可在养殖池中迅速繁殖，在生长旺盛期可直接将虾或海参缠绕致死。其藻体腐烂变质后使水质恶化，滋生各种病菌，致使虾和海参出现明显病症和大量死亡，给海水养殖业带来危害和经济损失（邓蕴彦等，2011；池永雪等，2009）。有报道认为，该属的某些物种也具入侵性（池永雪等，2009；Menendez，2005）。因此，对于该物种有必要开展深入研究，以便对其有效防控及合理开发利用。

温度影响着海藻的生长及繁殖（王菁等，2013）。邓蕴彦等（2011）根据强壮硬毛藻生长、生殖的适温范围，确定了该种所属区系，并结合国内外文献，判断了它的扩散分布潜力，为该物种的防控提供了可靠的理论依据。盐度主要影响生物体的渗透压，也是影响大型海藻生长及繁殖的重要因素之一。盐度的变化不仅能够改变海藻群落的生物量和组成（Fong et al.，1996），而且能够制约海藻在水体中的分布。到目前为止，盐度对硬毛藻属物种的生殖影响在我国还未见报道。

在2011～2014年粤东地区的海藻资源调查中，发现汕头南澳岛及汕尾遮浪的高潮带池沼中着生了大量的硬毛藻，经形态鉴定为短节硬毛藻 *Chaetomorpha brachygona* Harvey（图4-11）。初步探讨了温度和盐度对它生长发育的影响，以期预测它在国内的发展趋势，并为将来更加深入的研究提供理论依据（丁兰平等，2015c）。

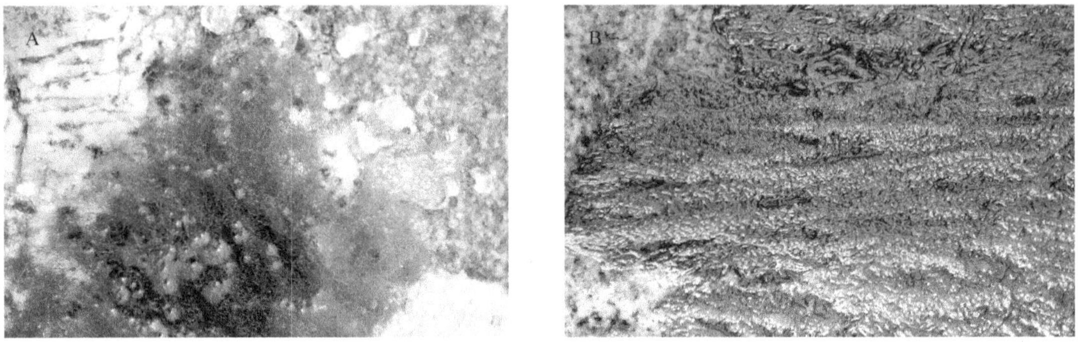

图4-11　短节硬毛藻 *Chaetomorpha brachygona* 生境（彩图请扫封底二维码获取）

2013年12月将采自广东汕头南澳岛海域的短节硬毛藻带回实验室，用盐度为30的灭菌海水室温下充气培养一周。在解剖镜和光学显微镜下观察藻体细胞的颜色、大小、形态等基本特征。挑选生长健康、色泽饱满的藻体，用解剖刀将选取的藻体分别切成2cm长的藻段，试验前统一置于15℃的培养箱中预处理。藻段按15～20段/皿的密度放入培养皿中进行培养。

（一）温度和盐度对短节硬毛藻生殖细胞发生的影响

培养至第3天，3个温度水平（20℃、25℃、30℃）下的藻段均可见生殖细胞（图4-12），25℃和30℃下还出现了藻段中单个生殖细胞放散完毕或全部藻段内生殖细胞放散完毕的现象（图4-12）。在温度20℃和盐度40，温度25℃和盐度30、40，温度30℃和盐度10、30、40的组合下藻段细胞内生殖细胞已空，有的藻段已呈现死亡状态，开始腐烂（图4-12）。培养至第6天，20℃下的藻段也已出现死亡腐烂现象，但是20～30℃下仍有藻段内部细胞处于生殖细胞形成期。培养至第12天，20℃下的藻段内部有生殖细胞形成。

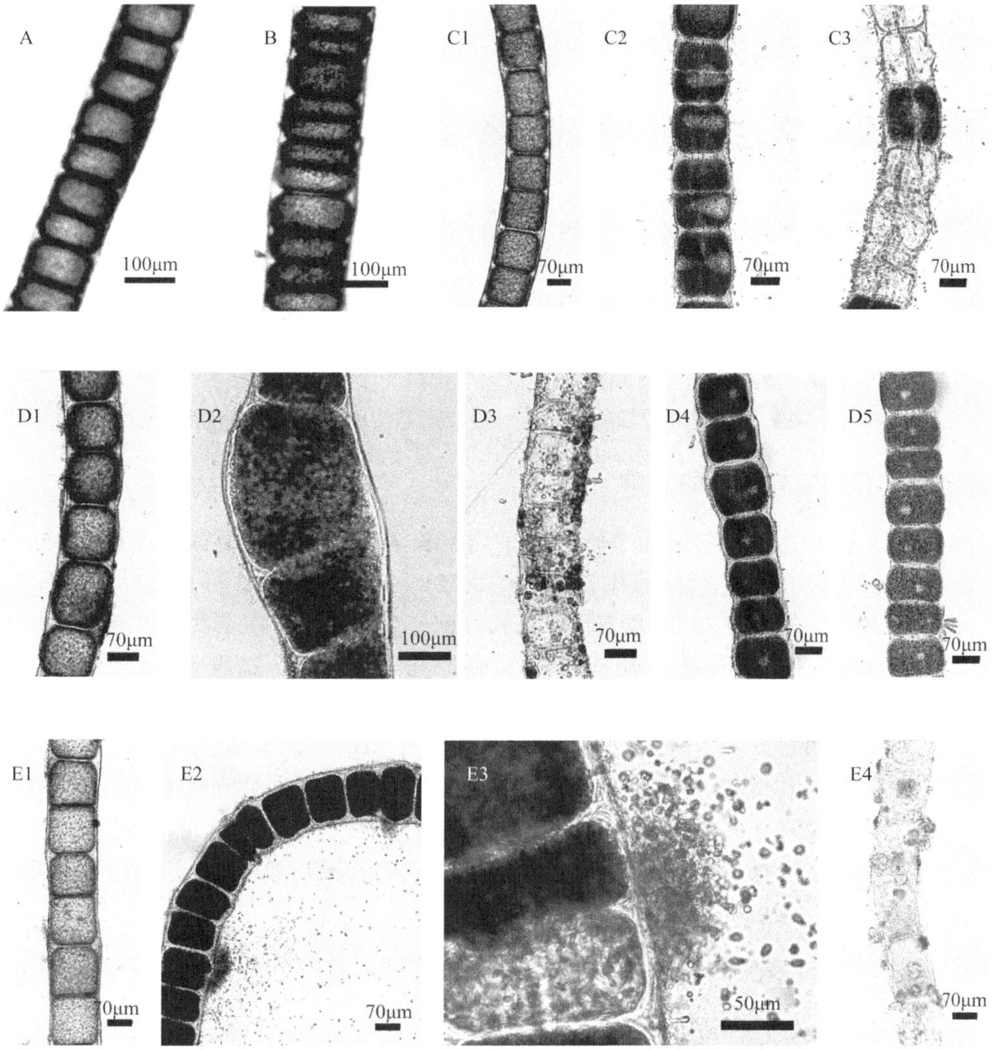

图 4-12　观察不同温度和盐度对短节硬毛藻生长发育的影响

A、B. 藻段初始状态；C. 20℃（C1. 3d，20℃，20；C2. 3d，20℃，30；C3. 6d，20℃，30）；D. 25℃（D1. 3d，25℃，10；D2. 3d，25℃，20；D3. 3d，25℃，30；D4. 3d，25℃，40；D5. 3d，25℃，50）；E. 30℃（E1. 3d，30℃，20；E2、E3. 3d，30℃，50；E4. 6d，30℃，20）

（二）温度和盐度对短节硬毛藻生长的影响

1. 温度对短节硬毛藻生长的影响

从图 4-13 中可以看出，在相同的盐度条件下，短节硬毛藻在温度 20～30℃条件下长度均有明显不同程度的增长；盐度为 10、20、40、50 时，藻段的生长与温度相关，平均生长长度（ASL）呈 30℃＞25℃＞20℃，并在盐度 20、温度 30℃时 ASL 最长达 4.55cm；盐度为 30 时，温度 20℃的 ASL 明显长于温度 25℃和 30℃的 ASL，而 30℃的 ASL 仍长于 25℃的 ASL。

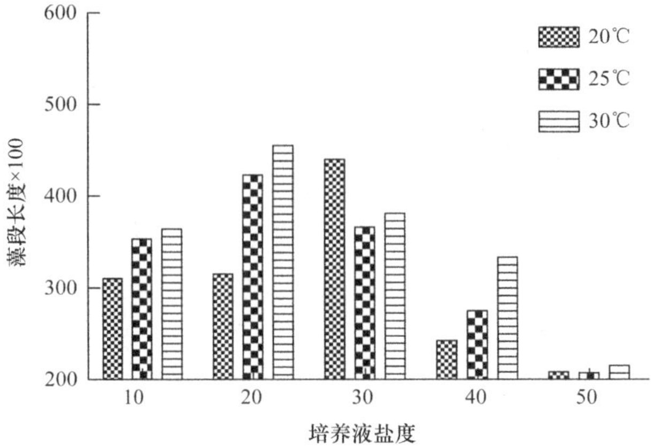

图 4-13 培养 3d 时温度、盐度对短节硬毛藻平均生长比较的影响

2. 温度对短节硬毛藻活力的影响

培养至第3天，20～30℃时短节硬毛藻平均生长活力（ASV）主要集中在0.65～0.75Y，20℃、25℃、30℃时 ASV 分别集中在 0.70～0.75Y、0.60～0.70Y 和 0.55～0.65Y，各温度下ASV呈20℃＞30℃＞25℃。培养至第6天，20～30℃时ASV主要集中在0.55～0.70Y，其中 20℃时 ASV 主要集中在 0.60～0.70Y，同时在不同温度、盐度下藻体的 ASV 波动较大，盐度 20 时藻段 ASV 与温度的关系呈 25℃＞20℃＞30℃，而盐度 30 时藻段 ASV 与温度的关系呈 20℃＞30℃＞25℃，此时温度不能作为单一影响 ASV 的因子。培养至第 12 天，ASV 主要集中在 0.50～0.65Y，20℃、25℃、30℃时 ASV 分别集中在 0.65～0.70Y、0.55～0.70Y 和 0.50～0.65Y。25℃和 20℃时的整体 ASV 稍高于 30℃的，温度 30℃、盐度 40 时 ASV 最低至 0.496Y。由藻段培养第 3 天、第 6 天、第 12 天的活力范围可得，20℃有利于藻段维持活力。

3. 盐度对短节硬毛藻生长的影响

在相同温度条件下，短节硬毛藻在盐度 10～50 内均显示不同程度的生长，并且随盐度的升高呈现先升高后下降的趋势。盐度 10～30 时的 ASL 明显高于盐度 40 和 50 时的ASL，盐度 20～30 时藻段 ASL 最长达 4.55cm，盐度达 40 时短节硬毛藻藻段的生长明显受到抑制，盐度 50 时 ASL 基本分布在 2.07～2.20cm 内（图 4-13）。结果表明，盐度 10～30 时有利于藻体生长，整体趋势为 20＞30＞10＞40＞50。

4. 盐度对短节硬毛藻活力的影响

在相同的培养天数和温度下，藻段的 ASV 在盐度 10～50 内与盐度的单一变化关系不明显；在不同温度下，藻段的 ASV 随盐度的变化有不同趋势。

（三）温度和盐度对短节硬毛藻生长和发育的综合影响

根据温度和盐度对短节硬毛藻生长的共同影响并结合显微观察，发现在同一培养时间下，藻段 ASL 最大的 5 个值及其所对应的条件分别为：温度 30℃、盐度 20 时 ASL 为 4.55cm，温度 20℃、盐度 30 时 ASL 为 4.4cm，温度 25℃、盐度 20 时 ASL 为 4.23cm，温度 30℃、盐度 30 时 ASL 为 3.81cm，温度 25℃、盐度 30 时 ASL 为 3.66cm。综上所述，温度和盐度共同影响硬毛藻的生长，适宜短节硬毛藻生长的盐度范围为 20～30、温度范围为 20～30℃。25～30℃相较其他温度更适合短节硬毛藻形成生殖细胞。

（四）短节硬毛藻对温、盐度的适应及暴发潜力分析

1. 温度和盐度对短节硬毛藻生长的影响

关于不同海洋绿藻生长适宜温度、盐度条件的研究已有不少报道，如孔石莼的适宜生长温度为 15～25℃、盐度为 15～40（刘静雯等，2001）；威海束生刚毛藻的最适条件为温度 15～25℃、盐度 20～45（汪城墙等，2008）；强壮硬毛藻的生长生殖适宜温度为 21～29℃（邓蕴彦等，2011）。本试验结果表明，温度和盐度对短节硬毛藻的生长均有一定影响。在 20～30℃时短节硬毛藻均能生长，在 25～30℃内，培养初期短节硬毛藻生长更快并在 30℃时 ASL 达最大，这与某些文献的报道一致（袁丽娜等，2008）。有报道认为，25℃是大多数藻类生长的适宜温度（Wang et al.，2011）。这种差异可能与试验材料、取材阶段，更与藻体的地区差异有关系（李娜等，2009），而本试验中短节硬毛藻生长可以忍受 20～30℃的温度。短节硬毛藻在盐度为 10～50 时均能生长，在盐度 10～30 内，随盐度升高 ASL 先升高后下降并在盐度 20 时 ASL 达最大；而盐度达 40～50 时，ASL 下降并明显低于盐度 10～30 时的 ASL。有研究显示，海链藻在盐度 20 时会达最大生长率（朱明等，2003）；低盐度对浒苔孢子释放量的影响比高盐度要明显（高珍，2010）。研究结果表明，短节硬毛藻的最适生长盐度为 20～30，它对高盐有较强的适应性。

2. 温度和盐度对短节硬毛藻光合效率的影响

研究显示，有效量子产量（Yield）与相对电子传递效率（vETR）均可反映藻类的光合效率（高亚平等，2011），试验中以实际光合效率（Yield）测量值作为短节硬毛藻生长活力。结果显示，温度对短节硬毛藻的光合效率有一定的影响，试验条件下呈 20℃＞30℃＞25℃，与汤文仲等（2009）在温度对长石莼光合作用的影响研究中的结果 25℃＞20℃＞15℃＞30℃稍有不同，这可能与试验材料、处理过程及试验条件有关，但均反映出相比于 30℃，温度较低的 20℃更有利于提高光合效率。不同于温度对光合作用有显著影响，试验过程中短节硬毛藻的生长活力与盐度并不呈单一变化关系。然而，曾呈奎等（1980）通过研究 12 种底栖绿藻的光合作用，得出大部分潮间带底栖绿藻都属于适应高光强类型。高亚平等（2011）也证明，绿藻实际 Yield 值与光强呈负相关。由此说明，光照强度相比盐度更适合用于光合效率的研究。

3. 短节硬毛藻暴发潜力分析

绿潮藻主要有石莼属、浒苔属、刚毛藻属、硬毛藻属等大型绿藻（刘峰等，2012），短节硬毛藻是我国南方沿海的绿潮种之一。据报道，温度和降水量都是影响绿潮的重要环境因子（唐启升等，2010）。绿潮藻大多具有广温广盐的特性（夏斌等，2009），适宜的温度、盐度可以加速藻体生长（吴玲娟等，2013）。据报道，适宜的盐度范围一般为 5～

45（de Paula Silva et al.，2008），浒苔属和石莼属的绿潮藻机会种（唐启升等，2010）对高浓度氧、强光、干燥、低盐条件均有耐受力（丁兰平和栾日孝，2009），缘管浒苔（长石莼）适宜生长温度为 15～25℃（汤文仲等，2009）。因此，对短节硬毛藻开展温度和盐度等研究显得尤为重要。

本试验结果表明，短节硬毛藻在盐度为 10～50、温度为 20～30℃时都能健康生长，其适宜温盐条件为 25～30℃、20～30。类似于其他绿潮藻，短节硬毛藻具有较广的盐度适应性，并且适宜生长生殖的温度条件在我国南方易于达到，具有引发绿潮的潜在可能性。

参考文献

常巧玲，孙建义. 2006. 海藻饲料资源及其在水产养殖中的应用研究. 饲料工业, 27(2): 62-64.

陈锤. 2001. 海水养殖江蓠栽培. 北京：中国农业出版社.

池永雪，王丽梅，栾日孝，等. 2009. 中国硬毛藻属新记录种——强壮硬毛藻. 水产科学, 28(3): 162-163.

邓蕴彦，汤晓荣，黄冰心，等. 2011. 强壮硬毛藻(*Chaetomorpha valida*)的温度性质及其在中国海藻区系中的扩散潜力. 海洋与湖沼, 42(3): 404-408.

丁兰平，黄冰心，王宏伟. 2015a. 中国海洋红藻门的新分类系统. 广西科学, 22(2): 164-188.

丁兰平，黄冰心，栾日孝. 2015b. 中国海洋绿藻门的新分类系统. 广西科学, 22(2): 201-210.

丁兰平，李雯诗，黄冰心. 2015c. 温度和盐度对短节硬毛藻(*Chaetomorpha brachygona* Harvey)生长发育的影响研究. 海洋与湖沼, 46(1): 191-196.

丁兰平，黄冰心，谢艳齐. 2011. 中国大型海藻的研究现状及其存在的问题. 生物多样性, 19(6): 798-804.

丁兰平，栾日孝. 2009. 浒苔(*Enteromorpha prolifera*)的分类鉴定、生境习性及分布特征. 海洋与湖沼, 40(1): 68-71.

丁兰平，孙国栋，黄冰心，等. 2013. 温度和盐度对刺枝鱼栖苔(*Acanthophora spicifera*)(红藻门，松节藻科)生长及其几种光合色素的影响. 海洋与湖沼, 44(4): 913-918.

丁兰平，徐佩杭，杨宇峰，等. 2014. 细基江蓠(*Gracilaria tenuistipitata*)对海水池塘养殖区 Cu^{2+}生物修复的初步研究. 海洋湖沼, 45(4): 828-833.

高亚平，张继红，方建光，等. 2011. 桑沟湾六种大型海藻光合特性的比较研究. 渔业现代化, 38(1): 33-37.

高珍. 2010. 浒苔生理生态特性和转录组研究. 甘肃农业大学硕士学位论文.

黄冰心，丁兰平，栾日孝，等. 2015. 中国海洋褐藻门的新分类系统. 广西科学, 22(2): 189-200.

黄冰心，丁兰平，谭华强，等. 2013. 我国沿海马尾藻属的物种多样性及其区系分布特征. 海洋湖沼, 44(1): 69-76.

黄冰心，丁兰平. 2014. 中国海洋蓝藻门(蓝细菌门)的新分类系统. 广西科学, 21(6): 580-586.

李娜，李彦军，祁宝霞. 2009. 温度、盐度、光照对刚毛藻光合作用的影响. 内蒙古民族大学学报, 24(6): 659-661.

梁惠，贺娟，张士璀，等. 2005. 凹顶藻萜类化合物抑瘤活性及其对免疫作用的研究. 中国海洋药物杂志, 24(1): 6-9.

刘峰，逄少军. 2012. 黄海浒苔绿潮及其溯源研究进展. 海洋科学进展. 30(3): 441-449.

刘静雯，董双林，马甡. 2001. 温度和盐度对几种大型海藻生长率和 NH_4-N 吸收的影响. 海洋学报, 23(2): 109-116.

刘瑞玉, 2008. 中国海洋生物名录. 北京: 科学出版社.
潘红球, 李思东. 2010. 江蓠的资源开发利用新进展. 热带农业科学, 20(10): 47-50, 89.
沈国英. 2002. 海洋生态学. 北京: 科学出版社.
史大永, 韩丽君, 袁兆慧, 等. 2007. 刺状鱼栖苔化学成分研究. 中国中药杂志, 32(11): 1035-1037.
汤坤贤, 焦念志, 游秀萍, 等. 2005. 菊花心江蓠在网箱养殖区的生物修复作用. 中国水产科学, 12(2): 156-161.
汤文仲, 李信书, 黄海燕, 等. 2009. 不同光强和温度对长石莼(缘管浒苔)光合作用和叶绿素荧光参数的影响. 水产学报, 33(05): 762-769.
唐启升, 张晓雯, 叶乃好, 等. 2010. 绿潮研究现状与问题. 中国科学基金. (1): 5-9.
田晓玲, 霍元子, 陈丽平, 等. 2011. 江苏如东近海绿潮藻分子检测与类群演替分析. 科学通报. 56(4-5): 309-317.
汪城墙, 赵宏, 姜波, 等. 2008. 威海束生刚毛藻的基础生态研究. 科技信息, (11): 27-28.
王超杰, 王明焱, 苏镜娱, 等. 1998. 南中国海海藻刺状鱼栖苔的化学成分研究(Ⅰ). 波谱学杂志, 15(3): 237-242.
王菁, 陈家长, 孟顺龙. 2013. 环境因素对藻类生长竞争的影响. 中国农学通报, 29(17): 52-56.
王旭雷. 2013. 两种松藻繁殖多样性及其环境适应性的初步研究. 汕头大学硕士学位论文.
魏海峰, 刘长发, 张俊新, 等. 2008. 孔石莼(*Ulva pertusa*)对铅、铜、镉的吸收. 环境科学与管理, 33(8): 51-53.
吴玲娟, 曹丛华, 高松, 等. 2013. 我国绿潮发生发展机理研究进展. 海洋科学, 37(12): 118-121.
吴小松, 黄鹤忠, 丁飞飞, 等. 2009. 龙须菜对水体 Cu^{2+}, Cd^{2+}的去除效率及其生理响应. 水生态学杂志, 2(5): 41-45.
夏斌, 马绍赛, 崔毅, 等. 2009. 黄海绿潮(浒苔)暴发区温盐、溶解氧和营养盐的分布特征及其与绿潮发生的关系. 渔业科学进展, 30(5): 94-101.
向文洲, 林坚士, 何慧, 等. 2002. 广东发展大型海藻生物技术产业链的战略思考. 水产科技, 2002(1): 1-5.
徐永健, 陆开宏, 韦玮. 2007. 大型海藻江蓠对养殖池塘水质污染修复的研究. 中国生态农业学报, 15(5): 156-159.
杨宇峰, 费修绠. 2003. 大型海藻对富营养化海水养殖区的生物修复研究展望. 中国海洋大学学报, 33(1): 53-57.
袁丽娜, 宋炜, 肖琳, 等. 2008. 多环境因素全面正交作用对铜绿微囊藻生长的效应研究. 南京大学学报, 44(4): 408-414.
曾呈奎. 1963. 关于海藻区系分析研究的一些问题. 海洋与湖沼, 5(4): 298-305.
曾呈奎, 夏邦美, 丁兰平, 等. 2011. 中国海藻志　第二卷　红藻门　第七册　松节藻科. 北京: 科学出版社.
曾呈奎, 张德瑞, 张峻甫. 1962. 中国经济海藻志. 北京: 科学出版社.
曾呈奎, 张峻甫. 1959. 北太平洋西部海藻区系的区划问题. 海洋与湖沼, 2(4): 244-267.
曾呈奎, 张峻甫. 1960. 关于海藻区系性质的分析. 海洋与湖沼, 3(3): 177-187.
曾呈奎, 张峻甫. 1962. 黄海西部沿岸海藻区系的分析研究Ⅰ. 区系的温度性质. 海洋与湖沼, 44(1-2): 49-59.
曾呈奎, 周百成, 潘忠正. 1980. 底栖海藻比较光合作用研究Ⅰ. 潮间带绿藻光合作用特性和色素组成. 海洋与湖沼, 11(2): 134-140.
章守宇, 孙宏超. 2007. 海藻场生态系统及其工程学研究进展. 应用生态学报, 18(7): 1647-1653.
朱明, 张学成, 毛云翔, 等. 2003. 温度、盐度及光照强度对海链藻(*Thalassiosira* sp.)生长的影响.

海洋科学, 27(12): 58-61.
邹定辉, 夏建荣. 2011. 大型海藻的营养盐代谢及其与近岸海域富营养化的关系. 生态学杂志, 30(3): 589-595.
Ansell A D, Gibson R N, Margaret B. 1998. Ecology of the green macroalga *Codium fragile* (Suringar) Hariot 1889: invasive and non-invasive subspecies. Oceanography and Marine Biology: An Annual Review, 36: 1-64.
Arasaki S, Tokuda H, Fujiyama K. 1956. The reproduction and morphogeny in *Codium fragile*. Botanical Magazine Tokyo, 69: 39-44.
Beer S, Eshel A. 1985. Determining phycoerythrin and phycocyanin concentrations in aqueous crude extracts of red algae. Australian Journal of Marine and Freshwater Research, 36(6): 785-792.
Bégin C, Scheibling R. 2003. Growth and survival of the invasive green alga *Codium fragile* ssp. *tomentosoides* in tide pools on a rocky shore in Nova Scotia. Botanica Marina, 46: 404-412.
Benson E E, Rutter J C, Cobb A H. 1983. Seasonal variation in frond morphology and chloroplast physiology of the intertidal alga *Codium fragile* (Suringar) Hariot. New Phytol, 95: 569-580.
Bird C J, Dadswell M J, Grund D W. 1993. First record of the potential nuisance alga *Codium fragile* ssp. *tomentosoides* (Chlorophyta, Caulerpales) in Atlantic Canada. Proceedings of the Nova Scotia Institute of Science, 40: 11-17.
Borden C A, Stein J R. 1969. Reproduction and early development in *Codium fragile* (Suringar) Hariot: Chlorophyceae. Phycologia, 8(2): 91-99.
Campbell S J. 1999. Occurance of *Codium fragile* ssp. *tomentosoides* (Chlorophyta, Bryopsidales) in marine embayments of Southeastern Australia. Phycologia, 35: 938-940.
Carlton J T, Scanlon J A. 1985. Progression and dispersal of an introduced alga: *Codium fragile* ssp. *tomentosoides* (Chlorophyta) on the Atlantic coast of North America. Botanica Marina, 28(4): 155-165.
Chapman A S. 1999. From introduced species to invader: what determine variation in the success of *Codium fragile* in the North Atlantic Ocean. Helgolander Meeresunters, 52: 277-289.
Charlier R H, Morand P, Finkl C W, et al. 2007. Green tides on the Brittany coasts. Environmental Research, Engineering and Management, 3(41): 52-59.
Chen Z, Ma W, Han M. 2008. Biosorption of nickel and copper onto treated alga (*Undaria pinnatifida*): application of isotherm and kinetic models. Journal of Hazardous Materials, 155(1): 327-333.
Churchill A C, Moeller H W. 1972. Seasonal patterns of reproduction in new york populations of *Codium fragile*. Phycologia, 8: 147-152.
Cobb A H. 1978. Inorganic polyphosphate involved in the symbiosis between chloroplasts of algae *Codium fragile* and mollusc *Elysia viridis*. Nature, 272(5653): 554-555.
D'Amours O, Scheibling R E. 2007. Effect of wave exposure on morphology, attachment strength and survival of the invasive green alga *Codium fragile* ssp. *tomentosoides*. Journal of Experimental Marine Biology and Ecology, 351(1-2): 129-142.
de Paula Silva P H, McBride S, de Nys R, et al. 2008. Integrating filamentous 'green tide' algae into tropical pond-based aquaculture. Aquaculture, 284(1): 74-80.
Ding L P, Fei X G, Lu Q Q, et al. 2009. The possibility analysis of habitats, origin and reappearance of bloom green alga (*Enteromorpha prolifera*) on inshore of western Yellow Sea. Chinese Journal of Oceanology and Limnology, 27(3): 421-424.
Dromgoole F I. 1975. Occurrence of *Codium fragile* ssp. *tomentosoides* in New Zealand waters. New Zealand Journal of Marine and Freshwater Research, 9(3): 257-264.
Drouin A, McKindsey C W, Johnson L E. 2011. Detecting the impacts of notorious invaders: experiments versus observations in the invasion of eelgrass meadows by the green seaweed *Codium fragile*. Oecologia, 168(2): 491-502.
Fletcher R L. 1996. The occurrence of 'green tides': a review *in*: Schramm W, Nienhuis P H. Marine

Benthic Vegetation: Recent Changes and the Effects of Eutrophication. Berlin: Springer: 7-43.

Fletcher R L, Blunden G, Smith B E, et al. 1989. Occurence of a fouling, juvenile stage of *Codium fragile* ssp. *tomentosoides* (Goor) Silva (Chlorophyceae, Codiales). Journal of Applied Phycology, 1(3): 227-237.

Fong P, Boyer K E, Desmond J S, et al. 1996. Salinity stress, nitrogen competition, and facilitation: what controls seasonal succession of two opportunistic green macroalgae. Journal of Experimental Marine Biology and Ecology, 206(1-2): 203-211.

Fralick R A, Matheison A C. 1972. Winter fragmentation of *Codium fragile* (Suringar) Hariot ssp. *tomentosoides* (van Goor) Silva (Chlorophyceae, Siphonales) in New England. Phycologia, 11(1): 67-70.

Fralick R A, Mathieson A C. 1973. Ecological studies of *Codium fragile* in New England, USA. Marine Biology, 19: 127-132.

Friedlander M, Dawes C. 1985. In situ uptake kinetics of ammonium and phosphate and chemical composition of the red seaweed *Gracilaria tikvahiae*. Journal of Phycology, 21: 448-453.

Gerbal P M, Maiz N B, Boudouresque C F. 1985. Les peuplements a *Sargassum muticum* del'Etang de Thau: donnees prelimmaires sur la flore algale. Congres National des Societes, Fr. 110(2): 241-254.

Gibson R J H. 1900. *Codium*. Liverpool Marine Biological Society Memoirs, 4: 326-343.

Guiry M D, Guiry G M. 2015. AlgaeBase. World-wide ele ctronic publication, National University of Ireland, Galway. http:// www.algaebase.org; searched on [2015-3-20].

Hanisak M D. 1979a. Growth patterns of *Codium fragile* ssp. *tomentosoides* in response to temperature, irradiance, salinity and nitrogen source. Marine Biology, 50: 319-332.

Hanisak M D. 1979b. Nitrogen limitation of *Codium fragile* as determined by tissue analysis. Marine Biology, 50: 333-337.

Hashim M, Chu K. 2004. Biosorption of cadmium by brown, green and red seaweeds. Chemical Engineering Journal, 97(2): 249-255.

Hurd A M. 1916. *Codium mucronatum*. Puget Sound Marine Station Publications, 1: 109-135.

Israel A, Einav R, Silva P C. 2010. First report of the seaweed *Codium parvulum*(Chlorophyta)in Mediterranean waters: recent blooms on the northern shores of Israel. Phycologia, 49(2): 107-112.

Jacoby C, Lapointe B, Creswell L. 2004. Are native and nonindigenous seaweeds overgrowing Florida's east coast reefs? Florida Sea Grant College Program SGEF.

Komatsu T. 1985. Temporal fluctuations of water temperature in a *Sargassum* forest. Journal of the Oceanographical Society of Japan, 41: 235-243.

Lapointe B E, Barile P J, Littler M M, et al. 2005. Macroalgal blooms on southeast Florida coral reefs Ⅰ. Nutrient stoichiometry of the invasive green alga *Codium isthmocladum* in the wider Caribbean indicates nutrient enrichment. Harmful Algae, 4(6): 1092-1105.

Largo D B, Sembrano J, Hiraoka M, et al. 2004. Taxonomic and ecological profile of 'green tides' species of *Ulva* (Ulvales, Chlorophyta) in central Philippines. Hydrobiologia, 512: 247-253.

Lodge D M. 1993. Biological invasions: lessons for ecology. Trees, 8(4): 133-137.

Menendez M. 2005. Effect of nutrient pulses on photosynthesis of *Chaetomorpha linum* from a shallow Mediterranean coastal lagoon. Aquatic Botany, 82(3): 181-192.

Miravalles A B, Leonardi P I, Cáceres E J. 2011. Male gametogenesis ultrastructure of *Codium fragile* subsp. *novae-zelandiae* (Bryopsidophyceae, Chlorophyta). Phycologia, 50(4): 370-378.

Miravalles A B, Leonardi P I, Cáceres E J. 2012. Female gametogenesis and female gamete germination in the anisogamous green alga *Codium fragile* subsp. *novae-zelandiae* (Bryopsidophyceae, Chlorophyta). Phycological Research, 60: 77-85.

Nanba N, Kado R, Ogawa H, et al. 2002. Formation and growth of filamentous thalli from isolated utricles with medullary filaments of *Codium fragile* spongy thalli. Aquatic Botany, 73: 255-264.

Nanba N, Kado R, Ogawa H, et al. 2005. Effects of irradiance and water flow on formation and growth of spongy and filamentous thalli of *Codium fragile*. Aquatic Botany, 81(4): 315-325.

Neill P E, Alcalde O, Faugeron S, et al. 2006. Invasion of *Codium fragile* ssp. *tomentosoides* in northern Chile: a new threat for Gracilaria farming. Aquaculture, 259(1-4): 202-210.

Nelson T A, Lee D J, Smith B C. 2003. Are 'green tides' harmful algal blooms? Toxic properties of water-soluble extracts from two bloom-forming macroalgae, *Ulva fenestrata* and *Ulvaria obscura* (Ulvophyceae). Journal of Phycology, 39: 874-879.

Oltmanns F. 1922. Morphologie und biologie der algen. Asher.

Parekh R G, Doshi Y A, Chauhan V D. 1989. Polysaccharides from marine red alga *Acanthophora spicifera*, *Grateloupia indica* and *Halymenia poryphyroides*. Indian Journal of Marine Sciences, 18(2): 139-140.

Park C S, Sohn C H. 1992. Effects of light and temperature on morphogenesis of *Codium fragile* (Surigar) Hariot in laboratory culture. The Korean Journal of Phycology, 7: 213-223.

Parsons T R, Strickland J D H. 1963. Discussion of spectrophotometric determination of marine plant pigments, with revised equation for ascertaining chlorophylls and carotenoids. Journal of Marine Research, 21: 155-163.

Perez-Cirera J L, Cremades J, Barbara I. 1989. Systematic and synecologic comments about some new seaweed records for *Galicia* or for the Atlantic coasts of the Iberian Peninsula. Anales del Jardin botánico de Madrid, 46: 35-45.

Prince J S. 1988. Sexual reproduction in *Codium fragile* ssp. *tomentosoides* (Chlorophyta) from the northeast coast of North America. Phycologia, 24: 112-114.

Prince J S, Trowbridge C D. 2004. Reproduction in the green macroalga *Codium* (Chlorophyta): characterization of gametes. Botanica Marina, 47(6): 461-470.

Provan J, Booth D, Todd N P, et al. 2007. Tracking biological invasions in space and time: elucidating the invasive history of the green alga *Codium fragile* using old DNA. Diversity and Distributions, 14(2): 343-354.

Ramus J. 1972. Differentiation of the green alga *Codium fragile*. American Journal of Botany, 59(5): 478-482.

Ramus J, Malinowski K G. 1973. Growth of the green alga *Codium fragile* in a connecticut estuary. Phycologia, 9: 102-110.

Schories D, Anibal J, Chapman A, et al. 2000. Flagging greens: hydrobiid snails as substrata for the development of green algal mats (*Enteromorpha* spp.) on tidal flats of North Atlantic coasts. Marine Ecology Progress Series, 199: 127-136.

Silva P C. 1992. Geographic patterns of diversity in benthic marine algae. Pacific Science, 46(4): 429-437.

Silva P C. 1955. The dichotomous species of *Codium* in Britain. Journal of the Marine Biological Association of the United Kingdom, 34(3): 565-577.

Smith A J. 2004. Medicinal and pharmaceutical uses of seaweed natural products: a review. Journal of Applied Phycology, 16: 245-262.

Takahashi Y, Daitoh M, Suzuki M, et al. 2002. Halogenated metabolites from the New Okinawan red alga *Laurencia yonaguniensis*. Journal of Natural Product, 65(3): 395-398.

Tamilselvan N, Hemachandran J, Thirumalai T, et al. 2013. Biosorption of heavy metals from aqueous solution by *Gracilaria corticata* var. *cartecala* and *Grateloupia lithophila*. Journal of Coastal Life Medicine, 1(2): 102-107.

Troell M, Halling C, Nilsson A, et al. 1997. Integrated marine cultivation of *Gracilaria chilensis* (Gracilariales, Bangiophyceae) and salmon cages for reduced environmental impact and increased economic output. Aquaculture, 156: 45-61.

Trowbridge C D. 1995. Establishment of the green alga *Codium fragile* ssp. *tomentosoides* on New

Zealand rocky shores: current distribution and invertebrate grazers. Journal of Ecology, 83(6): 949-965.

Trowbridge C. 1996. Demography and phenology of the intertidal green alga *Codium setchellii*: the enigma of local scarcity on sand-influenced rocky shores. Marine Biology, 127(2): 341-351.

Trowbridge C D, Todd C D. 1999. The familiar is exotic: Ⅱ. *Codium fragile* ssp. *tomentosoides* on Scottish rocky intertidal shores. Transactions and Proceedings of the Botanical Society of Edinburgh and Botanical Society of Edinburgh Transactions, 51(2): 161-179.

Vitousek P M, Mooney H A, Lubchenco J, et al. 1997. Human domination of earth's ecosystems. Science, 277: 494-499.

Wahidulla S, Souza L D, Kamat S Y. 1991. Dipeptides from the red alga *Acanthophora spicifera*. Phytochemistry, 30(10): 3323-3325.

Wang Z H, Yuan M L, Liang Y, et al. 2011. Effects of temperature and organic and inorganic nutrients on the growth of *Chattonella marina* (Raphidophyceae) from the Daya Bay, South China Sea. Acta Oceanologica Sinica, 30(3): 124-131.

Williams M M. 1925. The cytology of the gametangia of *Codium tomentosum* (Stack.). Proc Linn Soc New South Wales, 50: 98-111.

Williams S L. 2007. Introduced species in seagrass ecosystems: status and concerns. Journal of Experimental Marine Biology and Ecology, 350(1-2): 89-110.

Yabe T, Ishii Y, Amano Y, et al. 2009. Green tide formed by free-floating *Ulva* spp. at Yatsu tidal flat, Japan. Limnology, 10(3): 239-245.

Yang M H, Blunden G, Huang F L, et al. 1997. Growth of a dissociated, filamentous stage of *Codium* species in laboratory culture. Journal of Applied Phycology, 9(1): 1-3.

Yang Y F, Chai Z Y, Wang Q, et al. 2015. Cultivation of seaweed Gracilaria in Chinese coastal waters and its contribution to environmental improvements. Algal Research, 9: 236-244.

Yang Y F, Fei X G, Song J M, et al. 2006. Growth of *Gracilaria lemaneiformis* under different cultivation conditions and its effects on nutrient removal in Chinese coastal waters. Aquaculture, 254: 248-255.

Yang Y F, Li C H, Nie X P, et al. 2004. Development of mariculture and its impacts in Chinese coastal waters. Reviews in Fish Biology and Fisheries, 14: 1-10.

Yang Y F, Liu Q, Chaia Z Y, et al. 2015. Inhibition of marine coastal bloom-forming phytoplankton by commercially cultivated *Gracilaria lemaneiformis* (Rhodophyta). Journal of Applied Phycology, 27(6): 2341-2352.

Yoshida T. 1998. Marine Algae of Japan. Tokyo: Uchida Rokakuho.

Yotsui T, Migita S. 1989. Cultivation of a green alga *Codium fragile* by regeneration of medullary threads. Nippon Suisan Gakkaishi, 55(1): 41-44.

Yu J, Yang Y F. 2008. Physiological and biochemical response of seaweed *Gracilaria lemaneiformis* to concentration changes of N and P. Journal of Experimental Marine Biology and Ecology, 367: 142-148.

第五章　大型海藻生物修复的理论与实践

第一节　大型海藻栽培生态系统结构功能特征

一、大型海藻栽培和利用概况

（一）大型海藻栽培概况

大型海藻是一类多细胞海洋孢子植物，其基部有固着器，能固着在水底基质上生活，含有叶绿素a，能够进行光合放氧。大型海藻主要包括褐藻门、红藻门和绿藻门，常见的褐藻主要有海带、裙带菜、巨藻、马尾藻、泡叶藻等，红藻主要有江蓠、紫菜、石花菜、麒麟菜等，绿藻主要有浒苔、石莼等。

世界上开展海藻规模栽培的历史仅100年左右。近30年来，随着人口的持续增加、人们对改善膳食结构的需要及藻类综合利用研究的深入，对大型海藻的需求量激增，极大地促进了海藻栽培业的发展。大型海藻的栽培从早期的利用野生苗种进行增殖到培育人工苗种进行自然增殖，现已发展到全人工栽培（费修绠等，2000；张学成等，2009）。

世界范围内人工栽培的大型海藻有10多属20多种（费修绠等，2000）。海藻栽培国家主要分布于亚洲、非洲、美洲、欧洲和大洋洲。其中，亚洲栽培产量位居首位，占世界总产量的89.02%；美洲次之。在亚洲，主要海藻栽培国家为中国、印度、日本和韩国（FAO，2014）。2012年，全球范围内（33个国家）人工栽培大型海藻的产量为23.80×10^6t（鲜重），总产值达64亿美元。其中，中国人工栽培海藻产量居首，总产量达12.80×10^6t（鲜重），占全世界总产量的53.97%；其次是印度，人工栽培海藻产量为6.50×10^6t（鲜重），占全世界总产量的27.40%。2000～2012年，世界人工栽培大型海藻总产量增加1倍以上，在亚洲主要的大型海藻栽培国家中，唯有日本的人工栽培产量有所下降，并通过向邻国进口来补充产量降低的部分（FAO，2014）。

日本的海藻栽培技术发达，养殖品种包括紫菜、裙带菜、海带等。其中，以紫菜产量最高，1993年为59.90万t，1998年曾高达69.10万t，2012年下降到34万t（数据源自韩国釜山大学Ik Kyo Chung 教授）。日本的海带生产以自然繁殖为主，人工养殖的海带主要用于增养殖方面的研究。日本紫菜增养殖技术先进，实现了选种、自交、单株采果、孢子培育等人工生产化。日本的浮筏养殖、冷藏网和新品种开发等已成为紫菜生产的三大支柱产业，实现了采收、加工等全部机械化（杨宇峰等，2007）。

韩国是藻类生产大国，主要栽培紫菜、裙带菜和海带。2000年全国藻类养殖面积682 284hm^2，其中紫菜55 511hm^2、裙带菜9224hm^2、海带1209hm^2，上述3个品种占藻类养殖的97%左右。从产量来看，2000年藻类产量42.94万t，其中紫菜18.54万t、裙带菜21.24万t、海带1.42万t、其他1.74万t。裙带菜增养殖技术韩国最为先进，最高年产量达31.39万t（鲜品），完全实现人工工厂化生产。在育苗方法上多用室内常温育苗，孢子附着基质为维尼纶绳，养殖方法为浮筏式，产量一直稳定（杨宇峰等，2007）。2012 年，韩国紫菜、裙带菜和海带的产量分别为 35 万 t、34 万 t 和 31 万 t（湿重）（数据源自韩国釜山大学 Ik Kyo Chung 教授）。

中国海藻栽培生物学研究始于 20 世纪 50 年代。海带是我国栽培规模最大的大型海藻，20 世纪末期全国海带年产干品已达 90 万 t，产量位居世界第一，其增养殖技术已处于世界领先水平（费修绠等，2000）。

根据《2013 年中国渔业统计年鉴》（统计数据为干品）数据，2012 年我国栽培的大型海藻产量为 176.47 万 t，比 2011 年增加 16.29 万 t，增长 9.23%；栽培面积为 12.08 万 hm^2，比 2011 年增加 0.16 万 hm^2，增长 1.32%。栽培种类以海带（97.9 万 t，65%）、江蓠（19.7 万 t，13%）、裙带菜（17.5 万 t，12%）、紫菜（11.2 万 t，8%）为主。其中，海带主要在福建（55%）、山东（24%）、辽宁（20%）栽培，裙带菜主要在辽宁（74%）、山东（26%）栽培，江蓠主要在福建（54%）、广东（28%）、山东（11%）、海南（6%）栽培，紫菜主要在福建（49%）、浙江（22%）、江苏（19%）、广东（9%）栽培。

紫菜属高蛋白食品，营养价值非常高，是目前世界上海藻栽培业中经济价值最高的一种海藻。福建、浙江和江苏是我国紫菜栽培的主要省份，三省紫菜总产量占全国总产量的 90%（2013 年中国渔业统计年鉴）。以江苏紫菜栽培为例，从 20 世纪 70 年代初开始，经过 40 年的发展，形成了紫菜种质保存、制备、良种培育、种苗培养、海上栽培、紫菜产品加工、机械制造、市场营销和标准化管理等配套较为完整的产业化体系。全省紫菜栽培面积维持在 $2.3\times10^4hm^2$ 左右，年产干紫菜 40 亿张，产业规模和产量已占全国条斑紫菜的 97%以上，在国际紫菜市场的贸易份额由 21 世纪初的 40%上升到目前的 60%以上，出口外销到五大洲 65 个国家和地区，为沿海 45 000 多渔农民创造了就业机会，促进了相关配套产业的发展，解决了 10 余万渔民的生活问题，行业总产值 30 亿元左右，为江苏渔业增效、渔民增收做出了贡献，条斑紫菜产业在江苏等省的地方海洋经济中占有重要地位（柴召阳和何培民，2013）。

江蓠属大型海藻，是制造琼胶的主要原料之一，同时能有效净化水质，改善水体环境，以龙须菜为代表的江蓠属海藻已在我国沿海规模栽培。2000 年，龙须菜在广东汕头南澳岛栽培成功，因其产量大、经济价值高，得到大面积迅速推广，2005 年年底，南澳岛龙须菜养殖面积达 $600hm^2$（赖学文和陈伟洲，2006）。自 2001 年起，龙须菜又逐渐在福建宁德、莆田等地成功栽培（张学成等，2009），随后以龙须菜为代表的江蓠属海藻迅速在我国规模化栽培。2004 年年产量为 8.9 万 t，超过紫菜产量，位居全国第三（《2005 年中国渔业统计年鉴》）；2010 年产量达 11.5 万 t，超过裙带菜，年产量位居全国第二，仅次于海带（《2011 年中国渔业统计年鉴》）；2012 年其产量高达 19.7 万 t，继续稳居大型海藻产量第二位（《2013 年中国渔业统计年鉴》）。

2000～2012 年，我国大型海藻人工栽培发展迅速，年产量逐年稳步增长，2012 年人工栽培大型海藻的产量是 2000 年产量的近 2 倍（图 5-1）。至 2013 年，我国人工栽培大型海藻的产量已达 13.5×10^6t（鲜重），位居世界首位（FAO，2014）。

目前，世界上大型海藻栽培产量占总海水养殖产量的 50%左右。大型海藻已由 1996 年的第二大养殖类群（占总产量的 44%）（贝类为第一大养殖类群，占总产量的 48%）在 2004 年后成为最大养殖类群（占总养殖产量的 45.90%，贝类为 43%），2010 年大型海

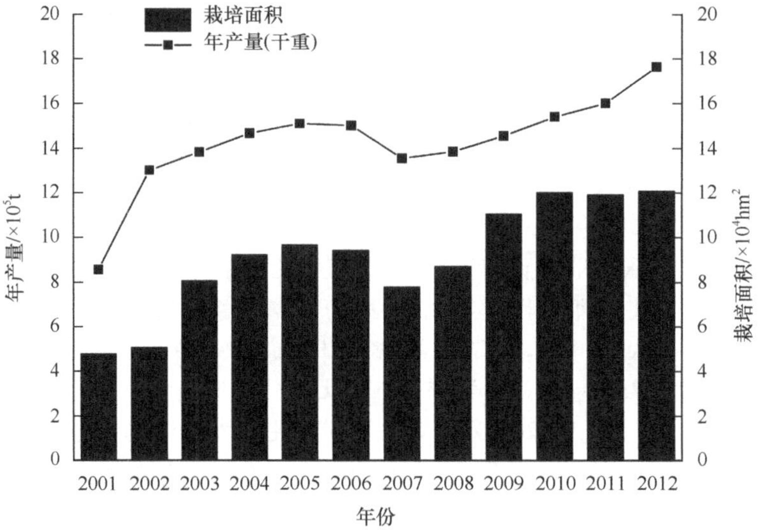

图 5-1　2001~2012 年我国海藻栽培面积及产量（《中国渔业统计年鉴》，2002—2013）

藻产量占总海水养殖产量上升至 50.90%，贝类产量则下降至 37.2%（Chopin and Neish，2014）。

（二）大型海藻利用概况

海藻利用至少有 2000 多年的历史。20 世纪中叶，碘作为国防、工业、医药等依赖的重要原料在我国极其短缺，西方国家对我国进行经济封锁，为了解决碘原料自给问题，60 年代国家组织科研力量研发找碘。中国科学院海洋研究所率先研制出从海带中提碘的新工艺，全国制碘小组及国内第一座制碘厂在青岛建立。经过 10 年攻关，年产海带碘的生产能力一度达 300t，初步满足了我国用碘需求。制碘业的发展带动了我国海带的大规模养殖，养殖产量居世界首位。同时，海藻化工产业也从单一地解决国防用碘发展到了联产海藻酸钠、甘露醇、海藻酸钾等系列产品，中国成为世界上最大的褐藻胶生产国。

我国海藻化工产品的原料主要以褐藻和红藻为主，生产的化工产品分别为褐藻胶和红藻胶，红藻胶主要包括卡拉胶和琼胶。石花菜是提取琼胶的主要原料，目前全世界产量为 2 万～3 万 t。江蓠是提取琼胶的重要原料，主要产地在亚洲和南美沿海。麒麟菜是提取卡拉胶的重要原料（杨宇峰等，2007）。

海藻绝大多数可食用。2007 年我国出口各类海藻食品 4.45 万 t，换汇 1.49 亿美元，占全球市场份额的 1/4 左右；出口海藻食品添加剂产品约 2.7 万 t，换汇 1.38 亿美元，占全球市场份额的 70%左右。海藻是一种很好的保健品，相关产业正崭露头角（柴召阳和何培民，2013）。在大型海藻中，紫菜是目前世界上海藻栽培业中经济价值最高的一种。其中江苏条斑紫菜产业在国际紫菜市场上的贸易份额达 60%以上，出口外销到五大洲 65 个国家和地区（张美如等，2012）。

海藻还被广泛地应用于饲料与肥料的研究与开发，并获得了巨大的经济效益。海藻绝大多数可供食用，将其作为食物资源直接食用，是人类对海藻最原始的认识和利用。随后产生了海藻贮藏加工产业，目前海藻加工食品可大致分为 3 个方面：初加工产品、精加工产品和深加工产品。我国海藻产业不论产业规模还是出口贸易方面，在世界上都占有举足轻重的地位（柴召阳和何培民，2013）。挪威动物学家的试验证明，海带饲料添加剂可以促进动物的生长发育，防治体内寄生虫和病毒，改善动物肉类的品质及蛋、乳质量等（姜桥等，2005）。2008 年全世界海藻粉产量达 5 万 t，许多国家建有海藻饲料加工厂，将海藻作为饲料添加剂应用于畜禽饲养，我国的海藻粉生产及应用还处于起步阶段（靳玲品等，2008）。范晓等（1995）提出用海藻开发海藻液体肥料，选择一些大型速生海藻进行提取，并浓缩其中的有效成分制作成速效肥料，主要利用藻体内的生长激素，可用于谷物、果品、蔬菜、花卉等，能促进作物生长，改进产品品质。

大量研究表明很多海藻成分具有良好的抗肿瘤、抗病毒、抗真菌、抗细菌、免疫增强或抑制、抗氧化、防治心脑血管疾病、抑制某些靶酶等生物活性（张翼等，2005；韩玲等，2012）。Albertus（2004）从软骨藻 *Chondria atropurpurea* 中分离到了一种内酰胺 Chondriamide A，对人类鼻咽癌和结肠癌细胞具有体外抑制活性。Stabili 等（2012）研究发现，龙须菜中的生物活性物质是天然的抗生素来源，发现其含有不饱和脂肪酸，尤其是棕榈酸有很强的抗菌性，是极具应用潜力的生物资源。Yuan 和 Walsh（2006）用比色法提取了掌状红皮藻及海带中的活性物质，并研究了这些提取物对人类宫颈癌细胞增殖的影响，结果表明这些藻类提取物抗增殖效果与其中的总多酚含量呈正相关。Haughey 等（2013）综述了海藻生物活性物质对过敏性疾病治疗方面的研究，结果发现海藻中的众多活性物质对哮喘、皮炎、过敏性鼻炎等具有显著的疗效，对人体有保健效果。

大型海藻用于工业、食品、饲料、肥料、天然药物等方面的开发研究具有广阔的应用前景，能产生巨大的经济效益。

二、大型海藻栽培生态系统结构功能特征

（一）大型海藻栽培生态系统概念

全球海洋生态系统包含许多不同等级的次级生态系统，每个次级生态系统占据一定的空间，由相互作用的生物和非生物组成，通过能量流和物质流形成具有一定结构和功能的统一体。按海区划分，海洋生态系统一般分为沿岸生态系统、大洋生态系统、上升流生态系统等；按生物群落划分，一般分为红树林生态系统、珊瑚礁生态系统、藻类生态系统等（王友绍，2011）。

大型海藻栽培系统是一种以大型海藻为支撑，人工可控，栽培期内海藻生物量大，对水环境和其他生物群落结构和功能具有重要影响的特殊生态系统。大型海藻栽培系统提供了空间异质性和高度多样化的生境，支持着各种消费者的生活，对维持海洋生态系统的健康具有重要作用。

在大型海藻栽培生态系统中，非生物主要包括水文、温度、盐度、营养盐等理化环境；在生物组成中，除大型海藻外，系统中还包括浮游植物、浮游动物、微生物及鱼类等（章守宇和孙宏超，2007）。

1. 非生物因素

光照：海藻对光照的需求和其他水生植物的一般形式相似。研究表明，光照充足的浅水区最适宜海藻生长，而光照强度弱的区域不适宜海藻的生长。因此，海藻栽培多采用筏式吊样方式，该栽培方式可以保证海藻始终处在光照充足的浅水区，不会因涨潮落潮而改变（章守宇和孙宏超，2007）。

温度：海藻栽培生态系统内部温度明显高于周边海域或其他对照海域。这种温度特征与多种因素有关，包括其内部旺盛的初级生产力、稳定流场所引起的较小的热交换、海藻形成的荫蔽等（Komatsu et al.，1982）。

盐度：每一大型海藻都有适应的盐度范围。有些海藻栽培生态系统的内部盐度要比周边海域或其他对照海域高 1～2 个单位（Hyndes et al.，2003）。

水流：海藻栽培生态系统内部的水流较缓，底质多样。大型海藻凭借其繁茂的藻体可有效地减缓水流，维持系统内部相对稳定的环境。

2. 生物因素

支持生物：作为海藻栽培生态系统支持生物的大型海藻，通常在生物量上占有绝对优势，物种较单一，如在我国的海带栽培区、紫菜栽培区和龙须菜栽培区，海带、紫菜和龙须菜均是占有绝对优势地位的支持生物。

附生生物：大型海藻栽培系统附生生物包括小型附生藻类、附生动物和附生微生物等。大型海藻栽培系统中，藻体生长繁密，藻体可为附生生物提供较大的附着面积（章守宇和孙宏超，2007）。有研究发现，附生生物在海藻场生态系统中的贡献仅次于支持生物，可为海藻场生态系统提供 30%的生产力和 30%的生物多样性（Luning，1990）。对汕头南澳岛龙须菜栽培区中微生物群落结构的研究发现，龙须菜栽培区水体中微生物群落具有较高的代谢活性和遗传多样性；龙须菜体表微生物群落活性高于龙须菜栽培区沉积物和水体中的；龙须菜体表的异养细菌数较高，微生物菌群表现出更高的代谢活性；龙须菜栽培区表层沉积物的主要优势菌种类最丰富，龙须菜体表主要优势菌种类最少。龙须菜栽培区水体、体表和沉积物共有的主要优势菌类群为α-变形菌、γ-变形菌和拟杆菌，并从龙须菜栽培环境中和龙须菜体表分离、筛选了 6 株优势芽孢杆菌（3 株短小芽孢杆菌 GS6、GS11、GS12 和 3 株地衣芽孢杆菌 GS 4、EGW 1、EGS 4）（课题组未发表数据）。

浮游生物：对海藻场生态系统中浮游动物而言，主要有两种观点。①海藻场生态系统的浮游动物多样性高、生物量大、稀有种较多；②多样性与生物量在某些时期与对照海域没有明显区别，甚至稍低于对照海域（章守宇和孙宏超，2007）。

此外，大型海藻栽培生态系统因其生境特点，成为游泳生物的产卵场和栖息场所，大型海藻栽培系统中稚仔鱼生物量明显高于对照海区。Komatsu 和 Ariyama（1999）研究发现，汤氏平鲉（*Sebastes thompsoni*）仔鱼（体长小于 20mm）经常出现在海藻区，体长为 20～30mm 的仔鱼白天在海藻间游泳，夜晚则在海藻植株上栖息。

（二）大型海藻栽培生态系统结构特征

1. 优化海洋生态系统结构

在清澈的海区，藻场可延伸至水深 20～30m 处，甚至更深的海域。如果海底坡度小，藻场可延伸至离岸几千米。南、北太平洋沿岸有冷水涌升的海域也有大型海藻场分布，温暖带和热带海区则不出现大型海藻场。有些大型海藻个体很大，如美国太平洋沿岸的巨藻可生长至 20～30m，且生物量很大，有“海藻森林”(kelp forest) 之称（沈国英和施并章，2002）。大型海藻能提供藻场生物群落的“框架”，为许多附着植物和动物提供生活空间，包括硅藻、微型生物、甲壳动物和鱼类等。大型海藻提供了空间异质性和高度多样化的生境，初级生产力很高，支持着各种消费者的生活，对提高近海生物多样性、维持海洋生态系统的健康具有重要作用。近年来，日本一直致力于马尾藻藻床生态和重建技术的研究，以提高近海水质，保护日本近岸环境（Terawaki et al.，2003）。近几年，中国非常重视大型海藻规模栽培，除传统的海带、紫菜栽培外，龙须菜的栽培发展非常迅速。在龙须菜栽培生态系统内，水质有明显改善，且对浮游植物群落结构调控及赤潮防治具有重要作用（Yang et al.，2014，2006，2004）。

2. 为海洋生物提供栖息场所

海藻场对波浪具有消减作用，可以改变海流动力学，使海藻场内形成相对稳定的海域环境，水温较周围变化小，有利于海洋生物的养息，并成为其在灾害天气时的避难场所。海藻场内能够形成隐蔽场及狭窄迷路，使其成为海洋动物躲避敌害的优良场所。此外，海藻场内的大型海藻及其附生生物可作为鱼类等多种海洋生物的饵料，藻体的死亡与分解形成营养丰富的有机质，有利于饵料生物的繁殖，使海藻场成为海洋生物的索饵场。海藻场内具有丰富的鱼卵附着基和稚鱼孵化的饵料，是多种鱼类的产卵场（章守宇和孙宏超，2007）。

3. 改善海洋生态环境

大型海藻是海洋环境中非常有效的生物过滤器。利用大型海藻的生物修复功能改善养殖区的水环境质量，是实现我国海水养殖可持续发展的有效途径（杨宇峰等，2007；Fei，2004）。目前许多学者认为，大型海藻规模栽培是改善海洋生态环境的最佳途径之一（汤坤贤等，2005；杨宇峰和费修绠，2003；Huo et al.，2011；Yang et al.，2006）。人工栽培海藻的生长速度快，单位面积产量很高，且海藻产品容易收获。通过海藻吸收并固定的 N 和 P 等营养物质由海洋转移到陆地，可大大降低养殖水域营养物质的含量，具有很好的环境效益。由于大型海藻在生长过程中可吸收 N、P，能同化成自身需要的营养成分，当 N、P 营养盐浓度较高时，大型海藻具有储存大量营养盐的能力，是海洋生态系统中重要的 N 库和 P 库（何培民等，2005）。此外，大型海藻在生长过程中可有效富集重金属，缓解海洋环境中重金属污染（柴召阳和何培民，2013）。

大型海藻在生物固碳方面起着极其重要的作用。大型海藻栽培水域面积的净固碳能力分别是森林和草原的 10 倍和 20 倍。全球每年的生物固碳总量为 800 亿 t，其中大型海藻固碳 550 亿 t，是全球生物固碳的最大组成部分（李乃胜，2010）。

第二节　大型海藻生物修复

一、生物修复的概念

生物修复是利用自然界中某些生物对污染物的吸收、降解和转移等作用，减少或最终消除环境污染，使受损生态系统得以恢复的过程。自然水体的自净过程主要是微生物的作用。因此，人们也将微生物降解有机污染而消除污染和净化环境的过程称为生物修复，但人们担心微生物的安全性及将其应用到环境中再次引起污染的问题。现在人们普遍能够接受的、更加安全可靠的方法是利用植物对环境进行修复，即植物修复技术。植物具有庞大的叶冠、丝状体，具有根系、固着器等器官和结构，在水体和土壤中，与环境进行着复杂的物质交流和能量流动，因而在维持生态系统平衡中起着重要作用（杨宇峰和费修绠，2003）。

生物修复可分为原位生物修复（*in situ* bioremediation）和异位生物修复（*ex situ* bioremediation）两类，前者主要用于水域和土壤的环境修复，后者主要用于工业和生活废水的处理（李秋芬和袁有宪，2000）。

二、大型海藻生物修复理论

早在 20 世纪 70 年代已有国外学者开展大型海藻处理封闭型海水养殖废水的研究（Harlin et al.，1979；Haines，1975）。到了 90 年代，学者开始将大型海藻生物修复研究扩展至开放海域（Buschmann et al.，1996；Neori et al.，1996；Haglund and Pedersen，1993）。进入 21 世纪，有关大型海藻与海洋环境关系的研究已成为海洋生态和环境生物学的研究热点，研究领域涉及大型海藻规模栽培与技术、大型海藻生物修复与地球化学过程、大型海藻光合生理与有害藻华防治、大型海藻化学生态与资源利用等（杨宇峰和费修绠，2003；曾呈奎，2001；费修绠等，2000；Zhong et al.，2015；Yang et al.，2014；Huo et al.，2012；Neori et al.，2004；Chopin et al.，2001）。

在研究计划方面，许多国家和地区都启动了相关研究计划。例如，欧盟为了应对全球环境变化引起的近海环境污染问题，启动了 EUMAC 重大研究计划，研究水域跨越波罗的海到地中海的欧洲沿岸海区，以研究大型海藻在环境和气候变化中的响应和作用（Schramm，1999）。美国国家海洋与大气管理局（NOAA）启动了内容包括大型海藻、鱼类养殖与渔业管理研究在内的国家计划，其目的就是为了恢复近海生态系统的功能，以维持海洋资源的可持续利用（McVey et al.，2002）。亚洲作为大型海藻栽培和资源利用的重要贡献者，中国、日本、韩国等国家启动了多项以大型海藻作为近海环境修复材料的关于海藻床重建、海藻生物过滤器和生产力系统的计划，以修复近海由于人类活动而带来的富营养化和有害藻华等环境问题（Yang et al.，2014；Huo et al.，2012；Terawaki et al.，2003；Chung et al.，2002）。

瑞典学者 Haglund 和 Pedersen（1993）、智利学者 Troell 等（1999）在鱼类养殖区栽培江蓠，利用鱼类养殖过程中产生的废物作为海藻生长的营养源，从而降低了养殖水域中 N 和 P 的浓度，同时提高了单位水体综合养殖的经济效益。Troell 等（1997）证实，江蓠与大马哈鱼共养可去除鱼类养殖过程中排放到环境中的 50%～90%可溶性铵。Huo 等（2012）研究发现，在花鲈养殖网箱中混养真江蓠，真江蓠生态修复区及其相邻网箱中水体的 PO_4-P、NO_2-N、NH_4-N 和 NO_3-N 含量显著低于非修复区，修复区海水中 PO_4-P、NO_2-N、NH_4-N 和 NO_3-N 浓度比非修复区分别降低 22%～58%、24%～48%、22%～61% 和 24%～47%。

大型海藻规模化栽培可以改善养殖环境，其生物地球化学过程与机制如下。

1）大型海藻通过生理代谢提高海洋环境质量。大型海藻的一个重要生理功能是通过吸收光能进行光合作用，在光合作用过程中吸收海水中大量的无机碳，并释放氧气。同时，在生长过程中可大量吸收 N、P 等生源要素。规模化栽培海藻可有效降低 N、P 等营养物的浓度，防治海域富营养化。

2）人工栽培海藻的生长速度快，单位面积产量很高。栽培的大型海藻容易从水体中收获，通过海藻吸收并固定的 N 和 P 等营养物质由海洋转移到陆地，可大大降低养殖水域营养物质的含量，具有很好的环境效益。此外，大型海藻在生长阶段容易跟踪和分析。因此，用大型海藻对养殖环境进行生物修复具有独特的优势（Huo et al.，2012；Neori et al.，2004；Terawaki et al.，2003）。

3）大型栽培海藻的生长周期较长。在同一海区，可根据不同海藻的生活习性和季节变化交替栽培龙须菜、条斑紫菜等优良海藻品种，通过将海藻收获上岸来达到净化水质的目的。

4）大型海藻规模栽培及海藻场建立可优化海洋生态系统的结构和功能；收获的大型海藻可作为动物饲料和制造琼胶的原料，具有重要经济价值。同时，政府的鼓励与渔民的积极参与也可以有效解决沿海渔民的就业问题，增加渔民经济收入。大力发展我国海藻栽培业、进一步扩大海藻栽培面积是我国近海海洋富营养化生态修复与治理的重要对策之一（柴召阳和何培民，2013；汤坤贤等，2005；Yang et al.，2015，2006）。

三、大型海藻在有害藻华防治中的作用

赤潮等有害藻华已成为世界性的海洋灾害，赤潮的发生对海域生态系统造成严重的破坏。赤潮发生时，大量赤潮生物堵塞海洋生物呼吸器官，使鱼类等经济海洋动物窒息死亡。尤其严重的是，一些赤潮毒素（如麻痹性贝毒、神经性贝毒、腹泻性贝毒等）可在鱼、贝体内积累，如果不慎被消费者食用，轻则引起中毒，重则危及生命。因此，赤潮的防治研究显得尤为重要。

海域富营养化是赤潮发生的物质基础。由于大型海藻能通过光合作用吸收水中的 N、P 营养物质，产生氧气，对富营养化海域有良好的净化作用。研究显示，江蓠能加速中肋骨条藻赤潮的消亡，避免赤潮消亡后水体缺氧，可有效减轻赤潮对环境的危害（汤坤贤等，2003）。在高 N、P 浓度条件下，大型海藻通过竞争作用或藻类间的相生相克作用抑制水体中浮游微藻的生物量，既治理了水体富营养化，又防治了赤潮。Smith 和 Horne（1988）证实，石莼通过对无机氮的竞争抑制浮游微藻的生长；Fong 等（1993）发现在高浓度营养盐供给下，大型海藻和聚生蓝藻的存在使其他浮游微藻生物量降低为原来的1/10；霍元子等（2010）研究了浒苔（*Ulva prolifera*）对赤潮微藻米氏凯伦藻（*Karenia mikimotoi*）的克生效应，发现浒苔鲜组织对米氏凯伦藻的生长具有强烈的克生效应；雷光英等（2010）研究发现，龙须菜对赤潮异弯藻（*Heterosigma akashiwo*）和海洋原甲藻（*Prorocentrum micans*）的生长均产生抑制作用，且随着起始密度的增加，抑制作用增强。有些大型海藻分泌化感物质，对赤潮生物生长具有抑制效应，如绿藻中的石莼（Nan et al.，2004；Tang and Gobler，2011）、缘管浒苔、鼠尾藻（Wang et al.，2007），红藻中的龙须

菜（雷光英等，2010；Ye et al.，2013，2014）、紫菜（Tang et al.，2015）及其提取物对多环旋沟藻（*Cochlodinium polykrikoides*）、东海原甲藻（*Prorocentrum donghaiense*）、赤潮异弯藻、中肋骨条藻（*Skeletonema costatum*）和塔玛亚历山大藻（*Alexandrium tamarense*）等多种赤潮微藻的生长具有抑制作用，可以使赤潮微藻运动性降低，细胞变形并破裂。

总之，栽培大型海藻作为海域中的天然除藻（微藻）剂是一种低投入、无毒害、无污染的防治和控制有害藻华的有效途径，为赤潮的生物防治展现了新的前景。

四、大型海藻在海水养殖绿色生产中的作用

养殖海域富营养化、水中溶氧减少、生物多样性降低等环境问题已成为困扰海水养殖业持续发展和海洋资源可持续利用的严重环境问题（Yang et al.，2006，2004）。因此，研究防治养殖污染的生态对策和清洁生产方式显得尤为急迫。当前，国际上利用大型海藻和经济动物混养和套养的生态养殖模式受到推崇。Schuenhoff（2003）通过石莼和鱼类的混养系统，发现石莼通过对N营养的吸收，限制了氨的毒性，提高了养殖系统的安全性。在维持水体溶氧方面，1kg石莼产生的氧气能满足2kg鱼对氧的需要（Noeri et al.，2004）。据测算，每100kg新鲜江蓠每小时光合作用可产生0.05kg的氧，每天光合作用以8h计算，则可产生0.4kg的氧。江蓠在生长过程中昼夜都要呼吸，要消耗氧，并呼出CO_2。根据试验，每100kg新鲜藻体一昼夜的呼吸作用仅消耗0.01kg的氧，可使水中增加0.39kg的氧。在养殖生态系统中，大型海藻江蓠起到了增氧机的作用。因此，大型海藻与鱼、贝混养是一种绿色海水养殖生产方式（杨宇峰等，2007；王清印，2003）。

在大型海藻与鱼类共养的水体中，通过控制大型海藻的生物量，可有效降低营养物的浓度，维持水体中的溶氧量，降低鱼类发生窒息和水质恶化的危险性，从而保证养殖活动安全有序。通过提高养殖生态系统的水质和健康度，可获得直接或间接的利益（杨宇峰和费修绠，2003；Fei，2004）。在我国，根据养殖区的现状，探索并实施在海水鱼、贝类养殖区混、套养大型海藻的技术，使养殖区动物性养殖和大型海藻栽培平衡发展。

第三节　大型海藻栽培生态系统关键生物地球化学过程

一、养殖系统生物地球化学过程

在地球表层生物圈中，生物有机体经由生命活动从其生存环境的介质中吸取元素及化合物（常称矿物质），通过生物化学作用转化为生命物质，同时排泄部分物质返回环境，并在其死亡之后又分解成为元素或化合物返回环境介质中，这一个循环往复的过程称为生物地球化学循环。生物地球化学循环还包括从一种生物体（初级生产者）到另一种生物体（消耗者）的转移或食物链的传递及效应。

海洋是全球生态系统的重要组成部分，在地球系统中与大气、陆地紧密连接在一起，在调节全球气候方面发挥着重要作用。海洋生物地球化学主要是研究海洋环境中与生物有关的物质特别是生源要素（C、N、P等）在生物作用下的行为，海水或沉积物中这些生源要素的行为与海洋浮游生物的分布和数量密切相关，同时受到海水动力条件和人类

活动的影响（宋金明等，2006）。目前，随着地球科学的发展，海洋生物地球化学过程研究已成为化学海洋学和生物海洋学的核心科学问题之一（Forman and Warren，2010）。有些海洋生物地球化学研究计划实施了长达 10 年之久（Hays et al.，2005），足以显现海洋生物地球化学过程研究的重要性。

经济动物和大型海藻的规模化养殖对养殖海域环境和生物群落结构有重要影响（Aguado-Giménez et al.，2007；Yang et al.，2004）。大型海藻是生物地球化学和生态学研究的共同对象。藻细胞体内的各种新陈代谢活动，推动并形成了以大型海藻为中心的元素循环网。大型海藻在生长过程中控制着 C、N、P 等元素在水体和沉积物中的循环，通过生物积累、光合作用及生物矿化，使藻体与周围环境因子相互作用，形成了藻类生物地球化学循环。Truesdale（2008）以大型海藻 *Laminnaria digitata* 和 *Fucus serratus* 为对象，证实了大型海藻在碘生物地球循环中具有重要作用。海洋生态系统中数量众多的浮游生物包括超微型藻类，它们通过浮游植物细胞、浮游生物碎屑和浮游动物粪便等的生理和新陈代谢活动，在生物碳泵（biological carbon pump）、水动力等的驱动下，使 C、N、P 等生源要素得以在海洋表层和底层循环（Chance et al.，2007；Pasquer et al.，2005）。

养殖海域的生物地球化学循环过程具有与其他海域明显不同的特征。Hung 等（2008）发现在 Tapong 湾，当鱼、贝海水养殖设施撤除后，溶解无机氮（DIN）和溶解无机磷（DIP）等水质指标和浮游生物生产量明显提高，营养盐的生物地球化学过程发生明显改变。Pusceddu 等（2007）发现，养殖区在营养水平、沉积环境、生物地球化学循环方式等方面与其他海区具有明显差异，其浮游生物种类组成、体长频度分布模式均有特殊性（Huang et al.，2009）。鱼、贝类养殖区底层水体异养细菌数量较表层水体多，很大程度上是因为沉积物中异养细菌数量多，大量浮游细菌活动会降低水体的溶解氧，改变其他理化因子，对沉积环境的稳定产生影响。而大型海藻的栽培起到调节微生物群落结构、控制微生物数量的作用（Pang et al.，2006；Chelossi et al.，2003）。

中国是世界上海水养殖产量最高的国家，水产养殖产量占全球总养殖产量的 70%左右，具有非常典型的养殖生态系统，而美欧等发达国家由于人口压力不大，养殖规模较小甚至严格限制海水养殖产业。由于养殖生态环境的特殊性和复杂性，国内外学者对养殖海域生物地球化学过程和环境演变的研究还处于起步阶段。过去主要关注海水养殖产量的提高与经济效益，对大面积、高密度、高产量海水养殖生态系统的生物地球化学过程所知甚少，对一些重要的环境化学过程和赤潮生物、浮游生物休眠体的调控机制不明。养殖生态系统中浮游植物、浮游动物等的生物地球过程与环境演变研究有待深入（Forman and Warren，2010；Zhou and Maskaoui，2003）。

二、大型海藻栽培系统与碳氮磷生物地球化学循环

碳是构成生命的基本元素，是整个生物圈物质和能量循环的主体。近几十年来，由于化石燃料能源消费的激增，人为输入到大气中的碳（主要是以 CO_2 的形式）导致全球气温增高，占地球表面积 71%的海洋作为大气 CO_2 的主要汇，可吸收大量的人为碳，从而缓和气候变化（李宁等，2005）。海洋碳库包括无机碳和有机碳两大类，无机碳库主要是溶解态的 CO_2 和 H_2O 形成的复杂平衡体系；有机碳库有溶解有机碳（DOC）和颗粒有

机碳（POC），二者通常以能否通过 0.2～0.45μm 孔径的有机物来人为地划分，其实二者是密切联系的（沈国英等，2010）。海洋各碳库中以溶解有机碳库含量最大，其次是非生命的有机碎屑，各种生物的总碳量所占比例最小（Kaiser et al.，2005）。研究表明，人类每年向大气排放的 CO_2 约有一半被海洋吸收，吸收进入海洋的碳经复杂的生物地球化学过程转化为不同形式的碳，或在海洋中循环，或被转化为其他形式的碳而参与生物代谢，或形成颗粒物被最终埋藏或重新被释放进入大气（陈洋勤等，2008）。海洋颗粒有机碳主要在表层产生，并且都有向下沉降的趋势，在沉降的过程中不断被各种消费者和微生物反复利用与分解。因此，随着深度的增加，POC 的量会快速下降，其沉降速度与粒径大小有关（沈国英等，2010）。

在近海栽培的大型海藻可吸收包括碳在内的多种生源要素，大型海藻（主要为经济大型海藻）经采收后在陆地上被利用，这样可从海水中“取出”大量的碳，从而使大气中的 CO_2 向养殖海区转移，增加大型海藻栽培海区的储碳能力。水域环境（主要是海洋）中藻类固定的有机碳占全球总碳固定的 40%，即约 2×10^{14}kg CO_2，而藻类中 95%以上的有机碳来自于 Rubisco 催化的 CO_2 固定作用。海洋中藻类通过 Rubisco 对海水中溶解态 CO_2 的固定量达 1.9×10^{14}kg（约合 5.1×10^{13}kg 碳，实际上这仅是自然生长的海水藻类的固碳量），海藻产生的“生物泵”过程使得海洋对大气 CO_2 产生净吸收，从而缓解大气中 CO_2 浓度的增加和减轻温室效应。我国人工栽培经济海藻每年可多吸收 13 万 t 大气碳（即 1.3×10^9kg 的碳）（陈洋勤等，2008）。此外，海洋真光层浮游植物通过光合作用吸收 CO_2 转化为有生命颗粒有机碳，这些有机碳通过食物链逐级转移到大型动物，并通过浮游动物的垂直迁移和大量非生命颗粒有机碳（如生物死亡残体、动物产生的粪团、蜕皮）的沉降一起构成有机质由表层向深层转移的“生物泵”过程（沈国英和施并章，2002）。海藻光合作用在全球碳通量变化中扮演者十分重要的角色。

氮是海洋中最为重要的生源要素之一。海洋沉积物中的氮既能成为水体氮的来源，又可成为水体氮的汇，与生物过程（如海藻栽培、鱼类养殖等）一起调控水体生态环境。海藻体中的含氮化合物种类很多，其中作为氮储存物较重要的有蛋白质、氨基酸和藻体色素。海藻从环境中吸收大量的氮，主要以 NH_4-N 和 NO_3-N 的形式吸收，其主要的利用途径是通过转氨作用成为氨基酸，再合成蛋白质及其他的含氮有机物。海藻（包括大藻和微藻）在富氮环境中会吸收过量的氮，并在体内储存，当环境中缺乏氮源时，体内氮库中的氮会慢慢释放出来，供应海藻的生长及生理需求（He et al.，2008；Dawczynski et al.，2007）。氮在海洋中的存在形态比较复杂，包括无机氮和有机氮两大类。溶解无机氮（DIN）主要有分子态氮（N_2），其数量很大，化学性质稳定，需要通过固氮微生物的特殊酶系统分解与转化后才能被生物利用；硝酸氮（NO_3-N）是氮的高氧化态化合物，氨氮（NH_3、NH_4-N）是氮的高还原态化合物，它们都是生物可利用的重要氮源。此外，还有一些无机氮是氮在氧化-还原过程中产生的中间产物。有机氮包括颗粒有机氮（PON）和溶解有机碳（DON）。PON 指生物体和各种有机碎屑中的氮，DON 的组分相当复杂，主要来源于生物的代谢排出及死亡之后分解过程中产生的各种组分，它们在海水中的浓度超过无机氮化合物，其中有一部分可被微生物或其他消费者所利用（沈国英等，2010）。

海水中磷的分布和变化不断受到陆地径流、水体运动、有机体分解等物理化学过程的影响，而且与生物活动密切相关。海水中的磷主要包括无机磷和有机磷两大类，以溶解态或颗粒态存在，不同形态的磷之间可相互转化，生物过程起着重要作用。溶解无机磷（DIP）主要以正磷酸盐形式存在，其中 HPO_4^{2-}约占 87%，其次是 PO_4^{3-}，约占 12%，$H_2PO_4^-$的含量很少。溶解活性磷是生物可利用的溶解磷，其定义为在酸性溶液中能与钼酸盐离子形成磷钼盐复合物，当被抗坏血酸还原时形成蓝色的溶解磷。溶解反应活性磷（SRP）的主要成分是正磷酸盐，此外还包括无机磷及部分水解的有机磷。溶解有机磷（DOP）主要来源于浮游植物活体细胞的渗滤或死亡细胞的自溶及各种颗粒有机碎屑的分解。DIP 和 DOP 含量在海洋中的垂直分布有明显差异。真光层 DIP 由于被浮游植物吸收，因此表层含量很低，在真光层下方随深度增加，DOP 不断水解为 DIP，所以其含量不断提高，到 1000m 左右达最大值。相反，DOP 含量的垂直分布则是表层最高，随着深度的增加，DOP 不断被细菌分解为 DIP，DOP 含量也随之降低，只有一小部分输入深海（沈国英等，2010；Paytan and McLaughlin，2007）。沉积物中的磷是以多种复杂的结合形式存在的。藻类对沉积物中的铝结合磷（Al-P）和有机磷（OP）具有优先吸收的性能，铁结合磷（Fe-P）在沉积物中的含量可作为污染的指标（Ruiz et al.，2002）。磷的各种形态在沉积物中并不是固定不变的，会随着沉积物的类型、温度、盐度等水文条件及生物作用相互转化，从而使沉积物中各种形态的含量及分布发生变化。海洋生物的生产过程及生物扰动效应会对营养盐的循环产生影响，如藻类的加入可以使反硝化作用大大减弱，而生物扰动效应正好相反。

近三四十年，海洋中的氮含量增加了 2～3 倍，磷的增加也非常明显。目前，世界上许多海域均在不同程度上遭受由于氮、磷过量输入导致的富营养化问题（Yang et al.，2004；Moffat，1998；Smetacek et al.，1991），近海沉积物则是氮、磷等生源要素的重要蓄积库。在海洋环境中，污染物质的迁移过程包括物理化学和生物化学过程的耦合，同时又与水动力等因素密切相关。沉积物在承担对上覆水环境净化功能的同时，也在一定程度上发挥营养盐库的作用，不断向上覆水释放营养盐，对水体富营养化具有重要的贡献。氮、磷是许多海洋生物生长所必需的生源要素，而生物对不同形态营养盐的吸收利用率差别很大。沉积物中不同形态的氮、磷具有不同的生物有效性和地球化学行为，它们的含量和分布特征包含着许多环境地球化学信息，是追索生物地球化学过程的重要指标。因此，研究大型海藻栽培后对水环境和沉积环境的影响具有重要的环境意义。

第四节 大型海藻生物修复技术应用与案例分析

一、汕头南澳岛海域龙须菜栽培与环境修复

早期江蓠以野生为主，产量较低且不稳定。20 世纪 50 年代我国开始了江蓠的人工栽培研究，70 年代中后期至 80 年代细基江蓠在广东开始栽培，一定程度上促进了江蓠产业的发展，但其琼胶含量低，琼胶质量达不到标准。我国产琼胶的海藻栽培基本是空白，迫切需要选择适当的产琼胶海藻物种并开展大规模栽培（刘思俭，2001）。龙须菜属红藻门真红藻纲杉藻目江蓠科江蓠属大型海藻，多生长在潮间带下部至潮下带，直立，多丛生，线形或圆柱形，长度可达 1m 以上，藻体呈褐色或紫红色，通过基部盘状固着器固着在半埋于沙砾的岩石上。

由于受生长温度的限制，龙须菜在北方沿海的栽培季节集中在春、秋两季，栽培季节间断，导致龙须菜生物量不能有效积累，难以实现大面积规模栽培（张学成等，2009）。为解决龙须菜栽培季节间断问题，实现规模栽培，1988 年起中国科学院海洋研究所费修绠等科研工作者提出了龙须菜南移栽培的思路。从 1993 年开始，对龙须菜进行了系统的种质改良，经过反复筛选，1998 年选育出‘981’龙须菜（张学成等，2009）。2000 年春，‘981’龙须菜在广东汕头南澳岛栽培成功。近 10 年多来，南澳岛龙须菜栽培规模逐年扩大，栽培面积从 2000 年的 0.13hm^2 扩大至 2011 年的 1500hm^2（图 5-2）。到目前为止，龙须菜栽培产业已经分布于广东、福建、浙江、山东和辽宁，已经发展成我国继海带、紫菜和裙带菜之后的一个新兴海藻栽培业（张学成等，2009；杨宇峰等，2007）。

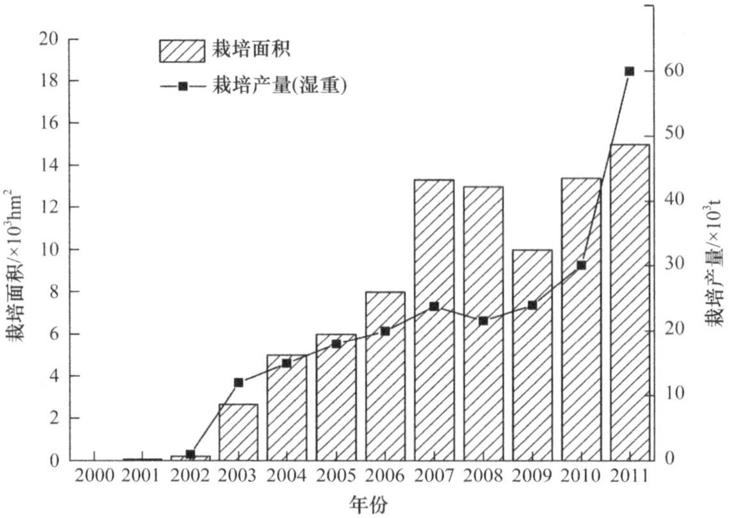

图 5-2　2000~2011 年汕头南澳岛海域龙须菜栽培面积及产量

南澳岛是广东唯一的海岛县，由 37 个大小岛屿所组成，现有约 7 万常住人口。深澳湾是南澳岛的主要海域之一，海水养殖业发展于 20 世纪 80 年代，至今已有 30 多年历史。据统计，主要养殖品种中太平洋牡蛎养殖面积为 600hm^2，波纹巴非蛤、寻氏肌蛤养殖面积为 200hm^2，海水养鱼有 5000 个网箱，年总产量 1.5 万 t（赖学文和陈伟洲，2006）。随着海水增养殖业的迅速发展，湾内的水体质量出现富营养化。以猎屿湾网箱养鱼区为例，由于网箱过于拥挤密集，致使潮流不通畅，残余饵料和鱼类排泄物大量沉积，造成养殖区场地老化和鱼病频发，海水富营养化严重。1997 年和 1999 年，柘林湾至南澳岛海域曾发生了两次大面积赤潮，使当地的海水养殖业蒙受了巨大的损失，严重影响了该海区海水增养殖业的可持续发展（黄长江等，1999）。

2002 年 11～12 月，Yang 等（2006）在深澳湾开展了龙须菜栽培试验，研究了龙须菜的生长速率及其对养殖海域营养盐的去除能力。龙须菜吊养于 3m×3m 的网箱中，网箱孔径 1.5cm，并设置 4 组不同的起始生物量，分别为 25g/m、50g/m、100g/m 和 200g/m，共栽培 26d。结果发现，各组龙须菜生物量均大幅增加，其中 25g/m 试验组的龙须菜生长最快，生物量增加了 21 倍，日生长速率高达 11.71%（表 5-1）。在龙须菜去除营养盐的试验中发现，龙须菜可以高效地降低养殖水体中 N、P 营养盐浓度，在龙须菜栽培 24h

后，水体中营养盐呈现显著下降趋势，NH_4-N、NO_3-N、NO_2-N、DIN 浓度较对照区分别降低了 68.44%、23.03%、13.04%和 58.40%（表 5-2）。结果表明，龙须菜对养殖水体中的营养盐具有高效的去除能力，可有效去除水体中营养盐，缓解水体富营养状态。

表 5-1　2002 年 11 月 17 日至 12 月 13 日深澳湾龙须菜生长情况（Yang et al.，2006）

初始生物量/(g/m)	最终生物量/(g/m)	生长期/d	生物量增加倍数	日生长率/%
25.0 ± 0.0	525.00 ± 67.18	26	21.00	11.71
50.0 ± 0.0	708.13 ± 89.69	26	14.16	10.19
100.0 ± 0.0	1009.38 ± 89.71	26	10.09	8.89
200.0 ± 0.0	1256.25 ± 62.34	26	6.28	7.07

表 5-2　龙须菜对水体中营养盐浓度（mmol/L）的影响（Yang et al.，2006）

	NH_4-N	NO_3-N	NO_2-N	DIN
未栽培龙须菜水体	9.38 ± 3.39	1.78 ± 0.30	0.69 ± 0.08	11.85 ± 3.53
栽培龙须菜水体	2.96 ± 0.99	1.37 ± 0.45	0.60 ± 0.12	4.93 ± 1.55
营养盐去除率/%	68.44	23.03	13.04	58.40

2007 年，杜虹等（2010）对深澳湾养殖海区水化因子的动态变化进行了研究。通过在 2007 年 1～12 月连续 12 次对深澳湾内网箱养殖区、太平洋牡蛎养殖区及龙须菜-太平洋牡蛎混养区域等不同类型养殖水体进行每月一次的监测，分析了该养殖海区 NH_4-N、PO_4-P 等主要水化因子的时空分布规律。研究发现，龙须菜栽培区 NH_4-N、PO_4-P 浓度显著低于网箱养殖区和牡蛎养殖区；在龙须菜生长旺盛的春季，水体中的 NH_4-N、PO_4-P 处于一个较低的水平。结果表明，大面积栽培龙须菜可以明显降低海区水体中的 DIN、DIP 浓度，减轻网箱与牡蛎养殖等造成的自身污染，并起到改善养殖海区水质与防治水体富营养化的积极作用。

二、珠海外伶仃岛海域环境修复

外伶仃岛位于广东省珠海市万山群岛海域，地处珠江入海口东侧，与香港、澳门隔海相望，属于南亚热带气候。龙须菜栽培虽在广东汕头、福建沿海推广并获得成功，但由于蓝子鱼鱼害等，龙须菜在珠海还没有人工栽培。

2013 年 3～4 月在珠海外伶仃岛海区进行了龙须菜栽培试验，试验海区共设置了 6 个站点，G1、G2、G3 站点位于龙须菜栽培区（G 区），C1、C2、C3 站点位于栽培区外 5～10m 处的对照区（C 区）。2013 年 3～4 月对龙须菜栽培区及对照区进行 6 次采样调查，采样频率为每周 1 次。

外伶仃岛春季各站点表层水体中 TN、DIN、TP 和 DIP 的时空变化情况如图 5-3 所示。调查期间 TN 含量逐渐降低，最高值和最低值分别出现在对照区（3 月 9 日）和龙须菜栽培区（4 月 14 日）；龙须菜栽培区 TN 含量为 8.65～20.20μmol/L，平均值为 14.97μmol/L；对照区的 TN 含量为 12.6～23.3μmol/L，平均值为 18.61μmol/L，显著高于（$P<0.05$）龙须菜栽培区。各站点表层水体中 DIN 含量与 TN 含量变化趋势相同，均逐渐降低，最高值和最低值分别出现在对照区（3 月 9 日）和龙须菜栽培区（4 月 14 日）；

龙须菜栽培区 DIN 含量的变化范围为 3.12～15.64μmol/L，平均值为 10.75μmol/L；对照区的 DIN 含量为 6.83～16.76μmol/L，平均值为 13.69μmol/L，显著高于龙须菜栽培区的 DIN 含量（$P<0.05$）。

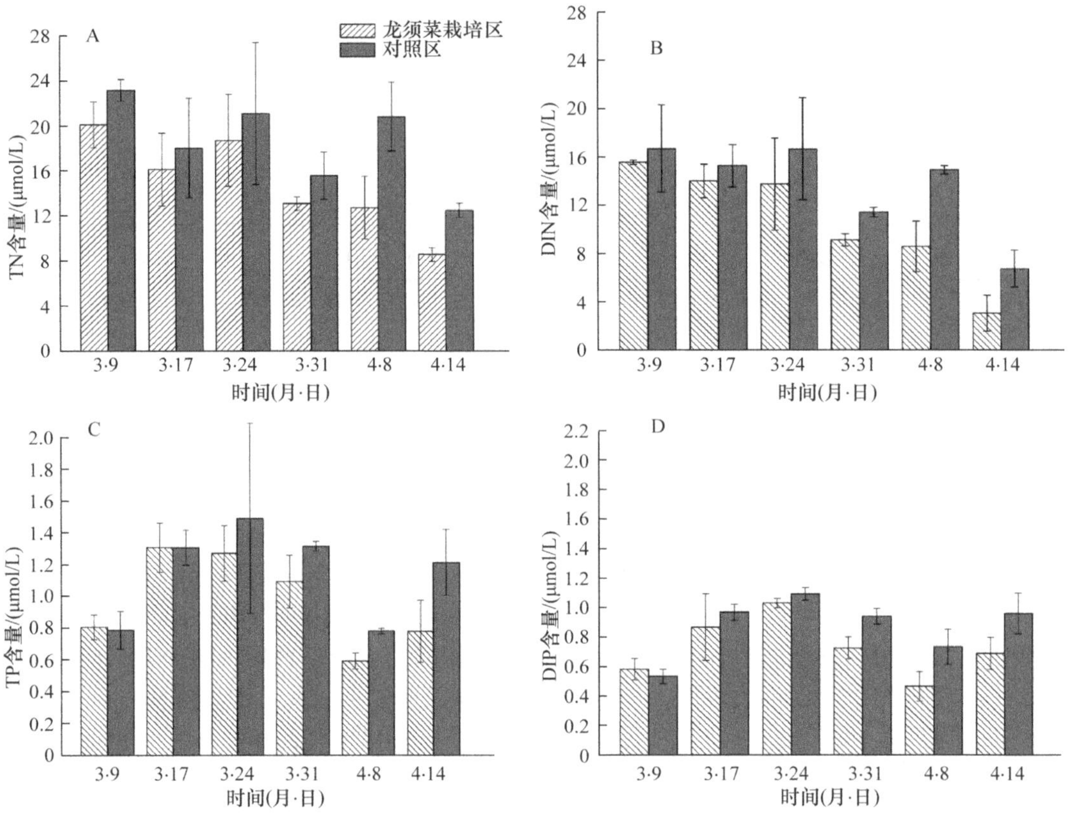

图 5-3　外伶仃岛各站点表层水体中无机营养盐的时空变化

A. 表层水体 TN 含量；B. 表层水体 DIN 含量；C. 表层水体 TP 含量；D. 表层水体 DIP 含量

调查期间 TP 含量的最高值和最低值分别出现在对照区（3 月 24 日）和龙须菜栽培区（4 月 8 日）；对照区 TP 含量变化范围为 0.78～1.49μmol/L，平均值为 1.15μmol/L，龙须菜栽培区 TP 含量变化范围为 0.59～1.31μmol/L，平均值为 0.98μmol/L，低于对照区，但无显著差异。各站点表层水体中 DIP 含量的最高值和最低值分别出现在对照区（3 月 24 日）和龙须菜栽培区（4 月 8 日）；龙须菜栽培区 DIP 含量变化范围为 0.47～1.03μmol/L，平均值为 0.73μmol/L，对照区 DIP 含量的变化范围为 0.54～1.09μmol/L，平均值为 0.88μmol/L；分析不同功能区表层水体中的 DIP 含量发现，龙须菜栽培区 DIP 含量显著低于对照区（$P<0.05$）。

调查还发现，C 区浮游植物细胞密度变化范围为（3.55～9.98）×10^4 细胞/L，3 月和 4 月的平均值分别为（5.93±2.81）×10^4 细胞/L 和（6.86±2.94）×10^4 细胞/L。从时间分布来看，龙须菜栽培区 4 月浮游植物细胞密度降低，而对照区 4 月细胞密度升高。比较不同功能区细胞密度发现，3 月 G 区细胞密度低于 C 区，且差异在 4 月更加明显（$P<0.05$）（图 5-4）。结果显示，龙须菜栽培期间 G 区浮游植物细胞密度下降，且栽培区细胞密度低于对照区。栽培区浮游植物种类多样性高于对照区，龙须菜栽培对浮游植物群落的调

控作用明显。G 区多样性指数（H'）变化范围为 3.55～4.12，平均值为 3.69±0.25，多样性指数（H'）呈升高的趋势（表 5-3）。C 区多样性指数（H'）变化范围为 2.12～3.57，平均值为 2.99±0.64。G 区多样性指数（H'）显著高于 C 区（$P<0.05$）；调查期间 G 区浮游植物均匀度指数（J'）变化范围为 0.61～0.84，平均值为 0.74±0.09。C 区均匀度指数（J'）变化范围为 0.32～0.72，平均值为 0.50±0.16，G 区均匀度指数（J'）显著高于 C 区（$P<0.05$）（表 5-3）。上述结果表明，龙须菜栽培后栽培水域较对照区的 N、P 营养盐浓度和浮游植物密度降低，浮游植物多样性和均匀性提高，龙须菜栽培对水环境具有良好的修复作用。

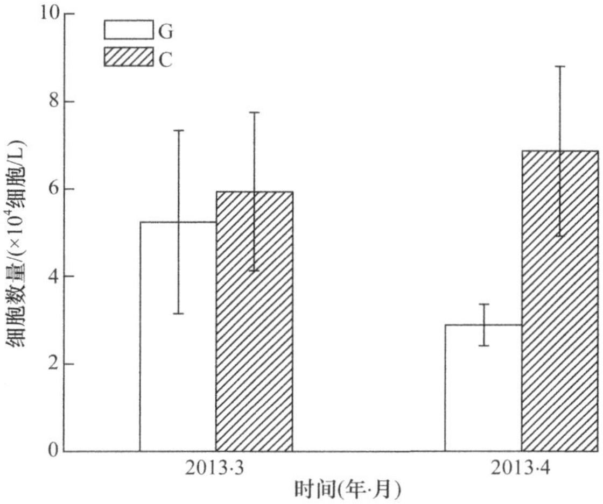

图 5-4　外伶仃海域浮游植物细胞数量的时空分布

G. 龙须菜栽培区；C. 对照区

表 5-3　外伶仃海域浮游植物多样性指数时空分布（G 为龙须菜栽培区，C 为对照区）

时间（月·日）	功能区	H'	J'
3·9	G	3.55	0.70
	C	3.57	0.72
3·17	G	3.62	0.71
	C	3.49	0.69
3·24	G	4.12	0.77
	C	2.66	0.45
3·31	G	3.38	0.61
	C	2.12	0.32
4·10	G	3.79	0.84
	C	1.59	0.41
4·17	G	3.72	0.84
	C	2.52	0.42

三、浙江象山港真江蓠栽培对大黄鱼养殖海域的环境修复

浙江象山港是我国东南沿海最重要的水产养殖基地之一，2005 年海水网箱已发展到

58 854 只（宁波市海洋渔业局，2006）。网箱密集敷设于象山港浅海内湾水域，使流速减缓、网箱内外水体交换能力差，加上养殖过程中残饵、鱼类排泄物等大量沉积，局部海域的网箱养殖已成为影响海洋环境的污染源（舒廷飞等，2004）。

Huo 等（2012）在象山港大黄鱼养殖网箱中吊养真江蓠，对网箱养殖造成的水体富营养化进行生态修复研究。研究地点位于奉化市裘村镇南沙海区（象山港中部），有海水网箱 5180 只，是象山港主要的网箱养鱼基地之一。选取位于养殖区中心的 24 只网箱，其中 6 只用于生态修复试验，6 只作为对照组，中间 12 只网箱将试验区与对照区隔开（图 5-5）。采用板框式浮动网箱，规格为 3m×3m×3m，聚乙烯网衣，网目为 2～4.5cm，流速为 0.10～0.15m/s。每一网箱中放养 1500 尾大黄鱼（初始体长 10～15cm，初始体重 41.5g±4.3g）。试验网箱中，江蓠采用粗绳夹苗，每隔 15cm 夹一簇重为 10g±0.5g 的江蓠，并使江蓠完全浸没于海面之下 0.2～0.5m 外，苗绳间距 40～50cm，每个试验网箱悬挂 6 条苗绳。江蓠养殖开始前（2006 年 8 月 1 日），以网箱养殖区为中心，在养殖区及邻近非养殖水域半径为 150m 的圆形区域内采样。分别在以 20m、50m、80m、100m、120m 和 150m 为半径的圆周上每 15m 左右布 1 个测点，共 220 个测点，监测表层水体中 PO_4-P、NO_2-N、NH_4-N 和 NO_3-N 的平面分布。试验结束时（2006 年 9 月 15 日），在网箱养殖区内与潮流平行的方向（A1～A6，B1～B6 断面）及与潮流垂直的方向（C1～C12 断面）共布 24 个位点进行断面监测。其中 A1～A6 和 C1～C4 均匀分布于生态修复区网箱内，B1～B6 和 C9～C12 均匀分布于对照区网箱内，C5～C8 均匀分布于过渡区的大黄鱼单养网箱内（图 5-5）。监测项目包括 PO_4-P、NH_4-N、NO_2-N、NO_3-N、溶解氧（DO）、Chl a 和透明度。

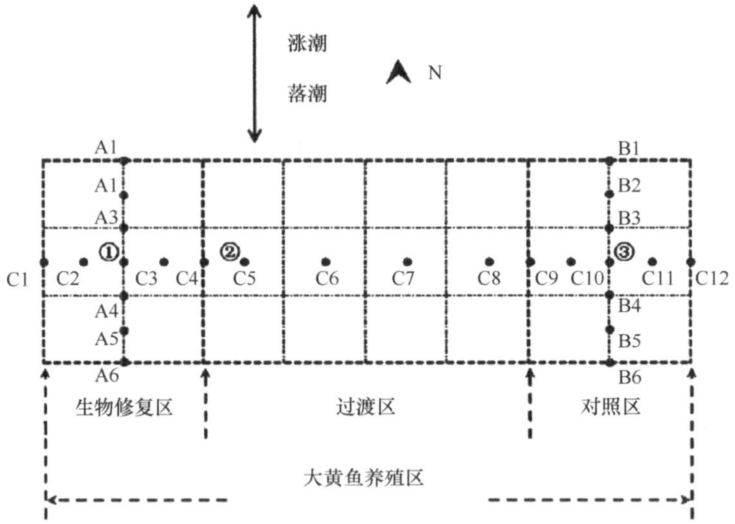

图 5-5　江蓠生态修复试验区监测站点图（Huo et al.，2012）

研究发现，江蓠栽培前试验所在网箱养殖区中心位置表层海水的 PO_4-P 浓度为（0.086±0.002）mg/L，NO_2-N 浓度为（0.053±0.004）mg/L，NH_4-N 浓度为（0.36±0.032）mg/L，NO_3-N 浓度为（0.64±0.028）mg/L，化学需氧量（COD）为（1.59±0.11）mg/L，营养状态指数（E）高达 32.00，该网箱养殖区水域处于严重的富营养化状态。江蓠生态修复区、修复区相邻网箱及对照区内水体的 PO_4-P、NO_2-N、NH_4-N 和 NO_3-N 含量变化见图 5-6。从江蓠苗绳放入网箱内开始到养殖 18d 后，江蓠修复区水体的 PO_4-P、NO_2-N、NH_4-N 和 NO_3-N 含量均比对照区明显降低，且差异极显著（$P<0.01$）；修复区水体的 PO_4-P 浓度比对照区降低 21.9%～57.8%，NO_2-N 降低 24.2%～47.7%，NH_4-N 降低 21.8%～60.9%，NO_3-N 降低 24.3%～47.4%；江蓠修复区网箱中水体的 PO_4-P 和 NO_3-N 含量显著低于未养殖江蓠的相邻网箱（$P<0.05$）。江蓠栽培结束时，生态修复区、过渡区及对照区内 A1～A6、B1～B6 和 C1～C12 断面的水体营养盐变化见图 5-7。在与潮流平行的方向，生态修复区内 A1～A6 站点水体的 PO_4-P、NO_2-N、NH_4-N 和 NO_3-N 含量均明显低于对照区内 B1～B6 站点，且差异显著（$P<0.05$）。在与潮流垂直的方向，从 C12 至 C1 站点水体营养盐含量呈逐步下降趋势，生态修复区内 C1～C4 站点水体的 PO_4-P、NO_2-N、NH_4-N 和 NO_3-N 含量均明显低于对照区内 C9～C12 站点，且差异显著（$P<0.05$）。试验结果表明，网箱内栽培江蓠的混合生态养殖模式可平衡因经济动物养殖所带来的额外营养负荷，有利于实现动物养殖环境的修复。

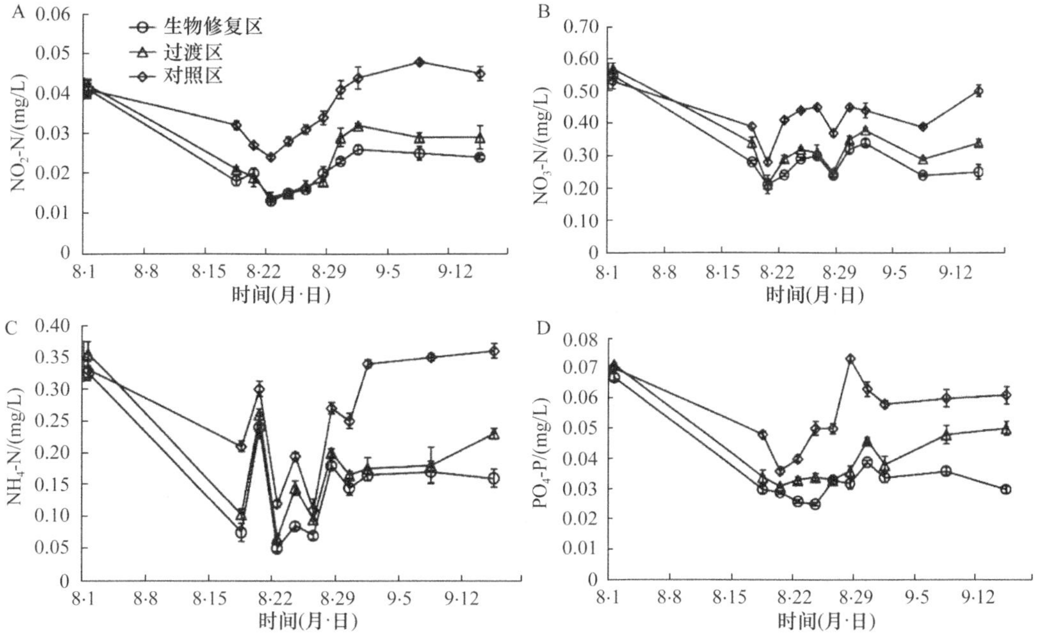

图 5-6　江蓠栽培对大黄鱼养殖区水体营养盐的影响（Huo et al.，2012）

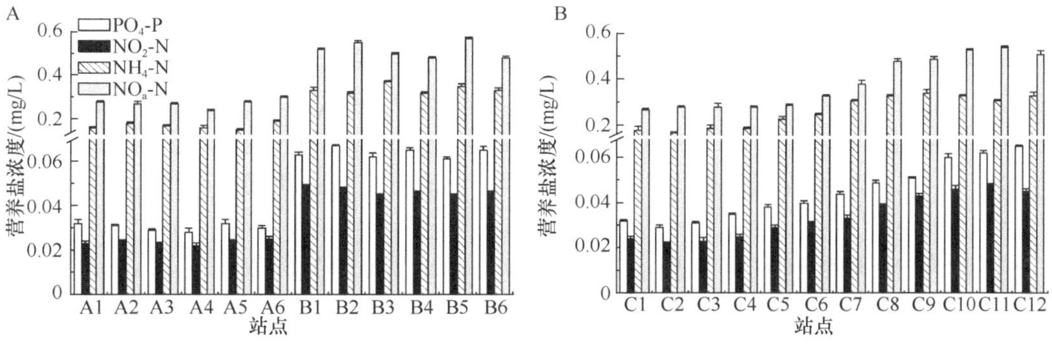

图 5-7　生态修复区与对照区断面水体营养盐含量的变化（Huo et al.，2012）

四、上海金山城市沙滩邻近海域环境修复

上海奉贤碧海金沙和金山城市沙滩是两个大型的封闭性围隔海区，位于杭州湾北岸。由于杭州湾周边人口密集，工、农业发达，陆源径流每年携带丰富的营养盐输入杭州湾，导致杭州湾及邻近水域营养盐浓度逐年升高，水体富营养化严重（张健等，2002；刘雪芹，2005；秦铭俐等，2009）。2006 年年初，为进一步开发海岸带资源与旅游功能，上海奉贤区海湾旅游区管委会、金山区海岸线开发管理委员会分别在杭州湾北岸的奉贤段与金山段海域，通过圈海围堤各自建立了围隔海区。奉贤碧海金沙于 2005 年围海建成，圈海堤坝全长 3834m，距海岸线平均 600m，圈海面积共 $2.30km^2$；金山城市沙滩于 2006 年围海建成，海岸线全长 3.16km，圈海堤坝全长 3625m，距海岸线平均 500m，圈海面积共 $1.72km^2$，平均水深 5m。

2006～2007 年，Huo 等（2011）在金山城市沙滩围隔海区内栽培大型海藻真江蓠，并以奉贤碧海金沙围隔海区作为对照，研究大型海藻对围隔海区的环境修复作用。研究发现，栽培真江蓠前奉贤碧海金沙围隔海区和金山城市沙滩围隔海区水体中 NH_4-N、NO_3-N、NO_2-N 和 PO_4-P 的浓度均分别为 0.22～0.38mg/L、1.05～1.45mg/L、0.020～0.042mg/L、0.018～0.037mg/L；DO、化学需氧量（COD）、生物需氧量（BOD）和 Chl a 浓度分别为 5.92～6.96mg/L、4.17～5.15mg/L、4.21～5.13mg/L 和 9.25～16.14μg/L，两围隔海区海水均处于严重富营养化状态。

真江蓠在金山围隔海区的全年平均特定生长率（SGR）为 9.42%/d，可以在上海金山围隔海区成功度夏和越冬。在金山城市沙滩围隔海区引桥东面栽培真江蓠后，整个围隔海区海水水质从 2006 年 8～10 月的劣于第四类转变为 2006 年 12 月至 2007 年 12 月的第二至三类，修复效果非常显著。真江蓠栽培对金山围隔海区内修复区水质的改善效果非常明显：修复区 NH_4-N 水平比对照区降低 30.8%～92.8%，NO_3-N 降低 34.7%～78.7%，NO_2-N 降低 46.5%～88.3%，PO_4-P 降低 49.8%～100%（图 5-8）；COD 降低 19.4%～28.9%，BOD 降低 18.0%～39.4%，Chl a 降低 22.6%～70.3%，DO 比对照区增加 6.8%～19.4%（Huo et al.，2011）。研究结果表明，在大型围隔海区内栽培大型海藻真江蓠能够有效降低海水中的营养盐，改善水质条件，有效修复富营养化水体。

五、江苏紫菜栽培与环境修复

江苏紫菜产业始于 20 世纪 70 年代初，经过 40 多年的发展，全省紫菜栽培面积已超过 33 万亩，年产干紫菜量 40 亿张，紫菜产业总产值近 40 亿元，出口外销金额超 9000 万美元，直接就业人员超过 4 万人。江苏紫菜业的产业规模和产量已占全国条斑紫菜的 97%以上，成为江苏沿海渔业乃至农业中独具特色的重点产业和支柱产业（江苏省紫菜协会，2009）。

2002 年 10 月至 2004 年 5 月，He 等（2008）研究了条斑紫菜栽培对海区的生物修复作用，分析了条斑紫菜对水体无机营养盐的去除能力。研究地点位于江苏省启东市吕泗海区，吕泗海区条斑紫菜栽培区绵延海岸线约 20km，栽培面积 $300hm^2$ 以上，栽培周期

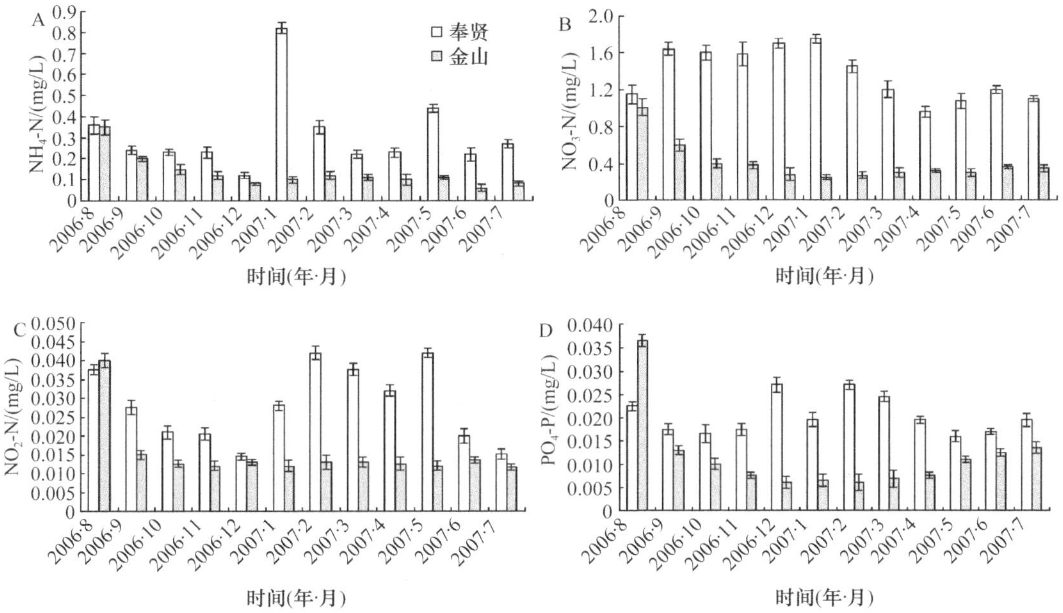

图 5-8 金山与奉贤围隔海区营养盐水平比较（Huo et al.，2011）

为每年 9 月至次年 4 月。启东沿岸建有多座冷库和工厂，不定期向海区排放废水和污水，是海区的主要污染源（张寒野等，2005）。试验共设置 12 个采样站点，分别设在吕泗大洋港（A1、B1、C1）、海丰港（A2、B2、C2）、茅家港（A3、B3、C3）和 Tanglu 港（A4、B4、C4）；大洋港、海丰港和茅家港外均有大规模条斑紫菜栽培区，作为试验区；Tanglu 港距离茅家港 40km，港外无条斑紫菜栽培，作为对照区。A1～A4 离岸 1km，B1～B4 离岸 2km，C1～C4 离岸 3km；A1～C1 位于养殖区靠岸一侧，A2～C2 位于养殖区中心位置，A3～C3 位于养殖区远离岸边一侧。在条斑紫菜栽培前后，监测各试验站点水文水质指标，监测指标包括水温、pH、盐度、营养盐浓度、DO、BOD、COD 和 Chl a。

调查发现，吕泗海区条斑紫菜栽培前 NH_4-N、NO_2-N、NO_3-N 和 PO_4-P 的浓度分别为 43.0～61.4μmol/L、1.1～2.8μmol/L、33.3～43.8μmol/L 和 1.2～2.8μmol/L；DO、BOD、COD 和 Chl a 的浓度分别为 4.0～4.4mg/L、3.0～3.5mg/L、3.4～4.2mg/L 和 6.6～12.7μg/L，各站点均处于富营养化状态。2002 年 10 月至 2004 年 5 月，条斑紫菜栽培区与非栽培区营养盐浓度发生明显变化，紫菜栽培区各营养盐浓度显著低于非栽培区（$P<0.05$）（图 5-9）；栽培区各营养盐浓度在条斑紫菜栽培季节均降低，而非栽培区在各月份无显著差异（$P>0.05$）；2003 年 9 月至 2004 年 4 月，栽培区 NH_4-N 浓度由（43.98±2.46）μmol/L 降至（4.42±0.82）μmol/L，NO_2-N 浓度由（1.12±0.08）μmol/L 降至（0.40±0.07）μmol/L，NO_3-N 浓度由（42.83±2.00）μmol/L 降至（19.40±1.57）μmol/L，PO_4-P 浓度由（2.13±0.14）μmol/L 降至（0.51±0.07）μmol/L；2002 年 10 月至 2003 年 4 月，栽培区较非栽培区溶解性无机氮（DIN）和 PO_4-P 分别低 40.02%±5.26%和 42.08%±3.94%；2003 年 10 月至 2004 年 4 月，栽培区较非栽培区 DIN 和 PO_4-P 分别低 70.34%±5.87%和 67.18%±4.90%（表 5-4）。结果表明，江苏条斑紫菜规模栽培可以有效去除水体中营养盐，对防治水体富营养化具有重要的生物修复作用。条斑紫菜是我国近海规模栽培的重要经济种类，具有很高的商业价值，是实现生物修复、改善海洋环境的理想品种。

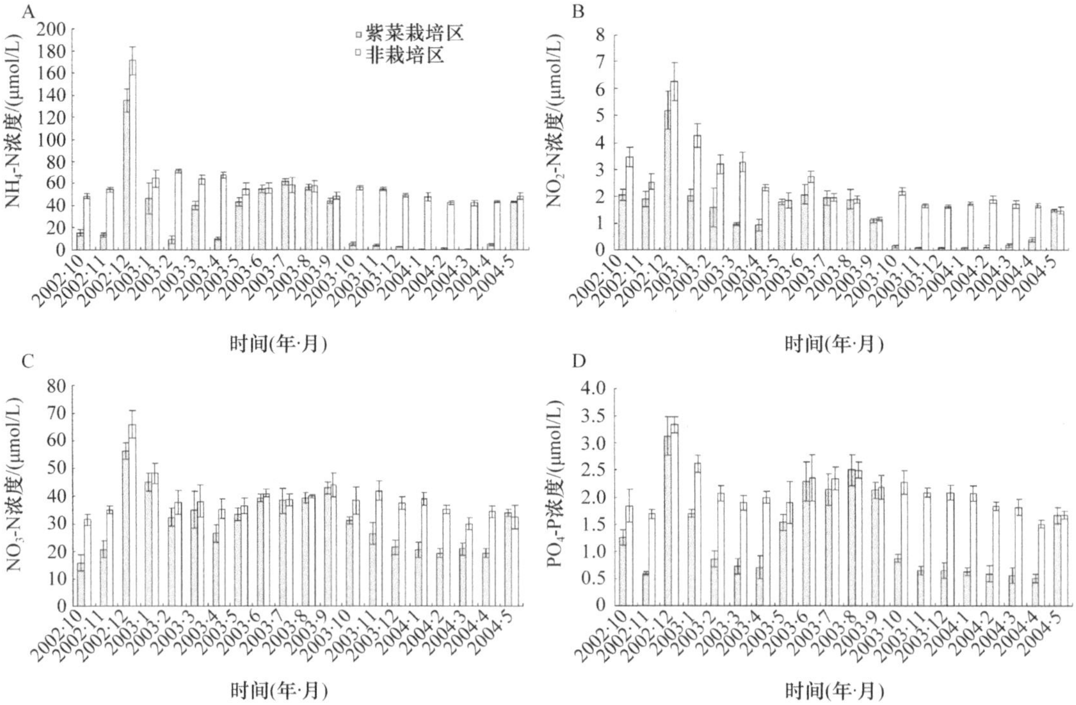

图 5-9　2002 年 10 月至 2004 年 5 月紫菜栽培区与非栽培区营养盐浓度的变化（He et al.，2008）

表 5-4　紫菜栽培对吕泗海区水体营养盐浓度（μmol/L）的影响（He et al.，2008）

实验区域	NH_4-N	NO_2-N	NO_3-N	DIN	PO_4-P
2002 年 10 月至 2003 年 4 月					
紫菜栽培区（n=27）	38.38±3.84	2.09±0.34	33.03±2.46	73.51±3.78	1.28±0.14
非栽培区（n=9）	77.29±5.36	3.62±0.48	41.65±2.63	122.56±9.05	2.21±0.32
去除率/%	50.34±4.35	42.26±1.37	20.70±2.25	40.02±5.26	42.08±3.94
2003 年 10 月至 2004 年 4 月					
紫菜栽培区（n=27）	2.69±0.50	0.16±0.02	22.71±3.60	25.55±3.59	0.64±0.12
非栽培区（n=9）	47.83±2.33	1.77±0.08	36.56±2.68	86.16±3.38	1.95±0.23
去除率/%	94.38±5.91	90.96±8.45	37.88±2.93	70.34±5.87	67.18±4.90

六、龙须菜对黑鲪养殖环境的修复

黑鲪（又称许氏平鲉）俗称黑石鲈、黑寨鱼，是分布于西北太平洋近岸的一个温暖鱼种（陈大刚，1991），其肉质鲜美，具有较高的经济价值（冯东岳等，1995）。因黑鲪养殖规模的不断扩大，在其摄食、排泄和残饵的影响下，养殖水体中富营养化水平较高，养殖环境日益恶化，严重影响养殖水域的生态环境质量。2001 年 4～6 月，Zhou 和 Maskaoui（2006）将龙须菜与黑鲪共养，研究了大型海藻龙须菜对黑鲪养殖水体的修复作用。研究发现，龙须菜与黑鲪共养水体中营养盐和叶绿素 a 浓度显著低于黑鲪单养水体。试验第 22 天，共培养系统中溶解性无机氮浓度较单养系统中降低 90%以上；PO_4-P 浓度较单养系统降低 80%；叶绿素 a 浓度降低 50%以上。研究结果表明，大型海藻龙须菜可以有效去除黑鲷养殖水体中的营养盐，改善养殖水体环境质量。

七、菊花心江蓠对福建东山鱼类网箱养殖区的环境修复

福建省东山县八尺门网箱养殖区是我国最大的网箱养殖基地之一。现有养鱼网箱约14 000只，年产量约1300t。由于养殖规模大和水交换条件差，该网箱养殖区环境污染严重，海水中IN、IP浓度超海水水质标准（GB 3097—1997）第四类的2倍以上，溶解氧（DO）质量浓度大部分时间低于3mg/L，养殖海域经常发生大面积的网箱养鱼死亡事故，目前养殖蓝子鱼、美国红鱼、鲈鱼等。

菊花心江蓠是江蓠属的一种，该种具有耐高温、高盐，生长快等优点，生长季节主要在每年的5～10月（汤坤贤等，2005）。2003年8～12月，汤坤贤等（2005）利用菊花心江蓠在福建省东山县八尺门网箱养殖区进行生物修复试验。研究发现，江蓠对受污染的海水具有良好的修复效果。修复区DO变化明显，早上8时以后DO浓度逐渐上升，下午2时时达最大值11.65mg/L，DO饱和度达161.6%，是对照点非养殖区的2.1倍；江蓠修复区的NH_4-N、IN、IP浓度明显低于非养殖区，而网箱养殖区NH_4-N、IN、IP的浓度略高于非养殖区，说明网箱养殖的残饵和排泄物使水中IN、IP浓度升高，而修复生物江蓠能吸收水中的IN、IP，降低修复区海水中的IN、IP浓度，栽培菊花心江蓠对降低网箱养鱼区富营养化具有重要作用。

八、大型海藻对鲍鱼养殖环境的修复

鲍鱼被人们称作海洋“软黄金”。由于鲍鱼价格高、销售利润高，近年来我国鲍鱼养殖规模不断扩大，形成了海上笼式筏式养殖和陆基养殖等多种模式（柯才焕，2013；赵洪恩，1999）。我国是世界第一养鲍大国，2010年养殖产量达5.65万t，占世界养殖总产量的86%，2011年我国的鲍鱼养殖产量更是达7.68万t（柯才焕，2013）。随着鲍鱼养殖集约化程度的不断提高，在鲍的摄食、排泄和残饵影响下，其养殖环境日益恶化，病原滋生，严重影响养殖水域的生态环境质量。

赖玉龙等（2014）利用大型海藻石莼（*Ulva lactuca*）、浒苔（*Enteromorpha prolifera*）、真江蓠（*Gracilaria asiatica*）、绳江蓠（*G. chorda*）和盘鲍（*Haliotis discus*）进行混养，研究了4种海藻对盘鲍养殖池中水质的净化作用及对盘鲍生长的影响。研究发现，饲养两个月后各组盘鲍的壳长及体重都比试验初始有一定的增长。其中，单养盘鲍试验组壳长和体重的增长率、特定增长率都最低；混养组盘鲍体长、体重的增长率和特定增长率较对照组均有所提高，与石莼混养的盘鲍增长效果最明显（增重40%）。4种藻对NH_4-N、NO_2-N、NO_3-N、PO_4-P的吸收率：浒苔组为85%、71%、72%、72%；石莼组为96%、76%、68%、88%；绳江蓠组为90%、80%、82%、90%；真江蓠组为91%、86%、81%、92%。将有经济价值的大型藻类如江蓠、海带等引入鲍鱼栖息环境中，吸收鲍鱼养殖过程中输出的废弃物并与其耦合，以营养元素物质循环为纽带，不仅可以吸收养殖过程中产生的氮、磷等污染物，还可提高经济效益，使养殖水体生态效益和经济效益较好地统一起来。大型海藻与贝类等经济动物混养是一种值得推崇的养殖模式，大型海藻栽培对鲍鱼养殖环境具有良好的生态修复作用。

参 考 文 献

柴召阳, 何培民. 2013. 我国海洋富营养化趋势与生态修复策略. 科学, 65(4): 48-52.

陈锤. 2001. 江蓠栽培. 北京: 中国农业出版社.

陈大刚. 1991. 黄渤海渔业生态学. 北京: 海洋出版社.

陈泮勤, 王效科, 王礼茂, 等. 2008. 中国陆地生态系统碳收支与增汇对策. 北京: 科学出版社.

杜虹, 郑兵, 陈伟洲, 等. 2010. 深澳湾海水养殖区水化因子的动态变化与水质量评价. 海洋与湖沼, 6: 816-823.

范晓, 严小军, 韩丽君. 1995. 海藻加工利用研究进展. 海洋科学, 4: 14-15.

费修绠, 鲍鹰, 卢山. 2000. 海藻栽培——传统方式及其改造. 海洋与湖沼, 31: 575-580.

冯东岳, 段珏, 孙恺君, 等. 1995. 黑鲳(*Sebastodes fuscescens*)人工育苗的实验研究. 海洋湖沼通报, 4: 47-52.

韩玲, 张淑平, 刘晓慧. 2012. 海藻生物活性物质应用研究进展. 化工进展, 31(8): 1794-1800.

何培民, 张寒野, 徐姗楠. 2005. 我国海洋环境生态修复与海藻生物能源产业链发展 // 中国可持续发展研究会 2005 年学术年会论文集. 上海: 同济大学出版社: 184-186.

黄长江, 董巧香, 郑磊, 等. 1999. 1997 年底中国东南沿海棕囊藻赤潮的生物学与生态学特征. 海洋与湖沼, 30(6): 581-590.

霍元子, 田千桃, 徐栅楠, 等. 2010. 浒苔对米氏凯伦藻生长的克生作用. 海洋环境科学, 29(4): 496-508.

江苏省紫菜协会. 2009. 趁海洋大开发之势做大做强江苏紫菜产业. http://itv.jschina.com.cn/china60/200910/ t216027.shtml[2009-10-28].

姜桥, 周德庆, 孟宪军, 等. 2005. 我国食用海藻加工利用的现状及问题. 食品与发酵工业, 31(5): 68-72.

靳玲品, 李双群, 李秀花. 2008. 海藻饲料的营养及其在养殖业中的应用. 畜牧与兽医, 40(1): 55-56.

柯才焕. 2013. 我国鲍鱼养殖产业现状与展望. 中国水产, (1): 27-30.

赖龙玉, 严正凛, 钟幼平. 2014. 4 种不同藻类与鲍混养的初步试验.集美大学学报, 19(2): 89-94.

赖学文, 陈伟洲. 2006. 南澳岛海水生态养殖的研究和进展. 水产科技, 2: 33-34.

雷光英, 杨宇峰, 李宵. 2010. 龙须菜对赤潮异弯藻和海洋原甲藻的生长抑制效应. 海洋环境科学, 29(1): 27-31.

李乃胜. 2010. 发展海洋低碳技术的几点思考. 科学时报. A3.

李宁, 李学刚, 宋金明. 2005. 海洋碳循环的研究的关键生物地球化学过程. 海洋环境科学, 24(2): 75-80.

李秋芬, 袁有宪. 2000. 海水养殖环境生物修复技术研究展望. 中国水产科学, 7(2): 90-92.

刘思俭. 2001. 中国江蓠的种类和人工栽培. 湛江海洋大学学报, 21: 71-79.

刘雪芹. 2005. 舟山近岸海域富营养化评价. 海洋湖沼通报, 2: 55-60.

宁波市海洋与渔业局. 2006.宁波象山港海水网箱布局规划.杭州: 浙江科学技术出版社.

农业部渔业渔政管理局. 中国渔业统计年鉴 2002-2013. 北京: 中国农业出版社.

秦铭俐, 蔡燕红, 王晓波, 等. 2009. 杭州湾水体富营养化评价及分析.海洋环境科学, 28(增刊 1): 53-56.

沈国英, 黄凌风, 郭丰, 等. 2010. 海洋生态学. 北京: 科学出版社.

沈国英, 施并章. 2002. 海洋生态学. 北京: 科学出版社: 289- 291.

舒廷飞, 温琰茂, 贾后磊, 等. 2004. 哑铃湾网箱养殖对水环境的影响. 环境科学, 25(5): 97-101.

宋金明, 徐亚岩, 张英, 等. 2006. 中国海洋生物地球化学过程研究的最新进展. 海洋科学, 30(2): 69-77.

汤坤贤, 焦念志, 游秀萍, 等. 2003. 菊花心江蓠在网箱养殖区的生物修复作用. 中国水产科学, 12(2): 156-161.

汤坤贤, 游秀萍, 林亚森, 等. 2005. 龙须菜对富营养化海水的生物修复. 生态学报, 25(11): 3044-3051.

王清印. 2003. 海水健康养殖的理论与实践. 北京: 海洋出版社.

王友绍. 2011. 海洋生态系统多样性研究. 中国科学院院刊, 26(2): 184-189.

徐姗楠, 何培民. 2006. 我国赤潮频发现象分析与海藻栽培生物修复作用. 水产学报, 30(4): 554-561.

徐姗楠, 李祯, 何培民. 2006. 大型海藻在近海水域中的生态修复作用及其发展策略. 渔业现代化, 6: 12-14.

杨宇峰, 费修绠. 2003. 大型海藻对富营养化海水养殖区生物修复的研究与展望. 青岛海洋大学学报, 33(1): 53-57.

杨宇峰, 宋金明, 林小涛, 等. 2005. 大型海藻栽培及其在近海环境的生态作用. 海洋环境科学, 24(2): 77-80.

杨宇峰, 赵细康, 王朝晖, 等. 2007. 海水养殖绿色生产与管理. 北京: 海洋出版社.

张寒野, 何培民, 陈婵飞, 等. 2005. 条斑紫菜养殖对海区中无机氮浓度影响. 环境科学与技术, 28(4): 44-45.

张健, 施青松, 邬翱宇, 等. 2002. 杭州湾丰水期主要污染因子的分布变化及成因. 东海海洋, 20(4): 35-41.

张美如, 陆勤勤, 许广平. 2012. 条斑紫菜产业现状及对其健康发展的思考. 中国水产, (11): 15-19.

张学成, 费修绠, 王广策, 等. 2009. 江蓠属海藻龙须菜的基础研究与大规模栽培. 中国海洋大学学报, 39(5): 947-954.

张翼, 李晓明, 王斌贵. 2005. 海藻生物活性物质研究的回顾与展望. 世界科技研究与进展, 27(5): 56-63.

章守宇, 孙宏超. 2007. 海藻场生态系统及其工程学研究进展. 应用生态学报, 18(7): 1647-1653.

赵洪恩. 1999. 鲍的增养殖. 沈阳: 沈阳出版社.

赵素芬. 2012. 海藻与海藻栽培学. 北京: 国防工业出版社.

Aguado-Giménez F, Marin A, Montoya S, et al. 2007. Comparison between some procedures for monitoring offshore cage culture in western Mediterranean Sea: sampling methods and impact indicators in soft substrata. Aquaculture, 271: 357-370.

Albertus J S. 2004.Medicinal and pharmaceutical uses of seaweed natural products: a review.Journal of Applied Phycology, 16: 245-262.

Buschmann A H, Troell M, Kautsky N, et al. 1996. Integrated tank cultivation of salmonids and *Gracilaria chilensis* (Gracilariales , Rhodophyta). Hydrobiologia, 326: 75-82.

Chance R, Malin G, Jickells T, et al. 2007. Reduction of iodate to iodide by cold water diatom cultures. Marine Chemistry, 105: 169-180.

Chelossi E, Vezzulli L, Milano A, et al. 2003. Antibiotic resistance of benthic bacteria in fish- farm and control sediments of the Western Mediterranean. Aquaculture, 219: 83-97.

Chopin T, Buschmann A, Halling C, et al. 2001. Integrating seaweed into marine aquaculture systems: a key toward sustainability. J Phycol, 37: 975-986.

Chopin T, Neish I. 2014. The 21st international seaweed symposium: seaweed science for sustainable prosperity. Journal of Applied Phycology, 26: 695-698.

Dawczynski C, Schubert R, Jahreis G. 2007. Amino acids, fatty acids, and dietary fibre in edible seaweed products. Food Chemistry, 103: 891-899.

FAO. 2014. The State of World Fisheries and Aquaculture. Rome: Publishing Policy and Support Branch: 223.

Fei X. 2004. Solving the coastal eutrophication problem by large scale seaweed cultivation. Hydrobiologia, 512(1): 145-151.

Fong P, Donohoe R M, Zedler J B. 1993. Competition with macroalgae and benthic cyanobactenal limits phytoplankton abundance in experimental microcosms. Marine Ecology Progress Series, 100: 97-102.

Forman K A, Warren J D. 2010. Variability in the density and sound-speed of coastal zooplankton and nekton. ICES Journal of Marine Science, 67: 10-18.

Haglund K, Pederscn M. 1993. Outdoor pond cultivation of the subtropical marine red alga *Gracilaria temuistipitata* in brackish water in Sweden.Growth, nutrient uptake, co-cultivation with rainbow trout and epiphyte control. Journal of Applied Phycology, 5: 271-284.

Haines K C. 1975. Growth of the carrageenan-producing tropical red seaweed *Hypnea musciformis* in surface water, 870m deep water effluent from a clam mariculture system, and in deep water enriched with artificial fertilizers or domestic sewage *in*: Persson G, Jaspers E. Proc. 10th Eur. Symp. Mar. Biol. Universa Press: 622.

Harlin M M, Thorne-Miller B, Thursby G H. 1979. Ammonium uptake by *Gracilaria* sp. (Florideophyceae) and *Ulua lactuca* (Clorophyceae) in closed system fish culture. Proceeding of International Seaweed Symposium, 9: 258-292.

Haughey S A, Graham S F, Cancouët E, et al. 2013. The application of near-infrared reflectance spectroscopy(NIRS)to detect melamineadulteration of soya bean meal. Food Chemistry, 136(3-4): 1557-1561.

Hays G C, Richardson A J, Robinson C. 2005.Climate change and marine plankton. Trends in Ecology and Evolution, 20(6): 337-344.

He P M, Xu S N, Zhang H Y, et al. 2008. Bioremediation efficiency in the removal of dissolved inorganic nutrients by the red seaweed, *Porphyra yezoensis*, cultivated in the open sea. Water Research, 42: 1281-1289.

Huang C, Lin X, Lin J, et al. 2009. Population dynamics of *Pseudo-nitzschiapungens* in Zhelin Bay, China. Journal of the Marine Biological Association of the United Kingdom, 89(4): 663-668.

Hung J J, Hung C S, Su H M. 2008. Biogeochemical responses to the removal of mariculture structures from an eutrophic lagoon(Tapong Bay)in Taiwan. Marine Environmental Research, 65: 1-17.

Huo Y Z, Wu H L, Chai Z Y, et al.2012. Bioremediation efficiency of *Gracilaria verrucosa* for an integrated multi-trophic aquaculture system with *Pseudosciaena crocea* in Xiangshan harbor, China. Aquaculture, (326-329): 99-105.

Huo Y Z, Xu S N, Wang Y Y, et al. 2011. Bioremediation efficiencies of *Gracilaria verrucosa* cultivatedin an enclosed sea area of Hangzhou Bay, China. Journal of Applied Phycology, 23: 173-182.

Hyndes G, Kendrick A, MacArthur L, et al. 2003. Differences in the species-and size- composition of fish assemblages in three distinct seagrass habitats with differing plant and meadow structure. Marine Biology, 142: 1195-1206.

Japanese Society of Fisheries Science (JSFS). 2000. Kelp Coast & Forests in Sea. Tokyo: Koseisha Koseikaku Press: 12-47.

Kaiser M J, Jennings S, Attrill M. 2005. Marine Ecology: Progresses, Systems, and Impacts. Oxford: Oxford University Press.

Komatsu T, Ariyama H, Nakahara H, et al. 1982. Spatial and temporal distributions of water temperature in a Sargassum forest. Journal of the Oceanographical Society of Japan, 38: 63-72.

Komatsu T, Tatsukawa K. 1999. Seaweed beds and fisheries resource. Kaiyo Monthly, 29: 494-499.

Langton R W, Haine K C, Lyon R E. 1977. Ammonia-nitrogen production by the bivalve mollusc *Tapes japonica* and its recovery by the red seaweed *Hypnea musciformis* in a tropical mariculture

system.Helgohinder Wiss Meeresunters, 30: 217-229.
Luning K. 1990. Seaweeds: Their Environment, Biogeography, and Ecophysiology. New York: John Wiley & Sons Inc: 344-380.
McVey J P, Stickney R R,Yarish C, et al. 2002. Aquatic polyculture and balanced ecosystem management: new paradigms for seaweed production *in*: Stickney R R, Mcvey J P. eds. Responsible Marine Aquaculture. New York: CABI Publishing: 91-104.
Moffat A S. 1998. Global nitrogen overload problem grows critical. Science, 279: 988-999.
Nan C R, Zhang H Z, Zhao G Q. 2004. Allelopathic interactions between the macroalga *Ulva pertusa* and eight microalgal species.Journal of Sea Research, 52: 259-268.
Neori A, Chopin T, Troell M, et al. 2004. Integrated aquaculture: rationale, evolution and state of the art emphasizing seaweed biofiltration in modern mariculture. Aquaculture, 231(1-4):361-391.
Neori A, Krom M D, Ellner S P, et al. 1996. Seaweed biofilters as regulators of water quality in integrated fish-seaweed culture units. Aquaculture, 141: 183-199.
Pang S J, Xiao T, Bao Y.2006. Dynamic changes of total bacteria and Vibrio in an integrated seaweed-abalone culture system. Aquaculture, 252: 289-297.
Pasquer B, Laruelle G, Becquevort S, et al. 2005. Linking ocean biogeochemical cycles and ecosystem structure and function: results of the complex SWAMCO-4 model. Journal of Sea Research, 53: 93-108.
Paytan A, McLaughlin K. 2007. The oceanic phosphorus cycle. Chemical Reviews, 107: 563-576.
Pusceddu A, Fraschtti S, Mirto S, et al. 2007. Effects of intensive maricultureon sediment biochemistry. Ecological Applications, 17(5): 1366-1378.
Ruiz F A C, Hillaire M C, Ghaled B, et al. 2002. Recent sedimentary history of anthropogenic impacts on the Culiacan River Estuary, Northwestern Mexico: geochemical evidence from organic matter and nutrients. Environmental Pollution, 118: 365-377.
Schramm W.1999. Factors influencing seaweed responses to eutrophication: some results from EU-project EUMAC. Journal of Applied Phycology, 11: 69-78.
Schuenhoff A, Shpigel M, Lupatsch I, et al.2003.A semi-recirculating integrated system for the culture of fish and seaweed. Aquaculture, 221: 167-181.
Smetacek V, Bathmann U, Nothing E M. 1991. Coastal eutrophication: causes and consequences *in*: Mantoura C F, Martin J M, Wollast M. Ocean Margin Processes in Global Change.Chichester: John Wiley & Sons: 251-279.
Smith D W, Horne A J. 1988. Experimental measurement of resource competition between planktonic microalgae and macroalgae (seaweeds) in mesocosms simulating the San Francisco Bay-Estuary, California. Hydrobiologia, 159: 259-268.
Stabili L, Acquaviva M I, Biandolino F, et al. 2012. The lipidic extract of the seaweed *Gracilariopsis longissima* (Rhodophyta, Gracilariales): a potential resource for biotechnological purposes? New Biotechnology, 29(3): 443-450.
Tang Y Z, Gobler C J. 2011. The green macroalgae, *Ulva lactuca*, inhibits the growth of seven common harmful algal bloom species via allelopathy. Harmful Algae, 10: 480-488.
TangY Z, Kang Y, Berry D, et al. 2015. The ability of the red macroalga, *Porphyra purpurea* (Rhodophyceae) to inhibit the proliferation of seven common harmful microalgae. Journal of Applied Phycology, 27(1): 531-544.
Terawaki T, Yoshikawa K, Yoshida G, et al. 2003. Ecology and restoration techniques for *Sargassum* beds in the Seto Inland Sea, Japan. Marine Pollution Bulletin, 47: 198-201.
Troell M, Halling C, Nilsson A, et al. 1997. Integrated marine cultivation of *Gracilaria chilensis*(Gracilariales, Rhodophyta) and salmon cages for reduced environmental impact and increased economic output. Aquaculture, 156: 45-61.
Troell M, Ronnback P, Halling C, et al. 1999. Ecological engineering in aquaculture: use of seaweeds for removing nutrients from intensive mariculture. Journal of Applied Phycology, 11: 89-97.

Truesdale V W. 2008. The biogeochemical effect of seaweeds upon close-to natural concentrations of dissolved iodate and iodide in seawater - Preliminary study with *Laminaria digitata* and *Fucus serratus*. Estuarine, Coastal and Shelf Science, 78(0): 155-165.

Wang R J, Xiao H, Wang Y, et al. 2007. Effects of three macroalgae, *Ulva linza* (Chlorophyta), *Corallina pilulifera* (Rhodophyta) and *Sargassum thunbergii* (Phaeophyta) on the growth of the red tide microalga *Prorocentrum donghaiense* under laboratory conditions. Journal of Sea Research, 58: 189-197.

Yang Y F, Fei X G, Song J M, et al., 2006. Growth of *Gracilaria lemaneiformis* under different cultivation conditions and its effects on nutrient removal in Chinese coastal waters . Aquaculture, 254: 248-255.

Yang Y F, Li C H, Nie X P, et al. 2004. Development of mariculture and its impacts in Chinese coastal waters. Reviews in Fish Biology and Fisheries, 14: 1-10.

Yang Y F, Liu Q, Chai Z Y, et al. 2015. Inhibition of marine coastal bloom-forming phytoplankton by commercially cultivated *Gracilaria lemaneiformis* (Rhodophyta). Journal of Applied Phycology, 27: 2341-2352.

Ye C P, Liao H, Yang Y F. 2014. Allelopathic inhibition of photosynthesis in the red tide-causing marinealga, *Scrippsiella trochoidea* (Pyrrophyta), by the dried macroalga, *Gracilaria lemaneiformis* (Rhodophyta). Journal of Sea Research, 90: 10-15.

Ye C P, Zhang M C, Yang Y F. 2013. Inhibition of photosynthesis in the microalga *Chaetoceros curvisetus* (Bacillariophyta) by macroalga *Gracilaria lemaneiformis* (Rhodophyta). Chinese Journal of Oceanology and Limnology, 31(6): 1174-1180.

Yu Z H, Zhu X S, Jiang Y L, et al. 2014. Bioremediation and fodder potentials of two *Sargassum* spp. in coastal waters of Shenzhen, South China. Marine Pollution Bulletin, 85: 797-802.

Yuan Y V, Walsh N A. 2006.Antioxidant and antiproliferative activities of extracts from a variety of edible seaweeds. Food and Chemical Toxicology, 44(7): 1144-1150.

Zhong Y, Chen T F, Zheng W J, et al. 2015. Selenium enhances antioxidant activity and photosynthesis in *Ulva fasciata*. Journal of Applied Phycology, 27: 555-562.

Zhou J L, Maskaoui K. 2003. Distribution of polycyclic aromatic hydrocarbons in water and surface sediments from Daya Bay, China. Environmental Pollution, 121: 269-281.

Zhou Y, Yang H, Hu H, et al. 2006. Bioremediation potential of the macroalga *Gracilaria lemaneiformis* (Rhodophyta) integrated into fed fish culture in coastal waters of North China. Aquaculture, 252(2-4): 264-276.

第六章　气候变化背景下大型海藻的光合功能适应

第一节　全球气候变化与大型海藻生态环境条件

一、大型海藻的光合作用及其对海洋碳汇的意义

大型海藻泛指分布于潮间带及潮间带以下渐深带区域营固着或附着生活的藻类，它们以水体中的植物、建筑物或其他物体及水体底质作为基质，用附着器、基细胞或假根等营固着生活。大型海藻具有很高的光合生产力，在近岸碳循环中起着十分重要的作用。

大型海藻可以通过自身体内的色素体及光合作用来合成有机质，营自养生活。光合作用过程是一个相当复杂的化学反应，它主要包括光能吸收、能量转换、电子传递、ATP 合成及 CO_2 固定。大型海藻光合作用均在叶绿体（chloroplast）中进行，叶绿体含有捕光色素蛋白复合体，利用吸收的光能进行电子传递，生产还原力和 ATP 的各种电子传递体，以及催化卡尔文（Calvin cycle）循环的各种酶。其中色素蛋白复合体的功能是捕获光能，主要吸收 400～700nm 的光。光合色素分为三类：叶绿素（chlorophyll，Chl）、类胡萝卜素（carotenoids，Car）和藻胆蛋白（phycobiliprotein，PB）。藻胆蛋白包括两种类型，即藻红蛋白（phycoerythrin，PE）和藻蓝蛋白（phycocyanin，PC），大型海藻中藻胆蛋白只存在于红藻。

大型海藻的光合色素和捕光色素蛋白复合体种类繁多，它们的基本功能都是吸收光能。光能被吸收后，在色素分子间进行传递，其传递顺序是类胡萝卜素→叶绿素 b→叶绿素 a（多数藻类），藻红蛋白→藻蓝蛋白→叶绿素 a（红藻类），最后到达光合系统反应中心，在那里进行原初光化学反应，同时促进电子在类囊体膜上传递，并通过光合磷酸化等过程产生 ATP 和 NADPH；然后通过 Calvin 循环利用光反应产生的 ATP 和 NADPH 固定 CO_2，合成有机质（韩博平等，2003）。

大型海藻在近海环境中具有十分重要的生态作用。海洋是地球大气中二氧化碳最大的碳汇，生物泵过程是海洋碳汇最重要的驱动力之一。大型海藻在生物量生产及 CO_2 生物削减方面具有很大的潜力，对缓解全球变暖起着非常重要的作用。

碳是大型海藻的重要组成部分，大型海藻作为初级生产力的贡献者，吸收大气与海水中的 CO_2，一方面维持大气中的 CO_2 平衡，另一方面使海洋微环境发生变化。海水中无机碳（inorganic carbon，Ci）的存在形式以 HCO_3^- 为主（90%左右），游离的 CO_2 虽不足 1%，但由于大型海藻可直接利用海水中的游离 CO_2，使海水 CO_2 体系平衡向 CO_2 方向移动，导致大气中的 CO_2 向海水溶入量增加，海藻通过光合作用将 CO_2 转化为海藻体内的有机碳，从而增加了海洋碳汇。

大型海藻对研究近海水域高效去除 N、P 污染物的富营养化防治技术，以及赤潮防治、维护近海生态系统健康和保障水安全等具有重要的科学意义。生物修复技术是当前

国际上为降低海洋环境健康风险采用的重要技术手段之一（杨宇峰和费修绠，2003）。近海大型海藻栽培可明显改善水质环境，对海水富营养化的去除效果十分明显（张继红等，2005；Yang et al.，2015），大型海藻可以通过其生理过程使海水中溶解态的氮、磷进入生物地球化学循环，加速降解。通过在富营养化海域规模化栽培大型海藻作为营养缓冲器，可平衡人类活动（工农业废水、经济动物养殖等）带来的额外营养负荷，能有效降低海域氮、磷污染的风险。所以，近海栽培大型经济海藻在防治海水富营养化的同时，通过收获海藻可使大量的碳被固定下来，从而成为提高近海固碳潜力的重要措施之一。此外，大型海藻能提供藻场生物群落的“框架”，对提高近海生物多样性、维持海洋生态系统健康具有重要作用。

我国是大型海藻栽培大国，近几十年来海藻栽培业发展迅速，大型海藻对增加海洋碳汇具有重要意义。根据《中国海洋年鉴》所统计的我国人工大型经济海藻的产量，利用海藻干重中碳的平均含量为 27.39%（张继红等，2005），估算出我国近海经济海藻的固碳量（表 6-1）。从表 6-1 可知，近几年我国大型经济藻类的产量每年为 120 万～150 万 t，换算为固碳量为 36 万～45 万 t，平均每年 40 万 t。如果被吸收的碳全部从大气中获得，则我国人工栽培经济海藻可从大气中吸收 40 万 t 的碳。2012 年全国近海栽培海藻总产量达 176.47 万 t（权伟等，2014），换算为固碳量则达 48 万 t。可见，海藻栽培这一措施对增加大气二氧化碳的汇具有重要生态意义。有研究表明，大气中 CO_2 浓度的增加会在一定程度上促进陆地及海洋植物的碳吸收（Ballantyne et al.，2012）。这说明在未来大气中 CO_2 浓度升高时，海藻栽培对海洋碳汇将具有更大的意义。

表 6-1　我国近海大型经济藻类栽培产量与固碳强度（t）（张继红等，2005）

参数	海藻	年份					
		2000	2001	2002	2003	2004	2005
经济海藻的养殖产量	海带	830 410	797 730	841 540	883 617	922 496	968 621
	紫菜	48 159	58 399	67 062	70 415	73 513	77 189
	其他	343 429	358 681	393 071	412 724	430 884	452 428
	总量	1 221 998	1 214 810	1 301 673	1 366 756	1 426 893	1 498 238
栽培经济海藻的固碳量	海带	259 088	248 892	262 560	275 689	287 819	302 210
	紫菜	13 191	15 995	18 368	19 287	20 135	21 142
	其他	94 065	98 243	107 662	113 045	118 019	123 920
	总量	366 344	363 130	388 591	408 020	425 973	447 272

二、大气 CO_2 浓度升高与海水酸化效应

全球气候变化（global climate change）是指在全球范围内气候平均状态在统计学意义上的巨大改变或者持续较长一段时间（典型的为 10 年或更长）的气候变动。通常来讲，气候被认为是长时间尺度（一般是几十年）的“平均天气”或地球能量平衡的反应。这种平衡可以被太阳辐射变化，由积雪、森林、沙漠、气溶胶等造成的太阳辐射反射及温室效应等改变。全球气候能够被这些因素的改变及其反馈机制所影响（IPCC，2007）。正面的反馈机制能增强全球变暖，而负面的反馈会使全球变冷。大气中的 CO_2

在维持地球对太阳辐射吸收与释放的平衡中具有非常重要的作用，虽然其维持能力的大小尚未确定，但已被公认为是一种重要的温室气体（greenhouse gas）。人为产生的 CO_2 导致温室效应被加强，而且远远大于自然产生的 CO_2 的影响，从而引发全球气候变化。

大气中的温室气体从工业时代（19 世纪中期）开始快速增加（图 6-1），化石燃料燃烧、农业生产等人类活动引起温室气体及气溶胶大量释放，土地的不合理利用，如森林砍伐导致对 CO_2 的吸收减少及地球反射改变等。

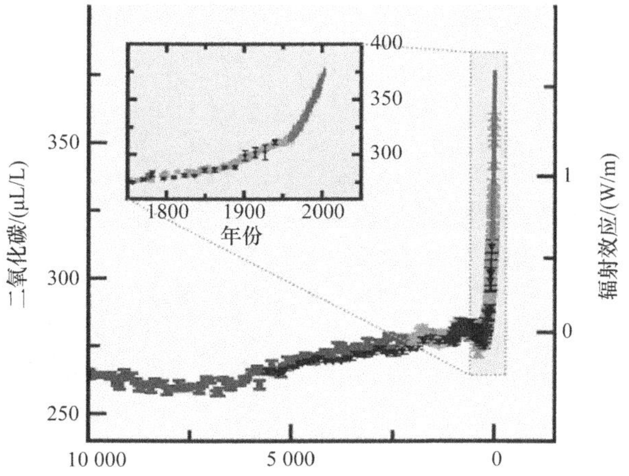

图 6-1　最近 10 000 年（2005 年以前）的全球 CO_2 浓度变化（IPCC，2007）

1970～2006 年，CO_2 的释放量增加了约 80%（从 280μL/L 增加到 380μL/L），而且 1995～2006 年的增加尤为迅速。一些气候变化指示物（树的年轮、冰蕊、海洋沉积等）的信息显示，2006 年 CO_2 浓度已经超过了包括冰河时期和间冰期在内的过去 650 000 年的浓度范围（180～300μL/L）（IPCC，2007）。目前，大气中 CO_2 浓度已达 390μL/L 左右，远远超过工业革命前的 280μL/L，是 80 万年以来的最高值，并且每年仍以 1～1.5μL/L 的速度递增（Lüthi et al.，2008）。尽管陆地与海洋的碳吸收在 CO_2 浓度升高时有所增长，但按照当前的资源利用速度，地球的碳储存速度远远低于 CO_2 的释放，CO_2 浓度的升高对全球生物圈将产生重要影响。

大气中 CO_2 浓度的升高被认为是气候变化尤其是全球变暖（global warming）的主要因素。CO_2 浓度在地球大气中的分布一般都是相对均匀的，而海洋中的水合 CO_2[H_2CO_3]（即 CO_2）及其他的海洋碳酸体系参数均会随着时间和空间分布发生巨大变化（图 6-2）。全球气候变化早已开始影响海洋的海水温度、海平面、盐度等物理化学特性，并进一步影响海洋生态系统的状况。由于城市化进程和技术发展，未来 CO_2 浓度将会持续增长。从长远看，排放到大气中的 CO_2 增加会对地球产生两种基本影响：全球变暖和海洋酸化（ocean acidification）。升高的 CO_2 浓度会对陆地及海洋植物和生态系统产生很大影响，这已经引起了政府、国际组织和科研工作者的广泛关注。

海洋在与大气进行 CO_2 交换的过程中扮演着一种基本的角色。工业革命以前，海洋吸收了源自化石燃料燃烧等产生的约一半的 CO_2，工业革命以来，人类活动中的化石燃

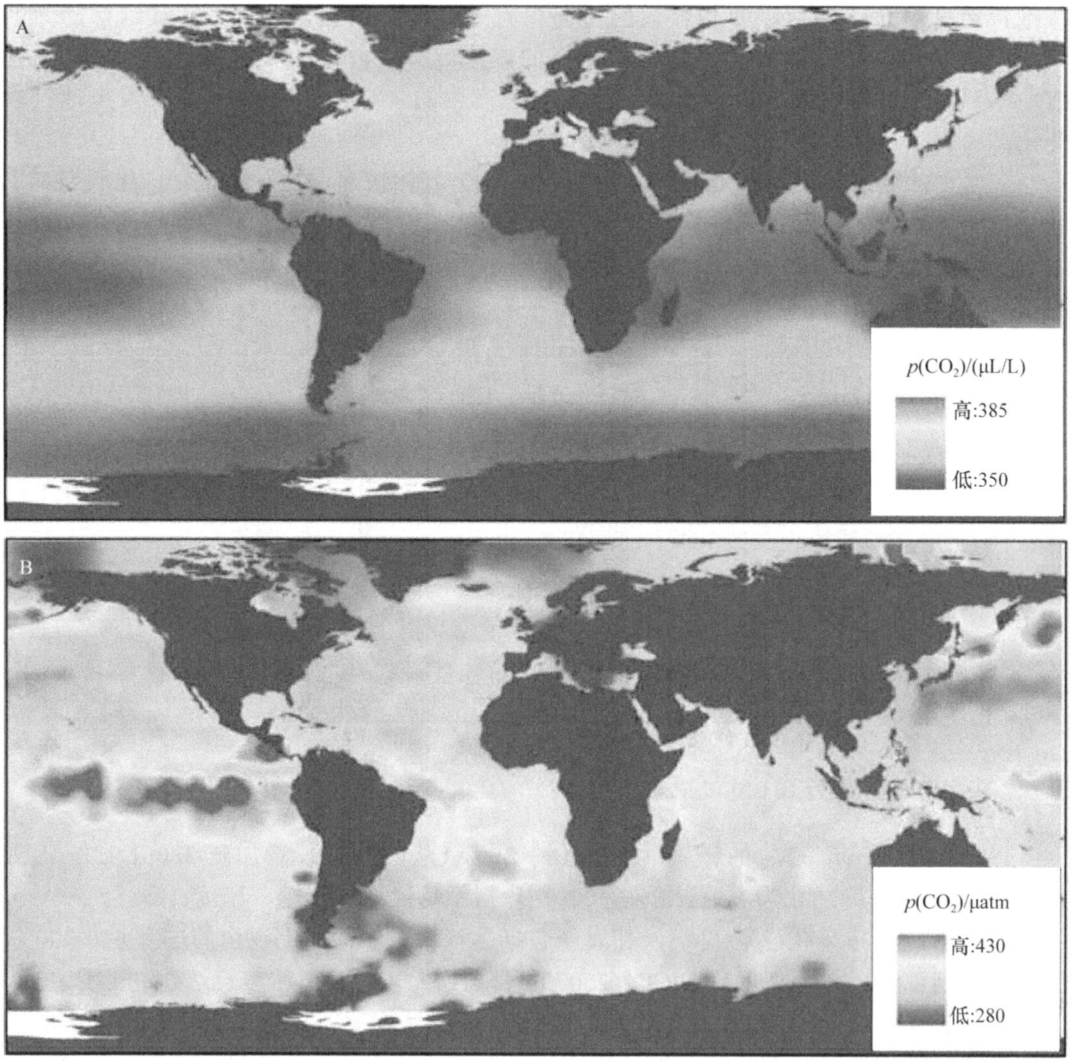

图 6-2　海洋及大气中的 CO_2 浓度分布图（Takahashi et al.，2009）（彩图请扫封底二维码获取）
A. 大气中 p（CO_2）水平（μL/L）；B. 海洋表层 p（CO_2）水平（μatm）；注意平面图中尺度之间的变化

料燃烧及土地利用排放出大量的 CO_2，其中 26%被海洋所吸收（Feely et al.，2009）。海洋在全球范围内的自然演进中起着非常重要的作用。CO_2 浓度的升高不仅导致全球气温升高，而且由于占地球表面 70%的海洋对大气中 CO_2 的水气交换作用而使其不断溶解，导致海水表面 pH 下降，进而影响了水生动植物的生存环境。

CO_2 被海水吸收后会以三种主要的无机态形式存在，分别为：①水合 CO_2（H_2CO_3，约占总量的 1%），②碳酸氢盐（HCO_3^-，约占总量的 91%），③碳酸根离子（CO_3^{2-}，约占 8%）（图 6-3），其中后两种形式是带电离子形式。所有溶解后的 CO_2 被统称为溶解性无机碳（dissolved inorganic carbon，DIC）。

$$DIC=[H_2CO_3]+[HCO_3^-]+[CO_3^{2-}]$$

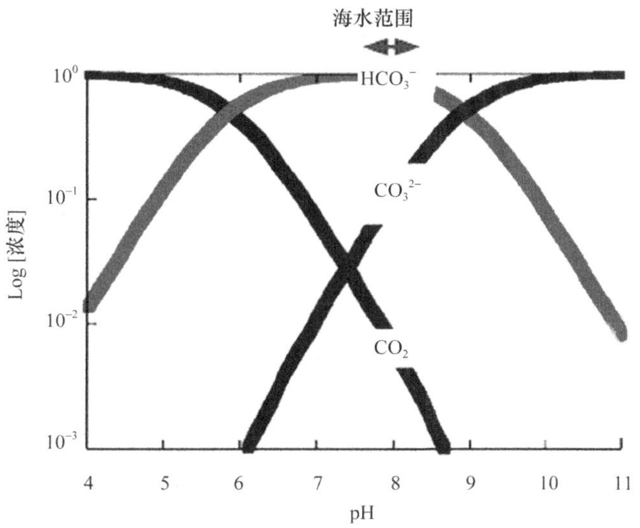

图 6-3　海水中溶解的 CO_2 的三种无机态形式的相对比例（The Royal Society，2005）
顶部箭头代表当前及将来在海洋中可能存在的 pH 水平的部分范围（7.5～8.5）；纵坐标（垂直轴）的比例尺用对数表示

在当前的海洋条件下，由 CO_2 溶解而来的碳酸氢盐是非常丰富的。事实上，大气中的 CO_2 在与表层海水（100m 深度以上）接触后，会发生以下反应：

a. 形成碳酸 $[CO_2]$（g）$+[H_2O]\rightarrow[H_2CO_3]$（aq）

b. 碳酸分解，pH 下降 $[H_2CO_3]$（aq）$\rightarrow[H^+]$（aq）$+[HCO_3^-]$（aq）

c. 碳酸氢根离子释放 $CO_3^{2-}+H^+$ $[HCO_3^-]$（aq）$\rightarrow[H^+]$（aq）$+[CO_3^{2-}]$（aq）

因为 CO_2 的溶解使 HCO_3^-的浓度增加，致使整个反应进程均向右进行，但过多的 CO_3^{2-}又阻止了碳酸盐类物质形成，例如，

（矿物形成）$CaCO_3$（s）$\rightarrow[Ca^{2+}]$（aq）$+[CO_3^{2-}]$（aq）（矿物溶解）

碳酸盐通过两种主要过程来缓冲 pH 的降低：从大气中吸收 CO_2 和与富含 $CaCO_3$ 的深海沉积物反应。

海水中 CO_2 的浓度与大气中 CO_2 的分压成正比（符合 Henry 定律）（Dickson et al.，2007）。因此，大气中 CO_2 的大量增加会使碳酸盐体系向形成 H^+的方向变化。因为深海沉积物中 $CaCO_3$ 的含量是非常丰富的，深海的 pH 至少在 10 000 年内不会改变。海洋对 CO_2 的吸收发生在海水表层，因此海洋表层海水受 CO_2 的影响最为严重。

由于存在碳酸盐体系，海洋对海水 pH 的变化具有一定的缓冲能力，海水的 pH 基本上被维持在 8.2 左右。但海水的 pH 也会有±0.3 个单位的浮动，这取决于区域性差异和季节因素。季节性温度变化和日常生物行为（如光合作用和呼吸作用）是促使海水 pH 浮动的重要因素（Gonzalez-Davila et al.，2003）。温度和富含 CO_2 的深层海水上升流对海洋 pH 的空间分布也具有调节作用。高温促使海水释放 CO_2，从而减少 CO_2 的吸收。沉降在海洋底层的死亡生物的腐烂分解能产生 CO_2，并使海水中 CO_2 浓度升高。相对于外海来讲，部分海岸带的海水更容易受影响，pH 变化更大，如河口海域（Hinga，2002）。

大气中 CO_2 浓度的持续增加正在削弱海洋的缓冲作用。海水由于吸收了过多的 CO_2，会导致海洋体系 pH 降低。工业革命以来，海洋的 pH 已经下降了 0.1 个单位。预计到 2100

年，全球海洋表层海水的 pH 将会再降低 0.5 个单位（Caldeira and Wickett，2003）。

对海洋酸化的研究，应该划分为近海与远洋两大区域，主要因为两者的酸化过程与机制有较大差异。近海海洋生态系统的生物生产力高，受人为干扰大，pH 变化幅度虽然较大，但由于低氧和生物呼吸与海洋酸化的耦合作用，酸化速度将比大洋海域快（Cai et al.，2011）。大洋开放海域生物量密度低，人类干扰少，其酸化趋势主要受控于大气中 CO_2 浓度的变化，但不同的海域，物理化学过程不同，酸化的速率也会有差异。

海水中的 DIC 主要以 CO_2（H_2CO_3）、HCO_3^-、CO_3^{2-}三种形式存在。目前，表层海水中的 DIC 主要以 HCO_3^-形式存在。在总无机碳浓度保持恒定的情况下，海水中各种形式的无机碳比例受 pH 影响。受大气分压的影响，当越来越多的大气 CO_2 溶解于海水中时，海水中 CO_2 和 HCO_3^-的浓度均升高，而海水的 pH 和 CO_3^{2-}的浓度下降（图 6-3）。

根据联合国气候变化委员会估计，如果目前的能源结构不改变，到 2100 年大气 CO_2 浓度将达 800～1000μL/L（Solomon，2007），海水中 CO_2 的浓度与大气中的 CO_2 分压成正比，海水中的 CO_2 浓度也相应地增加两倍以上，这意味着表层海水的 pH 将下降 0.4～0.5 个单位，而海水中的 HCO_3^-浓度将增加 11%，DIC 浓度增加 9%，CO_3^{2-}浓度将因此而下降 45%（Kleypas and Langdon，2000）。由于海水中的 DIC 与大型海藻的光合作用和生长等生命活动密切相关（图 6-4），海水中 DIC 浓度的增加将对大型海藻的光合作用等生理特性产生巨大的影响。

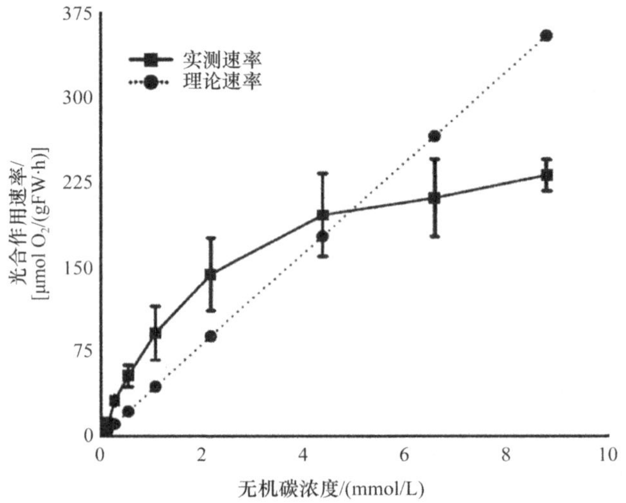

图 6-4　大型海藻的光合作用-无机碳响应曲线（Zou and Gao，2010a）

由于液相的混合速率远低于气相，海洋酸化引起的海水碳酸盐系统变化有很大的横向和纵向差异（图 6-2），一般表层海水受到的影响会大于深层海水。此外，海水中 CO_2 气体的溶解度与海水温度呈负相关，因此不同海域对酸化的响应程度也会有所不同。据估测，到 2100 年 CO_3^{2-} 浓度在热带海域会降为 149μmol/kg，而在两极将降至 55μmol/kg（Orr et al.，2005）。

海洋每天吸收 25 000 000t 人为产生的 CO_2，这对海水化学产生了空前的影响（IPCC，2007）。调查及模型研究表明，与工业时代以前相比，由于溶解了大量的 CO_2，海水表层平均 pH 已经从 8.2 下降了 0.1 个单位，而且预计到 21 世纪末，这一平均值可能会降低至 7.8 左右（The Royal Society，2005）。升高的 CO_2 水平与降低的 pH 一样，会降低海水中碳酸盐（CO_3^{2-}）的饱和度，但会导致碳酸氢盐（HCO_3^-）总量增加。室内及微环境试验结果表明，海水碳酸盐体系的这些变化会显著影响到光合自养生物的碳固定，最终在未来的几十年里可能会导致全球生态失衡（Kroeker et al.，2010）。虽然海洋酸化引起的海水碳酸盐系统变化存在区域性的差异，但海水中碳酸盐系统的这些变化将对依赖海水无机碳进行光合作用的大型海藻产生巨大的影响，特别将是对一些具有 HCO_3^-利用能力的海藻形成选择性优势。

三、全球变暖及温室效应

在过去的 100 年里，全球温度已经上升了 0.74℃，是 1996～2006 年中最高的气温，预计到 2200 年时，全球温度将会再次升高 0.5℃。由于从大气中移除过高的 CO_2 需要相当长的时间尺度，CO_2 对全球气候的影响会持续 100 万年以上。事实上，即使大气中所有的温室气体浓度都维持在 2000 年的水平，未来的全球气温也会以每 10 年增加约 0.1℃的速度继续增长，而且全球气温升高已经引起了冰川溶化，随之导致海平面上升（IPCC，2007），而海平面上升引发的环境变化对潮间带的海藻将产生很大的影响。

当 CO_2 浓度继续升高时，会给未来的海洋带来一系列的连锁反应：海水温度升高，上部混合层浅化，底层营养盐向上的输送量减少，营养盐的可利用度降低等。海洋的海水温度、海平面、盐度等物理化学特性的改变，将进一步影响海洋生态系统。这些环境因子的共同作用必然对海洋藻类产生复杂的效应。在过去的 10 多年里，珊瑚白化现象（coral bleaching）在热带、亚热带海域越来越多。珊瑚白化现象只是全球气候变化的一个缩影，此外受大气中 CO_2 浓度升高及温室效应影响的还有海藻场沙漠化、藻类钙化等。

根据全球变暖与温室效应可以预测：带有极端天气事件的大气环流变化，气候变化及海平面上升引发的海岸侵蚀及海岸带淹没，冰川减缩及物种灭绝，水资源可利用量降低及健康风险和大火灾害增加，外来物种入侵（尤其是中、高纬度地区），这些已经或将会给人类生存带来巨大威胁。由于较大的环境变化（气候变化、海洋酸化、污染等），许多生态系统的承受力很可能会在 21 世纪被打破。此外，全球变化将很可能改变生态系统的结构和功能、物种的相互作用及在生物多样性方面改变物种的地理范围。生长于海岸带的大型海藻就是受这种全球气候变化直接影响的生物种类。

全球气候变暖不仅使全球平均温度升高，而且使得高温、干旱、寒潮、暴雪、暴雨等极端天气发生的概率增加；同时全球变暖造成极端冷事件增多，甚至进入“小冰河期”，温度反常变化（变热和变冷）的频度和幅度增加。这种全球变暖趋势影响着海洋生态系统，包括海洋表面海水温度升高、海平面上升、海洋酸化、营养盐输入的改变，以及海洋环流改变等，这些变化对从分子水平到生态系统水平的海洋生物过程将造成很大的影响。

当前的全球气候变化已开始影响海水温度、海平面、盐度等海洋物理化学特性。卫星及自动潮测仪数据显示，1961～2003 年全球海平面以每年 1.8mm 的速度升高，到 2300 年将会再增加 0.3～0.8m。海洋学调查已经证明，海水 3000m 深度以上的温度均不同程度升高（IPCC，2007）。但也有学者认为，一些非气候因素（如地下水抽提）也会导致海平面上升，而且当前这一成分的影响占 15%～25%（Wada et al.，2012）。但无论如何，在海平面上升的影响下，生长于潮间带的大型海藻会遭受到环境因子剧烈变动的干扰，其中以温度和光照的变动最为剧烈。这些变化将会对大型海藻，尤其是潮间带大型海藻种类造成一种环境胁迫。

第二节 大气 CO_2 浓度升高背景下大型海藻的光合功能

大型海藻是海洋初级生产力的主要贡献者之一。海洋酸化会引起海水中 CO_2 和 H^+ 浓度升高，导致海水 pH 和碱度降低，干扰海洋藻类正常的生理过程。不同种类的大型海藻对海水中无机碳的利用形式会有所差异，溶于海水的 CO_2 的三种主要无机碳形式（即 CO_2、HCO_3^-、CO_3^{2-}）对海藻的生长代谢等生物过程都十分重要（如海藻的光合作用、钙化藻类的钙化过程等）。目前已经有许多有关海洋酸化对大型海藻影响的研究，特别是对大型海藻光合作用和生长影响的研究（邹定辉和高坤山，2002；Zou and Gao，2010b）。CO_2 浓度的升高会影响大型海藻细胞酶的活性，进而影响海藻无机碳及营养物质的吸收同化（Hofmann et al.，2013）。目前普遍认为，大气中 CO_2 浓度增加能促进许多藻类的生长。在高 CO_2 浓度下，大型海藻的许多生理代谢过程（如生长、呼吸作用、营养盐代谢、生化组成及钙化作用等）会受到不同程度的影响（邹定辉和高坤山，2002）。大气中 CO_2 浓度升高对藻类生长、光合作用及钙化等过程影响的研究，不仅可以评估全球大气 CO_2 浓度升高对海洋初级生产力的影响，而且对深入认识海-气界面气体交换规律也具有重要科学意义。

一、光合与呼吸活性

（一）光合作用活性

由 CO_2 浓度增加引起的海水碳酸盐化学及 pH 变化会首先发生于海洋表层，也就是光依赖自养生物富集的透光层。对于海水的 pH、碳酸盐化学等变化，不同的海藻种类具有不同的光合响应，而且在很大程度上取决于海水中碳限制的程度。CO_2 浓度升高对大型海藻生长的促进程度与物种的生理特性密切相关。一般来讲，在其他环境条件稳定的情况下，在一定范围内，海藻的生长速度会随着 CO_2 浓度的升高而增加（因为升高的 CO_2 提高了介质中的碳酸盐浓度）。但当 CO_2 浓度超出一定范围后，在高 CO_2 浓度下，一些大型海藻的光合能力及对海水中 HCO_3^- 的利用能力下降，并使得光合量子产率下降。例如，一种紫菜属海藻 *Porphyra leucosticta* 在高浓度的 CO_2 条件下，其光合放氧的最大量子产额下降，有效量子产额增高，而光系统Ⅱ（PSⅡ）稳定电荷分离的最大及有效量子产额均下降（Mercado et al.，1999）。

大型海藻的光合作用速率对高浓度 CO_2 的反应在不同种类之间有很大差异。在高 CO_2 浓度下，齿缘墨角藻（*Fucus serratus*）（Johnston and Raven，1990）、智利江蓠（*Gracilaria chilensis*）（Gao et al.，1993）及石莼（*Ulva lactuca*）（邹定辉等，2001）的光合能力（光

饱和或碳饱和条件下的光合速率）下降，而江蓠属中的 *Gracilaria gaditana*（Andría et al.，1999）和龙须菜（Chen et al.，2015）、羊栖菜（*Hizikia fusiformis*）（Zou et al.，2011a）的光合能力增高，但一些海藻的光合能力没有明显变化，如紫菜属中的 *Porphyra leucostica*（Mercado et al.，1999）和日本江蓠（*Gracilaria* sp.）（Gao et al.，1993）。此外，高 CO_2 浓度也使得齿缘墨角藻（Johnston and Raven，1990）及石莼（邹定辉等，2001）光合作用的光补偿点或 CO_2 补偿点增高。但在高 CO_2 浓度下一些海藻光合放氧的最大量子产额下降，有效量子产额增高，而光系统Ⅱ（PSⅡ）稳定电荷分离的最大及有效量子产额均下降（Mercado et al.，1999）。这表明在高无机碳条件下，在 PSⅡ处产生 1mol 稳定电荷分离所需要的光量子数增加。有两种过程可调节从 PSⅡ到光系统Ⅰ（PSⅠ）的电子传递速率，即 PSⅠ周围的循环电子转递，以及称为 Mehler 反应与 O_2 吸收偶联的非循环电子转递。而从 PSⅡ到 PSⅠ的能量传递与碳浓缩机制失活是平行变化的（Palmqvist et al.，1990）。

光合作用对大气中 CO_2 升高的响应会因不同的海藻种类、不同的环境因素、影响时间的长短而各有差异。CO_2 升高使得海水中无机碳浓度增加，海藻利用无机碳的方式在很大程度上影响了其对 CO_2 浓度升高的反应。在高无机碳环境下生长的海藻，维持 HCO_3^- 利用机制所需要的能量降低。因此，在不同无机碳浓度下生长时，海藻光化学效率的变化可以用维持 HCO_3^- 利用机制的能量需要量改变来解释。

（二）呼吸作用与能量代谢

大型海藻的各种生理活动离不开藻体细胞进行呼吸作用所提供的能量。大型海藻的呼吸作用可分为两种类型：以乙醇酸为氧化底物在光照条件下与光合作用相联系而发生的吸收 O_2 并释放 CO_2 的光呼吸；以糖为氧化底物但在光照或黑暗条件下均可进行的利用 O_2 的暗呼吸，即一般所指的呼吸（图 6-5）。

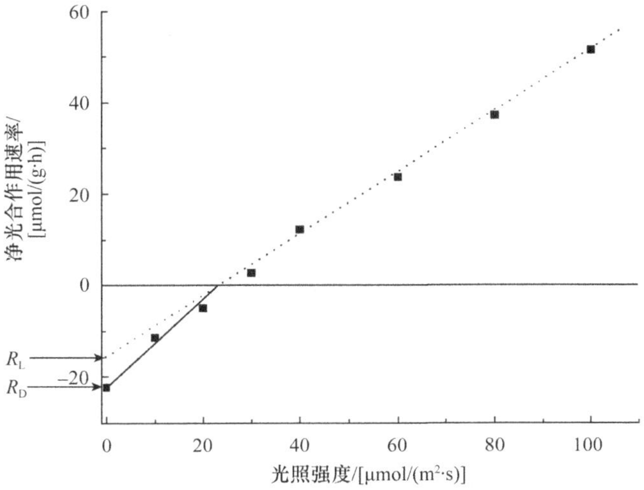

图 6-5　在当前大气 CO_2 浓度条件下大型海藻在低光照条件下的典型光合-光响应曲线（Zou et al.，2011b）

R_L. 光呼吸；R_D. 暗呼吸

植物生理代谢消耗的 ATP、细胞还原力（如 NADPH、NADH 等）及生物合成和细胞修复用到的碳骨架介质等都是通过植物的暗呼吸作用产生的（Amthor，2000）。暗呼吸（线粒体非光合呼吸）在调节植物细胞和个体的碳平衡中起到重要的作用，对植物的生长和生存至关重要。

高 CO_2 浓度对 *Porphyra leucosticta*（Mercado et al.，1999）和羊栖菜（*Hizikia fusiformis*）（Zou，2005）的暗呼吸速率没有显著影响，但短期高 CO_2 浓度（数小时）会抑制羊栖菜的呼吸作用（Zou et al.，2011a）。此外，在高光照条件下[160～180μmol/（m^2·s）]，CO_2 浓度增加对龙须菜暗呼吸的影响不显著（Zou and Gao，2009；Zou et al.，2011b），但在 100μmol/（m^2·s）光照条件时，在低 P 条件下（0.5μmol/L），升高的 CO_2（720μL/L）增强了龙须菜的暗呼吸作用，但是在无机 P 浓度为 30μmol/L 条件下培养时，高浓度的 CO_2 却降低了龙须菜的暗呼吸（Xu et al.，2010）。这说明，CO_2 浓度对大型海藻呼吸作用的影响受到光照和海水中营养水平的影响。因此，不能单纯地断定 CO_2 浓度升高对光照或者黑暗条件下的龙须菜的呼吸作用存在实质性的影响。

大气中 CO_2 浓度增加对光呼吸的影响因海藻种类而异（图 6-6）。Gao 等（1993）表明，高 CO_2 浓度使得条斑紫菜及两种江蓠（日本江蓠和智利江蓠）的光呼吸作用受到抑制，这是由于高 CO_2 浓度提高了培养介质中 CO_2 与 O_2 的比例，从而抑制光呼吸。但在高 CO_2 浓度下，*Porphyra leucosticta*（Mercado et al.，1999）及石莼类海藻（Björk et al.，1993）存在明显的光呼吸作用，而它们在正常无机碳条件下是没有光呼吸作用的（Mercado et al.，1997）。在无机碳加富条件下存在光呼吸作用和光呼吸作用加强，也是 *Porphyra leucosticta* 最大量子产额下降的一个重要原因（Mercado et al.，1999）。高 CO_2 浓度生长条件下石莼的光合效率与羧化度下降，被认为由光化学效率和核酮糖-1，5-二磷酸羧化酶（Rubisco）羧化活性下降及光呼吸作用加强等因素导致（邹定辉等，2001）。这种在高 CO_2 浓度下或海水酸化条件下海藻光呼吸作用的存在或增强，可能与基于 HCO_3^- 利用的碳浓缩机制失活有关。

（三）潮间带海藻的光合生理特性

尽管真核藻类起源于水环境（主要是海洋环境），但它们中的许多种类可以在气生环境生存。许多大型海藻种类生长在潮间带，海洋的潮汐循环使得潮间带海藻总是交替地处于低潮时暴露于空气中（干出）与高潮时淹没于海水中两种状态。潮间带海藻是沿岸重要的初级生产者，为草食及碎屑食物链提供营养，影响着近岸的碳循环。潮间带海藻的光合作用在空气与海水两种截然不同的环境中进行，经过长期的进化，它们的光合作用能适应水生与气生两种截然不同的环境状态。由于光合资源（无机碳源、光照、温度、水分、营养等）可利用性的差异，潮间带海藻的光合作用等生理过程在低潮干出与高潮淹没状态下特性不同。

1. 低潮干出与高潮淹没状态下大型海藻的光合作用比较

潮间带海藻暴露于空气中时，海水中大量的 HCO_3^- 已不复存在，光合作用只能依赖于空气中的 CO_2，而且潮间带海藻在空气中的光合作用通常受大气中 CO_2 浓度的限制。大气中 CO_2 浓度升高对潮间带海藻光合作用的相对促进量与不同的日低潮干出时间长短有关（Zou et al.，2007）。

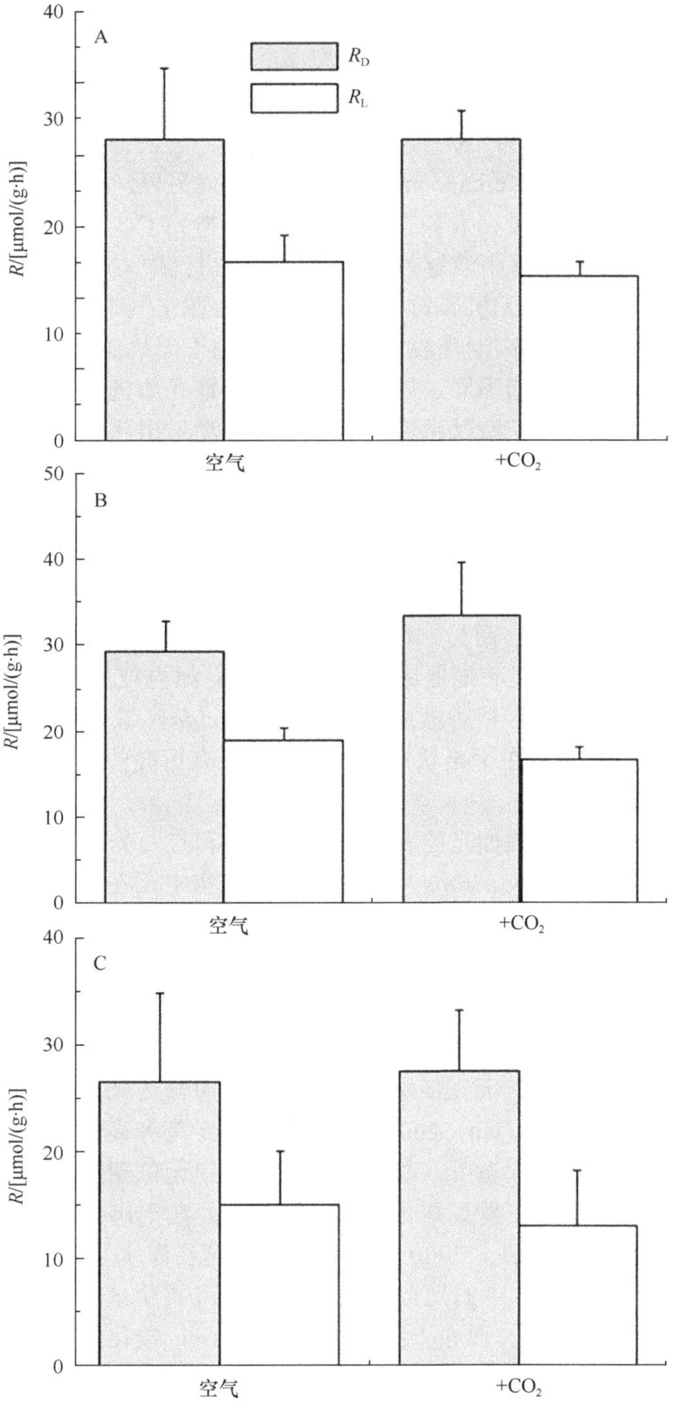

图 6-6　在当前大气 CO_2 浓度（空气，380μL/L）和 CO_2 升高（$+CO_2$，720μL/L）条件下大型海藻石莼（A）、羊栖菜（B）和龙须菜（C）的光呼吸（R_L）和暗呼吸（R_D）（Zou et al.，2011b）

潮间带海藻能适应潮间带这种水生与气生不断交替的环境条件，在海水中或空气中均能很好地吸收周围环境中的无机碳而进行光合作用。一般来说，潮间带海藻在高潮淹没于海水中时，不但吸收海水中游离态 CO_2 进行光合作用，而且可以利用海水中的 HCO_3^- 作为光合作用的外在无机碳源，并且在许多海藻种类中 HCO_3^- 是光合作用的主要外在无机碳源（Larsson and Axelsson，1999）。而在低潮干出时，潮间带海藻表面水膜的 HCO_3^- 浓度降低至淹没状态下的 0.5%（Reiskind et al.，1989），它们像陆生植物一样主要依赖空气中的 CO_2 进行光合作用（Mercado and Niell，2000）。另外，由于空气中 CO_2 的扩散速率比水中的快约 1 万倍，这使得海藻在空气中更容易得到 CO_2。考虑到无机碳在海水中和在空气中的浓度变化（海水中溶解的无机碳浓度为空气中 CO_2 浓度的 140 倍）及其向藻体的扩散速率，周围环境中无机碳对藻体的供应能力在空气中比在水中大 2.3 倍（Hurd，2000）。因此，在低潮干出与高潮淹没两种状态下，由于无机碳对藻体的供应能力不同，海藻的无机碳利用方式与机制不同，以及其他环境条件（如光照、温度、盐度、水分、营养等）的差异，使得潮间带海藻由淹没状态转入低潮干出状态时，光合能力（光饱和光合速率）可能发生改变。

研究发现，一些潮间带海藻，如美国囊管藻（*Halosaccion americanum*）（Oates，1986）、*Palmaria palmata*、羽状凹顶藻（*Laurencia pinnatifida*）、酵母状节夹藻（*Lomentaria articulata*）和红叶藻（*Delesseria sanguinea*），在干出状态下的光合能力比在淹没状态下的小（Johnston et al.，1992）；而另一些生长在潮间带的大型海藻，在退潮期间暴露于空气时，大气中 CO_2 浓度升高显著地促进了其光合作用，如内枝藻（*Endocladia muricata*），紫菜属的 *Porphyra perforata*，银杏藻属的 *Iridaea flaccida*，墨角藻属的 *Fucus distichus*，*Hesperophycus harveyanus* 等在干出状态下比在海水中有更高的光合能力（Johnson et al.，1974）。

光合作用的一些特征参数如光能利用效率、光饱和点与光补偿点等，在干出与淹没状态下也存在差异。在 *Fucus spiralis* 中，光合效率在水中比在空气中大，而光补偿点和光饱和点在空气中比在水中大（Madsen and Maberly，1990）；但 *Halosaccion americanum* 的光合效率在空气中比在水中大，光饱和点则在水中比在空气中大（Oates，1986）。这些光合参数的变化机制和生态意义还有待进一步阐明。

在淹没状态下，潮间带海藻的光合作用往往能被海水中的无机碳浓度所饱和或接近饱和（Zou and Gao，2002a），而在低潮干出状态下，海藻的光合作用则往往受目前大气中 CO_2 水平的限制（Zou and Gao，2002a，2002b；邹定辉和高坤山，2001b）。这主要是由于在淹没与干出两种不同状态下，海藻对周围环境中无机碳的利用机制不同。在海水中，海藻能利用 HCO_3^-，这使得其具有碳浓缩机制；而在干出状态下，海藻只能利用大气中的 CO_2（Mercado and Niell，2000）。另外，对石莼在海水与大气中光合作用-无机碳响应的研究表明，海藻在海水中的光合作用主要受到 Pi 再生或电子传递能力（产生 ATP 和 $NADPH_2$ 的能力）的限制；而在干出状态下，Rubisco 羧化能力和电子传递能力共同限制其光合作用（Zou and Gao，2002a）。

2. 环境条件对生长于潮间带的海藻的影响

海藻光合能力的差异与海藻在潮间带的垂直分布位置、藻体形态及环境条件等多种因素有关。早期研究发现，在相同的光、温条件下，位于高、中潮带的海藻在空气中的光合作用比在水中大，而位于低潮带的海藻在空气中表现出较小的光合速率（Johnson et al.，1974）。具有粗壮分枝的墨角藻及具囊藻等在干出时均表现出较低的光合能力（Oates，1986; Litter，1980）。相反，叶状体形态的藻类在干出时则表现出较大的光合速率（Johnson et al.，1974）。环境条件如温度也是影响这种光合能力的重要因素。在淹没和干出不同状态下，温度对影响光合速率的生理或物理过程（如 ATP 合成酶活性、电子传递与质体醌的扩散、Rubisco 活性、碳酸酐酶活性、胞内 pH 及 CO_2 或 HCO_3^- 通过细胞膜或叶绿体膜的主动运输、扩散作用等）的效应不是等同的（Davison，1991），这使得海藻在淹没和干出两种状态下的光合能力差异具有温度依赖性。例如，潮间带褐藻 *Fucus spiralis* 的光饱和光合速率在空气中 15℃和 20℃时较高，而在水中 10℃时较高（Madsen and Maberly，1990）。石莼（*Ulva lactuca*）的试验结果表明，在 10℃时，光合能力在干出状态下比淹没状态下大；在 20℃时，光合能力在这两种状态下相等；而在 30℃时，光合能力在海水中大（Zou and Gao，2002a）。

3. 潮间带海藻光合作用与脱水的关系

干燥脱水对潮间带海藻干出过程中的光合作用等代谢有很大影响。潮间带海藻对干出期间脱水的反应不能简单地说成是对破坏性胁迫的忍耐。许多潮间带海藻在干出初期，轻微的脱水会增加光合速率（与干出初始状态时相比）。例如，*Fucus spiralis* 在脱水 4%～8%（Madsen and Maberly，1990）、羊栖菜在脱水 5%时（Ji and Tanaka，2002），光合速率到达高峰值，然后光合速率随着进一步的脱水而下降。目前，有关轻微脱水使光合速率增加的机制尚不清楚。一般认为是由藻体表面水膜的水分损失导致 CO_2 在水相中扩散障碍减小所致（Hurd，2000；Davison and Pearson，1996）。但在 *Gastroclonuium coulteri*（Hodgson，1981）及坛紫菜（Zou and Gao，2006b）等潮间带海藻中，没有发现光合速率随轻微脱水而出现增强的现象，而是光合速率一直随着脱水而下降（图 6-7）。

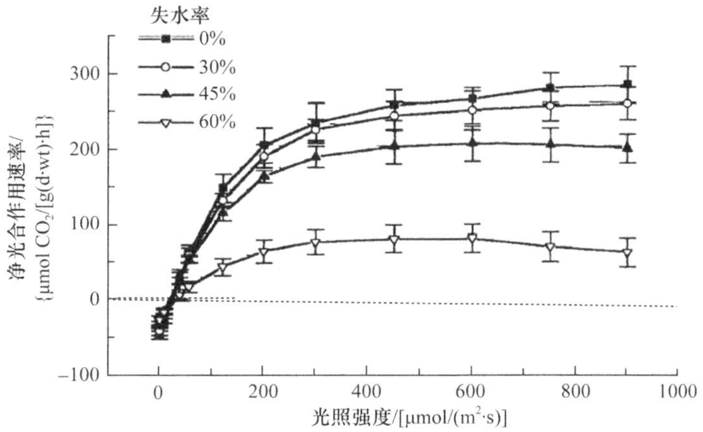

图 6-7　在当前 CO_2 浓度条件下坛紫菜的 P-I 曲线随干燥程度的变化（Zou and Gao，2002b）

目前对于在干出状态下，潮间带海藻的光合速率随着脱水而下降的机制仍了解不多。脱水可能是通过一系列反应使得海藻光合活性下降（Kawamitsu et al.，2000；Davison and Pearson，1996）：①减少细胞内水的化学势或活性；②减少细胞膨压使得大气 CO_2 进入细胞的扩散面积减少；③由于细胞体积的改变造成膜或细胞器内空间关系改变；④增加细胞内盐浓度；⑤脱水使得许多大分子的构象发生改变，使其活性下降；⑥活性氧清除能力的减弱对膜结构造成伤害。对不同水分含量藻体叶绿素荧光的分析表明，干燥脱水最先产生有害影响的是 PS Ⅰ 与 PS Ⅱ 间的电子传递解偶联，在严重脱水时，从水光解到 PS Ⅱ 的电子传递终止，最终导致光合作用停止。不同海藻种类之间发生这种变化的临界水分含量不一样，但这种临界水分含量与不同海藻种类的脱水忍耐之间没有明显的相关性。对石莼的研究结果表明，石莼脱水 40%时，其光合速率降低的主要原因是暗反应活性下降（Rubisco 催化活性下降）；而随着藻体水分进一步损失，光化学反应活性下降与暗反应活性下降共同导致石莼光合速率下降（邹定辉和高坤山，2001b）。

潮间带海藻与陆生植物对水分的反应存在许多差异，前者比后者能忍受更大的水分损失，如沟鹿角菜（*Pelvetia canaliculata*）和 *Fucus spiralis* 等潮间带海藻即使有 75%的水分损失，也未遭受不可逆的伤害（Madsen and Maberly，1990）；墨角藻（*Fucus vesiculosus*）和向日葵（*Helianthus annuus*）的水势降至–10MPa 以下时，前者的光合作用在获得水分后迅速恢复，后者则不能恢复（Kawamitsu et al.，2000）。陆生植物叶片在水分含量降低时，其光合速率下降是由气孔关闭（或开度减小）造成的 CO_2 限制引起；而海藻脱水所造成的光合速率下降通常属于生物化学机制，即使增加 CO_2 浓度光合速率也不提高。另外，在适当的水分损失下一些潮间带海藻的净光合速率反而受到促进（Ji and Tanaka，2002；Davison and Pearson，1996），陆生植物叶片则没有这种现象。

潮间带海藻由于面临淹没与干出两种环境状态的交替变化而容易遭受光抑制。在淹没状态下，由于海水对光的反射和吸收作用，光水平可能会限制光合作用；而在干出状态下，潮间带海藻受全日光照强度的曝晒。大多数潮间带海藻的光化学结构总是适应淹没状态下的较低光水平；而在干出状态时，藻体则暴露于过高的光能量下，容易产生光抑制。但在发生脱水作用的藻体中，激发能由 PS Ⅱ 传向 PS Ⅰ，以避免 D1 反应中心蛋白的光合抑制损伤，并通过 PS Ⅰ 的循环电子传递以热量的形式散发出去（Huppertz et al.，1990），因而发生脱水干燥的藻体比仅发生轻微脱水或没有脱水的藻体所受的光损害小。例如，干燥脱水可以增强墨角藻属 *Fucus serratus*（Huppertz et al.，1990）藻体抵抗光抑制的能力。但在光限制条件下，光合作用对干出胁迫的敏感程度比光饱和下的大，这可能是因为脱水扰乱了能量从天线色素向 PS Ⅱ 反应中心的转移过程。

二、光合无机碳利用

大型海藻广泛分布于潮间带及潮间带以下的渐深带，具有很高的光合生产力，构成海洋总初级生产力的 10%左右（Smith，1981），对近岸碳循环具有重要作用。海水中的无机碳体系中，各组分会因海水中温度、压力、盐度、pH 等环境因子的差异而不断相互转化，而且 CO_2 能够通过海洋吸收或者释放在海水和大气之间实现物质交换（即 CO_2 通量）。大多数大型海藻除利用 CO_2 作为外在光合作用碳源外，还能通过胞外碳酸酐酶转化和直接吸收利用 HCO_3^-（Larsson and Axelsson，1999）。碳是重要的生源要素，海水中无机碳体系的化学反应和动态平衡对海洋生物活动具有重要的影响，在形成和维持生命的起源、物质循环及海洋生态系统等方面发挥着重要作用。

（一）大型海藻对无机碳的利用途径

大型海藻对海水中无机碳的利用机制主要是通过光合作用 C3 途径（Calvin cycle）固定 CO_2，即藻体利用光合作用光反应时释放的腺苷三磷酸（ATP）和还原型辅酶Ⅱ（NADPH）将 CO_2 同化成有机碳。在 Calvin 循环中，核酮糖-1,5-二磷酸羧化/加氧酶（Rubisco）具有关键性的作用（韩博平等，2003）。Rubisco 可催化底物核酮糖-1,5-二磷酸（RuBP）和 CO_2 的羧化反应并生成 3-磷酸甘油酸（3-PGA），推动 Calvin 循环的运转，该羧化反应是光合固碳过程中的限速环节，对光合作用具有重要影响。

在海水中，由于较高的 pH（约 8.2）和盐度（约 3.5），CO_2 浓度（约 0.014mmol/L，15℃）比 HCO_3^- 浓度和 CO_3^{2-} 浓度（分别为 2.1mmol/L 和 0.2mmol/L，15℃）要小得多，海水中只有不到 1%的无机碳，即 CO_2 能够被海藻直接吸收利用（Riebesell et al.，2000），而随着 pH 的升高（由于强烈的光合作用，在藻细胞表面 pH 往往升高），CO_2 浓度急剧下降。另外，CO_2 在海水中扩散速度很慢（CO_2 在水中的扩散速度比在空气中要慢 1 万倍）。因此，大型海藻会处于 CO_2 太少的环境中，而且在自然条件下，Rubisco 对 CO_2 的亲和力很低，在目前自然界 CO_2 浓度条件下，大多数藻类的羧化速率还达不到饱和速率的一半（Giordano et al.，2005），这时就可能发生光抑制，甚至导致光合器官受到永久性伤害。为了克服这种 CO_2 压抑状态，大型海藻形成了光能驱散机制、潮间带大型褐藻的 CO_2 贮藏、CO_2 浓缩机制及形成利用海水中 HCO_3^- 库的多种机制（图 6-8）。大型海藻对海水中无机碳的利用主要有以下三种方式。

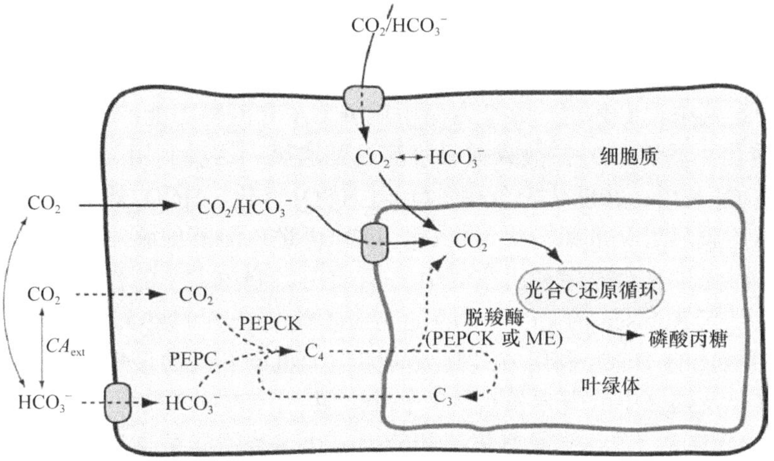

图 6-8　真核藻类细胞中无机碳转运和 CO_2 浓缩过程的模式图（Giordano et al.，2005）

CA_{ext}. 胞外碳酸酐酶；PEPC：磷酸烯醇式丙酮酸羧化酶（phosphoenolpyruvate carboxylase）；PEPCK：磷酸烯醇式丙酮酸羧激酶（phosphoenolpyruvate carboxykinase）

1. 直接利用 CO_2

CO_2 分子可通过自由扩散作用直接穿过藻类细胞而被吸收利用。只能利用 CO_2 的大型海藻种类比同时能够利用 HCO_3^-和 CO_2 作为光合作用外在无机碳源的大型海藻种类要少得多。这很可能是因为在潮间带中，随着深度的增加，光照变弱，并且由于较低的温度及较强的分解作用，使得深层海水中的 CO_2 浓度要比表层海水中高，为适应这种环境条件，可能大多数海藻以 CO_2 作为主要的外在光合碳源。石花菜属中的 *Gelidium cartilagineum*，酸藻属中的 *Desmarestia munda* 和紫菜属中的 *Porphyra schizophylla* 及 *Carpophyllum* 的 4 种海藻只能利用 CO_2 作为光合作用的外在碳源，酵母状节荚藻（*Lomentaria articullata*）和红叶藻 *Delesseria sanguinea*（Johnston et al.，1992）都被认为只能利用 CO_2，或者至多只能具有很弱的 HCO_3^- 利用能力。

潮间带的大型海藻在低潮干出条件下，大气中 CO_2 为其光合作用的唯一碳源，海藻叶状体表面水膜 pH 由于光合作用吸收无机碳而急剧升高，这成为在干出条件下大气 CO_2 溶入海藻表面水膜的动力（Mercado and Niell，2000）。潮间带海藻在干出条件下的光合作用受现有大气 CO_2 浓度（约 15.6μmol/L）的限制，并且对 CO_2 的亲和力随脱水作用而下降，而大气 CO_2 的升高将促进潮间带海藻在干出条件下的光合作用（邹定辉和高坤山，2003）。

2. 胞外碳酸酐酶（CA）催化的 HCO_3^- 利用

大多数大型海藻具有利用 HCO_3^- 作为光合作用外在无机碳源的能力。而对于海水中的 CO_3^{2-}，一般认为它不能作为光合作用的直接碳源，对海藻的光合作用没有影响。与 CO_2 相比，HCO_3^- 渗透通过脂膜的速率要慢得多且困难得多，并且 HCO_3^- 利用需要消耗能量，一般每利用 1 分子的 HCO_3^-，需要 2 分子的 ATP 作为能量（Falk and Palmqvist，1992）。因此，这类海藻可能存在一些协助 HCO_3^- 吸收或利用的机制。

大型海藻的 CA 活性与其对 HCO_3^- 的利用能力密切相关。CA 在海藻中具有胞内（质体和叶绿体中）和胞外（与细胞膜表面相结合）两种存在形式（Giordano and Maberly，1989）。CA 在 HCO_3^- 利用中的重要性，从 CA 活性与 HCO_3^- 亲和力的关系及特定抑制剂对光合作用的影响中得到体现。大型海藻中胞外 CA 有两种功能：①胞外 CA 催化 HCO_3^- 与 CO_2 相互转化，然后 CO_2 扩散或被吸收穿过细胞膜，这种利用 HCO_3^- 的方式称为胞外 CA 催化的 HCO_3^- 利用；②催化空气中 CO_2 向 HCO_3^- 转化，HCO_3^- 然后被海藻所利用，有时 HCO_3^- 在细胞膜附近又重新转化为 CO_2，CO_2 再进入海藻细胞，因此这种功能与海藻暴露在空气中时通过光合作用利用空气中 CO_2 有关。胞内 CA 的作用被认为是催化胞内无机碳库产生供应 Rubisco 的 CO_2（Giordano and Maberly，1989）。

胞外 CA 催化的 HCO_3^- 利用方式是大型海藻无机碳利用的最普遍和最基本方式，在大型绿藻、红藻及褐藻中均普遍发现这种机制。由于 CA 的高效性，这种 HCO_3^- 利用方式在海水条件（pH 约 8.2）下具有很高的能力。由这种方式所支撑的光合速率，能被胞外 CA 的专一性抑制剂 AZ（acetazolamide）所抑制（Larsson and Axelsson，1999）。胞外 CA 本身仅仅是加速 HCO_3^- 与 CO_2 之间的相互转化，不能影响 CO_2 的平衡浓度，并且形成的 CO_2 主要是通过扩散作用被动地进入细胞。这就意味着这种方式的 HCO_3^- 利用，在高 pH（>9.4）时不能很好地起作用，因为这时的 CO_2 平衡浓度极低（Larsson and Axelsson，1999）。

3. HCO_3^- 直接吸收

一些海藻没有胞外 CA，这时 HCO_3^- 的利用可能是通过一种 HCO_3^- 主动运输系统（泵），如阴离子交换蛋白（或带 3 阴离子蛋白），而主动的 HCO_3^- 直接吸收可以有不同的方式（机制），如通过通透蛋白、共向或反向运输等。在另外一些潮间带海藻中，尽管存在胞外 CA，但胞外 CA 的活性与 HCO_3^- 的亲和力之间没有相关性，这是由于它们具有直接吸收 HCO_3^- 的机制。一般在 HCO_3^- 利用中，直接的 HCO_3^- 吸收方式比由胞外 CA 催化的 HCO_3^- 利用方式更有效（Larsson and Axelsson，1999）。

能够吸收 HCO_3^- 的海藻比单纯利用游离 CO_2 的海藻更具有生存竞争能力。大多数海藻具有无机碳浓缩机制（carbon concentration mechanism，CCM）。要实现藻体细胞内部的无机碳积累，CCM 需要有以下过程（韩博平等，2003）：①主动运输系统，或者称为泵，由细胞外向细胞内转运无机碳。②能量供应系统，由于泵是逆浓度梯度转运，因此需要有能量供应才能进行。CCM 的能量供应与光反应密切相关，在黑暗条件下观测不到无机碳的积累。③CO_2 外溢屏障，减少 CO_2 向外泄露，维持内部高 CO_2 浓度。④由于 Rubisco 只能以 CO_2 为底物，具有 CCM 的藻类还需要有促进各无机碳种类之间相互转化以保证 CO_2 生成速率的机制。

（二）无机碳利用相关酶及重碳酸盐利用

1. 碳酸酐酶与 Rubisco

碳酸酐酶（CA：EC4.2.1.1）和 Rubisco（1，5-二磷酸核酮酸羧化酶/加氧酶：EC4.1.1.39）是海藻吸收利用外界无机碳的两个最关键的酶。在高 CO_2 浓度下生长的 3 种石莼类海藻（*Ulva* spp.）（Björk et al.，1993）及 *Porphyra leucosticta*（Mercado et al.，1997）的胞外 CA 活性下降，并且它们的 CA 合成受阻。CA 活性受抑制导致 HCO_3^- 利用能力及为 Rubisco 供应 CO_2 的能力下降，从而使得海藻对无机碳的亲和力下降。另外，高 CO_2 浓度也会对 Rubisco 产生影响，使得 *Gracilaria gaditana*（Andría et al.，1999）及 *Porphyra leucosticta*（Mercado et al.，1997）的 Rubisco 含量降低。Rubisco 含量或酶活化水平影响着光合作用关键酶对 CO_2 的羧化能力，进而影响光合速率。在高 CO_2 浓度下，大型海藻的光合适应是 Rubisco 酶蛋白含量、活化水平及比活性降低（Stitt and Krapp，1999）的结果。在大型海藻中，光合能力降低可能也是同样的原因。

这种高 CO_2 浓度对 CA 或 Rubisco 的影响，可能存在与陆生植物类似的机制。高 CO_2 浓度通常使得碳水化合物含量增加，在高 CO_2 生长条件下，Rubisco 及其羧化能力适应性降低与碳水化合物的增加密切相关。可溶性碳水化合物的增加不但反馈抑制光合作用，如蔗糖对蔗糖磷脂酶的反馈抑制，而且抑制与光合作用途径有关的基因如 *rbc*S 的表达（Moore et al.，1999）。

2. 重碳酸盐利用

由于大多数海藻具有 CCM，当前海水中的无机碳对大型海藻的光合作用来讲已经达到饱和或接近饱和状态。藻体的 CCM 能帮助大型海藻直接或间接地利用海水中含量可观的 HCO_3^- 库（Larsson and Axelsson，1999）。由于大型海藻对 HCO_3^- 的利用能力不同，CO_2 浓度的升高对其生长、生理特征等的影响会因种而异。有研究显示，CO_2 浓度升高能够促进 *Gracilaria chilensis*（Gao et al.，1993）和龙须菜（Chen et al.，2015）生长，也能增强江蓠属中龙须菜（Chen et al.，2015）的光合能力；另外一些大型海藻，如 *Porphyra leucostica*（Mercado et al.，1999）和日本江蓠（*Gracilaria* sp.）（Gao et al.，1993）的光合能力在高 CO_2 条件下则没有显著变化。

CCM 的运转是需要能量的，在光能不足或光限制情况下，CCM 的下调意味着节省了其运转所需要的能量，因此用于光合作用与生长的能量相对增多了。从能量学的角度看，在光限制条件下，藻类细胞会因 CO_2 浓度升高导致 CCM 下调而获得较多光能量，从而促进其生长。然而在光能充足或过剩情况下，CCM 下调所节省的能量不会补充藻类对光能的需求，反而增加光能过剩引起的光抑制（Chen and Gao，2010）。因此，藻类细胞在光过剩、CO_2 浓度升高和 pH 下降等条件下，其光合作用与生长容易受到光抑制。例如，绿藻 *Ulva rigida* 也能有效地利用海水中的 HCO_3^-，在当前无机碳浓度下其光合作用效率已经接近饱和，虽然升高 CO_2 浓度能够促进其生长，但对其光合作用效率的影响不大；高 CO_2 浓度也使得齿缘墨角藻（Johnston and Raven，1990）、3 种石莼类海藻（*Ulva* spp.）（Björk et al.，1993）、*Porphyra leucosticta*（Mercado et al.，1997）与 *Gracilaria gaditana*（Andría et al.，1999）对海水中 HCO_3^-的利用能力受到抑制或 pH 补偿点下降。高 CO_2 浓度造成海藻 HCO_3^-利用能力的变化是可逆的，当从高 CO_2 浓度环境转入正常 CO_2 浓度下生长时，海藻将重新获得较高的 HCO_3^- 利用能力，且活化 HCO_3^- 的利用能力所需的时间（24h）比去活化的时间（3～4d）短（Björk et al.，1993）。研究发现，高浓度的 CO_2 会抑制 *P. leucostica*（Mercado et al.，1999）的生长。这种高浓度的 CO_2 对生长的抑制作用很可能是由 CO_2 浓度升高引起海水酸化所致。

大气 CO_2 浓度变化对大型海藻的短期效应（数分钟至数小时）与海藻所处“气生”或“水生”状态有关。随着海洋潮汐的变化，潮间带海藻的光合作用在低潮干出（即气生）状态、高潮沉没（即水生）状态下进行。潮间带海藻在水生状态下，其光合作用往往能被海水中通常的无机碳浓度（2.2mmol/L，其中主要以 HCO_3^- 形态存在，而分子 CO_2 只占总无机碳的 1%）所饱和或接近饱和；而在低潮气生状态下，海藻的光合作用往往受到目前大气 CO_2 水平的限制（Zou and Gao，2002a，2002b；邹定辉和高坤山，2001b），因此大气 CO_2 浓度升高往往促进大型海藻低潮气生状态下的光合作用，并且由大气 CO_2 浓度升高所导致的光合作用相对增加量随藻体脱水程度或温度的升高而增加（Zou and Gao，2002b）。上述现象主要是由于在水生与气生不同状态下，海藻对周围环境中无机碳的利用机制存在差异。在海水中，海藻对 HCO_3^- 的利用使得其具有碳浓缩机制；而在干出状态下，海藻只能以扩散作用的方式利用大气中的 CO_2（Mercado and Niell，2000）。

3. 大型海藻对 CO_2 浓度升高响应的影响因素

大型海藻对无机碳浓度升高的响应与大型海藻无机碳利用机制有关。在对高 CO_2 浓度响应的大型海藻中，其光合无机碳利用机制不同。例如，Gao 等（1993）所用的两种江蓠能利用 HCO_3^- 作为光合无机碳源；而 Kübler 等（1999）的试验对象酵母状节荚藻只能利用 CO_2，不能利用 HCO_3^-。大气 CO_2 浓度加倍，使得表层海水溶解的 CO_2 分子也加倍，但 HCO_3^-仅增加 6%（从 2.2mmol/L 到 2.34mmol/L）。因此，依赖 CO_2 的大型海藻可能是主要受益者，而对于主要依赖 HCO_3^-的大型海藻，空气中 CO_2 加倍可能仅仅只产生很小的影响。生长在高 CO_2 浓度下的大型海藻，光合作用对外源无机碳的亲和力减小（Johnston and Raven，1990），而只依赖于 CO_2 扩散供应的种类没有变化。在不同类群大型海藻中，无机碳利用机制存在差异。大多数红藻只具有很弱的 HCO_3^- 利用能力，其 HCO_3^- 利用能力远远不如褐藻和绿藻（邹定辉和高坤山，2001a）。因此，与大型褐藻和绿藻相比，大气 CO_2 浓度升高可能将更有利于促进红藻类的光合作用。

大型海藻的栖居环境与无机碳利用机制密切相关。一般潮间带分布的大型海藻（包括潮间带红藻、绿藻和褐藻）具有很强的 HCO_3^- 利用能力，在海水中进行光合作用往往能被海水中无机碳浓度所饱和，它们的光合生产主要是在低潮气生状态下从大气 CO_2 浓度升高中受益（Zou and Gao，2002a）。而潮下带分布的大型海藻，特别是位于深水中的大型海藻，可能大多数以 CO_2 作为主要光合碳源，但它们的光合作用可能不受碳的限制。因为随着海水深度的增加，光照和温度均降低，并且由于较强的分解作用使得深层海水中的分子 CO_2 浓度要比表层海水高（邹定辉和高坤山，2001a），所以大气 CO_2 浓度升高对这些位于深水中大型海藻的光合作用或生长可能没有影响。

在大型海藻与高 CO_2 浓度关系的研究中，CO_2 浓度为现有大气 CO_2 水平（0.036%，即 360μL/L）的 2 倍或数倍（Gao et al.，1993；Kübler et al.，1999），到 1%CO_2（10 000μL/L）（Mercado et al.，1999），甚至为 5%CO_2（50 000μL/L）（Björk et al.，1993；Andría et al.，1999），CO_2 浓度相差约 140 倍。不同 CO_2 浓度对大型海藻生长的影响是不一样的。Kübler 等（1999）研究表明，酵母状节荚藻在 5 倍大气 CO_2 浓度时的相对生长促进量（23%）显著地小于 2 倍大气 CO_2 浓度时的相对生长促进量（52%），且这种反应不呈线性关系。不同浓度的 CO_2 也可能通过控制 pH 水平而影响海藻生长。

此外，用高 CO_2 浓度培养的时间也不一样，从 1 周到 2 周，或 3 周不等。海藻对高 CO_2 浓度的适应性反应（生理性调整）需要较长时间。例如，通入高 CO_2 浓度的空气（6～8d）对马尾藻属羊栖菜（*Hizikia fusiformis*）的光饱和速率、暗呼吸及表观光合效率基本没有影响（Zou，2005）。但短期高 CO_2 培养（数小时）羊栖菜，其呼吸作用会受到高 CO_2 浓度的抑制（Zou et al.，2011a）。因此，海藻在高 CO_2 浓度下的生理特性改变与培养时间有一定关系。

在自然条件下，海藻生长密度高时，或者海藻栖居于分离水域（如石沼）、静止（或流速小）的海水中时，海藻周围的无机碳往往被耗尽，从而出现海藻光合作用碳限制，这样无机碳供应增加无疑会促进海藻的光合作用和生长。由于 CO_2 固定作用与氮同化作用竞争同化力及碳架，海藻中的碳、氮代谢是高度协作及偶联的（Huppe and Turpin，1994）。因此，大型海藻的光合作用对无机碳增加的反应在很大程度上与其叶状体组织中氮及 Rubisco 水平有关。沿海城市化的发展加大了向沿岸海水输入氮、磷等无机盐的机会，这不但导致海藻群落及生态系统水平发生变化，还使得海藻对海水中无机碳的需求增加。例如，只有在氮源充足的条件下，海水中无机碳加富才使得 *Chadophora vagabunda* 和 *Gracilaria gaditana*（Andría et al.，1999）的光合作用和生长受到促进。

三、气候变化背景下 CO_2 水平与其他环境因素的耦合效应

（一）光照

光照是植物生命活动中重要的生存因素，光对植物生长发育的影响主要表现在光照强度、光照持续时间和光质三方面。只有在一定的光照强度下，大型海藻才能进行光合

作用，积累碳素营养。光照强度大小会影响大型海藻体内的色素体含量，一般藻类在强光下 Chl a 含量均呈下降趋势。

生长在潮间带的大型海藻因潮汐的影响，会遭受到环境因子剧烈变动的干扰，其中以温度和光照的变动最为剧烈。有研究表明，光强对藻类碳水化合物在光照期的累积和在黑暗期的消耗均有促进作用（Handa，1969）。由于光照强度增强，光能量增加，叶绿素增多且有效增强叶绿素获得光能和产生合成（CH_2O）的能力，加速了蛋白质和氨基酸的合成，使海藻体内的蛋白质和氨基酸显著增加。

在气候变化背景下，高 CO_2 浓度对海藻生理特性的影响也受环境中光照条件的制约。有研究表明，CO_2 浓度对龙须菜的影响与光强有关。在低光照条件下[30μmol/（m^2·s）]，CO_2 浓度增加至 700μL/L 对龙须菜的影响没有高光强[160μmol/（m^2·s）]的影响显著（Zou and Gao，2009）。在其他培养条件相同时，光照条件对龙须菜光合作用及各种生化成分含量的影响大于 CO_2 浓度的影响（张鑫等，2007）。但当光照条件充足时，CO_2 水平对龙须菜光合作用的影响较为明显。

（二）营养物质

在自然海水中，氮主要以无机氮（N_2、NO_3^-、NO_2^-、NH_4^+）、可溶性有机氮（尿素、游离氨基酸、维生素等）和颗粒有机氮（有机碎屑、浮游生物等）的形态存在。几乎所有的海藻都能以 NO_3^-、NO_2^-、NH_4^+为氮源，大型海藻最易吸收的氮形态是氨，但高浓度的 NH_4^+对藻类有毒害作用。海水中的磷主要以无机磷（PO_4^{3-}-P）形态存在，此外还有少量以有机正磷酸盐、聚合有机磷酸盐及聚合无机磷酸盐（如焦磷酸盐，偏磷酸等）的形态存在。水体中溶解的各形态的磷均可不同程度地促进海藻的生长（Bradford and Peters，1987）。

大气 CO_2 浓度升高影响海藻氮素等营养盐的代谢及氮代谢中许多关键酶的活性(Stitt and Krapp，1999)。CO_2 不仅作为光合作用的底物，而且通过影响氮代谢作用而间接地影响碳同化作用。报道表明，在高 CO_2 浓度通气培养条件下，两种江蓠（日本江蓠和智利江蓠）（Gao et al.，1993）与石莼（邹定辉等，2001）的 NO_3^- 吸收速度增加。关于氮代谢酶活性，有报道表明高 CO_2 浓度使得一些大型海藻的硝酸还原酶活性增高，如 *Porphyra leucosticta*（Mercado et al.，1999）、江蓠（Gao et al.，1993）与石莼（邹定辉等，2001），这表明高 CO_2 促进了这些海藻对营养盐的代谢与利用效率。但高 CO_2 浓度条件也降低了一些大型海藻对 NO_3^- 和 NH_4^+的吸收速率，如 *Gracilaria gaditana*（Andría et a1.，1999）。在高 CO_2 浓度条件下，大型海藻的 NO_3^- 吸收与还原作用可能并不偶联。这种在高无机碳条件下硝酸还原酶活性和氮同化作用的非平衡状态，可能是由同化力 NADPH 及 ATP 之间发生的某种改变造成的。由此可见，大型海藻中氮吸收和同化对 CO_2 升高的响应是多样化的。

大型海藻的细胞生化组成特性也受到 CO_2 浓度升高的影响。一般来说，在高无机碳生长条件下，海藻的藻胆蛋白、可溶性蛋白和 Rubisco 含量下降，但是细胞内部氮含量没有受到明显影响（这可能与细胞内资源如 Rubisco 中的氮的再分配有关），而可溶性碳水化合物含量增加。作为这些变化的结果，大型海藻生长在高 CO_2 浓度条件下，藻细胞的 C/N 值增加（Zou and Gao，2010b）。

（三）重金属

近海重金属污染对生态系统造成了一定的威胁，海洋中的重金属多以络合和螯合等化学形式存在，并沿食物链进行富集。大型海藻是水生生态系统的初级生产者，对多种重金属有良好的吸收能力。但藻类对重金属中某些微量元素的需求量很小，如在自然水体中，Cu^{2+}的浓度只有在 1～2μg/L 时才可成为一些藻类的营养元素（Wetzel，1983）。藻类在正常生长中只累积微量的金属离子，若在高浓度的重金属水体中，长时间的累积会对藻类产生毒害作用。过高的 CO_2 浓度引起的海水酸化，导致海水的 pH 和 CO_3^{2-} 浓度下降，海水沉积物中的重金属被释放，加上人类排放到环境中的重金属，引起海水中一些重金属浓度异常增加，最终影响海洋藻类的正常生理生化过程。

海藻的生长除需要大量 N、P 等元素外，还需要各种微量元素作为细胞生命代谢酶类的辅助因子，如 Fe、Zn、Cu 等，调节生物体的正常生命活动，但这些元素在海洋中的分布往往不均衡。例如，赤道附近的太平洋和南部海域属于高营养盐低叶绿素区，在这里浮游植物的生长主要受限于 Fe（Boyd et al.，1999）。Zn 在某些情况下也成为限制因子（Morel et al.，1994）。当 CO_2 浓度升高时，海水温度升高，上部混合层浅化，底层营养盐向上输送的量减少，营养盐的可利用度降低，可能会加剧某些海区营养盐的受限程度，进而影响海藻对微量元素的吸收利用。

pH 是影响重金属生物吸附的主要因素之一，且对大多数吸附过程而言，系统 pH 是吸附量的决定性影响因素。许多金属元素在海水中往往具有不同形态，能在不同的氧化还原态中进行转化，pH 条件会影响这些金属元素的离子存在形式。例如，在 pH 较低的情况下，游离的 Fe（Ⅱ）和 Fe（Ⅲ）浓度会相应增加，Fe（Ⅱ）稳定性提高（Sunda and Huntsman，2002），由此推断由 CO_2 升高引起的海洋酸化可能会提高 Fe 的可利用度，促进海藻的生长。但 Shi 等（2010）的研究表明，海洋酸化会导致浮游植物对 Fe 的吸收量下降，这可能与酸化对细胞膜氧化还原特性及相关酶的影响有关。

第三节　全球变暖背景下大型海藻的光合功能适应

温度是影响海藻生长的主要生态因子之一，同时也是造成海藻各种生理状态、细胞内生化组分（如色素、蛋白质及碳水化合物等）出现变化的主要影响因素。温度对生化反应的显著影响，使得它成为影响海藻生物过程最重要的环境因素之一。在自然海区生长的大型海藻，都会有最适合自身生长的温度条件。在温带和暖温带生长的海藻，其现存生物量随着海水温度的增加会逐渐减少。自 1979 年以来，虽然每 10 年海洋表层的平均升高温度（0.13℃）仅为陆地平均升高温度（0.27℃）的一半，但这种温度变化直接导致海洋表面海水温度升高、海平面上升及海洋环流改变，这些变化对从分子水平到生态系统水平的海洋生物过程造成很大的影响。同时，温度升高也通过降低水体中 O_2 含量、增加 O_2 扩散系数，以及增加呼吸作用或剧烈地降低植物细胞对缺氧的忍耐等而影响大型海藻的各种生理生态行为（Pulido and Borum，2010）。

一、大型海藻对短期温度变化的光合响应

大型海藻的光合作用一般有一个温度适应范围，在适应范围内，大型海藻的光合速率通常随瞬时温度升高而增加，在最适温度时到达最大光合速率，然后随温度的进一步升高而急剧下降（Sage and Kubien，2007）。大型海藻都会有最适合生长的温度和光照强度，同时光合作用最适温度可能随光强而变化。例如，对不同光照水平下羊栖菜叶片和生殖托的光合作用与温度关系的测定表明，光合速率的最适温度水平随光照条件增加而升高（Zou and Gao，2005）。

海藻对温度的敏感性与其生长的环境条件有关，尤其是生长温度。通常暗呼吸作用对温度的敏感性高于光合作用，这使得海藻的碳平衡（如呼吸/光合值）随温度的变化而急剧变化，甚至导致负的碳平衡，但它们之间因海藻种类及其他环境条件的相互作用而表现出不同的特征与响应机制（Staehr and Wernberg，2009）。此外，光合作用最适温度一般低于呼吸作用的最适温度。因此，对于短期的温度效应，海藻总光合作用平衡呼吸作用消耗时的光照强度（即光补偿点）也随温度升高而增大。这也表明了在高温条件下海藻细胞对作为呼吸底物的碳水化合物具有更多的需求，进而产生更多的 ATP（Zou and Gao，2010a）。

由于周期性的潮汐变化，潮间带的环境条件更加复杂。在高潮沉没和低潮干出不同状态下，海藻的光合能力差异具有温度依赖性（Zou and Gao，2010b）。此外，在低潮干出状态下，由于叶状体水分损失，失水干燥显著影响了潮间带海藻的光合作用等代谢过程。同时，温度不但直接影响潮间带海藻在低潮干出状态下的光合速率及其与 CO_2 浓度升高的关系，还通过影响叶状体失水速率而间接地影响代谢特征（Zou et al.，2007）。因此在干出过程中，温度对大型海藻光合特性的影响更为复杂。

二、大型海藻对温度长期变化的响应

温度主要影响光合碳同化有关酶的催化活性及光合作用的有关过程，如 CO_2 扩散、胞内 pH 等。大型海藻对长期温度变化的响应，最直观的表现在生长方面。温度对海藻生长的影响与温度对光合速率的影响类似，在适宜温度范围内，藻体的质量或生长率会随着温度的升高而增加，超出温度范围后，藻体生长率下降。

温度影响大型海藻的光合作用和呼吸作用。在适当的温度范围内，温度的升高能提高光合作用速率并促进植物的生长，当超出适当的温度范围时，温度的升高会导致光合作用速率下降并抑制植物的生长。研究表明，龙须菜在其生理活动最适温度 25℃下相对生长速率最高，且具有最大的光合作用速率、呼吸作用速率、光能利用效率及光饱和点（刘树霞等，2009）。海藻蛎菜、鹅肠菜、半叶马尾藻、江蓠、坛紫菜和细基江蓠等的光合作用与温度密切相关，其中鹅肠菜在 20℃时光合作用强度最大，随着温度继续升高，光合作用急剧下降，且上述海藻的呼吸作用在一定温度范围内随温度升高呈增大趋势（黄良民，1985）。

与高温下生长的植物相比，低温条件生长的海藻可能具有以下响应特征：①最大光

饱和速率增加；②对因低温引起的光抑制现象的抵抗力增强；③对温度变化的敏感性降低；④光合作用的最适温度下降；⑤对高温的耐受力下降（Davison，1991）。在全球变暖的气候背景下，海水平均温度上升 2℃对海藻的最高耐受温度限度有一定的影响。

海水温度影响着海藻分布。在我国沿海，海藻的分布呈现从北往南冷水种和冷温种逐渐减少、暖水种逐渐增多的变化规律。曾在美国南部至东海岸沿岸带广泛分布的大叶藻（*Zostera marina*），一般在寒冷的月份里生长良好，在温暖的夏季则消亡，目前这种海藻正承受着因海水温度升高引起的逐渐增大的环境压力（Short and Neckles，1999）。有报道指出，当海带从自然分布区被移栽到相对较温暖的南部海域时，表现出了更强的适应性，其生产力达到了更高的水平（Suzuki et al.，2006）。由于全球变暖，海水温度逐年上升，尤其是在冬天（12 月至次年 2 月）表现得更加明显。但如果温度持续上升，海带的幼孢子体形成会逐渐减少，衰亡速率超过生长速率，生产力将会持续降低（Suzuki et al.，2008）。当前日本部分海域沿岸带海藻的消亡被认为都是由海水温度升高造成的（Kitadai and Kadowaki，2003）。

三、大型海藻对极端温度的响应

分布在极端环境中的海藻对环境温度的耐受力明显不同，如生长在南极的某些藻类能在–7℃的环境下进行正常的光合作用（Davey，1989）。除不同栖息场所与地理位置的温度差异外，海藻在不同时间尺度上也会经历温度波动，包括由潮汐取代变温层或者潮汐干出和沉没引起的快速波动、海水表层温度日变化、季节性变化及与自然气候循环相关的长期变化，或者人类影响所引起的温度变化。大型海藻常分布于生境较为特殊的潮间带，即栖居于海洋和陆地环境的过渡带，在潮汐的作用下会周期性地暴露在海洋和陆地两种环境。当海藻在不同季节随低潮干出水面时，常常会经历极端温度。在夏季时容易遭受极端高温胁迫，在冬季时则容易遭受极端低温胁迫。在春季的正午时分，海藻低潮干出时暴露在空气中，可能会经历高达 10℃的温度骤变。在夏季，我国南方海域水温高达 25～28℃，空气温度更高，水温和空气温度共同影响着海藻在干出和沉水状态下的生长及光合作用等生命活动。

（一）极端高温

关于高温对大型海藻生理生化特性影响的研究较多。研究表明，植物细胞内参与生命活动的氧气，通常在新陈代谢过程中会被活化为羟基自由基（·OH）、过氧化氢（H_2O_2）、超氧化物阴离子自由基（O_2^-）、脂质过氧化物及单线态氧（$^1O_2$）等活性氧，而活性氧的强氧化性将引起细胞膜系统过氧化，最终损伤膜系统并造成代谢功能丧失和细胞死亡。正常植物体通过抗氧化系统来维持细胞内活性氧产生和清除的动态平衡。坛紫菜在经受高温胁迫时，这种活性氧的动态平衡被打破，造成细胞膜氧化损伤。此外，高温诱导了细胞内超氧化物歧化酶（SOD）和过氧化氢酶（CAT）等相关保护酶的活性，增加了这些酶的细胞含量（张元等，2011），并可能诱导细胞产生一些新的蛋白质，如热激蛋白（HSP）等，并进一步影响海藻的多种生理代谢活动。

高温可直接破坏藻体的细胞结构，光系统Ⅱ（PSⅡ）是光合作用器官中最容易受损的部位。高温会引起叶绿体膜脂结构和蛋白质及类囊体膜结构与功能发生变化，包括PSⅡ捕光色素蛋白复合体从反应中心脱离、基粒片层的解垛叠和放氧活性丧失。当所处环境温度高于光合作用最佳温度时，PSⅡ将受到损伤。高温胁迫程度较低时，放氧复合体的活性尚可恢复，高温胁迫严重时，放氧复合体受到不可逆破坏，导致光合作用能力丧失。藻体受高温胁迫时会产生应激反应，高温诱导藻体合成一些原有或者新的蛋白质，以增加细胞渗透浓度和功能蛋白的数量，维持细胞正常代谢状态，从而起到自我保护的作用。随着温度的上升及时间的延长，高温使得藻体细胞膜破裂，胞内物质外溢，从而破坏细胞的稳定结构，进而影响蛋白质合成系统。

高温胁迫影响藻类的光合作用。在红藻中，高温会引起光合抑制现象，这与高温中断藻胆体与PSⅡ之间的能量传递有关（Davison，1991）。Campbell等（2006）对7种藻的研究表明，4h内的短时高温胁迫（35～45℃）会引起某些种类的最大光化学量子产量（F_v/F_m）下降，说明其对热胁迫的耐受能力较差，PSⅡ反应中心结构受到高温的破坏。短期或者偶然遭受40～45℃高温，使所有藻种都受到不可修复的损伤。在35℃高温胁迫下，坛紫菜的各种叶绿素荧光参数，如最大相对电子传递速率（rETRm）、最大光化学量子产量（F_v/F_m）、光化学利用效率（α）等均下降（丁柳丽等，2013）。当温度高到一定程度时，藻类呼吸作用增强的同时光合酶分解，使得光合碳的累积受到抑制。高温下的光合作用速率受到呼吸作用的影响，随着温度的升高，Rubisco对O_2的亲和力逐渐增加，并高于Rubico对CO_2的亲和力，导致光呼吸作用增加，从而影响光合作用速率（Davison，1991）。

（二）极端低温

低温可直接破坏细胞内原生质的活性，引起生理代谢失调，特别是光合速率与呼吸速率改变、有毒物质积累、能量产生和物质合成受阻、消耗增强等，使海藻处于“饥饿”状态，从而造成间接伤害。在受到环境低温条件刺激时，海藻体内的抗氧化系统将对低温胁迫产生积极主动的应激响应，抗氧化系统活性增强，则海藻的耐低温胁迫能力增强。例如，两种大型海藻 *Chondrus crispus* 和 *Mastocarpus stellatus* 生长在冬季7.5℃以下的低温环境时，具有更高的超氧化物歧化酶（SOD）、谷胱甘肽还原酶（GR）和抗坏血酸过氧化物酶（APX）活性及较高的抗坏血酸含量，这种有助于清除细胞内活性氧的抗氧化酶活性和含量的增加是适应低温环境的表现之一（Lohrmann et al.，2004）。

此外，温度影响海藻生化组分在细胞内的含量，是藻体蛋白质、碳水化合物含量及藻红素与叶绿素等的主要环境影响因子，而且对海藻的碳水化合物/蛋白质（即C/N值）的影响也较大。温度对大型海藻生境的影响还与其他环境因素有关，如干出持续时间、温度变化幅度、热适应史、光照强度及藻体叶片的成熟度等。因此，在大型海藻研究中，温度与盐度、光照、营养盐水平等对海藻的耦合影响研究更具有生态意义。

四、温度与大气CO_2升高的耦合效应

在自然条件下，温度是影响海藻生长的主要生态因子之一，对海藻的体内生理状态、生化组分（如色素、蛋白质及碳水化合物）等具有重要的影响。例如，温度可通过影响

呼吸作用及光合作用暗反应的酶活性来影响藻类对氮的吸收（Lomas and Glibert，1999），从而影响海藻体内蛋白质的合成。

CO_2浓度和温度变化相互作用影响大型海藻的生长与光合作用等生理生化特性，同时这种影响具有种间差异性。生长在高CO_2浓度下的石莼和坛紫菜的抗高温胁迫能力增强，而温室效应提高了龙须菜的耐热性能。研究表明，CO_2浓度升高使得坛紫菜耐高温性能提高（图 6-9）（丁柳丽等，2013）。正常的大型海藻一般具有通过热耗散消耗掉叶绿素分子吸收的过量光能来保护光合系统免受高光强损害的自我保护机制。在 40℃高温条件下，藻体光合电子传递速率下降，最大光合作用能力及光合效率降低，以热量形式耗散过剩光能的自我保护能力损失殆尽，同时光合作用活性和 PSⅡ传递活性几乎完全丧失。在高CO_2生长的坛紫菜受 35℃高温胁迫时最大光量子产量和光能利用效率的下降程度小于在正常空气生长下的坛紫菜（图 6-9）（丁柳丽等，2013）。

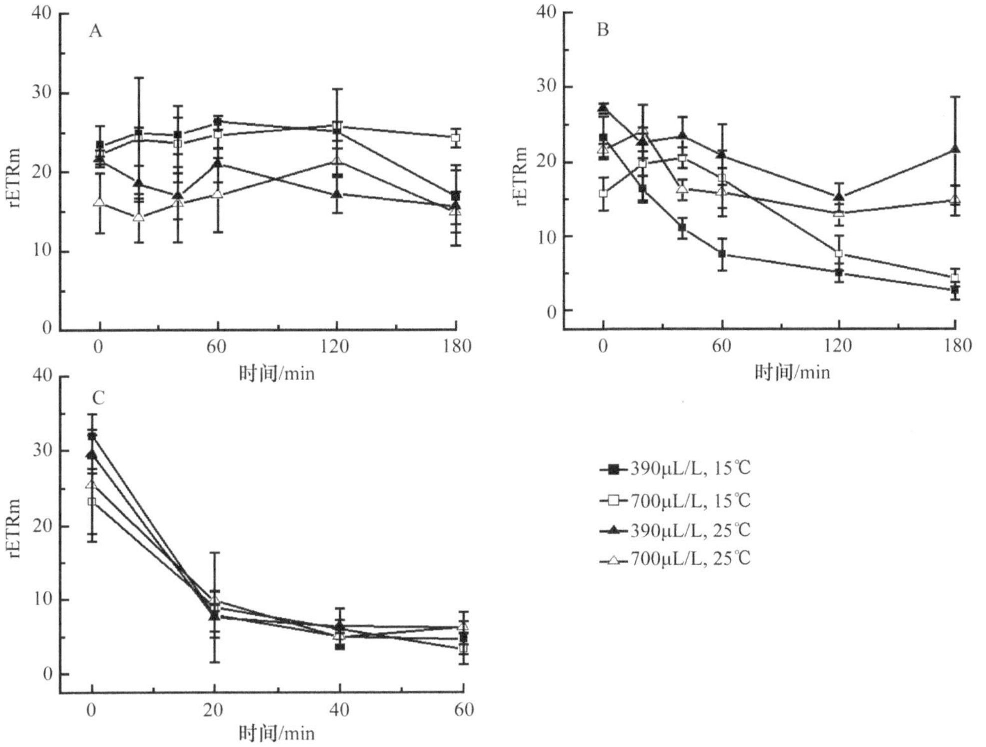

图 6-9　低温（10℃，A）和高温（35℃，B；40℃，C）胁迫时不同生长条件下坛紫菜最大相对电子传递速率（rETRm）随时间的变化（丁柳丽等，2013）

五、气候变化背景下大型海藻的其他响应机制

（一）大型海藻的生化组分对环境变化的响应

1. 光合色素

大型海藻对高浓度可溶性无机碳（Ci）的光合适应性导致藻体光合色素含量降低，

这类似于对高光强的光合适应性（Zou and Gao，2009）。例如，高 CO_2 浓度使得石莼属 *Ulva rigida* 细胞中 Chl a、Chl b 及总类胡萝卜素含量下降，尤其是 Chl b 下降幅度可达 25%（Gordillo et al.，2001）。培养在高浓度 Ci（空气中 CO_2 浓度提升至 5%）下的 *Gracilaria* sp.（Andría et al.，1999）和 *P. leucosticta*（Mercado et al.，1999）的藻胆蛋白（藻红蛋白 PE 和藻蓝蛋白 PC）及 Chl a 含量均低于在正常 Ci 水平培养的样品的含量，而叶绿素/藻胆蛋白值增加。Zou 和 Gao（2009）的研究表明，当暴露在高光强条件下时，CO_2 加富培养的龙须菜的 PB（PE 和 PC）含量均显著降低，这极可能是因为 PB 成为了藻体的氮库，而藻体的快速生长对氮的需求导致 PB 被作为氮源而利用。但 Johnston 和 Raven（1990）的试验结果表明，在高 CO_2 浓度下培养的齿缘墨角藻，Chl a 水平与对照没有区别。

2. 可溶性碳水化合物含量

大气环境中 CO_2 浓度升高不仅使植物体内的物质数量发生改变，而且会导致物质组成发生变化。碳水化合物尤其是非结构性碳水化合物是植物光合作用的主要产物，植物叶片中的非结构性碳水化合物含量随环境中 CO_2 浓度升高而增加（Saxe et al.，1998）。在 *P. leucosticte*（Mercado et al.，1999）中，高 CO_2 浓度使得结构性（非可溶）碳水化合物含量增加，但可溶性碳水化合物含量不变。

3. 蛋白质及氨基酸含量

高 CO_2 浓度生长条件对海藻的细胞组分产生影响。高 CO_2 浓度使得 *P. leucosticte*（Mercado et al.，1999）的可溶性蛋白含量下降，但龙须菜可溶性蛋白的含量不受 CO_2 水平影响（Zou and Gao，2009）。CO_2 浓度的倍增，可以提高羊栖菜（*Hizikia fusiformis*）内蛋白质的含量（张鑫等，2007）。海藻体内蛋白质及氨基酸的含量，与其体内氮含量在一定程度上具有正相关性。

对高 CO_2 浓度的适应涉及资源的再分配，如氮素从 Rubisco 及其他与光合作用有关的组分向非光合作用过程转移（邹定辉和高坤山，2001a，2002）。一般情况下，江蓠叶状体内的氮含量和碳水化合物含量存在着负相关关系。在自然水体，冬季随着光照的减弱和温度的降低，藻类生长和酶反应速率受到明显抑制，但此时藻体内的色素和酶水平出现了补偿性增加，提高了藻体对光能的有效利用率，维持藻类的生长，这是海藻适应环境的一种自身调节过程。在大型海藻中，高浓度 CO_2 导致可溶性蛋白含量降低可能是一种普遍现象，这可能是由碳水化合物和 C/N 的增加而可溶性蛋白降低，高浓度的 Ci 促进了 C-N 代谢（Mercado et al.，1999）导致的。这种碳水化合物/蛋白质值与海藻生理生态状态的相关性可用来表示其生长状况，测定藻体内的氮含量、碳氮比及蛋白质碳水化合物比可了解藻体内氮储存状态。

（二）钙化藻类的钙化作用

钙化是一种完全受控的过程，即使在 $CaCO_3$ 饱和的海水中，这一过程也需要不断的生物输入。钙化的机制至今仍未完全了解，它可能是细胞内的，也可能是细胞外的。海水中 CO_2 浓度、溶解无机碳、pH、$CaCO_3$ 饱和度及其相互之间的关联，都可能会影响钙质生物的钙化作用。维持海藻的钙化结构需要海水饱和 Ca^{2+}和 CO_3^{2-}，而降低的 pH 会减少海水中的碳酸盐浓度，进而减缓钙化过程，最终影响了钙化海藻的正常生长。在海藻钙化过程中，海水的碱度降低而细胞介质中的 pH 升高，同时介质中的 CO_3^{2-}离子也增加。如果环境中的 pH 下降，海藻进行钙化作用将需要更多的能量，由于转移了在正常条件下用于生理代谢的能量，结果海藻的正常生长和健康受到影响。

有研究显示，CO_2 加倍，钙化生物的钙化速率平均下降约 30%（Orr et al.，2005）。在 CO_2 浓度升高引起的海水酸化条件下，珊瑚藻类、珊瑚与贝类的钙化量下降（Gao et al.，1993）。Riebesell 等（2000）发现，在高 CO_2 浓度条件下，赫氏颗石藻（*Emiliania huxleyi*）的钙化速率降低，细胞表面的颗石片脱落。

海藻对海水酸化适应时间的长短会改变钙化速率。例如，冷水珊瑚（*Lophelia pertusa*）在短期酸化一周后，其钙化速率显著降低；但在酸化适应半年后，钙化速率又轻微增加（Form and Riebesell，2012）。可见，在评估海洋酸化效应时，在较长时间尺度下进行研究是具有现实意义的。

（三）大型海藻群落

大型海藻群落不仅构筑了浅海生态系统的基础，而且为许多水生动物提供了食物、栖息地和环境保护，更为许多重要的经济种类提供了繁育场所和食物来源。大型海藻对人为干扰十分敏感，可以用来评估沿海生态系统的健康状况。

大气中 CO_2 水平的增加有利于藻类的一些竞争者，进而威胁到土著种类海藻群落原来的生境（Connell and Russel，2010）。Porzio 等（2011）利用原位天然火山 CO_2 排出口探讨海洋酸化对温带海藻群落的影响，观察表明许多大型海藻种类可以耐受长时期 CO_2 水平升高与 pH 下降，pH7.8 条件下（即预期 2100 年的 pH 水平），海藻丰富度下降 5%，而钙化藻类多样性下降 25%；而在 pH6.7 下，只有马尾藻 *Sargassum vulgare* 生长，但丰富度下降了 72%，钙化藻类完全消失。海洋酸化也可能改变某些钙化藻类与非钙化藻类之间的竞争关系，引起底栖海藻群落的结构发生改变，导致一些大型海藻，特别是钙化藻类的生物多样性降低，进而通过海洋食物网作用影响到其他的海洋生物，对整个底栖生态系统产生影响。Hepburn 等（2011）对海藻群落的研究表明，高 CO_2 浓度潜在地影响优势珊瑚海藻种类组成（它们受高 CO_2 浓度的负面影响）和非钙质的但具有 CCM 的海藻种类（中性或正面的影响），并对稀少的不具有 CCM 的海藻种类（正面的影响）之间的竞争产生影响；同时，大型海藻对高 CO_2 水平的响应强烈地受到光因素的调节，任何响应都可能在光合作用能量限制的地方随时间和地点而不同。

底栖大型海藻对海洋酸化存在混合响应。从整个生态系统水平上来讲，海洋酸化可能增加了一些种类的竞争能力，有些种类则可能失去其拥有的种群优势（Connell and Russel，2010），说明大型海藻应对酸化条件时，它们的生存、竞争及优势地位均会受到冲击，沿海生态系统将随之受到影响。海洋酸化可能会通过食物链将初级效应传递到上级营养层，进而影响物种间的相互作用及生态系统的稳定性。迄今为止，在生态系统水平预测 CO_2 溶解增加的影响是十分困难的，因为大部分的研究都是在短期内（不到 1 年）进行，而且仅仅以单一的种类或者小群体为研究对象。此外，当前关于大气环境变化对大型海藻的各种生理生态特性影响的研究仅限于实验室的短期试验或某些中型模拟试验系统，而生物个体、种群、群落对现实环境条件缓慢变化的响应研究在很大程度上都是空白。再者，海洋天然酸化区域有其独特性，它包括长期的生活史及天然海洋体系中生物有机体之间直接或间接的交互作用（反馈、捕食等），这是微环境研究及实验室条件极难模拟的。因此，对大型栽培海藻开展长期的野外群落生理生态学研究显得十分必要。

（四）环境胁迫与大型海藻的耐受性

植物对环境胁迫有一定的耐受能力，即一定的抗性。例如，当植物受到的胁迫较轻时，抗氧化防御系统产生适应性诱导反应，以减缓或消除环境因子引起的氧化胁迫，严重的环境胁迫才对抗氧化防御系统起抑制作用。在有外界压力的情况下，如暴露于酸化的海水中，生物将耗费更多的能量去抵御酸化胁迫，或导致代谢失常，从而使其生理行为或耐受环境变化的能力发生改变，如生长下降、繁殖率降低等，并引发一系列生态效应。

大型海藻应对气候变化背景下的酸化条件及温度变化时，它们的生存、竞争及优势地位均会受到冲击，底栖大型海藻群落的结构和功能会改变，沿海生态系统将随之受到影响。大型海藻对酸化胁迫有一定的耐受能力，即一定的抗性，这种抗性的大小可以通过检测藻体内的一些生化成分得到，如海藻多糖、甘露醇、脯氨酸、多胺及 MDA（methane dicarboxylic aldehyde，丙二醛）等。

海水酸化等环境条件变化会诱导细胞产生脂质过氧化作用。当环境胁迫超过了海藻体内对活性氧（reactive oxygen species，ROS）的清除能力时，过量的 ROS 就会在海藻体内累积。由于对抗活性氧毒害的内源保护酶活力降低，不能完全地消除细胞内光合及呼吸作用所产生的活性氧，从而使细胞内氧自由基大量存在，增大了细胞膜膜脂上不饱和脂肪酸的过氧化，形成许多过氧化产物。由环境条件变化引起的自由基和活性氧积累可导致脂质过氧化，引发脂质过氧化链式反应而产生 MDA，即在自由基和活性氧作用下，诱发多不饱和脂肪酸氧化，破坏生物膜的结构和功能，从而造成组织细胞及机体的病变和死亡。

虽然升高的 CO_2 浓度有利于光合作用，但也容易引起高光胁迫，且伴随的酸化也会影响细胞膜的氧化还原电位及其对离子的透过性（Sobrino et al.，2008）。MDA 是衡量膜脂过氧化程度的一个重要指标，检测酸化条件下大型海藻体内 MDA 的物质含量，可以反映出海水酸化对大型海藻膜物质的破坏程度，以及海藻对酸化条件的耐受性。

环境条件对海藻产生胁迫的同时，会诱导海藻体内相关抗性蛋白的合成。研究不同 pH 条件下培养的海带时发现（Kim et al.，2011），海带的色氨酸合成酶 α 链（tryptophan synthase α chain）具有正调节功能，在 pH7.5 条件下该酶可能会增加，以适应和抵抗酸化的环境胁迫，海带磷酸戊糖途径的反应速率在 pH7.5 条件下会降低，而且其驱动蛋白的活性在低 pH 条件下也会被抑制；而在碱性条件下（pH9.5），可变表面糖蛋白（variable surface glycoprotein，VSG）增加，这表明海带细胞在受到碱度胁迫后能够通过增加表面蛋白来立即产生保护或者适应这种细胞外的环境变化。因此，研究酸化条件下大型海藻体内蛋白质变化是理解大型海藻对海水酸化耐受性的基础。

生物在长期的生存竞争中都发展了响应环境变化的适应机制，在应对环境变化时，生物会在三个水平上作出响应：生理适应、改变基因和竞争（改变种群结构）。核酸是生物体内最基础的大分子，作为大型海藻受环境条件胁迫的指标具有重要意义。核酸含量的变化，直接反映了在环境胁迫下核酸合成和复制的正常性。环境胁迫对高等植物和低等植物的核酸物质均有一定的影响，这种影响在生物有机体中是普遍存在的。海水酸化对大型海藻来讲是一种重要的环境胁迫作用，由于pH条件的改变对细胞内各种酶活性的影响很大，因此可以运用分子生物学方法来研究海水酸化对大型海藻核酸物质的影响。

第四节　全球气候变化背景下大型海藻研究展望

在全球气候变化背景下，海洋生物和海洋生态系统面临的往往是多种海洋环境变化（或胁迫因素）的相互作用。大气 CO_2 浓度升高与海水酸化是两个同时发生且相互关联的环境问题，大型海藻光合作用对大气 CO_2 浓度升高与海水酸化这两个过程的响应不能截然分开。同时，在大气 CO_2 浓度升高过程中，其他海洋环境因素也会发生变化（全球温暖化导致的表面海水温度升高、海平面上升可能导致海藻经受的光照水平下降、海水的富营养化使得N、P等营养盐水平提高、紫外辐射增强等），这些因素相互交织在一起，是一个长期而又不可逆转的环境变化。另外在植物中，由于一种资源供应量增加而对生长产生的刺激，因此需要更高的非限制性资源供应水平，以保证资源间的平衡吸收利用。海藻对 CO_2 加富的反应并不一定意味对其他资源的需求也成相同比例的增加，因为无机碳供应的变化可能影响植物对其他资源的利用效率，温度变化及植物对温度的适应也会影响海洋植物的光能利用特性。因此，目前急需在生理生化及生态系统水平上探讨 CO_2 水平升高及其导致的海洋酸化，以及温度变化的耦合效应对大型海藻的影响，探讨大型海藻对其他资源（如光照、营养盐等）的需求量和利用效率的可能变化。

一、气候变化背景下大型海藻光合作用相关酶学特征

大气 CO_2 浓度升高及由此带来的海水酸化对大型海藻的影响，除影响光合作用、钙化海藻的钙化作用及重金属的吸收和胁迫作用外，最直接的还是影响大型海藻藻体细胞及细胞内的各种酶。Hofmann 等（2013）在研究中发现，CO_2 浓度升高会降低 *Corallina officinalis* 碳酸酐酶（CA）的活性，但硝酸还原酶的活性在665 μL/L CO_2 浓度条件下最高，*C. officinalis* 对培养液中N和P的吸收会随着 CO_2 浓度的升高而降低。这可能是由于 CO_2 直接作用于硝酸还原酶合成的初始阶段，对酶的合成进行调节（Gordillo et al., 2001），而并不像高等植物那样通过影响碳代谢的生理过程来影响硝酸还原酶的活性。

在酸化状态下，较高的 CO_2 浓度可能会导致大型海藻光合固碳量的升高，而pH下降又会影响细胞平衡pH变化所需的能量。大型海藻对高浓度 CO_2 和由此引发的海洋酸化的敏感性可能因种类及试验条件差异而各不相同。大型海藻的 CO_2 获取过程比高等植物更加复杂，海藻 Rubisco 的 $K_{0.5}$（半饱和无机碳浓度）因种类而异，其范围为 20～70μmol/L（Badger et al., 1998）。另外，酸化对全球氮循环也会产生影响，增加固氮作用和反硝化作用，降低硝化作用（Beman et al., 2011）。

酶是生物有机体进行各种生命活动的基础，酶活性大小直接关系到生物体的生长状

况，但生物有机体酶的活性又极易受到 pH 条件的影响。因此，有关大型海藻在海水酸化条件下的各种酶活特征的研究具有非常重要的生物学意义。

二、大型海藻繁殖生物学及生活史各阶段光合功能适应性

目前已经有很多有关 CO_2 浓度升高和海洋酸化对大型海藻生理特征影响的研究，但几乎都集中在大型海藻成体的研究，而对大型海藻幼苗的研究较多地集中于光照、盐度、温度、营养物质等条件的影响。相对于成熟的大型海藻个体，海藻幼苗在海水酸化条件下更加脆弱，更容易受到环境条件变化的影响。把海洋酸化与大型海藻生长过程研究相结合，对其生理代谢过程（如藻体生长、呼吸作用、营养盐代谢、生化组成及钙化作用等）的变化进行深入研究具有重要的环境意义。上述研究的开展，为将来在气候变化背景下栽培选育大型海藻提供重要的参考价值，并具有广阔的应用前景。

三、低潮干出状态下潮间带海藻的光合功能特性

随着海洋潮汐的变化，潮间带海藻的光合作用在低潮时暴露于空气中（干出）和高潮时淹没于海水中进行。它们在“陆生”与“水生”环境条件下的生理生态过程已有了较为广泛的研究。在低潮时，潮间带海藻面临着干燥脱水，同时面临着盐度、高温或低温、强光等的胁迫，但在长期进化和自然选择过程中形成了较强的适应能力。它们是潮间带生态系统中最重要的初级生产者，对沿岸的碳循环起着很重要的作用，其中许多藻种类是人类开发利用的重要生物资源。以下三方面内容值得深入研究。

1）加强干出状态下潮间带海藻对各种环境因素的响应与适应的生物化学与分子生物学机制研究。例如，Pearson 等（2001）对潮间带海藻墨角藻在干出脱水状态下的基因表达做了开拓性的工作，一些问题也可以借鉴高等植物研究中的有关思路、观点和研究手段，如潮间带海藻活性氧代谢与胁迫因素的关系。此外，高潮与低潮状态下潮间带海藻表现出的生理生态差异，以及与垂直分布的关系也值得探讨。

2）潮间带海藻与全球环境变化（主要是大气 CO_2 浓度增加及紫外线增强）的关系是一个值得关注的新领域。海洋环境对大气 CO_2 浓度及紫外线的变化起一种“屏蔽”或“缓冲”的作用，而潮间带海藻在低潮干出时直接与大气接触，对全球变化的反应可能比其他海洋植物更加敏感。因此，潮间带海藻作为一类特殊的材料，研究其对大气 CO_2 浓度增加或紫外线增强的反应有特别的意义。

3）目前对潮间带海藻在生理上如何忍受和适应低潮干出所带来的脱水胁迫已有许多研究和报道，但是研究重点主要集中在成年藻体，而对藻幼体、胚或配子的生理过程与低潮干出的关系很少研究。已知许多潮间带海藻种类通常在低潮干出时释放其配子（Santelices，2002），处于早期生活史阶段的海藻在潮间带的定居及其对潮间带环境的生理适应性，对海藻新个体的补充、海藻在潮间带的分布状况及群落结构的研究等都具有重要的作用。因此，研究海藻早期生活史阶段生理过程与低潮干出的关系非常重要。

由于海水无机碳系统具有缓冲效应，并在一定程度上能屏蔽大气环境的变化，从而

可能使栖居在深海中的大型海藻对大气 CO_2 浓度的变化反应“迟钝”。潮间带分布的大型海藻，在低潮气生状态下与大气直接接触，从而对大气 CO_2 浓度的变化最为敏感。为了深入解析大气 CO_2 浓度变化与大型海藻的关系，有待研究的领域包括：①加强对代表不同光合类型或机制（主要是光合无机碳利用机制）的海藻种类与大气 CO_2 浓度增加的关系研究，主要是 CO_2 浓度增加与光合作用及 C、N 等代谢的关系及其生物化学与分子生物学机制，如代谢途径改变、基因表达等；探讨大气 CO_2 增加与不同环境条件（光、温、营养等）的相互作用对海藻的影响。②从种群、群落、生态系统水平进行研究，如大气 CO_2 浓度增加对大型海藻种群演替可能产生的影响；不同生态环境条件下海藻对高 CO_2 浓度的反应；海水养殖或“种植能源”回收和再循环 CO_2 的可行性等。

参考文献

丁柳丽，刘露，邹定辉. 2013. 不同温度与 CO_2 浓度对坛紫菜生长和光合作用温度反应特性的影响. 生态科学, (2): 151-157.

韩博平，韩志国，付翔. 2003. 藻类光合作用机理与模型. 北京：科学出版社.

黄良民. 1985. 几种海藻的光合作用和呼吸作用与温度，盐度的关系探讨. 海洋学报(中文版), 4: 8-12.

刘树霞，徐军田，蒋栋成. 2009. 温度对经济红藻龙须菜生长及光合作用的影响. 安徽农业科学, 37(33): 16 322-16 324.

权伟，应苗苗，康华靖，等. 2014. 中国近海海藻养殖及碳汇强度估算. 水产学报, 38(4): 509-514.

杨宇峰，费修绠. 2003. 大型海藻对富营养化海区的生物修复研究进展. 中国海洋大学学报, 33(1): 53- 57.

张继红，方建光，唐启升. 2005. 中国浅海贝藻养殖对海洋碳循环的贡献. 地球科学进展, 3: 359-365.

张鑫，邹定辉，徐智广，等. 2007. 大气 CO_2 浓度升高和氮加富对羊栖菜生理生化特征的影响. 南方水产, 3(3): 35-40.

张元，谢潮添，陈昌生，等. 2011. 高温胁迫下坛紫菜叶状体的生理响应. 水产学报, 35(3): 379-386.

邹定辉，高坤山，阮祚禧. 2001. 高 CO_2 浓度对石莼光合作用及营养盐吸收的影响. 青岛海洋大学学报(自然科学版), 6: 877-882.

邹定辉，高坤山. 2001a. 大型海藻类光合无机碳利用研究进展. 海洋通报, 20(5): 83-90.

邹定辉，高坤山. 2001b. 低潮干出状态下石莼的光合作用特性. 植物生理学通讯, 37(6): 503-506.

邹定辉，高坤山. 2002. 高 CO_2 浓度对大型海藻光合作用及有关过程的影响. 生态学报, 22(10): 1750-1757.

邹定辉，高坤山. 2003. 低潮过程状态下潮间带海藻的某些光合生理特性. 植物生理学通讯. 39(5): 525-530.

Amthor J S. 2000. The Mc Cree-de Wit-Penning de Vries-Thornley. Respiration paradigms: 30 years later. Annals of Botany, 86: 1-20.

Andría J, Vergara J, Perez-Llorens J L. 1999. Biochemical responses and photosynthetic performance of *Gracilaria* sp. (Rhodophyta) from Cádiz, Spain, cultured under different inorganic carbon and nitrogen levels. European Journal of Phycology, 34(5): 497-504.

Badger M R, Andrews T J, Whitney S M, et al. 1998. The diversity and coevolution of Rubisco, plastids, pyrenoids, and chloroplast-based CO_2-concentrating mechanisms in algae. Canadian Journal of Botany, 76: 1052-1071.

Ballantyne A P, Alden C B, Miller J B, et al. 2012. Increase in observed net carbon dioxide uptake by land and oceans during the past 50 years. Nature, 488: 70-72.

Beman J M, Chow C E, King A L, et al. 2011. Global declines in oceanic nitrification rates as a consequence of ocean acidification. Proceedings of the National Academy of Sciences, 108(1): 208-213.

Björk M, Haglund K, Ramazanov Z, et al. 1993. Inducible mechanism for HCO_3^- utilization and repression of photorespiration in protoplasts and thallus of three species of *Ulva* (Chlorophyta). Journal of phycology, 29: 166-173.

Boyd P, LaRoche J, Gall M, et al. 1999. Role of ion, light and silicate in controlling algal biomass in subantarctic waters SE of New Zealand. Journal of Geophysical Research: Oceans (1978-2012), 104(C6): 13 395-13 408.

Bradford M E, Peters R H. 1987. The relationship between chemically analyzed phosphorus fraction and bioavailable phosphorus. Limnology and Oceanography, 32(5): 1124-1137.

Cai W J, Hu X P, Huang W J, et al. 2011. Acidification of subsurface coastal waters enhanced by eutrophication. Nature Geoscience, 4: 766-770.

Caldeira K, Wickett M E. 2003. Anthropogenic carbon and ocean pH. Nature, 425(6956): 365-365.

Campbell S J, Mckenzie L J, Kerville S P. 2006. Photosynthetic responses of seven tropical seagrasses to elevated seawater temperature. Journal of Experimental Marine Biology and Ecology, 330(2): 455-468.

Chen B, Zou D, Jiang H. 2015. Elevated CO_2 exacerbates competition for growth and photosynthesis between *Gracilaria lemaneiformis* and *Ulva lactuca*. Aquaculture, 443: 49-55.

Chen S, Gao K. 2010. Solar ultraviolet radiation and CO_2-induced ocean acidification interacts to influence the photosynthetic performance of the red tide alga *Phaeocystis globosa* (Chrysophyte). Journal of Phycology, 1: 105-117.

Connell S D, Russell B D. 2010. The direct effects of increasing CO_2 and temperature on non-calcifying organisms: increasing the potential for phase shifts in kelp forests. Proceedings of the Royal Society B, 277: 1409-1415.

Davey M C. 1989. The effects of freezing and desiccation on photosynthesis and survival of terrestrial Antarctic algae and cyanobacteria. Polar Biology, 10(1): 29-36.

Davison I R. 1991. Environmental effects on algal photosynthesis: temperature. Journal of Phycology, 27: 2-8.

Davison I R, Pearson G A. 1996. Stress tolerance in intertidal seaweeds. Journal of Phycology, 32: 197-211.

Dickson A G, Sabine C L, Christian J R. 2007. Guide to best practices for ocean CO_2 measurements. PICES Special Publication, 3: 1-191.

Falk S, Palmqvist K. 1992. Photosynthetic light utilization efficiency, photosystem Ⅱ heterogeneity, and fluorescence Quenching in *Chlamydomonas reinhardtii* during the induction of the CO_2-concentrating mechanism. Plant Physiology, 100: 685-691.

Feely R A, Doney S C, Cooley S R. 2009. Ocean acidification: present conditions and future changes in a high-CO_2 world. Oceangraphy, 22: 36-47.

Form A U, Riebesell U. 2012. Acclimation to ocean acidification during long-term CO_2 exposure in the cold-water coral Lophelia pertusa. Global Change Biology, 18(3): 843-853.

Gao K, Aruga Y, Asada K, et al. 1993. Influence of enhanced CO_2 on growth and photosynthesis of the red algae *Gracilaria* sp. and *G. chilensis*. Journal of Applied Phycology, 5: 563-571.

Giordano M, Beardall J, Raven J A. 2005. CO_2 concentrating mechanisms in algae: mechanisms, environmental modulcation and evolution. Annual Review of Plant Biology, 56: 99-131.

Giordano M, Maberly S C. 1989. Distribution of carbonic anhydrase in British marine macroalgae. Oecologia, 81: 534-539.

Gonzalez-Davila M, Santana-Casiano J M, Rueda M J, et al. 2003. Seasonal and interannual variability of sea-surface carbon dioxide species at the European Station for time series in the ocean at the Canary Islands (ESTOC) between 1996 and 2000. Global Biogeochemical Cycles, 17(3): 1076.

Gordillo F J L, Niell F X, Figueroa F L. 2001. Non-photosynthetic enhancement of growth by high CO_2 level in the nitrophilic seaweed *Ulva rigida* C. Agardh (Chlorophyta). Planta, 213: 64-70.

Handa N. 1969. Carbohydrate metabolism in the marine diatom Sklctonema costainm. Marine Biology, 4: 208-214.

Hepburn C D, Pritchard D W, Cornwall C E, et al. 2011. Diversity of carbon use strategies in a kelp forest community: implications for a high CO_2 ocean. Global Change Biology, 17: 2488-2497.

Hinga K R. 2002. Effects of pH on coastal phytoplankton. Marine Ecology Progress Series, 238: 281-300.

Hodgson L M. 1981. Photosynthesis of the red alga *Gastroclonium coulteri* (Rhodophyta) in response to changes in temperature, light intensity, and desiccation. Journal of Phycology, 17: 37-42.

Hofmann L C, Straub S, Bischof K. 2013. Elevated CO_2 levels affect the activity of nitrate reductase and carbonic anhydrase in the calcifying Rhodophyte Corallina officinalis. Journal of Experiment Botany, 64(4): 899-908.

Huppe H C, Turpin D H. 1994. Integration of carbon and nitrogen metabolism in plant and algal cells. Annual Review Plant Physiology and Plant Molecular Biology, 45: 577-607.

Huppertz K, Hanelt D, Nultsch W. 1990. Photoinhibition of photosynthesis in the marine brown alga *Fucus serratus* as studied in field experiments. Marine Ecology Progress Series, 66: 175-182.

Hurd C L. 2000. Water motion, marine macroalgae physiology, and production. Journal of Phycology, 36: 453-472.

IPCC. 2007. Climate Change 2007 Synthesis Report .New York: Cambridge University Press.

Ji Y, Tanaka J. 2002. Effect of desiccation on the photosynthesis of seaweeds from the intertidal zone in Honshu, Japan. Phycology Research, 50: 145-153.

Johnson W S, Gigon A, Gulmon S L, et al. 1974. Comparative photosynthetic capacivities of intertidal algae under exposed and submerged conditions. Ecology, 55: 450-453.

Johnston A M, Maberly S C, Raven J A. 1992. The acquisition of inorganic carbon by four red macroalgae. Oecologia, 92: 317-326.

Johnston A M, Raven JA. 1990. Effects of culture in high CO_2 on the photosynthetic physiology of *Fucus serratus*. British Phycological Journal, 25: 75-82.

Kawamitsu Y, Driscoll T, Boyer J S. 2000. Photosynthesis during desiccation in an intertidal alga and a land plant. Plant Cell Physiology, 41(3): 344-353.

Kim E Y, Kim D G, Kim Y R, et al. 2011. An improved method of protein isolation and proteome analysis with *Saccharina japonica* (Laminariales) incubated under different pH conditions. Journal of Applied Phycology, 23: 123-130.

Kitadai Y, Kadowaki S. 2003. The growth process and N, P uptake rates of *Laminaria japonica* cultured in coastal fish farms. Aquaculture Science, 51(1): 15-23.

Kleypas J, Langdon C. 2000. Overview of CO_2-induced changes in seawater chemistry. Proceeding of 9th International Coral Reef Symposium, 1085-1089.

Kroeker K J, Kordas R L, Crim R N, et al. 2010. Meta-analysis reveals negative yet variable effects of ocean acidification on marine organisms. Ecology Letters, 13: 1419-1434.

Kübler J E, Johnston A M, Raven J A. 1999. The effects of reduced and elevated CO_2 and O_2 on the seaweed Lomentaria articulata. Plant, Cell and Environment, 22: 1303-1310.

Larsson C, Axelsson L. 1999. Bicarbonate uptake and utilization in marine macroalgae. European Journal of Phycology, 34: 79-86.

Litter M M. 1980. Morphological form and photosynthetic performances in marine macroalgae: tests of a functional/form hypothesis. Botanica Marina, 22: 161-165.

Lohrmann N L, Logan B A, Johnson A S. 2004. Seasonal acclimatization of antioxidants and photosynthesis in *Chondrus crispus* and *Mastocarpus stellatus*, two co-occurring red algae with differing stress tolerances. The Biological Bulletin, 207(3): 225-232.

Lomas M W, Glibert P M. 1999. Interactions between NH_4^+ and NO_3^- uptake and assimilation: comparison of diatoms and dinoflagellates at several growth temperatures. Marine Biology, 133: 541-551.

Lüthi D, Le Floch M, Bereiter B, et al. 2008. High-resolution carbon dioxide concentration record 650 000-800 000 years before present. Nature, 453: 379-382.

Madsen T V, Maberly S C. 1990. A comparison of air and water as environments for photosynthesis by the intertidal alga *Fucus spiralis* (Phaeophyra). Journal of Phycology, 26: 24-30.

Mercado J M, Javier F, Gordillo L, et al. 1999. Effects of different levels of CO_2 on photosynthesis and cell components of the red alga *Porphyra leucosticte*. Journal of Applied Phycology, 11: 455-461.

Mercado J M, Niell F X, Figueroa F L. 1997. Regulation of the mechanism for HCO_3^- use by the inorganic carbon level in *Porphyra leucostica* thus in Le Jolis (Rhodophyta). Planta, 201: 319-325.

Mercado J M, Niell F X. 2000. Carbon dioxide uptake by *Bostrychia scorpioides* (Rhodophyceae) under emersed conditions. European Journal of Phycology, 35: 45-51.

Moore B D, Cheng S H, Sims D, et al. 1999. The biochemical and molecular basis for photosynthetic acclimation to elevated atmospheric CO_2. Plant Cell and Enrivonment, 22: 567-582.

Morel F M M, Reinfelder R, Rorbert S B, et al. 1994. Zinc and carbon co-limitation of marine phytoplankton. Nature, 369: 740-742.

Oates B R. 1986. Components of photosynthesis in the intertidal saccate alga *Halosaccion americanum*(Rhodophyta, Palmeriales). Journal of Phycology, 22: 217-223.

Orr J C, Fabry V J, Aumont O, et al. 2005. Anthropogenic ocean acidification over the twenty-first century and its impact on calcifying organisms. Nature, 437(7059): 681-686.

Palmqvist K, Ramazanov Z, Samuelsson G. 1990. The role of extracellular carbonic anhydrase for accumulation of inorganic carbon in the green alga *Chlamydomonas reinhardtii*. A comparison between wild type and cell-wall-less mutant cells. Physiology Plantium, 80: 267-276.

Pearson G A, Serrao E A, Cancela M L. 2001. Suppression subtractive hybridization for studying gene expression during aerial exposure and desiccation in fucoid alga. European Journal of Phycology, 36: 359-366.

Porzio L, Buia M C, Hall-Spencer J M. 2011. Effects of ocean acidification on macroalgal communities. Journal of Experimental Marine Biology and Ecology, 400(1-2): 278-287.

Pulido C, Borum J. 2010. Eelgrass (*Zostera marina*) tolerance to anoxia. Journal of Experimental Marine Biology and Ecology, 385: 8-13.

Reiskind J B, Beer S, Bowes G. 1989. Photosynthesis, photorespiration and ecophysiological interaction in marine macroalgae. Aquatic Botany, 34: 131-152.

Riebesell U, Zondervan I, Rost B, et al. 2000. Reduced calcification of marine plankton in response to increased atmospheric CO_2. Nature, 407: 364-367.

Sage R F, Kubien D S. 2007. The temperature response of C3 and C4 photosynthesis. Plant Cell Environment, 30: 1086-1106.

Santelices B. 2002. Recent advances in fertilization ecology of macroalgae. Journal of Phycology, 38: 4-10.

Saxe H, Ellsworth D S, Heath J. 1998. Tansley review NO.98. Tree and forest functioning in an enriched CO_2 atmosphere. New Phytolist, 139: 395-436.

Shi D, Xu Y, Hopkinson B M, et al. 2010. Effect of ocean acidification on iron availability to marine phytoplankton. Science, 327(5966): 676-679.

Short F T, Neckles H A. 1999. The effects of global climate change on seagrasses. Aquatic Botany, 63: 169-196.

Smith S V. 1981. Marine macroalgae as a global carbon sink. Science, 211: 828-840.

Sobrino C, Ward M L, Neale P J. 2008. Acclimation to elevated carbon dioxide and ultraviolet aviation in the diatom *Thalassiosira pseudonana*: effects on growth, photosynthesis, and spectral sensitivity of photoinhibition. Limnology and Oceanography, 53(2): 494-505.

Solomon S. 2007. Climate Change 2007- the Physical Science Basis: Working Group Ⅰ Contribution to the Fourth Assessment Report of the IPCC. Cambridge: Cambridge University Press.

Staehr P A, Wernberg T. 2009. Physiological responses of *Ecklonia radiata* (Laminariales) to a latitudinal gradient in ocean temperature. Journal of Phycology, 45: 91-99.

Stitt M, Krapp A. 1999. The interaction between elevated carbon dioxide and nitrogen nutrition: the physiological and molecular background. Plant Cell and Environment, 22: 583-621.

Sunda W, Huntsman S. 2002. Effect of pH, light, and temperature on Fe-EDTA chelation and Fe hydrolysis in seawater. Nature, 418(6895): 317-320.

Suzuki S, Furuya K, Kawai T, et al. 2008. Effect of seawater temperature on the productivity of *Laminaria japonica* in the Uwa Sea, Southern Japan. Journal of Applied Phycology, 20: 833-844.

Suzuki S, Furuya K, Takeuchi I. 2006. Growth and annual production of the brown alga *Laminaria japonica*(Phaeophyta, Laminariales) introduced into the Uwa Sea in Southern Japan. Journal of Experimental Marine Biology and Ecology, 339: 15-29

Takahashi T, Sutherland S C, Wanninkhof R, et al. 2009. Climatological mean and decadal change in surface ocean pCO_2, and net sea-air CO_2 flux over the global oceans. Deep-Sea Research Ⅱ, 56: 554-577.

The Royal Society. 2005. Ocean Acidification Due to Increasing Atmospheric Carbondioxide. Policy Document 12/05. London : The Royal Society.

Wada Y, van Beek L P H, Weiland F C S, et al. 2012. Past and future contribution of global groundwater depletion to sea-level rise. Geophysical Research Letters, 39(9): L09402.

Wetzel R G. 1983. Limnolgy: Lake and River Ecosystems. 2nd. New York : Saunders College Printing: 767.

Xu Z, Zou D, Gao K. 2010. Effects of elevated CO_2 and phosphorus supply on growth, photosynthesis and nutrient uptake in the marine macroalga *Gracilaria lemaneiformis* (Rhodophyta). Botanica Marina, 53: 123-129.

Yang Y F, Chai Z Y, Wang Q, et al. 2015. Cultivation of seaweed Gracilaria in Chinese coastal waters and its contribution to environmental improvements. Algal Research, 9: 236-244.

Zou D. 2005. Effects of elevated atmospheric CO_2 on growth, photosynthesis and nitrogen metabolism in the economic brown seaweed, *Hizikia fusiforme* (Sargassaceae, Phaeophyta). Aquaculture, 250(3): 726-735.

Zou D, Gao K, Luo H. 2011a. Short- and long-term effects of elevated CO_2 on photosynthesis and respiration in the marine macroalga *Hizikia fusiformis* (Sargassaceae, Phaeophyta) grown at low and high N supplies. Journal of Phycology, 47(1): 87-97.

Zou D, Gao K, Ruan Z. 2007. Daily timing of emersion and elevated atmospheric CO_2 concentration affect photosynthetic performance of the intertidal macroalga *Ulva lactuca* (Chlorophyta) in sunlight. Botanica Marina, 50: 275-279.

Zou D, Gao K, Xia J. 2011b. Dark respiration in the light and in darkness of three marine macroalgal species grown under ambient and elevated CO_2 concentrations. Acta Oceanologica Sinica, 30(1): 106-112.

Zou D, Gao K. 2002a. Photosynthetic responses to inorganic carbon in *Ulva lactuca* under aquatic and aerial states. Acta Botanica Sinica, 44(11): 1291-1296.

Zou D, Gao K. 2002b. Effects of desiccation and CO_2 concentrations on emersed photosynthesis in *Porphyra haitanensis* (Bangiales, Rhodophyta), a species farmed in China. European Journal of Phycology, 37: 587-592.

Zou D, Gao K. 2005. Photosynthetic characteristics of the economic brown seaweed *Hizikia fusiforme*

(Sargassaceae, Phaeophyta), with special reference to its ‘leaf’ and receptacle. Journal of Applied Phycoloy, 17: 255-259.

Zou D, Gao K. 2009. Effects of elevated CO_2 on the red seaweed *Gracilaria lemaneiformis* (Gigartinales, Rhodophyta) grown at different irradiance levels. Phycologia, 48(6): 510-517.

Zou D, Gao K. 2010a. Acquisition of inorganic carbon by *Endarachne binghamiae* (Scytosiphonales, Phaeophyta). European Journal of Phycology, 45(1): 117-126.

Zou D, Gao K. 2010b. Physiological responses of seaweeds to elevated atmospheric CO_2 concentrations *in*: Israel A, Einav R , Seckbach J. Seaweeds and Their Role in Globally Changing Environment. Springer: 115-126.

第三篇

大型海藻资源利用

第七章　大型海藻饲料化利用

海藻是生活在海洋中的含有叶绿素的一类低等自养植物，是海洋的初级生产者。海洋中的藻类植物种类繁多，有绿藻门、褐藻门、红藻门等10门，按海藻中所含色素的不同，可分为绿藻、褐藻、蓝藻、黄藻、金藻等，按藻类形态可分为大型海藻和微藻两类。海藻是自养型植物，能进行光合作用，并且海藻植物生长快、产量大，能将海水中的无机物转化为蛋白质、脂类、碳水化合物、维生素、有机酸等化合物。据估计，有经济价值的海藻就达百余种，是动物低成本的饲料资源，海藻作为饲料原料和添加剂的潜力很大（谌素华等，2008；陈琴，2002）。

海藻由于其高含量的蛋白质，可作为鱼类的潜在蛋白源，受到越来越多的关注（Hasan and Chakrabarti，2009）。海藻是一种自我增殖能力极强的自养生物，大型海藻每株每日最高可生长 40 cm，全世界海洋中的海藻每天可增殖上百万吨，可见海藻是一种重要的天然资源。可以用作饲料的一般是大型经济藻类，如羊栖菜、紫菜、麒麟菜、龙须菜、海带、马尾藻等，经过加工，可以保留海藻所含的营养物质和活性成分，具有补充和平衡饲料营养，调节动物繁殖机能和提高机体免疫、抗病、抗应激能力和促进动物生长，提高产量及增重等作用（吴立军等，2006）。大量的试验表明，海藻作为饲料源或饲料添加剂，不但对动物无毒性等不良反应，还能有效改进饲料的营养结构，提高饲料利用率，改善水产品及畜禽动物品质，提高鱼虾抗病、抗应激能力。因此，开发海藻饲料，促进养殖业发展正日益受到重视。

第一节　大型海藻的营养特征

自 19 世纪 50 年代以来，国内陆续对多种大型海藻的化学成分及其特征进行了系统研究（表 7-1）。大型海藻不仅富含碳水化合物、脂类和蛋白质、维生素、矿物质及微量元

表 7-1　海藻基本营养成分质量分数（%）（赵素芬等，2008）

藻类	水分	粗蛋白	粗脂肪	粗纤维	灰分	总碳水化合物
褐藻门						
团扇藻	20.76	6.38	0.71	36.95	23.93	48.22
鳞茎马尾藻	15.92	5.69	0.29	41.91	13.73	64.37
红藻门						
乳节藻	5.42	2.81	0.15	47.63	24.65	66.97
叉枝藻	14.24	11.75	0.21	5.82	21.40	52.40
绿藻门						
杉叶蕨藻	12.87	11.63	0.98	36.01	5.36	69.16
盾叶蕨藻	14.84	11.88	0.34	27.98	9.32	63.62
长松藻	14.64	8.44	0.63	30.55	21.85	54.44
羽藻	11.29	15.44	1.17	17.19	5.85	66.25

素，同时还含有多种生物活性物质和抗菌、抗病毒物质（如甘露醇、核苷类、萜类、大环类脂、生物碱等）。藻类体内所含有的多种可利用成分的种类及含量随藻类种类、收获时节及养殖环境的不同而不同（艾春香等，2008）。

海藻干物质中碳水化合物含量很高，如紫菜中含量为39.5%，裙带菜中含量为35.3%，浒苔中含量高达58.1%。海藻糖多为纤维素、葡聚糖、褐藻酸、岩藻聚糖、D-葡糖糖醛酸、琼胶、卡拉胶、淀粉等。它们参与形成细胞壁外层骨架、细胞间质物质及作为贮藏物质而存在。由于组成海藻的碳水化合物大多数是具有特殊黏性的多糖类，属于非消化性类，因此海藻均属于低热食品。海藻饲料富含 12 种以上维生素，包含多种水溶性及脂溶性维生素（其中以维生素C及维生素E含量为最高），并且矿物质含量相当丰富，占20%～30%，且多以有机螯合形式存在，不易被氧化，易被动物消化吸收，能提高饲料矿物质微量元素的利用率，从而减少饲料中矿物质元素的添加，减轻对环境的污染。海藻蛋白质含量不高，但含有大量的游离氨基酸，如丙氨酸、甘氨酸、谷氨酸等，这些游离氨基酸对家畜、家禽及鱼、虾类具有诱食的效果。除此以外，海藻中油脂含量也低，但其脂肪酸多属于ω-3及ω-6 系列高度不饱和脂肪酸，二十碳五烯酸（EPA）含量高达 28%～52%，而二十二碳六烯酸（DHA）含量也高，这些不饱和脂肪酸在动物体内是维持细胞结构完整性和细胞膜弹性所必需的活性组成成分。

一、大型海藻的营养组成

海藻生活在海水这一特殊环境介质中，不但含有丰富的非氮化合物（如海藻胶、甘露醇、淀粉等），还含有蛋白质和一般陆生植物所不能比拟的碘、钾、钙、镁、钠、锰、硒等矿物质及种类繁多的维生素。海藻的化学组成往往随海藻的种类、生长海区、季节变化及环境因子（如生长基质、盐度、光照、海流及人为条件等）不同而有显著的变化。据分析，在海带、海青菜等野生藻类的干物质中，含粗蛋白13.3%～16.4%，粗纤维3.5%～16.4%，钙2.11%～2.67%，磷0.45%～0.55%，每千克含消化能12.22～13.72MJ，代谢能8.24～11.84MJ，可消化蛋白 85～170g（黄宗国，1994），海藻中还含有色素和呈味物质（吕进宏和马立保，2004）。

研究发现，8 种经济大型海藻裙带菜、龙须菜、紫菜、海带、马尾藻、麒麟菜、石莼及羊栖菜的粗脂肪、粗灰分和粗蛋白有较大差异；燃烧热有显著性差异，其中以羊栖菜的燃烧热最高（表7-2，表7-3）。8种大型海藻的热量均高于或接近一般的粗粮，就能量方面来说，海藻作为饲料应用前景广阔。

表 7-2 8种常见大型海藻的基本营养成分（%）

藻类	粗脂肪	粗灰分	粗蛋白
裙带菜	3.74	23.99	7.92
龙须菜	0.44	6.20	13.69
紫菜	0.40	6.62	33.60
海带	0.60	16.78	13.62
马尾藻	0.86	7.90	11.90
麒麟菜	0.56	28.58	4.52
石莼	0.46	20.20	26.40
羊栖菜	0.30	12.80	15.55

表 7-3 8 种常见海藻的燃烧热（cal/g）

海藻名称	燃烧热
海带	3678.9
龙须菜	4243.6
紫菜	2730.0
裙带菜	2002.8
马尾藻	4531.4
石莼	5142.9
麒麟菜	4326.6
羊栖菜	6040.6

海藻中含有种类众多的色素成分，可较好地改善水产品品质，如可以使动物皮肤、肌肉颜色鲜艳、味道鲜美，以提高销售价。

二、大型海藻的氨基酸

海藻中含有与陆生植物相同的氨基酸种类，且以天冬氨酸、谷氨酸及丙氨酸含量最丰富，含量均高于 10g/kg；海藻中含有较低的甲硫氨酸、色氨酸及组氨酸，这 3 种氨基酸含量均低于 3.0g/kg。海带蛋白质含量占 5%～10%，紫菜蛋白质含量占 25%～45%。海藻蛋白质中的氨基酸多为酸性和中性氨基酸，其中含硫氨基酸含量较高，酪氨酸和赖氨酸的含量较少，是限制性氨基酸。8 种常见大型海藻的氨基酸组成见表 7-4。

表 7-4 8 种大型海藻氨基酸的种类与含量（%）

氨基酸名称		裙带菜	龙须菜	紫菜	海带	马尾藻	石莼	羊栖菜	麒麟菜
中文	英文								
天冬氨酸	Asp	0.55	1.00	2.81	0.90	1.56	3.07	1.30	0.47
苏氨酸	Thr	0.26	0.43	1.24	0.32	0.60	1.09	0.57	0.22
丝氨酸	Ser	0.21	0.40	1.13	0.27	0.49	0.98	0.44	0.19
谷氨酸	Glu	0.65	1.10	3.23	1.10	1.54	2.50	1.48	0.45
脯氨酸	Pro	0.32	0.49	1.39	0.32	0.47	0.77	0.46	0.16
甘氨酸	Gly	0.33	0.55	1.78	0.37	0.72	1.35	0.69	0.22
丙氨酸	Ala	0.38	0.61	3.01	0.44	0.81	1.38	0.78	0.29
半胱氨酸	Cys	0.08	0.07	0.14	0.11	0.05	0.10	0.04	0.01
缬氨酸	Val	0.47	0.71	2.07	0.56	0.81	1.38	0.78	0.29
甲硫氨酸	Met	0.54	0.54	0.96	0.77	0.31	0.36	0.28	0.08
异亮氨酸	Ile	0.36	0.57	1.29	0.40	0.61	0.88	0.60	0.21
亮氨酸	Leu	0.52	0.80	2.41	0.55	1.00	1.52	0.98	0.33
酪氨酸	Tyr	0.11	0.25	0.72	0.14	0.34	0.50	0.28	0.04
苯丙氨酸	Phe	0.53	0.69	1.36	0.63	0.66	1.23	0.68	0.24
赖氨酸	Lys	0.32	0.42	1.60	0.34	0.73	1.06	0.52	0.18
组氨酸	His	0.08	0.11	0.37	0.05	0.21	0.36	0.15	0.02
精氨酸	Arg	0.25	0.48	1.74	0.23	0.69	1.36	0.61	0.24
氨基酸总量		5.94	9.23	27.27	7.49	11.60	20.50	10.60	3.60

三、大型海藻的脂肪酸

大型海藻的脂肪含量较少，一般在4%以下。与陆生植物相比，大型海藻中所含有的脂肪酸大部分是不饱和脂肪酸，主要是亚麻酸、次亚麻酸和二十碳五烯酸（EPA）等必需脂肪酸（表 7-5）。

表 7-5　几种海藻中不饱和脂肪酸所占干重比例（%）（方圆等，2013）

藻类	扁浒藻	松节藻	泡叶藻	墨角藻	鹿角藻	糖海带	掌状海带
所占比例	73.3	54.0	78.3	64.6	76.7	59.6	77.5

海藻的粗脂肪含量虽较低，但海藻脂肪提供了人体乃至大多数动物自身不能合成的必需不饱和脂肪酸，如亚油酸、α-亚油酸、γ-亚油酸等，它们都具有重要的生理功能。从表 7-6 中数据可见，几种大型海藻均含有丰富的不饱和脂肪酸，尤以 $C_{18:1}$、$C_{18:2}$、$C_{18:3}$ 的含量较为丰富。从总的结果看，海藻的不饱和脂肪酸占总脂肪酸的 55%～67%，其中以红藻门角叉菜和海萝的不饱和脂肪酸含量最高，它们的不饱和脂肪酸含量大致为 $C_{18:1}>C_{18:2}>C_{18:3}>C_{16:1}$。

表 7-6　几种海藻的脂肪酸含量（g/kg）（陶平等，2001）

海藻名称	$C_{16:0}$	$C_{16:1}$	$C_{18:0}$	$C_{18:1}$	$C_{18:2}$	$C_{18:3}$	$C_{20:0}$	$C_{21:0}$
海黍子	185.1	28.5	89.1	217.4	159.1	101.1	12.2	3.1
鼠尾藻	212.1	41.1	80.3	206.7	180.2	112.2	1.0	5.7
萱藻	224.3	28.0	70.9	199.3	197.2	103.9	2.5	4.5
羊栖菜	210.6	32.6	109.6	192.4	148.8	115.9	1.4	2.0
角叉菜	181.0	17.2	48.5	254.1	154.0	107.8	2.0	3.0
海萝	206.9	26.0	59.9	201.5	211.6	127.8	1.5	1.9
孔石莼	243.7	25.9	102.7	208.0	142.2	92.0	3.0	4.0

几种海藻中饱和脂肪酸含量以棕榈酸（$C_{16:0}$）最高，占饱和脂肪酸的 63%～77%，绿藻门孔石莼以 $C_{16:0}$ 含量最高，红藻门的角叉菜与褐藻门的海黍子饱和脂肪酸含量最低。表 7-6 还表明，海藻还含有 $C_{20:0}$、$C_{21:0}$ 等多碳数饱和脂肪酸，但含量极低，只有海黍子的 $C_{20:0}$ 略高于 10g/kg，其他藻类低于 5g/kg，说明海藻的脂肪酸组成与海藻种类有关。

四、大型海藻的维生素

海藻的维生素分别比玉米、麸皮高 8.8%、2.67%，并含有后两者缺乏的维生素 A、维生素 B、维生素 K、维生素 E 及胡萝卜素等（于荣敏等，2004）。维生素 B_{12} 含量较高。这些营养素对动物的生长、繁殖均有较好的促进作用。海藻中的维生素 E（生育酚）可提高动物的怀卵量、受精率（表 7-7）。

从表 7-8 中可以看出，大型海藻富含维生素，但海藻的维生素含量差别很大，除

表 7-7　几种海藻 VE 和 VC 的含量（mg/kg）（陶平等，2001）

海藻名称	维生素 E	维生素 C
海黍子	15.48	215.73
鼠尾藻	16.42	206.02
萱藻	19.37	254.00
羊栖菜	13.61	217.72
海带	—	110.34
裙带菜	—	174.00
角叉菜	10.96	101.12
海萝	16.80	120.97
松节藻	—	88.10
单条胶黏藻	—	61.26
孔石莼	14.49	228.74
肠浒苔	—	174.28

注：一表示未检出

表 7-8　海藻中各种维生素的含量（mg/kg）（方圆等，2013）

维生素	维生素 B_1	维生素 B_2	烟酸	维生素 B_{12}	维生素 K（凝血酶）	
海藻中含量	0.27～7.20	0.84～23.08	1.00～68.33	0.004～2.800	10.0～14.2	
维生素	叶酸	岩藻黄素	维生素 C	维生素 D	维生素 E	泛酸
海藻中含量	0.046～8.500	9～469	30～2674	0.01	10～340	0.18～12.50

与海藻种类、生长季节、海域理化性质有关外，还与海藻样品的处理方法及测定条件等有关。

五、大型海藻的矿物质和微量元素

大型海藻中含有丰富的矿物质，且多以有机态形式存在，不易氧化变质，动物摄食后对其消化吸收强度比无机矿物质好，如海藻粉中 Ca 的含量比玉米、麸皮高 2.39%、2.29%，P 比玉米高 0.29%。用海藻粉（SM）作碘剂既稳定又易吸收，利用率较高，而无机碘相反（张淑梅等，2001）。海藻的饲用价值主要在于其含有的碘化物、矿物质、维生素及未知的刺激动物生长的活性物质。海藻可富集海水中的矿物质和微量元素。Ca、P、K 在海藻中的含量很高，K 可占干物质的 2%～6%，Ca 含量为 0.5%～1.5%，P 为 0.1%～0.8%，海藻还含有一定量的 Zn、Fe、Mg、Cu 等元素。海带中 I 的含量丰富，可达 3‰～6‰，曾作为提取 I 的主要原料（陈琴等，2002）。

海藻中的 K、Ca、P 含量丰富，尤其富含 K，含量范围为 0.99～46.70g/kg，其中褐藻门的 K 含量最高。海藻的 Ca 含量以羊栖菜为最高，石莼和麒麟菜最低，海藻中 Ca 的含量在 1.1～15.4g/kg 内，从平均值看，仍以褐藻门的 Ca 含量最高。海藻中 P 的含量以麒麟菜最低，仅为 0.72g/kg，其他海藻 P 含量为 3～26.67g/kg，肠浒苔含 P 最高；三大门类海藻中，绿藻门含 P 量较高。海藻富集 P 的能力与种类及生活环境有关（表 7-9）。

表 7-9 8 种常见海藻的离子含量

无机元素		紫菜	海带	裙带菜	龙须菜	马尾藻	石莼	羊栖菜	麒麟菜
常量元素/（g/kg）	Ca	3.15	11.31	11.47	2.76	10.76	4.58	13.38	4.38
	Mg	4.47	8.68	8.00	3.75	26.42	34.00	5.76	9.41
	P	7.65	9.85	3.00	6.91	26.67	3.56	4.07	0.72
	Na	5.50	37.59	90.43	24.06	32.36	8.08	8.19	45.11
	K	28.94	127.46	4.22	94.18	70.11	20.16	31.41	77.44
	S	27.85	10.79	9.41	29.90	12.48	70.59	18.25	105.93
微量元素/（mg/kg）	Si	61.00	127.00	166.00	103.00	66.00	315.00	99.00	77.00
	Fe	772.32	639.45	393.83	610.85	1325.67	428.22	680.55	94.56
	Zn	75.95	38.41	69.00	62.73	47.95	89.55	62.96	20.65
	Mn	51.30	35.07	13.33	46.47	33.63	85.05	44.47	9.95
	Mo	1.33	2.25	6.67	—	3.00	19.97	—	3.48
	Ba	23.32	32.73	68.33	9.29	75.26	19.47	54.63	7.47
	As	47.97	61.96	27.67	14.60	128.54	—	71.45	—
	Cr	30.81	27.56	30.17	24.23	34.47	28.3	27.48	22.40

注：—表示未检出

第二节 大型海藻在饲料中的应用

大型藻类在饲料行业主要有三种利用方式。一种利用方式是将海藻作为饵料生物直接投喂，海藻营养丰富，大小适宜（体型较大者可加工），可直接作为水产动物幼体和成体的饵料。众所周知，大多数贝类的幼虫、中华绒螯蟹的前期蚤状幼体、虾类的蚤状幼体和糠虾幼体、海参类的幼体及瓣鳃类软体动物等都需要投喂充足优质的海藻。海藻不仅可以为水产动物苗种提供丰富的营养素，而且可以通过光合作用放出氧气，改善水质；同时海藻作为浮游动物的优质饵料，可培养轮虫、枝角类、桡足类等动物性生物饵料，以满足糠虾的幼体、仔虾，蟹类的后期蚤状幼体、大眼幼体，仔鱼、稚鱼等水产动物的营养需求。另外，一些大型藻类如海带、龙须菜、江蓠等，可直接作为一些水产动物如鲍鱼、海参、海胆等养成阶段的饵料。第二种利用方式是把海藻干燥，然后制成海藻粉，海藻粉作为畜禽和鱼、虾、蟹、贝、参等水产动物配合饲料的一种原料或功能性饲料添加剂加以利用。第三种利用方式是，由于海藻含有丰富的营养素和生物活性物质，可以用一定的提取方法来获取海藻中的活性物质，然后将其作为饲料添加剂使用。海藻粉可以作为一种优质蛋白原料和功能性物质在畜禽、水产动物配合饲料中使用，以促进养殖动物生长，改善动物品质和提高动物成活率。此外，还有一些规模化培育的海藻在作为生物能源使用后，其藻渣可作为一种蛋白源在畜禽和水产动物饲料中使用。

一、大型海藻在畜禽饲料中的应用

研究表明，大型海藻作为一种新型绿色饲料添加剂能够有效改善饲料的营养结构，提高饲料利用率，改善动物产品质量，提高动物的抗病和抗应激能力，应用前景广阔。

（一）大型海藻在猪饲料中的应用

猪饲料中使用适量的海藻粉可以有效提高猪的生长速度，增强机体的免疫力和抗病力，降低饲料系数、乳猪腹泻发生率和死亡率。断奶仔猪饲料中使用1%的羊栖菜替代鱼粉，日增重可提高15.41%，料重比降低9.95%；可增进食欲，采食量提高3.93%，同时减少断奶仔猪腹泻的发生（黄涛等，2003）。

哺乳母猪日粮中添加适量的海带粉，能显著提高母乳中总固形物、蛋白质、脂肪的含量，降低乳猪腹泻发生率和死亡率，提高乳猪日增重（刘惠芳等，2001）。

使用以海藻粉为主的复合预混料饲喂肉猪，猪的日增重可提高9.4%～11.8%，饲料利用率提高6.6%～7.7%，经济效益提高13.9%～24.09%（王永忠等，1998）。研究表明，在猪饲料中添加3%海藻粉，再加少量的钙、磷和维生素D，可满足猪对所有矿物质和维生素的营养需要。在生长肥育猪日粮中添加2%～3%海藻粉，可使日增重提高18%，料肉比达（3.1～3.0）∶1，精饲料节省3%～4%，猪发病率减少5%。此外，添加海藻饲料的试验猪组未出现便秘、下痢等消化道疾病，说明海藻具有增强肥育猪对胃肠道病原菌的抵抗力，调节肠胃功能，促进猪健康生长的作用（吕进宏和马立保，2004）。海带渣替代饲粮中玉米和麸皮对生长猪生产性能的影响的结果表明，仔猪饲粮中用海带渣替代5.0%麸皮，对生产性能没有影响。仔猪饲粮中用海带渣替代5.0%玉米增加了料重比，降低了饲粮能值。因此，海带渣可以直接替代仔猪饲粮中5.0%以下的麸皮，当替代5.0%的玉米时，需要调整能量水平（王平等，2009）。

（二）大型海藻在家禽饲料中的应用

肉仔鸡饲料中使用适量的海带粉能增强抗病力，提高成活率，促进肉鸡生长（孟昭聚，1993）。商品肉鸡饲料中使用2%的海带下脚料粉，可使8周龄肉鸡出栏成活率提高4.1%，出栏平均体重提高10%，料肉比降低7%（孟昭聚，1996）。在肉鸡日粮中添加1.5%海藻多糖，肉鸡的饲料利用率、增重及生长性能明显提高（朱新产等，2002）。俄罗斯科学家用含蓝藻的饲料制剂15mg每天饲喂肉鸡，使其日增重提高6.2%，雏鸡成活率提高4.3%。蛋鸡料中添加海藻粉使产蛋率、饲料利用率均有所提高（刘纯仁，1996）。在蛋鸡日粮中添加1.5%的海藻粉与用较普通的添加剂和碘化钾相比，可提高产蛋率、蛋重和饲料利用率，并可增加蛋中的碘量和蛋黄的色素，提高其营养价值和商品价值（谷海源等，1998）。在肉仔鸡的整个生长期内，脱胶海带粉添加量为4%时，能在不影响肉仔鸡日增重的前提下降低肌内脂肪含量，并通过影响脂质的分解转运起到调节脂质代谢的作用（林显华，2009）。应用套测法和强饲法相结合的研究手段，测定肉鸡对其基础日粮中使用5%和10%海带渣的主要养分的表观代谢率，结果表明肉鸡日粮中使用5%海带渣时，其表观代谢能值为11.05MJ/kg，能量、蛋白质、干物质的表观代谢率分别为81.07%、67.01%、75.02%；使用10%海带渣时，表观代谢能值为10.98MJ/kg，能量、蛋白质、干物质的表观代谢率分别为79.51%、60.52%、79.39%。由此可见，海带渣的能值、能量、蛋白质和干物质的利用率与麸皮相当（王文娟等，2009）。

仙居鸡摄食含有浒苔和江蓠的饲料后，其血脂、抗氧化物质发生了明显变化，江蓠、浒苔组降低总胆固醇（TC）的效果显著，江蓠组优于浒苔组，江蓠组降低三酰甘油（TG）的效果优于浒苔组，但浒苔组血清高密度脂蛋白胆固醇（HDLC）含量显著优于江蓠组，高于对照组近 70%；两种海藻粉对 SOD 酶活性的影响相近，对丙二醛（MDA）指标的降低更为明显，差异极显著，70 日龄饲喂浒苔组含量最低，与对照组相比降低 37.5%。综合上述结果发现，10 日龄添加组与 70 日龄组之间差异不大，说明海藻粉对血清抗氧化指标的影响周期较短（苏秀榕等，2010）。仙居鸡饲料中使用适量的浒苔粉和江蓠粉，使鸡肉中总蛋白、粗脂肪、肌球蛋白、甜菜碱、己醛、乙酸乙酯和 2-丙烯酸甲酯的含量明显提高；浒苔粉提高了苏氨酸、缬氨酸、精氨酸含量，江蓠粉提高了苏氨酸、异亮氨酸和谷氨酸含量；鸡胸肉中共检出匹配率在 90%以上的 45 种风味物质，鸡腿肉中共检出 3 种；浒苔粉对脂肪烃、醇、硫化物含量影响明显，江蓠粉对醛、酯、酮类物质的含量均有较显著提高；早期投喂海藻粉将有利于各种物质积累（王佩等，2011）。综上所述，浒苔是优良的海藻饲料资源，可以增强机体的免疫和抗氧化功能，改善机体的脂质代谢和蛋白质合成，生产中建议添加量为 3.0%～4.0%（孙建凤等，2010）。

海藻粉在其他禽类饲料中应用也取得了可喜进展。肉鸭料中加 2.0%～4.0%海藻粉，其成活率提高 6.0%～9.6%，7 周龄体重增加 7.69%～9.92%，耗料增重比由 4.26 下降至 3.60（靳玲品等，2008）。海藻粉可提高蛋鸡的产蛋率、美国鹌鹑的代谢率和肉的总蛋白含量，降低蛋黄胆固醇含量（王怀禹，2009；Ginzberg and Cohen，2000；Punita and Chaturved，2000）。

在康贝尔鸭（380 日龄）饲料中分别添加 2%、4%、6%的海藻粉，各试验组的受精率分别比对照组提高 2.81%、13.15%、1.35%，孵化率分别提高 3.9%、10.3%、6.9%，各组健雏率分别提高 4.5%、6.0%、1.7%（韩丽君等，1998）。

（三）大型海藻在反刍动物饲料中的应用

在奶牛饲料中添加海藻粉的应用研究近年来得到了国内外很多学者广泛关注（石传林和徐配江，2004）。海藻粉在提高奶牛采食量、增加奶牛产奶量方面作用明显，在提高牛奶品质和促进繁殖方面效果良好。

在奶牛饲料中加入剂量为 200g/d 的海藻粉，可提高产奶量 7.0%，奶中含碘量从 0.1mg/L 增加至 0.6mg/L，乳腺炎发病率减少 90% 以上，泌乳期延长 25～30d（王秀娟和牟海津，2009）。在荷斯坦泌乳牛日粮中添加剂量为 200g/d 的海带粉，结果产奶量提高 8.3%左右，饲料利用率提高 8.0%，经济效益提高 10.9%（赵书峰等，2001）。探讨海藻提取物对育肥牛饲粮中蛋白质消化率的影响结果表明，添加海藻提取物可以提高育肥牛对饲粮蛋白质的消化率，与对照组相比差异显著（郝凤奇等，2008）。对羊来说，一般在给予低热量的饲料时，往往引起矿物质不足。

Trondheim 大学海藻研究所的专家将 1800 头羊分成两群，从秋天开始，海藻区每天在基础饲料中添加囊叶藻粉末 30g，到第二年产仔季节移到畜舍饲养，与对照组相比，羊毛生产约增加 20%，整个冬季体重一点也没减少，生产的仔羊成长良好，不过海藻组的雌羊生长率虽好，但是海藻组的肾脏疾病和异常胎儿的出生导致死亡率比对照组都高，然而白筋病的死亡率降低了（西泽一俊和李曼君，1986）。

（四）大型海藻在其他动物饲料中的应用

近年来我国特种养殖业正向规模化、集约化方向发展，但在实际饲料营养配比中微量元素和维生素的供应往往不足或失衡。在日粮中加入一定比例的海藻饲料添加剂，既能改善饲料的营养，又能促进生产，增强皮毛光泽，从整体上提高养殖者的利益。

水貂日粮中添加 14.2g 海藻粉饲料添加剂后，水貂皮毛光亮不脱毛，真菌性、寄生虫性皮肤病能降低 43%，产仔数和仔貂成活率明显提高（刘纯仁，1996）。

二、大型海藻在水产饲料中的应用

近几年来，国内外开展了海藻应用于水产饲料的一系列研究，尤其是国际上对海藻应用于水产饲料的研究更为系统和深入。饲料中使用海藻的养殖对象包括鱼类、虾蟹类、贝类等；涉及水产动物苗种阶段和养成期，其中以苗种阶段为多；研究报道主要集中于饲料中使用海藻粉对水产养殖动物生长性能、抗病能力、肌肉品质和体色等的影响。

（一）大型海藻在鱼饲料中的应用

近年来，随着大型海藻研究的深入，在鱼类养殖中的应用越来越广泛。

在美国红鱼的养殖试验中，田丽霞等（未发表）用分别添加 1%、2%、3%、4%、5%龙须菜的饲料投喂美国红鱼 8 周。试验结果表明，特定生长率和增重率除 5%添加组低于对照组外，其余各组均高于对照组，饵料系数以 1%添加组为最低；肠脂比、肝体比和内脏比都出现明显降低，且添加 2%龙须菜组出现最低值。但是将 5%添加组与对照组比较可以看出，高剂量的龙须菜添加量对美国红鱼的生长会产生不利影响，研究结果表明饲料中添加 1%～4%的龙须菜有利于美国红鱼生长，添加量不宜高出 5%。另外，饲料中添加龙须菜对美国红鱼肠道组织的黏膜皱褶高度有显著性影响，且当龙须菜含量为 2%和 3%时效果最好，但对鱼体肠道的环肌厚度、黏膜皱数无显著性影响。结果表明，不同含量的龙须菜对美国红鱼肠道的组织学形态结构存在很明显的影响，当饲料中龙须菜含量为 3%时，鱼体肠道浆膜层最完整，绒毛最整齐，肠道最健康。

在大口黑鲈的养殖试验中，田丽霞等（未发表）用分别添加 0%、1%、2%、3%海带粉的饲料投喂大口黑鲈 70d。试验结果表明，以海带粉添加量为 1%的饲料组大口黑鲈的增重率、特定生长率为最高，且饲料系数最低；当饲料中海带粉添加量超过 1%后，随着海带粉添加量的增加，大口黑鲈的生长效果反而有所下降；海带粉添加量为 4%的饲料组，大口黑鲈的生长效果低于不添加海带粉的对照组。本试验结果表明，大口黑鲈饲料中海带粉的适宜添加量为 1%，但需视基础配方及海带粉的品质综合考虑。

在鲤鱼的养殖试验中，分别投喂添加 0%、5%、10%、15%、20%石莼含量的饲料，5%组的鲤鱼生长最好，但前 4 组的存活率、增重率、特定生长率、饲料转化率、蛋白质含量及体成分无显著性差异；当石莼含量达 20%时，鲤鱼的生长表现才显著降低（Diler et al.，2007）。

在罗非鱼的养殖试验中，用分别添加 0%、10%、20%、30%石莼含量的饲料投喂罗非鱼，前 3 组罗非鱼的日增重率、特定生长率及蛋白质效率都无显著性差异（Azaza et al.，

2008)；但当石莼含量达 30%时，罗非鱼各方面指标显著降低。用分别添加 0%、5%、10%、15%石莼粉含量的饲料投喂罗非鱼，前 3 组罗非鱼的生长表现无显著性差异(Güroy et al.，2007)；15%组罗非鱼的生长表现显著降低。然而 Nader 的研究表明，用添加不同石莼含量的饲料投喂罗非鱼时，发现当石莼含量达 15%时效果最好，且不会引起任何不良影响（Nader et al.，2010）。在不同脂肪含量（10%和 20%）的饲料中添加 0%、5%石莼，发现 5%组的罗非鱼在高脂和低脂水平下的生长表现、饲料效率、氮利用率及体成分都得到改善（Ergun et al.，2009）。EI-Tawil（2010）用 0%、5%、10%、15%、20% 和 25%石莼干粉配制粗蛋白为 26%的 6 种等氮等脂配合饲料并饲喂红罗非鱼 9 周，结果表明饲料中使用 5%～15%的石莼粉能显著提高红罗非鱼的终重、增重率和特定生长率，使用量超过 15%时，红罗非鱼不出现上述性状，饲料转化率 20%组最好，其次是 15%组，再次是 10%组；综上所述，红罗非鱼配合饲料中使用 15% 的石莼干粉是适宜的。

在虹鳟的养殖试验中，用分别添加 0%、1.5%、3%、6%巨藻粉含量的饲料投喂虹鳟，结果显示各组间增重率、饲料转化率、特定生长率都无显著性差异，肌肉中蛋白质和脂肪的含量也无差异；但是 3%和 6%组虹鳟肌肉中的多不饱和脂肪酸含量显著提高，尤其是 DHA 和 EPA（Dantagnan et al.，2009）。将用不同含量（0%、5%、10%和 15%）大型海藻配制的等氮等脂配合饲料分别投喂虹鳟，研究结果表明，使用了海藻粉的配合饲料组虹鳟的增重率、特定生长率、饲料效率、蛋白质效率及干物质消化率等指标差异不显著，而海藻粉添加饲料组的摄食量比未加海藻粉的商用配合饲料组高，但差异不显著；试验结束时，15%海藻粉组虹鳟的最终体重和肝体指数低于 5%海藻粉组、10%海藻粉组和对照组，而 10%海藻粉组的鱼体蛋白质含量显著高于 5%和 15%海藻粉组；使用海藻粉能改善虹鳟的肌肉颜色。由此可见，虹鳟配合饲料中使用 10%的海藻粉是可行的，可以有效改善虹鳟的肌肉颜色，提高虹鳟产品的价值(Soler-Vila et al.，2009)。

在鲻鱼的养殖试验中，分别投喂添加 0%、9%、18%紫菜粉含量的饲料，未添加组鲻鱼的增重率和特定生长率高于其他组，且增重率、饲料效率、蛋白质效率、净蛋白质利用率随着紫菜添加量的升高而降低（Davies et al.，1996）；投喂添加 20%石莼粉含量的饲料组，鲻鱼的增重率和饲料利用率显著高于其他组，并且鱼肉质量也得到提高（Wassef et al.，2001）。

在真鲷的养殖试验中，在饲料中分别添加 0%、2.5%、5%的泡叶藻粉，5%组真鲷的增重率显著高于其他组；各组间肝体比、腹腔内脂肪比例、肌肉比例无显著性差异（Nakagawa et al.，1997）。同样 Kalla 等表明，饲料中添加 5%的紫菜粉可显著提高真鲷的存活率、增重率和营养物质保留率（Kalla et al.，2008）。

黑鲷（*Bleker*）幼鱼配合饲料中使用 3%的紫菜粉能促进其生长，改善营养素利用和机体营养组成（Khan et al.，2008）。

在乌颊鱼的养殖试验中，在饲料中分别添加 0%、5%、10%、15%的鸡毛菜（红藻）或石莼（绿藻），试验结果表明，当饲料含 10%鸡毛菜或 5%石莼时，乌颊鱼的生长、饲料利用率、氮保留率及存活率最好（Wassef et al.，2005）。

在河豚的养殖试验中，用添加 0%、10%、20%、30%脱水浒苔及新鲜浒苔含量的饲料投喂河豚，结果显示对照组（0%的脱水浒苔组）及新鲜浒苔组的河豚生长最好，其他各组的存活率、生长表现、饲料效率都随着脱水浒苔含量的增加而显著降低（Yousif et al.，2004）。用添加了33%龙须菜含量的饲料投喂河豚，其生长性能和饲料利用率都显著低于未添加龙须菜的对照组，但其非特异免疫性能得到提高（Xu et al.，2011）。

在鲈鱼的养殖试验中，用分别添加0%、5%、10%不同海藻（脆江蓠、石莼、红藻石花菜 *Gracilaria cornea*）的饲料投喂鲈鱼，结果显示只有10%红藻石花菜组鲈鱼的生长表现显著下降，其余各组间无显著性差异（Valente et al.，2006）。

在比目鱼养殖试验中，用分别添加0%、2%、4%、6%海带含量的饲料投喂比目鱼，比目鱼增重率随着海带含量的升高而降低，但前3组无显著性差异；但是比目鱼的非特异性免疫力却随着海带含量的增加而显著性提高（Kim and Lee，2008）。

在异育银鲫的养殖试验中，用分别添加0%、1%、3%、5%、7%海带粉的饲料来饲喂异育银鲫，异育银鲫的增重率、特定生长率、干物质表观消化率和粗蛋白表观消化率均随海带粉添加量增大呈先升后降的趋势，但差异不显著；海带粉对异育银鲫肝胰脏谷丙转氨酶、谷草转氨酶、超氧化物歧化酶、过氧化氢酶和血清超氧化物歧化酶、过氧化氢酶也无显著影响（董学新等，2009）。

在蓝子鱼的养殖试验中，Xu等（2011）评价了大型海藻——龙须菜粉作为配合饲料原料饲喂蓝子鱼的效果。结果表明，投喂含3%龙须菜干粉配合饲料的蓝子鱼的生长性能和饲料效率略低于对照组，但蓝子鱼肌肉的营养组成除甲硫氨酸和酪氨酸存在差异外，其他氨基酸、脂肪酸等均不存在差异，而且投喂使用了龙须菜粉的配合饲料组蓝子鱼的免疫力强于未使用龙须菜粉的对照组，其适宜使用量有待于进一步研究。

在梭鱼的养殖试验中，研究了分别在基础饲料中使用采取超声波处理或柠檬酸处理过的20%浒苔对梭鱼幼鱼生长的影响。15d的饲养试验结果表明，柠檬酸处理后的浒苔能够显著提高梭鱼的增重率，且梭鱼的增重率与对照组相比明显提高，达12.73%，并且饲料系数较低，为1.617。但浒苔在植食性鱼类饲料中的适宜添加量、添加方式、配套配方技术及对植食性鱼类品质和免疫机能等诸多方面的影响还有待进一步研究（解康等，2012）。

（二）大型海藻在对虾饲料中的应用

由于对虾是世界上最主要的水产养殖对象之一，因此大型海藻在对虾养殖中的效果也越来越受到人们的关注。

在凡纳滨对虾的养殖试验中，田丽霞等（未发表）等配制了基础饲料和5种试验饲料（70%基础饲料+30%试验原料），并添加0.01%三氧化二钇作为外源性指示剂，来研究凡纳滨对虾对海带、紫菜、龙须菜、裙带菜和石莼5种大型海藻干物质、粗蛋白、总能、总磷和氨基酸的表观消化率。7周的研究结果表明，凡纳滨对虾对5种大型海藻原料干物质的表观消化率为35.3%～60.4%，由高到低依次是紫菜＞海带＞龙须菜＞裙带菜＞石莼；蛋白质的表观消化率为44.9%～60.5%；氨基酸的表观消化率为50.0%～73.5%；能量的表观消化率为31.3%～68.2%，紫菜最高，海带最低，石莼、龙须菜和裙带菜处于两者之间；总磷的表观消化率普遍偏低，仅为9.1%～29.5%，其中海带最高，龙须菜次之，紫菜最低。

田丽霞等（未发表）用6种不同龙须菜水平（GL1～GL6：0g/kg、10g/kg、20g/kg、30g/kg、40g/kg、50g/kg）的等氮等能饲料投喂凡纳滨对虾。8周的试验结果表明，对虾的终末均重和增重率GL3组最高，GL1、GL2、GL5及GL6组的终末均重和增重率均显著低于GL3和GL4组；蛋白质效率和出肉率的变化趋势与增重率一致，饵料系数与之相反；GL1～GL6组中最低的饵料系数、血淋巴谷草转氨酶（AST）活性、谷丙转氨酶（ALT）活性和最高的全虾蛋白沉积率及血淋巴超氧化物歧化酶活性均出现在GL3和GL4组；此外，饲料中添加10～50g/kg龙须菜粉使凡纳滨对虾在盐度应激5h后的存活率相比对照组均有所提高，其中最高值出现在GL3组。由此表明，在饲料中添加龙须菜粉可提高凡纳滨对虾的生长、免疫和抗盐度应激能力，综合考虑凡纳滨对虾生长、血淋巴指标和抗盐度应激能力等因素，饲料中龙须菜粉最适添加量为20g/kg。

在Cruz-Suarez的试验中，在南美白对虾饲料中分别添加3.3%不同种类的海藻粉（海带、泡叶藻、石莼），各组的饲料消耗和存活率无显著性差异，但石莼组对虾的末重略微高于其他组，饲料转化率和蛋白质效率优于其他组（Cruz-Suarez et al.，2008）。

在斑节对虾的养殖试验中，田丽霞等（未发表）用7种不同海带水平（0%、1%、2%、3%、4%、5%、6%）的等氮等能饲料投喂斑节对虾。60d的生长试验结果表明，斑节对虾的成活率为62%～81%，1%海带添加组达最大，与3%和4%海带添加组有显著性差异，与其他组没有显著性差异；对虾末重、增重率和特定生长率在2%海带添加组达最大值，且与其他各组有显著性差异；生物增重量在2%海带添加组达最大，与1%海带添加组没有显著性差异，与其他海带添加组有显著性差异；饵料系数在2%海带添加组最低，但与其他各组之间没有显著性差异；随着海带的添加，斑节对虾全虾的水分含量、灰分含量、脂肪含量、蛋白质含量有显著性差异；斑节对虾肌肉的水分含量没有显著性差异，肌肉的脂肪含量、蛋白质含量、灰分含量有显著性差异；当海带粉的添加量为0%～2%时，对虾的生长（末重、增重率、生物增重量、特定生长率）随着海带粉添加量的增大而升高，然而当海带粉的添加量大于2%（3%～6%）时，对对虾的生长没有影响；成活率的结果表明，海带粉的添加量应为0%～3%；依据增重率和特定生长率，通过二次回归模型分析得出，斑节对虾饲料中海带粉的适宜添加量为2.8%。

田丽霞等（未发表）用7种不同龙须菜水平（0%、1%、2%、3%、4%、5%、6%）的等氮等能饲料投喂斑节对虾。8周生长试验结果表明，对虾的成活率为58%～74%，1%龙须菜组最高；斑节对虾的增重率在3%龙须菜添加组最高，为340%，在0%龙须菜添加组最低，为258%，3%龙须菜添加组比0%龙须菜添加组高出82%，与2%和4%组没有显著性差异，与其他组有显著性差异；饵料系数在3%龙须菜添加组最低，但与其他各组之间没有显著性差异；随着龙须菜的添加，斑节对虾全虾的脂肪含量在4%和5%龙须菜添加组达最大，且与其他各组之间有显著性差异；全虾的水分含量、蛋白质含量和灰分含量没有显著性差异；对虾肌肉中脂肪含量在1%龙须菜添加组达最高，且与其余各组之间有显著性差异；对虾肌肉中蛋白质含量在6%添加组最高，仅与3%龙须菜添加组有显著性差异，与其他各组没有显著性差异；斑节对虾肌肉中水分含量和灰分含量在各组之间没有显著性差异；当龙须菜粉的添加量为2%～4%时，对虾的生长（末重、增重率、生物增重量、特定生长率）效果最佳，考虑生长和成活，龙须菜的添加量应小于4%；依据增重率和特定生长率，通过二次回归模型分析得出，斑节对虾饲料中龙须菜粉的适宜添加量为3.1%。

Niu等（2015）用7种不同裙带菜水平（0%、1%、2%、3%、4%、5%、6%）的等

氮等能饲料投喂斑节对虾。8 周生长试验结果表明，随着饲料中裙带菜含量的增加，增重率和特定生长率先升高后降低，在 2%裙带菜饲料组达最大值，且与其他各组有显著性差异；对虾成活率为 65%～80%，在 2%裙带菜饲料组达最大值，但各组间没有显著性差异；斑节对虾的饲料系数在裙带菜含量为 2%时最小，为 1.13；蛋白质效率和蛋白质沉积率随着饲料中裙带菜含量的增加先升高后降低，都在 2%裙带菜饲料组达最大值，且与其他各组有显著性差异；对虾全虾的蛋白质含量在 3%裙带菜组最高，显著高于对照组（0%裙带菜组）和 1%裙带菜组，但与其他各组没有显著性差异；对虾全虾的脂肪含量在 3%和 4%裙带菜组最高，且显著高于其他各组；饲料的裙带菜水平对对虾肝脏的总抗氧化能力没有显著性影响；对照组对虾的肝脏超氧化物歧化酶活性显著低于 6%裙带菜组，但与其他各组没有显著性差异；对虾肝脏的谷胱甘肽含量、谷胱甘肽过氧化物酶活性随着裙带菜含量的增加先升高后降低，在 2%裙带菜组达最大值；依据增重率和蛋白质沉积率，通过二次回归模型分析得出，斑节对虾幼虾饲料中裙带菜的适宜添加量为 2.17%～2.87%。另外，观察添加裙带菜对斑节对虾肠道褶皱高度和褶皱宽度的影响，结果发现：褶皱高度的排序为 1%裙带菜添加组＞6%裙带菜添加组＞2%裙带菜添加组＞0%裙带菜添加组＞3%裙带菜添加组＞5%裙带菜添加组＞4%裙带菜添加组；褶皱宽度的排序为 3%裙带菜添加组＞6%裙带菜添加组＞5%裙带菜添加组＞0%裙带菜添加组＞1%裙带菜添加组＞2%裙带菜添加组＞4%裙带菜添加组。试验各组的肠道褶皱统计数量为 43～94，褶皱高度和褶皱宽度在一定程度上能够反映出裙带菜添加对肠道褶皱的影响。其中 1%裙带菜添加组的褶皱高度最大，3%裙带菜组的褶皱宽度最大。从肠道结果来说，最适宜添加量应该为 1%～3%。

（三）大型海藻在贝类及软体动物饲料中的应用

大型海藻在贝类及软体动物饲料中的应用已取得了一定的成效，用海藻（鼠尾藻、马尾藻、石莼等）的榨取液代替单细胞藻类投喂海湾扇贝，海藻渣可当作幼鲍、稚海参等的饵料（王如才和于瑞海，1989）。廖梅杰等（2011）分析测定了浒苔的营养成分，并开展了投喂刺参的生长试验。结果表明，浒苔是一种高蛋白、低脂肪，并且无机离子含量丰富的安全藻类食品，分别以浒苔、海泥、浒苔∶海泥（质量比 3∶7）、配合饲料∶海泥（质量比 3∶7）4 种饲料投喂刺参 30d。试验结果显示，浒苔∶海泥（3∶7）组的刺参增重率最高，刺参的成活率和健康状况良好；配合饲料∶海泥（3∶7）组次之，而单独投喂浒苔或海泥表现较差。这个结果表明，浒苔具有良好的营养作用，可替代马尾藻、鼠尾藻、海带等作为一种优质的刺参养殖用饲料源。

水产品中的其他一些名贵品种，如海参、鲍鱼等因主要以海藻和浮游生物为食，所以在其人工养殖中，大型海藻有很广泛的应用前景。一些研究表明，给幼年海参投喂海藻干燥粉（海带、石莼、鼠尾藻、马尾藻）能显著提高其生长（Battaglene et al.，1999；Liu et al.，2010）。在鲍鱼养殖中，用不同的新鲜海藻（石莼、相良布海藻、巨藻、紫菜）投喂鲍鱼，结果表明巨藻和紫菜比石莼、相良布海藻的效果更好（Perez-Estrada et al.，2011）。

三、大型海藻活性物质提取技术及其在饲料中的应用

海藻曾被认定为是已知化学组成最复杂的植物，最初引起人们重视的是其含有的矿

物质和微量元素。后来通过对海洋生物有效化学成分的研究，特别是对海藻类植物的研究，人们逐渐认识到海藻中含有的活性物质比其所含的微量元素更为重要，找到了许多具有重要生物活性的有机化合物，如多糖类、蛋白类、萜类、多酚类、甾醇类、环状多硫化合物、大环内酯类、微量元素等，现在海藻中的活性物质用于饲料的添加已引起广泛关注与研究。

海藻多糖是重要的多糖类物质，种类繁多，来源丰富，它不仅能提高机体的免疫功能，而且具有抗肿瘤、抗病毒、降血脂及抗凝血等多种生物活性（吴立根和毛文，2002）。通常根据海藻的类型区分为红藻多糖、褐藻多糖、绿藻多糖等。褐藻类的鼠尾藻、昆布、海带、羊栖菜等所含的多糖均属于藻酸双酯钠。Fucoidan 是褐藻中的一种水溶性杂聚多糖，属褐藻多糖硫酸酯，是褐藻特有的一种化学组分（邹仁林，2003）。最近在对红藻 *Delesseria sanguine* 的研究中得到了硫酸化支链 Xylogalactans，并发现其具有抗炎作用（Grünewald and Alban，2009）。

藻蓝蛋白是一种水溶性蛋白，是蓝、红藻等海藻中重要的捕光色素蛋白藻胆蛋白的组成部分。藻类蛋白大多具有降压、调节血脂平衡及促进免疫系统的功能。

海藻中萜类物质很多，大多数为卤代或芳香族萜类化合物，这些萜类大多具有杀菌、抗菌和抗肿瘤的生物活性。研究表明，卤代芳香族萜类化合物比非卤代或非芳香族萜类化合物的生物活性高。关于海藻中萜类物质的研究，国内的报道有：从海南岛和涠洲岛红藻 *Laurencia mariannensis* Yamade 中分离得到 1 个新的溴代二铁，2 个新的倍半萜，3 个新的含卤素倍半萜（Ji et al.，2007）；从烟台海域海洋褐藻 *Dictyopteris divaricata* 中获得了一个新的杜松烯型倍半萜（Wen et al.，2009）。国外的报道有：从南澳大利亚褐藻 *Sargassum fallax* 中得到 3 个新的 Merοditerpenoid 化合物（Reddy and Urben，2009），具有一定的抗肿瘤活性；在南非海岸红藻 *Plocamium cornutum* 中获得了一系列含卤素单萜类化合物（Afolayan et al.，2009），其骨架均为 3,7-二甲基-3,4-二氯-辛-1,5,7-三烯。

多酚是一大类结构不同、含有多羟基的化合物总称。海藻多酚类化合物在褐藻中含量较大，种类较多，结构区别也较大。结构主要有多羟基联苯（fucol）型，多羟基苯醚（phlorethol）型，混合多羟基联苯多苯醚（fucophlor-ethol）型，多（间、邻）羟基苯醚（fuhalol）型，二苯杂二氧和二苯呋喃（eckol）型和卤代、硫酸酯化、烷基化多酚（halogenated phlorotannin）型。多酚的收敛性即涩性可以减少植食者的取食，自身还可以与食物中的蛋白质结合降低其可吸收性，与植食者消化道内消化酶结合降低其消化能力。

海藻中已发现了很多其他的活性成分，如发现了数百种结构新颖的类胡萝卜素，其中 β-胡萝卜素高出陆生植物上千倍，有几种顺反式异构体（关美君和丁源，2000）。红藻中可提取出降低血液中胆固醇的 β-丙氨酸甜菜吲哚碱。报道称，从蕨类的几个品系中已分离出数种有抗真菌活性的化合物。从红藻中分离出的生物活性化合物的一个特点是常含卤族元素，特别是溴，其中许多化合物有抗微生物活性（耿宽裕，1994）。

（一）海藻活性物质加工工艺

海藻通过细胞破碎或增溶提取其细胞内含物，同时使大分子物质降解为可溶且易被吸收的小分子物质的过程被称为藻体消解，它是海藻提取工艺的核心。目前，国际上消解海藻藻体的方法主要有以下 3 种。

1. 物理方法

物理方法又称机械破碎法，是通过物理作用将鲜湿的海藻破碎成细小的颗粒，整个过程为减少活性成分的损失而避免使用高温和化学药品，主要包括以下几种方法。

1）渗透休克法，即通过渗透压变化造成细胞内外压力差，从而引起细胞破碎。此法细胞破碎率低、操作复杂、费用高，但提取物纯度高。

2）均质过滤法，即用外力强迫细胞通过小孔而被剪碎，或在韦林氏捣碎机中被剁碎（Nelson and van Stande，1984）。此法的费用较渗透休克法低。

3）超声波破碎法，即利用超声的空化、粉碎、搅拌等作用破坏植物细胞，使溶媒渗透到其中，以便植物中化学成分溶于溶媒，然后通过分离和提纯获得所需的成分。此法所需设备简单、操作方便、提取时间短、产率高、无需加热，但成本较高，只适用于少量提取（AFO，1984）。田丽霞等（未发表）以干海带、裙带菜为试验对象，采用有机溶剂乙醇提取，分别辅以不做前处理、超声波前处理及微波前处理，获得海藻多酚（KP）的粗提液，然后测量粗提液中海藻多酚的含量。试验结果表明，经过超声波前处理，粗提液中的多酚浓度得到了显著提高。

4）研磨法，用玻璃球或钢球碾碎细胞，或使细胞与助磨剂相互摩擦碰撞而破碎。此过程需高效冷却。

5）高压匀浆法，主要利用液相剪切力与固定表面撞击所产生的应力使细胞破碎。此法破碎率较低。

6）冷却粉碎法，将鲜海藻冷冻后粉碎，经离心或过滤后得到提取液。

2. 化学方法

化学法主要包括直接提取法、有机溶剂法和碱解提取法等。这类方法有利于保存产品的原本属性，且易放大用于批量处理（王强，2003）。田丽霞等（未发表）以龙须菜和紫菜作为试验对象，采用 5 种提取体系，分别为水、水-丙酮、水-乙醇、乙醇-盐酸、甲醇-盐酸，包含了常见的有机体系和无机-有机混合体系，然后对不同的体系测定结果进行了数据整理和分析。测定方法为 Folin-Denis 法，选择没食子酸类溶剂作为标定物，通过比尔定律作出标准曲线，从而测出样品的多酚提取率。结果表明，乙醇-盐酸体系有较高的提取率。

1）直接提取法，将海藻粉末加热后提取滤液。此方法很早以前就已出现，但其提取效率受海藻种类和收获季节等影响往往较低，通常只有 30%～40%的干物质能顺利被水溶出（孙杰，2006；Nelson and van Stande，1984）。

2）有机溶剂法，又称表面活性剂法，是一种用洗涤剂溶液增溶，或用有机溶剂溶解细胞壁上脂类物质以破坏细胞壁从而释放内含物的方法。此法操作相对简便，无需特殊设备，所用容器一般都是玻璃或搪瓷器皿。但整个过程中的原料粉碎度、提取时间、提取温度、溶剂用量、提取技术及设备条件等因素都会影响提取效率，应加以考虑。

3）碱解提取法，即利用脂的皂化作用使细胞膜增溶而被消解。碱解提取法分为新鲜冷冻提取法和脱水干燥提取法，具体操作形式很多，但主要是在碳酸钠或氢氧化钠溶液中加压水解。碱解可使藻体中结合态的元素释放出来（Sanderson，1987）。应指出的是，此方法虽然简单易行，也可提高有效成分的释放率，但所用设备昂贵，而且需要依赖某个专利（孙杰，2006）。

3. 生物方法

微生物发酵法是生物法消解藻体的一种，即通过加入微生物（如酵母等）发酵后提取。还有酶介法，如用纤维素酶降解藻体中的纤维素，释放其内含物（Gomez-Pinchetti，1993）。还可用几种混合酶来提取其中的活性物质，田丽霞等（未发表）将纤维素酶、果胶酶、木瓜蛋白酶、木聚糖酶以 1∶1∶1∶1 的比例混匀成复合酶，在酶量为 4%、料液比 1∶30、pH 为 5.0 条件下，50℃水浴酶解 2h 后再 90℃水浴浸提 2h，从龙须菜干粉中提取粗多糖的得率为 73.0%。而当液料比为 1∶50、复合酶为 2.5%（木聚糖酶∶纤维素酶∶果胶酶∶木瓜蛋白酶=2∶3∶2∶3）、pH 为 5.0、酶解时间为 4h 时，裙带菜粗多糖得率最高，可达 72.2%。

当然，提取海藻中的活性物质并不只限于上述 3 种方法的单独使用，有时它们可以叠加使用。海藻的提取方法有很多，近年来又有激光破碎法、高滑速相向撞击法和冷冻喷射法等新方法出现。然而，通过不同的方法得到的海藻提取物其内含物和应用效果是不一样的，其质量也受提取过程中温度和压力的影响。

（二）大型海藻活性物质在饲料中的应用

20 世纪 50 年代已开始将海藻粉用于畜禽动物饲料的研究（石传林，2000），发现海藻作为饲料原料和添加剂具有很大的开发潜力（刘供华，2005）。一般认为，海藻及其提取物广泛用于动物饲料并表现出良好效果是基于以下诸方面的特性：它能够提供维生素、机体蛋白质、氨基酸及铁、硒和锌等微量元素；提供各种类胡萝卜素，作为着色剂改善动物产品（如蛋黄、胴体等）的色泽、品质；提供多类机体活性物质，如以 EPA、DHA 等为主的多不饱和脂肪酸，可转化于蛋黄和牛奶中；作为饲料黏结剂可用于造粒，或改善颗粒饲料硬度和耐久性；具有抗氧化作用，增强饲料的储存性；含有其他未知生长因子，添加于日粮中有利于动物的生长和繁殖。大型海藻大多可直接用来做畜禽和水产动物饲料或掺入基础饲料中作为营养添加剂。生产海藻饲料添加剂是一项较为成熟的产业，目前全世界海藻粉产量达 50 000 t 左右，其中挪威就占了 20 000 t，是世界上最大的海藻饲料生产国。

大型海藻内含丰富的凝集素、酯类、多糖等生理活性物质，其中最重要的产物为多糖，约占其干重的 50%以上。海藻多糖是由多个相同或不同的单糖基通过糖苷键相连形成的高分子碳水化合物，具有提高动物免疫力的作用。到目前为止，国内外已从各种海藻中分离提取得到多种多糖，包括褐藻中提取的海带多糖、褐藻胶，红藻中提取的琼胶、卡拉胶、紫菜多糖等。这些海藻多糖，除具有传统的工业价值外，近年来的研究表明它们还具有多种生物活性及药用功能，如增强机体免疫活性（范曼芳和陈琼华，1998）、抗病毒（刘晋和郭长江，2007）、抗肿瘤、抗氧化（谢苗等，2001）、抗辐射（赵明军，1990）等作用。研究表明，海藻多糖是通过调节机体免疫系统功能发挥这些作用的。不同来源的海藻多糖，其糖基单体不同，但都对机体的免疫功能具有广泛的调节作用，如促进受损免疫器官的修复，提高单核巨噬细胞、T 淋巴细胞、B 淋巴细胞、NK 细胞、红细胞等的活性，促进免疫分子如抗体、细胞因子等的释放等。

海藻中含有胡萝卜素、维生素 E、不饱和脂肪酸等活性成分，能提高动物的抗应激能力。在日本沼虾日粮中添加不同剂量的海藻免疫多糖和海藻免疫多糖金属络合物，结果发现，虾腹肌中 SOD 活性和腹肌中溶菌酶活性同时提高，日本沼虾的非特异性免疫功能可通过 SOD 和溶菌酶活性升高而提高（秦兰芳等，2005）。用条斑紫菜和裙带菜的凝集素投喂鲤鱼，发现两种凝集素都可以作为一种免疫添加剂激活鲤鱼的免疫系统，对鲤鱼的非特异性免疫功能具有明显的增强作用（李丹彤和袁美云，2006）。

田丽霞等（未发表）研究了在饲料中添加不同含量龙须菜酶解粉（编号为 EGL1～EGL6：0g/kg、5g/kg、10g/kg、15g/kg、20g/kg、25g/kg）对凡纳滨对虾生长、形体指标、饲料利用、血淋巴生化指标和抗盐度应激的影响。8 周的生长试验结果表明，饲料中龙须菜酶解粉添加水平不影响凡纳滨对虾的存活率、饵料系数、体组成和肌肉氨基酸组成，但当饲料中含有 15g/kg 龙须菜酶解粉时，凡纳滨对虾获得了本试验中最高的终末均重、增重率和出肉率，且均显著高于对照组；饲料中添加 10g/kg 龙须菜酶解粉后，凡纳滨对虾血淋巴中的谷草转氨酶活性显著低于对照组；当添加量为 10～20g/kg 时，凡纳滨对虾血淋巴中的谷丙转氨酶活性显著低于对照组；此外，饲料中添加 5～20g/kg 的龙须菜酶解粉后，凡纳滨对虾在盐度应激 5h 后的存活率相比对照组均有所提高。因此，在饲料中添加龙须菜酶解粉可提高凡纳滨对虾的生长、免疫和抗盐度应激能力，综合考虑凡纳滨对虾的生长、血淋巴指标和抗盐度应激能力等因素，饲料中龙须菜酶解粉的最适添加量为 15g/kg。

凡含有丙烯酸、萜烯类、溴化酚类和某些含硫化合物的海藻都可能具有抗菌作用。分布较广的多节泡叶藻含有酚类物质，具有广谱强抗微生物作用。从漂浮马尾藻中萃取分离出的马尾藻素复合物能抑制金黄色葡萄球菌、大肠杆菌、普通变形菌的生长。石莼、车网藻、钝形凹顶藻因含有溴酚化合物、萜烯类等，具有抗生素的特性。有研究者用海藻磨碎液饲养中国对虾幼体，发现孔石莼、鼠尾藻和萱藻的研磨液对对虾幼体病原菌有一定抑制作用。海藻中的抗菌物质不会使细菌产生抗药性，对环境不会造成不良影响，在生产中具有非常好的应用价值（常巧玲和孙建义，2006）。

海藻中含有多种维生素，对促进动物生长非常有益，如海藻中的生育酚和碘能提高动物的受孕率和产仔数。海藻含生物活性激素和促生长因子，可调节饲料的营养平衡，促进营养物质的代谢和消化吸收，提高动物的生长速度，降低饲料成本。

海藻中含有较多的色素（藻黄素、胡萝卜素等）、碘、氯和钠等成分，可改善肉、蛋、奶的品质，增加肉畜日增重，提高蛋鸡产蛋率和蛋中含碘量（方希修等，2003）。用含 4%海藻粉的饲料饲喂鲤鱼，与试验组相比增重提高 12.4%，蛋白质提高 3.14%，含脂率下降 4.86%。对必需氨基酸比例、指数和蛋白质 3 项指标的评定表明，试验组鱼肉营养价值高，可使用比例提高 5.1%，保鲜时间延长 12～26h，具有抑菌防霉作用，可延长水产品保质期（吴立军等，2006）。在观赏鱼育苗期和成鱼阶段投喂 2.5%和 4%的海藻粉后，鱼体脂质代谢加强，细胞内藻黄素、胡萝卜素等色素显著增加，鱼体健康，个体鲜艳（吴立军等，2006）。用海藻的提取液（海藻精）投喂海湾扇贝，海藻渣作为幼鲍饵料，可提高鱼类的抗病能力和改善其体色等（王如才和于瑞海，1989）。很多试验也说明，海藻提取物能使鱼虾的皮表色泽浓厚、肉质红润、光滑鲜美。

大多数海藻中均含有一定量的生物胶状物，经过加工以后，能够成为鱼虾类饲料的天然优质黏合剂，可增强鱼虾类饲料的稳定性，防治水污染。据报道，日本和韩国在鱼虾饲料中添加海藻粉，不但有较高的营养价值，而且饲料黏结性好，不易溃散，有利于鱼虾采食，并能减少残饵沉淀量，保证水质良好，特别是在矿物质和维生素缺乏的水中效果尤为明显。一些研究分析表明，海藻含有如苯酚类化合物等抗生物质，对微生物的生长和繁殖有抑制作用，有很强的抑菌防霉作用。在饲料中添加2%~3%的海洋植物饲料粉，加入一周后可杀灭90%的粉螨及有害细菌，可吸收饲料中3%的水分，既可使饲料的保存期延长，又使饲料无异味、无污染，还能确保饲料的色泽、质量不变（刘梦和刘刚，2009）。试验表明，海藻粉和常规防霉剂同时使用时比单独使用常规防霉剂的效果更好，使水分、黄曲霉毒素含量更低，但单独使用海藻粉的防霉效果有待研究（周蔚等，1999）。此外，某些藻类含有丰富的琼胶、褐藻酸等物质，是天然饲料的黏合剂和防潮剂，对饲料的黏合有一定的作用，如褐藻酸钠黏合剂是从海带中提取的，可作为鱼类饲料的黏合剂。

海藻粉中含有丰富的氨基酸，其中L-丙氨酸、L-甲硫氨酸、组氨酸、精氨酸、鸟氨酸等对一些动物具有强烈的诱食作用，是有效的摄食刺激源，尤其是在水产饲料当中作为诱食剂很受欢迎（刘开永等，2004）。在以鱼粉、豆粕、复合维生素和黏合剂为主要成分的配合饲料中加入少量的海藻干粉，可较好地改善水产动物的摄食效果（Britt，1995）。将用不同含量（5%、10% 和 15%）大型海藻粉配制的等氮等脂配合饲料分别投喂虹鳟12.5 周后发现，摄食量比未加海藻粉的虹鳟商用配合饲料组高，这间接地说明大型海藻粉对虹鳟具有诱食作用（Soler Vial et al.，2009）。更早期的研究发现，从褐藻中提取的数种蛋白质、氨基酸和磷脂，都具有一定的诱食作用（Harada et al.，1985）。从褐藻中分离出的对黑鲍具有强烈诱食作用的两种化合物为二半乳糖二脂酰甘油酯和磷酸二酯酰甘油胆碱，且这两种物质广泛存在于各种海藻类植物中（Sakata，1985）。

第三节　大型海藻在水产饲料应用中存在的问题及展望

海藻作为饲料添加剂的多种功效已经获得了诸多研究证实，是一种安全、高效的可利用天然资源。我国是水产养殖大国，近年来随着养殖业的快速发展，饲料工业每年要消耗大量粮食，但土地资源在减少，种植成本在上升，饲料占养殖成本的比例越来越大，饲料资源相对缺乏，开发新的饲料原料成为新的需求亮点。因此，开发新的饲料资源，开发不占耕地、不争口粮的饲料资源已成为必然趋势。为解决这一问题，国内外许多专家都在寻找新型的饲料资源，许多国家和地区已将目光投向海洋，将海藻作为新的饲料资源进行开发利用，获得了一些重要的进展（吴立军等，2006）。目前，全世界海藻粉产量达 5 万 t，其中挪威、丹麦、英国、美国、加拿大等国家都有专门的海藻粉加工厂，并将海藻作为饲料添加剂使用，而我国现在还很少有专门的海藻饲料添加剂加工厂，这无疑是一个契机。

海藻均为低脂肪、高蛋白的天然优质食物。我国海藻资源非常丰富，其中有经济价值的就有 100 多种。海藻饲料不仅可提供丰富的营养物质，提高动物的免疫力，增加经济效益，而且进一步发展海藻饲料可充分利用海洋生物资源，改善我国养殖业中普遍存在的滥用药物现象和一些地区水体环境恶化现象，保护水生生物资源。目前，我国饲料资源短缺，海藻的饲料化应用还处于起步阶段，大型海藻的饲料化应用还有诸多问题需要解决。

一、大型海藻饲料化应用的成本问题

对于饲料化应用，成本问题至关重要。虽然大型海藻营养全面而丰富，具有很多其他原料无可比拟的优点，然而现阶段将其作为饲料的蛋白源依然不成熟，其成本高于一些常规的饲料蛋白源，如豆粕、花生麸和棉粕等，因此限制了海藻饲料化的应用。对此，应将海藻加以改良，使其饲养条件变得简单，降低成本。同时采用规模化生产方式，研制高效率的光反应器，提高单位面积产量，降低成本。

二、大型海藻饲料化应用缺乏系统研究

海藻作为饲料运用时需要了解藻类的营养特点和生物活性物质特性，研究各种藻类产品在不同水生动物中的作用机制，探明养殖动物不同生长发育阶段各种海藻的适宜使用量等。然而大型海藻饲料化应用在我国水产行业才刚刚起步，研究力量薄弱，缺乏推广海藻粉的科研基础；另外，海藻作为饲料源和饲料添加剂的研究太少，没有充足的科学依据证明海藻粉的功效，这需要项目的支持来开展相关研究工作。

三、大型海藻饲料化应用的加工工艺问题

海藻饲料的生产工艺是海藻饲料业面临的主要问题，首先是如何确保在加工过程中营养成分不受破坏，其次是海藻的科学配伍问题，不同海藻中的营养物质在组成和含量上差异较大，生产海藻饲料需要针对性地选择海藻进行配伍。国内现有的海藻生产企业中，大部分只是将海藻直接粉碎，停留在原始初加工阶段。水产动物对简单加工的海藻粉中的多糖类活性物质利用率较低，造成资源浪费，而且不同种类或经不同工艺加工的海藻，其有效成分及含量差异很大，因此需深入研究海藻肥料、海藻饲料等产品开发过程中科学配伍的难题。因此，海藻的饲料化应用必须革新加工工艺。

四、大型海藻饲料化应用的标准问题

海藻可作为饲料用于畜禽及水产养殖业中，具有增产的功效和改善产品品质的作用，能显著提高经济效益。更重要的是，开发海藻资源，发展相关产业，使其成为一个新的经济增长点，具有广泛的社会效益和环境效益。由此可见，海藻饲料资源利用前景广阔。然而迄今为止，饲用海藻产品并没有相应的质量标准，对其产品难以进行准确的功效评价和质量控制，很难保证生产出质量稳定的海藻产品。相关部门应尽快制定出完整全面的饲用海藻质量标准和使用规范，并体现在饲料原料目录中，以便更好地应用于饲料中。

参 考 文 献

艾春香, 陈立侨, 刘晓玲, 等. 2008. 维生素 C 对中华绒螯蟹非特异性免疫的影响. 水产学报, 2: 249-256.
常巧玲, 孙建义. 2006. 海藻饲料资源及其在水产养殖中的应用研究. 饲料工业, 27(2): 62-64.
陈琴. 2002. 海藻在渔用饲料中的应用. 水产养殖, 6: 36-38.
谌素华, 王维民, 蔡清. 2008. 绿藻石莼叶绿素提取工艺的研究. 食品科技, 2: 172-175.
董学兴, 吕林兰, 王爱民. 2011. 海带对异育银鲫生长性能、表观消化率、体成分及非特异性免疫的影响. 水产科学, 30(9): 543-546.
范曼芳, 陈琼华. 1988. 褐藻淀粉和褐藻硫酸酯的提取、分析及生物活性的比较. 中国药科大学学报, 19(1): 30-34.
方希修, 王冬梅, 袁旭红. 2003. 海藻饲料的应用研究. 中国饲料, 6: 33-34.
方圆, 王冬梅, 方希修. 2013. 海藻饲料的营养生理功能与应用. 中国动物保健, 2: 49-52.
耿宽裕. 1994. 来源于海藻的生物活性成分. 中国海洋药物, 13(1): 54-57.
谷海源, 刘永刚, 舒子贞. 1998. 海藻作饲料添加剂饲喂产蛋的效果. 饲料研究, (9): 1-2.
关美君, 丁源. 2000. 我国海洋药物主要成分研究概况. 中国海洋药物, 19(1): 38-42.
关美君, 张基德, 丁源. 1991. 我国海洋湖沼药物科学研究进度. 内部数据.
韩丽君, 符瑞文, 李东生, 等. 1998. 海藻作为饲料添加剂喂产蛋鸡的效果. 饲料研究, 9: 1-2.
郝凤奇, 尹航, 李冠桥, 等. 2008. 添加海藻提取物对育肥牛蛋白质消化率的影响. 新饲料, 1: 44-45.
黄涛, 陈喜斌, 蔡江. 2003. 螺旋藻的生物活性成分分析及其在饲料中的应用. 饲料工业, 24(7): 21-23.
黄宗国. 1994. 中国海洋生物种类与分布. 北京: 海洋出版社.
靳玲品, 李双群, 李秀花. 2008. 海藻饲料的营养及其在养殖业中的应用. 畜牧与兽医, 40(1): 55-56.
李丹彤, 袁美云. 2006. 不同海藻凝集素对鲤免疫活性物的诱导作用. 辽宁师范大学学报(自然科学版), 29(3): 348-351.
廖梅杰, 郝志凯, 尚德荣, 等. 2011. 浒苔营养成分分析与投喂刺参实验. 渔业现代化, 38(4): 32-36.
林显华. 2009. 脱胶海带粉对肉仔鸡生长发育、肉品质及脂质代谢的影响. 扬州大学硕士学位论文.
刘纯仁. 1996. 海藻饲料添加剂. 中国饲料, 7: 34-35.
刘供华. 2005. 海藻饲料添加剂市场前景广阔. 精细与专用化学品, 13(24): 37.
刘惠芳. 2001. 螺旋藻在饲料工业中的应用. 动物科学与动物医学, 18(2): 62-65.
刘晋, 郭长江. 2007. 海藻多糖免疫调节作用的研究进展. 中国食物与营养, (5): 49-51.
刘开永, 黄虎平, 赵瑞峰. 2004. 海藻饲料添加剂的开发前景诱人. 动物科学与动物医学, 1: 45-46.
刘梦, 刘刚. 2009. 海洋植物的饲料开发及应用. 养殖与饲料, 4: 74-75.
吕进宏, 马立保. 2004. 海藻饲料资源及其在动物生产中的应用. 饲料世界, 1: 25-28.
孟昭聚. 1993. 海带粉作肉鸡饲料添加剂. 饲料研究, 7: 35-36.
孟昭聚. 1996. 用海带粉作肉鸡饲料添加剂. 中兽医医药杂志, 6: 11-12.
秦兰芳, 郭庆超, 虞陆军, 等. 2005. 海藻免疫多糖对水产动物免疫功能的影响. 科学养鱼, 11: 66-67.

石传林. 2000. 海藻粉在肉杂鸡日粮中的应用效果. 饲料博览, 8: 25.
石传林, 徐配江. 2004. 利用海藻粉代替等量麸皮饲喂产蛋鸡的实验. 养禽与禽病防治, 2: 16.
苏秀榕, 张威, 李妍妍, 等. 2010. 浒苔和江蓠增强仙居鸡抗性的研究. 家畜生态学报, 31(3): 27-29.
孙建凤, 赵军, 祁茹, 等. 2010. 日粮中浒苔添加水平对肉鸡免疫功能和血清生化指标的影响. 动物营养学报, 22(3): 682-688.
孙杰. 2006. 两种海藻肥提取物的化学成分和生物活性的研究及其应用. 中国科学院海洋研究所博士学位论文.
陶平, 许庆陵, 姚俊刚, 等. 2001. 大连沿海 13 种食用海藻的营养组成分析. 辽宁师范大学学报(自然科学版), 4: 406-410.
王怀禹. 2009. 藻类在畜禽养殖业中的应用. 养殖鱼饲料, 4: 63-66.
王佩, 张威, 禹海文, 等. 2011. 海藻粉对仙居鸡肉营养成分的作用研究. 食品科学, 32(1): 232-235.
王平, 杨维仁, 杨在宾, 等. 2009. 饲粮中添加海带渣对生长猪生长性能的影响. 饲料博览, 6: 40-41.
王强. 2003. 海藻液肥生物学效应及其应用机理研究. 杭州: 浙江大学硕士学位论文.
王如才, 于瑞海. 1989. 海藻榨取液在海湾扇贝亲贝蓄养中的应用. 海洋科学, 6: 55-56.
王文娟, 杨维仁, 杨在宾, 等. 2009. 海带渣对肉鸡代谢率影响的研究. 饲料工业, 30(11): 59-60.
王秀娟, 牟海津. 2009. 浅析海藻及其粉剂在奶牛饲料中的添加效果. 中国奶牛, 8: 30-32.
王永忠, 周伟仁, 周蔚, 等. 1998. 野生海藻粉可用作猪饲料. 中国饲料, 13: 25-26.
吴立根, 毛文. 2002. 衍生化多糖的生物活性研究进展. 海洋科学, 26(5): 23-25.
吴立军, 袁红云, 张洪鹏. 2006. 开发海洋生物资源促进饲料工业发展. 当代畜禽养殖业, 12: 15-18.
西泽一俊, 李曼君. 1986. 海藻饲料. 粮食与饲料工业, 3: 48-51.
谢苗, 钟剑霞, 甘纯玑. 2001. 海藻多糖的药用功能与展望. 中国药学杂志, 36(8): 513-516.
解康, 关洪斌, 风温利, 等. 2012. 浒苔在鱼类养殖中深加工工艺的研究. 饲料工业, 33(10): 22-24.
于荣敏, 严春艳, 曲红艳, 等. 2004. 近年来海洋生物活性多肽的研究概况与展望. 海洋通报, 3: 87-93.
张淑梅, 李忠红. 2001. 浅议中国海藻开发利用. 水产科学, 4: 35-37.
赵明军. 1990. 食用海藻营养学评价. 水产科学, 9(1): 28.
赵书峰, 李中利, 于永斌. 2001. 日粮中添加海带粉饲喂泌乳奶牛的效果实验. 粮食与饲料工业, 5: 37-38.
赵素芬, 孙会强, 王丹, 等. 2008. 湛江海区 8 种常见海藻营养成分分析. 广东海洋大学学报, 6: 30-34.
周蔚, 王永忠, 徐小明. 1999. 野生海藻对饲料防霉效果的影响. 中国饲料, 12: 13.
朱新产, 王宝维, 张庭荣. 2002. 海藻多糖对肉鸡生长性能影响的研究. 动物营养学报, 14(4): 54-58.
邹仁林. 2003. 海藻化学成分的研究. 海洋药物研究与开发, 6(1): 10-12.
AFO/WHO. 1984. Food additive dade system. AFO Feed and Nutrition PePar, 30.
Afolayan A F, Mann M G, Lategan CA, et al. 2009. Antiplasmodial halogenatedmonoterpenes from themarine red alga *Plocamium comutum*. Phytochemistry, 70(5): 597-600.
Azaza M S, Mensi F, Ksouri J, et al. 2008. Growth of Nile tilapia (*Oreochromis niloticus* L.) fed with diets containing graded levels of green algae ulva meal (*Ulva rigida*) reared in geothermal waters of Southern Tunisia. Journal of Applied Ichthyology, 24: 202-207.

Battaglene S C, Seymour E J, Ramofafia C. 1999. Survival and growth of cultured juvenile sea cucumbers *Holothuria scabra*. Aquaculture, 178: 293-322.

Britt A B. 1995. DNA damage and repair in plants. Annual Review of Plant Physiology and Plant Molecular Biology, 47: 75-100.

Cruz-Suarez L E, Tapia-Salazar M, Nieto-Lopez M G, et al. 2008. Comparison of *Ulva clathrata* and the kelps *Macrocystis Pyrifera* and *Ascophyllum nodosum* as ingredients in shrimp feeds. Aquaculture Nutrition, 15(4): 421-430.

Dantagnan P, Hernandez A, Borquez A, et al. 2009. Inclusion of macroalgae meal (*Macrocystis pyrifera*) as feed ingredient for rainbow trout (*Oncorhynchus mykiss*): effect on flesh fatty acid composition. Aquaculture Research, 41: 87-94.

Davies S J, Brown M T, Camilleri M. 1996. Preliminary assessment of the seaweed *Porphyra purpurea* in artificial diets for thick-lipped grey mullet (Chelon labrows). Aquaculture, 152: 249-258.

Diler I, Tekinay A A, Guroy D, et al. 2007. Effects of *Ulva rigida* on the growth, feed intake and body composition of common carp, *Cyprinus carpio* L. Journal of Biological Sciences, 2: 305-308.

EI-Tawil N E. 2010. Effects of green seaweeds (*Ulva* sp.) as feed supplements in red tilapia (*Oreochromis* sp.) diet on growth performance, feed utilization and body composition. Journal of the Arabian Aquaculture Society, 5(2): 179-194.

Ergun S, Soyuturk M, Guroy B, et al. 2009. Influence of *Ulva* meal on growth, feed utilization, and body composition of juvenile Nile tilapia (*Oreochromis niloticus*) at two levels of dietary lipid. Aquaculture International, 17: 355-361.

Ginzberg A, Cohen M. 2000. Chickens fed with biomass of the red microalga *Porphyridium* sp. have reduced blood cholesterol level and modified fatty acid composition in egg yolk. Journal of Applied Phycology, 12: 325-330.

Gomez-Pinchetti J L, Carcia-Reina G. 1993. Enzymes from marine phycophages that degrade cell walls of seaweed. Marine Biology, 116(4): 553-558.

Grünewald N, Alban S. 2009. Optimized and standardized isolation and structural characterization of anti-inflammatory sulfated polysaccharides from the red alga *Delesseria sanguinea* (Hudson) Lamouroux (Ceramiales, Delesseriaceae). Biamacromolecules, 10(11): 2998-3008.

Güroy B K, Cirik S, Güroy D, et al. 2007. Effects of *Ulva rigida* and *cystoseira barbata* meals as a feed additive on growth performance, feed utilization, and body composition of Nile tilapia, *Oreochromis niloticus*. Journal of Veterinary Animal Science, 31(2): 91-97.

Harada K. 1985. Feeding attraction activity of proteins, amino acids, lipis and nitrogenous bases for abalone. Bulletin of Japan Society and Science of Fishery, 51(12): 2051-2058.

Hasan M R, Chakrabarti R. 2009. Use of alga and aquatic macrophytes as feed in small-scale aquaculture. FAO Fisheries and Aquuaculture Technical Paper, 531: 1-16.

Ji N Y, Li X M, Li K, et al. 2007. Diterpenes sesquiterpenes and a C-15-acetogen in from the marine red alga *Larencia mariannensis*. Journal of Natural Products, 70(12): 1901-1905.

Kalla A, Yoshimatsu T, Araki T, et al. 2008. Use of porphyra spheroplasts as feed additive for red sea bream. Fisheries Science, 74(1): 104-108.

Khan M N D, Yoshimatsu T, Kalla A, et al. 2008. Supplemental effect of *Porphyra spheroplasts* on the growth and feed utilization of black sea bream. Fisheries Science, 74(2): 397-404.

Kim S S, Lee K J. 2008. Effects of dietary kelp (*Ecklonia cava*)on growth and innate immunity in juvenile olive flounder *Paralichthys olivaceus* (Temminck et Schlegel). Aquaculture Research, 39: 1687-1690.

Liu Y, Dong S, Tian X, et al. 2010. The effect of different macroalgae on the growth of sea cucumbers (*Apostichopus japonicus* Selenka). Aquaculture Research, 2: 1-5.

Nader E, El-Tawil E. 2010. Effects of green seaweeds (*Ulva* sp.) as feed supplements in red tilapia (*Oreochromis* sp.) diet on growth performance, feed utilization and body composition. Journal of the Arabian Aquaculture Society, 5(2): 179-194.

Nakagawa H, Umino T, Tasaka Y. 1997. Usefulness of *Ascophyllum* meal as a feed additive for red sea bream, *Pagrus major*. Aquaculture, 151: 275-281.

Nelson W R, van Stande J. 1984. The effect of seaweed concentrate on growth of nutrient-stressed greenhouse cucumbers. Hort Science, 19(1): 81-82.

Niu J, Chen X, Lu X, et al. 2015. Effects of different levels of dietary wakame (*Undaria pinnatifida*) on growth, immunity and intestinal structure of juvenile *Penaeus monodon*. Aquaculture, 435: 78-85.

Perez-Estrada C J, Civera-Cerecedo R, Hernandez-Lamas A, et al. 2011. Growth and biochemical composition of juvenile green abalone *Haliotis fulgens* fed rehydrated macroalgae. Aquaculture Nutrition, 17: 62-69.

Punita A, Chaturved I A. 2000. Effect of feeding crude red palm oil (*Elaeis guineensis*) and grain amaranth (*Amaranthus paniculatus*) to hens on total lipids, cholesterol, PUFA level and acceptability of eggs. Plant Foods for Human Nutrition, 55: 147-157.

Reddy P, Urben S. 2009. Meroditerpenoids from the Southern Australian marine brown alga *Sargassum fallax*. Phytochemistry, 70(2): 250-255.

Sakata K. 1985. Digalactosyldiacylglycerds and plosphatidylcholines isolated from a brown agla as effective phagostimulants for a yong abalone. Bulletin of Japan Society and Science of Fishery, 51(4): 659-665.

Sanderson K J. 1987. Auxin in a seaweed extract: identification and quantitation of indole-3-acetic by gas chromatography mass speetrometry. Plant Physiol, 129: 363-367.

Soler-Vila A, Coughlan S, Guiry M D, et al. 2009. The red alga *Porphyra dioica* as a fish-feed ingredient for rainbow trout (*Oncorhynchus mykiss*): effects on growth, feed efficiency, and carcass composition. Journal of Applied Phycology, 21: 617-624.

Valente L M P, Gouveia A, Rema P, et al. 2006. Evaluation of three seaweeds *Gracilaria bursa-pastoris*, *Ulva rigidaand Gracilaria* corneaas dietary ingredients in European sea bass (*Dicentrarchus labrax*) juveniles. Aquaculture, 252: 85-91.

Wassef E A, El Masry M H, Mikhail F R. 2001. Growth enhancement and muscle structure of striped mullet (*Mugil cephalus* L.) fingerlings by feeding algal meal-based diets. Aquaculture Research, 32(1): 315-322.

Wassef E A, El-Sayed A F M, Kandeel K M, et al. 2005. Evaluation of *Pterocla dia* (rhodophyta) and *Ulva* (chlorophyta) meals as additive to gilthead seabream *Sparus aurata* diets. Egyptian Journal of Aquatic Research, 31: 321-332.

Wen W, Li F, Ji N Y, et al. 2009. A new cadinane sesquiterpene from the marine brown alga *Dictyopteris divaricate*. Molecules, 14(60): 2273-2277.

Xu S D, Zhang L, Wu Q Y, et al. 2011. Evaluation of dried seaweed *Gracilaria lemaneiformis* as an ingredient in diets for teleost fish *Siganus canaliculatus*. Aquaculture International, 19: 1007-1018.

Yousif O M, Osman M F, Anwahi A R, et al. 2004. Growth response and carcass composition of rabbitfish, *Siganus canaliculatus* (Park) fed diets supplemented with dehydrated seaweed, *Enteromorpha* sp. Emirates Journal of Food and Agriculture, 16(2): 18-26.

第八章　海水鱼类对海藻的有效利用

第一节　蓝子鱼对大型海藻的有效利用

一、蓝子鱼的生物学特性

蓝子鱼（rabbitfish）属于鲈形目（Perciformes）刺尾鱼亚目（Acanthuroidei）蓝子鱼科（Siganidae）蓝子鱼属（*Siganus*），俗称象耳、臭肚鱼、娘哀等，属于近岸小型鱼类，广泛分布于热带、亚热带的印度洋-太平洋及地中海东部海域。蓝子鱼外形酷似刺尾鱼，两者的区别为蓝子鱼的腹鳍内外均有1枚硬棘，中间夹有3枚软条；背鳍、臀鳍的硬棘数较多；尾柄两侧无硬棘或盾板等。蓝子鱼体呈长卵圆形，极侧扁，体被极小的圆鳞（图8-1）；侧线单一且完全，高位；头小，吻钝；口小不能伸缩，齿一列，密生门状齿，且有具齿缘；背鳍及背鳍的硬棘数和软条数每一种皆相同；背鳍硬棘为13枚、软条10枚，臀鳍硬棘为7枚、软条9枚；尾鳍后缘截平，凹入或深叉。蓝子鱼背鳍、腹鳍及臀鳍的硬棘具有毒腺，被刺后会引起剧痛。蓝子鱼肌肉中含有较多的粗蛋白和粗脂肪，氨基酸总量及鲜味氨基酸含量均较高。其肌肉中还富含较多的多不饱和脂肪酸，特别是二十二碳六烯酸（docosahexaenoic acid，DHA）、二十碳五烯酸（eicosapentaenoic acid，EPA）和花生四烯酸（arachidonic acid，ARA），具有很高的营养价值与保健作用。此外，蓝子鱼肌肉中矿物质与微量元素的含量也较丰富，尤其是富含人体必需的微量元素硒和锌，且各元素之间比例合理，因此常食蓝子鱼具有促进生长和防癌及抗衰老作用（Lai et al.，1999）。另有报道称，蓝子鱼的胆汁和背鳍毒液皆可入药（马强和刘静，2006）。由于蓝子鱼具有肉质细嫩，味道鲜美，富含高度不饱和脂肪酸，营养价值高等优点，深受人们的喜爱，在我国南方市场十分畅销，价格高而稳定。因此，蓝子鱼在东南亚、中东、斐济及我国南部（台湾、广东、广西、福建等）地区正成为海水养殖的新对象（庄平等，2008）。

图8-1　黄斑蓝子鱼（彩图请扫封底二维码获取）

天然海区的蓝子鱼常以附着在岩礁、珊瑚礁或海底藻床上的丝状绿藻、褐藻及硅藻为食。在中东地区，当水温下降到24℃以下时，蓝子鱼的食性会由杂食性转变为植食性（马强和刘静，2006）。观察发现，在藻类和杂鱼等其他食物同时存在的情况下，蓝子鱼只摄食藻类；当没有藻类存在时，它也摄食其他食物；经驯化后喜吃人工配合饲料，可见蓝子鱼是以植物性为主的杂食性鱼类（图 8-2）。蓝子鱼刮食固着藻类的能力强，在网箱养殖时可以起到清洁网衣的作用。

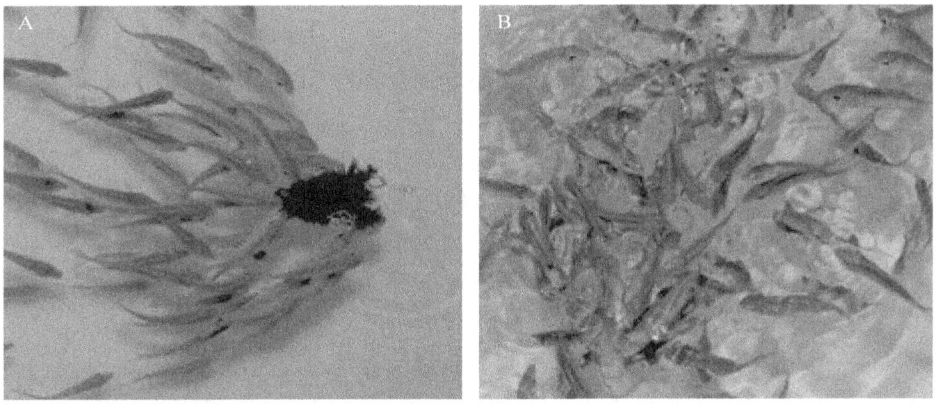

图 8-2　蓝子鱼摄食海藻（A）及配合饲料（B）的情形（彩图请扫封底二维码获取）

据报道，目前全世界蓝子鱼共 27 种，在中国海域有 13 种，主要分布于南海、东海南部和台湾海域（马强和刘静，2006）。有经济价值的蓝子鱼约 14 种，目前约有 10 种蓝子鱼在不同地区被人工养殖，主要有点蓝子鱼（*S. guttatus*）、金带蓝子鱼（*S. lineatus*）、黄斑蓝子鱼（*S. canaliculalus*）和褐蓝子鱼（*S. fuscesoens*）等。在东南亚和中东地区主要养殖白斑蓝子鱼，而在我国东南沿海主要养殖黄斑蓝子鱼（图 8-1）和褐蓝子鱼。据 FAO 统计，早在 1998 年新加坡的蓝子鱼年产量就在 1000t 以上，菲律宾的产量则达 14 748t，占该国鱼类总产量的 5.7%。近年来，我国福建、广东等省的蓝子鱼养殖规模逐渐扩大。从发展趋势看，蓝子鱼是一种很有发展前途的海水养殖对象。福建已将蓝子鱼列为十大名优海水动物养殖品种之一并加以推广，欲使其形成规模生产（福建省海洋与渔业局局长刘赐贵的 2006 年工作报告）；广东也将其作为重点发展的海水增养殖鱼类品种之一（广东省养殖水域滩涂规划）。

二、蓝子鱼摄食生理与消化酶酶学特性

（一）蓝子鱼的摄食行为

国内外关于蓝子鱼的生物学特性和池塘养殖技术、繁殖和营养饲料等方面有了一些报道（张邦杰，1999；马强和刘静，2006；王树启等，2010；Parazo，1990），但对其摄食海藻的相关行为习性少见报道。为此，本课题组对蓝子鱼的摄食行为和习性进行了观察和研究，旨在为后续深入研究蓝子鱼消化利用海藻的机制及海藻饲料化利用提供基础资料。

本课题组研究发现，从海区捕捞回来的天然蓝子鱼转为人工养殖时能很快接受不同

的食物，比较容易驯食，投喂海藻（浒苔和石莼）后开始抢食，投喂配合饲料则在第二天开始抢食，体现了蓝子鱼杂食性的特点（图 8-2）。

蓝子鱼嘴较小，但口腔内的小齿可将一些丝状或片状海藻咬断，在饲料颗粒大小适合的情况下则直接采取吞食，如果投喂的藻类中夹带有小螺或小贝壳之类的食物，蓝子鱼也同样摄取。观察发现，蓝子鱼摄食海藻后，其粪便不成形，部分溶于水中，部分形成悬浮物；而蓝子鱼摄食颗粒饲料后，排出的粪便基本能成形，但又被其他鱼吞食掉或被冲散开，说明蓝子鱼有摄食粪便的习性。

蓝子鱼具有抢食的习性，无论投喂海藻还是配合饲料，都会迅速游到水面抢食，有时相互追逐夺食。在投喂配合饲料时尽量分散投喂，保证活动能力较弱的鱼也有充分机会摄食。蓝子鱼摄食时间为白天，并且白天全天都有摄食习惯，晚上基本不摄食，属于典型的白昼摄食类型。蓝子鱼摄食主要靠视觉，与光线和水体浊度有密切关系，因此养殖蓝子鱼时应保持水体环境光线充足，水体较清，水体较清澈时比欠清澈时摄食效果要好。晚上开日光灯时，在没有惊扰鱼的情况下，蓝子鱼也会摄食，关掉灯后摄食停止。夜间蓝子鱼主要栖息于水体的中下层，喜欢结群，并具有较高的警戒性，对声响反应敏感，如受到外界声音的干扰，会受惊向前急速游动或快速下沉，在受强烈刺激后体色会迅速变为黑色。例如，受到光线突然改变的刺激，蓝子鱼会出现群体下游，体色偏暗，沉于缸底部，游动速度不同于受外界声音干扰时的速度，一般游动偏慢，有趋于隐蔽的趋势。

研究蓝子鱼摄食等行为习性，在养殖生产实践中可以为改进养殖设施、完善养殖方式、提高鱼类成活率及产量等提供重要依据。蓝子鱼摄食主要靠视觉，光线和水体浊度对摄食活动起到重要作用，因此养殖蓝子鱼时应保持水体环境光线充足，水体较清。另外，对幼鱼而言，鱼体较小，白天摄食的食物可能无法满足夜间的能量需求，因此可以在夜间给予一定光照，定期投喂食物，有利于蓝子鱼的生长发育。

观察发现蓝子鱼摄食时间主要在白天，属于典型的白昼摄食型；该鱼有摄食粪便的习惯。此外，蓝子鱼在自然状态下喜欢刮食礁石或网箱上的海藻，也能摄取藻类中夹带的小螺和小贝等肉食性饵料。根据这些习性，在生产中可以将蓝子鱼和其他海水鱼混养，一方面可以起到"清道夫"的作用，控制藻类在网箱或养殖水体中的繁衍，另一方面可预防养殖鱼类疾病的发生，减少清洗网箱的工作量。

（二）食物对蓝子鱼胃肠 pH 的影响

蓝子鱼在摄食海藻或配合饲料 0.5h 后或禁食 24h 后，其胃肠 pH 的变化情况见图 8-3。食物种类对胃肠 pH 无明显影响；摄食 0.5h 后，蓝子鱼胃部 pH 为 2.3 左右，肠道 pH 为 7.3 左右；禁食 24h 后，蓝子鱼胃部 pH 为 4.7 左右，肠道 pH 为 8 左右。禁食状态和摄食后，肠道 pH 变化不大，而胃部 pH 有明显差异。

胃的主要功能是通过分泌蛋白酶和盐酸进行蛋白质消化。据 Ojeda 和 Caceres（1995）报道，植食性暖水鱼类在摄食海藻后胃部呈酸性，而酸性环境对于有效分解植物细胞壁有重要作用。蓝子鱼胃部 pH 直接受食物刺激的影响，摄食前后胃部酸性环境的变化与蓝子鱼摄食海藻的习性有着密切关系。摄食海藻后蓝子鱼胃部 pH 为 2 左右，可以更有效地破坏藻类细胞壁，有利于消化道中酶液与营养物质充分接触。蓝子鱼胃虽小，但摄食与不摄食时胃部 pH 变化显著，这一特点表明蓝子鱼的胃不仅在蛋白质消化过程中起到重要作用，而且在破坏藻类细胞壁时也起到重要作用。蓝子鱼胃肠 pH 变化受进食后时间长短的影响较大，但食物种类对其影响不大。

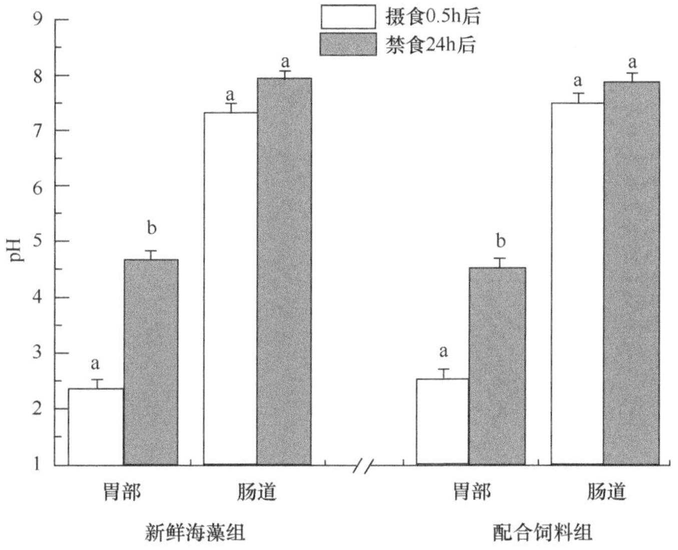

图 8-3　摄食 0.5h 后及禁食 24h 后蓝子鱼的胃肠 pH

数据为平均值±标准误（n=3）；相同组织柱上无相同小写字母标注者表示相互间有显著差异（P＜0.05）

（三）温度和 pH 对蓝子鱼消化酶活力的影响

鱼类消化酶活力是反映其消化生理特征或消化机制的一项重要指标，消化酶活力的高低决定鱼类对营养物质消化吸收的能力。鱼类的消化酶活力受到诸多环境和内部因素的影响，其中温度和 pH 是影响鱼类消化酶活力的两个重要因素。这两种因素通过影响鱼类消化道中消化酶活力的大小影响食物的消化吸收，最终影响鱼类的生长发育。

目前，国内外学者关于温度和 pH 对鱼类消化酶活力影响的研究已有一些报道（郭娟等，2009；范镇明等，2008；李希国等，2006；沈文英等，2006，2004，2003;），并且主要见于淡水鱼类。我国养殖的海水鱼种类基本上为肉食性鱼类，而杂食性和植食性种类很少。蓝子鱼作为我国重要的植食性海水鱼类，对其消化酶活力的研究将有助于了解植食性海水鱼类的消化生理特性和揭示其消化机制，在理论上可丰富鱼类营养和生理学内容，在应用方面可为高效配合饲料研发提供依据和参考。本课题组在离体状态下研究了不同温度和 pH 对蓝子鱼胃蛋白酶和前肠 3 种消化酶（α-淀粉酶、蛋白酶、脂肪酶）活力（U/mg 蛋白质）的影响，以增加对蓝子鱼消化酶特性的了解，为进一步研究蓝子鱼对海藻的消化利用机制提供依据。主要结果如下。

1. 温度对蛋白酶、α-淀粉酶和脂肪酶活力的影响

温度对胃和前肠中的蛋白酶及前肠中的淀粉酶、脂肪酶活力均有显著影响（图 8-4）。在 10～70℃内，三种消化酶活力的变化趋势基本是先上升后下降。前肠淀粉酶的最适温度为 40～50℃，脂肪酶的最适温度为 40℃，胃和肠道蛋白酶的最适温度为 40～50℃。

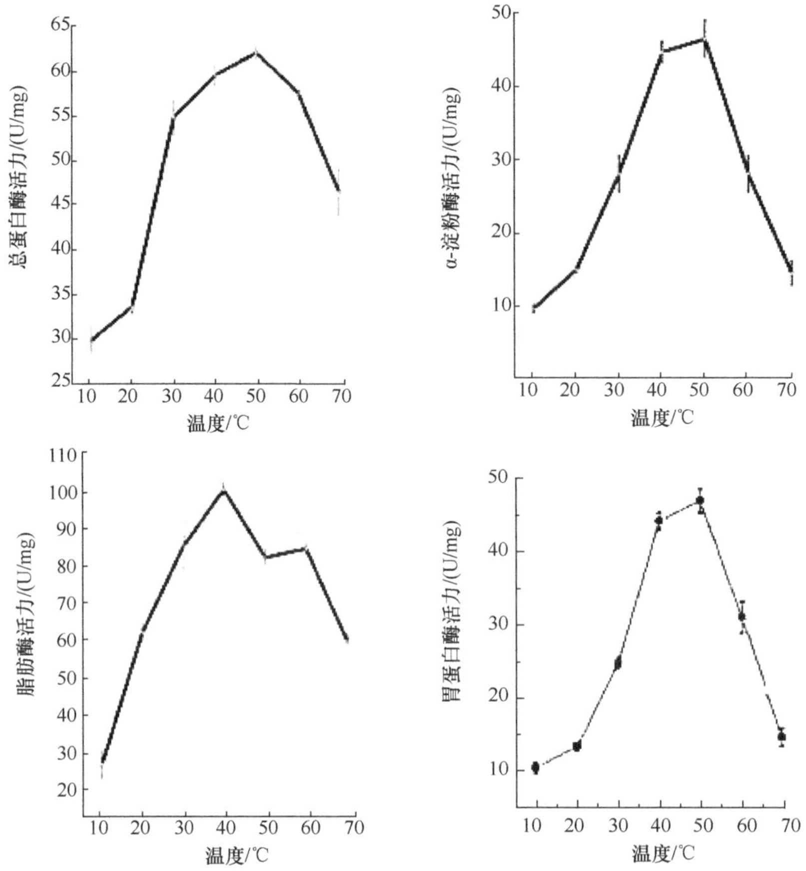

图 8-4 温度对蓝子鱼胃蛋白酶及前肠α-淀粉酶、总蛋白酶和脂肪酶活力的影响

2. pH 对蛋白酶、α-淀粉酶和脂肪酶活力的影响

蓝子鱼胃和前肠中蛋白酶的最适 pH 不同。pH 对前肠蛋白酶、胃蛋白酶、α-淀粉酶、脂肪酶活力均有显著影响。前肠中蛋白酶的最适 pH 为 8；淀粉酶的最适 pH 为 6；脂肪酶的最适 pH 为 8；而胃蛋白酶的活力随 pH 升高出现两个峰值，最适 pH 分别为 2 和 8（图 8-5）。

3. 消化系统不同部位的消化酶活力

在消化酶最适温度下，蓝子鱼肠道淀粉酶活力最高，其次为肝脏、食道和幽门盲囊；幽门盲囊和中肠的脂肪酶活力最高，其次为前、后肠和肝脏；肠道蛋白酶活力最高，其次为胃和幽门盲囊。蓝子鱼肝脏、食道、胃、盲囊及前、中、后肠等消化相关组织的α-淀粉酶、蛋白酶、脂肪酶酶活力见表 8-1。

酶是催化生物化学反应的一类特殊蛋白质，因此消化酶的活力大小受到温度和 pH 等多重因素的影响。鱼类属于变温动物，因此环境温度变化将直接影响机体内的生理生化过程，一般情况下消化酶活力随着温度的升高而增强（刘敏和张辉，2008）。研究表明，鱼类消化酶的最适温度远远高于其生活环境的水体温度，暖水性鱼类消化酶的最适温度较高，冷水性鱼类消化酶的最适温度偏低（李希国等，2006；陈品健等，1998a；Sabapathy

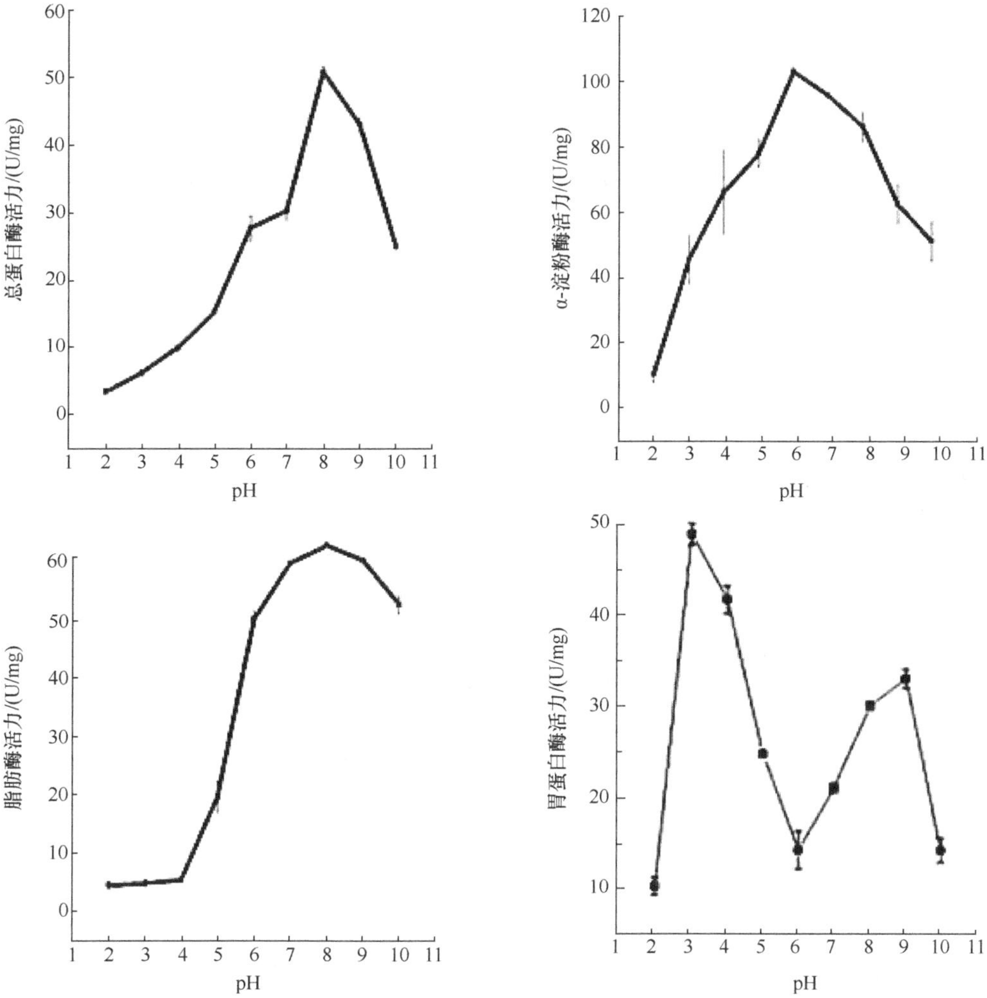

图 8-5　pH 对蓝子鱼胃蛋白酶及前肠α-淀粉酶、总蛋白酶和脂肪酶活力的影响

表 8-1　蓝子鱼消化系统不同部位的酶活力情况（U/mg）

消化酶种类	α-淀粉酶	总蛋白酶	脂肪酶
肝脏	99.66 ± 3.86 b	2.70 ± 0.03 a	160.29 ± 13.80 c
食道	89.92 ± 3.04 b	3.32 ± 0.16 b	74.15 ± 7.65 b
胃	53.21 ± 6.83 a	10.31 ± 0.56 c	3.30 ± 1.66 a
幽门盲囊	96.78 ± 4.38 b	45.26 ± 1.01 d	207.81 ± 3.96 d
前肠	143.00 ± 5.29 c	79.01 ± 3.06 e	156.50 ± 3.10 c
中肠	139.17 ± 4.25 c	79.99 ± 8.09 e	220.23 ± 12.34 d
后肠	158.34 ± 8.33 c	67.35 ± 2.15 e	271.97 ± 6.96 e

注：数据为平均值±标准误（n=3）；同列数据中无相同小写字母标注者表示相互间有显著差异（$P<0.05$）

and Teo，1995）。鱼类消化酶的最适温度一般为 30～50℃（刘敏和张辉，2008），而蓝子鱼最佳生长水温为 22～30℃（张邦杰等，1999）。从消化酶的最适温度与环境温度比较

来看，蓝子鱼栖居的水体环境温度要低于消化酶所需要的最适温度。在一定温度范围内，蓝子鱼的淀粉酶、脂肪酶、蛋白酶活力均呈现先上升后下降趋势。因此，在人工养殖蓝子鱼时，随着水温的升高应适量增加投饵量。

温度对鱼类代谢反应速率起着控制作用，影响着鱼类的许多生理生化进程，如耗氧率与排氨率、摄食量、维持需求、代谢率与蛋白质合成率等。在一定的温度范围内，鱼类的最大摄食率和生长率随温度的升高而增加；当温度高于一个临界值时，摄食率和生长率随温度的增加反而下降（冯广朋等，2008）。蓝子鱼的适宜生长水温在 20.0℃以上，一般温水性鱼类的适宜生长水温范围也多为 20～30℃，蓝子鱼的适宜生长水温与其他温水性鱼类相近。本试验表明，当水温低于 20.0℃时，蓝子鱼的活动量和摄食量明显减少，因此在养殖过程中应尽量避免低温对其生长的不利影响。

pH 影响消化酶的活力。鱼类胃内 pH 受胃酸浓度的影响，肠内 pH 则是胃、胆汁和肠道分泌物的混合液酸碱度综合作用的结果。pH 过高或过低均能引起酶活力降低。周景祥等（2001）研究指出，有胃硬骨鱼类胃蛋白酶的最适 pH 为 2～3，肝脏和肠道蛋白酶的最适 pH 分别为 7.0～8.7 和 6.5～9.5；而肝脏、肠和胃淀粉酶的最适 pH 分别为 6.8～7.0、5.0～8.0 和 5.0～7.0。本研究结果表明，蓝子鱼不同部位的消化酶具有不同的最适 pH：胃、肠蛋白酶的最适 pH 分别为 2 和 8；肠道淀粉酶的最适 pH 为 6；脂肪酶的最适 pH 为 8，说明存在于胃中的蛋白酶一般最适 pH 呈酸性，而存在于肠道中的消化酶最适 pH 基本上为中性或偏碱性。蓝子鱼的胃不明显，属于无胃或少胃鱼类（Sabapathy and Teo，1993）。食物在胃中储存或停留的时间较短，胃中 pH 呈酸性有利于胃部蛋白酶活力最大发挥而起到消化部分蛋白质的功能，但最主要的还是起破坏藻类细胞壁的作用（Ojeda and Caceres，1995）。

鱼类消化器官的不同部位所承担的消化机能不同，消化酶活力也存在明显差异（陆开宏等，2005）。本研究发现，蓝子鱼的蛋白酶和淀粉酶活力在前、中、后肠道中无明显差异。陆开宏等（2005）研究表明，鲢鱼的蛋白酶活力由前肠向后肠逐渐减小，淀粉酶活力却逐渐增加；罗非鱼的消化酶活力分布又与鲢鱼不同，蛋白酶与淀粉酶活力高峰出现在肠中段（陆开宏等，2005）。这些结果均与本研究有一定差异。在各自最适温度下，蓝子鱼幽门盲囊脂肪酶活力最高，其次是肠道和肝脏；肠道的淀粉酶和蛋白酶活力均为最高，其次为肝脏；而在蓝子鱼胃中这 3 种消化酶活力均最低。这说明蓝子鱼肠道内 3 种消化酶的活力都比较强，肠道是蓝子鱼主要的消化部位，胃部的消化作用相对较小。在河鲈，肝脏的淀粉酶活力要比肠道中的活力高（范镇明等，2008）；在翘嘴红鲌，蛋白质消化部位是胃（寿建昕等，2006）。这些结果与蓝子鱼不太一样，可能和这些鱼的食性、食物结构与蓝子鱼存在较大差异有关。

本课题组对蓝子鱼的研究表明，在离体状态下前肠淀粉酶的最适温度为 40～50℃，脂肪酶的最适温度为 40℃，胃和前肠蛋白酶的最适温度为 40～50℃；肠道蛋白酶的最适 pH 为 8，淀粉酶的最适 pH 为 6，脂肪酶的最适 pH 值为 8；而胃蛋白酶的活力随 pH 升高出现两个峰值，最适 pH 分别为 2 和 8。在适宜的温度和 pH 条件下，蓝子鱼肠道淀粉酶活力最高，其次为肝脏、食道和幽门盲囊；幽门盲囊和中肠的脂肪酶活力最高，其次为前、后肠和肝脏；肠道蛋白酶活力最高，其次为胃和幽门盲囊。

三、蓝子鱼对大型海藻的摄食偏好性

为了有效利用我国沿海的大型海藻资源，本课题组以粤东海域常见的 7 种大型海藻浒苔（*Enteromorpha prolifera*）、龙须菜（*Gracilaria lemaneiformis*）、坛紫菜（*Porphyra haitanensis*）、无柄珊瑚藻（*Corallina sessilis*）、线形硬毛藻（*Chaetomorpha linum*）、石莼（*Ulva lactuca*）、羊栖菜（*Sargassum fusiforme*）为对象，比较蓝子鱼对它们的摄食偏好性，并从海藻的营养成分和形态、蓝子鱼对试验海藻的表观消化率、摄食不同种类食物后消化系统中消化酶的活力和分布特点等方面，探讨影响蓝子鱼对海藻摄食偏好性的因素。

研究发现，在 7 种海藻同时存在的情况下，蓝子鱼幼鱼和成鱼在 1.5h 内对各种海藻的摄食量（鲜重）顺序是浒苔＞龙须菜＞线形硬毛藻＞石莼＞坛紫菜＞羊栖菜＞无柄珊瑚藻，说明蓝子鱼最喜欢摄食浒苔、龙须菜和线形硬毛藻（图 8-6）；当分别去掉 1～4 种较喜好的海藻后，蓝子鱼对 7 种海藻的喜好顺序不变（You et al.，2014）。

蓝子鱼对海藻的喜好程度与海藻的生化成分有关（表 8-2）。对于喜食的浒苔、龙须菜，其蛋白质、可溶性总糖及能量较高，因而蓝子鱼在单位时间内可从这些藻类中获得较多的干物质、蛋白质、碳水化合物和能量；对于不喜食的羊栖菜和珊瑚藻，其蛋白质含量与能量较低，灰分含量较高。

蓝子鱼对不同海藻各营养成分的表观消化率不同（表 8-3）。它对蛋白质的表观消化率以龙须菜最高（67.02%），其次是线形硬毛藻（41.94%）和石莼（41.29%），浒苔最低（20.02%）；对粗脂肪的表观消化率以线形硬毛藻最高（34.70%），浒苔最低（7.23%）；对碳水化合物的表观消化率以石莼最高（32.46%），显著高于龙须菜（20.16%）和浒苔（20.08%）；对可溶性总糖的表观消化率各种类没有显著差异（$P>0.05$），龙须菜最低（15.72%）；蓝子鱼对能量吸收最高的是龙须菜（44.87%），最低的是浒苔（18.91%）。这些结果说明，蓝子鱼对海藻的偏好性与其对藻类的消化利用能力无明显关系。

此外，海藻的形态、质地等也影响蓝子鱼对海藻的选择性，柔软丝状海藻适口性最好，其次是扁平叶状海藻，石灰质海藻最不受欢迎。总体来说，蓝子鱼对海藻的喜好程度与海藻的生化成分、形态、质地等有关，以便在单位时间内获得较多的干物质、蛋白质、碳水化合物和能量。

四、蓝子鱼消化利用大型海藻的机制

消化系统的组织形态学研究是认识和探讨鱼类消化及吸收生理机制的基础和途径之一，而消化酶的活力影响鱼类对饲料的利用率，因而对鱼类消化酶的研究有利于优化饲料配方（Furne et al.，2005）。消化道及与其关联的一些消化器官对能量的消耗通常达机体所摄食总能量的 20%（Cant et al.，1996）。研究表明，消化酶的活力变化与鱼类的摄食习性和肠道形态（Sabapathy and Teo，1993）、年龄（Kuźmina et al.，1996；Wang et al.，2006）、摄食频率（Ugolev and Kuźmina，1994）、季节性和环境温度（Kuźmina et al.，1996）及不同的饲料配方（Wang et al.，2006；Pérez-Jiménez et al.，2009）密切相关。Sabapathy 和 Teo（1993）认为，消化酶的种类与鱼类的摄食类型有很大关系。因此，研究消化酶

表 8-2　7 种大型海藻的生化成分（%）

	干物质	粗蛋白	粗脂肪	粗纤维	碳水化合物	可溶性糖	灰分	能量/（kJ/g）	能量/蛋白质	可溶性糖/蛋白质
浒苔	8.41±0.28cd	17.96±0.36c	0.59±0.24a	5.17±0.31c	32.69±1.40bc	7.04±0.22c	43.59±1.51b	9.17±0.47d	0.51±0.02c	0.39±0.02bc
龙须菜	12.72±0.27c	22.12±0.81b	0.33±0.10a	5.79±0.09bc	41.41±0.94ab	9.10±0.43b	30.35±0.54c	12.44±0.15b	0.56±0.02c	0.41±0.03c
根枝藻	14.63±1.15bc	22.52±0.73b	1.51±0.61a	13.27±0.29a	27.36±4.35c	6.89±0.21c	35.34±3.34bc	13.17±0.17b	0.59±0.01c	0.31±0.01c
石莼	17.12±0.71b	20.63±1.10bc	0.40±0.05a	5.40±0.21bc	42.39±1.07ab	6.02±0.38cd	31.17±0.42c	11.15±0.49c	0.54±0.04c	0.29±0.02c
坛紫菜	17.20±1.61b	32.34±0.50a	0.73±0.44a	2.32±0.32d	44.07±0.81a	17.01±0.13a	20.54±0.30d	15.77±0.33a	0.49±0.01c	0.53±0.01b
羊栖菜	12.08±0.10cd	8.36±0.31d	0.55±0.13a	6.54±0.24b	46.03±2.90a	5.53±0.22d	38.52±2.72bc	9.27±0.04d	1.11±0.04a	0.66±0.03a
珊瑚藻	55.37±0.75a	5.09±0.40e	0.27±0.12a	3.10±0.20d	15.46±0.33d	3.52±0.12e	76.09±0.13a	3.84±0.04e	0.76±0.06b	0.70±0.04a

注：数据为平均值±标准误（n=3）；同一列数据中无相同字母标注者表示相互间有显著差异（P＜0.05）

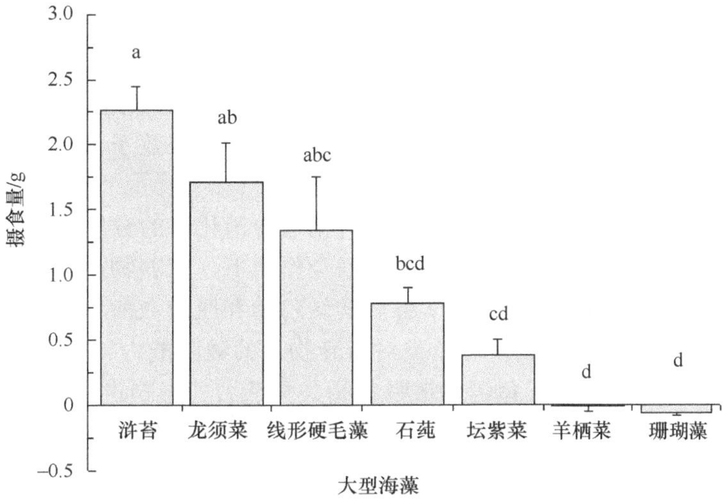

图 8-6 蓝子鱼对常见大型海藻的摄食偏好性（You et al.，2014）
柱上无相同字母标注者表示相互间有显著差异（$P<0.05$）

种类和活力随养殖时间的变化可以更好地解释营养如何被利用，预知不同种类的鱼通过消化酶来消化利用不同营养源的能力。杂食性鱼类一般可以通过调节消化酶的种类和活力来适应环境中食物的变化。

表 8-3 蓝子鱼对大型海藻各营养成分的表观消化率（%）

表观消化率	浒苔	龙须菜	线形硬毛藻	石莼	羊栖菜
总干物质	19.35 ± 1.20b	28.01 ± 2.06b	23.46 ± 3.52b	22.31 ± 1.66b	29.50 ± 1.22a
粗蛋白	20.02 ± 0.55c	67.02 ± 2.78a	41.94 ± 1.82b	41.29 ± 4.07b	22.32 ± 1.02c
粗脂肪	7.23 ± 1.71b	20.15 ± 2.85a	34.70 ± 6.21a	14.59 ± 3.98b	21.66 ± 2.37ab
粗纤维	8.35 ± 2.04ab	17.60 ± 3.51a	0.91 ± 0.61b	5.83 ± 2.09b	6.89 ± 0.49b
碳水化合物	20.16 ± 0.64b	20.08 ± 3.34b	30.48 ± 1.55ab	32.46 ± 2.96a	25.38 ± 3.34ab
可溶性总糖	21.73 ± 0.83	15.72 ± 2.63	20.40 ± 1.38	23.78 ± 2.23	16.59 ± 3.16
能量	18.91 ± 0.51c	44.87 ± 0.52a	29.59 ± 1.36b	36.15 ± 3.04b	20.84 ± 1.57c

注：数据为平均值±标准误（n=3）；同行数据中无相同小写字母标注者表示相互间有显著差异（$P<0.05$）

蓝子鱼在自然界主要以海藻为食，但在海藻缺乏的情况下也喜食配合饲料和野杂鱼（Li et al.，2008）。有学者研究了不同类型食物（配合饲料和自然环境中的食物）与甲壳动物生长、饲料利用率和消化酶活力变化的关系（Simon，2009），也有许多关于不同饲料配方对鱼类生长、鱼体生化成分和消化酶活力变化影响的相关报道（Wang et al.，2006；Debnath et al.，2007；Pérez-Jiménez et al.，2009）。然而，少见关于不同类型食物对鱼类生长、鱼体生化成分及消化酶活力变化影响的报道。Sabapathy 和 Teo（1993，1995）对野生蓝子鱼肠道中碳水化合物相关消化酶的种类和分布进行了分析，发现除 α-淀粉酶外，蓝子鱼消化道中还存在糖原酶、昆布多糖酶、麦芽糖酶、海藻糖酶和蔗糖酶等糖酶。一般而言，植食性鱼类通常表现较高的糖酶活力，几乎能消化储存在大型海藻中的所有碳水化合物，即使某些藻类碳水化合物含量超过 50%，植食性鱼类仍能很好地消化利用这些海藻（Horn et al.，2006）。海藻中碳水化合物种类复杂，因此植食性鱼类在消化利用海藻的过程中，这些糖酶发挥了不可或缺的作用（Krogdahl et al.，2005）。El-Dakar 等（2007）研究了不同饲料配方对蓝子鱼生长、鱼体生化成分及消化酶的影响。然而，未见用天然饵料（海藻和冰鲜鱼）和人工饵料（配合饲料）投喂蓝子鱼后其生长、鱼体生化成分及消化酶活力比较的相关报道。

鱼类对营养物质的消化吸收，不仅需要消化道中消化酶的分解，还需要消化道刷状缘酶即吸收相关酶的作用，只有在这些酶的联合作用下，营养物质才能更好地被鱼类所利用。碱性磷酸酶、Na^+-K^+-ATP 酶、γ-谷氨酸转移酶和肌酸激酶都是与肠道吸收功能密切相关的酶，它们的活力能间接反映鱼类对营养物质的吸收能力（冯琳等，2011；Rboads et al.，1998）。不同饵料对蓝子鱼消化道吸收相关酶活力的影响也未见报道。

为了全面了解蓝子鱼摄食海藻后消化系统在形态结构和生理生化方面的变化情况，本课题组以蓝子鱼喜欢摄食的大型海藻浒苔（EP）和龙须菜（GL）及配合饲料（formulated diet，FD）、冰鲜鱼（raw fish，RF）4 种饵料投喂蓝子鱼 8 周（表 8-4），通过比较不同饵料投喂组鱼在生长性能、个体生化成分、消化道组织形态结构、消化酶和吸收相关酶活力等方面的特点和差异，探讨了蓝子鱼消化利用海藻的机制。

表 8-4　投喂蓝子鱼的 4 种饵料营养组成

营养组成/%	饵料			
	配合饲料	冰鲜鱼	龙须菜	浒苔
干物质	91.16	26.41	12.72	8.41
粗蛋白	32.03	72.24	22.12	17.96
粗脂肪	8.08	8.17	0.33	0.59
粗纤维	5.40	0.89	5.79	5.17
粗灰分	10.33	18.36	30.35	43.59
碳水化合物	45.16	0.34	41.41	32.69

（一）蓝子鱼摄食海藻后消化器官形态及组织结构的变化

1. 不同饵料投喂组蓝子鱼的消化道形态特征比较

蓝子鱼消化系统包括消化道和消化腺两部分。消化道呈螺旋状盘旋于体腔，紧紧与鳔相贴。消化道可分为口咽腔、食道、胃、幽门盲囊、肠、肛门 6 个部分。口裂小，口咽腔小，口腔前端有尖锐小齿。胃体部和盲囊部不明显，有较长的肠道。肉眼可观察到蓝子鱼肝脏分左右两叶，左叶体积明显大于右叶。

当用表 8-4 中 4 种饵料投喂蓝子鱼 8 周后，海藻投喂组鱼的肝脏颜色呈暗红色，且颜色较深；摄食配合饲料或冰鲜鱼组鱼的肝脏颜色明显要淡，呈淡红色，有的甚至呈淡黄色。除肝脏在颜色上有差异外，不同饵料的投喂对蓝子鱼胆囊颜色也有明显影响。海藻组的蓝子鱼胆囊呈透明状的浅绿色；而冰鲜鱼组特别是摄食配合饲料的蓝子鱼胆囊呈暗绿色，颜色较海藻组蓝子鱼胆囊颜色明显要深。

不同饵料对蓝子鱼的肝脏重量和肠道长度都有着明显影响（表 8-5）。养殖 3 周后，不同饵料组蓝子鱼的肝体比（肝重/体重）和比肠长（肠长/体长）有着明显差异。海藻组蓝子鱼肝体比明显要比冰鲜鱼组或饲料组小，其中以饲料组肝体比最大。从比肠长来看，海藻组＞饲料组＞冰鲜鱼组，海藻组蓝子鱼肠道的相对长度要显著长于其他两组。从脏体比（内脏重/体重）来看，不同饵料对蓝子鱼内脏的相对重量没有显著影响。海藻组肝脏虽然相对重量减小了，但肠道的长度明显增加了，整个内脏团总重维持在一定比例。

表 8-5　不同饵料投喂组蓝子鱼的脏体系数

投喂组	海藻组	冰鲜鱼组	饲料组
肝体比	1.28 ± 0.04 c	2.22 ± 0.03 b	2.72 ± 0.06 a
脏体比	13.65 ± 1.11	12.18 ± 0.46	13.89 ± 0.32
比肠长	2.35 ± 0.03 ab	1.94 ± 0.06 c	2.08 ± 0.08 bc

注：数据为平均值±标准误（n=3）；同行数据中无相同小写字母标注者表示相互间有显著差异（P＜0.05）

2. 不同饵料投喂组蓝子鱼肝脏的组织结构比较

不同饵料对蓝子鱼肝脏组织结构有一定影响（图 8-7）。海藻组蓝子鱼的肝脏除从外形上看，颜色和大小有所不同外，肝脏组织的显微结构也存在明显差异。海藻组的肝脏扁平细胞排列紧密，核不明显，脂肪含量少，细胞间结缔组织发达，胰管较小。冰鲜鱼组的肝脏扁平细胞核较大，且清晰，细胞间结缔组织欠发达，胰管较大。摄食配合饲料的蓝子鱼肝脏扁平细胞排列疏松，细胞间隙大，脂肪含量高，脂质泡发达。

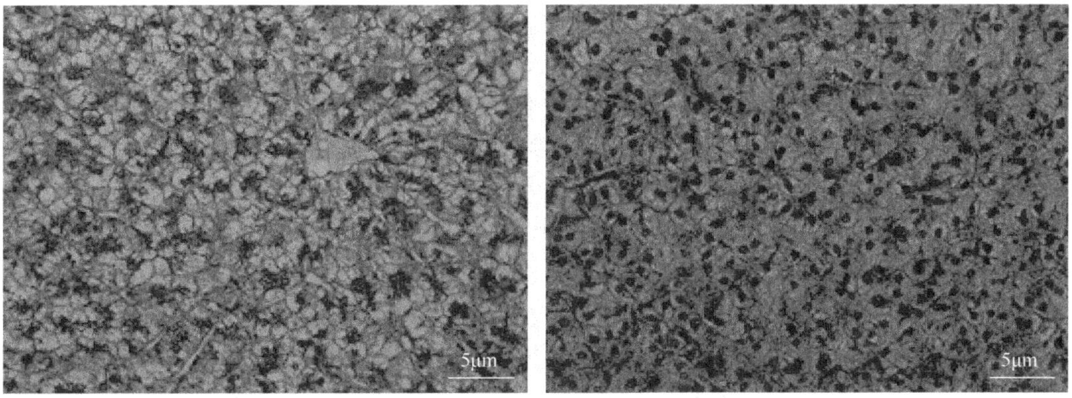

图 8-7　海藻投喂组（左）和冰鲜鱼投喂组（右）蓝子鱼肝脏显微结构图（彩图请扫封底二维码获取）（×40）

3. 不同饵料投喂组蓝子鱼的前肠结构比较

不同饲料对蓝子鱼肠道黏膜层和肌层都存在明显影响，如黏膜二次褶皱数、肌肉层的厚度和致密度等方面都存在不同（图 8-8）。海藻组蓝子鱼肠道黏膜层向肠腔内折叠形成丰富的黏膜褶，黏膜褶宽且粗糙，出现分支，形成大量的次级黏膜褶；黏膜下层结缔组织较发达。而冰鲜鱼组蓝子鱼肠道黏膜褶窄而平滑，基本无分支或次级黏膜褶出现；

黏膜下层结缔组织没有海藻组的发达。

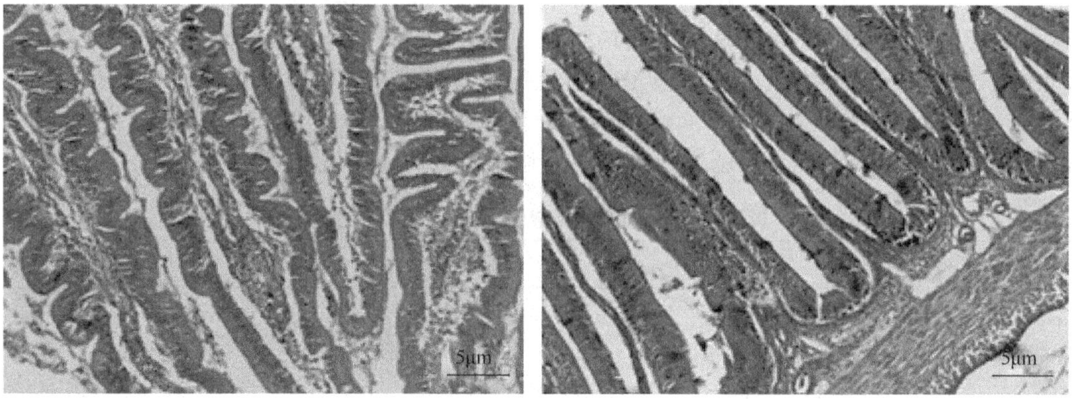

图 8-8　海藻投喂组（左）和冰鲜鱼投喂组（右）蓝子肠道显微结构图（彩图请扫封底二维码获取）（×20）

肌肉层由内到外分别为环肌和纵肌，最外层为浆膜层。在相同体重情况下，海藻组蓝子鱼肠道肌层的绝对厚度要明显小于冰鲜鱼组蓝子鱼的肠道肌层。海藻组肠道环肌排列不紧密，纵肌不发达；冰鲜鱼组肠道环肌排列紧密，纵肌发达。

关于食物对蓝子鱼消化器官形态及组织结构的影响，下列问题值得关注。

（1）消化道的形态差异和食性的关系

不同食性鱼类的消化道形态均具有不同的特征（林浩然，1962）。消化道长度（比肠长）与食性常常相关（殷名称，1999）。蓝子鱼属于以植食性为主的杂食性鱼类，自然状态下蓝子鱼主要摄食海藻，有时也摄食一些肉食性饵料，喜贪食，食量较大，且整个白昼都可以摄食。在消化道形态上的一些特征，如口裂小，口咽腔小，胃体部和盲囊部不明显，肠道较长等结构特征与植食性鱼的消化形态特征密切相关，而与一般肉食性鱼类不同，肉食性鱼类口裂和口咽腔一般很大，具有发达咽齿，胃部分化明显，盲囊部发达，肠道较短，一般短于体长（刘红梅，2006；吴婷婷和朱晓鸣，1994）。一般典型肉食性鱼类的比肠长小于 1，如鳜鱼 0.62 左右、黄颡鱼 0.82 左右（潘黔生，1996）；杂食性鱼类或偏植物性的杂食性鱼类的比肠长为 1～3；而纯植物性或碎屑食性鱼类的比肠长在 3 以上（殷名称，1999），如湘华鲮的比肠长可达 21.42（梁志强等，2011）。海藻组蓝子鱼的比肠长为 2.35，而在摄食肉食性的饵料（冰鲜鱼）后，肠道缩短到体长的 1.94 倍。虽然明显缩短了，但依然有较长的肠道，从这点上看，蓝子鱼符合偏植物性的杂食性鱼类特点。也有一些不一致的报道，如奥尼罗非鱼的肠道是体长的 6～7 倍（傅丽容等，2008），草鱼是植食性鱼类，其比肠长为 2.29～2.54（倪达书和洪雪峰，1963）。由此可见，肠道的长短除主要与鱼的食性有关外，还与所摄取的食物种类有一定关系。

（2）消化道组织结构特征与功能的关系

蓝子鱼有着较长的消化道，且从食道部位开始就有消化酶的分泌，一直到后肠，因此食物从进口开始蓝子鱼就能对食物进行消化，提高了消化效率。较长的肠道和较薄的肌层与其贪食习性相适应，可适应大量吞食，充分消化和吸收食物中的营养成分以获得机体生长需要的能量。

鱼类肠道黏膜皱褶增大了肠内表面积，使肠的吸收面积、肠与食物的接触面积和肠液消化和吸收相关酶的分泌面积增大（曾端和叶元土，1998）。海藻组蓝子鱼的肠黏膜褶数目多，且出现大量分支形成次级褶皱，说明蓝子鱼摄食低能量的食物时会增大肠道的吸收面积，使摄取的食物在肠道内进行充分的消化和吸收。与冰鲜鱼组的蓝子鱼肠道相比，海藻组的蓝子鱼肠黏膜褶的数量和分支程度大，使肠道具有更大的肠内表面积，比冰鲜鱼组的蓝子鱼肠道有更强的消化吸收能力。海藻主要成分为碳水化合物，而海藻组的蓝子鱼肠道淀粉酶活力最高，加上海藻组后肠道吸收面积增大和肠道肌层变薄等，这些特征说明蓝子鱼消化利用海藻的主要部位在肠道。肠道肌肉层的环肌部分有利于肠以收缩环的形式蠕动，对食物起到混匀作用，提高消化吸收效率（刘云等，2001）。海藻组的蓝子鱼肠道肌层厚度及环肌厚度明显薄于冰鲜鱼组的蓝子鱼肠道肌层，这使得海藻组的蓝子鱼肠道肠壁收缩力减小，也就是说肠道肌层不发达减缓了肠的蠕动，可能延长了食物在肠内的停留时间，从而在一定程度上提高了肠道对食物的消化与吸收。而海藻组的蓝子鱼肠道肌层较薄，环肌排列松散，不如冰鲜鱼组的蓝子鱼肠道环肌发达。因此，食物在海藻组蓝子鱼肠道中滞留的时间要远远长于冰鲜鱼组蓝子鱼。加上海藻组的蓝子鱼肠道要比冰鲜鱼组的蓝子鱼肠道要长，这更增加了食物在肠道中的滞留时间，使海藻在肠道中进行充分的酶解消化和吸收，大大提高了蓝子鱼对海藻的吸收效率。

上述研究表明，蓝子鱼摄食海藻后，其肠道较长，肠壁的黏膜褶皱丰富，肌层较薄，这些结构有助于蓝子鱼对海藻等低能量食物的充分消化吸收，这可能是蓝子鱼消化利用大型海藻的重要机制之一。

（二）不同饵料对蓝子鱼生长性能和肌肉营养成分的影响

当用 4 种饵料投喂蓝子鱼 8 周后，不同饵料投喂组蓝子鱼的生长性能存在显著差异（表 8-6）。增重率、特定生长率及肥满度都以配合饲料组最好，其次为冰鲜鱼组，且都显著高于海藻投喂组（$P<0.05$），但两海藻组之间无明显差异（$P>0.05$）。

表 8-6 不同饵料投喂组蓝子鱼 8 周后的生长性能情况

饵料组	配合饲料	冰鲜鱼	龙须菜	浒苔
初体重/g	7.51 ± 0.11	7.55 ± 0.06	7.39 ± 0.05	7.45 ± 0.04
末体重/g	26.66 ± 0.59 a	22.40 ± 0.18 b	12.24 ± 1.63 c	12.03 ± 0.33 c
增重率/%	255.38 ± 2.55 a	196.72 ± 0.50 b	65.85 ± 0.71 c	61.58 ± 5.30 c
特定生长率/%	2.27 ± 0.02 a	1.81 ± 0.02 b	0.90 ± 0.01 c	0.86 ± 0.06 c
成活率/%	100	96.67 ± 3.33	100	100
肥满度	2.63 ± 0.02 a	2.18 ± 0.03 b	0.96 ± 0.03 c	0.89 ± 0.01 c

注：数据为平均值±标准误（n=3）；同行数据中无相同小写字母标注者表示相互间有显著差异（$P<0.05$）；肥满度（g/cm^3）=体重/体长^3，增重率 WG=（Wt–W0）/W0；特定生长率 SGR=（lnWt–lnW0）/t×100%，式中，Wt 为试验结束时体重（g），W0 为试验初始体重（g），t 为试验时间（d）

不同饵料投喂组蓝子鱼的体成分也存在一定差异（表 8-7）。配合饲料和冰鲜鱼组的粗蛋白和粗脂肪含量要显著高于海藻组（$P<0.05$），而冰鲜鱼组的灰分含量要显著低于海藻组（$P<0.05$），但与配合饲料组无显著差异（$P>0.05$）。不同饵料投喂组蓝子鱼的水分含量无显著差异（$P>0.05$）。

表 8-7 不同饵料投喂组蓝子鱼的体成分（%）

饵料组	配合饲料	冰鲜鱼	龙须菜	浒苔
水分	72.27 ± 2.88	73.00 ± 4.14	74.57 ± 1.97	74.36 ± 2.36
粗蛋白	16.51 ± 0.05 a	16.54 ± 0.04 a	16.13 ± 0.12 b	16.21 ± 0.08 b
粗脂肪	6.93 ± 0.47 a	6.69 ± 0.12 a	4.16 ± 0.23 b	4.07 ± 0.27 b
灰分	4.05 ± 0.44 ab	3.77 ± 0.21 b	4.77 ± 0.27 a	4.73 ± 0.16 a

注：数据为平均值±标准误（n=3）；同行数据中无相同小写字母标注者表示相互间有显著差异（$P<0.05$）

不同饵料投喂组蓝子鱼肌肉的氨基酸成分存在一定差异（表 8-8）。与试验前相比，肌肉中必需和半必需氨基酸的比例随着不同饵料的投喂而有一定增加，但除龙须菜组外其他 3 组增加不明显（$P>0.05$）。龙须菜组肌肉必需氨基酸和半必需氨基酸占总氨基酸的比例高达 51.41%，显著高于其他 3 组（$P<0.05$），其中尤以精氨酸（5.76%）和组氨酸（7.62%）的比例最为明显（$P<0.05$）。结果说明，投喂海藻有助于提高蓝子鱼肌肉的氨基酸营养价值。

表 8-8 不同饵料组蓝子鱼肌肉的氨基酸成分（%）

饵料组	试验前	配合饲料	冰鲜鱼	龙须菜	浒苔
天冬氨酸 Asp	6.56 ± 0.12b	7.90 ± 0.20a	7.49 ± 0.15a	5.85 ± 0.16c	8.24 ± 0.28a
苏氨酸 Thr	7.49 ± 0.39b	9.15 ± 0.29a	9.32 ± 0.43a	8.92 ± 0.48ab	8.81 ± 0.36ab
谷氨酸 Glu	10.50 ± 0.73ab	13.41 ± 0.47a	12.41 ± 0.68a	7.54 ± 0.54b	13.92 ± 0.76a
甘氨酸 Gly	27.98 ± 0.70a	19.50 ± 0.56b	20.35 ± 1.03b	12.09 ± 0.37c	10.99 ± 0.25c
丙氨酸 Ala	1.81± 0.17b	1.69 ± 0.21b	1.67 ± 0.15b	11.08 ± 0.63a	9.07 ± 0.34a
缬氨酸 Val	5.44 ± 0.61	5.47 ± 0.37	5.59 ± 0.29	5.52 ± 0.34	5.36 ± 0.31
甲硫氨酸 Met	2.66 ± 0.07a	3.17 ± 0.12a	3.18 ± 0.17a	3.17 ± 0.15a	3.19 ± 0.09a
异亮氨酸 Ile	0.73 ± 0.07	0.80 ± 0.03	0.89 ± 0.03	0.92 ± 0.06	0.95 ± 0.04
亮氨酸 Leu	12.41 ± 0.36	13.31 ± 0.34	13.41 ± 0.50	13.35 ± 0.57	13.55 ± 0.71
酪氨酸 Tyr	2.52 ± 0.14	2.91 ± 0.13	2.99 ± 0.11	3.11 ± 0.20	2.96 ± 0.12
苯丙氨酸 Phe	4.36 ± 0.33	4.27 ± 0.35	4.44 ± 0.13	4.49 ± 0.19	4.54 ± 0.24
赖氨酸 Lys	8.69 ± 0.14b	10.07 ± 0.38a	9.75 ± 0.25a	10.59 ± 0.37a	10.00 ± 0.40a
组氨酸 His	3.15 ± 0.23b	3.48 ± 0.17b	3.59 ± 0.28b	7.62 ± 0.48a	3.63 ± 0.22b
精氨酸 Arg	5.71 ± 0.19a	4.87 ± 0.04b	4.92 ± 0.09b	5.76 ± 0.17a	4.79 ± 0.20b
必需+半必需	43.14 ± 0.58b	45.44 ± 0.79b	45.76 ± 0.82b	51.41 ± 0.86a	46.01 ± 0.53b

注：数据为平均值±标准误（n=3）；同行数据中无相同小写字母标注者表示相互间有显著差异（$P<0.05$）

表 8-9　不同饵料组蓝子鱼肌肉的脂肪酸成分（%）

	试验前	配合饲料	冰鲜鱼	龙须菜	浒苔
14:0	1.12 ± 0.09c	2.00 ± 0.10b	4.28 ± 0.27a	0.94 ± 0.08c	1.77 ± 0.12b
16:0	25.46 ± 1.61	21.32 ± 1.85	22.65 ± 1.50	25.02 ± 1.09	20.44 ± 1.77
18:0	16.18 ± 1.03a	6.02 ± 0.52bc	4.68 ± 0.37c	7.14 ± 0.43b	7.57 ± 0.61b
16:1	3.82 ± 0.08c	5.41 ± 0.16b	6.75 ± 0.40a	5.11 ± 0.31b	4.97 ± 0.28b
18:1	9.23 ± 0.52c	18.58 ± 1.03a	17.81 ± 1.11a	17.37 ± 0.74a	12.46 ± 0.48b
18:2*n*–6	1.64 ± 0.08d	4.76 ± 0.13b	2.32 ± 0.20c	8.78 ± 0.34a	5.83 ± 0.51b
18:3*n*–6	0.19 ± 0.03c	2.97 ± 0.12a	3.36 ± 0.27a	1.14 ± 0.24b	1.62 ± 0.09b
18:3*n*–3	0.37 ± 0.06b	0.38 ± 0.09b	0.16 ± 0.02c	1.27 ± 0.10a	1.08 ± 0.08a
20:3*n*–6	0.77 ± 0.05b	0.50 ± 0.08b	1.65 ± 0.12a	0.16 ± 0.06c	0.09 ± 0.02c
20:4*n*–6（ARA）	6.68 ± 0.43a	4.04 ± 0.35b	3.83 ± 0.17b	3.44 ± 0.28b	3.95 ± 0.16b
20:4*n*–3	0.34 ± 0.04a	0.02 ± 0.01b	0.05 ± 0.01b	0.05 ± 0.01b	0.03 ± 0.01b
20:5*n*–3（EPA）	1.63 ± 0.13a	0.63 ± 0.04b	0.74 ± 0.08b	0.71 ± 0.03b	0.86 ± 0.07b
22:5*n*–6（DPA）	7.52 ± 0.21a	6.56 ± 0.35ab	4.85 ± 0.17bc	5.46 ± 0.25b	5.35 ± 0.13b
22:6*n*–3（DHA）	10.52 ± 0.52c	19.85 ± 0.36a	18.92 ± 0.83a	14.11 ± 0.47b	21.36 ± 0.53a
saturate	44.80 ± 1.76a	31.38 ± 1.32b	34.50 ±1.18b	35.00 ± 1.63b	33.24 ± 1.47b
monoene	15.34 ± 0.86c	27.27 ± 1.32a	27.62 ± 1.08a	25.18 ± 1.17ab	21.53 ± 1.82b
n–6 PUFA	19.44 ± 0.77a	13.68 ± 0.69b	13.16 ± 0.36b	18.22 ± 0.73a	16.54 ± 0.31a
n–3 PUFA	20.42 ± 1.07b	27.67 ± 1.02a	24.72 ± 0.84ab	21.61 ± 0.76b	28.69 ± 0.69a
总 PUFA	39.87 ± 1.15b	41.35 ± 1.08b	37.88 ± 1.24b	39.83 ± 0.82b	45.23 ± 0.73a
n–3/*n*–6 PUFA	1.05 ± 0.08b	2.02 ± 0.05a	1.88 ± 0.07a	1.19 ± 0.04b	1.74 ± 0.05a

注：数据为平均值±标准误（n=3）；同行数据中无相同小写字母标注者表示相互间有显著差异（$P<0.05$）

不同饵料投喂组蓝子鱼肌肉的脂肪酸成分比较见表 8-9。与试验前相比，用不同饵料投喂 8 周后，肌肉中 16:1、18:1 等单不饱和脂肪酸（MUFA）、18:2*n*-6、18:3*n*-6 及 22:6*n*-3（DHA）和 *n*-3 PUFA 含量明显增高（$P<0.05$），但 18:0、20:4*n*-6（ARA）和 20:5*n*-6（EPA）含量明显降低（$P<0.05$），且 ARA 和 EPA 在 4 个投喂组之间无显著差异（$P>0.05$）。两海藻组 18:3*n*-3 和 *n*-6 PUFA 含量要明显高于配合饲料组和冰鲜鱼组（$P<0.05$），但 *n*-6 PUFA 含量与试验前无明显差异（$P>0.05$）。配合饲料组蓝子鱼肌肉的 *n*-3/*n*-6 多不饱和脂肪酸值为 2.02，明显高于试验前和龙须菜组，但与冰鲜鱼组和浒苔组没有显著差异（$P>0.05$）。浒苔组蓝子鱼肌肉中多不饱和脂肪酸的总含量为 45.23%，明显高于其他 3 组和试验前（$P<0.05$），从而有助于提高蓝子鱼肌肉的营养价值。

蓝子鱼虽然是植食性海水鱼类（Woodland，1990），但在海藻缺乏的情况下也摄食冰鲜鱼及配合饲料（Li et al.，2008）。因此从严格意义上讲，蓝子鱼应该属于以植物性为主的杂食性鱼类。它们对食物的要求不是很严，对外界营养物质变化的适应能力较强。本课题组的研究表明，投喂不同饲料（冰鲜鱼、两种海藻、配合饲料）后，蓝子鱼能及时作出调整来适应外来食物的变化，因而不同饲料投喂组蓝子鱼的成活率都较高，这与郑曙明等（2001）关于虎鲨的报道相似。虎鲨是以动物性饲料为主的杂食性淡水鱼类，对饲料的要求不是很严，因而能适应外界不同类型的饵料。但是某些肉食性鱼类如中华鲟幼鱼（庄平等，2009）则对食物要求比较高，转食不同饲料后容易造成较高的死亡率。

不同饵料对蓝子鱼的生长有明显的差异，配合饲料组蓝子鱼生长最好，而两种新鲜海藻组生长最差，这与饵料中的营养成分含量有很大关系，配合饲料中干营养物质达 91.16%，而海藻中仅为 12.72%（龙须菜）和 8.41%（浒苔）。因此，单位时间摄食同样质量的食物，配合饲料组蓝子鱼得到的有效营养物质和能量要远远多于海藻组。有研究表明，鲵状黄姑鱼仔稚和幼鱼均有在单位时间上获取最多能量的倾向，即一次摄食可获得尽可能多的营养和能量，可提高摄食效率，进而加快生长（张雅芝和郑斯电，1999）。两种海藻组和配合饲料组蓝子鱼的成活率无差异，且都为 100%，这说明海藻中含有蓝子鱼生长必需的所有营养物质，但与配合饲料相比，单位质量的海藻含有的营养素较少。黄斑蓝子鱼对蛋白质和脂肪的适宜需求量为 29.01%～34.37%和 6%～9%（王树启等，2010），海藻的蛋白质和脂肪含量还不能满足蓝子鱼最适生长的需求，因而生长较慢。在本试验中，投喂冰鲜鱼后蓝子鱼的生长并没有投喂配合饲料的好。Wang 等（2006）报道，投喂冰鲜鱼后鲵状黄姑鱼的生长效果要比投喂配合饲料的好，与本试验结果相反，这可能与蓝子鱼为植食性鱼类而鲵状黄姑鱼为肉食性鱼类有关。试验过程中冰鲜鱼组养殖缸中海水较其他组混浊，这是因为蓝子鱼刮食冰鲜鱼饵料时造成了大量残饵料流失，并有部分溶解在海水中而使其呈混浊状态。因此，从生长性能和环境方面考虑，作者建议在养殖海水鱼类时应采用配合饲料而不宜用冰鲜饵料作为食物来源。

配合饲料组和冰鲜鱼组蓝子鱼的鱼体蛋白质和脂肪含量要明显高于两海藻组，而灰分含量要明显低于海藻组，这与相应饵料中蛋白质、脂肪及灰分的含量有关，如海藻中脂肪含量很低，不到干物质中的 1%（龙须菜中脂肪含量为 0.33%，浒苔中脂肪含量为 0.59%）；海藻中灰分含量却在 30%以上（干物质比），其中龙须菜为 30.35%，浒苔为 43.59%。因此，投喂海藻能提高鱼体的矿物质含量。两种海藻的蛋白质含量虽然不及配合饲料和冰鲜鱼，但投喂龙须菜后蓝子鱼肌肉中必需氨基酸和半必需氨基酸的比例要明显高于配合饲料和冰鲜鱼投喂组，特别是精氨酸和组氨酸的比例显著提高。余杰等（2006）报道，龙须菜中氨基酸比例平衡，精氨酸含量丰富，是一种营养价值较高的蛋白源。生产上龙须菜主要用于提取琼胶，而提取琼胶后的下脚料许多厂家并未有很好的利用途径。因此，利用这些下脚料作为饲料原料做成海藻配合饲料，可提高蓝子鱼肌肉的部分营养价值。

投喂两种海藻都能提高蓝子鱼肌肉中 18:2*n*-6 和 18:3*n*-3 等 PUFA 的含量，且 18:3*n*-3 含量要显著高于配合饲料组和冰鲜鱼组，这与海藻中含有相对丰富的 PUFA 有关，如浒苔中脂肪含量不到干物质的 1%，但 18:3*n*-3 的含量占总脂肪酸含量的 15.98%（徐大伦等，2003），而 18:2*n*-6 和 18:3*n*-3 是鱼类必需摄食的两种脂肪酸。4 种饵料投喂后，蓝子鱼肌肉中 ARA 和 EPA 的含量要明显低于试验前，鱼体中 DHA 含量显著提高，但 4 组之间 ARA、EPA 和 DHA 含量无显著差异。关于这 3 种高度不饱和脂肪酸的重要性已有大量的报道（Jump，2002）。同时，浒苔组的蓝子鱼多不饱和脂肪酸总量要明显高于其他 3 组。这些说明投喂海藻不仅能保持这些重要高度不饱和脂肪酸的比例，而且还能显著提高鱼体中总的 PUFA 含量。浒苔中脂肪含量不高，但由于 18:3*n*-3 的比例相对较高，作为原料开发成饲料在一定程度上能提高鱼体中 18：3*n*-3 的比例。一般来讲，海水鱼类将 18:2*n*-6 和 18:3*n*-3 合成高度不饱和脂肪酸的能力很弱或没有这种能力。研究证实，蓝子鱼作为一种海水鱼类，却有将 18:2*n*-6 和 18:3*n*-3 合成为高度不饱和脂肪酸（ARA、EPA

和 DHA）的能力（Li et al.，2008）。因此，食物源中 18:3n-3 的提高必将提高蓝子鱼中 EPA 和 DHA 等高度不饱和脂肪酸的含量，投喂海藻对蓝子鱼高度不饱和脂肪酸合成能力的影响还需进一步研究探讨。另外，龙须菜和浒苔中所含的海藻多糖类物质有益于降低血脂及显著提高超氧化物歧化酶（SOD）的活力和过氧化脂（LPO）的含量，并有助于促进细胞介导的免疫反应（Arunumar and Rengasamy，2005）。因此，这些低值海藻或海藻下脚料添加到配合饲料中是否会提高鱼类的非特异性免疫反应值得进一步研究。

（三）不同饵料对蓝子鱼消化酶和吸收相关酶活力的影响

1. 不同饵料投喂组蓝子鱼消化酶活力与投喂时间的变化关系

当用浒苔（EP）、龙须菜（GL）、配合饲料（FD）及冰鲜鱼（RF）4 种饵料投喂蓝子鱼 8 周后，鱼体内消化酶活力随着投喂时间不同而发生变化，且这些变化主要发生在前 3 周（图 8-9～图 8-11）。两海藻投喂组——浒苔组和龙须菜组之间 3 种消化酶的变化趋势基本一致。

与初始鱼相比，肝脏、食道及胃中总蛋白酶活力在摄食不同食物后在前 3 周呈上升趋势，而在前肠和后肠中该酶活无明显波动（$P>0.05$）（图 8-9）。摄食肉食性食物冰鲜鱼后的第一周到第二周，蓝子鱼幽门中总蛋白酶活力明显增加。而后肠中总蛋白酶活力在投喂配合饲料的第一周明显降低。

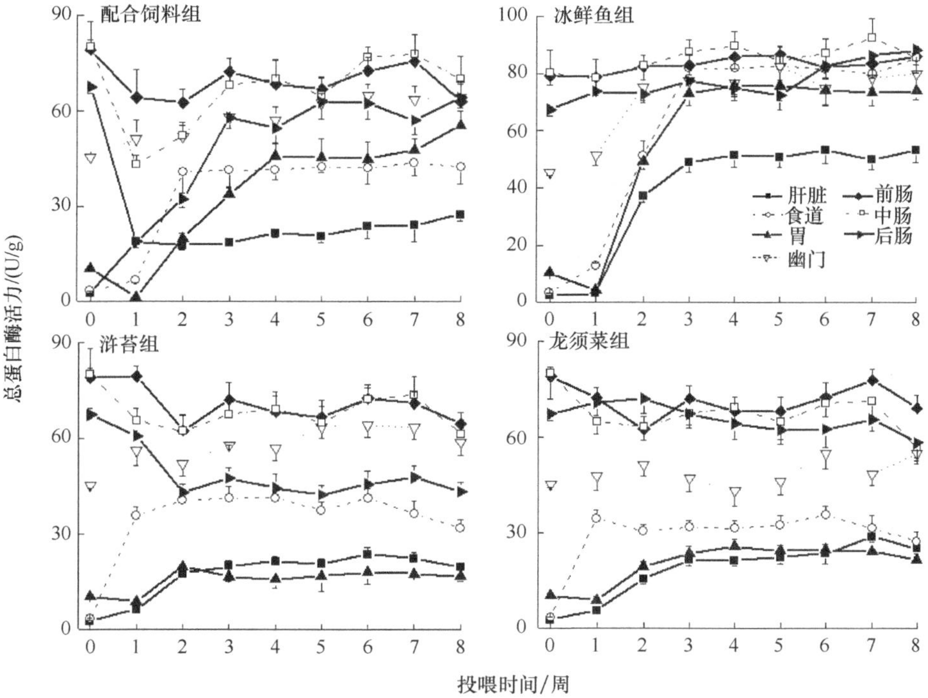

图 8-9　不同饵料组蓝子鱼肝脏和消化道不同部位的总蛋白酶活力随养殖时间的变化图

海藻投喂组蓝子鱼的淀粉酶活力除食道和胃中有明显上升外，其他消化部位均无明显变化（图 8-10）。然而冰鲜鱼组蓝子鱼的淀粉酶活力在前 3 周明显降低。在配合饲料组，第一周食道和胃部的淀粉酶有上升趋势，而肝脏中相反。配合饲料组肝脏中淀粉酶活力从 100U/mg 降到 40U/mg 左右，活力明显下降。肠道中淀粉酶活力在第一周到第二周之间略有下降。

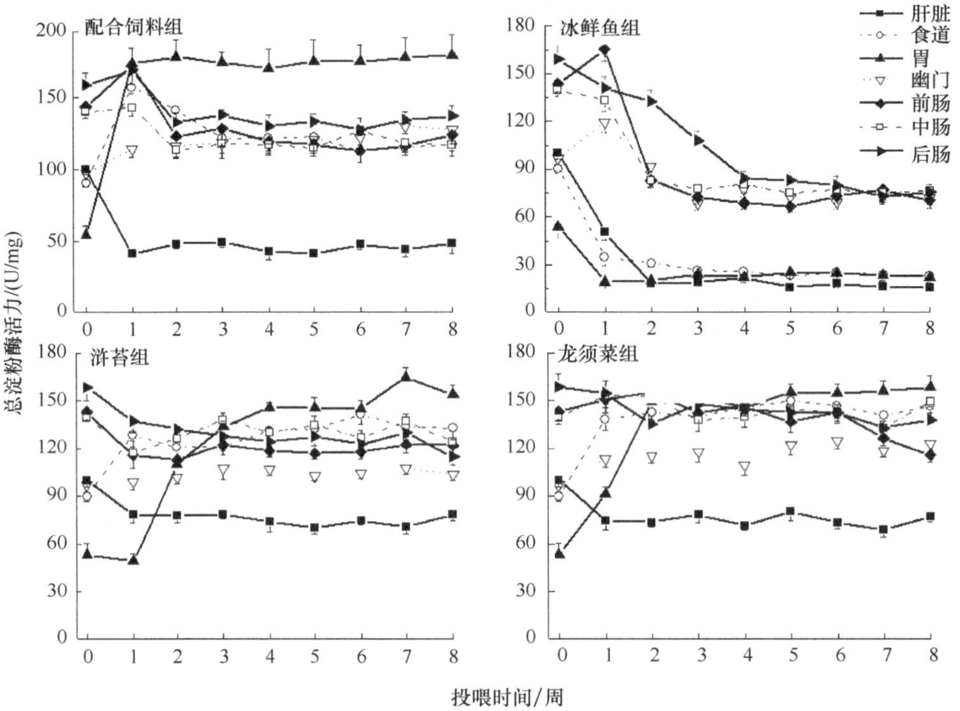

图 8-10　不同饵料组蓝子鱼肝脏和消化道不同部位的淀粉酶活力随养殖时间的变化图

总体来说，各组蓝子鱼幽门盲囊中脂肪酶活力要高于其他部位，相反胃中脂肪酶活力却最低（图 8-11）。海藻投喂前 3 周，除胃部外其他部位的脂肪酶活力呈明显降低趋势，有些几乎趋近于 0。在胃中，无论自然海区的蓝子鱼还是养殖试验投喂海藻的蓝子鱼，脂肪酶活力极低或未检测到酶活力。配合饲料组和冰鲜鱼组脂肪酶活力的主要波动发生在幽门盲囊中；试验前 3 周，配合饲料组幽门盲囊中脂肪酶活力明显上升，而冰鲜鱼组幽门盲囊中脂肪酶活力在养殖试验第一周内迅速上升，而后在第一个周末至第三个周末又下降，峰值出现在第一个周末。投喂配合饲料或冰鲜鱼的前 3 周，脂肪酶活力在肝脏中略微下降，在胃中却缓慢上升。配合饲料组前肠和中肠中的脂肪酶活力保持相对稳定，而冰鲜鱼组中脂肪酶活力在第一周末出现峰值。配合饲料组后肠脂肪酶活力在第一周末出现峰值，然后回到试验前水平，冰鲜鱼组中该酶活力明显下降，降到一定水平后保持稳定。

总之，无论投喂哪种食物，蓝子鱼肝脏、食道、胃、幽门中总蛋白酶活力相对初始鱼来说都显著增加（$P<0.05$），而肠道中酶活力却相对稳定（图 8-9）。初始鱼中蛋白酶和淀粉酶的活力主要分布在整个肠道中，而脂肪酶活力主要体现在后肠中，其次是幽门和前肠。用 4 种不同饵料单独投喂 3 周后，与初始鱼相比，冰鲜鱼投喂组蓝子鱼的消化道表现出最高的蛋白酶和最低的淀粉酶活力（$P<0.05$），而海藻组呈现出最低的蛋白酶

和脂肪酶活力（$P<0.05$），配合饲料组整个消化道都表现出最高的淀粉酶和脂肪酶活力（$P<0.05$）。

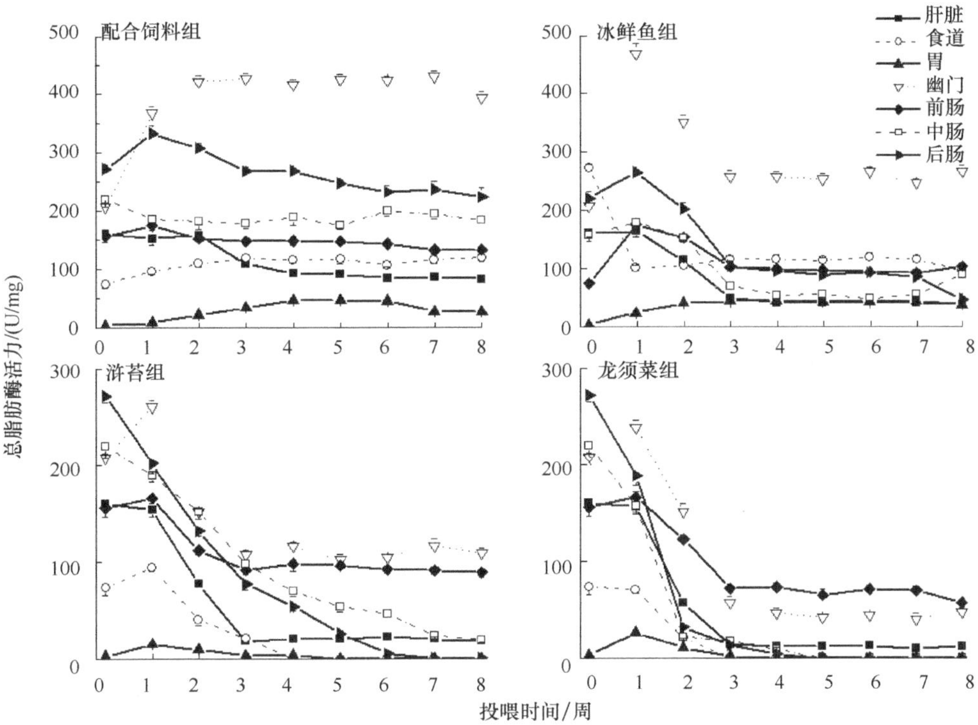

图 8-11　不同饵料组蓝子鱼肝脏和消化道不同部位的脂肪酶活力随养殖时间的变化图

与初始鱼差异极大的是，配合饲料投喂 8 周后，蓝子鱼淀粉酶活力在胃（178.83U/mg）中呈最高值而不是在肠道（如前肠中 123.42U/mg）中，脂肪酶活力在幽门（393.95U/mg）中呈现最高值而不是在后肠（223.17U/mg）中。冰鲜鱼组蓝子鱼不仅在整个肠道（如后肠 85.77U/mg），而且在食道（85.36U/mg）、胃（73.93U/mg）、幽门（79.83U/mg）等部位都表现出了较高的蛋白酶活力。特别是用海藻投喂 8 周后，蓝子鱼食道，胃，中、后肠的脂肪酶活力均很低或检测不到。

2. 不同饵料投喂组蓝子鱼消化系统糖酶种类和活力的比较

通过对蓝子鱼肝脏和肠道的糖酶种类进行分析，发现蓝子鱼肝脏和肠道除存在淀粉酶、糖原酶、昆布多糖酶等多糖酶和麦芽糖酶、海藻糖酶、蔗糖酶等二糖酶外，还检测到了纤维素酶的存在（表 8-10，表 8-11）。当用海藻、配合饲料及冰鲜鱼投喂蓝子鱼 3 周后，不同饵料投喂组蓝子鱼肝脏和肠道的糖酶活力存在显著差异（$P<0.05$）。配合饲料组蓝子鱼肝脏的 3 种二糖酶（麦芽糖酶、蔗糖酶和海藻糖酶）活力要明显高于海藻组或冰鲜鱼组（$P<0.05$），然而摄食不同饵料的蓝子鱼肝脏中的糖酶活力均差异不大（$P>0.05$）（表 8-10）。在相同的养殖环境下，摄食等量冰鲜鱼的石斑鱼（肉食性海水鱼作为对照进行比较）肝脏中除麦芽糖酶外，其他糖酶活力显著高于蓝子鱼肝脏中对应的糖酶活力（$P<0.05$）。

表 8-10 不同饵料投喂组蓝子鱼及石斑鱼的肝脏糖酶活力[μmol/（g·min）]

酶指标	投喂组			
	海藻组	冰鲜鱼组	配合饲料组	石斑鱼对照组
麦芽糖酶	26.40 ± 0.46 a	29.71 ± 1.69 a	38.94 ± 0.40 b	28.41 ± 0.72 a
蔗糖酶	15.86 ± 0.51a	15.46 ± 0.13 a	18.93 ± 0.23 b	22.84 ± 0.28 c
海藻糖酶	21.08 ± 0.26 a	22.29 ± 0.22 a	25.92 ± 0.14 b	44.50 ± 3.36 c
昆布多糖酶	4.58 ± 0.09 a	5.84 ± 0.50 a	3.54 ± 0.64 a	9.23 ± 0.85 b
纤维素酶	5.27 ± 0.46 a	6.35 ± 0.33 a	5.28 ± 0.94 a	9.99 ± 0.53 b
糖原酶	7.44 ± 0.16 a	6.54 ± 0.62 a	4.62 ± 0.73 a	12.34 ± 0.34 b
淀粉酶	47.68 ± 1.20 a	44.77 ± 2.01a	46.11 ± 2.31 a	73.30 ± 2.17 b

注：数据为平均值±标准误（n=3）；同行数据中无相同小写字母者表示相互间有显著差异（P<0.05）

表 8-11 不同饵料投喂组蓝子鱼及石斑鱼的肠道糖酶活力[μmol/（g·min）]

酶指标	投喂组			
	海藻组	冰鲜鱼组	配合饲料组	石斑鱼对照组
麦芽糖酶	77.12 ± 1.96 b	59.99 ± 0.64 a	81.66 ± 1.50 b	114.83 ± 3.19 c
蔗糖酶	28.41 ± 0.19 b	14.54 ± 0.09 a	26.59 ± 0.53 b	28.69 ± 0.17 b
海藻糖酶	54.22 ± 1.53 b	97.43 ± 10.53 c	60.38 ± 1.58 b	46.56 ± 0.39 a
昆布多糖酶	1.11 ± 0.03 c	0.46 ± 0.05 a	0.82 ± 0.05 b	UD
纤维素酶	0.63 ± 0.09 c	0.06 ± 0.01a	0.12 ± 0.02 b	UD
糖原酶	23.29 ± 0.41 b	13.67 ± 0.06 a	33.17 ± 1.16 c	29.32 ± 0.96 c
淀粉酶	123.49 ± 0.25 b	39.73 ± 0.84 a	130.59 ± 1.25 b	115.72 ± 9.47 b

注：数据为平均值±标准误（n=3）；同行数据中无相同小写字母者表示相互间有显著差异（P<0.05）；UD 表示未检测到酶活

从表 8-11 中可知，海藻组蓝子鱼肠道中蔗糖酶、昆布多糖酶、纤维素酶、糖原酶及淀粉酶活力都显著高于冰鲜鱼组（P<0.05）；海藻组蓝子鱼二糖酶和淀粉酶活力与配合饲料组没有显著差异（P>0.05），但昆布多糖酶和纤维素酶活力要显著高于配合饲料组（P<0.05）。在摄食冰鲜鱼的石斑鱼肠道中未检测到昆布多糖酶和纤维素酶活力；且石斑鱼肠道中麦芽糖酶、蔗糖酶、糖原酶和淀粉酶都显著高于摄食相同饵料的蓝子鱼（P<0.05)。上述结果表明，蓝子鱼利用海藻过程中，除淀粉酶外，昆布多糖酶和纤维素酶都起到了关键作用。

3. 不同饵料投喂对蓝子鱼肠道吸收相关酶的影响

不同饵料投喂除对肠道消化酶活力有显著影响外，还对肠道吸收相关酶活力有着显著影响。海藻组蓝子鱼肠道钠-钾-ATP 酶（Na^+-K^+-ATPase）和肌酸激酶（CK）活力显著低于冰鲜鱼组和配合饲料组（P<0.05），而谷氨酰转肽酶（GGT）和碱性磷酸酶（AKP）活力显著高于冰鲜鱼组（P<0.05)；配合饲料组的 AKP 活力要显著高于海藻组和冰鲜鱼组（P<0.05)。同样摄食冰鲜鱼的石斑鱼肠道中这 4 种吸收相关酶的活力均要显著高于

不同饵料投喂组蓝子鱼吸收相关酶活力（$P<0.05$）（图 8-12～图 8-15）。

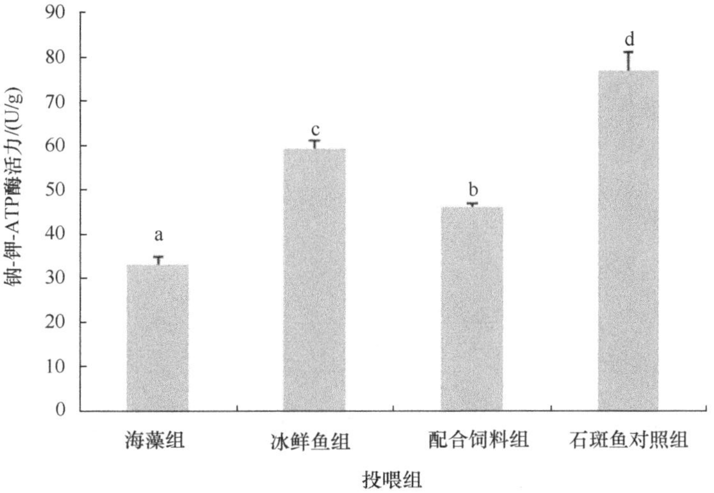

图 8-12　不同饵料组鱼体肠道的钠-钾-ATP 酶（Na^+-K^+-ATPase）活力
柱上无相同小写字母标注者表示相互间有显著差异（$P<0.05$），下同

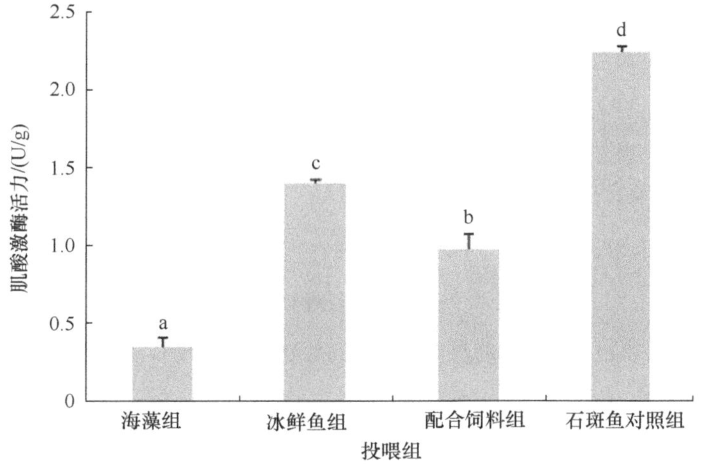

图 8-13　不同饵料组鱼体肠道的肌酸激酶（CK）活力

有关食物对蓝子鱼消化酶和吸收相关酶活力的影响，下列问题值得关注。

（1）食物与蓝子鱼主要消化酶活力的关系

对于水产养殖而言，了解不同食物来源与养殖鱼类消化酶生理特性之间的关系，对饲料配方的开发，特别是开发以某种物质作为饲料原料的饲料配方开发具有重要意义（Zambonino and Cahu，2007）。浒苔和龙须菜是蓝子鱼喜食的两种海藻，分别含 17.96%和 22.12%的蛋白质。本研究探讨了鱼类如何通过消化酶活力改变来应对外来食物的变化，消化酶活力的变化可以反映营养物质被消化利用的过程。研究结果对海藻饲料的开发具有指导作用。

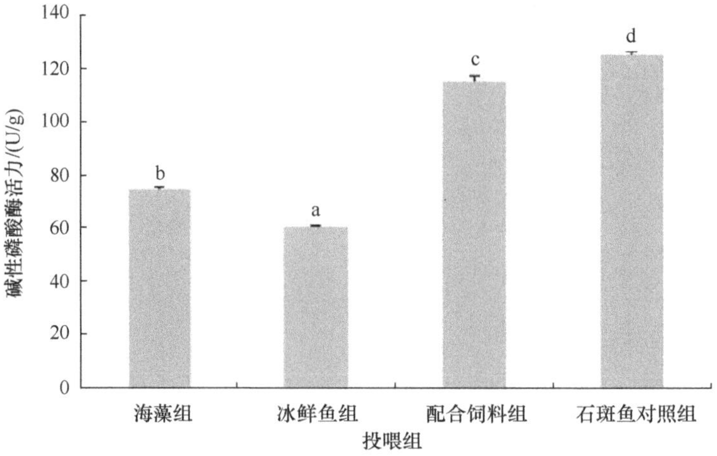

图 8-14　不同饵料组鱼体肠道的碱性磷酸酶（AKP）活力

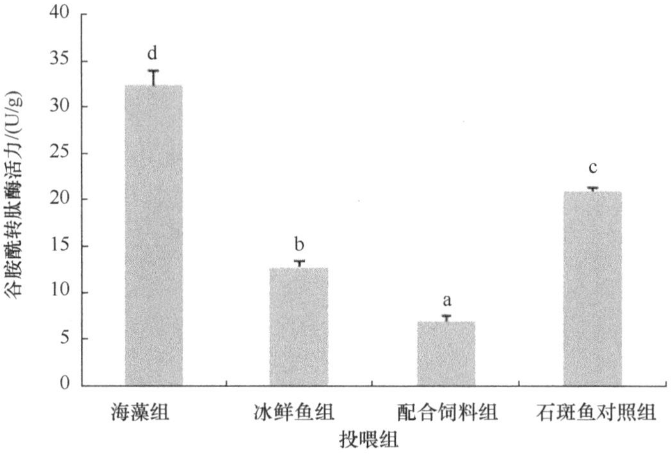

图 8-15　不同饵料组鱼体肠道的谷氨酰转肽酶（GGT）活力

不同饵料投喂组蓝子鱼在养殖期间都未出现死鱼或营养方面的疾病，说明 4 种饵料都能很好地被蓝子鱼消化利用。消化酶的种类反映了鱼类的食性，同时也反映了鱼类的消化能力（Smith，1980）。有报道（Woodland，1990）将蓝子鱼归为植食性鱼类，从本研究可以看出，蓝子鱼严格来说应归于偏植物性的杂食性鱼类。Sabapathy 和 Teo（1993，1995）在蓝子鱼肠道中证实了胰蛋白酶、糜蛋白酶、亮氨酸氨肽酶及淀粉酶、昆布多糖酶、麦芽糖酶、蔗糖酶和海藻糖酶的存在。在本研究中，投喂不同饵料蓝子鱼都能很好消化吸收，这说明该鱼能很好地适应外来食物的变化。在其他杂食性鱼类如白鲳鱼（*Colossoma macropomum*）、石脂鲤鱼（*Brycon cephalus*）（Vieira et al.，2005）中也发现类似特性。海藻的能量水平较低（0.59%或 33%的脂肪含量），而冰鲜鱼的碳水化合物含量较低（0.34%），投喂任何单独一种饵料都能满足鱼的正常生长，这说明这些鱼类存在某种适应外来不同营养源的消化应答机制。肉食性鱼类一般通过脂肪来起到蛋白质节约效应，在植食性鱼类中碳水化合物则起到了蛋白质节约效应。无论投喂脂肪较低的海藻还是含碳水化合物较低的冰鲜鱼都能满足蓝子鱼的生长需求，这说明碳水化合物和脂肪两种营养物质到底是哪种作为鱼类生长的主要能量来源取决于饵料中碳水化合物和脂肪的相对含量。

鱼类消化酶分布和活力的研究是了解鱼类消化机制的基础，消化酶活力的变化是鱼类对外界营养环境变化的适应（Sunde et al.，2004；Fountoulaki et al.，2005）。本研究中，初始鱼的整个消化道中都分布了3种主要消化酶，且都表现出一定的活力，这与Sabapathy和Teo（1993，1995）的报道一致，该结果也证实了大部分鱼类的消化酶没有严格的区域划分（Chackrabarti et al.，1995）。在本研究中，通过对初始鱼的酶活进行分析可以看出，大部分的蛋白酶和淀粉酶活力出现在整个肠道中，然而脂肪酶活力较高的区域是在后肠，其次是幽门盲囊和前肠，这表明在自然环境中，蓝子鱼的整个肠道均起到了消化蛋白质和碳水化合物的作用，而脂肪的消化主要在后肠。通常情况下，淀粉酶在幽门盲囊也有发现，在肠道中的分布也是无规则的。然而在本研究中发现，整个蓝子鱼消化道都表现出淀粉酶活力（如食道和胃等），不仅仅局限于肠道和幽门盲囊。有报道（Austreng，1978；Sire and Vernier，1992）指出，蛋白质消化吸收作用主要发生在后肠，与表现出蛋白酶活力的部位一致，这与本研究有一定差异。Borlongan（1990）报道遮目鱼（*Chanos chanos*）中脂肪酶活力在前肠最高，后肠则较低。总的来说，本研究中用不同饵料投喂蓝子鱼，幽门盲囊中的脂肪酶活力要显著高于其他消化部位，其中胃的脂肪酶活力最低；海藻组蓝子鱼胃中的脂肪酶活力极低或几乎不存在。海藻中脂肪含量极低可以合理地解释这一现象。

本研究发现，蓝子鱼能够通过提高或降低某种消化酶的活力来应对不同饵料，这部分解释了蓝子鱼应对不同食物源时的消化调节机制。总的来说，消化酶活力的主要变化发生在养殖的前3周，这表明蓝子鱼可能需要3周的时间来调节自身结构和生理功能来适应外来食物的变化。由此可见，开展有关蓝子鱼的室内养殖试验研究时，驯养时间不宜短于3周，否则会降低试验结果的可靠性。然而，关于鱼类适宜驯养时间的研究结果不一致，如杂食性白鲳鱼（Corrêa et al.，2007）的驯养时间需要一个月，而肉食性海鲷鱼（*Dentex dentex*）（Pérez-Jiménez et al.，2009）的驯养时间只需1周。不考虑驯养期间的其他影响因素如摄食环境等，鱼类适应食物变化所需的时间因鱼的种类而异。

在养殖的前3周，不同饵料组蓝子鱼肝脏、食道和胃中的总蛋白酶呈现上升趋势，同时海藻组蓝子鱼食道和胃中的淀粉酶活力也表现出相似趋势。这证实了一些学者消化生理受摄食量影响的观点（Karasov and Martınéz del Rio，2007）。从形态学上分析，鱼类的消化器官如食道、胃甚至肝脏比肠道更早接触到食物，因此这些消化部位更容易受到摄食量的影响，所以导致了蛋白酶和淀粉酶活力的变化。

许多研究表明，一般来说即使摄取高蛋白质、低碳水化合物的饵料，植食性或杂食性鱼的淀粉酶活力要比肉食性鱼的淀粉酶活力高（Sabapathy and Teo，1993；Kikuchi，1999）。有报道认为，鱼类消化道中的淀粉酶活力大小直接与饲料的碳水化合物水平高低有关（Moraes and Bidinotto，2000）。然而，新鲜海藻的碳水化合物水平很低，而配合饲料组和海藻组蓝子鱼的淀粉酶活力差异不大，说明消化酶活力与营养物质在整个食物源（鲜重）中所占的比例直接相关。另外一种可能的解释是，鱼类通过调节消化酶的分泌使自身能够从营养级别较低的食物中摄取更多的营养来满足正常生长的需求。考虑到在自然环境中海藻是蓝子鱼喜好的食物，因此与海藻中碳水化合物（主要是海藻多糖）消化相关的糖酶在蓝子鱼消化过程中起到非常重要的作用（Matsui et al.，2003；Wen et al.，2006）。

（2）食物与鱼类糖酶种类和活力的关系

不同种类鱼的消化酶特别是糖酶的活力，很大程度上取决于它们自身的食性和所摄取食物的营养组成（Ugolev and Kuźmina，1994）。在自然环境下，蓝子鱼以摄食大型海藻为主（Lam，1974；von Westernhagen，1974）。Sabapathy 和 Teo（1993）对野生黄斑蓝子鱼消化道的糖酶种类进行了研究，发现蓝子鱼消化道中除淀粉酶外，还存在糖原酶、昆布多糖酶、麦芽糖酶、海藻糖酶和蔗糖酶等糖酶，该结果符合蓝子鱼的食藻特性。本研究通过分析蓝子鱼肝脏和肠道的糖酶种类，发现蓝子鱼肝脏和肠道除存在糖原酶、昆布多糖酶、麦芽糖酶、海藻糖酶和蔗糖酶这几种酶外，还存在纤维素酶。一般认为，脊椎动物消化道内不存在内源性的纤维素酶（Horn，1989）。在蓝子鱼肝脏和肠道中，也存在能水解羧甲基纤维素钠的酶。有报道称，在暖水性海洋植食性鱼（*Aplodactylus punctatus*）肠道中存在的纤维素酶来自肠道微生物，而非内源性纤维素酶（Ojeda and Caceres，1995）。在本研究中，本课题组以羧甲基纤维素钠为底物对不同饵料组蓝子鱼肝脏和肠道纤维素酶活力进行了测定，发现蓝子鱼的肝脏和肠道均存在纤维素酶活力，且海藻组的纤维素酶活力显著高于配合饲料组或冰鲜鱼组。因此，蓝子鱼体内可能有内源性纤维素酶的存在，但这还需要在分子水平上进行进一步验证。

总体来说，不同饵料对蓝子鱼肝脏糖酶活力的影响比对肠道糖酶活力的影响要小。肝胰脏是鱼类糖酶生成的中心器官，分泌机能的强弱直接影响鱼类对碳水化合物的消化能力。投喂不同饵料对蓝子鱼肝脏的糖酶活力影响较小，这说明在外界不同营养环境下，蓝子鱼依然保持了较高的糖酶分泌能力，但长期投喂是否会对蓝子鱼糖酶合成能力产生影响，需进一步研究。在本研究中，在同样的养殖环境下，同样摄食冰鲜鱼的石斑鱼肝脏中除麦芽糖酶外，其他糖酶活力都比蓝子鱼肝脏中对应的糖酶活力高。这与鱼类的消化酶特别是糖酶与鱼的食性密切相关的观点一致（Ugolev and Kuźmina，1994）。石斑鱼为肉食性鱼类，摄取的食物营养级别高，因而石斑鱼肝脏中保持了较高的糖酶合成能力。在肠道中，海藻组蓝子鱼的蔗糖酶、昆布多糖酶、纤维素酶、糖原酶及淀粉酶活力都显著高于冰鲜鱼组；而同样摄食冰鲜鱼的石斑鱼肠道中却未发现昆布多糖酶和纤维素酶活力的存在；与摄食冰鲜鱼的蓝子鱼相比，石斑鱼肠道中麦芽糖酶、蔗糖酶、糖原酶和淀粉酶活力都显著要高。这些结果说明在蓝子鱼消化利用海藻的过程中，除淀粉酶外，昆布多糖酶和纤维素酶也起到了关键酶的作用。在今后的研究中，有望将昆布多糖酶和纤维素酶基因克隆表达，构建工程菌后再开发成酶制剂产品应用到饲料中，以提高海藻在海水鱼类特别是在肉食性鱼类饲料中的利用率。

（3）食物与鱼类肠道吸收相关酶活力的关系

一般而言，杂食性或植食性鱼属于无胃鱼类，所以肠道是其进行营养物质消化的主要场所，肠道内的酶活力是反映其消化能力的重要指标（林浩然，2011；尾崎久雄，1983）。蓝子鱼胃小，属于无胃或小胃鱼类，但蓝子鱼的肠道相对较长，因此肠道在蓝子鱼的食物消化过程中起到主要作用。鱼类肠道上皮细胞一方面可以分泌消化相关酶如蛋白酶、脂肪酶和糖酶等，它们在肠道内腔分别将蛋白质、脂肪和淀粉分解成可以被肠上皮细胞吸收的小分子物质，另一方面消化道上皮细胞还分泌吸收相关酶如 Na^+-K^+-ATPase、肌酸激酶（CK）、碱性磷酸酶（AKP）、γ-谷氨酰转肽酶（γ-GT）等，通过它们的共同作用将这些小分子营养物质吸收进鱼体内。因此，肠道酶活力不仅可以用来反映鱼类的消化能力（尾崎久雄，1983），而且还可以反映其吸收能力。不同饵料除对蓝子鱼消化酶的活力有明显影响外，对蓝子鱼肠道吸收相关酶也有显著影响，这说明蓝子鱼的吸收相关酶活力也与食物类型密切相关。

Na^+-K^+-ATPase 几乎存在于所有动物的细胞中，是组成 Na^+、K^+泵活力的主要部分，具有载体和酶的作用，它参与能量代谢、物质运输、氧化磷酸化等重要生化过程。因此，Na^+-K^+-ATPase 活力在一定程度上可以反映细胞的代谢水平和小肠黏膜的吸收能力（Bird et al.，1994）。CK 通常存在于动物心脏、肌肉及脑等组织的细胞质和线粒体中，是一个与细胞内能量运转、肌肉收缩、ATP 再生有直接关系的重要激酶，在生物体中催化肌酸和 ATP 偶联，为生物体的生理活动提供能量，在动物肠道内可为动物消化和吸收提供能量（Spanggaard et al.，2002）。因此，CK 的活力可在一定程度上反映动物对营养物质的吸收能力（冯琳等，2011）。从本研究可得知，蓝子鱼摄食营养级别较高的冰鲜鱼饵料或配合饲料时，肠道 Na^+-K^+-ATPase 和 CK 的活力要显著高于摄食营养级别较低的海藻饵料时，且酶活力大小顺序为冰鲜鱼组＞配合饲料组＞海藻组。这说明摄食肉食性饵料后，蓝子鱼肠道的 Na^+-K^+-ATPase 和 CK 活力要比摄食植物性饵料高。而摄食冰鲜鱼的石斑鱼肠道中这两个酶的活力明显比同是摄食冰鲜鱼的蓝子鱼高，表明鱼类吸收相关酶的活力还与鱼的食性有关。然而依赖 Na^+-K^+-ATPase 的能量消耗占肠黏膜细胞能量代谢的 20%以上（Cant et al.，1996），摄食海藻的蓝子鱼 ATP 再生能力（Na^+-K^+-ATPase 和 CK 活力）比摄食冰鲜鱼或配合饲料的蓝子鱼明显要弱。从另一方面说明，蓝子鱼摄食营养级别低的食物时，会合成与摄入营养物质相等量的 Na^+-K^+-ATPase，以尽量节约能量在吸收时的损耗。

肠道碱性磷酸酶（AKP）是肠道消化过程中所特有的酶，主要集中在肠上皮细胞的刷状缘部分，该酶的含量变化反映了肠上皮细胞功能的成熟情况，另外 AKP 活力在一定程度上可以反映动物的生长速度，与动物的生长呈正相关（Villanueva et al.，1997）。肠道上皮的 AKP 与胆固醇、脂类、V_D、Ca、氨基酸和葡萄糖等多种营养物质的吸收有关（冯琳，2009）。当肠黏膜破损时，肠型 AKP 可进入循环，使肠道吸收功能下降。随黏膜细胞的分化成熟，肠型 AKP 逐渐增强，因此常用作肠黏膜发育成熟的标志酶，并可反映肠道的发育情况及肠上皮细胞的吸收能力（冯琳，2009）。研究表明，甲硫氨酸和赖氨酸可以提高鲤鱼肠道 AKP 的活力（冯琳等，2011），在本研究中冰鲜鱼和配合饲料中的甲硫氨酸及赖氨酸含量明显比新鲜海藻高，但海藻组蓝子鱼的 AKP 活力要比其他组高，这可能与 AKP 参与非特异性免疫有关。从本试验结果可知，海藻组的 γ-GT 明显比配合饲料组或冰鲜鱼组高，这和 Na^+-K^+-ATPase、CK 的结果相反，其较高活力可能与海藻组某些特殊的营养成分或因子有关，值得深入研究。

（四）蓝子鱼消化利用大型海藻的机制

综上所述，当以不同饵料投喂蓝子鱼后，其消化系统在形态结构、消化酶种类和活力、生理功能等方面都会随不同食物发生一系列的适应性变化，所需时间为 3 周左右。蓝子鱼在摄食海藻后，其消化道的形态结构和生理生化指标都会发生相应的变化，以提高对海藻的消化利用效率。摄食海藻后的主要变化表现在消化道变长，肠壁变薄且黏膜褶较丰富；淀粉酶、昆布多糖酶和纤维素酶等消化酶的活力较高，谷氨酰转肽酶和碱性磷酸酶等与吸收有关的酶的活力较高。这些消化道形态结构和生理特性方面的变化有助于蓝子鱼对海藻等低能量食物的充分消化和吸收，是蓝子鱼消化利用大型海藻的重要机制。

五、大型海藻作为蓝子鱼饲料原料的利用技术

大型海藻为人类提供了大量的可利用资源，已在食品、医药、工业、农业等多个领域得到广泛应用，同时在改善环境、净化水体、为海洋动物提供栖息地和繁育场所等方面也起着重要作用（丁兰平，2011）。海藻饲料化利用就是以海藻作为饲料成分，制作配合饲料用于畜、禽、水产动物养殖的技术。可以用作饲料的大型藻类有褐藻中的海带、裙带菜等，绿藻中的浒苔、石莼，红藻中的龙须菜、紫菜等（李人光等，2009）。我国海域辽阔，海藻资源丰富，沿海地区每年有大量的浒苔（如 2008 年青岛奥帆赛前清理出浒苔 100 万 t)、石莼、礁膜等大型低值海藻未被有效利用，占产量 10%以上的残次龙须菜和紫菜也常被废弃。据估算，仅汕头南澳每年约有残次龙须菜 396t（干重）、残次坛紫菜 40t。龙须菜提取琼胶后产生的大量下脚料也没有找到好的利用途径，这不仅造成海洋生物资源的巨大浪费，而且带来严重的环境污染问题。因此，将这些低值、残次海藻开发为鱼饲料，不仅可变废为宝，还有利于保护环境。沿海大量低值、残次海藻的有效利用，还可以带动相关海藻养殖业的发展，为沿海渔民创造新的致富途径。此外，海藻栽培对海洋生态环境的修复和改善作用还会促进贝类、鱼类等海洋动物养殖业的发展。因此，将海藻开发为饲料有着广阔的应用前景，既可充分利用海域资源，解决我国饲料原料匮乏的问题，又可以带动海藻养殖业的发展，促进就业和经济发展，改善近海生态环境，确保海水养殖业的健康、可持续发展。

蓝子鱼作为我国东南沿海重要的植食性海水养殖鱼类，在自然界中虽以摄食海藻为主，但当海藻资源缺乏时，该鱼也能很好地摄食配合饲料和冰鲜鱼（Li et al.，2008），这为利用海藻作为原料开发配合饲料从而开展蓝子鱼的商品化养殖提供了依据和基础。此外，不同饵料对蓝子鱼生长性能和肌肉营养成分影响的研究结果表明，投喂配合饲料有利于蓝子鱼生长，而投喂新鲜海藻可提高肌肉中部分 EPA 或总 PUFA 含量。综合考虑这两方面的特点，即结合海藻可提高蓝子鱼的营养品质与配合饲料可促进蓝子鱼生长且成分可调的特点，开发基于海藻原料的高效、低成本蓝子鱼配合饲料将具有重要的经济、社会和生态效益。

根据蓝子鱼对大型海藻的摄食偏好性的研究结果，在 7 种大型海藻中，蓝子鱼的摄食偏好性顺序为浒苔＞龙须菜＞线形硬毛藻＞石莼＞坛紫菜＞羊栖菜＞无柄珊瑚藻。为此，将龙须菜和浒苔藻粉按 1∶1 的比例混合，添加 5%～20%藻粉到配合饲料中。研究表明，蓝子鱼对蛋白质和脂肪的适宜需要量分别为 32%和 8%～9%（王树启等，2010）。因此，在总蛋白（32%）一定的情况下，以豆粕和鱼粉为蛋白源，以添加海藻所含的蛋白质替代鱼粉蛋白质，其他部分用淀粉来调整平衡；对照组饲料不含藻粉，饲料配方见表 8-12。

表 8-12　试验饲料的配方及营养水平（%）

	对照组	5%海藻组	10%海藻组	20%海藻组
饲料成分				
鱼粉	30.0	28.5	27.0	24.0
豆粕	28.0	28.0	28.0	28.0
海藻粉	0.0	5.0	10.0	20.0
鱼油	1.8	1.9	2.1	2.4
豆油	3.6	3.6	3.6	3.6
淀粉	19.5	15.9	12.2	4.9
α-淀粉	5.0	5.0	5.0	5.0
其他	12.1	12.1	12.1	12.1
营养水平				
干物质	89.05	89.76	89.08	89.43
粗蛋白	32.23	32.79	32.75	32.64
粗脂肪	8.08	8.04	7.98	8.05
粗灰分	11.77	16.88	18.79	20.52

注：其他表示饲料中还需添加复合矿物盐、复合维生素、纤维素、D、L-甲硫氨酸、磷酸氢钙、胆碱及维生素 C，添加的质量分数分别为 1%、1%、9%、0.5%、0.5%、0.08%、0.02%；添加的海藻粉按照蛋白质和碳水化合物含量分别部分替代鱼粉和淀粉；鱼粉蛋白质含量为 66%，脂肪含量为 8.8%，水分为 7.8%；豆粕蛋白质含量为 46%，脂肪含量为 0.6%，水分为 10.8%

养殖试验在汕头大学南澳临海实验站的室内循环控温养殖系统中进行，水温控制在（20±1）℃。用表 8-13 中饲料对蓝子鱼幼鱼开展 8 周养殖后，各饲料投喂组蓝子鱼的成活率、饲料系数和蛋白质效率都无显著差异（$P>0.05$）（表 8-13）。5%海藻组与对照组的增重率无显著差异（$P>0.05$），但其他两组的增重率均显著低于对照组（$P<0.05$）。不同比例的海藻添加对蓝子鱼的饲料日摄食量无明显影响（$P>0.05$）。

表 8-13　饲料中添加不同比例海藻对蓝子鱼生长和饲料利用率的影响

生长指标	对照组	5%海藻组	10%海藻组	20%海藻组
初体重/g	6.06 ± 0.09	6.03 ± 0.02	6.02 ± 0.03	6.20 ± 0.04
末体重/g	29.47 ± 0.36a	30.08 ± 0.24a	27.71 ± 0.17b	25.86 ± 0.55c
增重率/%	3.82 ± 0.04ab	3.98 ± 0.06a	3.57 ± 0.02b	3.19 ± 0.07c
饲料系数	1.34 ± 0.07	1.34 ± 0.04	1.31 ± 0.02	1.33 ± 0.01
蛋白质效率/%	2.43 ± 0.16	2.33 ± 0.07	2.42 ± 0.01	2.35 ± 0.01
饲料日摄食量	2.90 ± 0.06	3.02 ± 0.01	2.96 ± 0.02	2.92 ± 0.01
成活率/%	0.97 ± 0.03	0.97 ± 0.03	0.93 ± 0.07	1.00 ± 0.00

注：数据为平均值±标准误（n=3）；同行数据中无相同小写字母标注者表示相互间有显著差异（$P<0.05$）

蓝子鱼背侧肌肉的水分和粗蛋白含量在不同饲料投喂组间无显著差异（$P>0.05$），但添加海藻的配合饲料投喂组蓝子鱼肌肉的粗脂肪含量显著低于对照组（$P<0.05$）。5%

海藻组与对照组蓝子鱼肌肉的灰分含量没有显著差异（$P>0.05$），而其他海藻组蓝子鱼肌肉的灰分含量均显著高于对照组（$P<0.05$）（表 8-14）。

表 8-14　不同投喂组蓝子鱼背侧肌肉的生化成分（%）

生化成分	对照组	5%海藻组	10%海藻组	20%海藻组
水分	74.52 ± 1.14	75.79 ± 1.43	76.09 ± 1.48	74.28 ± 1.26
粗蛋白	76.01 ± 0.99	79.42 ± 1.45	80.26 ± 1.05	79.35 ± 0.94
粗脂肪	13.40 ± 0.17a	11.44 ± 0.50b	11.51 ± 0.24b	11.10 ± 0.55b
灰分	1.30 ± 0.05b	1.38 ± 0.06ab	1.53 ± 0.03a	1.64 ± 0.07a

注：数据为平均值±标准误（n=3）；同行数据中无相同小写字母标注者表示相互间有显著差异（$P<0.05$）

饲料中添加海藻对蓝子鱼肝脏的部分抗氧化指标产生影响（表 8-15）。有显著变化的为总抗氧化能力、谷胱甘肽还原酶活力、过氧化氢酶活力、抗超氧阴离子活力和丙二醛含量，而谷胱甘肽过氧化物酶和谷胱甘肽 S 转移酶活力没有显著变化。10%及以上比例的海藻添加到饲料可明显增加蓝子鱼肝脏的总抗氧化能力。当海藻比例添加到 20%时，肝脏中谷胱甘肽还原酶、过氧化氢酶、抗超氧阴离子活力均显著高于对照组（$P<0.05$）。肝脏中丙二醛含量则相反，饲料中添加 20%海藻时可明显降低肝脏中的丙二醛含量（$P<0.05$）。

表 8-15　不同饲料组蓝子鱼肝脏的抗氧化酶活力（U/mg）

抗氧化酶	饲料组			
	对照组	5%海藻组	10%海藻组	20%海藻组
总抗氧化能力	0.13 ± 0.02b	0.19 ± 0.02b	0.46 ± 0.03a	0.51 ± 0.07a
谷胱甘肽过氧化物酶活力	46.33 ± 7.12	83.51 ± 21.24	71.26 ± 15.44	68.41 ± 18.00
谷胱甘肽还原酶活力	4.21 ± 0.76b	3.11 ± 0.58b	5.45 ± 0.43ab	10.82 ± 2.44a
过氧化氢酶活力	20.79 ± 0.08b	20.93 ± 0.14b	20.55 ± 0.17b	34.99 ± 1.07a
抗超氧阴离子活力	764.72 ± 5.46b	785.48 ± 5.29b	885.71 ± 9.24b	1320.94 ± 5.56a
谷胱甘肽 S 转移酶活力	1.73 ± 0.75	2.03 ± 0.63	2.67 ± 0.67	2.74 ± 0.68
丙二醛/（nmol/mg）	3.39 ± 0.42a	2.44 ± 0.35ab	2.22 ± 0.62ab	1.72 ± 0.09b

注：数据为平均值±标准误（n=3）；同行数据中无相同小写字母标注者表示相互间有显著差异（$P<0.05$）

饲料中添加海藻对蓝子鱼血清中血糖、球蛋白和谷丙转氨酶含量或活力没有显著影响（$P>0.05$）（表 8-16）。但是，3 种比例海藻添加组蓝子鱼血清中总胆固醇、三酰甘油、总蛋白、白蛋白和乳酸脱氢酶含量均要比对照组明显低，而谷草转氨酶活力反而比对照组明显高（$P<0.05$）。随着饲料中海藻比例的增加，血清中总胆固醇含量也显著升高（$P<0.05$），即总胆固醇含量 5%海藻组＜10%海藻组＜20%海藻组。另外，三酰甘油、高密度脂蛋白、低密度脂蛋白含量的变化趋势和总胆固醇变化趋势相似。总蛋白、白蛋白、谷草转氨酶和乳酸脱氢酶含量则与饲料中添加海藻量的多少无明显关系（$P>0.05$）。

表 8-16 不同饲料组蓝子鱼的血清生化成分

生化成分	饲料组			
	对照组	5%海藻组	10%海藻组	20%海藻组
血糖/(mmol/L)	4.48 ± 0.08	4.59 ± 0.16	4.74 ± 0.14	4.67 ± 0.15
总胆固醇/(mmol/L)	10.85± 0.09a	5.51 ± 0.17d	7.52 ± 0.10c	9.44 ± 0.16b
三酰甘油/(mmol/L)	20.49 ± 0.34a	11.17 ± 0.46c	16.63 ± 0.29b	16.97 ± 0.25b
高密度脂蛋白/(mmol/L)	3.25 ± 0.05a	2.53 ± 0.02c	2.88 ± 0.05b	3.19 ± 0.07a
低密度脂蛋白/(mmol/L)	3.28 ± 0.06b	2.38 ± 0.07c	3.14 ± 0.02b	4.17 ± 0.03a
总蛋白/(g/L)	12.87 ± 0.49a	10.23 ± 0.43b	11.13 ± 0.42ab	9.93 ± 0.28b
白蛋白/(g/L)	3.43 ± 0.12a	2.83 ± 0.07b	3.10 ± 0.12ab	2.77 ± 0.03b
球蛋白/(g/L)	9.43 ± 0.38	7.40 ± 0.45	8.03 ± 0.44	7.77 ± 0.32
谷丙转氨酶/(U/L)	4.33 ± 0.12	4.33 ± 0.88	4.67 ± 0.88	5.67 ± 0.88
谷草转氨酶/(U/L)	116.00 ± 5.20b	196.67 ± 6.36a	194.67 ± 7.84a	198.33 ± 7.31a
乳酸脱氢酶/(U/L)	170.00 ± 9.00a	105.67 ± 11.84b	108.00 ± 15.00b	104.67 ± 11.62b

注：数据为平均值±标准误（n=3）；同行数据中无相同小写字母标注者表示相互间有显著差异（P<0.05）

上述研究表明从生长性能来看，蓝子鱼配合饲料中海藻（龙须菜、浒苔）添加量至少可达 5%；用添加海藻的饲料投喂蓝子鱼，可增加鱼体的矿物质含量，降低肌肉中脂肪和血清胆固醇水平，可提高鱼体的抗氧化水平，从而有利于蓝子鱼的健康（徐树德等，2014）。

在此基础上，还开展了“石莼饲料中添加非淀粉多糖酶对黄斑蓝子鱼生长、饲料消化率及肌肉营养品质的影响”研究，结果表明，当在配合饲料中添加适量的非淀粉多糖酶时，石莼在配合饲料中的添加量至少可达 15%，且可提高蓝子鱼的生长效果和饲料利用率，改善鱼肉的营养品质，风味氨基酸谷氨酸显著增加（李茜等，2013；游翠红等，2014）。此外，还进行了“不同海藻饲料添加非淀粉多糖酶对黄斑蓝子鱼生长、抗菌力及肌肉营养成分的影响”研究，结果表明，在黄斑蓝子鱼饲料中添加 12%海藻（浒苔、龙须菜或石莼）和一定量的非淀粉多糖酶可获得较好的生长性能和鱼肉品质，有助于提高鱼体的健康水平。这些研究结果为研发基于海藻原料的高效、低成本蓝子鱼配合饲料提供了参考依据。考虑到龙须菜具有较高的经济价值，浒苔和石莼或残次龙须菜尚未被较好利用，它们可以被开发成为黄斑蓝子鱼高效、低成本海藻饲料加以利用。

第二节 金钱鱼对海藻的有效利用

金钱鱼（*Scatophagus argus*）俗称金鼓鱼（广东）、变钱鼓、变身苦（台湾），是一种具有观赏和食用价值的名贵海水经济鱼类。金钱鱼体态优美健壮，色彩斑斓，性情温顺，肉质鲜美，营养丰富，抗病抗逆性极强，能在海水、咸淡水和淡水等不同环境条件下生长发育。既能摄食海藻、小型动物和有机碎屑，又容易被驯养后摄食人工配合饲料，为偏植食性的杂食鱼类。对低氧忍受性强，生活习性独特，是泰国、菲律宾、印度尼西亚等东南亚国家和我国南方诸省沿海池塘养殖和海水网箱养殖的优质高值水产新物种（蔡泽平等，2010；Shao et al.，2004；Barry and Fast，1992）。

我国金钱鱼养殖历史较短，因其靓丽的颜色和优美的体态，易培养，具有水生观赏动物的特质，初始主要作为水族观赏鱼培育而受青睐，常出现在家庭水族箱和一些水族馆。20 世纪 90 年代后期，在粤西和珠江口沿海鱼类养殖过程中发现，混养在其他鱼类中的金钱鱼生长速度较快，食性杂，食谱广，病害少，成活率高，喜食池塘或网箱养殖设施上附着的有机碎屑、食物残渣、硅藻和固着的大型海藻，具有食用鱼的一些优良经济性状，通常体重 200g 以上就达到上市的规格。随着市场需求量逐年增大，价格高且稳定，经济效益显著，开始利用海区捕获的野生鱼苗进行池塘咸淡水或海区网箱生产性养殖试验，产量有较大提高，对金钱鱼养殖业发展起到积极促进作用。

近年来随着沿海地区社会经济快速发展，城市规模化不断扩大，人口持续快速增长，大量城市生活污水和江河流域工农业产生的陆源污染物源源不断进入近海水域，对海洋环境和渔业水域造成负面影响。海水养殖过程产生的大量残饵、粪便和排泄物，造成养殖海区富营养化日趋严重，污染范围不断扩大。近海渔业水质环境遭受破坏，使一些名优海水鱼类种群的生存空间急速萎缩，影响水产资源的繁衍再生，金钱鱼种群资源逐年减少，我国南方沿海北部湾和粤西海陵湾两个重要的金钱鱼繁殖海区已难觅成鱼踪影，依靠渔业捕捞已远远不能满足日益增长的市场需要。

保护金钱鱼渔业资源，提高渔业产量、质量和效益的可持续发展重要措施是开展产业化健康养殖和种苗的全人工繁育，建立适合我国海水鱼类养殖发展的技术体系。在科技部国家科技支撑计划项目经费资助下，鉴于目前金钱鱼养殖现状、发展前景和存在的问题，开展金钱鱼生物学特性、健康养殖和繁育技术等研究，阐明金钱鱼基本生物学特征、生态习性和生长发育规律等，为金钱鱼物种不同发育阶段的形态鉴别、金钱鱼的生殖调控和繁养殖技术研究提供基础生物学资料和可开发利用的实用技术。

一、金钱鱼的生物学特性

（一）分类与地理分布

金钱鱼隶属鲈形目（Perciformes）金钱鱼科（Scatophagidae）金钱鱼属（*Scatophagus*）。国际上已知金钱鱼科仅 1 属 3 种，除金钱鱼（*Scatophagus argus*）外，还有多带金钱鱼（*S. multifasciatus*）和四棘金钱鱼（*S. tetracanthus*）2 种（Froese and Pauly，1995）。金钱鱼是目前我国有记录的该科鱼类唯一的物种（黄宗国，1994）。

金钱鱼为热带-亚热带海区中小型鱼类，分布于印度洋-太平洋近海水域和东南亚海区、马来西亚群岛、菲律宾、泰国和澳洲等，从科威特至瓦努阿图岛国，从日本南部至帕劳群岛、密克罗尼西亚群岛等广大水域均有分布，近年在俄罗斯近海水域也有发现（Kharin and Milovankin，2008）。我国主要分布在南海、台湾海峡和东海南部近岸岩礁、海藻丛生和红树林等海水或咸淡水区域，稚、幼鱼常出现在低盐度的港湾和河口。金钱鱼是广西、海南、广东、福建和台湾诸地沿海较常见种，北部湾和海陵湾及邻近海域分布有 2 个不同生态种群，成鱼偶见钓捕或诱捕，数量不多，渔获物中通常体重为 150～800g，最大者 1100g。

（二）形态特征

金钱鱼（图 8-16）体形侧扁，体背厚实，头背部高耸，两眼间骨骼略隆起，一对鼻孔位于眼前部，体高与体长比例为 0.52～0.62。头较小，前部略尖，口端位，口裂较小，上下颌基本等长，上颌骨为眶前骨所遮盖。上下两颌牙齿呈牙刷毛状，细小致密，带状排列，犁骨和腭骨无牙，牙齿形状和排列方式与其刮食附着有机碎屑和海藻的食性相适应。

图 8-16　金钱鱼（彩图请扫封底二维码获取）

金钱鱼体表被细小栉鳞，鳞被牢固不易脱落，鳞轮清晰，背鳍鳍条部，胸鳍和尾鳍均被栉鳞，腹鳍具一对腋鳞。侧线高位、完整，起于鳃盖后背侧，沿背缘直至尾鳍基部。体表褐色，背部颜色较深，腹部颜色较浅，成鱼体侧分布着 30～40 个大小不一的黑色圆斑或椭圆斑，侧线上方的黑斑比下方大。背鳍一个，鳍棘部与鳍条部相连，鳍型Ⅺ-16，前方具一条向前平卧的棘，第 4、5 棘最长，背鳍鳍棘坚硬锋锐，基部有毒腺体，一旦被蛰疼痛无比。腹鳍鳍型Ⅰ-5，胸鳍鳍型 14-15，臀鳍鳍型Ⅳ-14，第 2 鳍棘最长，尾鳍鳍型 20-21，尾鳍后缘近截形，臀鳍与背鳍鳍条部同形相对。背鳍、臀鳍和尾鳍橘黄色，边缘黑色，具黑褐色条纹。

金钱鱼肝脏双叶状，位于腹腔前方，覆盖肠胃；胆囊蓝绿色，椭球形，通常位于肝脏后缘腹腔上方（图 8-17A）；胆囊道直通胃中部。生殖腺位于腹腔后侧，性成熟的雌鱼卵巢拟三角形，成对同形，前部较尖，后部略弧状，橙黄色，充满腹腔后部（图 8-17A）；雄鱼精巢成对同形，长囊状（图 8-17B）。胃呈“V”形囊状，胃壁厚，内表皱褶，胃幽门处有 20～24 个幽门盲囊，肠道细长，螺旋盘状，肠道长为体长的 3.2～3.4 倍（图 8-17C），类似于其他植食性鱼类。

雌、雄金钱鱼外部形态有一定的差异，能够较简单分辨。雌鱼肛门和泌尿孔间有一个与卵巢连接的生殖孔，雄鱼的肛门后仅有一个泄殖孔，泌尿孔和生殖孔合并为一孔。雌鱼头部顶端较平缓或稍微凹陷，两眼间的骨骼隆起小，而雄鱼头部顶端凹陷较深，两眼间骨骼明显隆起（图 8-18A，图 8-18B），头部形态可作为性别区分的参考特征之一。

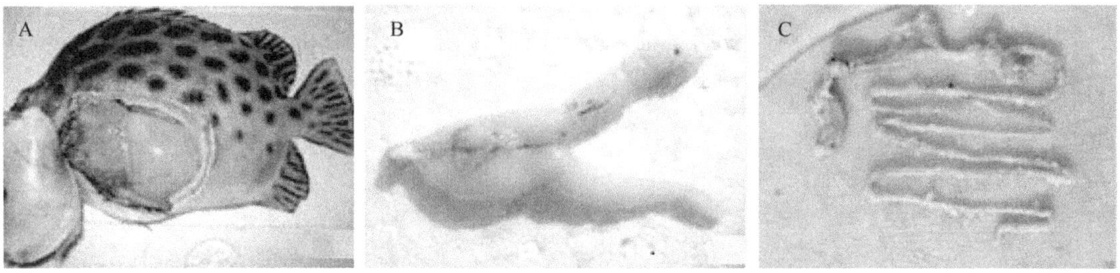

图 8-17　金钱鱼的内部器官（彩图请扫封底二维码获取）
A. 肝脏与卵巢；B. 精巢；C. 胃肠道

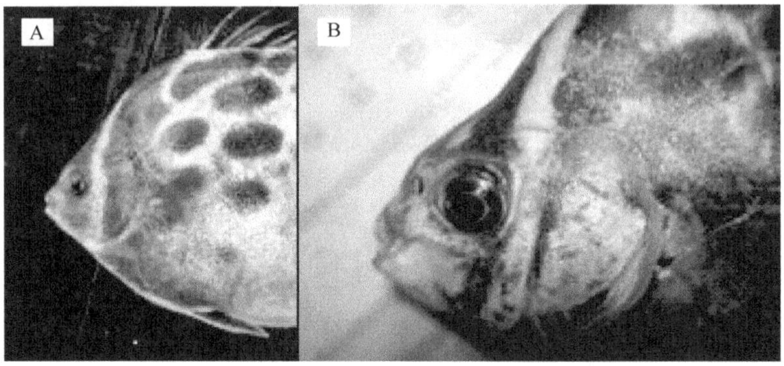

图 8-18　金钱鱼头部形态（彩图请扫封底二维码获取）
A.雌鱼；B.雄鱼

（三）生活习性

金钱鱼为暖水性鱼类，环境适应性极强。其适温范围广，适宜生长温度为 18～33℃，最适宜生长温度为 22～30℃，最低临界温度约为 10℃，最高临界温度为 38℃。海区水温低于 12℃时开始出现部分死亡，池塘养殖的水温低于 15℃摄食明显减少，低于 10℃就会出现死亡；池塘水温高于 35℃基本停食，较长时间高于 38℃会不适而亡。我国南方沿海港湾网箱养殖的金钱鱼基本能顺利越冬和度夏，2 龄以上性成熟成鱼若不能及时产卵，高温多雨季节容易因生殖腺发育滞产造成挤胀腹腔而亡。

金钱鱼为典型的广盐性鱼类，在淡水、咸淡水和海水中均能生活，甚至在高盐度海水中也能正常生长发育。金钱鱼在淡水或盐度为 15 以下的咸淡水中生长状态较好，病害较少，低盐度有利于金钱鱼度夏和越冬，成活率较高，但低盐水使生殖机能受到抑制，性腺发育缓慢，不能最终成熟和自然生殖。

金钱鱼耐低氧，大鱼耐氧能力比小鱼强，呈现单位体重的耗氧量随着鱼体重量增加而递减的规律。水中溶解氧量低至 1.0mg/mL 时金钱鱼仍能生存，在潮湿阴凉环境下离水 1h 返回水中后仍活泼，正常游动，没有明显的应激反应，抗逆性强。

金钱鱼除稚、幼鱼早期发育阶段喜欢在水面群集游弋和觅食外，其他生长阶段一般多在水体中下层活动或觅食，难见踪迹。冬、春季水温较低时基本都潜沉在水底，夏、秋季清晨活动于中下层，只有在摄食表层食物时才到上层活动，夜晚沉降至池底。

（四）食性

金钱鱼是以植物性食物为主的底层杂食性鱼类，食谱广，主要以海藻及有机碎屑为食，也摄食甲壳类、蠕虫等一些小型水生动物。

仔鱼期主食浮游动物，稚鱼和幼鱼期以小型动物性饵料为主，捕食桡足类、枝角类、轮虫、原生动物等浮游动物，也摄食根管藻、角毛藻、舟形藻等硅藻和一些蓝绿藻类，以及礁石、桩柱表面或网箱网衣上的有机附着物等。生殖季节常集结在河口、海湾有丰富海藻和附着生物的岩礁区周围生活。稚、幼鱼进入河口、红树林及沼泽湿地觅食，北部湾和粤西海陵湾是我国金钱鱼重要的繁殖场和育幼场。繁育期间，岸边水草区、红树林或浮筏式养殖网箱边常可见十几尾至几十尾成群结队的稚、幼鱼在摄食浮游生物或礁石、网衣上的绿藻、硅藻、小型水生动物和有机碎屑等。体长 4～5cm 的幼鱼食性转为杂食性，除摄取较大个体浮游动物外，也摄取细嫩的大型底栖海藻。随着个体生长，逐渐转为以植物性饵料为主。

池塘养殖的金钱鱼幼鱼除摄食浮游动植物外，也喜欢摄食蛋白质含量较高的软性配合饲料，可以明显提高生长速度和成活率，并逐渐过渡到摄取不同粒径度的膨化海水鱼类配合饲料。其对青菜叶及麦麸、米糠、豆粕、豆渣、花生饼等原料与适量鱼粉混合的软湿饲料也能很好消化利用，但对冰鲜鱼等动物性饵料的消化利用效果差，长期投喂生长缓慢，体质消瘦，易得病，可能与其消化系统结构和胰蛋白酶活性有关。

（五）生长特征

金钱鱼的生长受到环境条件如水温、盐度、水质、海区流速、养殖方式、设施结构和饲料等诸多因素的影响。不同的养殖环境条件、营养类型，其生长有着明显的差别。就个体而言，1 龄鱼前生长速度较慢，以后随着个体增长而逐渐加快，2 龄鱼生长最快，然后生长速度减缓，3 龄鱼生长速度比 2 龄鱼慢。

咸淡水池塘养殖是目前金钱鱼海水养殖的主要方式，池塘预先培养浮游生物作为早期幼鱼的饵料，附加投喂适量的鳗鱼软性饲料，逐步过渡到完全投喂不同规格的膨化海水鱼类配合饲料或罗非鱼饲料。在水温 10～36℃、盐度 10～20 的环境下，经过 1 年饲养，种苗从初始平均体长 1.1cm 长到 12.6～14.1cm（平均 13.2cm），体重 130～180g（平均 158.3g ）；饲养 2 年，体长 15.3～19.2cm（平均 18.5cm），体重 220～400g（平均 360g）；饲养 3 年，体长 16.4～21.5cm（平均 19.8cm），体重 258～550g（平均 435g）。金钱鱼生长速度具有显著的性别差异，成鱼差异更大。在相同养殖环境中，1 龄雌鱼生长速度比雄鱼快 40%～50%，2 龄雌鱼快 80%～110%。在同一养殖群体中，个体明显较大的基本都是雌鱼，个体小的绝大多数是雄鱼。当水温降至 15℃时，摄食量明显减少，低至 12℃时，停止摄食和活动。金钱鱼有较强的抗低温能力，在南方沿海，体质健康的基本能够顺利越冬，而且能在 36℃酷暑高温的池塘中顺利度夏。

金钱鱼海水网箱养殖很普遍，通常网箱架设在离岸不远、水质清新、潮流缓慢、有径流的港湾或河口海区。在水温 15～31.5℃、盐度 16～30 的条件下，苗种经过 1 年网箱饲养，体长达 12.5～15.0cm（平均 13.8cm），体重 120～225g（平均 175g）；饲养 2 年，体长 15.7～20.8cm（平均 19.6cm），体重 200～500g（平均 425g）；饲养 3 年，体长 17.3～21.8cm（平均 20.6cm），体重 255～600g（平均 458g）。海区网箱养殖的金钱鱼生长速度略高于池塘养殖。因养殖海区外源污染和自身污染普遍较严重，病害频发，涨落潮的潮流冲击使网箱频繁变形，活动空间萎缩，容易挤压和擦伤鱼体，尤其在冬季，弧菌、真菌等病原微生物诱发的各种疾病经常发生，海区网箱养殖成活率普遍较低。

（六）金钱鱼繁殖生物学

金钱鱼繁殖生物学研究资料极少，目前对自然海区金钱鱼生殖期的判断主要根据不同海区出现的种苗时间来进行推测，缺少系统的生殖生理生态学、形态解剖学和发育生物学等资料的支持。我国南方沿海金钱鱼稚、幼鱼苗出现的盛期为 5～8 月，9 月仍有部分苗出现，根据种苗的发育进程，推测生殖期可能是 4～9 月。国外资料报道，菲律宾金钱鱼种群初次性成熟体重 150g，推测成熟鱼龄为 8～9 月（Barry and Fast，1992）。在菲律宾 Panay 岛附近捕获的最大成熟雌鱼体重 1200g，体长 28cm，最大雄鱼体重 1050g，体长 27cm。由于自然种群资源匮乏，野生成熟亲体稀少，需通过人工培育亲鱼，系统地观察分析性腺发育和成熟的过程，阐明养殖条件下金钱鱼的繁殖生物学特性。

1. 雌雄性比

性成熟前 1 龄金钱鱼养殖群体的雌雄性比约为 1.2∶1，2 龄以上性成熟成鱼雌雄性比约为 1.3∶1，雌鱼数量略多于雄鱼。

2. 生殖年龄、生殖期及性腺发育

人工培育的金钱鱼少量 1 龄雌、雄鱼性腺成熟，雌、雄鱼最小生殖生物学年龄均为满 1 龄，雌鱼最小生殖个体体重 200g，雄鱼 90g。2 龄以上的成鱼生殖机能发育较健全，具有较强的生殖能力，3 龄鱼比 2 龄鱼通常早约 1 个月性腺发育成熟。

在粤西海区，3 月水温缓慢上升，不同年龄养殖群体的性腺基本处于休止状态，成熟发育未启动。4 月海区水温 20.5～24℃，群体中多数 2 龄雌鱼卵巢为Ⅱ期，尚未发育，产卵板上除密集直径 40～75μm 的卵原细胞外，部分卵母细胞处于 2 时相，透明，核大，胞质较少，直径 125～175μm；此时 3 龄以上雌鱼的卵巢开始发育，卵母细胞中卵黄沉积，直径 300～375μm，部分 3 龄雄鱼性腺成熟。5 月海区水温 24.5～29℃，2 龄雌鱼卵巢启动发育，卵黄沉积，卵母细胞直径 225～325μm，雄鱼部分成熟，精液量少；而 3 龄雌鱼卵巢饱满，卵黄密集，卵径达 425～475μm，进入繁殖期，雄鱼轻挤腹部有丰富的乳白色精液释出。6～7 月，群体中雌鱼卵巢以Ⅳ和Ⅴ期居多，卵径 425～575μm，腹部膨胀，若不能及时产卵，在高温多雨和低盐环境中亲鱼容易滞产挤胀而死。

金钱鱼养殖群体生殖期为 4～8 月，5～7 月为盛期，8 月为生殖后期，9 月卵巢退化，残留卵细胞逐渐分解吸收，生殖期结束。养殖群体的性腺发育与海区温盐变化见表 8-17。

表 8-17　金钱鱼养殖群体的性腺发育与海区温盐变化（蔡泽平等，2010）

月份	水温/℃	盐度	鱼龄	雌鱼卵巢发育		发育时相	精巢发育
				发育期	卵母细胞直径/μm		
3	19.5～22.0	25～26	1	Ⅰ	40～60	1	无精液
			2	Ⅰ～Ⅱ	50～60 至 100～150	1，2	无精液
			3	Ⅱ	125～200	2	无精液
4	20.5～24.0	25～26	2	Ⅰ～Ⅱ	40～75 至 125～175	1，2	无精液
			3	Ⅲ	300～375	3	精液量少
5	24.5～29.0	18～26	2	Ⅱ～Ⅲ	150～200 至 225～325	2，3	精液量少
			3	Ⅲ～Ⅳ	250～300 至 425～475	3，4	精液流畅
6	26.0～30.0	16～25	1	Ⅲ	150～250	3	精液量中
			2	Ⅲ～Ⅳ	300～425 至 450～500	3，4	精液流畅
			3	Ⅳ～Ⅴ	425～500 至 480～575	4，5	精液流畅
7	29.0～31.9	17～22	1	Ⅲ～Ⅳ	225～350 至 300～400	3，4	精液流畅
			2	Ⅳ～Ⅴ	450～500 至 475～550	4，5	精液量中
			3	Ⅳ～Ⅵ	425～500 至 500～575	4，5	精液量少
8	29.0～31.0	18～23	1	Ⅳ	425～500	4	精液量少
			2	Ⅳ～Ⅵ	450～525 至 350～475	4，5	精液量少
			3	Ⅳ～Ⅵ	450～550 至 325～450	4	精液量少
9	27.8～30.2	2～26	2	Ⅵ～Ⅱ	150～200	退化	无精液
			3	Ⅵ～Ⅱ	125～200	退化	无精液

注：以轻挤雄鱼腹部有无精液流出作为性腺成熟的判断依据

3. 个体生殖力和生殖类型

所谓鱼类生殖力就是一个生殖期内鱼类可能的产卵数量，包括个体绝对生殖力和相对生殖力。鱼类生殖力与年龄、体重和性腺发育等因素有密切关系。个体绝对生殖力即鱼类个体怀卵量，解剖检测 15 尾 2～4 龄、体重 420～800g、卵巢发育至Ⅳ～Ⅴ期的性成熟雌性金钱鱼，个体绝对生殖力 F 的变动范围为 337 309～635 755 粒，平均 456 320 粒，F 随体重和年龄的增加而增大；个体相对生殖力，即单位体重的怀卵量 F/W 为 720～963 粒/g，平均 843 粒/g。

在金钱鱼已经成熟排卵的卵巢中，除脱离滤泡膜进入卵巢腔待产体外的卵子外，还有一些卵泡已偏移、卵黄融化的 5 时相成熟卵母细胞和一些发育进程不同的 3～4 时相卵母细胞群，这些卵母细胞群在条件适宜时可以继续发育和成熟。金钱鱼在一个生殖期里可以间歇性产卵，成熟一批产出一批，属于多次性产卵类型。

4. 性腺成熟系数

金钱鱼为雌雄异体，未发现雌雄同体的个体。在海区网箱培育条件下，不同月份的金钱鱼性腺发育差异显著，性腺成熟系数（GSI）周年变化见表 8-18。3 月，性腺处于休止状态，Ⅰ期卵巢的产卵板上为正在增殖的卵原细胞，GSI 为 0.40%～0.48%，主要出现在尚未成熟的 1 龄鱼或未进入生殖期的 2 龄鱼卵巢中；进入小生长期的Ⅱ期卵巢的 GSI 为 0.99%～1.15%；Ⅲ期卵巢中卵母细胞周边出现卵黄颗粒沉积，GSI 为 2.85%～3.85%；Ⅳ期卵巢即将成熟，卵母细胞饱满，卵黄颗粒致密，GSI 为 4.78%～7.82%；Ⅴ期卵巢完全生理性成熟，卵黄液化融合，部分卵子脱离滤泡膜进入卵巢腔，GSI 达 10.56%～14.74%；产卵后的Ⅵ期卵巢 GSI 为 7.30%～9.60%，卵巢内有正在退化吸收的滞产卵子和 3～4 时相的卵母细胞群。

表 8-18　金钱鱼养殖群体性腺成熟系数（GSI）周年变化

检测月份	性腺发育期	卵巢成熟系数/%	卵母细胞直径/μm	精巢成熟系数/%
1	Ⅰ～Ⅱ	0.30～0.65	25～50	0.10～0.15
2	Ⅰ～Ⅱ	0.30～0.55	25～50	0.10～0.18
3	Ⅰ	0.40～0.48	40～60	
4	Ⅱ	0.99～1.15	100～200	
4、5	Ⅲ	2.85～3.85	200～375	0.32～0.55
6、7	Ⅳ	4.78～7.82	400～475	
6、7	Ⅴ	10.56～14.74	475～575	1.30～2.20
7、8	Ⅵ	7.30～9.60	350～500	
9	Ⅱ～Ⅵ	1.50～2.80	75～150	
10	Ⅱ	1.20～1.80	50～125	
11	Ⅱ	1.40～1.60	50～150	
12	Ⅱ	0.92～1.00	50～25	0.15～0.25

在催产激素作用下，卵巢快速发育成熟，Ⅴ期卵巢 GSI 最高达 45.6%，卵巢巨大，充满整个腹腔；Ⅲ期雄鱼精巢 GSI 为 0.32%～0.55%，性成熟的精巢 GSI 为 1.30%～2.20%；激素对性成熟雄鱼的释精量没有明显的作用。

（七）发育生物学

金钱鱼亲鱼在海区网箱中强化培育，性腺成熟的亲鱼通过人工诱导催产，经过一段时间的激素效应后腹部明显膨胀，在筛绢产卵网箱中自然产卵和受精。

1. 受精卵和胚胎发育

金钱鱼受精卵圆球形，无色透明，卵膜光滑，卵子直径约 0.75mm，通常出现狭窄的卵黄间隙，单个油球，油球直径约 0.30mm，无色或淡黄绿色，油球位于植物极一端（图 8-19A）。卵子浮力很强，能在盐度变化幅度很大的海水中悬浮，是该物种适应生活环境变化的一种生态策略。

在水温 27.0～28.5℃、盐度 26 条件下，金钱鱼受精卵历时 21h 30min 后孵化出仔鱼，完成整个胚胎发育过程。

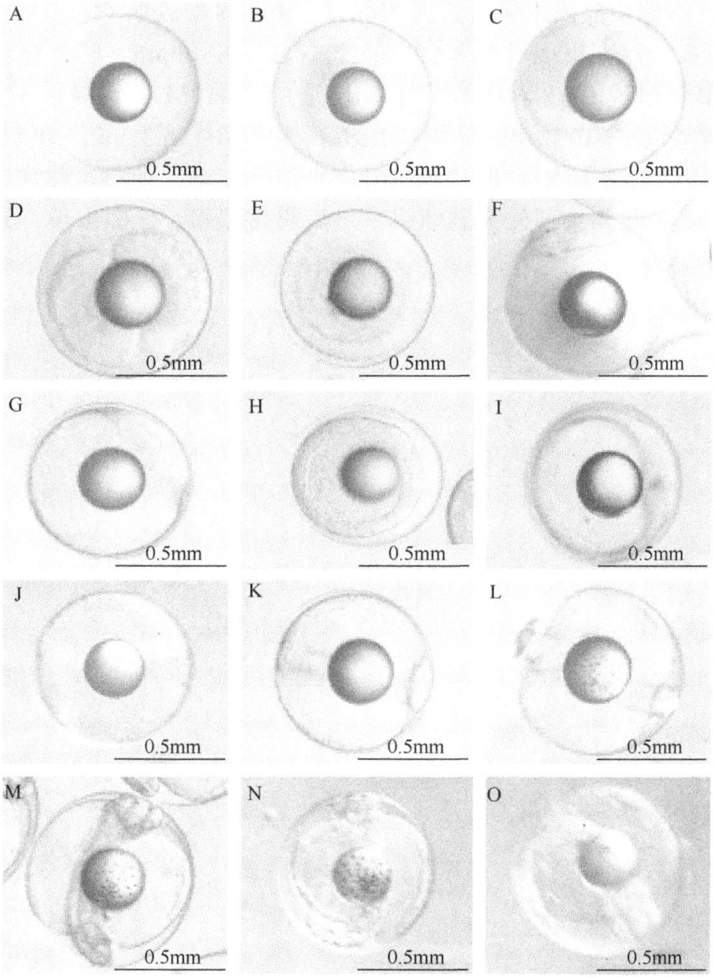

图 8-19　金钱鱼胚胎发育（蔡泽平等，2014）（彩图请扫封底二维码获取）
A.受精卵；B.胚盘隆起；C.2 细胞期；D.4 细胞期；E.多细胞期；F.高囊胚期；G.低囊胚期；H.原肠早期；I.原肠中期；J.原肠晚期；K.胚体形成期；L.眼囊期；M.耳囊期；N.心脏搏动期；O.孵化前期

金钱鱼卵子受精后约 25min 原生质在动物极形成帽状胚盘（图 8-19B），受精后 50min 分裂成大小相似的 2 个细胞（图 8-19C），受精后 65min 完成第二次卵裂，进入 4 细胞期（图 8-19D）；之后胚盘按一定规律继续分裂，受精后 3h，细胞明显变小，界线仍清晰，进入多细胞期（图 8-19E）；受精后 3h 45min，帽状的囊胚与卵黄球囊紧密连接，向上隆起，高囊胚形成（图 8-19F）；受精后 4h 30min，囊胚高度变低，胚盘基部向外扩大，细胞界线模糊不清，发育至低囊胚期（图 8-19G）；胚盘边缘细胞继续分裂，这些细胞逐渐向植物极方向移动和内卷，受精后 6h，胚盘下包卵黄囊约 1/4，边缘内卷的细胞群形成明显的胚环，发育进入原肠早期（图 8-19H）；受精后 7h 50min，胚盘下包约 1/2，胚环出现向内突起的胚盾细胞团，发育至原肠中期（图 8-19I）；受精后 9h 30min，胚盘下包 3/4 以上，胚盾向植物极发育伸展，胚体雏形隐约出现，胚孔尚未封闭，为原肠晚期（图 8-19J）；受精后 11h 20min，内卷下包的胚层细胞包围整个卵黄囊，胚孔基本封闭，胚体头部尚未明显膨大和分化，为胚体形成期（图 8-19K）；受精后 12h 25min，眼囊形成，尾芽出现（图 8-19L）；受精后 13h 40min，胚体尾部与卵黄分离，并逐渐伸展，胚体出现 6～8 对肌节，耳囊出现（图 8-19M）；受精后 17h，胚体心脏形成，搏动缓慢，频率约 10 次/min（图 8-19N）；受精后 19h 30min，心脏搏动频率达 90 次/min 以上，肌节 15～16 对，胚体间歇性较剧烈地扭动，即将孵化出膜（图 8-19O）；受精后 21h 30min，胚体头部先突破卵膜，然后脱离卵膜，仔鱼出现，完成整个胚胎发育过程（图 8-20A）。

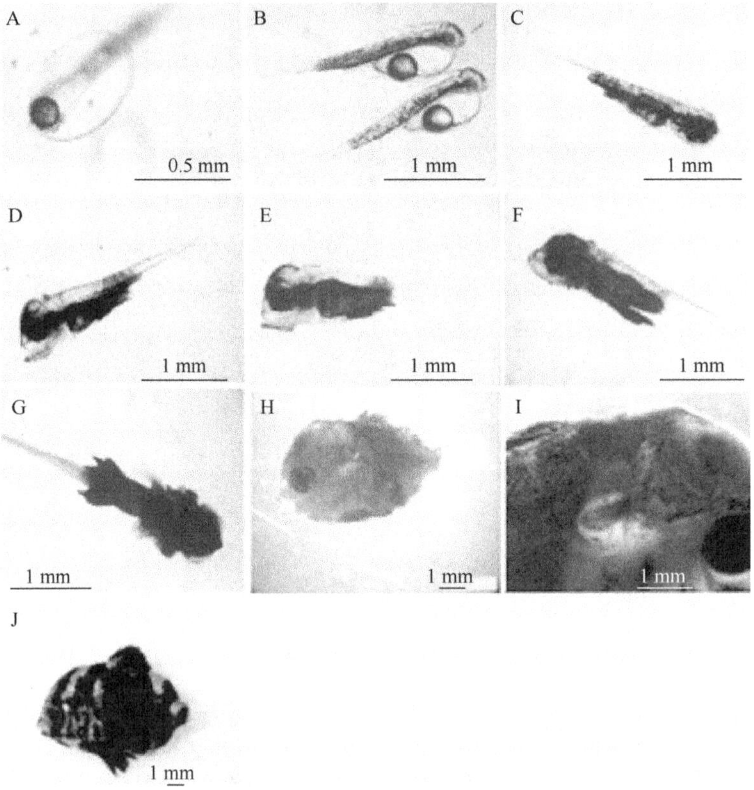

图 8-20　金钱鱼仔、稚、幼鱼发育（蔡泽平等，2014）（彩图请扫封底二维码获取）
A.刚出膜仔鱼；B.1 日龄仔鱼；C.2 日龄仔鱼；D.4 日龄仔鱼；E.5 日龄仔鱼；F.9 日龄仔鱼；G.15 日龄仔鱼；H.稚鱼；I.稚鱼头部三叶状特异形骨结节突起；J.幼鱼

2. 胚后发育

刚孵出的仔鱼全长 1.60mm，尾部尚未舒展，油球位于卵黄囊前端（图 8-20A）；4h 后仔鱼全长 1.79mm，肌节 29～31 对，仔鱼躯体中部有一些褐色色素细胞出现，腹部朝上悬浮于水面，通常没有游动能力或尾部会屈伸做间歇窜动。在水温 28.0～29.0℃、盐度 22～26 条件下，1 日龄仔鱼全长 2.23mm，卵黄囊和油球明显吸收，腹鳍芽基出现，背鳍、尾鳍和臀鳍褶膜有所收缩，胸鳍芽基隐约出现，有一定游动能力（图 8-20B）。2 日龄仔鱼全长 2.55mm，眼球深黑色，口小幅度启闭，胸鳍张开，游动力强（图 8-20C）。4 日龄仔鱼全长 2.67mm，肌节 24～25 对，肠道蠕动，肛门开通，多数仔鱼卵黄囊消失，油球残存（图 8-20D），仔鱼尚未开口摄食，没有明显的混合营养期。

5 日龄仔鱼全长 2.85mm，仔鱼的卵黄囊和油球吸收，肠道蠕动频率增加，开始主动摄食粒径度为 0.10～0.12mm 的轮虫幼体（图 8-20E）。9 日龄仔鱼全长 3.23mm，腹鳍明显增大，鳍棘原基出现，胸鳍扇形，胃肠充满饵料食物（图 8-20F），进入完全依靠摄取饵料生物的异养生长阶段。15 日龄仔鱼全长 3.72mm，腹鳍伸展，出现一对雏形鳍棘，头腹部乌黑，仔鱼活力极强，可摄食 0.12～0.18mm 的轮虫和桡足类幼体（图 8-20G）。

32 日龄稚鱼全长 10.50mm，腹部和头部分布着稀疏细小的黑色色素粒，尾部黑色色素粒细密，背鳍Ⅺ-16，臀鳍Ⅳ-14，腹鳍Ⅰ-5，鳍棘硬化，鳍条末端分叉，各鳍发育分化完整。尾部体侧依稀出现 4 条黑褐色横纹，体表部分地方出现细小鳞片栉棘，侧线依稀可见（图 8-20H）。眼睛后上方、颅骨后下方两侧长出一对三叶状特异形骨结节突起，骨结节上有微细辐射纹（图 8-20I）。稚鱼主食桡足类和硅藻，能够摄食少量软性配合饲料，个体间没有出现互相残杀的现象。

43 日龄幼鱼全长 19.00mm，体侧出现 6 条黑褐色横纹，各鳍发育完整，鳍棘硬化，背鳍棘膜和鳍条基部、尾柄上缘及头部分别出现橙黄色斑块，体表全部覆盖着具有 3～4 条同心环纹的细小的栉鳞片，侧线清晰完整，体态优美，体色绚丽多彩，体形与成鱼基本相似（图 8-20J）。幼鱼口裂约 1mm，可摄取粒径 0.60mm 以上的桡足类，也喜食软性配合饲料及小颗粒的海水鱼类浮性饲料。全长 35mm 时，颅骨后下方的三叶状特异形骨结节突起消失。随着幼鱼的生长，体侧黑褐色横纹逐渐被圆形花斑点取代，幼鱼进入快速生长阶段。

金钱鱼仔鱼外部形态与多数海水鱼类基本相似，没有明显的个体特殊性状特征。当发育至稚鱼阶段时，头部颅骨后方两侧出现一对三叶状特异形骨结节突起，末端尖锐，骨结节上有较明显的微细辐射纹，这种骨骼结构在其他海水鱼类物种早期发育过程中尚未见有描述，具有物种早期发育阶段骨骼形态特异性，是金钱鱼稚鱼阶段种类鉴别的重要参考特征之一。

二、金钱鱼养殖水体环境特征及大型海藻的增殖生长

试验于 2013 年 3 月 1 日至 6 月 30 日在粤西海陵岛养殖基地进行。选择具有代表性的试验池塘 3 口（图 8-21A～图 8-21C），其中 A 号试验池塘为沙泥底质，B 号试验池塘为黑色地膜底质，C 号对照池塘为沙泥底质，面积分别为 $0.21hm^2$、$0.2hm^2$ 和 $0.21hm^2$，各池塘平均水深约 1.45m。每口池塘配备 2 部水车式增氧机，通常开机 1 部，当天气异常或夜晚时根据需要开动 2 部。抽取海边沙滤海水，水质清新，温、盐度随海区状态变化。试验前排尽污水，清除池塘底部沉积的淤泥，漂白粉消毒，池水盐度为 10～16，适合浒苔等海藻生长。试验期间，3 口池塘均不排除池底污水，根据池水蒸发和渗漏情况适当补充水量，6 月下旬持续高温和气候多变，A 号池塘因浒苔出现消亡，适量排放一次底层池水。

向 A 号试验池塘移植浒苔鲜藻 320kg，全池均匀分散抛植，平均密度约为 $150g/m^2$，施放适量的尿素和过磷酸钙，经一段时间培育后，浒苔长势良好，颜色翠绿，生物量快速增加；B 号和 C 号池塘不移植浒苔。试验鱼苗为经过强化培育的大规格种苗，体质健壮，

活力强，体长 8.5～9.5cm，体重 40～60g；各池塘放养密度分别为 A 号池塘 30 000ind./hm^2，B 号池塘 285 00ind./hm^2，C 号池塘 30 000ind./hm^2。定期检测池塘的水质变化，观测浒苔和金钱鱼的生长。

图 8-21 池塘海藻培育及鱼-藻养殖试验（彩图请扫封底二维码获取）
A. A 号试验池塘及培育的浒苔，右下角为藻体；B. B 号地膜底质试验池塘；C. C 号沙泥底质对照池塘

（一）养殖池塘主要理化环境因子变化特征

池塘水质环境变化与养殖生物类型、密度、饵料及饲料营养组成有密切关系，与池塘底质状态、食物利用、养殖时间和试验鱼的生长状况等也有关系。养殖过程中 3 口试验池塘主要理化环境因子各月份的变化见表 8-19。

表 8-19 池塘理化环境因子各月份的变化

理化因子	A 号池塘（试验组）/月份				B 号池塘（试验组）/月份				C 号池塘（对照组）/月份			
	3	4	5	6	3	4	5	6	3	4	5	6
透明度/cm	82	70	61	50	65	53	38	42	67	63	57	55
pH	8.15	8.35	8.52	8.05	8.10	8.26	8.32	8.20	8.05	7.98	8.20	8.10
DO/(mg/L)	7.04	7.23	6.20	5.32	6.65	6.05	5.15	5.05	6.75	6.26	5.36	5.25
NH_4^+-N/(mg/L)	0.22	0.18	0.27	0.33	0.32	0.41	0.56	0.65	0.25	0.37	0.46	0.53
NO_2^--N/(mg/L)	0.18	0.23	0.25	0.29	0.24	0.35	0.39	0.48	0.23	0.28	0.34	0.35
NO_3^--N/(mg/L)	0.56	0.48	0.53	1.22	0.65	0.53	0.86	1.85	0.72	0.58	1.23	3.10
PO_4^{-3}-P/(mg/L)	0.31	0.22	0.44	0.95	0.33	0.35	0.78	1.50	0.34	0.41	0.75	2.32
COD/(mg/L)	3.25	4.32	4.63	5.58	4.05	5.57	6.56	7.10	3.75	4.64	5.50	5.86
T/℃	21.0～34.5				21.5～35.5				21.0～35.5			
S/‰	10.0～15.0				10.0～16.5				10.0～16.0			

注：各水质因子均为该月份 2 次实测的平均值，T、S 分别为试验期间温度和盐度的变化范围

1. 池塘水体 pH 和溶解氧含量变化

对照组 C 号池塘和试验组 B 号池塘水体的 pH 分别为 7.98～8.20 和 8.10～8.32，相对比较稳定，而金钱鱼与浒苔混养的 A 号试验池塘 pH 波动范围为 8.05～8.52，变化较大，与池中浒苔快速繁殖生长有关。浒苔光合作用使水体中的 CO_2 分压下降，而且浒苔对重碳酸盐、硝酸盐及磷酸盐的利用也使得海水中 pH 增高，尤其是在下午强阳光辐射

时，pH 通常较高，而夜晚和清晨较低，但 pH 变化仍然在渔业适宜水质限值范围内。浒苔光合作用释放出大量氧气，A 号池塘溶解氧含量为 5.32～7.04mg/L，平均值达 6.45mg/L，保持了较高的溶氧水平，有利于水中氨氮和亚硝酸氮的氧化，对水环境具有改良作用。溶解氧含量为 A 号池塘＞C 号池塘＞B 号池塘。

2. 池塘水体氨氮含量变化

氨氮是评价池塘水质富营养化的重要环境指标之一，过高的氨氮会损害鱼类的鳃组织，影响氧气交换和其在体内的运输，从而危害养殖鱼类健康。池塘中的氨氮含量随养殖时间延续呈现累积增加的变化趋势，A 号池塘波动最小，平均含量为 0.25mg/L；B 号池塘和 C 号池塘呈上升趋势，氨氮平均含量分别为 0.49mg/L 和 0.40mg/L。A 号池塘的浒苔不仅可以直接吸收和利用离子氨，还可以因光合作用提高水中溶解氧，促进好气性异养微生物对有机质的分解，降低水中离子氨含量，氨氮平均含量为对照组 C 号池塘的 60%。6 月池塘水温持续升高，浒苔逐渐消亡，吸收的氨氮能力下降，氨氮浓度上升到 0.33mg/L。B 号池塘氨氮含量较高，虽然池水中有较丰富的浮游植物，能消除部分氨氮，但因池塘底质为黑色塑料地膜，隔离水体与底质沙泥的联系，淤积池底的排泄物和残余饲料等有机质得不到底栖生物的及时分解和利用，随着养殖时间延长氨氮含量有积累趋势，平均含量为 0.49mg/L，比 A 号池塘含量高近一倍。对照组 C 号池塘虽然没有人工移植浒苔，但水体透明度较高，池底污物积累少，平均氨氮含量为 0.40mg/L，池底生长着大量营底栖生活的蟹守螺，蟹守螺不断清除沉积池底的鱼类粪便、残饵和有机碎屑，对池塘底质清洁和水质净化起着重要作用。各池塘氨氮含量为 B 号池塘＞C 号池塘＞A 号池塘。

3. 池塘水体亚硝酸氮含量变化

亚硝酸盐对水产养殖动物危害性较大，高浓度亚硝酸盐不仅抑制水产动物的正常生长发育，降低其免疫力，还可能诱发各种疾病。亚硝酸盐可将鱼类红细胞中的血红蛋白转化为高铁血红蛋白，使细胞不能与氧结合，丧失氧气运输能力，各组织因缺氧导致功能瘫痪，甚至窒息死亡。在养殖过程中，池塘亚硝酸氮含量有随养殖时间延长而积累的趋势，A 号池塘亚硝酸氮含量变动范围为 0.18～0.29mg/L，平均含量为 0.24mg/L，B 号池塘和 C 号池塘平均含量分别为 0.37mg/L 和 0.30mg/L，A 号池塘亚硝酸氮平均含量比试验组 B 号池塘低 35%，比对照组 C 号池塘低 20%。池塘中浒苔大量增殖能提高水中的溶解氧含量，加快亚硝酸氮的氧化过程，导致鱼-藻混养池塘的亚硝酸氮含量降低。

4. 池塘水体硝酸氮含量变化

试验组 A、B 号池塘和对照组 C 号池塘的硝酸氮含量变化趋势没有明显差异，第二个月含量均略微降低，然后呈缓慢累积上升趋势。A 号池塘硝酸氮含量为 0.56～1.22mg/L，平均含量达 0.73mg/L，4 月和 5 月是浒苔快速生长繁殖时期，较短时间内水中氨氮大量被消耗吸收后，硝酸氮成为浒苔生长的主要氮源，大量的硝酸氮被吸收，导致水中硝酸氮积累减缓，6 月浒苔逐渐消亡，硝酸氮含量积累呈上升趋势。对照组 C 号池塘硝酸氮含量没有显著波动，池水透明度较高，浮游植物密度较低，几乎没有浒苔等大型底栖海藻吸收利用这些溶解硝态氮，硝酸氮含量随时间逐渐积累增加，6 月硝酸氮含量高达

3.10mg/L。

5. 活性磷酸盐含量变化

磷酸盐是重要的生源要素，池塘中磷的含量是水体营养状态的重要指标。A 号池塘中活性磷酸盐含量随着浒苔的生长呈下降趋势，当浒苔大量增殖时维持相对较低和较稳定的状态，6 月南方进入高温酷暑和气候多变季节，浒苔逐渐消亡，对磷的吸收利用能力迅速降低，从消亡的浒苔机体及金钱鱼排泄物释放到水中的磷明显积累，致使磷酸盐含量较快上升。B 号池塘磷酸盐含量在试验后期有一定积累趋势，该池塘透明度较低，浮游生物丰富，虽然 6 月份常因降水等气候变化使浮游植物密度发生波动，当气候环境稳定时短时间内可以恢复生长，浮游植物能持续消耗水中的部分磷酸盐，使池水磷酸盐维持在中等水平。对照组 C 号池塘的磷酸盐含量高于试验组 A 号池塘和 B 号池塘，池水透明度较高，藻类初级生产力低，池塘自身消磷的能力较差，养殖过程中磷酸盐含量有不断积累升高趋势，后期含量达 2.32mg/L。由此可见，大型海藻对磷酸盐营养物质的生物同化吸收是去除池塘中磷酸盐的主要途径。

6. 池塘化学需氧量

化学需氧量（COD）是衡量养殖水体中还原性物质含量多寡的一个重要指标，而有机质是养殖水体中主要的还原物质，化学需氧量越大，说明水体受到有机质污染的程度越严重。池塘 COD 随着养殖时间的推移呈上升趋势，在 3 月试验初期，池塘中的有机质积累较少，COD 含量最低，6 月各试验池均达最高值。A 号试验池塘 COD 含量变化为 3.25～5.58mg/L，比 B、C 号池塘的 COD 相对较低，说明池塘中的浒苔对水中的有机质具有净化作用，6 月因高温多雨，环境变化较大，浒苔逐渐消亡，导致水体有机质增加，COD 也明显上升。

（二）养殖池塘大型海藻的增殖生长

试验于 2013 年 3 月 1 日开始，6 月 30 日结束。

A 号池塘为金钱鱼与浒苔混养试验池，浒苔环境适应性强，容易驯化培育。3～5 月，在水温 21.0～30.0℃、盐度 10～16 条件下，移植到 A 号池塘的浒苔很快适应池塘环境，快速生长，翠绿的藻体向池塘四周迅速繁衍扩散，为生长旺盛期。池塘中的微生物将金钱鱼的排泄物和残饵等有机物分解转化为可供浒苔吸收利用的营养盐，在试验初期的 3 月，浒苔藻体密度从初始时的 150g/m^2 增长到 435g/m^2，日平均增长率为 6.33%。4 月，密度从 435g/m^2 增长到 985g/m^2，日平均增长率为 4.21%。5 月，密度从 985g/m^2 增长到 2518g/m^2，日平均增长率为 5.19%，藻色翠绿，藻体密集，遍布全池。6 月为夏季高温多雨季节，气温持续升高，池塘水温维持在 30～35℃，盐度 10～14，浒苔生长和繁殖受到高温影响，密度从月初的 2518g/m^2 逐渐降低至月底的 75g/m^2，日平均增长率为–3.2%，处于衰退期。7 月盛夏酷暑季节，池水温度在 32～36℃波动，台风暴雨时常发生，环境恶劣，浒苔在较短时间内迅速消亡。

B 号池塘为黑色地膜底质，塑料地膜隔离水体与池底的联系，游离的浒苔孢子不易在地膜上附着和生长，底栖生物种类简单，数量少，难以形成具有生态功能的底栖生物群落，以致金钱鱼排泄物和残余饲料淤积在池底不能及时清除，影响池塘底质环境的修复和水质的自净。试验期间，水中浮游生物密度虽然因天气变化有一定波动，但总体保持较高的密度，水色呈现淡黄绿色，颗粒悬浮物多，透明度较低。

C 号池塘为沙泥底质，适合浒苔附着生长，3～5 月温、盐度适宜时，池底自然萌发出一些浒苔幼苗，受金钱鱼摄食影响，池中大部分区域的浒苔不能正常繁衍和生长，仅有少量藻体生长在不易受到金钱鱼摄食的周边浅水区，生物量小，分布区域狭窄，对池水环境的调节作用有限。池底长出大量摄食底栖硅藻、有机碎屑和腐殖质的蟹守螺，这种螺类喜欢栖息于沙泥底质中，环境适应性强，周年都能生长，生物量大，能有效清除池底的有机沉积污物，这可能是该池塘水体透明度较高、水质相对较好的主要原因。

三、金钱鱼与大型海藻混养

（一）海水养殖对水体环境的影响

海水养殖逐渐改变了以捕捞为主的传统渔业生产方式，不仅对渔业自然资源的保护和再生起着积极作用，而且改善了人们的营养结构，提高了生活质量，促进了海洋经济的快速发展。但是，海水养殖产生的污染物为近岸水域生态环境也带来了一系列严重问题。资料表明，长期无序无度和监管缺失的水产养殖是造成近岸水域环境污染和富营养化的主要因素之一。海水鱼类高密度和集约化养殖的食物主要是冰鲜小杂鱼和高能配合饲料。饵料冰鲜小杂鱼利用率低，易被水流冲散迅速沉入水底，在沉积物中日积月累形成潜在的污染源，产生约 30%食物残饵，25%～30%的食物不能被充分消化吸收并以粪便的形式释放到环境中，造成环境污染和大量饵料资源浪费，逐渐被人工配合饲料取代。配合饲料可以根据养殖对象的营养需求设计出适合其不同发育阶段生理特征的配方和粒径度，具有储存、运输方便和稳定供应的优点，广泛应用于各种养殖模式中，成为海水养殖业主要的饲料营养类型。配合饲料含较高的蛋白质和碳水化合物等营养物质，饲料废物中主要以有机或无机质的溶解态和颗粒态存在。鱼类养殖的饲料中氮、磷和颗粒有机质排放量较高，生产 1t 鲜鱼，排放悬浮颗粒物（TSS）约 9104.57kg，N 为 14.25kg，P 为 2.57kg，生化需氧量（BOD）为 34.61kg（Tovar et al.，2000）。这些排放物中约 52%～95%的氮以不同的形态存在，67%～85%的磷以溶解态和颗粒态存在于水及沉积泥底中，仅有少量的氮、磷等营养物质被鱼类利用（Wallin and Hakason，1991）。据估算，养殖海区的无机磷和无机氮含量是非养殖区的 2～3 倍，而一些养殖海区的沉积硫化物含量是非养殖区自然沉积硫化物的 10 倍，导致养殖区生物多样性急剧下降，表明大规模海水养殖对环境水域的污染相当大（王清印，2003；何国民，1997）。

海水养殖过程产生的大量残饵、粪便和排泄物等是养殖水质恶化和病害流行的重要污染源。此外，长期以来水产养殖准入制度不健全，从业者随心所欲，缺少系统的技术培训和环保意识等职业教育，养殖方式陈旧和装备技术落后，养殖品种单一，缺乏经过种质改良的抗病抗逆新品种，以及养殖海区规划和布局不合理，内、外污染源不能得到综合治理和有效控制，忽视养殖水体污染治理和环境修复对养殖业的重要性等，致使浅海、滩涂、港湾和河口水域的环境质量普遍下降，养殖生物病害频发。2013 年，我国因病害和环境污染而导致的受灾养殖面积达 18.1 万 hm^2，水产品损失 25.2 万 t，约 54 亿元（农业部渔业渔政管理局，2014）。养殖产品的产量和质量不稳定，养殖效益降低和风险加剧，严重打击生产者的积极性，动摇其投资信心，以致沿海大量养殖设施处于停产、半停产或被废弃状态，造成渔业设施资源浪费严重，不利于养殖业的健康发展。

为了减轻池塘水质恶化和减少病害发生，传统的方法是频繁大量换水，投放抗生素和化学药物，药物的施放和残留在医治病虫害的同时也伤害了水体中的动植物和有益微生物菌群，造成池塘生态系统失衡。近年来海水养殖环境的生物修复已经日益受到重视，一些技术应用在养殖生产中取得较显著效果。海洋生物环境修复是指利用对养殖水质和底质环境具有显著净化能力和改良作用的动、植物或微生物等降低环境中污染物的浓度或改变污染物的存在形态，降解其毒性使之无害化，使遭受破坏的养殖水体生态环境得以改良和恢复，有利于养殖生物的生长发育和生存。海洋有丰富的大型海藻资源，它们在水质环境改良和水体生态平衡方面起着重要的调节作用。许多大型海藻由于独特的生理特性、快速生长增殖和高效的生态功能，被广泛应用于近岸富营养化海区的环境修复及集约化鱼类养殖废水的生物处理（杨宇峰等，2005；Siddik et al.，2014a；Ergun et al.，2009；Valente et al.，2006）。

（二）金钱鱼与大型海藻的生态关系

金钱鱼是以植食性为主的杂食性海水名贵经济鱼类，生活在近海及港湾、河口岩礁或海藻丛生的水域，喜食各种海藻、有机碎屑和人工配合饲料，也摄食小型底栖动物等，食谱广，食物来源丰富。石莼（*Ulva intestinalis*）是金钱鱼喜食的海藻，营养丰富，广泛分布于世界各地近岸的海水、咸淡水及淡水不同环境水域（Siddik et al.，2014）。据文献报道，单独摄食石莼的金钱鱼，其生长率与单独投喂商品饲料没有显著差异，石莼与商品饲料混合交替喂养的金钱鱼的生长率不仅显著高于单独投喂商品饲料或单独投喂石莼的金钱鱼，而且养殖水体中的氨氮和亚硝酸氮等有害物质的含量明显降低，改良了养殖水质，降低了饲料成本（Siddik et al.，2015；Anh et al.，2012；Gandhi.，2002）。Ganesan 等（2014）研究发现，浒苔具有较高的蛋白质、丰富的不饱和脂肪酸和矿物质，可作为杂食性水产动物的食物，可改善其营养组成。我国沿海有丰富的海藻资源，浒苔属海藻有 16 种（黄宗国，1994），均为大型海藻，多数具有较高的食用价值和药用价值，分布广，生物量巨大，常见种类有浒苔（*Enteromorpha prolifera*）、肠浒苔（*E. intestinalis*）、条浒苔（*E. clathrata*）和缘管浒苔（*E. linza*）等。浒苔环境适应性强，主要分布在潮间带、滩涂和浅海水域，也能在鱼塭、池塘中生长繁殖。

浒苔等大型海藻是一种生物过滤器，与池塘养殖动物在生态上具有互补性，对养殖水体中的无机氮、磷和碳等具有很强的吸收率，可以去除水中不断积累的营养物质，将其转化为可供金钱鱼摄食的藻类有机质，而且浒苔进行光合作用会提高水体 pH，调节养殖水体的酸碱度，产生大量氧气，降低金钱鱼高密度养殖过程可能产生的缺氧状况，加快有毒有害物质氧化降解，对养殖水体有很强的环境修复功能。金钱鱼的残饵和排泄物等经微生物分解源源不断地为海藻生长输送可以吸收利用的养料，在池塘养殖生态系统中形成物种间的互生、互利关系，有利于物质循环和能量流动，可维持养殖系统生态平衡。此外，浒苔生命力极强，繁殖速度快，当环境条件适宜时，短时间内可能导致水体中无机盐类迅速减少，破坏池塘的营养物质代谢，使水体清瘦，不利于养殖生物生长。生长在潮间带的浒苔等绿藻，如果暴发性增殖，又不能及时清除或充分利用，会破坏沉积环境质量，导致底栖生物数量锐减，死亡后会散发出难闻的臭气，严重污染环境（Yamochi，2013）。因此，浒苔等大型海藻既是经济海藻，具有开发利用价值，又可能形成绿潮，对环境和养殖生物构成潜在危害，在生态上具有益损两重性。根据金钱鱼和浒苔绿藻不同的生理生态特性和在养殖系统中的生态位差异，利用养殖物种间的互补、互生和互利关系，优化养殖物种间的合理搭配，探索植食性金钱鱼对大型海藻的有效利用和海藻对养殖环境的生物修复作用，发挥异养型生物和自养型生物各自的生态功能，促进海藻的生长，提高金钱鱼的养殖产量和质量，减少污水的排放，实现健康环保的低碳养殖。

（三）金钱鱼池塘鱼-藻混养

海水鱼类养殖对环境的不利影响主要是产生大量的有机和无机废物，维持养殖业健康发展的关键在于将这些对环境和养殖生物有害的废物控制在养殖系统的容纳量内。因此需要发展生态型养殖技术，通过对养殖系统的干预调控，协调养殖生物与养殖环境的关系，使养殖生态系统呈现互利良性循环。植食性的金钱鱼能适宜从淡水至高盐度的各种生长环境，与浒苔等大型海藻混养，既能利用海藻的生态净化功能改良养殖环境，又能摄食海藻，控制海藻过度增殖，抑制绿潮的发生，将低值的藻类有机质转化为供人类利用的高值动物蛋白质。

金钱鱼为偏植食性的海水鱼类，经驯化也喜食人工配合饲料，在池塘鱼-藻混养中，能摄取池塘培育生长的浒苔。对粪便和肠道食物残渣的分析结果证实，金钱鱼不能完全消化吸收海藻，因此仅仅依靠浒苔难以满足金钱鱼快速生长的营养需求，需要补充一定量的配合饲料改善营养结构，促进其发育。A 号试验池塘培养的浒苔作为金钱鱼的主要饵料来源，每日补充总鱼体质量 1%～3%的膨化海水鱼类配合饲料，B 号和 C 号池塘分别单独投喂总鱼体质量 4%～6%的膨化海水鱼类配合饲料，每日上、下午各投一次，通常在 1h 内摄食完毕。根据摄食活动和气候变化情况，灵活调节投喂量和投喂次数，减少饲料浪费和残饵对水质的污染。每天清晨和夜晚巡塘观察，特别是在天气闷热、阴霾、气压低、无风或阵雨前后要注意巡塘，发现鱼群浮头或聚群水体上层时，及时增氧，防止因缺氧导致的一系列生理生态问题。时常检查金钱鱼健康状态，发现病鱼要及时分析判定病因，采取相应的防范和治疗措施。

浒苔环境适应性强，繁殖生长快，藻体细嫩，有利于消化吸收，不仅可以作为金钱鱼的饵料，而且其光合作用释放的氧气能提高水中溶解氧含量，促进好气性异养微生物繁殖，加快氨氮和亚硝酸氮的氧化，改善池塘富营养化的水质，同时在生长过程中大量吸收水中的氨氮、硝酸氮和磷酸盐，在养殖水质环境修复中起着重要的作用。表 8-20 为金钱鱼池塘养殖与鱼-藻混养的试验结果。

从 3 月开始池塘水温呈逐渐上升趋势，气候环境相对稳定，金钱鱼摄食量逐渐增大，试验组和对照组金钱鱼的体重均有显著增长。此时，A 号试验池塘的浒苔快速增殖，为金钱鱼提供了丰富的生物饵料，在补充了适量的海水鱼配合饲料条件下，金钱鱼生长快；试验初期群体平均体重为 53.5g，试验结束时达 172.3g，平均尾增重 118.8g，增长率为

表 8-20　金钱鱼池塘养殖与鱼-藻混养试验

池塘序号	面积/hm^2	放养数量	初始体重/g		月份平均生长量/g				饵料类型	成活率/%	产量/(kg/hm^2)	饲料/(kg/hm^2)	饲料系数	肝色正常比例/%	肠脂
			范围	平均	3	4	5	6							
A 号池塘	0.21	6400	40～60	53.5	70.5	105.7	150.2	172.3	藻+海鱼料	98.3	5080	6600	1.3	90%	较少
B 号池塘	0.20	5700	40～60	51.2	68.4	101.3	138.8	156.6	海鱼料	90.6	4044	9300	2.3	60%	多
C 号池塘	0.20	6400	40～60	52.6	70.1	100.5	141.3	163.2	海鱼料	95.1	4656	9315	2.0	70%	较多

注：海鱼料即膨化海水鱼类配合饲料

222.1%；其中 3 月增长率为 31.8%，4 月和 5 月月增长最快，分别为 49.9%和 42.1%，而 6 月仅增长 14.7%。6 月南方沿海进入高温酷暑和气候多变季节，浒苔不适宜高温逐渐消亡，生物量不断下降，月底池塘中的浒苔平均密度仅为 75g/m^2，金钱鱼转为主食配合饲料，池水中溶解氧随着浒苔消亡而降低，亚硝酸氮含量有所上升，基本维持在养殖水质适宜的范围内。

A 号试验池塘的金钱鱼平均体重比对照组 C 号池塘和试验组 B 号池塘分别高 5.6%和 10.0%，单位产量分别高 9.1%和 25.6%，体质健康，体色鲜艳，未发生病害，成活率高达 98.3%。而对照组 C 号池塘和试验组 B 号池塘在试验期间均发生过较严重的寄生虫病害，经及时治疗，成活率分别达 95.1%和 90.6%。各池塘的单位产量和成活率分别为 A 号池塘＞C 号池塘＞B 号池塘。试验结果显示，A 号池塘的金钱鱼有较明显的生长优势和较高的成活率。

试验结束时，检测各池塘鱼体的肝脏颜色、脂肪浸润和肠道上的脂肪沉积状况。试验组 A 号池塘金钱鱼的肝脏赭色，颜色均匀，肝脏组织脂肪浸润较少，仅一尾肝脏呈淡土黄色，表现为轻度脂肪肝症状，肝脏发育正常率达 90%，肠道上脂肪沉积量少，内脏发育健康，说明以浒苔为主食、兼食配合饲料对植食性金钱鱼的生长发育和健康是适宜的；对照组 C 号池塘金钱鱼的肝脏发育正常率为 70%，部分肝脏土黄色，分布紫红色淤血斑点，肠道上沉积较多脂肪，基本覆盖整个肠道，呈现较明显的脂肪肝症；试验组 B 号池塘金钱鱼的肝脏发育正常率为 60%，而异常的肝脏组织中浸润较多的脂肪，肥大油腻，呈土黄色并常伴有淤血斑点，脂肪层厚实，覆盖整个肠道并在腹腔壁上沉积，脂肪肝症状明显。

（四）金钱鱼养殖病害的主要种类和防治技术

金钱鱼养殖历史较短，相关的疾病研究很少，未见针对养殖中病原微生物和寄生虫等疾病防治技术的研究报道。尽管金钱鱼有较强的抗病抗逆能力，但近年来因环境污染日趋严重，缺乏专门的营养饲料，养殖设施简陋和技术相对落后等，导致病害时常发生，给养殖业造成严重损失。目前金钱鱼养殖中常见的疾病主要有以下几种。

1. 细菌性肠炎

细菌性肠炎多数发生在金钱鱼幼鱼阶段，为了提高养殖成活率，通常种苗在池塘中强化培育为体长 8～10cm 的大规格种苗，然后移到海区网箱或各种类型的池塘中养殖。

由于养殖环境发生较大变化，产生不良的应激反应，此时若食物投喂量过高、饲料营养成分变化太大或摄食了腐败变质的饲料容易诱发肠炎。患肠炎病的幼鱼食欲缺乏，体色变黑，失去光泽，群聚网箱或池塘周边表层，游动缓慢，肛门红肿，腹部膨胀，挤压腹部有淡黄色黏液流出，解剖检查有腹水和肠道充血发炎现象。若不能及时治疗，会在短时间内造成50%以上的死亡。

预防方法：①从池塘向海区网箱移养前，连续2～3d在饲料中添加适量的土霉素、复方新诺明或大蒜素，有较好的预防效果。②控制投喂量，防止过度摄食，保证饲料质量和饲料类型及成分的延续性。③海区水质环境良好，潮流缓慢，养殖密度适中。

治疗措施：①确诊为肠炎病后，停食1d，在每千克饲料中加入100g大蒜泥或5～8g大蒜素粉；②每千克饲料加入5～8g土霉素或5g复方新诺明抗生素，上述药物连续投喂3d，治疗金钱鱼肠炎效果显著。

2. 弧菌病

弧菌病是由毒力较强的弧菌诱发的出血病，主要发生在网箱养殖的金钱鱼上。病鱼离群，缓游于网箱的上表层，体色发黑，体表常见到出血斑，鳃贫血，鳍基部开裂出血特别明显；眼球突出，有充血现象，肝脏土黄色，布满血斑。池塘养殖的金钱鱼较少发生弧菌病。

治疗措施：每千克饲料中添加磺胺类抗生素复方新诺明5～8g，或氟苯尼考5g，连续投喂3～4d，有较好的治疗效果。

3. 指环虫病

指环虫是金钱鱼鳃组织上的常见寄生虫，虫体颇小，在鳃丝上如同水蛭做伸缩活动，利用虫体锚钩破坏鳃丝上皮组织。病鱼鳃片浮肿，呈暗灰白色，鳃部分泌大量黏液，影响正常呼吸，严重时呼吸困难，窒息而亡，对金钱鱼养殖产生较大危害。

治疗措施：①采用90%晶体美曲膦酯，浓度为8mg/L，浸泡病鱼10～15min；②全池泼洒美曲膦酯，浓度为0.7mg/L。美曲膦酯为治疗金钱鱼指环虫病的特效药。

4. 车轮虫病

车轮虫主要寄生在金钱鱼幼鱼的鳃部、体表和鳍膜上。鳃部的车轮虫繁殖速度快，危害性较大。虫体大小为25～60μm，不断旋转，虫体的齿钩使鳃上皮组织脱落，刺激鳃丝分泌大量黏液，导致病鱼呼吸困难，摄食不振，鱼体消瘦，最终死亡。

治疗措施：①250mg/L甲醛海水浸泡30min，连续2d，效果明显；②硫酸铜和硫酸亚铁按70%∶30%的比例混合后，以15mg/L浓度浸泡20min，或以2mg/L浓度全池泼洒，增氧进行，效果显著。

5. 鱼虱病

鱼虱病常发生在海水网箱养殖的大规格金钱鱼上，主要寄生在体表鳞片下、眼睛角膜内、鳍膜上和鳃部。病鱼摄食减少，焦躁不安，常有摩擦网衣现象，鱼体消瘦，常伴随其他并发症出现，严重时会有较大量的死亡。低盐度的池塘很少发生金钱鱼鱼虱病。

治疗措施：①淡水中添加抗生素，浸泡 15min，鱼虱基本脱落；②网箱中挂吊晶体美曲膦酯，有较好驱虫效果；③0.7mg/L 浓度的晶体美曲膦酯全池泼洒，效果明显；④降低池塘海水盐度，有良好的病害防治作用。

6. 刺激隐核虫病

刺激隐核虫病俗称海水小瓜虫病，没有明显的宿主选择性，是金钱鱼养殖过程中最常见和最具危害性的烈性寄生虫病，常发生在春夏和秋冬两季交换时期。养殖密度过大，水体有机质较多或富营养化较严重的池塘容易发生，最适宜温度为 20～26℃，盐度为 10～26。病鱼食欲不振，鳃部、体表、鳍膜和眼睛上等都有可见的小白点，严重时成群结队地在网箱四周或池塘周边狂游，时而跃出水面，体表皮肤点状出血、溃烂，体表黏液增多，形成一层污浊状的黏膜，受损的鳃片上覆盖一层黏膜，阻止氧气交换，导致窒息死亡。

刺激隐核虫生活史分为 4 个发育阶段，即滋养体、包囊前体、包囊和幼虫，不同发育阶段细胞个体大小的变化为 25～450μm。滋养体营寄生生活，钻进金钱鱼的鳃组织中活动，吞噬组织碎屑、细胞和体液，危害性最大。成熟的滋养体脱离宿主营自由生活，成为带有口器、自由旋动的包囊前体。然后形成硬质包囊，沉于水底，包囊经多次分裂，形成许多子代幼虫。幼虫从破裂的包囊中释放出来，在水中游动寻觅宿主，大量的幼虫感染在金钱鱼鳃丝上，幼虫大小为 25～75μm，部分幼虫钻进鳃组织中发育成滋养体。刺激隐核虫依靠包囊及其幼虫传播，传播速度极快，苗种和成鱼均可迅速感染，死亡率极高，若不及时控制和治疗，短时间内将出现毁灭性死亡。目前，金钱鱼刺激隐核虫病尚无专治的特效药和规范易操作的治疗方法，因此应该以防为主，防治结合。

预防方法：①池塘养殖应严格清塘消毒，网箱养殖需勤换网箱，保持水流畅通，防止包囊和幼体感染；②种苗放养前进行检疫，消毒杀虫，防止带病养殖；③根据金钱鱼生长发育状况，及时疏养，降低密度；池塘养殖可定时施放适量的微生物水质改良剂或生石灰，必要时抽进新水，排放污水，保持水质清洁和稳定；④淡水池塘养殖可以有效抑制病害发生；⑤在金钱鱼养殖池塘中培养大型底栖海藻，既能作为饵料，又能净化水质，改良环境，减少病害发生；⑥当池塘浮游生物密度过高时，施放适量的二氧化氯或漂白粉，控制其暴发；⑦勤巡池塘和网箱，发现养殖设施周边水面出现成群游动缓慢、体色暗黑的病鱼时，及时捞出检测、诊断，确定病症，以便于及时治疗。

治疗方法：①金钱鱼为典型的广盐性海水鱼类，能在淡水中生活，将海水网箱养殖的病鱼移到含浓度为 25mg/L 有机络合铜的淡水袋中浸浴 2～3h，持续充氧，基本能杀灭自由活动的幼虫和包囊。②海水池塘养殖的病鱼可以转移到备用的含浓度为 10mg/L 有机络合铜的淡水池中暂养 1～2d，基本能杀灭幼虫和包囊，缺点是操作麻烦，大规模养殖时工作量太大，不易实施，且需要足够的淡水供应。③在刺激隐核虫病流行季节前，将池塘海水盐度降低至 5 以下，施放适量的有机络合铜，能够有效抑制虫害暴发。对钻进鳃组织中的滋养体目前尚缺乏有效的治疗手段。

7. 营养性疾病

目前还没有适宜金钱鱼养殖的全价配合饲料，对其营养需求尚无科学的试验结果，养殖业基本采用其他杂食性鱼类的替代饲料。由于饲料营养不全面、不均衡，多种维生素缺乏等，导致养殖金钱鱼的脂肪肝、肝大等综合征较普遍。病鱼肝脏异常，腹水多，腹腔和肠道上大量脂肪沉积，游动迟缓，免疫力下降，易患病，对环境变化应激敏感，成鱼在高温多雨季节容易发生大量死亡，造成严重损失。

防治方法：①在饲料中添加 0.3%的氯化胆碱、0.3%的鱼用多维和 0.2%的水产专用维生素 C，有一定效果；②定期在饲料中添加大蒜泥，经常投喂适量的新鲜海藻，改良食物营养结构和组成，能明显减低脂肪肝和肝脏异常等病症，提高成活率。

（五）小结

浒苔环境适应性强，适宜在沙泥底质的池塘中生长，是池塘栽培优良的大型底栖海藻。秋末至翌年的初夏为其主要生长和繁育季节，3～5 月为生长旺盛期。在水温 21.0～30.0℃、盐度 10～16 的条件下，浒苔增殖速度最快，藻体密度从 3 月初的 150g/m^2 增殖到 5 月底的 2518g/m^2。在南方沿海的 7 月，池养浒苔因不适应高温酷暑而消亡，生态功能和饵料功能均丧失，对植食性金钱鱼的健康养殖产生不利影响。

浒苔是海水池塘养殖良好的环境修复生物，浒苔通过光合作用释放出大量氧气，使池塘水体保持较高的溶氧浓度，促进氮化物的氧化降解。同时藻体的快速增殖吸收大量的氮、磷和碳等营养物质，减轻池塘富营养化污染，改善水质，维持养殖水体环境的稳定，有利于金钱鱼的代谢和生长。因此，鱼-藻混养池塘水质各项主要指标比单养地膜底质池塘和对照组沙泥底质池塘的环境质量均较好。

浒苔与金钱鱼池塘混养不但能改良环境，调控养殖环境生态，而且是金钱鱼的良好生物饵料，与配合饲料结合投喂能有效促进金钱鱼的生长发育，增强其体质，减少病害，提高成活率。鱼-藻混养试验池塘的金钱鱼平均体重比对照组 C 号池塘和试验组 B 号池塘分别高 5.6%和 10.0%，单位产量分别高 9.1%和 25.6%，饲料系数明显较低，养殖成本降低，表现出良好的经济效益和生态效益。

四、金钱鱼养殖前景展望

金钱鱼具有优良的经济性状，加上具有喜食海藻、青菜和配合饲料，食性杂，食物来源广泛，能在淡水和海水中生长，抗高温，耐寒冷，环境适应性强等特点，受到亚太沿海国家的青睐，也引起国内外研究者的重视。目前金钱鱼自然资源逐年减少，野生成鱼产品稀缺，依靠海水捕捞远远不能满足人们的需要，开展人工养殖和繁育技术的研究与开发是解决市场需求、促进产业发展的重要途径，对金钱鱼种质资源的保护也具有重要的现实意义。

种苗是水产养殖健康和可持续发展的物质基础。金钱鱼为中小型鱼类，更适宜餐馆食肆和百姓家庭对优质活鱼的消费嗜好，目前其产品在港澳市场和南方沿海的中小城镇供不应求，尚难提供内陆大中城市消费，以致人们只闻其名难见真容。随着沿海养殖金钱鱼的热情不断高涨，依赖天然野生苗已经不能满足养殖生产的需要。国内已经较系统地研究了金钱鱼的养殖生态和繁殖生物学特性，掌握了金钱鱼网箱培育群体的性腺发育和成熟规律，人工繁育技术获得重大突破，为种苗产业化人工培育提供重要的生物学资料和技术支撑。鉴于目前沿海河口、港湾主要养殖海区污染严重，池塘培育亲鱼可以有效地阻隔海区的污染源和病源生物的危害，有利于繁殖亲鱼的正常发育与成熟。根据金钱鱼独特的生理生态特性及其环境适应性，在加强金钱鱼亲鱼海区网箱培育研究的基础上，重点研究陆基池塘规模化亲鱼培育技术，研究养殖条件下环境因子、营养优化和内外源激素对金钱鱼发育和繁殖的内分泌作用机制与生殖调控技术，促进高效稳定地启动亲鱼性腺同步发育和成熟，建立种苗全人工繁育技术与方法，实现产业化种苗生产，从根本上解决金钱鱼养殖生产种苗匮乏的问题。

健康低碳养殖是金钱鱼产业化养殖生产的发展方向。海水养殖过程产生的大量残饵、粪便和排泄物等是养殖水质恶化和病害流行的重要污染源，尤其对水体交换不良的港湾大规模网箱养殖、高密度集约化池塘养殖造成极大危害，这种高产量、高耗能、高污染的产业结构使海洋渔业经济发展与生态环境间的矛盾更加突出。我国海水鱼类养殖种类繁多，据不完全统计有50多种，受到养殖物种地理分布、生理生态特性、繁养殖技术水平和水域环境多变的影响，可以达到大规模产业化、成为渔业支柱产业的优良种类并不多，而且绝大多数是肉食性或偏肉食性的杂食性鱼类，对饲料蛋白质、不饱和脂肪酸等营养组成要求较高，养殖成本也较高，这些养殖动物的粪便和残饵对养殖环境的污染较严重，治理较困难，而符合绿色低碳的植食性鱼类养殖物种极少，未受到足够的重视。金钱鱼早期发育期间已经开始摄食浮游植物，幼鱼阶段就表现出明显的海藻植物摄食趋向性。试验结果表明，金钱鱼与大型海藻之间具有互生、互补和互利的关系，是养殖生态系统中在物质转化和能量流动过程可能形成良性循环的理想养殖种类。可以利用这种生态关系发展金钱鱼健康低碳养殖，将经济价值不高的海藻通过养殖过程转化为高品质的动物蛋白质。

我国沿海有丰富的海藻资源，许多大型海藻的价值还未被充分认识，尚未得到应有的开发利用，如浒苔和石莼等绿藻。浒苔和石莼等大型海藻在富营养化水体中快速生长，具有很强的氮、磷和碳吸收能力，如果失去控制会暴发性增殖，形成绿潮，如不能及时清除或充分利用，死亡的藻体会将吸收和储存的氮、磷和碳重新返回海域，对环境生态和渔业生产造成危害，而目前我国对这些海藻的资源化利用强度较低，尤其是养殖生物的高值利用研发滞后。可见，这些环境适应性较强，生物量增殖快，容易收获和可人工养殖的海藻具有益害双重性。浒苔和石莼是优良的水质净化和环境修复生物，也是金钱鱼良好的食物。池塘鱼-藻混养试验结果表明，浒苔光合作用能提高池塘的溶氧量，吸收氨氮、硝酸氮和磷酸盐，加快亚硝酸氮的氧化，降低水体中氮、磷和碳的积累，将这些生源要素转化为可供金钱鱼生长的饵料食物，提高产量和质量，降低成本；而金钱鱼代谢所排出的废物又被海藻利用，促进海藻繁殖生长，减轻池塘环境自身污染，从而减少污水的排放，这种互生、互利的循环关系，促进了养殖系统中的物质循环和能量流动。我国东南诸省沿海有众多可开发利用的河口、港湾养殖水域和辽阔的浅海、滩涂海域，以及大量的海水养殖池塘、鱼塭与处于闲置或半遗弃状态的高、低位沙泥底质虾池，发展金钱鱼与海藻综合循环养殖模式，能大幅度减轻水体富营养化，改良环境生态，而且这种渔业生产方式可以通过生物固碳扩增促进海藻大量吸收海水中的 CO_2，直接或间接地降低和封存温室气体，养殖金钱鱼摄食海藻，将海藻转化为人类食用的高档鱼产品，通过食物链（网）机制移除海水中的碳，发挥鱼-藻复合养殖的碳汇功能，实现经济效益和生态效益共赢的海水健康低碳养殖。

参 考 文 献

蔡泽平，胡家玮，王毅. 2014. 金钱鱼早期发育的观察. 热带海洋学报，33（4）：20-25
蔡泽平，王毅，胡家玮，等. 2010. 金钱鱼繁殖生物学及诱导产卵试验. 热带海洋学报，29(5): 180-185.
陈品健，王重刚，陆浩. 1998. 真鲷幼鱼消化酶活性与温度的关系. 厦门大学学报(自然科学版), 37(6): 931-934.
丁兰平. 2011. 中国海藻志 红藻门 第七册. 北京：科学出版社.
范镇明，钱龙，王咏星. 2008. 温度和 pH 对河鲈消化酶活性的影响. 淡水渔业, 38(2): 36-39.
冯广朋，章龙珍，庄平. 2008. 海水网箱养殖长鳍蓝子鱼的摄食与生长特性. 海洋渔业, 30(2): 37-42.
冯琳. 2009. 苏氨酸对幼建鲤消化吸收能力和抗病力以及组织器官中蛋白质调控信号分子 TOR 表达的影响. 四川农业大学博士学位论文.
冯琳，彭艳，刘扬. 2011. 晶体苏氨酸和微囊苏氨酸对幼建鲤生长性能和消化吸收能力影响的比较研究. 动物营养学报, 23(5): 771-780.
傅丽容，陈学光，黎学春. 2008. 奥尼罗非鱼消化系统的组织学研究. 水产养殖, (5): 1-4.
郭娟，李秀娟，李英文. 2009. 温度、pH 对团头鲂肝脏主要消化酶活性的影响. 河北渔业, (10): 20-22.
何国民. 1997. 海湾网箱渔场老化特征分析. 中国水产科学, 4(5): 35-41.
黄宗国. 1994. 中国海洋生物种类与分布. 北京：海洋出版社: 222-229.
李茜，王树启，游翠红，等. 2013. 三种非淀粉多糖酶对几种海藻的体外消化效果比较. 饲料工业, 34(22): 37-41.
李人光，姜永新，姜瑞勇. 2009. 大型海藻作为饲料的综合利用技术. 科学养鱼, 10: 64-65.
李希国，李加儿，区又君. 2006. 温度对黄鳍鲷主要消化酶活性的影响. 南方水产, 2(1): 43-48.
梁志强，李传武，刘明求. 2011. 湘华鲮消化系统的形态学与组织学研究. 中国水产科学, 18(5): 1051-1060.
林浩然. 1962. 五种不同的鲤科鱼的消化管. 中山大学学报, (3): 65-77.
林浩然. 2011. 鱼类生理学. 广州：中山大学出版社.
刘红梅. 2006. 乌鳢消化系统组织学及消化酶的研究. 中国海洋大学硕士学位论文.
刘敏，张辉. 2008. 鱼类消化酶的研究进展. 渔业经济研究, (6): 6-10.
刘云，姜国良，郑家声. 2001. 牙鲆消化道形态学及组织学研究. 青岛海洋学报, 31(4): 548-553.
陆开宏，王扬才，蔡惠凤. 2005. 2 种摄藻鱼消化酶活性及消化器官组织形态比较研究. 水利渔业, 25(5): 37-40.
马强，刘静. 2006. 蓝子鱼科的系统研究概况及我国蓝子鱼科的研究展望. 南方水产, 2(4): 68-74.
倪达书，洪雪峰. 1963. 草鱼消化道组织学的研究. 水生生物学集刊, (3): 1-25.
农业部渔业渔政管理局. 2014. 2014 年中国渔业统计年鉴. 北京：中国农业出版社: 131-136.
潘黔生，郭广全，方之平. 1996. 6 种有胃真胃鱼消化系统比较解剖的研究. 华中农业大学学报, 15(5): 463-469.
沈文英，胡洪国，潘雅娟. 2004. 温度和 pH 对南美白对虾消化酶活性的影响. 海洋与湖沼, 35(6): 543-548.
沈文英，寿建昕，金叶飞. 2003. 温度对银鲫肠道消化酶活性的影响. 浙江农业学报, 15(1): 39-41.
沈文英，祝尧荣，钱科亮. 2006. 温度和 pH 对澳洲宝石鱼消化酶活性的影响. 大连水产学院学报, 21(2): 189-192.

寿建昕, 沈文英, 吴颖芳. 2006. 温度对翘嘴红鲌消化酶活力的影响. 水利渔业, 26(2): 6-7, 25.
王清印. 2003. 海水健康养殖的理论与实践. 北京: 海洋出版社: 14-26.
王树启, 徐树德, 李远友. 2010. 黄斑蓝子鱼幼鱼对蛋白质和脂肪适宜需要量的研究. 海洋科学, 34(11): 18-22.
尾崎久雄. 1983. 鱼类消化生理. 上海: 上海科学技术出版社.
吴婷婷, 朱晓鸣. 1994. 鳜鱼、青鱼、草鱼、鲤、鲫、鲢消化酶活性的研究. 中国水产科学, 1(2): 10-17.
徐大伦, 黄晓春, 杨文鸽. 2003. 浒苔营养成分分析. 浙江海洋学院学报(自然科学版), 22(4): 318-320.
徐树德, 刘雪兵, 王树启, 等. 2014. 不同类型饲料对黄斑蓝子鱼幼鱼生长及肌肉蛋白质和脂肪酸组成的影响. 海洋渔业, 36(6): 529-535.
杨宇峰, 宋金明, 林小涛, 等. 2005. 大型海藻栽培及其在近海环境的生态作用. 海洋环境科学, 24(2): 77-80.
殷名称. 1999. 鱼类生态学. 北京: 中国农业出版社.
游翠红, 李茜, 王树启, 等. 2014. 石莼饲料中添加非淀粉多糖酶对黄斑蓝子鱼(*Siganus canaliculatus*)生长以及肌肉营养成分的影响. 渔业科学进展, 35(5): 46-54.
游翠红, 张文涛, 王树启, 等. 2013. 大型海藻用作黄斑蓝子鱼配合饲料碳源的初步研究. 饲料研究, (6): 60-64.
余杰, 王欣, 陈美珍. 2006. 潮汕沿海龙须菜的营养成分和多糖组成分析. 食品科学, 27(1): 93-97.
曾端, 叶元土. 1998. 鱼类食性与消化系统结构的研究. 西南农业大学学报, 20(4): 361-364.
张邦杰, 梁仁杰, 毛大宁. 1999. 黄斑蓝子鱼的池塘驯养及有关生物学初探. 现代渔业信息, 14(4): 11-16.
张雅芝, 郑斯电. 1999. 𩾃状黄姑鱼早期发育阶段的摄食与生长特性. 海洋与湖沼, 30(2): 117-126.
郑曙明, 胡大波, 张志蓉. 2001. 不同饵料对虎鲨生长的影响及淀粉酶活性变化的研究. 四川畜牧兽医学院学报, 15(4): 15-19.
周景祥, 余涛, 黄权. 2001. 鲤鱼、黄颡鱼和大眼蛳鲈消化酶活性的比较研究. 吉林农业大学学报, 23(1): 94-96, 120.
周胜强, 游翠红, 王树启, 等. 2013. 饲料中添加浒苔对黄斑蓝子鱼生长性能及生理生化指标的影响. 中国水产科学, 20(6): 1257-1265.
庄平, 宋超, 章龙珍. 2008. 黄斑蓝子鱼肌肉营养成分与品质评价. 水产学报, 32(1): 77-83.
庄平, 宋超, 章龙珍. 2009. 转食不同饵料对野生中华鲟幼鱼肌肉营养成分的影响. 水生生物学报, 33(5): 998-1004.
Anh N T N, Tien N M, Hai T N. 2012. Proceedings of the 12th International Fisheries on Sharing Knowledge for Sustainable Aquaculture and Fisheries in the South-East Asia, Can Tho University, Vietnam.
Arunumar K, Rengasamy R. 2005. Antibacterial activities of seaweed extracts/fractions obtained through a TLC profile against the phytopathogenic bacterium *Xanthomonas oryzae* pv. *oryzae*. Botanica Marina, 43(5): 417-421.
Austreng E. 1978. Digestibility determination in fish using chromic oxide marking and analysis of contents from different segments of the gastrointestinal tract. Aquaculture, 13: 265-272.
Barry T P, Fast A W. 1992. Biology of spotted scat(*Scatophagus argus*)in philippines. Asian Fisheries Sciences, 5: 163-179.
Bird T A, Kyriakis J M, Tyshler L. 1994. Interleukin-1 activates p54 mitogen- activated protein(MAP)kinase/stress- activated protein kinase by a pathway that is independent of p21 ras, Raf-1, and MAP kinase kinase. Journal of Biological Chemistry, 269: 31 836-31 844.
Borlongan I. 1990. Studies on the digestive lipases of milkfish, *Chanos chanos*. Aquaculture, 89:

315-325.

Cant J P, McBride B W, Croom Jr W J. 1996. The regulation of intestinal metabolism and its impact on whole animal energetics. Journal of Animal Science, 74: 2541-2553.

Chackrabarti I, Gani M A, Chaki K K. 1995. Digestive enzymes in 11 freshwater teleost fish species in relation to food habit and niche segregation. Comparative Biochemistry & Physiology, 112A: 167-177.

Corrêa C F, Aguiar L H, Lundstedt L M, et al. 2007. Responses of digestive enzymes of Tambaqui(*Colossoma macropomum*)to dietary cornstarch changes and metabolic inferences. Comparative Biochemistry & Physiology, 147A: 857-862.

Debnath D, Pal A K, Sahu N P. 2007. Digestive enzymes and metabolic profile of *Labeo rohita* fingerlings fed diets with different crude protein levels. Comparative Biochemistry & Physiology, 146B: 107-114.

El-Dakar A Y, Shalaby S M, Saoud I P. 2007. Assessing the use of a dietary probiotic/prebiotic as an enhancer of spinefoot rabbitfish *Siganus rivulatus* survival and growth. Aquaculture Nutrition, 13: 407-412.

Ergun S, Soyuturk M, Guroy B, et al. 2009. Influence of *Ulva* meal on growth, feed utilization, and body composition of juvenile *Nile tilapia*(*Oreochromis niloticus*)at two levels of dietary lipid. Aquaculture International, 17: 355-361.

Fountoulaki E, Alexis M N, Nengas I. 2005. Effect of diet composition on nutrient digestibility and digestive enzyme levels of gilthead sea bream(*Sparus aurata* L.). Aquaculture Research, 36: 1243-1251.

Froese R, Pauly D. 1995. Fishbase: A Biology Database on Fish. Malila: International Center for Living Aquatic. Resources Management,: 1-146.

Furne M, Hidalgo M C, Lopez A. 2005. Digestive enzyme activities in adriatic sturgeon *Acipenser naccarii* and rainbow trout *Oncorhynchus mykiss*. A comparative study. Aquaculture, 250: 391-398.

Gandhi V. 2002. Studies on the food and feeding habits of cultivable butterfish *Scatophagus argus*. Journal of Marine Biology Association India, 44: 115-121.

Ganesan K, Kumar K S, Rao K V S, et al. 2014. Studies on chemical composition of three species of *Enteromorpha*. Biomedicine & Preventive Nutrition, 4: 365-369.

Horn M H. 1989. Biology of marine herbivorous fishes. Oceanography and Marine Biology, 27: 167-272.

Horn M H, Gawlicka A, German D P. 2006. Structure and function of the stomachless digestive system in three related species of New World silverside fishes(Atherinopsidae)representing herbivory, omnivory, and carnivory. Marine Biology, 149: 1237-1245.

Jump D B. 2002. The biochemistry of n-3 polyunsaturated fatty acids. Journal of Biological Chemistry, 277(11): 8755-8758.

Karasov W H, Martınéz del Rio C. 2007. Physiological Ecology: How Animals Process Energy, Nutrients, and Toxins. Princeton University Press.

Kharin V E P. Milovankin G. 2008. A new finding of rare species *Scatophagus argus*(Scatophagidae)in Russian waters. Journal of Ichthyology, 48(9): 822-824.

Kikuchi K. 1999. Use of defatted soybean meal as a substitute for fish meal in diets of Japanese flounder(*Paralichthys olivaceus*). Aquaculture, 179: 3-11.

Krogdahl A, Hemre G I, Mommsen T P. 2005. Carbohydrates in fish nutrition: digestion and absorption in postlarval stages. Aquaculture Nutrition, 11: 103-122.

Kuźmina V V, Golovanova I L, Izvekova G I. 1996. Influence of temperature and season on some characteristics of intestinal mucosa carbohydrases in six freshwater fishes. Comparative Biochemistry & Physiology, 113B: 255-260.

Lai M S, Richard Y H, Cheung K M. 1999. Metal concentration in tissues of rabbitfish collected from

Tolo Harbor and Victoria Harbor in Hong Kong. Marine Pollution Bulletin, 39: 234-238.
Lam T J. 1974. Siganids: their biology and mariculture potential. Aquaculture, 3: 325-354.
Li Y Y, Hu C B, Zheng Y J. 2008. The effects of dietary fatty acids on liver fatty acid composition and Δ6-desaturase expression differ with ambient salinities in *Siganus canaliculatus*. Comparative Biochemistry & Physiology, 151B: 183-190.
Matsui M S, Muizzuddin N, Arad S. 2003. Sulfated polysaccharides from red microalgae have antiinflammatory properties *in vitro* and *in vivo*. Applied Biochemistry and Biotechnology, 104: 13-22.
Moraes G, Bidinotto P M. 2000. Induced changes in the amylohydrolitic profile of the gut of *Piaractus mesopotamicus*(Holmberg, 1885)fed different contents of soluble carbohydrate; its correlation with metabolic aspects. Revista De Ictiologia, Argentina, 8(1-2): 47-51.
Ojeda F P, Caceres C W. 1995. Digestive mechanisms in *Aplodactylus punctatus*(Valenciennes): a temperate marine herbivorous fish. Marine Ecology Progress Series, 118: 37-42.
Parazo M M. 1990. Effect of dietary protein and energy level on growth, protein utilization and carcass composition of rabbitfish, *Siganus canaliculatus*. Aquaculture, 86: 46-49.
Pérez-Jiménez A, Cardenete G, Morales A E. 2009. Digestive enzymatic profile of *Dentex dentex* and response to different dietary formulations. Comparative Biochemistry & Physiology, 154A: 157-164.
Rboads J M, Chen P, Chu P. 1998. L-glutamine and L-asparagine stimulate Na^+, H^+ exchange in procine jejunal enterocytes. Amerian Journal of Physiology, (57): 828-834.
Sabapathy U, Teo L H. 1993. A quantitative study of some digestive enzymes in the rabbitfish, *Siganus canaliculatus* and the sea bass, *Lates calcarifer*. Journal of Fish Biology, 42: 595-602.
Sabapathy U, Teo L H. 1995. Some properties of intestinal proteases of rabbitish, *Siganus canaliculatus*. Fish Physiology and Biochemistry, 14: 215-221.
Shao Y T, Hwang L Y, Lee T H. 2004. Histological observations of ovotestis in the spotted scat, *Scatophagus argus*. Fisheries Science, 70: 716-718.
Siddik M A B, Anh N T N. 2015. Preliminary assessment of the Gut weed *Ulva intestinalis* as food for herbivorous fish. International Aquatic Research, 7: 41-46.
Siddik M A B, Nahar A, Rahman N M, et al. 2014a. Gut weed, *Enteromorpha* sp. as a partial replacement for commercial feed in Nile tilapia(*Oreochromis niloticus*)culture. World Journal of Fisheries Marine Science, 6(3): 267-274.
Simon C J. 2009. Digestive enzyme response to natural and formulated diets in cultured juvenile spiny lobster, *Jasus edwardsii*. Aquaculture, 294: 271-281.
Sire M F, Vernier J M. 1992. Intestinal absorption of protein in teleost fish. Comparative Biochemistry & Physiology, 103A: 771-781.
Smith L S. 1980. Digestion in teleost fishes. Lectures Presented at the FAO/UNDP Training Course in Fish Feeding Technology, 11: 3-17.
Spanggaard B, Huber I, Nielsen J. 2002. The microflora of rainbow trout intestine: a comparison of traditional and molecular identification. Aquaculture, 182: l-15.
Sunde J, Eiane S A, Rustad A. 2004. Effect of fish feed processing conditions on digestive protease activities, free amino acid pools, feed conversion efficiency and growth in Atlantic salmon (*Salmo salar* L.). Aquaculture Nutrition, 10: 261-277.
Tovar A, Moreno C, Manuel M P, et al. 2000. Environmental implications of intensive marine aquaculture in earthen ponds. Marine Pollution Bulletin, 40(11): 981-988.
Ugolev A M, Kuźmina V V. 1994. Fish enterocyte hydrolases. Nutrition adaptations. Comparative Biochemistry & Physiology, 107A: 187-193.
Valente L M P, Gouveia A, Rema P, et al. 2006. Evaluation of three seaweeds *Gracilaria bursa*, *Ulva rigida* and *Gracilaria cornea* as dietary ingredients in European sea bass (*Dicentrarchus labrax*)

juvenile. Aquaculture, 252: 85-91.

Vieira V P, Inoue L A K, Moraes G. 2005. Metabolic responses of matrinxã (*Brycon cephalus*) to dietary protein level. Comparative Biochemistry & Physiology, 140A: 337-342.

Villanueva J R, Vanacor O, Goicoechea. 1997. Intestinal alkaline phosphatase of the fish *Cyprinus carpio*: regional distribution and membrane association. Journal of Experimental Zoology, 279: 347-355.

von Westernhagen H. 1974. Food preference in cultured rabbitfi shes (Siganidae). Aquaculture, 3: 109-117.

Wallin M, Hakason L. 1991. Nutrient loading models for estimating the environment al effects of marine fish farms. *In*: Makinen T C. Marine Aquaculture and Environment. Nordic Council of Ministers, Nord, (22): 39-55.

Wang C F, Xie S, Zhu X M. 2006. Effects of age and dietary protein level on digestive enzyme activity and gene expression of *Pelteobagrus fulvidraco* larvae. Aquaculture, 254: 554-562.

Wang Y, Guo J L, Bureau D P. 2006. Replacement of fish meal by rendered animal protein ingredients in feeds for cuneate drum (*Nibea miichthioides*). Aquaculture, 252: 476-483.

Wen X, Peng C, Zhou H. 2006. Nutritional composition and assessment of *Gracilaria lemaneiformis* Bory. Journal of Integrative Plant Biology, 48: 1047-1053.

Woodland D J. 1990. Revision of the fish family Siganidae with descriptions of two new species and comments on distribution and biology. Indo-Pacific Fishes, 19: 136.

Yamochi S. 2013. Effects of desiccation and salinity on the outbreak of a green tide of *Ulva pertusa* in a created salt marsh along the coast of Osaka Bay, Japan. Estuarine, Coastal and Shelf Science,116: 21-28.

You C H, Zeng F G, Wang Sh Q, et al. 2014. Preference of the herbivorous marine teleost *Siganus canaliculatus* for different macroalgae. Journal of Ocean University of China, 13(3): 516-522.

Zambonino I J L, Cahu C L. 2007. Dietary modulation of some digestive enzymes and metabolic processes in developing marine fish: applications to diet formulation. Aquaculture, 268: 98-105.

第九章 富硒大型海藻生理生化特征及其抗肿瘤活性

硒（selenium）是人和动物体内必需的一种重要微量元素，具有广泛的生物学功能，如抗氧化、抗肿瘤、抗炎、抗高血压、降血糖等。其中，硒化合物独特的防治肿瘤作用引人注目（Rayman，2000）。大量的试验结果表明：硒具有阻断和预防多类肿瘤发生、发展及恶化的作用。目前已发现硒化合物对大肠癌、消化道肿瘤、皮肤癌、肺癌、结肠癌、前列腺癌、肝癌、乳腺癌等多种癌症都有抑制作用。硒化合物对癌细胞具有极强的“靶向杀伤”特征，为抗肿瘤药物的研究和开发开辟了新途径（Sinha and El-Bayoumy，2004）。大量试验证明，有机硒化合物毒性低，不良反应小，易被机体吸收，在体内容易转化成活性中间代谢产物，能够更好地发挥硒的作用，且在激发免疫反应上比无机硒显著（El-Bayoumy and Sinha，2004）。因此，寻找安全高效的有机硒补硒制剂、开发新型富硒功能食品是当今食品科学、生物、化学、医学及相关交叉学科的研究前沿。

海洋生物资源能提供多种物质，在食品、医疗、化工等方面服务人类。海洋生物资源包括群体资源、遗传资源和产物资源（缪辉南等，1999），群体资源是指可供采捕的生物群体及个体；遗传资源是指可供增养殖开发利用的分子、细胞、个体等生物学遗传材料；产物资源是指可供医药、食品和化工开发利用的海洋动植物代谢产物及生物组织。海洋生物资源是十分巨大的有待深入开发的生物宝库，据推测海洋植物约 10 万种，海洋动物约 16 万种，海洋微生物达 100 万种以上（缪辉南等，1999）。其中，我国记录的海洋生物约占全世界海洋生物总种数的 10%。海洋生物的多样性决定了化合物的多样性。生长在海洋这一特殊环境（高渗、高压、缺氧、少光、贫营养）中的海洋生物，在其生长和代谢过程中，产生并积累了大量具有特殊化学结构并具有特殊生理活性和功能的物质，是开发新型海洋药物和功能食品的重要资源。因此，如果能够将海洋资源与硒相结合，开发富硒海洋药物及富硒海洋功能食品，对海洋生物资源的高值化利用，提高科学技术水平，造福人类健康及促进社会发展都具有重要意义。

第一节 藻类与硒的生物有机化

一、海洋生物资源研发概况

海洋天然产物研究始于 20 世纪 60 年代，目前已迅速发展成为一门新兴前沿学科。在美国科学家的带领下，欧洲、日本及其他国家的学者相继开展了海洋生物化学、生物学、生态学等多方面的研究，并针对人类重大常见疾病如肿瘤、心血管疾病开展了应用基础研究。在短短 40 多年的时间里，海洋天然产物的研究取得了飞速迅猛发展，成为当前国际上热点研究领域之一（郭跃伟，2009）。

海洋天然产物化学从一开始与其他学科的关系就十分密切，并相互渗透。早期海洋天然产物化学的研究借鉴了植物化学和昆虫化学生态学的研究。其研究内容可归纳为三个方面：海洋毒素、海洋生化药物和海洋化学生态学。近几年来，国际学术刊物上刊登的关于海洋天然产物的研究论文成倍增加，在世界范围内形成了研究海洋天然产物的高潮。

我国是海洋大国，海域辽阔，海洋生物资源丰富，目前我国已有记录的海洋生物有20 278种，我国还是世界上最早利用海洋生物治疗疾病的国家。尽管我国有着丰富的海洋资源，但在海洋生物开发利用方面还远远落后于西方发达国家。目前，国内的工作还较多地停留在初级代谢产物研究开发阶段，如海藻多糖、甲壳、鲨鱼软骨素和酶制剂等。大分子物质的化学结构往往不明确，理化性质不确定，作用机制不明，它们作为药物在品质控制、知识产权保护等方面存在困难，对形成自主知识产权的创新成果十分不利。

为应对这种不利局面，国家近年来显著加大了对海洋资源开发利用的重视和资金投入，制定了《中国海洋21世纪议程》，并将海洋生物技术列入了863计划。近年来，对我国东南沿海的海藻、红树林及海绵等常见海洋生物进行了深入研究，取得了一些重要成果，昭示着这一学科的蓬勃发展趋势和美好前景。当前我国海洋天然产物的研究与国际先进水平间的距离正在缩小，向海洋“要食物、要药物”已经从一句口号变成了现实，海洋生物资源开发利用为我国国民经济的持续健康发展注入了活力，并做出了巨大的贡献。

二、海藻多糖的生物医药应用

当前海洋生物材料和功能药物的开发利用正成为生物医学研究的活跃领域，究其原因，一是从海洋生物，特别是大型海藻中得到的材料生物相容性非常好，有些还具有促进细胞增殖、抗菌、抗病毒、抗癌等医学功能，如海藻酸钠、龙须菜及昆布多糖等；二是海洋生物材料生物量非常大，需要充分回收和利用，不利用会造成环境污染和资源浪费。规模化栽培大型海藻的产量非常高，同样需要提高其产品的附加价值，并最大限度开发利用以免造成二次污染。从材料来源来看，植物特别是海洋植物是获得新型生物材料的重要来源，因为动物源生物材料存在免疫源性，前几年由于疯牛病使牛胶原的应用受到很大限制，禽流感、重症急性呼吸综合征（SARS）等都可能使人们需对动物源生物材料的使用进行重新评价，而植物源生物材料就目前看来没有这方面的问题。

大型海藻栽培过程中可人为地引入一些功能组分（如硒元素），增强大型海藻硒化合物对癌细胞的“靶向杀伤”特征，为抗肿瘤药物的研究和开发另辟蹊径。另外，大型海藻的提取物琼胶等是一类具有特殊性能的生物材料，无毒、细胞亲和性好、可降解。如何将这些材料广泛应用于高附加值药物和保健品，以及人体组织修复等医学领域，是进一步提高其附加价值的关键，一旦获得成功，效益是多方面的。一是大型海藻人工栽培经济效益较高，海藻栽培规模可有效改善环境；二是获得靶向抗癌活性的天然产物，应用于药物和保健品领域；三是获得一类新型天然生物材料，这些材料有特殊的生物学效应，如琼脂糖能够促进细胞基质的构建，昆布多糖具有抗菌和抗病毒活性等。大型海藻的规模栽培及其提取物琼胶改性物用于生物医学领域，可望带来巨大的经济效益和社会环境效益（杨宇峰等，2005）。

近年来，大型海藻已经成为人类食品、工业和药用方面的重要来源。海藻中含有丰富的多糖，目前海藻多糖及其衍生产品如红藻中的琼胶、卡拉胶，褐藻中的褐藻胶等已广泛应用。大量研究表明，海藻多糖是海藻中一类重要的活性物质，具有多种生物学活性，包括防辐射、降血糖、降血脂、抗菌、抗炎、延缓衰老、抗肿瘤等（刘凤艳等，2005）。海藻多糖是一类具有潜在应用前景的药用海洋产物。

三、藻类对硒的吸收及生物有机化

在水生生态系统中，藻类是硒的主要吸收者。藻类积累无机硒，然后将其转化成有机硒，再通过食物链将硒转移到高等生物体内（Fan et al.，2002）。硒氨基酸在高等生物体内合成硒蛋白，发挥生物学功能（Williams et al.，1994）。硒代甲硫氨酸能参与修复鱼类和水禽类的生殖损伤，但在藻体中合成量较低。不同藻类对亚硒酸盐的需求及富集量有差异（Doblin et al.，1999）。对一些海洋单细胞藻类（如绿藻 *Chlamydomonas reinhardtii*）来说，硒是其生长所必需的一种营养元素（Novoselov et al.，2002）。海洋单细胞藻（*Emiliania huxleyi*）的生长需要微摩尔级的硒（Danbara and Shiraiwa，1999）。

藻体对不同价态无机硒（硒酸盐和亚硒酸盐）吸收能力的强弱随 pH 的改变而改变（Riedel and Sanders，1996）。一般藻体在 pH5～9 内能有效吸收无机硒（Tuzen and Sarl，2010）。*C. reinhardtii* 在 pH 为 8 的水体环境中吸收硒酸盐的能力最强，但随着 pH 的下降，藻体吸收亚硒酸盐的能力显著提升（Riedel and Sanders，1996）。藻体对硒的生物富集会受到环境中营养元素（如磷、硫）浓度变化的影响（Lee and Wang，2001）。研究表明，硫酸盐与硒酸盐在生物体内能产生拮抗（Williams et al.，1994）。环境中硫元素能影响硒元素在细胞内的蛋白质表达过程。因此高硫环境降低 *C. reinhardtii* 细胞内因大量硒积累而产生的毒性（Fournier et al.，2010）。在藻类培养过程中，增加硫的浓度会抑制 *C. reinhardtii* 和 *Selenastrum capricornutum* 这两种藻体对硒酸盐与亚硒酸盐的吸收能力（Riedel and Sanders，1996；Williams et al.，1994）。在硫元素缺乏的环境中，栅藻（*Scenedesmus quadricauda*）对硒酸盐和亚硒酸表现出更为敏感的特性（Umysová et al.，2009）。藻类的富硒培养，pH 与培养基中的硫含量是应考虑的重要因素。通过添加不同价态的硒酸盐和调节水体 pH，可促使藻体对硒的生物有机化达最大值。同时调控藻类培养水体中的硫浓度，可保持藻体对硒元素健康有效地持续性吸收（Baines et al.，2004）。

目前，海藻活性物质的研究已成为现代海洋生物学研究的重要部分（Zhang et al.，2003）。一些大型海藻，如海带（Cho et al.，2011）和石莼已经作为动物饲料添加成分和人类食物走向市场（Schiavon et al.，2012）。大型海藻营养含量丰富，是天然抗氧化剂的主要来源之一（郑文杰和欧阳政，2001；Chen et al.，2008，2006）。大型海藻因较大的体积和广泛的分布，具有作为硒富集者的巨大潜力（Lee and Wang，2001）。可食用海藻具有转化无机硒的巨大潜力，并在海藻体内体现出硒与藻类活性组分的协同作用（Chakraborty and Paulraj，2010；Avellini et al.，1999；Hemler et al.，1979）。例如，海带可以通过硒代谢途径将无机硒有机化（Yan et al.，2004）；富硒培养可以显著提高裂片石莼的抗氧化活性；对水溶性自由基（ABTS）的抑制率明显高于脂溶性自由基（DPPH）。石莼可以作为人类和动物的食物补充，并被认为是一种富含天然抗氧化剂的重要资源（Conde and Sanz，1997；Pyrzynska，1998）。因此，在大型海藻的培养过程中，通过藻细胞对无机硒快速有效地吸收与转化，获得富含有机硒的海藻具有广阔的应用前景。

第二节　富硒石莼的生理生化特征及其抗肿瘤活性

一、石莼简介

石莼（*Ulva lactuca* L.）属绿藻门绿藻纲石莼目石莼科石莼属。石莼又名海白菜、海菠菜、海莴苣、海条、猪母菜、大本青苔菜等。孔石莼、石莼、砺菜、裂片石莼等种类较为多见。石莼是一种可供食用的大型海藻，广泛分布于太平洋沿海，包括中国、日本及朝鲜等海区沿岸。在中国主要分布于山东、辽宁、江苏、广东和福建等沿海区域。该海藻幼体呈黄绿色，成体颜色较深显碧绿色。石莼长 10～30cm，宽可达 30cm。最适生长温度范围为 0～35℃，最适生长盐度范围为 15～35。藻体基部具有由假根丝细胞组成的盘状附着器，协助石莼附着生长于潮间带和中低潮区等低水位处及海湾等的岩石与沙石上。石莼生命力与再生力旺盛，生长周期长，冬季和春季为主要繁殖期，是我国资源极为丰富的野生大型海藻。石莼含有丰富的膳食纤维，因营养物质丰富，常被当地居民食用，具有很高的经济价值。但因其利用价值不如褐藻和红藻，常被废弃堆积为天然垃圾，造成环境污染和资源浪费（刘伟等，2004）。

石莼含有多种化学成分，石莼干粉中蛋白质含量为 6.03%、总糖含量为 38.88%、灰分含量为 39.7%、脂类含量为 3.12%、水分含量为 12.27%（Fleurence，1999）。石莼中还含有多种微量元素，如 Ni、Zn、Mo、Cu、K、Na、Ca、Mg 等。石莼中含有丰富的氨基酸，其中人体必需的 8 种氨基酸含量较高。

石莼中碳水化合物的主要存在形式为多糖。石莼多糖的成分及组成形式复杂多样，多以杂多糖的形式存在，主要分为多糖、纤维素及淀粉。石莼多糖可水解为葡萄糖、鼠李糖、木糖和半乳糖等多种单糖（孙煜煊，2009）。

石莼中含有较多蛋白质，蛋白质含量会根据产地、季节等因素的变化而变化。一般石莼中的蛋白质含量为 17%～26%。赖氨酸、色氨酸、苯丙氨酸、亮氨酸和异亮氨酸等多种氨基酸参与组成石莼的蛋白质（罗振宇等，2010）。

石莼含有的极性脂类物质多于中性脂质类物质。石莼中维生素含量也较高，含维生素 A、维生素 B、维生素 E、维生素 K 等多种脂溶性、水溶性维生素及生物素和类叶绿素等（王艳梅等，2003）。

二、硒对裂片石莼生长的影响

硒是对人体健康至关重要的必需微量矿质元素，也是参与构建谷胱甘肽过氧化物酶（guaiacol peroxidase，GPX）及过氧化氢酶（CAT）不可缺少的元素。GPX 参与协助机体的抗氧化，阻止不饱和酸氧化，避免机体产生有毒代谢产物，从而大大减少诱发癌症的物质的积累，维护人体正常代谢（王秀红，2006）。硒的缺乏可能导致心脏疾病、甲状腺功能低下和免疫系统疾病（Fleurence et al.，1999）。

植物体对硒的吸收有效性与硒的化学形态密切相关。元素态的硒和硒化合物不溶于水，不能被植物体直接吸收，植物体的主要硒来源为亚硒酸盐、硒酸盐和有机态硒。植物体的含硒量一般都很低。在水生生态系统中，藻类是硒的主要吸收者。藻类积累无机硒，然后将其转化成有机硒，再通过食物链将硒转移到高等生物体内（Fan et al.，2002）。大型海藻是人和动物的重要食物来源，石莼属等大型海藻因含有丰富的天然抗氧化成分更被认为是食品中的天然抗氧化剂（Duan et al.，2006；Fleurence et al.，1999）。目前，水生生态系统中的许多物种已经被应用在硒的富集生产中，生物质可以作为健康食品或动物饲料补充剂（Li et al.，2003；Pronina et al.，2002）。有研究显示，石莼能够耐受高浓度的硒（Schiavon et al.，2012），表明石莼是积累硒的良好载体。

在低浓度时，硒是藻类生长的必需微量元素（Harrison et al.，1988；Price et al.，1987），但高浓度硒对藻类具有毒性作用（Wong and Oliveira，1991）。在钝顶螺旋藻培养中，当亚硒酸钠浓度为400mg/L时能刺激藻体生长，但当浓度超过500mg/L时对藻体产生毒性作用（Li et al.，2003）。硒对裂片石莼生长的影响见图9-1。当培养基中硒浓度不超过750mg/L时，石莼在富硒培养第3天的生长率分别为3.50%±1.29%（0mg/L）、8.60%±0.79%（250mg/L）、11.06%±0.46%（500mg/L）、13.03%±0.47%（750mg/L），硒能显著促进石莼的生长。随着硒浓度的增加，石莼的生长速率下降。当培养基中硒浓度达1250mg/L时，高硒含量将导致裂片石莼藻体死亡。上述结果表明，硒对石莼的生长具有双重作用，即低浓度硒对裂片石莼生长具有促进作用；高浓度硒对裂片石莼生长具有抑制作用。随着培养时间的延长，硒对石莼的生长也具有双重效应，0mg/L、250mg/L、500mg/L和750mg/L富硒培养组石莼在培养的前3d生物量不断增加，在第4～5天时，生物量持续增加，但生长速率下降。以750mg/L富硒培养浓度为例，第4天和第5天的生长率分别为11.20%±2.00%、10.90%±2.70%；而1000mg/L、1250mg/L富硒培养组石莼在试验期内生物量和生长速率均不断下降（图9-1）。当富硒培养浓度达1000mg/L时，石莼藻体变薄，藻体表面出现白色腐烂点，说明高硒浓度对石莼藻体产生了较大的损害作用。

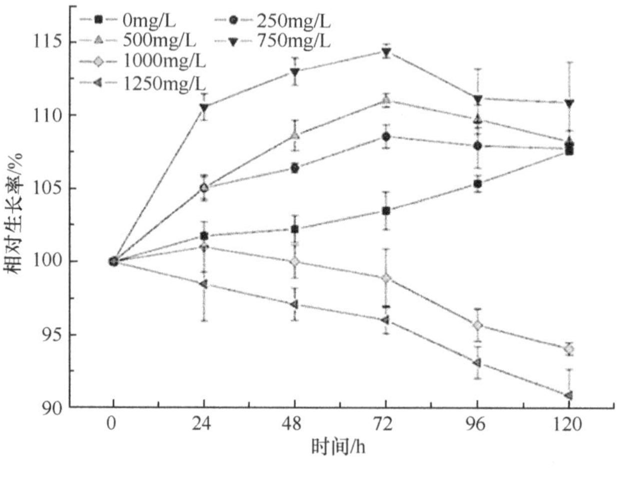

图9-1　富硒培养对裂片石莼相对生长率的影响（Zhong et al., 2015）

三、硒对裂片石莼抗氧化酶系统的影响

植物体具备一套完整的抗氧化防御系统来保护自身免受伤害，包括抗氧化酶系统和

非酶性抗氧化系统，其中抗氧化酶主要有超氧化物歧化酶（SOD）、过氧化物酶（POD）、过氧化氢酶（CAT）和谷胱甘肽过氧化物酶（GSH-PX）。SOD是植物体内清除超氧自由基的关键酶，能催化细胞内 O_2 活化的第一个中间产物 $O_2·$ 发生歧化反应生成 O_2 和 H_2O_2。POD和CAT都能催化 H_2O_2 生成 H_2O 和 O_2，从而使细胞中 H_2O_2 的含量维持在一定的水平，消除过多 H_2O_2 对细胞的氧化损伤（薄鹏飞等，2008）。GSH-PX主要是分解 H_2O_2 发生Fenton反应生成的脂质过氧化物，也是防御植物免遭氧化伤害的一道防线（苗雨晨等，2005）。

在低硒浓度时（≤750mg/L），相同培养时间条件下，裂片石莼体内GPX、SOD、CAT和POD活性与培养液中硒浓度呈正相关。在硒浓度为750mg/L时，石莼体内GPX、SOD、CAT和POD活性到达峰值，与对照组有显著差异（$P<0.05$）（图9-2）。当培养液中硒浓度持续上升（>750mg/L）时，石莼体内GPX、SOD、CAT和POD活性呈下降趋势，裂片石莼藻体开始变黄、发白、腐烂，但石莼体内GPX、SOD、CAT和POD活性仍高于对照组。

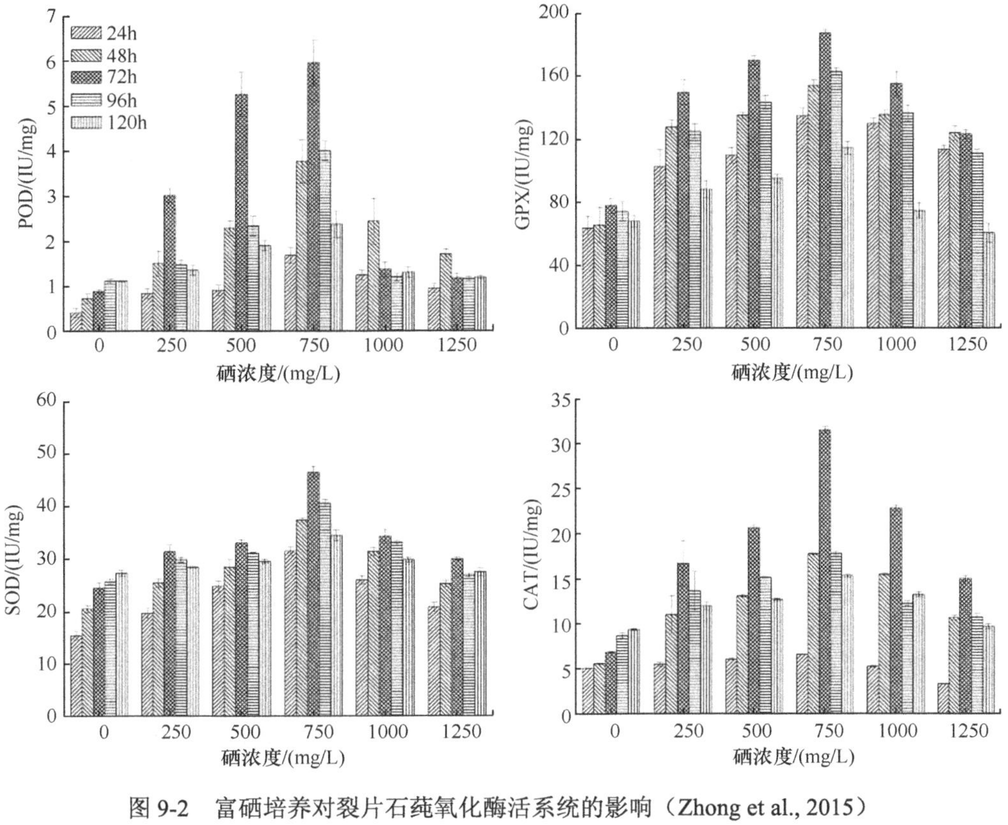

图9-2　富硒培养对裂片石莼氧化酶活系统的影响（Zhong et al., 2015）

在相同的硒浓度条件下，当裂片石莼富硒培养时间≤72h时，裂片石莼体内GPX、SOD、CAT和POD活性随着培养时间的增加而升高，并在72h达最大值。但随着富硒培养时间的继续增加（>72h），裂片石莼体内GPX、SOD、CAT和POD活性与时间呈负相关。在富硒培养120h时，试验组裂片石莼体内GPX、SOD、CAT和POD活性较低，但仍高于对照组（$P<0.05$）。以CAT为例，随着培养时间增加，酶活性依次为（6.56±0.01）IU/mg、

（17.72±0.08）IU/mg、（31.47±0.39）IU/mg、（17.79±0.22）IU/mg、（15.32±0.14）IU/mg。因此，硒对裂片石莼抗氧化反应系统的影响也呈现出一定的时间依赖性。如图 9-2 所示，从 0h 到 72h，硒作为抗氧化剂对裂片石莼的生长起到促进作用，同时 SOD、CAT、GPX 和 POD 活性显著增加（$P<0.05$）；然而随着培养时间（72～120h）延长，GPX、SOD、CAT 和 POD 的活性呈降低的趋势（图 9-2）。

当硒在正四价和正六价之间变化时，可引起与半胱氨酸簇中酶的直接反应，如蛋白激酶的催化亚基、氧化巯基及二硫键，从而使酶失活（Spallholz，1994）。巯基的氧化还与超氧化物和过氧化氢相关联，通过触发酶失活或活性氧的产生诱导亚硒酸钠引起细胞损伤。因此，过量的硒可能通过促氧化机制对裂片石莼产生毒性作用。

综上所述，在低硒浓度下硒对裂片石莼的抗氧化系统可以起到协同作用，协助裂片石莼有效地清除活性氧；但高浓度的硒对裂片石莼产生毒性作用，胁迫抗氧化系统，并促进裂片石莼细胞死亡。当富硒培养硒浓度为 500mg/L 时，丙二醛含量最低，为（1.88±0.11）IU/mg，说明低硒（≤500mg/L）能有效降低石莼体内自由基的浓度，保护细胞的活性；当富硒培养浓度为 750mg/L 时，丙二醛含量显著（$P<0.05$）高于对照组和 500mg/L 硒培养组（图 9-3）。

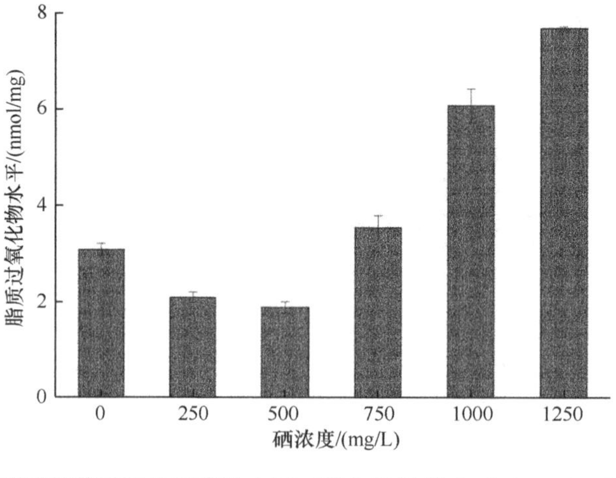

图 9-3　富硒培养对裂片石莼体内丙二醛含量的影响（Zhong et al., 2015）

四、硒对石莼体内叶绿素含量的影响

植物体内的非酶性抗氧化系统如类胡萝卜素，可以通过减少活性氧的氧化应激反应（Mager and De Kruijff，1995）在细胞应答中起到重要作用。在应激状态下，有些物质可能会在植物体内大量积累，如激发状态的叶绿素 a，这些具有高细胞毒性的分子可能通过严重扰乱细胞新陈代谢来达到氧化损伤细胞成分的目的（De Vos et al.，1989）。类胡萝卜素能够保护植物，从氧化光合膜上有效地清除单态氧和淬火叶绿素的三重态（Demmig- Adams，1990）。

裂片石莼在含硒培养液中培养 3d 后，硒对裂片石莼细胞中叶绿素 a 和类胡萝卜素的影响呈双重作用，即当培养液硒浓度低于 500mg/L 时，裂片石莼细胞中叶绿素 a 和类胡萝卜素的含量呈显著上升趋势（$P<0.05$），并在硒浓度为 500mg/L 时达最高值；当培养液中硒浓度继续增加，裂片石莼细胞中叶绿素 a 和类胡萝卜素的含量明显降低，在硒浓度为 750mg/L 时，光合色素含量达最小值（29.30mg/g）（图 9-4）。

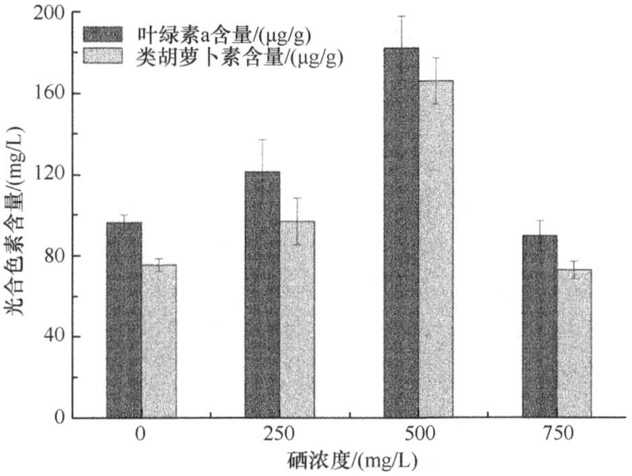

图 9-4　富硒培养对裂片石莼体内叶绿素 a 和类胡萝卜素含量的影响（Zhong et al., 2015）

五、硒在石莼体中的生物转化

裂片石莼对硒有较强的耐受性，并能有效地积累培养基中的硒。在培养过程中（从第 1 天到第 5 天），裂片石莼中硒含量显著增加（$P<0.05$）（图 9-5）。裂片石莼体内积累的硒种类包括有机硒（＞80%）和无机硒（＜20%），并且硒从无机硒到有机硒的转化达到较高的转化率。这表明，裂片石莼是一个很好的富集硒的载体，能对无机硒进行有效的生物转化。

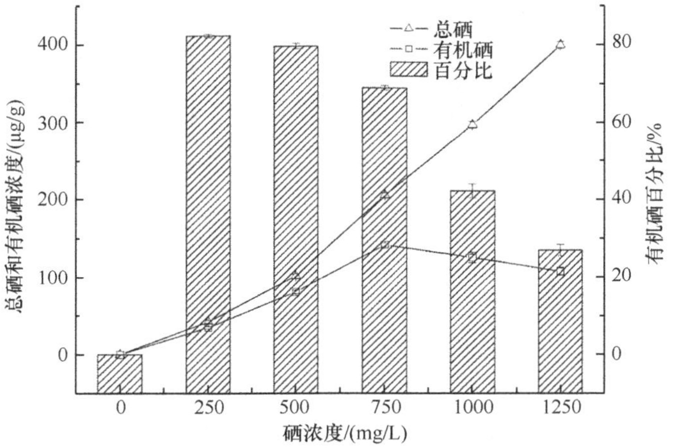

图 9-5　富硒培养对裂片石莼体内总硒和有机硒转化率的影响（Zhong et al., 2015）

研究表明，当硒浓度≤750mg/L 时，硒能促进裂片石莼的生长，并在培养过程中在裂片石莼体内有效积累。在高硒浓度时（＞750mg/L），将导致裂片石莼体内高硒积累，但有机硒含量降低。培养基中大部分硒在培养初期的 72h 内在藻体中迅速积累，并大部分转化为有机硒（＞80%）（图 9-5）。出于应用的目的，在合适的培养浓度（500mg/L）内，石莼可以用于含硒功能性食品的生产。

六、硒对石莼体内活性氧（ROS）的影响

活性氧是植物体在正常代谢时产生的生物小分子，叶绿体是植物体内产生活性氧的主要部位。正常代谢条件下，植物细胞内的 ROS 产生和消除处于一个相对平衡的状态。除自身代谢产生的自由基外，植物体在受到外界的逆境胁迫时也产生自由基，这些逆境包括盐胁迫、水分胁迫、重金属污染、紫外辐射、大气污染、机械胁迫等（Affenzeller et al., 2009；Singh et al., 2008）。这些胁迫导致植物细胞内 ROS 平衡受到严重干扰，当超过细胞自身保护的临界水平时，就会对细胞结构造成氧化破坏，如蛋白质、脂类及核酸等一些大分子遭到损伤，最终影响植物的正常生长。

在低硒浓度下培养，硒可以降低裂片石莼体内活性氧的生成，并协助裂片石莼有效地清除活性氧。在 250mg/L、500mg/L 和 750mg/L 浓度下，裂片石莼体内活性氧的相对值分别为 80.85%、68.85%、90.59%，均低于对照组 100%（图 9-6）。高浓度的硒对裂片石莼产生毒性作用。当硒浓度高于 750mg/L 时，裂片石莼体内活性氧的相对含量高于对照组，可能是因为高浓度的硒产生了大量的活性氧，并对石莼产生了氧化损伤。

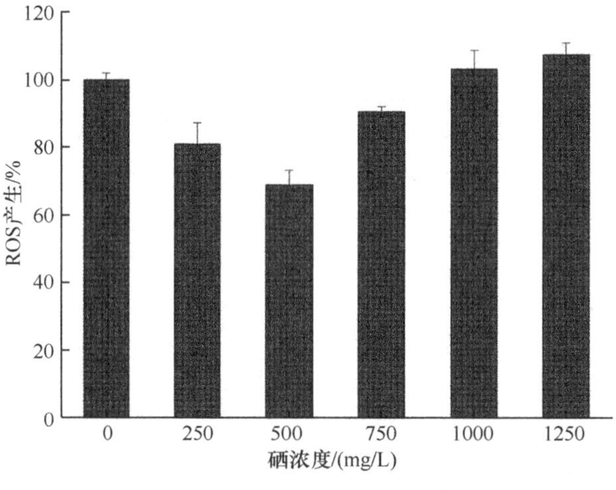

图 9-6　富硒培养对裂片石莼体内活性氧含量的影响（Zhong et al., 2015）

同时，硒元素本身也在生物体的抗氧化反应中起着至关重要的作用。在低硒浓度时硒元素起到抗氧化剂的作用，如在谷胱甘肽过氧化物酶中，硒作为一种组成成分被广泛认为具有直接或间接去除活性氧的作用（Drake，2006）。在研究中发现，当硒浓度从 0mg/L 升到 750mg/L 时，GPX、SOD、CAT 和 POD 活性显著增加（图 9-2），这可能是硒在植物细胞中具有抗氧化活性的间接证据。然而硒浓度过高时（从 750mg/L 到 1250mg/L），硒成了促氧化剂，导致 GPX、SOD、CAT、POD 活性降低，使 LPO（脂质过氧化物）水平升高。

和其他金属一样，硒对藻类也会产生硒应力作用，当裂片石莼细胞吸收的硒达到饱和以后，饱和的石莼细胞将会产生氧化应激反应，然后导致ROS积累（Okamoto and Colepicolo，1998）。如图9-6所示，当培养基中硒浓度为750mg/L时，不仅提高了裂片石莼细胞的抗氧化能力，而且强化了裂片石莼的抗氧化系统。抗氧化系统中的SOD、CAT、GPX和POD活性可以通过协同效应来实现。培养液中的硒浓度为500mg/L时，裂片石莼细胞内活性氧水平显著（$P<0.05$）低于750mg/L浓度硒培养组，为试验组最低值。硒浓度为750mg/L时，硒不仅对裂片石莼细胞抗氧化系统起到协助作用，还可作为促氧化剂对石莼产生毒性作用。ROS在活细胞内的检测表明，500mg/L的硒培养浓度是石莼富硒培养最合适的浓度。

第三节 龙须菜多糖功能纳米硒的抗肿瘤活性

大型海藻龙须菜富含多糖，含量可达藻体干重的30%左右。研究表明，龙须菜多糖具有抗突变、抗肿瘤等生理活性（Chen et al.，2010）。通过采用过氧化氢体系诱导产生的自由基降解龙须菜多糖，制备出龙须菜多糖降解产物，其生物活性得到极大提高（Jiang W et al.，2014）。因此，龙须菜多糖（*Gracilaria lemaneiformis* polysaccharide，GLP）有望成为理想的纳米硒Se Nano Particle（SeNP）形貌调控剂和功能改良剂，提高SeNP的稳定性，促进细胞对SeNP的吸收，增强SeNP体外抗肿瘤活性。

一、GLP-SeNP的制备和表征

在只有亚硒酸钠和还原型Vc的氧化还原体系中，GLP与被还原出来的硒原子共同作用，得到了橙红色溶胶（图9-7B）。无GLP调控的对照组是砖红色混浊液体，红色单质硒不稳定，容易聚集沉淀，制备后黑暗中放置2d，几乎所有砖红色的单质硒都沉淀到容器底部。进一步采用纳米粒度仪对SeNP粒度进行表征，浓度分别为0.2mg/mL、1.0mg/mL、5.0mg/mL和10mg/mL的GLP所对应的平均粒径见图9-7A。无GLP调控，SeNP粒径大于600nm；加入低浓度GLP（0.2mg/mL、1.0mg/mL）进行调控，GLP-SeNP粒径有所改善；GLP浓度为5mg/L，GLP-SeNP粒径为50nm左右；继续增加GLP浓度，GLP-SeNP粒径又会继续增加。结果表明，在一定的浓度范围内，GLP能有效调控硒纳米粒子的粒径。纳米粒的稳定性是衡量应用前景的一个重要指标。GLP浓度为5mg/mL，保存时间对GLP-SeNP粒径的影响如图9-7C所示，随着时间的延长，粒径在不断增大，40d内基本保持在100nm左右，其典型的粒径分布图见图9-7A和图9-7C；无GLP调控的SeNP粒径分布范围为400～1000nm（图9-8A），GLP浓度为5mg/mL时，GLP-SeNP粒径分布范围为40～100nm，主要集中在50nm附近（图9-8B）。上述结果表明，GLP不仅有效调控了纳米硒的粒径，对SeNP的稳定性也起到至关重要的作用。

从纳米粒子粒径和稳定性来判断，5mg/mL GLP对SeNP纳米粒子的调控效果比较理想，下面的试验均以此浓度来进行。另外，可以用模型图9-9A来模拟GLP-SeNP的形貌。对于GLP对SeNP形貌的影响，用透射电镜（TEM）方法来进一步表征确认。GLP浓度为5mg/mL时，SeNP的TEM形貌如图9-9B所示，当反应体系中没有GLP作为形貌、粒径调控剂

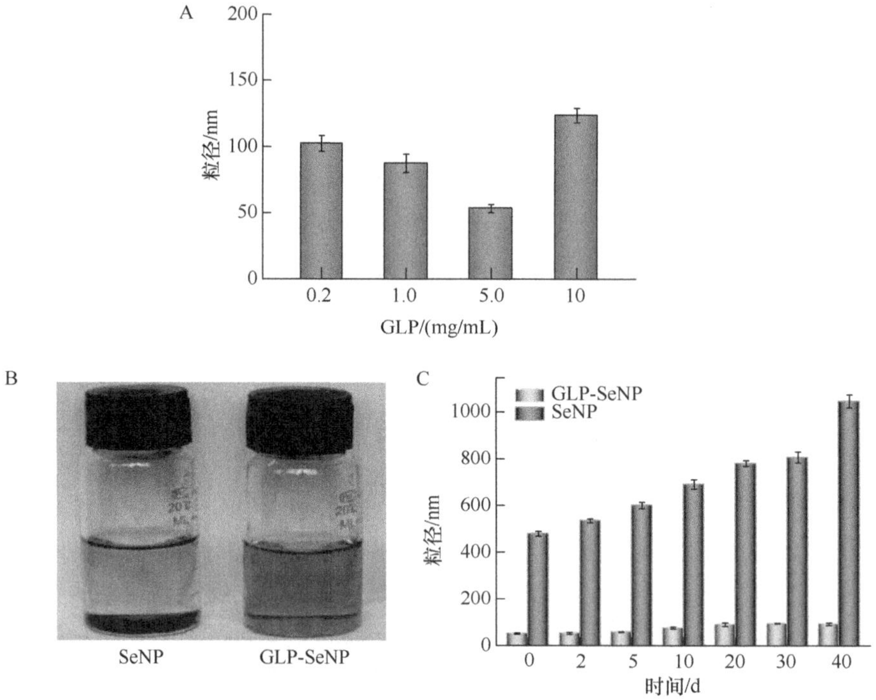

图 9-7 GLP-SeNP 的表征（Jiang W et al., 2014）

A.不同浓度 GLP 对 GLP-SeNP 平均粒径的影响；B.放置 2d 的 GLP-SeNP 溶胶(彩图请扫封底二维码获取)；C.SeNP 和 GLP-SeNP 粒径随保存时间的变化

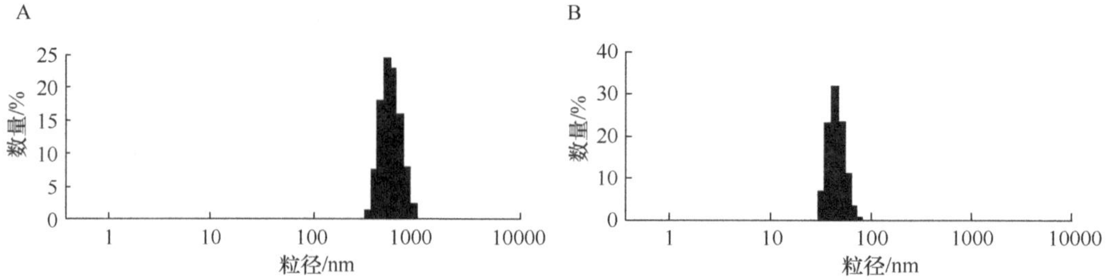

图 9-8 GLP 对纳米粒子粒径分布的影响（Jiang W et al., 2014）

A. SeNP 的粒径分布；B. GLP-SeNP 的粒径分布（GLP 5mg/mL）

时，SeNP 分散性差，出现团聚现象，这个现象与粒径分布是一致的。当体系中加入 5mg/mL 的 GLP 时，GLP-SeNP 分散好且粒径较均一，其粒径小于 100nm（图 9-9C），这与纳米粒度仪测试结果有些偏差，可能是因为纳米粒度仪利用光散射测量的是流体力学半径，对实体粒子通常比 TEM 的半径要大。另外一个原因是纳米粒度仪测的是水合粒径，不是绝对粒径，所以测出来的结果偏大。功能化纳米硒的稳定性和形貌是决定纳米硒将来应用的重要特性。以上结果表明，GLP 调控制备所得的 GLP-SeNP 是单分散的纳米硒球，可以在液相中稳定保存 1 个多月（图 9-9F），GLP 改善了 SeNP 的形貌，提高了 GLP-SeNP 的稳定性。用 FT-IR（红外光谱）分析了硒纳米粒子与 GLP 之间的作用方式，见图 9-9E。与 GLP 相比较，GLP-SeNP 没有形成新的透射峰，说明没有新键形成，但硒纳米粒子表面的 GLP 的羟基峰从 3436/cm 移至 3431/cm，亚氨基从 1637/cm 移至 1631/cm。由 FT-IR 结果来看，硒纳米粒子表面有 GLP 修饰，是由 GLP 表面的羟基、亚氨基与纳米硒粒子表面进行的物理吸附，是一种比较弱的作用方式。SeO_3^{2-}与 GLP 分散在水溶液中，抗坏血酸还原 SeO_3^{2-}生成单质的硒，在反应过程中大量的硒原子生成，通过大分子 GLP 上羟基和亚氨基的吸附作用，SeNP 被吸附在 GLP 分子表面（图 9-9D），由于 GLP 带正电荷，SeNP 带负电荷，因此 GLP 和 SeNP 之间同时存在静电作用，保持 SeNP 在水溶液中具有良好的分散性。GLP 不但提供了生成 SeNP 的反应位点，而且阻止 SeNP 进一步聚集生成粒度更大的颗粒。

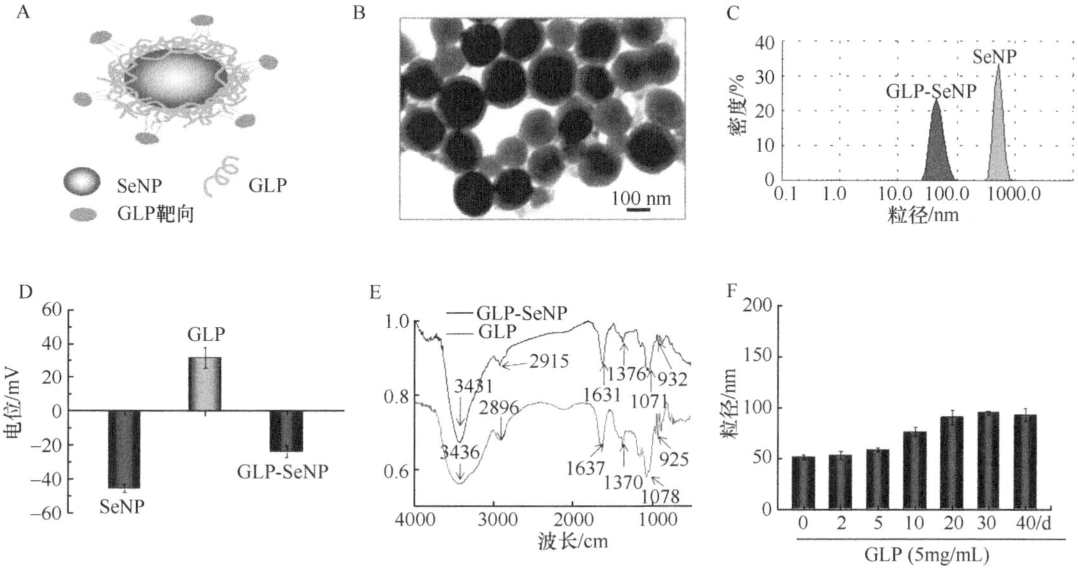

图 9-9　GLP-SeNP 的制备与表征（Jiang W et al., 2014）

A.GLP-SeNP 生成的模型图；B.GLP-SeNP 的 TEM 形貌，GLP 的浓度是 5mg/mL；C.SeNP 和 GLP-SeNP 的粒径分布图；D.SeNP、GLP 和 GLP-SeNP 的电势分布图；E.SeNP、GLP 和 GLP-SeNP 的 FT-IR 分布图；F.GLP-SeNP 粒径随保存时间的变化，GLP 的浓度是 5mg/mL

综上所述，通过 GLP 的调控作用，可以制备出粒径适宜、形貌理想、稳定性良好的硒纳米粒子 GLP-SeNP。不同化学形态的硒均有一定的抗肿瘤活性，GLP 本身也具有一定抑制肿瘤细胞增殖的能力。

二、GLP-SeNP 血液相容性

血液相容性（blood-compatibility）是指材料与血液接触后不引起血浆蛋白变性、不破坏血液有效成分、不导致血液凝固和血栓形成（Raveendran et al.，2013）。本课题组检测了 GLP、SeNP 和 GLP-SeNP 的血液相容性能力，释放出来的血红蛋白用来检测红细胞损伤的水平（Nogueira et al.，2013）。如图 9-10A～图 9-10C 所示，用不同浓度的 SeNP、GLP 和 GLP-SeNP 处理红细胞 10min 和 120min 后，可以看到 SeNP、GLP 和 GLP-SeNP 的血液破坏能力都呈时间、剂量效应，但是溶血率均低于 5%，证明 SeNP、GLP 和 GLP-SeNP 的血液相容性良好，并且 GLP-SeNP 的溶血率最低（低于 1.5%）。用 GLP-SeNP

处理过的红细胞相对于单独的 GLP 和 SeNP 处理过的聚集能力最弱（图 9-10D）。这些结果表明，血液相容性良好的 GLP-SeNP 是一种有潜力的药物。

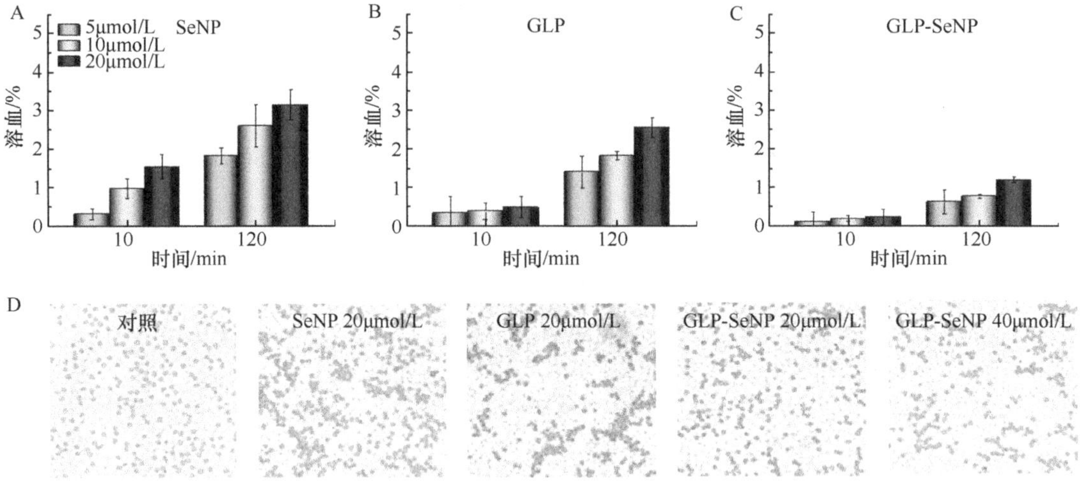

图 9-10　SeNP、GLP 和 GLP-SeNP 的血液相容性能力（Jiang W et al., 2014）

A～C. 在 37℃条件下，用不同浓度的 SeNP、GLP 和 GLP-SeNP 处理红细胞 10min 和 120min 后的溶血率；D.用 20μmol/L 的 SeNP、GLP 和 GLP-SeNP 处理红细胞 2h 后，用相差显微镜拍得的红细胞凝集图片

三、GLP-SeNP 的体外抗肿瘤活性

（一） GLP-SeNP 体外抗肿瘤选择活性

一般用细胞半数抑制浓度（IC_{50}）来评估药物抑制肿瘤增殖的能力（Sebaugh，2011）。MTT 法测定了 GLP-SeNP 对乳腺癌肿瘤细胞 MCF-7、宫颈癌肿瘤细胞 HeLa、肺癌细胞 A549、肝癌细胞 HepG2、恶性黑色素瘤细胞 A375、人脑胶质瘤细胞 U87、小鼠脑细胞 C6、正常脑胶质细胞 Chem-5、肾小管上皮细胞 HK-2 及正常干细胞增殖的抑制作用。GLP-SeNP 明显抑制各种肿瘤细胞的增殖，其中 U87 的 IC_{50} 值最小，为 9.1μmol/L±1.53μmol/L，对同属胶质瘤的 C6 抑制作用不大，其 IC_{50} 值为 27.6μmol/L±3.13μmol/L，对正常脑胶质细胞 Chem-5 几乎没有影响（图 9-11B）。这一结果表明，GLP-SeNP 的作用不仅对肿瘤细胞和正常细胞有选择性，而且对不同的肿瘤细胞也有一定的选择性，具有应用于特定肿瘤治疗的潜力，可以用模型图（图 9-11A）来示意。

MTT 结果表明，GLP-SeNP 对 U87 细胞的抑制作用最为明显，所以选择 U87 细胞作为下一步研究的对象，同时 C6 细胞也被选用为对比模型，并进一步研究了其作用机制。

不同浓度的 GLP-SeNP 处理后，U87 细胞存活率如图 9-12 所示，GLP-SeNP 呈剂量效应抑制 U87 细胞增殖。GLP-SeNP 是由 SeNP 与 GLP 相互作用而形成的纳米粒子，为了更好地说明 GLP 表面修饰对 GLP-SeNP 功能的影响，有必要比较研究 GLP-SeNP、SeNP 和 GLP 3 者对 U87 细胞的毒性，结果见图 9-12。当 SeNP 的浓度为 10μmol/L 时，肿瘤细胞存活率仍然为 90.6%，而 GLP-SeNP 浓度为 10μmol/L 时，存活率仅仅为 30.9%。表明

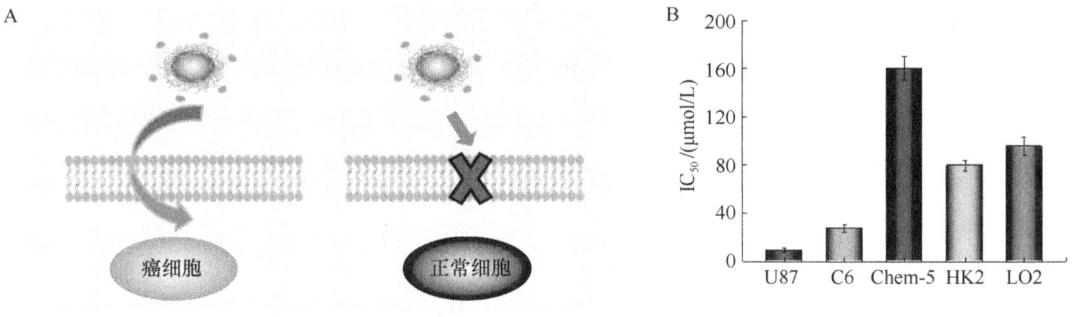

图 9-11　GLP-SeNP 靶向癌细胞和正常细胞的示意图（Jiang W et al., 2014）
（A）和 GLP-SeNP 对不同肿瘤细胞和正常细胞增殖的抑制作用（B）

GLP-SeNP 抗肿瘤活性并不是来自单独的 GLP 或者 SeNP，而是通过两者相互作用形成 GLP-SeNP 才实现的，因此 GLP 增强了 SeNP 的抗肿瘤活性，GLP-SeNP 是功能化的硒纳米粒子。而在相同的浓度下，GLP-SeNP 处理后的 C6 细胞的存活率都要远大于 U87 细胞。

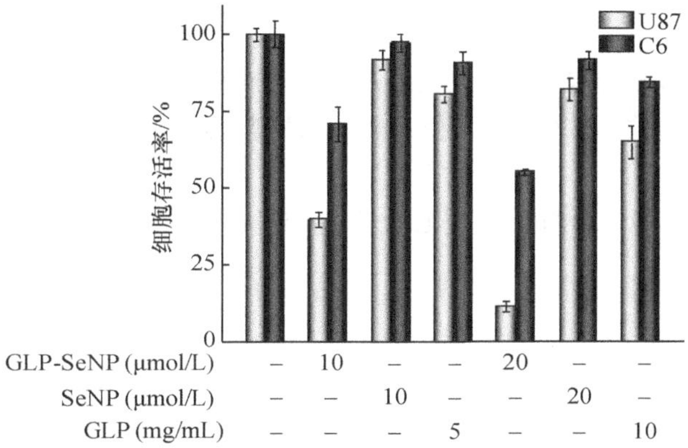

图 9-12　GLP、SeNP 和 GLP-SeNP 对 U87 细胞和 C6 细胞的影响（Jiang W et al., 2014）

为了进一步证明 GLP-SeNP 的抗肿瘤活性，用 GLP-SeNP 处理 U87 细胞和 C6 细胞不同时间，可以看到 GLP-SeNP 对 U87 细胞和 C6 细胞的抑制呈时间和浓度依赖关系。如图 9-13 所示，用 10μmol/L 的 GLP-SeNP 处理 U87 细胞和 C6 细胞 72h 后，U87 细胞的

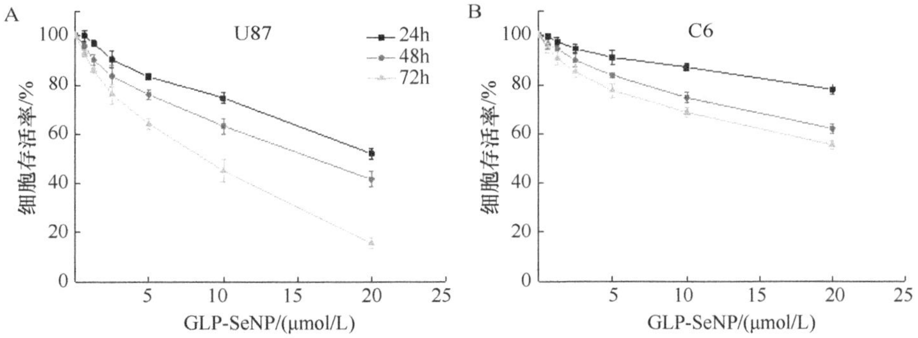

图 9-13　用不同浓度 GLP-SeNP 处理 U87 细胞（A）和 C6 细胞（B）24h、48h 和 72h 的细胞存活率

存活率为 44.6%，远低于 C6 细胞存活率（68.5%）。同样，当 U87 细胞和 C6 细胞的存活率为 50%时，U87 细胞的 IC_{50} 值为 8.62μmol/L，而 C6 细胞的 IC_{50} 值为 24.11μmol/L。这些结果表明，GLP-SeNP 对 U87 细胞的毒性要大于 C6 细胞（Jiang W et al., 2014）。

（二） U87 细胞和 C6 细胞对 GLP-SeNP 的吸收效率

对纳米粒子进行表面修饰，有利于促进肿瘤细胞对纳米粒子的吸收，提高纳米粒子在肿瘤细胞中的浓度，起到疗效高，不良反应小的效果，而细胞吸收量的大小是考查纳米载体运输药物的能力的一个重要参数（Farokhzad and Langer，2009）。如图 9-14A 所示，研究过程中发现 GLP 对 U87 细胞膜表面的整合素蛋白具有一定的亲和力，从而可以选择性地提高 U87 细胞对 GLP-SeNP 的吸收。近来有报道发现，整合素蛋白在 U87 细胞膜表面的表达远高于 C6 细胞（Lee et al.，2012）。同样，本课题组也采用了 Western Blot 试验检测了 U87 细胞和 C6 细胞膜上整合素受体的表达量，如图 9-14B 所示，再一次证实了之前的报道。U87 细胞在含有 6-coumarin-GLP-SeNP 的培养基中孵育 1.0h、2.0h 和 4.0h，细胞内 GLP-SeNP 的浓度呈现时间和剂量依赖的增多，如图 9-14C 和图 9-14D 所示。在含有 160μmol/L GLP-SeNP 的培养基中，经过 1.0h、2.0h 和 4.0h 孵育后，胞内 GLP-SeNP 含量分别达 14.5μmol/10^8 细胞、22.6μmol/10^8 细胞和 33.7μmol/10^8 细胞，是孵育在 1000μmol/L SeNP 中的 2～4 倍。然而在相同的浓度和时间下，SeNP 和 GLP-SeNP 在 C6 细胞中的累积量要低于 U87 细胞。结果表明，GLP 表面修饰有效地提高了 U87 细胞对硒纳米粒子的吸收效率。GLP 通过促进 U87 肿瘤细胞对 GLP-SeNP 的吸收效率，使得细胞

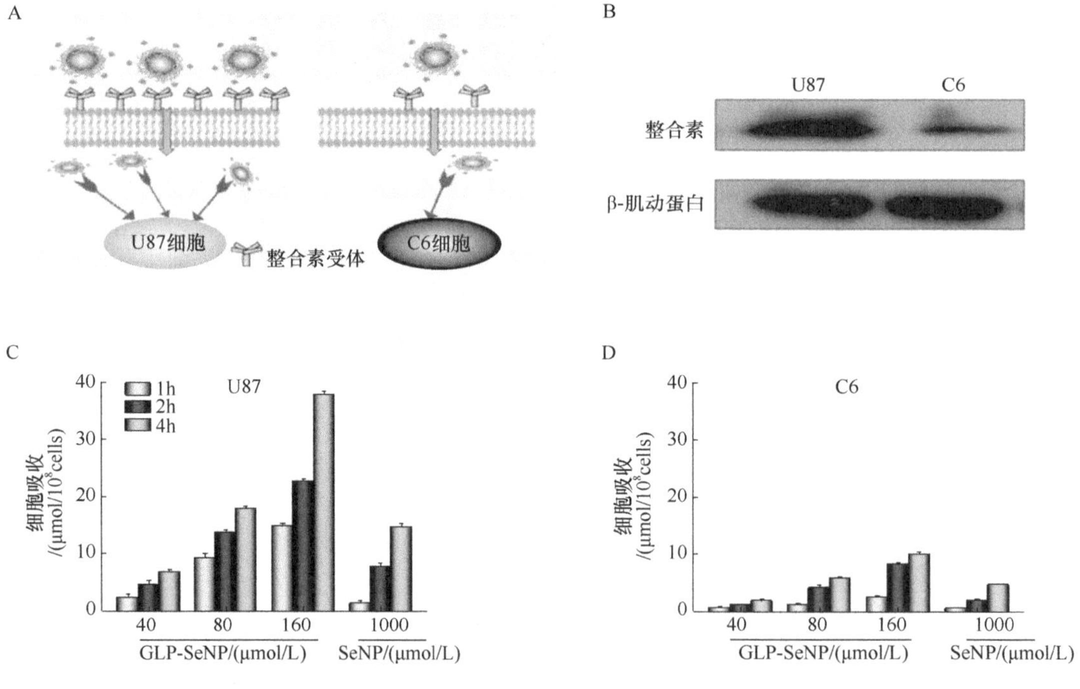

图 9-14　GLP-SeNP 细胞选择性吸收（Jiang W et al., 2014）

A.GLP-SeNP 对 U87 细胞和 C6 细胞的靶向示意图；B.Western Blot 试验检测 U87 细胞和 C6 细胞膜上的整合素受体表达量；C.定量分析 U87 细胞对 6-coumarin-GLP-SeNP 的吸收；D.定量分析 C6 细胞对 6-coumarin-GLP-SeNP 的吸收

内 GLP-SeNP 达到一个更高的水平，从而表现出更强的抑制肿瘤细胞增殖的能力，同时也证明 GLP-SeNP 是由细胞膜上整合素受体介导的颗粒内吞。

为了进一步证明细胞膜上整合素受体的重要性，用 cRGDfk 多肽进行了一个抑制封闭试验。为了研究 GLP 能否使 GLP-SeNP 与细胞膜上整合素 $\alpha_v\beta_3$ 受体结合起来，用 cRGDfk 多肽提前孵育 U87 细胞和 C6 细胞 2h，然后再用 160μmol/L 的 GLP-SeNP 进行给药。如图 9-15 所示，提前用 cRGDfk 多肽孵育，可以明显地抑制 U87 细胞和 C6 细胞对 GLP-SeNP 的吸收，并呈剂量依赖关系。cRGDfk 多肽可以有效地封锁 U87 细胞和 C6 细胞对 GLP-seNP 的内吞。同样，无论 cRGDfk 多肽的浓度是多少，U87 细胞对 GLP-SeNP 的吸收量还是大于 C6 细胞。这些试验结果证明，U87 细胞对 GLP-SeNP 的吸收可能是由细胞膜上整合素受体介导的内吞。

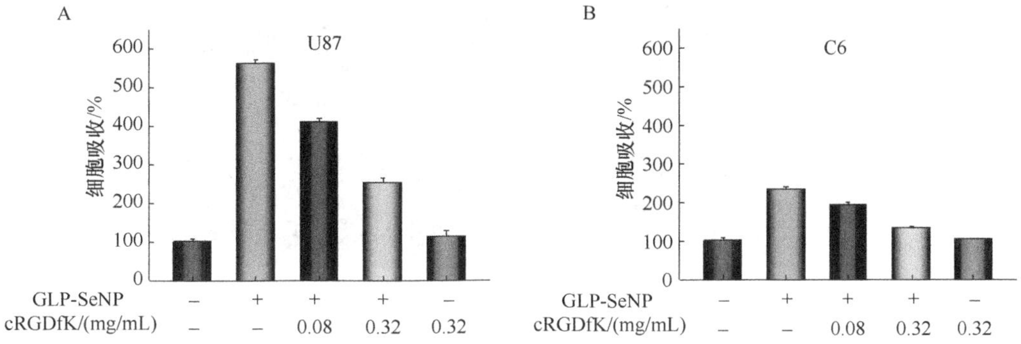

图 9-15　cRGDfk 多肽对 GLP-SeNP 的细胞吸收效率的影响（A）和 U87 细胞与 C6 细胞提前用 cRGDfk 多肽孵育 2h，然后用 160μmol/L 的 GLP-SeNP 处理细胞 1h（B）（Jiang W et al., 2014）

（三）GLP-SeNP 在 U87 细胞内的定位

胞吞作用是外源物质特别是较大分子和颗粒进入细胞的一种主要方式（Brown and Goldstein，1979；Geisow，1980）。在本试验中，选用溶酶体红色荧光探针 Lyso Tracker Red 作为一个参照。如图 9-16 所示，Lyso Tracker Red 发红色荧光，所示位置是肿瘤细胞的溶酶体，6-coumarin-GLP-SeNP 发绿色荧光。结果显示，红色和绿色荧光的位置是完全重合的，表明 GLP-SeNP 通过胞吞方式进入溶酶体。从中看出，加入 GLP-SeNP 孵育 1h 后，溶酶体已经显示绿色荧光，表明胞吞作用发生得相当迅速，GLP 有效促进了细胞对 GLP-SeNP 的吸收。绿色荧光强度呈现时间依赖效应，随着孵育时间的延长，荧光强度越来越大，表明细胞吸收 GLP-SeNP 呈现时间依赖性。此外，从中还看到部分 GLP-SeNP 从溶酶体中逃逸到细胞质，作用于其他细胞器，从而激活下游信号。

（四）GLP-SeNP 诱导 U87 细胞和 C6 细胞凋亡

细胞发生凋亡将在细胞、亚细胞和分子水平表现出特征性改变，包括细胞核、细胞器、细胞膜和细胞形态的改变，其中细胞核的改变最具特征性。细胞凋亡晚期，内源性核酸酶被激活，胞内 DNA 被降解，部分成为 DNA 片段，溢出胞外，细胞内总 DNA 量降低（Kim et al.，2010）。硒和其他抗肿瘤药物抑制肿瘤细胞增殖主要是通过诱导细胞凋亡或引发细胞周期阻滞，或者是导致两者同时发生来实现的（Kong et al.，2011；Zheng et al.，

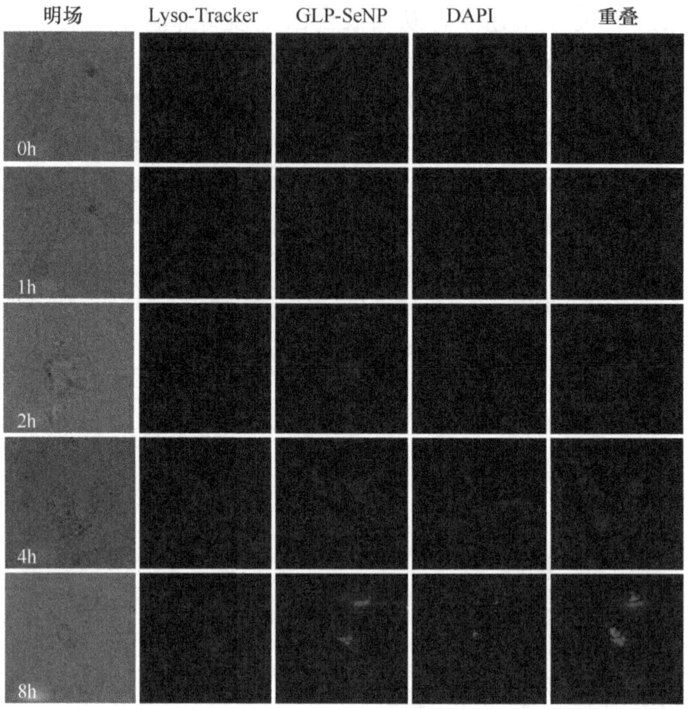

图 9-16 6-coumarin-GLP-SeNP 与溶酶体荧光探针（LysoTracker Red）在 U87 细胞内共定位（Jiang W et al., 2014）（彩图请扫封底二维码获取）

2011）。应用 PI（碘化丙啶）单染细胞 DNA，流式细胞术分析 GLP-SeNP 对 U87 细胞和 C6 细胞周期分布的影响。在含有浓度为 0μmol/L、5μmol/L、10μmol/L 和 20μmol/L GLP-SeNP 的培养基中孵育 72h 后的 U87 细胞的 DNA 含量分布柱状图如图 9-17A 所示，结果表明，

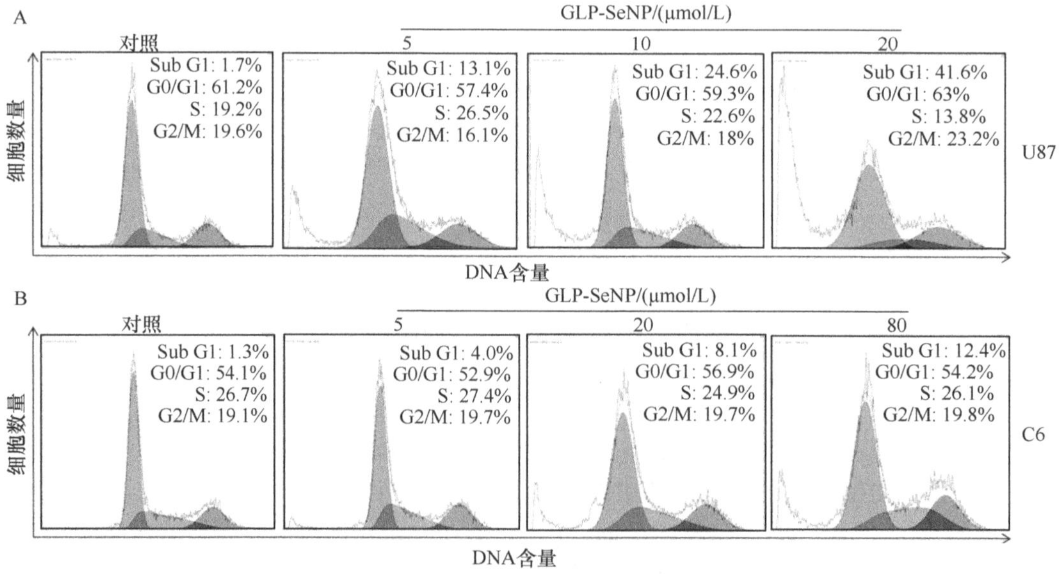

图 9-17 流式细胞术分析 GLP-SeNP 对 U87 细胞（A）和 C6 细胞（B）周期分布的影响（Jiang W et al., 2014）

不同浓度的 GLP-SeNP 均引起 Sub-G1 峰细胞百分数呈剂量效应地增加，由对照组 1.7% 上升到 41.6%，凋亡峰细胞比例显著性增多说明 GLP-SeNP 引起大量 U87 细胞凋亡，而其他时相的细胞比例基本无变化。表明 GLP-SeNP 通过诱导凋亡达到抑制肿瘤细胞增殖的目的。然而如图 9-17B 所示，当用 80μmol/L GLP-SeNP 孵育 C6 细胞 72h 后，Sub-G1 峰细胞百分数才 12.4%，G0/G1 期、S 期和 G2/M 期都没有什么明显改变，再一次证明了 GLP-SeNP 具有细胞靶向性。

天冬氨酸特异性的半胱氨酸蛋白酶 Caspase，是一类介导细胞凋亡的蛋白酶。在凋亡过程中，不同的 Caspase 充当不同的角色，Caspase-3 是凋亡信号通路中的关键执行者，Caspase-8 和 Caspase-9 分别是死亡受体介导的细胞凋亡信号转导通路和线粒体介导的细胞凋亡信号转导通路的起始者。Caspase-8、Caspase-9 酶原在外来信号的作用下被切割激活，被激活的 Caspase-8、Caspase-9 对执行者 Caspase-3 酶原进行切割并使其激活，活化的 Caspase-3 通过对 Caspase 靶蛋白的水解，引发细胞程序性死亡（Kantari and Walczak，2011；Li et al.，2013；Wang et al.，2010）。本实验室的前期工作发现，有机硒和纳米硒都可以诱导 Caspase-3、Caspase-8 和 Caspase-9 激活。Caspase 活性通过荧光法检测，原理在于活化的 Caspase 可以降解荧光素（AFC、AMC）标记的四肽底物，将荧光素释放出来，产生荧光反应，荧光强度与 Caspase 的活化程度成正比。不同浓度 GLP-SeNP 处理 U87 细胞和 C6 细胞后，Caspase 活性变化见图 9-18A 和图 9-18B。结果显示，GLP-SeNP（20μmol/L 和 40μmol/L）显著地提高了 U87 细胞的 Caspase-3 和 Caspase-9 活性，并呈现剂量依赖效应。表明细胞膜死亡受体和线粒体介导的细胞凋亡信号转导通路参与了 GLP-SeNP 诱导的细胞凋亡。进一步分析表明，U87 细胞和 C6 细胞 Caspase-9 的活化程度远高于 Caspase-8，线粒体介导的内源性信号转导通路起到主导作用，再一次证明 GLP-SeNP 对 U87 细胞的影响高于 C6 细胞。

多聚二磷酸腺苷酸核糖聚合酶（PARP）是一种 DNA 修复蛋白酶，由上游 DNA 断链的信号激活，在细胞增殖和细胞凋亡等过程中起关键作用。PARP 是细胞凋亡核心成员半胱氨酰天冬氨酸蛋白酶 Caspase-3 的切割底物，在凋亡的早期，PARP 被活化的 Caspase-3 切割成 89kDa 的片段，失去 DNA 修复功能，促进凋亡的发生（Li et al.，2011）。因此在细胞凋亡检测中，PARP 的切割可作为凋亡的标志之一。蛋白印迹法检测 PARP 完整蛋白质和 PARP 切割片段，正常细胞的 PARP 切割不明显，GLP-SeNP 处理 72h，总的 PARP（116kDa）量减少，出现明显的 PARP 切割片段带（89kDa），PARP 切割程度随 GLP-SeNP 浓度增大呈剂量效应地增多，如图 9-18C 所示。结果表明，GLP-SeNP 诱导胞内 PARP 切割，促进凋亡发生。进一步检测 Caspase 活性共同佐证了这个结果。如图 9-18C 所示，经过 GLP-SeNP 处理后的 U87 细胞，Caspase-3、Caspase-8 和 Caspase-9 的含量呈下降趋势，而 Caspase-3 切割呈上升趋势，再一次证明 GLP-SeNP 通过引起细胞的 Caspase 活性改变来引起细胞凋亡。

线粒体是细胞行为活动的能量工厂，但是大量的因素能够引起细胞内线粒体的结构和功能发生改变，从而诱导细胞凋亡（Ott et al.，2007）。选用 Mito-Tracker Red 作为一个参照，用荧光显微镜成像来分析 GLP-SeNP 对细胞内线粒体的影响。如图 9-18D 所示，可以观察到在最开始时，线粒体呈现清晰的丝状，随着 6-coumarin-GLP-SeNP 对 U87 细胞孵育时间的延长，可以看到 GLP-SeNP 呈绿色荧光进入细胞质，慢慢地分散在线粒体的周围，并且可以观察到线粒体出现断裂和凝聚，在 24h 时，线粒体浓缩成小颗粒。由此可见，GLP-SeNP 也能对细胞内的线粒体产生一定的影响。

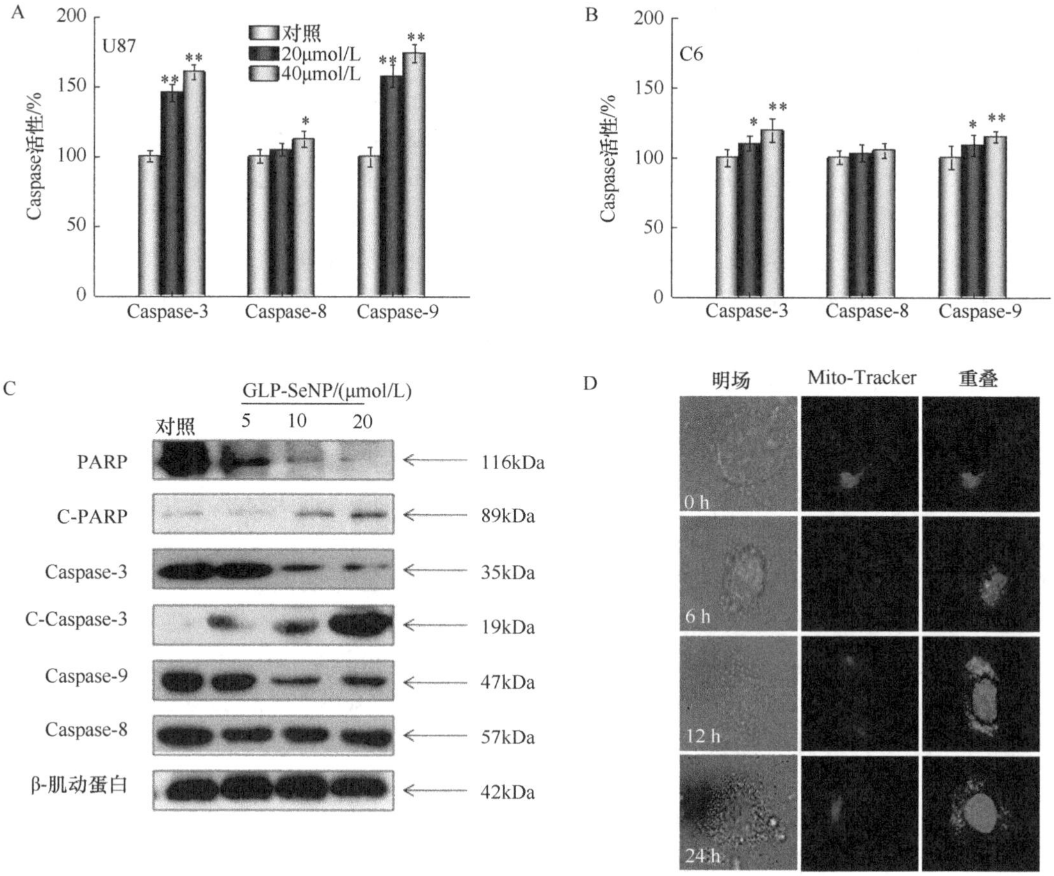

图 9-18　GLP-SeNP 的抗肿瘤机制（Jiang W et al., 2014）

A、B.GLP-SeNP 诱导 U87 细胞和 C6 细胞内的 Caspase-3、Caspase-8 和 Caspase-9 活化；C.U87 细胞用不同浓度的 GLP-SeNP 处理 72h 后，Western Blot 检测细胞内 PARP、Cspase-3、Caspase-8 和 Caspase-9 的表达水平，由 β-肌动蛋白的荧光强度校准上样量；D.GLP-SeNP 对 U87 细胞内线粒体的影响，红色荧光为 Mito-Tracker，绿色荧光为 6-coumarin-GLP-SeNP，蓝色为核染料 DAPI（彩图请扫封底二维码获取）

（五）GLP-SeNP 刺激 U87 后所产生的信号通路

细胞内 ROS 的水平是影响所有细胞信号通路的一个关键因素。细胞内 ROS 的浓度能引起细胞损伤，甚至导致细胞凋亡（Kang et al.，2010）。为了研究 GLP-SeNP 是否能引起细胞内 ROS 的变化而介导细胞凋亡，用 DHE 荧光探针来检测细胞内的 ROS 水平。用不同浓度的 GLP-SeNP 处理 U87 细胞 10min 后，细胞内的 ROS 水平急剧下降，并在接下来的 120min 内保持不变。例如，160μmol/L 的 GLP-SeNP 处理 U87 细胞，细胞内的 ROS 水平下调至 55.87%（图 9-19A）。为了更好地验证 GLP-SeNP 对细胞内 ROS 的影响，发现 10min 后可以观察到很强的 DHE 荧光探针强度（图 9-19B）。

不同浓度的自由基可以控制细胞生与死的平衡，从而诱导细胞凋亡或坏死。低浓度的 ROS 可以激活信号转导因子，在生理意义上能够刺激细胞增殖和分化。研究发现，ROS 水平的提高能够介导 DNA 损伤，从而引起一系列的细胞信号转导通路激活，如 p-ATM、

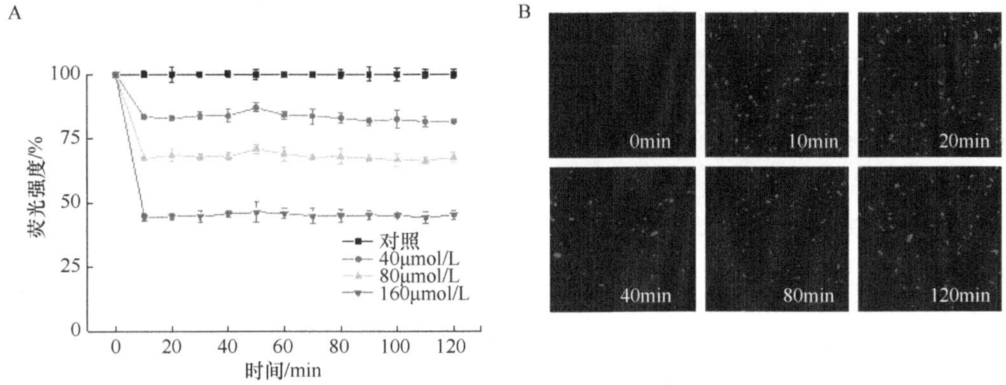

图 9-19　用不同浓度的 GLP-SeNP 处理 U87 细胞不同时间，用 DHE 荧光探针来检测细胞内的 ROS 水平（A）和用同一浓度的 GLP-SeNP 处理 U87 细胞不同时间所拍得的荧光图片（B，彩图请扫封底二维码获取）（Jiang W et al., 2014）

pBRCA1、pCHK1 和 MAPK 家族信号通路（Chen and Wong，2009）。

p53，作为一个细胞抑制基因和转录因子，能够引起细胞周期阻滞，使 DNA 系统损伤，从而诱导细胞凋亡（Speidel，2010）。Western Blot 试验结果显示，用 GLP-SeNP 处理后的 U87 细胞的磷酸化 p53 蛋白表达量上调，而总的 p53 蛋白表达量基本保持不变；磷酸化的 ATM 和 CHK1 蛋白表达量上调，磷酸化的 BRCA1 却处于下调状态（图 9-20A）。

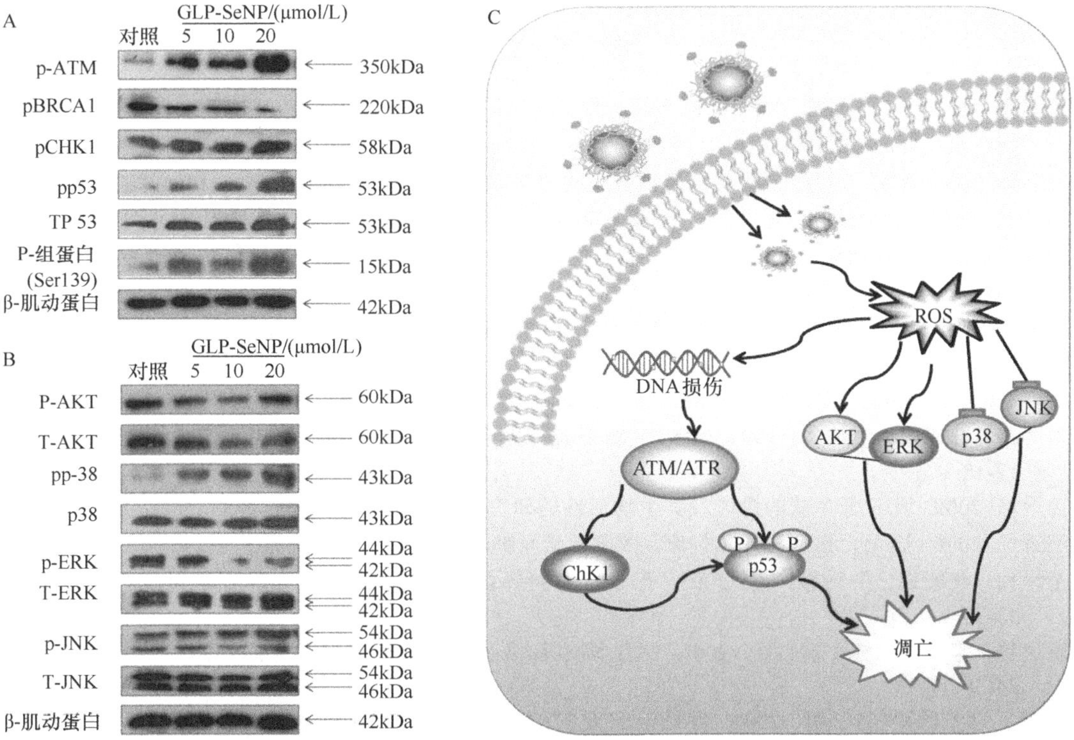

图 9-20　由 GLP-SeNP 处理后的 U87 细胞内凋亡信号通路（Jiang W et al., 2014）

A.p53 信号通路的激活，由 β-肌动蛋白的荧光强度校准上样量；B.MAPK 家族和 AKT 信号通路的激活，由 β-肌动蛋白的荧光强度校准上样量；C.U87 细胞信号通路全图

MAPK（丝裂原活化蛋白激酶）家族信号通路是细胞内众多错综复杂的信号转导通路之一，是位于胞质内的一类丝/苏氨酸蛋白激酶（Speidel，2010）。MAPK 家族包括 p38、ERK 和 JNK 等，参与介导细胞增殖、转化、分化和凋亡的调节（Carracedo et al.，2008）。当药物作用细胞后，MAPK 家族蛋白一旦被细胞外信号或者刺激激活，能够通过一系列联级反应，接替、放大、整合胞外的刺激信号，最终诱导细胞凋亡。激活后的磷酸化 AKT 蛋白到达胞质或细胞核内，通过磷酸化一系列事件，发挥促进细胞凋亡、抑制凋亡及化疗耐受等作用。因此，AKT 的激活及调控是一种促细胞生存信号（Altomare and Testa，2005）。如图 9-20B 所示，用浓度 5μmol/L、10μmol/L 和 20μmol/L 的 GLP-SeNP 处理 U87 细胞 72h 后，剂量依赖性地下调磷酸化 ERK 和 AKT 表达量，同时磷酸化 p38 和 JNK 表达量明显升高，总的 ERK、p38、JNK 和 AKT 表达量基本保持不变。

综上所述，通过细胞吸收竞争性试验和 Western Blot 检测细胞膜上整合素蛋白的表达量，证明了 GLP 对 U87 细胞膜上高表达的整合素具有一定的结合力，从而促进了 U87 细胞对 GLP-SeNP 的吸收，细胞吸收的增强有效提高了 GLP-SeNP 对肿瘤细胞增殖的抑制作用。机制研究显示，GLP-SeNP 通过诱导细胞凋亡抑制 U87 细胞增殖，表现为 GLP-SeNP 处理后，U87 细胞含有 Sub-G1 凋亡峰细胞群比例增大，PRAP 切割，Caspse-3、Caspse-8 和 Caspse-9 活性显著性提高及 ROS 水平下降。表明 GLP-SeNP 通过下调 U87 细胞 ROS 的表达量，引起 p53、AKT 和 MAPK 家族信号通路激活，从而诱导细胞凋亡（图 9-20C）。

参 考 文 献

薄鹏飞，孙秀玲，孙同虎，等. 2008. NaCl 胁迫对海滨木槿抗氧化系统和渗透调节的影响. 西北植物学报, 28(1): 113-118.

郭跃伟. 2009. 海洋天然产物和海洋药物研究的历史、现状和未来. 自然杂志, 31(1): 27-30.

刘凤艳，钟红茂，范洁伟，等. 2005. 海藻多糖药理作用研究新进展. 广东药学, 15(3): 81-84.

刘伟，刘成梅，林向阳. 2003. 膳食纤维的国内外研究现状与发展趋势. 粮食与食品工业, (4): 25-27.

罗振宇，陈薪研，王小燕，等. 2010. 孔石莼抗病毒蛋白多糖的提取分离及抗柯萨奇病毒 B3 活性. 时珍国医国药, 21(5): 1090-1093.

苗雨晨，白玲，苗琛，等. 2005. 植物谷胱甘肽过氧化物酶研究进展. 植物学通报, 22(3): 350-356.

缪辉南，方旭东，焦炳华. 1999. 海洋生物资源开发研究概况与展望. 氨基酸和生物资源, 21(4): 12-18.

孙煜煊. 2009. 孔石莼多糖的提取及其生物活性的研究. 现代农业科学, (4): 6-8.

王秀红. 2006. 微量元素硒与人体健康. 微量元素与健康研究, 23(1): 66-67.

王艳梅，李智恩，牛锡珍，等. 2003. 孔石莼多糖降血脂活性的初步研究. 中国海洋药物, 22(2): 33-35.

杨宇峰，宋金明，林小涛，等. 2005. 大型海藻栽培及其在近海环境的生态作用. 海洋环境科学, 24(3): 77-80.

余杰，王欣，陈美珍，等. 2006. 潮汕沿海龙须菜的营养成分和多糖组成分析. 食品科学, 27(1): 93-97.

郑文杰，欧阳政. 2001. 植物有机硒的化学及医学应用. 广州：暨南大学出版社.

Affenzeller M J, Darehshouri A, Andosch A, et al. 2009. Salt stress-induced cell death in the unicellular green alga *Micrasterias denticulata*. Journal of Experimental Botany, 60(3): 939-954.

Altomare D A, Testa J R. 2005. Perturbations of the AKT signaling pathway in human cancer. Oncogene, 24(50): 7455-7464.

Avellini L, Chiaradia E, Gaiti A. 1999. Effect of exercise training, selenium and vitamin E on some free radical scavengers in horses(*Equus caballus*). Comparative Biochemistry and Physiology Part B: Biochemistry and Molecular Biology, 123(2): 147-154.

Baines S, Cutter L, Cutter G, et al. 2004. Light dependence of selenium uptake by phytoplankton and implications for predicting selenium incorporation into food webs. Limnology and Oceanography, 49(2): 566-578.

Bao S, Wu Q, McLendon R E, et al. 2006. Glioma stem cells promote radioresistance by preferential activation of the DNA damage response. Nature, 444(7120): 756-760.

Brown M S, Goldstein J L. 1979. Receptor-mediated endocytosis: insights from the lipoprotein receptor system. Proceedings of the National Academy of Sciences, 76(7): 3330-3337.

Carracedo A, Ma L, Teruya-Feldstein J, et al. 2008. Inhibition of mTORC1 leads to MAPK pathway activation through a PI3K-dependent feedback loop in human cancer. The Journal of Clinical Investigation, 118(9): 3065-3074.

Chakraborty K, Paulraj R. 2010. Sesquiterpenoids with free-radical-scavenging properties from marine macroalga *Ulva fasciata* Delile. Food Chemistry, 122(1): 31-41.

Chen M Z, Xie H G, Yang L W, et al. 2010. *In vitro* anti-influenza virus activities of sulfated polysaccharide fractions from *Gracilaria lemaneiformis*. Virologica Sinica, 25(5): 341-351.

Chen T F, Wong Y S. 2009. Selenocystine induces caspase-independent apoptosis in MCF-7 human breast carcinoma cells with involvement of p53 phosphorylation and reactive oxygen species generation. The International Journal of Biochemistry & Cell Biology, 41(3): 666-676.

Chen T F, Zheng W J, Wong Y S, et al. 2008. Selenium - induced changes in activities of antioxidant enzymes and content of photosynthetic pigments in Spirulina platensis. Journal of Integrative Plant Biology, 50(1): 40-48.

Chen T F, Zheng W J, Yang F, et al. 2006. Mixotrophic culture of high selenium-enriched Spirulina platensis on acetate and the enhanced production of photosynthetic pigments. Enzyme and Microbial Technology, 39(1): 103-107.

Cho S H, Cho Y J, Choi C Y. 2011. Effect of feeding regime on compensatory growth of juvenile abalone, haliotis discus hannai, fed on the Dry Sea Tangle, Laminaria japonica. Journal of the World Aquaculture Society, 42(1): 122-126.

Conde J, Sanz A M. 1997. Selenium concentrations in natural and environmental waters. Chemical Reviews, 97(6): 1979-2004.

Danbara A, Shiraiwa Y. 1999. The requirement of selenium for the growth of marine *coccolithophorids*, *Emiliania huxleyi Gephyrocapsa* oceanica and *Helladosphaera* sp. (Prymnesiophyceae). Plant and Cell Physiology, 40(7): 762-766.

De Vos C, Schat H, Vooijs R, et al. 1989. Copper-induced damage to the permeability barrier in roots of silene cucubalus. Journal of Plant Physiology, 135(2): 164-169.

Demmig-Adams B. 1990. Carotenoids and photoprotection in plants: a role for the xanthophyll zeaxanthin. Biochimica et Biophysica Acta(BBA)-Bioenergetics, 1020(1): 1-24.

Doblin M A, Blackburn S I, Hallegraeff G M. 1999. Comparative study of selenium requirements of three phytoplankton species: *Gymnodinium catenatum*, *Alexandrium minutum*(Dinophyta)and *Chaetocerosc* f. *tenuissimus*(Bacillariophyta). Journal of Plankton Research, 21(6): 1153-1169.

Drake E. 2006. Cancer chemoprevention: selenium as a prooxidant, not an antioxidant. Medical Hypotheses, 67(2): 318-322.

Duan X, Zhang W, Li X, et al. 2006. Evaluation of antioxidant property of extract and fractions obtained from a red alga, polysiphonia urceolata. Food Chemistry, 95(1): 37-43.

El-Bayoumy K, Sinha R. 2004. Mechanisms of mammary cancer chemoprevention by organoselenium compounds. Mutation Research/Fundamental and Molecular Mechanisms of Mutagenesis, 551(1): 181-197.

Fan T W, Teh S J, Hinton D E, et al. 2002. Selenium biotransformations into proteinaceous forms by food web organisms of selenium-laden drainage waters in California. Aquatic Toxicology, 57(1): 65-84.

Farokhzad O C, Langer R. 2009. Impact of nanotechnology on drug delivery. ACS Nano, 3(1): 16-20.

Fleurence J. 1999. Seaweed proteins: biochemical, nutritional aspects and potential uses. Trends in Food Science & Technology, 10(1): 25-28.

Fleurence J, Chenard E, Luçcon M. 1999. Determination of the nutritional value of proteins obtained from *Ulva armoricana*. Journal of Applied Phycology, 11(3): 231-239.

Fournier E, Adam-Guillermin C, Potin-Gautier M, et al. 2010. Selenate bioaccumulation and toxicity in *Chlamydomonas reinhardtii*: influence of ambient sulphate ion concentration. Aquatic Toxicology, 97(1): 51-57.

Geisow M. 1980. Pathways of endocytosis. Nature, 288(5790): 434-436.

Harrison P, Yu P, Thompson P, et al. 1988. Survey of selenium requirements in marine phytoplankton. Marine Ecology Progress Series, 47(1): 89-96.

Hemler M E, Cook H W, Lands W E. 1979. Prostaglandin biosynthesis can be triggered by lipid peroxides. Archives of Biochemistry and Biophysics, 193(2): 340-345.

Jiang W, Fu Y, Yang F, et al. 2014. *Gracilaria lemaneiformis* polysaccharide as integrin-targeting surface decorator of selenium nanoparticles to achieve enhanced anticancer efficacy. ACS Applied Materials & Interfaces, 6(16): 13 738-13 748.

Jiang X, Xin H, Ren Q, et al. 2014. Nanoparticles of 2-deoxy-d-glucose functionalized poly(ethylene glycol)-co- poly(trimethylene carbonate)for dual-targeted drug delivery in glioma treatment. Biomaterials, 35(1): 518-529.

Kang J M, Kim N, Kim J H, et al. 2010. Effect of aging on gastric mucosal defense mechanisms: ROS, apoptosis, angiogenesis, and sensory neurons. American Journal of Physiology-Gastrointestinal and Liver Physiology, 299(5): G1147-G1153.

Kantari C, Walczak H. 2011. Caspase-8 and bid: caught in the act between death receptors and mitochondria. Biochimica et Biophysica Acta(BBA)-Molecular Cell Research, 1813(4): 558-563.

Kim G, Kim W, Kim K, et al. 2010. DNA damage and mitochondria dysfunction in cell apoptosis induced by nonthermal air plasma. Applied Physics Letters, 96(2): 021502.

Kong L, Yuan Q, Zhu H, et al. 2011. The suppression of prostate LNCaP cancer cells growth by Selenium nanoparticles through Akt/Mdm2/AR controlled apoptosis. Biomaterials, 32(27): 6515-6522.

Kwak S Y, Yang J S, Kim B Y, et al. 2014. Ionizing radiation-inducible miR-494 promotes glioma cell invasion through EGFR stabilization by targeting p190B RhoGAP. Biochimica et Biophysica Acta(BBA)-Molecular Cell Research, 1843(3): 508-516.

Lee M H, Kim J Y, Han J H, et al. 2012. Direct fluorescence monitoring of the delivery and cellular uptake of a cancer- targeted RGD peptide-appended naphthalimide theragnostic prodrug. Journal of the American Chemical Society, 134(30): 12 668-12 674.

Lee W Y, Wang W X. 2001. Metal accumulation in the green macroalga *Ulva fasciata*: effects of nitrate, ammonium and phosphate. Science of the Total Environment, 278(1): 11-22.

Li J, Li X, Shi X, et al. 2013. Highly sensitive detection of caspase-3 activities via a nonconjugated gold nanoparticle- quantum dot pair mediated by an inner-filter effect. ACS Applied Materials & Interfaces, 5(19): 9798-9802.

Li W J, Zhou J, Li B, et al. 2011. PARP inhibition restores erectile function by suppressing corporal smooth muscle apoptosis in diabetic rats. The Journal of Sexual Medicine, 8(4): 1072-1082.

Li Z Y, Guo S Y, Li L. 2003. Bioeffects of selenite on the growth of Spirulina platensis and its biotransformation. Bioresource Technology, 89(2): 171-176.

Mager W H, De Kruijff A. 1995. Stress-induced transcriptional activation. Microbiological Reviews, 59(3): 506-531.

Nogueira D R, Tavano L, Mitjans M, et al. 2013. *In vitro* antitumor activity of methotrexate via pH-sensitive chitosan nanoparticles. Biomaterials, 34(11): 2758-2772.

Novoselov S V, Rao M, Onoshko N V, et al. 2002. Selenoproteins and selenocysteine insertion system in the model plant cell system, *Chlamydomonas reinhardtii*. EMBO Journal, 21(14): 3681-3693.

Okamoto O K, Colepicolo P. 1998. Response of superoxide dismutase to pollutant metal stress in the marine dinoflagellate *Gonyaulax polyedra*. Comparative Biochemistry and Physiology Part C: Pharmacology, Toxicology and Endocrinology, 119(1): 67-73.

Ott M, Gogvadze V, Orrenius S, et al. 2007. Mitochondria, oxidative stress and cell death. Apoptosis, 12(5): 913-922.

Parsons D W, Jones S, Zhang X, et al. 2008. An integrated genomic analysis of human glioblastoma multiforme. Science, 321(5897): 1807-1812.

Price N M, Thompson P A, Harrison P J. 1987. Selenium: an essential element for growth of the coastal marine diatom *Thalassiosira pseudonana*(bacillariophyceae)[1, 2]. Journal of Phycology, 23(1): 1-9.

Pronina N, Kovshova Y I, Popova V, et al. 2002. The effect of selenite ions on growth and selenium accumulation in *Spirulina platensis*. Russian Journal of Plant Physiology, 49(2): 235-241.

Pyrzynska K. 1998. Speciation of selenium compounds. Analytical sciences, 14: 479-484.

Raveendran S, Palaninathan V, Chauhan N, et al. 2013. *In vitro* evaluation of antioxidant defense mechanism and hemocompatibility of mauran. Carbohydrate polymers, 98(1): 108-115.

Rayman M P. 2000. The importance of selenium to human health. Journal-Lancet, 356(9225): 233-241.

Riedel G F, Sanders J G. 1996. The influence of pH and media composition on the uptake of inorganic selenium by *Chlamydomonas reinhardtii*. Environmental Toxicology and Chemistry, 15(9): 1577-1583.

Schiavon M, Moro I, Pilon-Smits E A, et al. 2012. Accumulation of selenium in *Ulva* sp. and effects on morphology, ultrastructure and antioxidant enzymes and metabolites. Aquatic Toxicology, (122-123): 222-231.

Sebaugh J. 2011. Guidelines for accurate EC50/IC50 estimation. Pharmaceutical Statistics, 10(2): 128-134.

Singh S, Singh G, Singh P, et al. 2008. Effect of water stress at different stages of grain development on the characteristics of starch and protein of different wheat varieties. Food Chemistry, 108(1): 130-139.

Sinha R, El-Bayoumy K. 2004. Apoptosis is a critical cellular event in cancer chemoprevention and chemotherapy by selenium compounds. Current Cancer Drug Targets, 4(1): 13-28.

Spallholz J E. 1994. On the nature of selenium toxicity and carcinostatic activity. Free Radical Biology and Medicine, 17(1): 45-64.

Speidel D. 2010. Transcription-independent p53 apoptosis: an alternative route to death. Trends in Cell Biology, 20(1): 14-24.

Surh Y J. 2003. Cancer chemoprevention with dietary phytochemicals. Nature Reviwes Cancer, 3(10): 768-780.

Tuzen M, Sarl A. 2010. Biosorption of selenium from aqueous solution by green algae(*Cladophora hutchinsiae*)biomass: equilibrium, thermodynamic and kinetic studies. Chemical Engineering Journal, 158(2): 200-206.

Umysová D, Vítová M, Dousková I, et al. 2009. Bioaccumulation and toxicity of selenium compounds in the green alga *Scenedesmus quadricauda*. BMC Plant Biology, 9(1): 58-74.

Wang Y B, Qin J, Zheng X Y, et al. 2010. Diallyl trisulfide induces Bcl-2 and Caspase-3-dependent apoptosis via downregulation of Akt phosphorylation in human T24 bladder cancer cells. Phytomedicine, 17(5): 363-368.

Williams M, Ogle R, Knight A, et al. 1994. Effects of sulfate on selenate uptake and toxicity in the green alga *Selenastrum capricornutum*. Archives of Environmental Contamination and Toxicology, 27(4): 449-453.

Wong D, Oliveira L. 1991. Effects of selenite and selenate toxicity on the ultrastructure and physiology of three species of marine microalgae. Canadian Journal of Fisheries and Aquatic Sciences, 48(7): 1201-1211.

Yamada K, Shizuri Y, Ishida Y, et al. 1983. Cardiac inhibitory action of constituents of the marine green alga *Ulva pertusa*. Journal of Pharmaceutical Sciences, 72(8): 945-946.

Yan X, Zheng L, Chen H, et al. 2004. Enriched accumulation and biotransformation of selenium in the edible seaweed *Laminaria japonica*. Journal of Agricultural and Food Chemistry, 52(21): 6460-6464.

Zhang Q, Yu P, Li Z, et al. 2003. Antioxidant activities of sulfated polysaccharide fractions from *Porphyra haitanesis*. Journal of Applied Phycology, 15(4): 305-310.

Zheng J S, Zheng S Y, Zhang Y B, et al. 2011. Sialic acid surface decoration enhances cellular uptake and apoptosis- inducing activity of selenium nanoparticles. Colloids and Surfaces B: Biointerfaces, 83(1): 183-187.

第十章　大型海藻的医学应用

第一节　大型海藻多糖的开发应用潜力

从动植物直接获取材料应用于生物医学，是材料学和生物医学的重要研究内容之一。当前从海洋生物，特别是海洋植物中获取生物医学材料的研究非常活跃。究其原因，一是这些材料本身生物相容性非常好，部分还具有促进细胞增殖和胞外基质合成、抗菌、抗病毒、抗癌等医学功能，如海藻酸钠、琼脂糖、岩藻糖、昆布多糖等，二是海洋植物生物量非常大，需要充分回收和利用，避免造成环境的污染和资源的浪费。同时，近海规模化栽培大型海藻的产量非常高，需要提高其产品的附加价值，并最大限度开发利用以免造成二次污染。从材料来源来看，植物特别是海洋植物是获得新型生物材料的重要来源，因为动物源生物材料存在免疫源性，前几年由于疯牛病使牛胶原的应用受到很大限制，包括禽流感、SARS 等都可能使人们对需动物源生物材料在临床医学中的使用进行重新评价；而植物源生物材料从目前看来没有这方面的问题。因此，开发海藻多糖生物材料既是发掘新型生物医学材料的需要，也是医学技术发展的需要。

海藻包括红藻、褐藻、绿藻及蓝藻等，不同藻类含有不同的海藻多糖和其他化学物质，如红藻主要有琼胶、卡拉胶和琼胶-卡拉胶中间多糖，琼胶主要包括琼脂糖和琼胶蛋白，卡拉胶包括 K 型（Kappa）、I 型（Iota）、L 型（Lambda）3 种类型；褐藻主要产生褐藻胶（海藻酸）、岩藻糖和昆布多糖；绿藻主要有木聚糖和甘露聚糖；而蓝藻主要有螺旋藻多糖。这些多糖主要用作食品添加剂，如琼胶、卡拉胶；其次包括用于生化分析如琼脂糖及临床医学如海藻酸钠等。发现、拓展这些海藻多糖材料的新应用领域，既是对海洋经济的推动，又有助于丰富海藻多糖的认知。

第二节　琼脂糖的来源及特性

在众多海藻多糖中，琼脂糖是研究和应用最为广泛的一类多糖。它主要从红藻中用碱-热水抽提，得到的物质约含 40%琼脂（agar），琼脂是包括约 90%琼脂糖（agarose）和 10%琼脂果胶（agaropectin）的混合物。琼脂糖的基本结构是由 1、3 连接的 β-D-半乳糖和 1、4 连接的 3,6-内醚-L-半乳糖交替连接起来的长链（图 10-1），主要为线性多聚物，

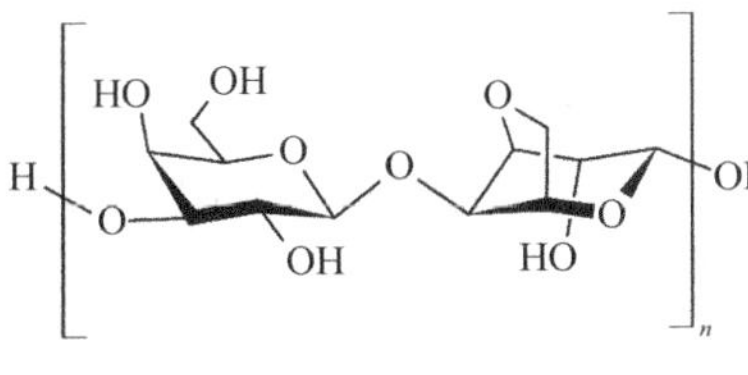

图 10-1　琼脂糖的线性链结构（由 1,3 连接的 β-D-半乳糖和 1,4 连接的 3,6-内醚-L-半乳糖连接）

但部分支链琼脂糖则从β-1,3键分出另一链形成支链型琼脂糖。由于近海大型海藻人工栽培技术成熟，目前从收获的栽培红藻中可提取大量琼脂糖。

线性琼脂糖链的电中性、亲水性及链间相互作用赋予了其特殊性质。分子质量高的琼脂糖在冷水中不溶解，但一般在70℃以上（取决于分子质量）热水中溶解，溶解后冷却胶凝成一定强度的固体。这些性质赋予琼脂糖可用于食品（添加剂）、生化分离分析（电泳）、医药等领域。

琼脂糖作为最大的海藻多糖品种，具有无毒、细胞亲和性好、可降解、凝胶速度快等性质，小分子具有刺激体细胞增殖和合成胞外基质的功能。但分子质量较大的琼脂糖分子链稳定，显生物惰性，特别是在人体中没有琼脂糖特异酶时，其降解主要依赖酸碱环境和吞噬细胞（Christensen，2007），难以在消化系统以外有效快速降解，无法较好体现其生物活性性能，制约着其在生物医学方面的应用。因此，将其降解成低聚糖或寡糖，或者与其他材料复合是改善琼脂糖生物活性、拓展其医学应用领域的重要手段。

琼脂糖应用于生物医学领域具有显著的优势：①生物相容性好，植入炎症反应小，降解成寡糖还具有抗菌、抗氧化（通过阻止可诱导性NO合成酶iNOS的表达来抑制过量NO自由基的产生）、抗病毒、抗癌（可以促进癌细胞的凋亡，抑制TNF-α的产生从而抑制癌细胞产生）等医学功能；②成膜性和细胞不黏性赋予其特殊的防粘连效果；③通过快速凝胶效应达到止血效果；④形状可塑，可冷冻成海绵状，注射凝胶化或微凝胶成可喷涂液，实现多种方式应用；⑤天然的网络结构和多孔取向性，有利于支架构建和细胞定向迁移；⑥易于与其他材料配伍或接枝，可根据需要改变和调整复合材料的性能；⑦生物量巨大，规模化栽培产量高，提取操作简单，成本低廉。国内外将以琼脂糖为主的海藻多糖的特殊功能用于组织再生的报道近年来陆续出现，如用于神经修复的导管，它有阻止周围组织粘连和有助于神经细胞增殖、取向爬行生长的功能；琼脂糖与软骨细胞混合后体外培养，发现对软骨基质的组装有利；利用琼脂糖的高含水性，可作为细胞微囊，维持细胞活性；作为生长因子微供体等。

第三节 琼脂糖的改性研究现状

通过化学活化、接枝、共混等手段改性，使琼脂糖性能改变满足特定需要，目前报道较多。例如，用环氧氯丙烷活化琼脂糖凝胶（史清洪等，2007），可为琼脂糖凝胶色谱高密度偶联色谱配基5-氨基吲哚；琼脂糖与聚甲基丙烯酸甲酯（PMMA）接枝共聚（卢灿辉和徐晨，1995），产物既有多糖的骨架，又有合成高分子的支链，PMMA支链能赋予多糖加工成型性，而多糖可改善PMMA的生物相容性和亲水性。试验表明，一方面接枝共聚可改善琼脂糖在有机溶剂中的溶解性；另一方面透光率几乎达到有机玻璃制品的透明性，可望在隐形眼镜制造中得到应用。

将同种异体的软骨细胞在琼脂糖凝胶中培养一段时间后，移植于兔关节软骨缺损部位，免疫组化分析显示，移植组新形成的软骨中II型胶原和黏多糖较对照组的多。琼脂糖凝胶冻干后形成的海绵具有狭长类似隧道的孔隙，壁厚适中且具有一定的强度，这种结构在修复脊髓线形神经细胞中表现出独特的优点（Stokols et al.，2006）。复合脑源性神经营养因子（BDNF）的多孔琼脂糖支架具有贯通的单向排列线性孔道，将其植入成年大鼠的脊髓损伤处，一个月后发现该支架能有效诱导宿主细胞入侵，新生轴突沿着支架孔道呈线性延伸，脊髓得以重建和再生（Stokols and Tuszynski，2004）。通过和其他天然材料混合使用，可以有效提高琼脂糖复合支架的细胞黏附性和生物相容性（Bhat et al.，2011），拓展其在组织工程中的应用。纤维蛋白-琼脂糖复合支架还具有与天然角膜相似的黏弹性、透明度和光学系数，将兔的角膜上皮细胞、基质细胞和血管内皮细胞接种于纤维蛋白-琼脂糖支架，验证了该支架体外培养全层兔角膜的可能性（Alaminos et al.，2006）。在该支架上生长的细胞和组织呈现出多层上皮细胞、细胞间连接、细胞角蛋白、基膜和细胞外基质的连贯性分化，最终形成与天然组织相似的口腔黏膜替代物（Alaminos et al.，2007）。将人成纤维细胞和角质细胞接种至纤维蛋白-琼脂糖复合支架，可构建全层纺真皮肤（Carriel et al.，2012）。将接枝明胶的琼脂糖支架皮下植入糖尿病和非糖尿病大鼠（Bloch et al.，2010），植入的支架被纤维囊包裹且纤维囊附近有成熟的血管生成，组织侵入支架内部，说明该支架的细胞相容性良好，用作填充植入材料有利于新生血管分化。羟基磷灰石（HAp）-琼脂糖复合凝胶可用于骨再生，并能以注射剂型使用（Watanabe et al.，2007）。

由此可见，琼脂糖通过改性突破了其作为食品添加剂、生化分析及培养基用凝胶、色谱填料等应用范畴，可拓展到临床医学，这些研究初步表明了，它的医学应用潜力巨大。

第四节　琼脂糖改性物的医学应用

尽管琼脂糖在生物医学领域有潜在的研究与应用价值，但一些缺点不容忽视：首先是降解速度慢和水溶解温度高，因此降解成分子质量更小，甚至低温可溶解的琼脂糖，以及与其他降解快的组分共混或接枝改性以满足在许多应用场合降解快的要求，成为其应用必不可少的环节。其次由于琼脂糖显电中性，对蛋白质、多肽、细胞无黏附性，如果能与具有特异黏附性的组分共混或接枝改性，使其更适用于生物医学工程领域，特别是用作组织再生支架。再者由于凝胶特性，使其加工性不佳，同时作为支架的空隙在溶液中很难保持像干燥状态下一样，通过疏水改性可在含水环境保持其形态。因此，为拓展琼脂糖的医学应用，人们尝试各种改性方法。下面介绍几种改性方法和医学应用研究。

一、降解琼脂糖

琼脂糖尽管在人体内没有降解酶，但在海洋环境和微生物中存在两种琼脂糖特异降解酶：α-琼脂糖酶和 β-琼脂糖酶。作为一种碳水化合物，其糖苷键容易在酸、碱、氧化等环境断裂而使其降解。几种降解条件及降解键位如图 10-2 所示。

降解琼脂糖可分为低聚琼脂糖[分子质量几万道尔顿（Da）]和琼脂寡糖（几个到十几个糖环，分子质量在一万道尔顿以下）。琼脂寡糖根据结构不同可以分为以半乳糖为还原端的新琼寡糖和以 3,6-内醚半乳糖为还原端的琼寡糖。

低聚琼脂糖根据降解分子质量的不同，显示出凝胶化温度降低，甚至常温下可以溶解或溶液在低温下无凝胶现象。琼脂寡糖可常温下溶于水，基本没有凝胶现象。

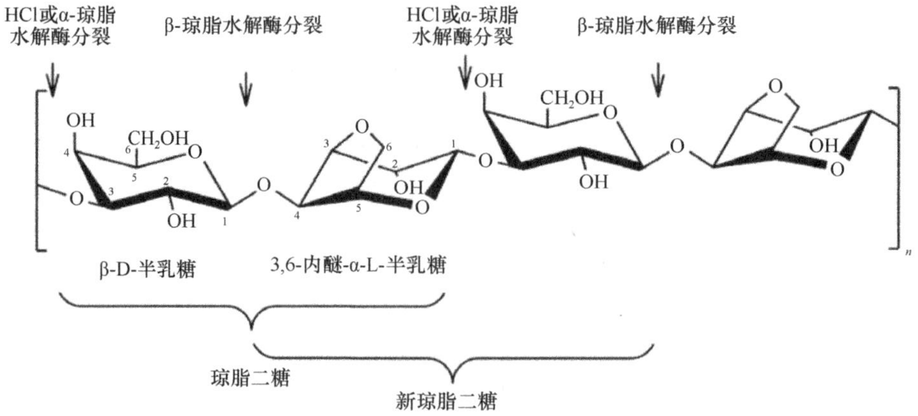

图 10-2　琼脂糖在 HCl 和 α-琼脂糖酶与 β-琼脂糖酶作用下的降解键位

（一）低聚琼脂糖

分子质量约 20 万 Da 的琼脂糖在双氧水中降解，分子质量随降解时间延长而降低（图 10-3A），在降解 15～20h 后，分子质量趋于稳定（储彬，2012）。由于过氧化氢的氧化作用导致产物中产生醛基，可通过 $NaBH_4$ 进行还原，恢复羟基结构（图 10-3B）。

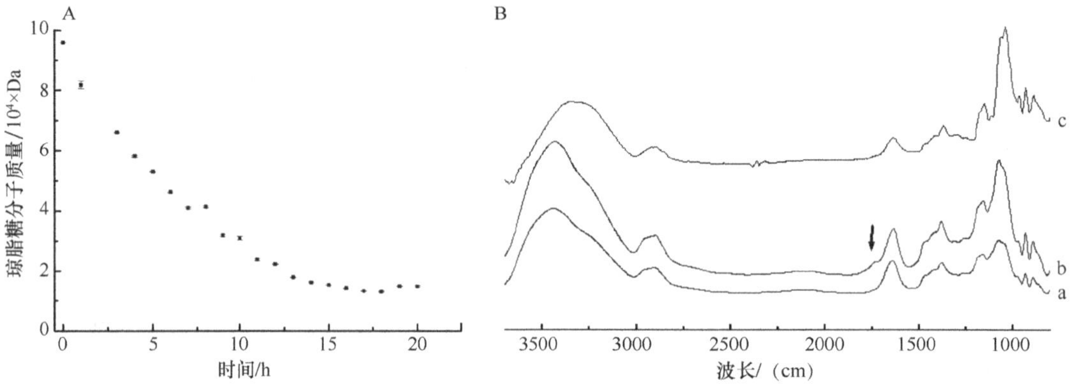

图 10-3　琼脂糖在双氧水中分子质量与降解时间的关系（70℃）（A）和降解琼脂糖红外分析图（B）
a.琼脂糖原粉；b.降解后的琼脂糖；c.降解后经 $NaHB_4$ 还原处理的琼脂糖

低聚琼脂糖凝胶化温度取决于分子质量（或降解时间），同时由于分子链短，凝胶化粒子明显小于未降解琼脂糖形成的凝胶粒子（图 10-4），在常温下形成微凝胶并可喷涂成膜。改性琼脂糖尽管生物活性没有提高，但在体内的降解速度加快，低温凝胶或不凝胶形成可喷涂产品，也可继续接枝或共混引入生物活性组分。

降解琼脂糖直接作为喷涂敷料或与胶原/明胶共混作为敷料修复创伤，用于皮肤创面的愈合，在止血和促进组织愈合方面有积极作用。

（二）琼脂寡糖

琼脂糖在 α-琼脂糖酶和 β-琼脂糖酶作用下分别得到琼寡糖和新琼寡糖，而在 HCl 作

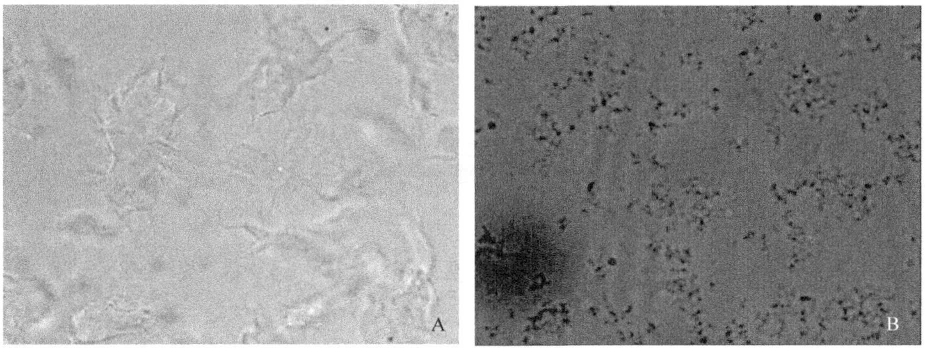

图 10-4　降解与未降解琼脂糖微凝胶的粒子（光学显微镜照片）
A. 未降解；B. 降解

用下得到琼寡糖。寡糖的化学结构与琼脂糖相同，只是链段变短。由于寡糖是由 2～20 个糖环构成的“小”分子链（表 10-1），易溶于水，适合于作为“药物”成分而不适合作为生物医学材料组分。

表 10-1　HCl 降解琼脂糖工艺与产物分子质量的关系

	T/℃	t/min	乙醇	重均分子质量/Da	数均分子质量/Da	重均/数均
1	60	30	70%	3148	2891	1.089
2	70	90	90%	2529	2120	1.193
3	80	60	＞95%	2995	2527	1.185

琼寡糖由于分子量小，水溶性好，容易被人体吸收，与生物惰性琼脂糖相比，它具有多种生物医学功能，有“药物”作用，如抗癌、抗氧化、抗炎、美白等功能。例如，琼寡糖可抑制胃癌、肝癌和膀胱癌等肿瘤细胞的活性，可以抑制前列腺素 PGE2 和诱导分泌肿瘤坏死因子 TNF-α，从而抑制癌细胞的产生；也可抑制酪氨酸酶的单酚酶和二酚酶活性，从而减少皮肤中黑色素的形成，可添加在化妆品中用于美白；琼胶寡糖可以抑制 NO（一氧化氮过量引发类风湿性关节炎）的产生，由此用来预防和治疗如关节炎等一些慢性炎症类疾病。

二、琼脂糖乙酸酯

由于琼脂糖中含有大量的羟基，很容易吸水溶胀，不利于在水溶液中构建稳定的多孔支架材料。通过对琼脂糖分子中的羟基进行疏水改性修饰，增加其在有机溶剂中的溶解度，使其成为具有类似聚乳酸性质的材料，方便加工（容易纺丝或者成球），并在生理环境保持多孔，可望广泛应用于生物医学领域。

（一）琼脂糖乙酸酯的制备及性能

琼脂糖在二甲亚砜（DMSO）或吡啶溶液中采用乙酸酐酯化，通过调控反应温度和时间，可得到不同乙酰度琼脂糖乙酸酯，反应方程式如图 10-5 所示（赵瑞芳，2010）。琼脂糖一个糖单元上含 4 个羟基，因此理论上最高酯化取代度（DS）为 4，事实上，由于大分子反应的不完全性，最高酯化度＜4，且可根据反应条件控制酯化度。

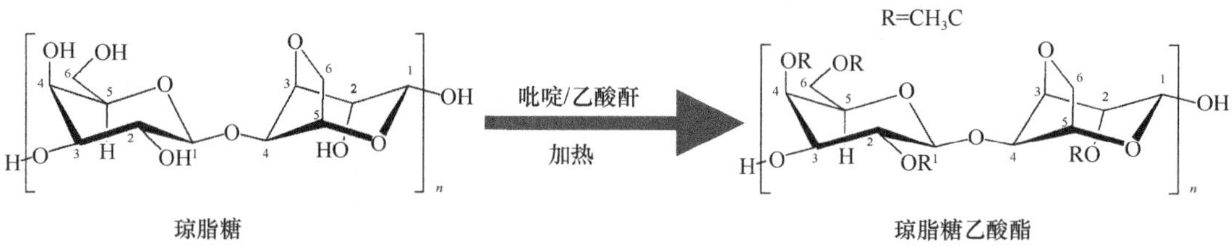

图 10-5 琼脂糖酯化反应方程式

琼脂糖乙酸酯化后疏水性明显增强，不溶于热水，可溶于 DMSO、丙酮或二甲基甲酰胺（DMF）等有机溶剂中，酯化取代度为 2.6 时接触角大于 90°，显明显疏水性（表 10-2）。纤维状琼脂糖乙酸酯的吸水率随取代度提高明显降低，同时它的细胞相容性好，细胞可在琼脂糖乙酸酯膜表面贴附生长，细胞形态良好（图 10-6）。酯化后琼脂糖的疏水性提高，同时细胞黏附能力增强。

表 10-2 琼脂糖和琼脂糖乙酸酯的接触角

样品	取代度	接触角	相对标准偏差
琼脂糖	0	48°	0.008
乙酸酯 1	1.3	62°	0.009
乙酸酯 2	2.6	94°	0.007
乙酸酯 3	3.7	126°	0.008

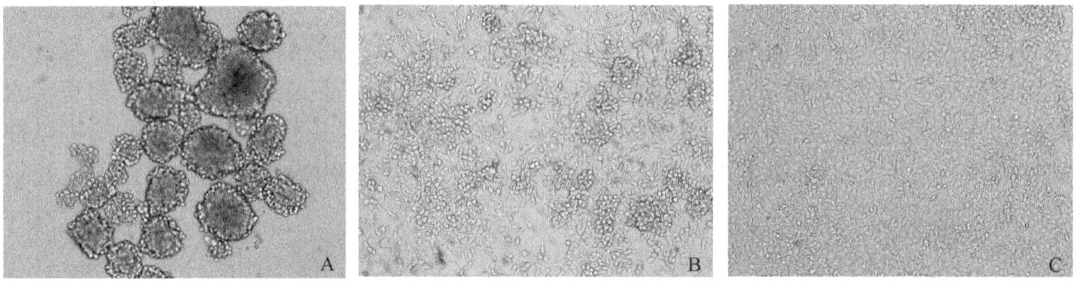

图 10-6 成纤维细胞在琼脂糖乙酸酯膜表面的形态观察（×100）（彩图请扫封底二维码获取）
A. D S=1.3；B. D S=2.6；C. D S=3.7

琼脂糖在体内非消化道的降解主要通过吞噬细胞完成，琼脂糖乙酸酯的降解机制目前仍不明朗。皮下埋植试验表明，琼脂糖乙酸酯在体内的降解速度慢，22 周内失重小于 40%（图 10-7）。由于材料较“硬”，在埋植区有炎症反应和纤维性包囊。总体上，琼脂糖乙酸酯降解速度仍慢，但在水溶液中的机械强度提高，溶胀率降低，细胞亲和性提高。

（二）琼脂糖乙酸酯的医学应用

由于琼脂糖乙酸酯不溶于水，在水相中容易成球，因此可作为药物载体。琼脂糖乙酸酯负载 5-氟尿嘧啶（5-FU）后的显微镜图片显示，成球均匀（图 10-8）。

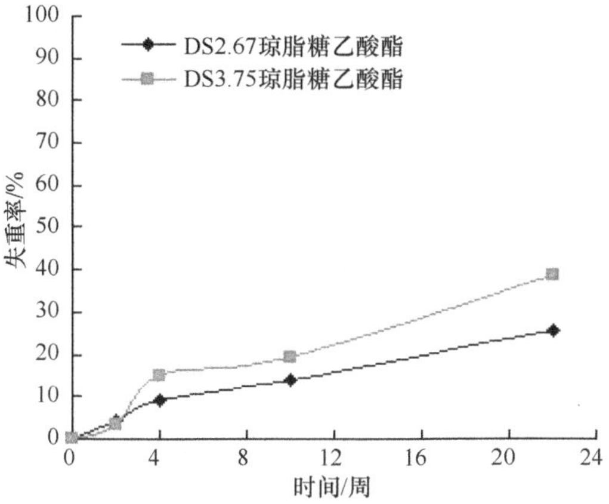

图 10-7　琼脂糖乙酸酯植入材料失重率的变化

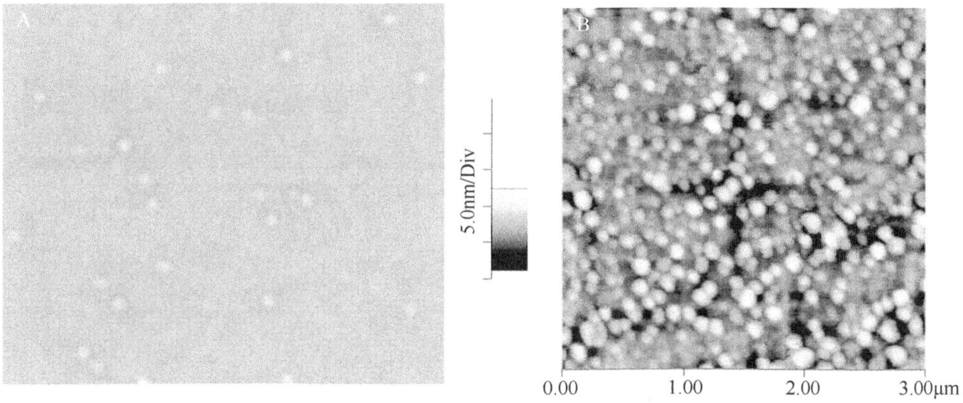

图 10-8　琼脂糖乙酸酯载药微球在光学（A×400）和原子力显微镜下的形态（B）

琼脂糖乙酸酯可通过盐粒滤法制备多孔支架，孔隙率达 90%，并维持一定强度。以沸点低、挥发性强的丙酮为溶剂制备的支架的贯通孔比以 DMSO 为溶剂制备的多（图 10-9）。植入白兔胫骨后（直径为 0.5cm 圆柱体缺损），半年内全部降解，其间骨组织长入，有血管生成。

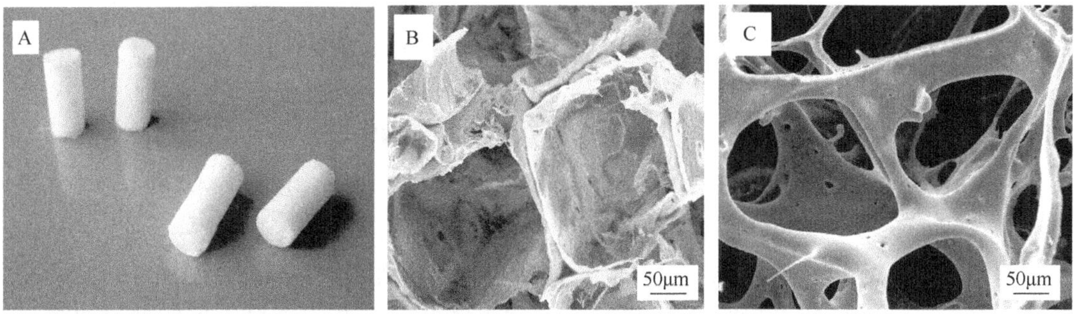

图 10-9　琼脂糖乙酸酯支架照片（A）及微观结构扫描电镜图

B. DS2.6（DMSO 为溶剂）；C. DS3.7（丙酮为溶剂）

一定分子质量的琼脂糖乙酸酯以丙酮-二甲基乙酰胺（DMAC）混合物为溶剂可静电纺丝成纤维（尤玲玲，2011），得到的纤维布中纤维丝细而均匀（图 10-10）。纺丝质量与溶液浓度关系大，因为当溶液的浓度太低时，溶液的黏度低于临界纺丝黏度值，分子链段之间相互缠结作用很小，此时主要靠表面张力来维持射流的形态，因此往往会造成喷射液滴，在接收板上形成珠子；而浓度高于 8%时，黏弹力太大，射流难以分裂，纺丝阻力大，难以保持喷射细流的连续性，容易造成针头堵塞。随着溶液浓度的增大，纤维的直径呈上升趋势。琼脂糖乙酸酯最佳纺丝条件为丙酮∶DMAc=2∶1，浓度为 5%，该条件既能保证纺丝顺利进行，又能得到直径适中的纤维。

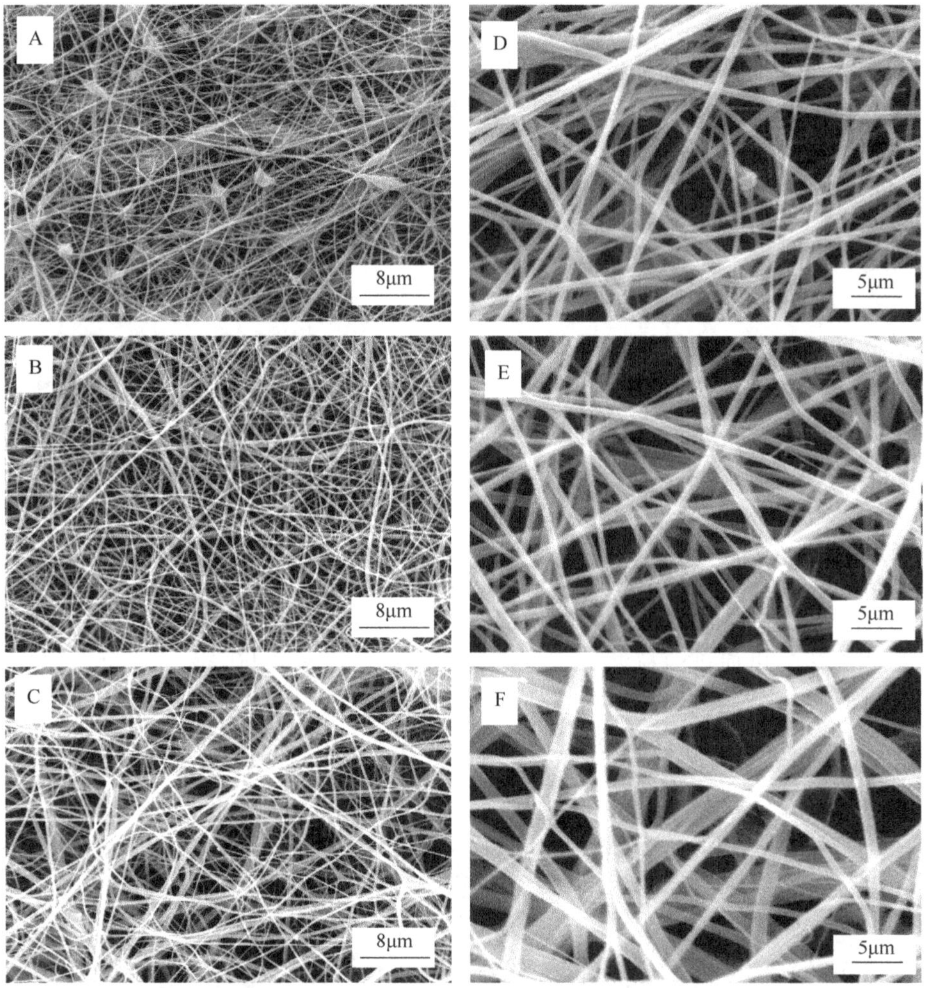

图 10-10　琼脂糖乙酸酯纤维在不同溶液浓度条件下的 SEM 图（丙酮∶DMAc=2∶1）
A. 3%；B. 7%；C. 8%（×4000）；D. 3%；E. 7%；F. 8%（×20 000）

琼脂糖乙酸酯电纺丝纤维有很好的细胞黏附特性和组织相容性（图 10-11）。尽管琼脂糖乙酸酯的疏水性提高，但材料丝状结构及粗糙度的改变可以增强细胞的贴附和增殖。由此可见，生物材料性能及表面拓扑结构（表面粗糙度、尺寸和取向等）对生物相容性的影响很大。

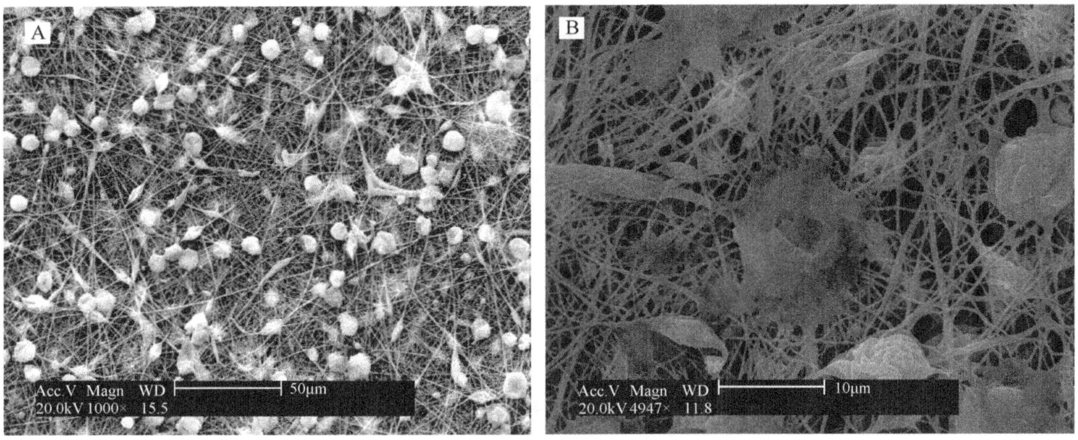

图 10-11　成纤维细胞在琼脂糖乙酸酯膜上的生长情况
B 图为 A 图的局部放大

三、琼脂糖接枝透明质酸

高分子质量琼脂糖显生物惰性，通过化学接枝改性可改变琼脂糖基材料的生物医学性能，可能的途径是引入生物活性成分如透明质酸，可大大提高琼脂糖基材料的生物活性。

（一）琼脂糖的活化

琼脂糖链有大量羟基，可通过引入反应性官能团环氧基使其能与含胺基的分子反应，有助于将含胺基的生物活性分子连接到琼脂糖分子链上。如图 10-12 所示，琼脂糖与环氧氯丙烷反应，生成环氧化琼脂糖，但该产物在放置一段时间后容易形成不溶于水的交联物，这对活性琼脂糖的长期存放不利（叶巧巧，2007）。

$$R-OH+Cl-CH_2-\overset{O}{CH-CH_2}\xrightarrow{NaOH}R-O-CH_2-\overset{O}{CH-CH_2}$$

图 10-12　琼脂糖与环氧氯丙烷反应引入环氧基的反应式

（二）琼脂糖接枝透明质酸

透明质酸（HA）具有多种生物医学功能，是生物材料研究与应用关注的重点之一。将透明质酸接枝到琼脂糖链上，可望形成新的琼脂糖基生物活性材料。

环氧化琼脂糖与透明质酸反应（图 10-13），得到琼脂糖接枝透明质酸（AG-g-HA）。红外光谱分析显示（图 10-14），反应后透明质酸的羧基在 AG-g-HA 分子上，表明接枝成功。由于附加交联现象的存在，活化琼脂糖与 HA 反应的产物分为可溶上清液与不溶沉淀两部分。接枝率可根据反应前投料比控制。

$$HA\text{–}OH+AGAROSE\text{–}OCH_2\text{–}\overset{O}{\triangle}\rightarrow HA\text{–}O\text{–}CH_2C(OH)CH_2O\text{–}AGAROSE$$

图 10-13　透明质酸与活化琼脂糖的反应方程式

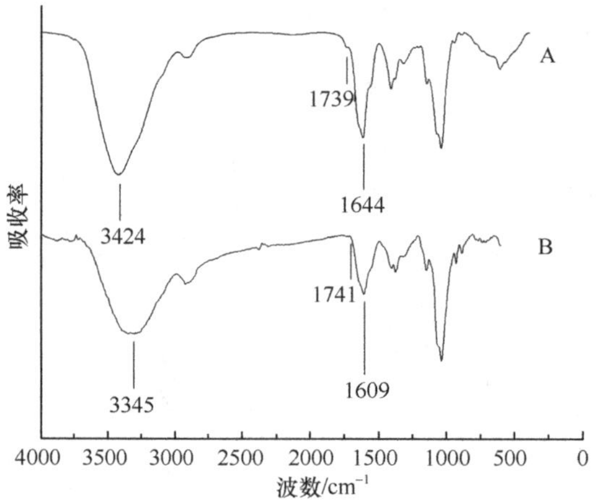

图 10-14　HA（A）和 AG-g-HA 的红外光谱（B）

AG-g-HA 埋植在白鼠皮下 4 周内可降解，与之对照的琼脂糖仅降解失重 20%（图 10-15）。透明质酸的引入，加快了琼脂糖基材料的降解。深入研究表明，降解速度的提高是由于透明质酸的快速降解导致整个材料碎片化，进而有助于吞噬细胞快速吞噬碎片，加快降解（黄建艳，2009）。

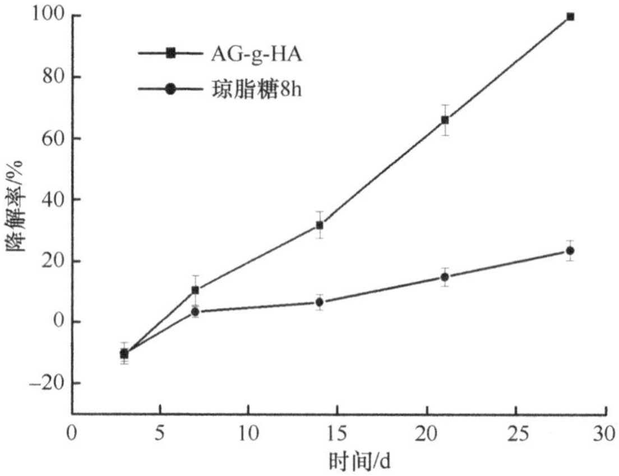

图 10-15　琼脂糖和 AG-g-HA 材料的体内降解率曲线（n=3，$\bar{x} \pm s$）

AG-g-HA 有助于改善琼脂糖对细胞的黏附行为（图 10-16），同时 AG-g-HA 没有明显的细胞毒性，细胞增殖率与同浓度的琼脂糖和透明质酸类似（彭晓慧，2012）。在 mRNA 和蛋白质水平证明，AG-g-HA 刺激成纤维细胞表达胶原的行为与透明质酸类似，而琼脂糖没有刺激活性。这表明 AG-g-HA 的活性由接枝的活性成分——透明质酸带来，同时胶原表达水平的提高有助于组织的快速修复。

（三）AG-g-HA 的医学应用——药物载体

AG-g-HA 中透明质酸的功能之一是多肽分子的富集和跨膜转运，这有助于将 AG-g-HA 作为药物载体使用。AG-g-HA 附载胰岛素可控制粒子尺寸在微米到纳米，并在

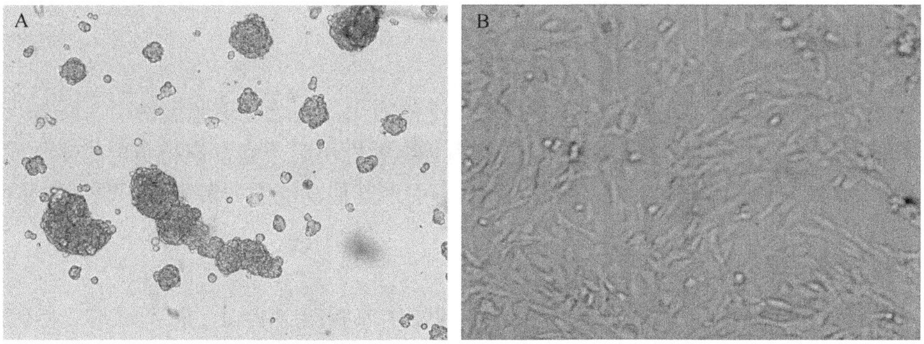

图 10-16　成纤维细胞 3T3 接种在玻片上（24h）的光学显微镜照片（彩图请扫封底二维码获取）
A. 琼脂糖涂膜；B. AG-g-HA 涂膜（×100）

不同酸度环境显现不同的缓释效果。采用 Caco-2 细胞模型进行跨膜转运试验，证实胰岛素、AG-g-HA-胰岛素和降解 6h 琼脂糖-胰岛素的普萘洛尔通透性系数（Papp）分别为（0.105±0.011）$\times10^{-6}$cm/s、（0.592±0.067）$\times10^{-6}$cm/s 和（0.115±0.013）$\times10^{-6}$cm/s。Ag-g-HA-胰岛素组与 AG 6h 胰岛素组和胰岛素组有比较显著的差异（$P<0.01$）（Huang et al.，2011）。

（四）AG-g-HA 的医学应用——皮肤修复

AG-g-HA 的另一个医学应用是作为支架用于组织的再生修复，特别是它刺激成纤维细胞表达胶原的机制，可望促进皮肤创伤修复。AG-g-HA 溶解后采用冷冻干燥的方法可得到多孔支架（图 10-17），并利用 HA 对生长因子的富集作用在冻干过程中负载生长因子，使多孔支架同时缓释生长因子，可望对成纤维细胞的增殖起促进作用。利用负载碱性成纤维细胞生长因子（bFGF）的 AG-g-HA 海绵修复昆明小鼠背部皮肤缺失，4 周后负载生长因子使组织伤口愈合率达 100%，皮肤组织再生情况与正常组织结构相近（黄建艳，2009）。在 mRNA 分子水平证实，伤口胶原蛋白表达水平在 HA 和 AG-g-HA 上明显比其他组高，而 3 周后变化不明显，这表明 HA 刺激对成纤维细胞表达胶原有明显的时效性（彭晓慧，2012）。

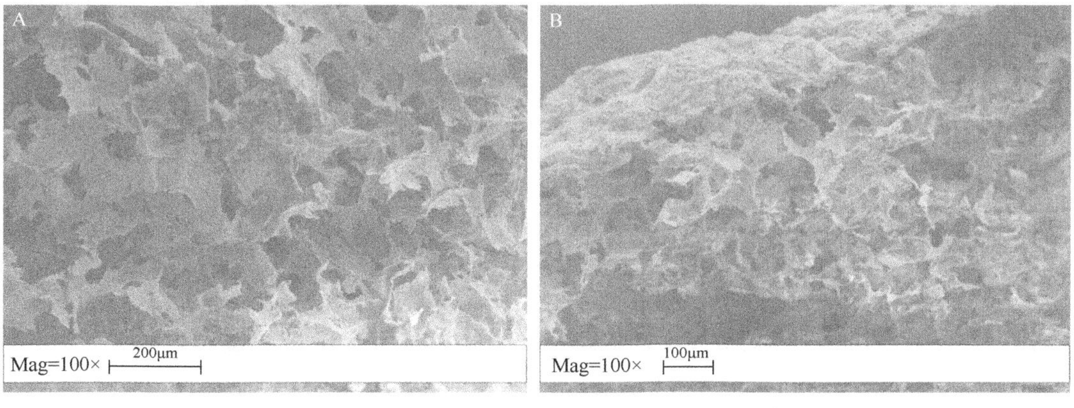

图 10-17　AG-g-HA（接枝率 37.7%）复合 bFGF 海绵的扫描电镜图
A. 表面；B. 截面

四、胺化琼脂糖

胺基作为功能性官能团在生物医学领域有广泛的应用，因此在琼脂糖链引入胺基有助于生物惰性琼脂糖的功能化（张灵敏，2013）。胺基荷正电特性可赋予它富集荷负电的多肽或生长因子等性质，也可赋予它抗菌特性，另外通过胺基可引入其他功能团如荧光剂，赋予它显色功能。

（一）荧光显色剂

环氧化琼脂糖直接与乙二胺开环反应，得到胺化琼脂糖（AA），胺基可与二异硫氰酸酯（FITC）反应，得到琼脂糖荧光显色剂。该显色剂可在水溶液中利用琼脂糖在室温的凝胶效应自组装成荧光粒子（图 10-18）。自组装的荧光粒子平均尺寸为 40～50nm，FITC-AA 明显延长了细胞的染色时间（图 10-19）。琼脂糖链上串多个 FITC 荧光剂有助于单个分子链荧光强度

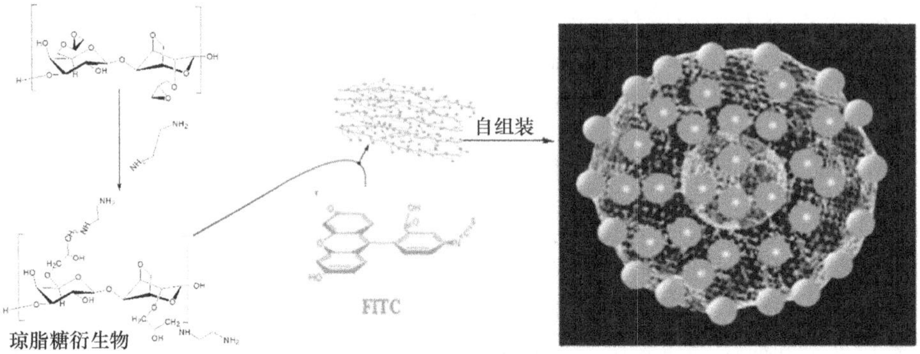

图 10-18　FITC-AA 的化学合成和自组装纳米粒子形成（彩图请扫封底二维码获取）

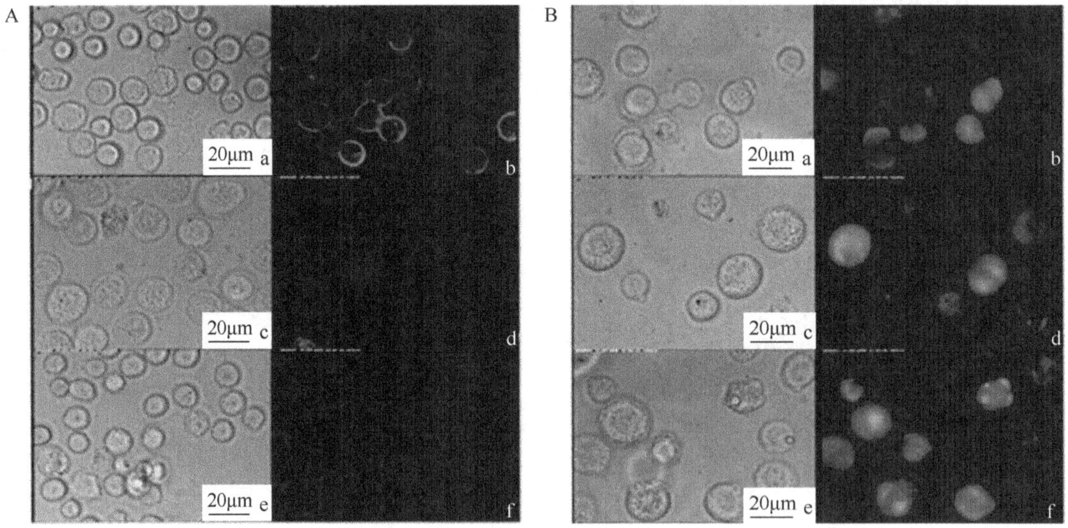

图 10-19　细胞荧光标记后的形态（彩图请扫封底二维码获取）

A. FITC 与 NIH-3T3 作用后的细胞形态（细胞与质量体积比为 0.5μg/mL 的 FITC 共孵育）；B. FITC-AA 与 NIH-3T3 作用后的细胞形态（细胞与质量体积比为 100μg/mL 的 FITC 共孵育）；a. 标记 12h 后白光下细胞的形态；b. 荧光显微镜下细胞的形态；c. 标记 24h 后白光下细胞的形态；d. 荧光显微镜下细胞的形态；e. 标记 36h 后白光下细胞的形态；f. 荧光显微镜下细胞的形态

的提高，荧光猝灭现象减少，另外琼脂糖的难降解性有助于FITC-AA在细胞内停留更多时间，因此后期标记效率和标记时间明显提高和延长。存放半年后的FITC-AA纳米粒子标记人早幼粒白血病细胞（HL-60），荧光强度高（图10-20），表明荧光粒子稳定，可长时间保存，与常用的量子点保存时间短相比优势明显（Zhang et al.，2011）。

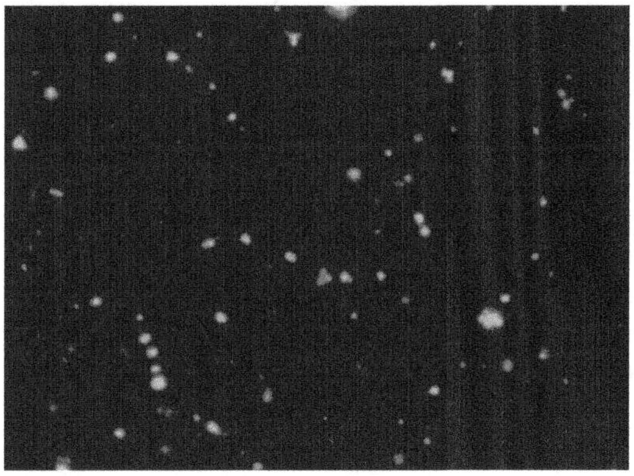

图10-20　存放半年后的FITC-AA纳米粒子光学显微镜照片（×100）（Zhang et al.，2011）（彩图请扫封底二维码获取）

标记HL-60细胞后的细胞形貌（孵育12h，剂量100μg/mL）

（二）琼脂糖聚乙烯亚胺-透明质酸共聚物（AG-PEI-HA）基因转染载体

基因载体的设计主要有三点：①富集并保护基因，一般借助含阳离子官能团材料；②靶向标的，设计靶向抗体或特殊靶向效应；③有效转染，也就是基因到达核并能发生有效转染。琼脂糖（AG）在室温中凝胶，具有良好的生物相容性，包括无毒、无免疫原性、非诱变和非致癌性，分子链上丰富的羟基能为靶向配体提供众多的附着点（Forrest et al.，2005），且琼脂糖的凝胶特性有助于束缚基因。含胺基的聚乙烯亚胺（PEI）为常用的基因富集阳离子材料。将琼脂糖与PEI的优势结合起来，可望得到新的基因递送载体。在琼脂糖-低分子质量（LMW）PEI合成方案中，一个琼脂糖分子能结合多个LMW PEI分子，促进其发生"质子海绵效应"。透明质酸（HA）作为一种潜行分子，能够容易地渗透到组织和细胞中，它可用于诱导受体介导的细胞内信号，如内吞和信号转导。决定簇44受体（CD44）、HA结合蛋白（HABP）、透明质酸介导的游走受体（RHAMM）和淋巴管内皮透明质酸受体-1（LYVE-1），都被确认为是肿瘤细胞或部分体细胞大量表达的透明质酸受体，这为被HA修饰的载体能靶向到分布有HA受体的细胞或组织提供了依据。因此，它能作为载体靶向剂，有望提高对富含HA受体细胞的转染效率。然而HA在循环中很快降解，在血流中的半衰期仅为2～5min（Harada and Takahashi，2007），限制了它在生理环境中的应用。HA结合到聚合物分子上后，在体内外使用能维持较长的时间。设计含HA的三元共聚物AG-PEI-HA载体，可望实现较高的转染和靶向肿瘤效率，拓展琼脂糖衍生物的医学应用领域。

1. AG-PEI-HA的合成

琼脂糖糖环上的羟基与羰基二咪唑（CDI）反应得到AG-CDI，然后与PEI伯氨基反应得到中间产物AG-PEI，再与1-(3-二甲氨基丙基)-3-乙基碳二亚胺/*N*-羟基琥珀酰亚胺（EDC-NHS）反应得到AG-PEI-HA三元共聚物（图10-21）。共聚物中每一个琼脂糖分子链平均接枝 7.5 个 PEI 分子，在这 7.5 个 PEI 单元上平均连接 2.3 个 HA 分子。

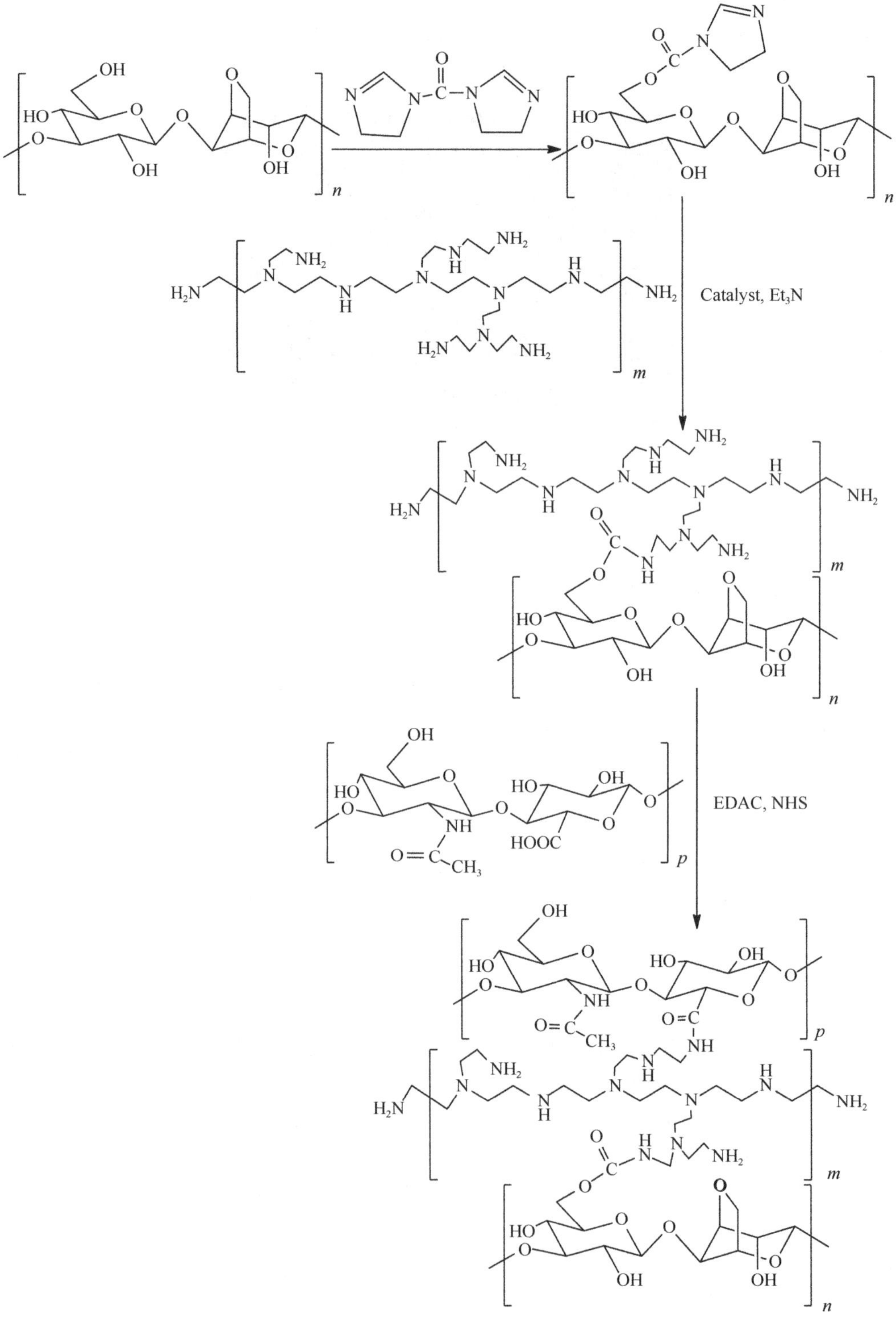

图 10-21　AG-PEI-HA 的反应式

2. AG-PEI-HA 作为基因转染载体

一般阳离子聚合物与 DNA 复合形成的粒子的大小与阳离子聚合物-pDNA 的 N/P 相关。AG-PEI-HA 与 pDNA 形成的粒子的大小同样与 N/P 相关（图 10-22）。N/P 为 0.1 时，形成的粒子呈不规则状态，大小接近微米。当 N/P＞1 时，粒子逐渐变成球状，粒径变小并呈现出相对均一分布。当 N/P 为 5～100 时，对应的粒子平均粒径为 80～250nm。琼脂糖的自凝胶性和 PEI 与 pDNA 离子对的自组装导致紧密球状物的形成。单纯的 PEI 1.2kDa 和 pDNA 形成粒径约为 1300nm 的粒子，而以往的报道表明，PEI 25kDa 在 N/P 为 30 时，可以形成平均粒径为 200nm 的粒子。这意味着，阳离子聚合物中的电荷对复合物的粒径有重要影响，较高的电荷量有利于形成较紧密的复合物。AG-PEI-HA-pDNA 可形成平均粒径与 PEI 25kDa-pDNA 相近的复合物，这意味着一个琼脂糖分子接枝 7.5 个 PEI 1.2kDa，能够结合 pDNA 形成 200nm 以下的粒子，这与 PEI 25kDa 的作用类似。

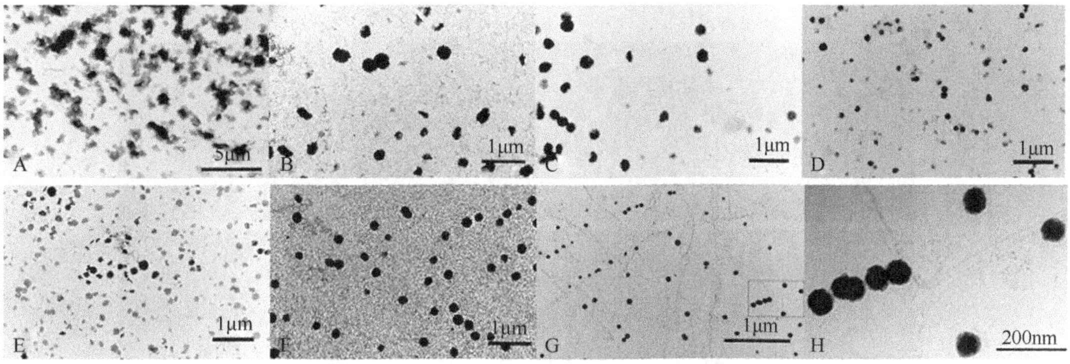

图 10-22　不同 N/P 条件下形成的 AG-PEI-HA-pDNA 复合物的 TEM 图
A.0.1；B.1；C.5；D.10；E.20；F.50；G.100；H. G 图方框部分的高倍图

复合物表面电荷对粒子与细胞之间的相互作用有重要影响。AG-PEI-HA-pDNA 复合物的 ζ 电位随着 N/P 的增加而增加。当 N/P 为 0.1 时，粒子的 ζ 电位约为–15mV，意味着 pDNA 的负电荷没有被完全中和。随着 N/P 的增加，AG-PEI-HA-pDNA 复合物的 ζ 电位逐渐增加，并达最大值+10mV。而 PEI 25kDa 与 pDNA 在相同 N/P 时，所形成的粒子呈现较高的 ζ 电位（+15～+33mV）。AG-PEI-HA-pDNA 中 ζ 电位值减小可能是因为琼脂糖、HA 与 PEI 结合后，伯胺基减少，带负电的 HA 也会中和部分正电荷。一般来说，带正电的粒子更容易被细胞摄入，这是因为细胞膜带负电，通过静电作用吸附带正电的粒子。但过多的正电荷会严重破坏细胞膜，因此正电荷多也产生不良反应，这也是 HMW（高分子质量）PEI 有较强毒性的原因之一。

AG-PEI-HA 的细胞毒性低，即使浓度达 20μg/mL，其毒性类似于 PEI 1.2kDa，细胞的存活率也超过 80%。在同等浓度下，PEI 25kDa 组细胞存活率低得多。这表明在一定浓度下，AG-PEI-HA 的毒性比 PEI 25kDa 的小。一方面，引入了生物相容性良好和带负电荷的基团，如羟基和羧基，屏蔽了 PEI 中伯胺基的高电荷密度；另一方面，AG-PEI-HA 在细胞内降解和较少的 LMW PEI 在胞内滞留使毒性降低。在细胞内 AG-PEI-HA 很可能降解成 LMW PEI，琼脂糖和 HA 或它们的寡糖都是毒性较低的物质（Xu et al.，2009）。但 PEI 25kDa 不降解，它的高电荷密度破坏和溶解了细胞膜，导致细胞死亡（Samsonova et al.，2011）。与 pDNA

或 AG-PEI-HA-pDNA 相比，小鼠尾静脉注射 PEI 25kDa-pDNA 后，肝脏、脾、肺和肾脏发生了比较严重的炎性细胞浸润，表明 AG-PEI-HA-pDNA 具有良好的生物相容性，在工作液浓度范围内，不会对小鼠的主要器官造成损害，为其体内应用提供了前提条件。

在转染效率方面，与 PEI 1.2kDa、AG-PEI 相比，AG-PEI-HA 在 N/P 为 1、5、10 和 20 时转染 293T 后，GFP 阳性细胞数更多（图 10-23），且在 N/P 为 10 和 20 时 GFP 阳性细胞最多，甚至超过 Lipo2000 的转染效率。表明 AG-PEI-HA 有较高的基因转染效率。

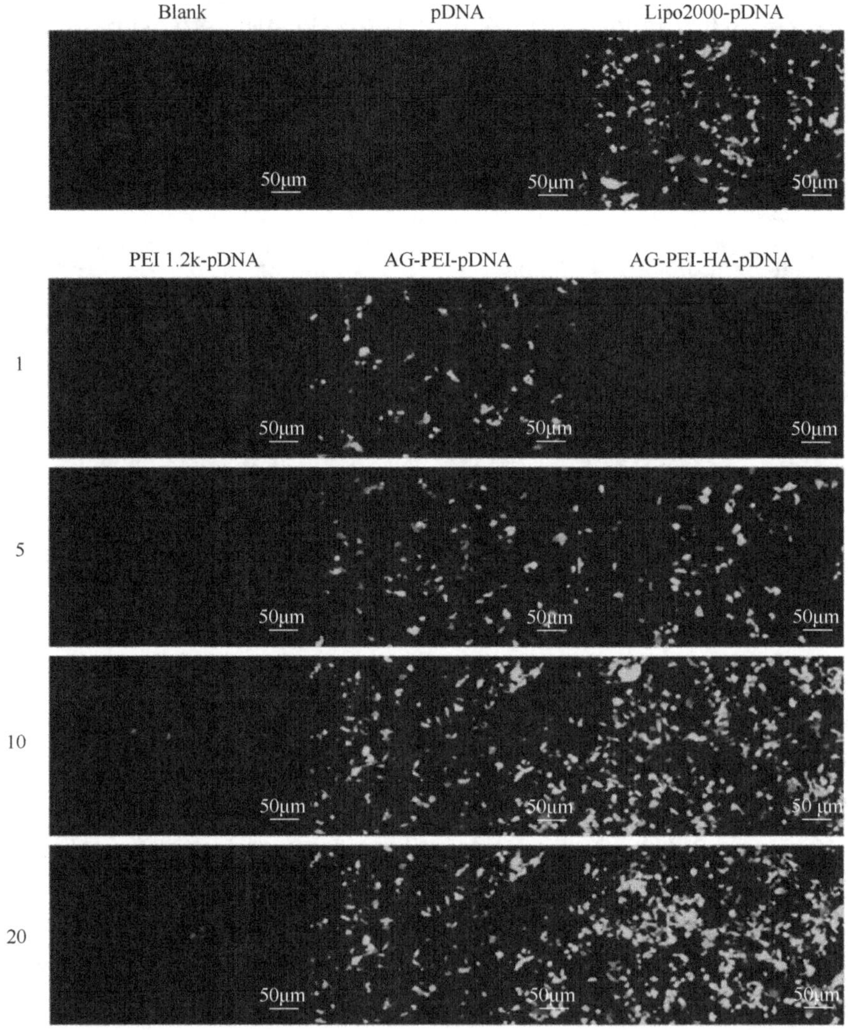

图 10-23　不同 N/P 条件下 GFP 阳性的 293T 细胞荧光显微镜图（彩图请扫封底二维码获取）
Lipo2000 按照推荐使用量作为对照（n =3；*表示 $P<0.05$，**表示 $P<0.01$）

比较不同细胞株之间的转染差别，如成骨细胞、NIH-3T3、HUVEC、HeLa、A549 和 B16 细胞。结果表明，复合物的转染效率具有细胞株依赖性。在 HeLa、A549 和 B16 细胞中的转染率要比成骨细胞、NIH-3T3 和 HUVEC 高得多。表明对恶性肿瘤细胞的转染效率高，而对正常细胞的转染效率相对低一些。

PEI 1.2kDa 的低转染率可能是由于基因复合物进入细胞后，PEI 1.2kDa 无法有效保护

DNA 免于 DNA 酶降解。然而当多个 PEI 分子接枝到琼脂糖链上后，单分子中由于伯胺和叔胺产生的正电荷相应增加，这就有利于形成结构紧密的复合物，从而很好的保护 DNA。另外，伯胺基团和细胞膜之间增加的相互作用，以及 HA 和 HA 受体之间的作用，促进了复合物的摄入（Yang et al.，2012）。AG-PEI-HA 在癌细胞中的转染率较高，是由于癌细胞过度表达 CD44、HABP、RHAMM、LYVE-1 等受体，这有利于含有 HA 的 AG-PEI-HA-pDNA 复合物的结合。然而目前还没有文献证明 293T 细胞具有 CD44、HABP、RHAMM 或 LYVE-1 受体，试验结果却表明它的转染率很高，这可能是因为同属于癌细胞株的 293T 细胞，可能含有 HA 内吞受体（Weigel et al.，2002），能特异性地介导含 HA 复合物的摄入。

将 AG-PEI-HA-pDNA 复合物进行了体内示踪，尾静脉注射到荷瘤小鼠 48h 后，共聚物组中的小鼠肿瘤部位荧光最强，但 Lipo2000 组只在肝脏组织处出现荧光（图 10-24，图 10-25），显然 AG-PEI-HA-Cy5-pDNA 复合物特异性地在肿瘤组织部位聚集和滞留。同时发现在注射 AG-PEI-HA-Cy5-pDNA 后，肿瘤细胞对复合物有较强的摄入能力，并使其在肿瘤部位聚集，这可能是由于肿瘤细胞表达高水平的 HA 受体，能促进经 HA 修饰的复合物的摄入。此外，增强渗透和保留效应（EPR）起了重要作用，因为大多数实体肿瘤与正常组织相比，具有丰富的血管，结构完整性差，静脉回流缓慢，淋巴排毒不畅，局部血管通透性高的特点（Maeda et al.，2000）。这些都突显了 AG-PEI-HA 作为载体在基因递送中的优势。

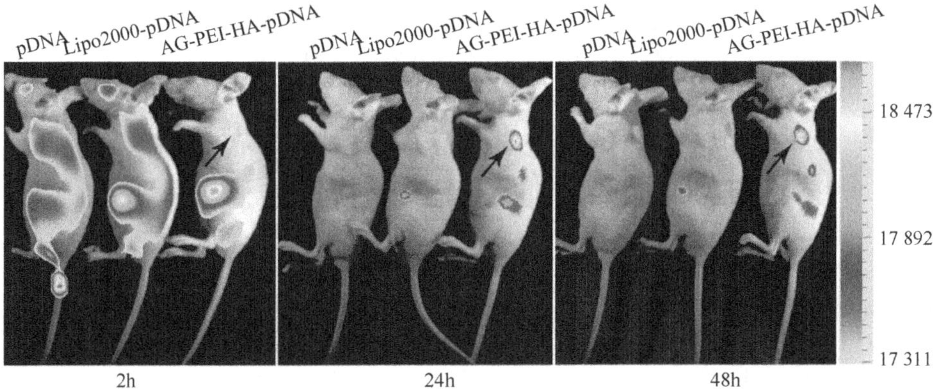

图 10-24　荷 HeLa 细胞瘤小鼠尾静脉注射 Cy5 标记的 AG-PEI-HA-pDNA 纳米复合物后的体内荧光图（彩图请扫封底二维码获取）

N/P=10；pDNA 用量固定为 5μg；箭头表示肿瘤部位

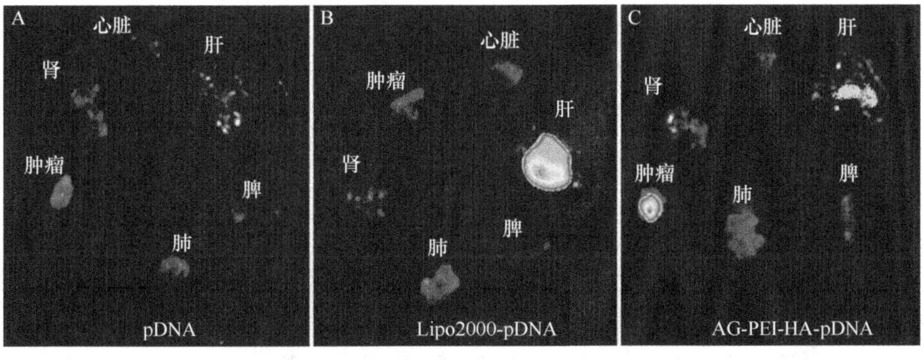

图 10-25　荷 HeLa 细胞瘤小鼠尾静脉注射 Cy5 标记的不同基因物质 3d 后主要器官的体外荧光图（彩图请扫封底二维码获取）

利用 AG-PEI-HA 负载绿色荧光蛋白小干扰 RNA（GFP siRNA）转染稳定表达 GFP 的细胞后，细胞中绿色荧光蛋白的表达量明显下降，表明 AG-PEI-HA 具有有效递送基因并转染的功能。那么是否可将功能性的 siRNA 递送到目标细胞，从基因水平上缓解或治疗某些疾病，以此检验 AG-PEI-HA 的载体递送效果？采用葡聚糖硫酸钠（DSS）诱导小鼠急性结肠炎模型，通过制备 AG-PEI-HA-TNF-α siRNA 复合物对结肠炎进行干扰，评价其作为体内用基因载体的可能性。发现与正常小鼠的结肠相比，DSS 诱发的急性结肠炎导致结肠中的 TNF-α mRNA 急剧上升，空载体 AG-PEI-HA 和 AG-PEI-HA-随机 siRNA 对 TNF-α mRNA 几乎没有抑制作用，与正常小鼠的表达水平有极为显著的差异。单纯的 Modified siTNF-α 作用后，TNF-α mRNA 表达水平有所下降，但是作用并不明显。而 Lipo2000-Modified siTNF-α 处理后，TNF-α mRNA 表达有所上升。这与体外试验中 Lipo2000-Modified siTNF-α 对 TNF-α 因子的表达具有下调作用的结果不符。有两种可能的解释：首先，体外细胞的基因沉默是在一个相对封闭的系统内进行，细胞不发生增殖，Lipo2000 负载足够的 Modified siTNF-α 进行基因沉默后，基因表达水平下调是合理的，而体内环境是一个相对开放的体系，Lipo2000 刺激结肠部位后，细胞可以不断从其他部位迁移到结肠，作出免疫性反应，上调了基因的表达水平；其次，结肠中的巨噬细胞有 M1 型和 M2 两种表型，M1 型在肠道的稳态中起到防止和抑制炎症的作用，服用脂质体载体药物后，M1 型向 M2 型转变后，结肠组织对微生物入侵的抵抗能力降低，从而导致更严重的结肠炎症（Crielaard et al.，2011）。AG-PEI-HA 负载 Modified siTNF-α 后，有效地抑制了结肠中 TNF-α mRNA 的水平，与 DSS 对照组相比有显著性差异。

在蛋白质表达水平及小鼠血清中的 TNF-α 因子表达水平也证实了 AG-PEI-HA-Modified siTNF-α 组与其他对照组相比，TNF-α 因子的表达水平明显下降。

就载荷基因的功能而言，商品化的脂质体 Lipo2000 性能非常优越，并被广泛应用在转染试验中。而脂质体载药体系对患处的作用不明显，除常见的低靶向性和较大的细胞毒性等缺点外，脂质体在器官中的分布也因器官而异。AG-PEI-HA 在负载 siRNA 后，具有良好的载药性能和基因调控能力，有可能作为一种潜在的载药体系，应用在基因治疗方面。

（三）胺化琼脂糖抗菌剂

阳离子材料如壳聚糖具有抗菌活性，其抗菌机制主要是：①材料的阳离子特性使它们结合唾液酸磷脂，抑制微生物物质的运动；②阳离子物质渗入微生物的胞体，并通过阻止 DNA 向 RNA 转化而抑制细菌生长（Sashiwa and Aiba，2004）。壳聚糖起抗菌作用的基团是伯胺基，但不溶于水限制了它的应用。惰性的琼脂糖多胺化后，也可能具有抗菌性。

PEI 通过共价固定的方法用于材料的表面改性，能有效抑制水中和空气中的细菌和真菌，包括致病性和抗生素耐药菌株（Milović et al.，2005）。然而，传统的 PEI 涂层由于与相邻的聚电解质层没有化学键，在生理条件下结构不稳定（He and Chan，2010）。利用 PEI 良好的抗菌特性，结合琼脂糖在生物医学方面的优势，合成 AG-PEI 和 AG-PEI-HA 复合材料，拓展琼脂糖衍生物在抗菌领域的应用。

AG-PEI 和 AG-PEI-HA 的抗菌性有明显的剂量依赖关系，随着浓度的提高，细菌的成活率明显降低，而琼脂糖没有抑菌能力（图 10-26）。抑菌圈试验结果也表明 AG-PEI 对革兰氏阴（大肠杆菌，*E.coli*）、阳（金黄色葡萄球菌，*S.aureus*）性菌的抑制作用有明显的剂量依赖关系（图 10-27）。图 10-28 显示 *S.aureus* 和 10%的琼脂糖溶液共孵育后，细

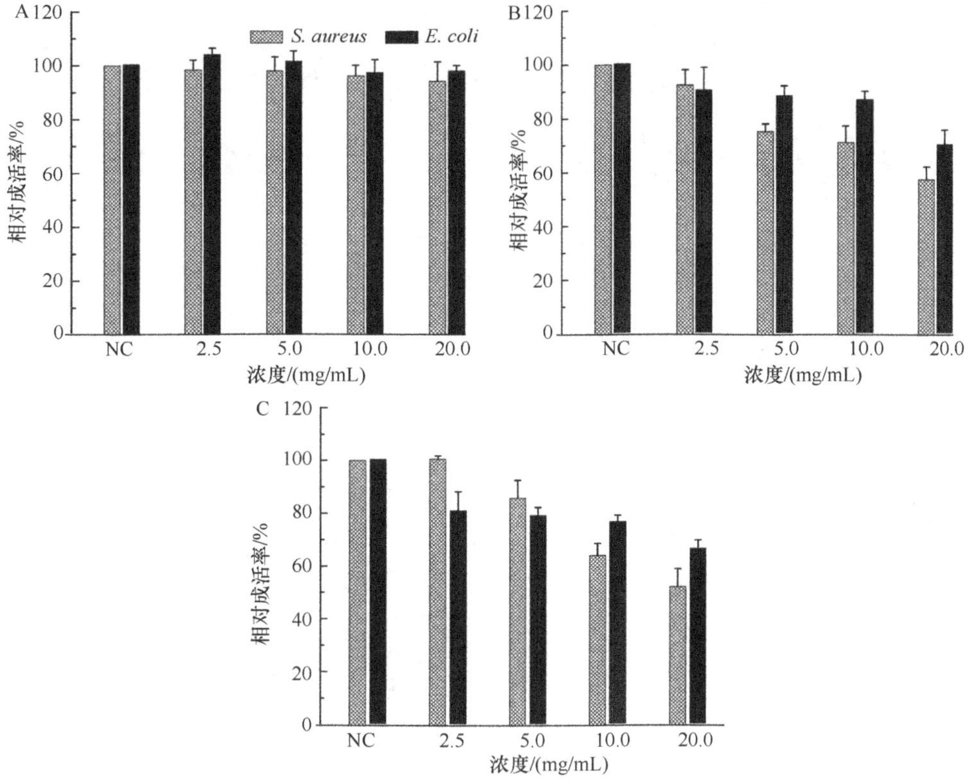

图 10-26　琼脂糖（A）、AG-PEI（B）和 AG-PEI-HA（C）对 *S. aureus* 和 *E. coli* 的抑菌率

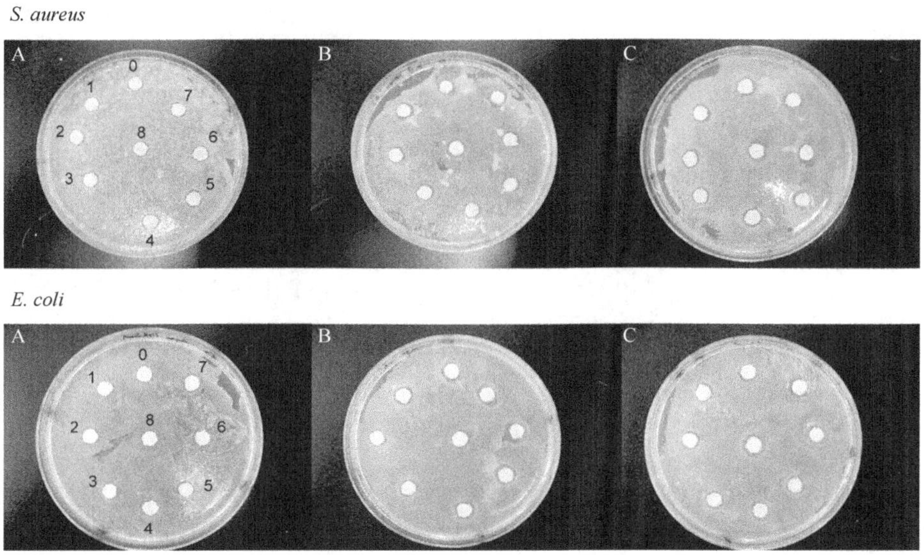

图 10-27　聚合物对 *S. aureus* 和 *E. coli* 的抑菌效果平板

A～C. 分别表示琼脂糖、AG-PEI 和 AG-PEI-HA 3 种聚合物的抑菌情况；0～8 分别对应于阴性对照（PBS）和 0.125%、0.25%、0.5%、1%、1.5%、2%、5%和 10%的聚合物溶液

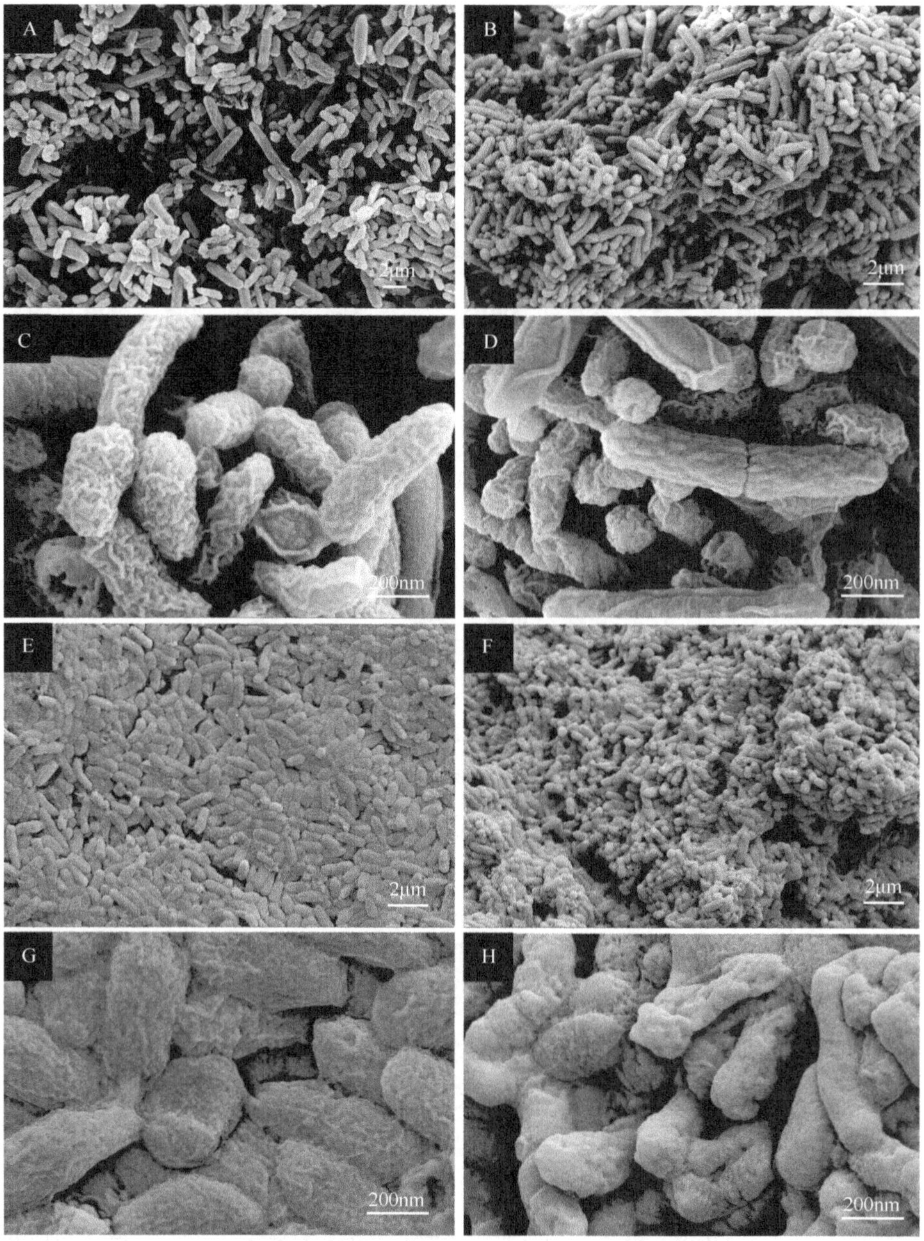

图 10-28　*E. coli* 分别与琼脂糖、AG-PEI 和 AG-PEI-HA 在 37℃摇床中共孵育 24h 后的形貌
A.阴性对照；B.琼脂糖组；C. A 图的局部放大图；D. B 图的局部放大图；E. AG-PEI 组；F. AG-PEI-HA 组；G. E 图的局部放大图；H. F 图的局部放大图

菌表面并没有产生很大变化，细菌的立体感仍然很强。而细菌与 AG-PEI 及 AG-PEI-HA 共孵育后，细菌菌体产生严重变形，胞体塌陷，变成扁平结构；从 *E.coli* 与 AG-PEI 及 AG-PEI-HA 共孵育后的图片可以清晰地看到，胞体塌陷扁平，菌体聚集，与正常形态形成很大反差。阳离子琼脂糖在这一浓度下对细菌的胞体表面产生了破坏作用。总体上，阳离子化琼脂糖衍生物对细菌的生长有一定抑制作用。

通过化学或物理方法改性琼脂糖、增强琼脂糖的生物医学活性，是后续开发应用的关键。目前琼脂糖作为关键功能组分在医学上的应用仍处于研究阶段，一是该类研究时间短，数据积累少，从监管层面上看，还没有稳定、可靠的关于琼脂糖植入“体内”的数据。二是没有找到或形成独特的不可替代的生物医学特性而使琼脂糖的重要性不可或缺。相信随着研究报道越来越多，琼脂糖及其改性物的特殊功能将逐渐被挖掘出来，其在生物医学上的应用将指日可待。

参考文献

储彬. 2012. 基于改性琼脂糖可喷涂微凝胶及其用于皮肤敷料的研究. 暨南大学硕士学位论文.

黄建艳. 2009. 琼脂糖接枝透明质酸共聚物作为多肽载体的研究. 暨南大学博士学位论文.

卢灿辉, 徐晨. 1995. 甲基丙烯酸甲酯与琼脂糖的接枝反应及其共聚物的研究. 福建师范大学学报(自然科学版), 11(4): 56-61.

彭晓慧. 2012. 琼脂糖接枝透明质酸的生物活性及其用于皮肤再生的研究. 暨南大学硕士学位论文.

史清洪, 彭冠英, 孙舒, 等. 2007. 环氧氯丙烷活化琼脂糖凝胶过程强化及性能评价. 过程工程学报, 7(4): 743-746.

叶巧巧. 2007. 透明质酸促进细胞表达和组装细胞间质的研究(Ⅰ)琼脂糖与 HA 的反应. 暨南大学学士学位论文.

尤玲玲. 2011. 琼脂糖的疏水化及用于组织工程支架研究. 暨南大学硕士学位论文.

张灵敏. 2013. 胺化琼脂糖的制备及生物医学应用研究. 暨南大学博士学位论文.

赵瑞芳. 2010. 琼脂糖醋酸酯的制备及其生物相容性研究. 暨南大学硕士学位论文.

Alaminos M, Del Carmen Sanchez-Quevedo M, Munoz-Avila J I, et al. 2006. Construction of a complete rabbit cornea substitute using a fibrin-agarose scaffold. Investigative Ophthalmology & Visual Science, 47: 3311-3317.

Alaminos M, Garzon I, Sanchez-Quevedo M C, et al. 2007. Time-course study of histological and genetic patterns of differentiation in human engineered oral mucosa. Journal of Tissue Engineering and Regenerative Medicine, 1: 350-359.

Bhat S, Tripathi A, Kumar A. 2011. Supermacroprous chitosan-agarose-gelatin cryogels: *in vitro* characterization and *in vivo* assessment for cartilage tissue engineering. Journal of the Royal Society, Interface / the Royal Society, 8: 540- 554.

Bloch K, Vanichkin A, Damshkaln L G, et al. 2010. Vascularization of wide pore agarose-gelatin cryogel scaffolds implanted subcutaneously in diabetic and non-diabetic mice. Acta Biomaterialia, 6: 1200-1205.

Carriel V, Garzon I, Jimenez J M, et al. 2012. Epithelial and stromal developmental patterns in a novel substitute of the human skin generated with fibrin-agarose biomaterials. Cells, Tissues, Organs, 196: 1-12.

Christensen L. 2007. Normal and pathologic tissue reactions to soft tissue gel fillers. Dermatologic Surgery : Official Publication for American Society for Dermatologic Surgery, 33(Suppl2): S168-175.

Crielaard B, Lammers T, Morgan M, et al. 2011. Macrophages and liposomes in inflammatory disease: friends or foes? Int J Pharm, 416: 499-506.

Forrest M L, Gabrielson N, Pack D W. 2005. Cyclodextrin-polyethylenimine conjugates for targeted *in vitro* gene delivery. Biotechnol. Bioeng, 89: 416-423.

Harada H, Takahashi M. 2007. CD44-dependent intracellular and extracellular catabolism of hyaluronic acid by hyaluronidase-1 and-2. J Biol Chem, 282: 5597-5607.

He T, Chan V. 2010. Covalent layer-by-layer assembly of polyethyleneimine multilayer for antibacterial applications. J Biomed Mater Res A, 95: 454-464.

Huang J Y, Zhang L M, Chen P, et al. 2011. Transportation efficiency of insulin loaded in agarose-grafting-hyaluronan microparticle through *in vitro* Coca-2 cell monanlayer. Current Applied Physics, 11(3): 794-799.

Lu S, Yao Y, Meng S, et al. 2002. Overexpression of apolipoprotein A-Ⅳenhances lipid transport in newborn swine intestinal epithelial cells. J Biol Chem, 277: 31 929-31 937.

Maeda H, Wu J, Sawa T, et al. 2000. Tumor vascular permeability and the EPR effect in macromolecular therapeutics: a review. J Control Release, 65: 271-284.

Milović N M, Wang J, Lewis K, et al. 2005. Immobilized *N*-alkylated polyethylenimine avidly kills bacteria by rupturing cell membranes with no resistance developed. Biotechnol Bioeng, 90: 715-722.

Samsonova O, Pfeiffer C, Hellmund M, et al. 2011. Low molecular weight pDMAEMA-block-pHEMA block-copolymers synthesized via RAFT-polymerization: potential non-viral gene delivery agents. Polymers, 3: 693-718.

Sashiwa H, Aiba S. 2004. Chemically modified chitin and chitosan as biomaterials. Prog Polym Sci, 29: 887-908.

Stokols S, Sakamoto J, Breckon C, et al. 2006. Templated agarose scaffolds support linear axonal regeneration. Tissue Engineering, 12(10): 2777-2787.

Stokols S, Tuszynski M H. 2004. The fabrication and characterization of linearly oriented nerve guidance scaffolds for spinal cord injury. Biomaterials, 25: 5839-5846.

Watanabe J, Kashii M, Hirao M, et al. 2007. Quick-forming hydroxyapatite/agarose gel composites induce bone regeneration. Journal of Biomedical Materials Research Part A, 83: 845-852.

Weigel J A, Raymond R C, Weigel P H. 2002. The hyaluronan receptor for endocytosis(HARE)is not CD44 or CD54(ICAM-1). Biochem Biophys Res Commun, 294: 918-922.

Xu P S, Quick G K, Yeo Y. 2009. Gene delivery through the use of a hyaluronate-associated intracellularly degradable crosslinked polyethyleneimine. Biomaterials, 30: 5834-5843.

Yang J H, Liu Y, Wang H B, et al. 2012. The biocompatibility of fatty acid modified dextran-agmatine bioconjugate gene delivery vector. Biomaterials, 33: 604-613.

Zhang LM, Peng X H, Tang S Q, et al. 2010. Characterization of the aminated agarose nanoparticles labeled with fluorescein isothiocyanate. Scanning, 32(6): 361-368.

第十一章　大型海藻在养殖海域环境保护与管理中的作用

第一节　海水养殖发展状况

一、世界海水养殖发展状况

在过去的30年中，水产养殖已成为全球增长最快的食物生产部门，全球水产养殖年均产量以近8%的速度增长，对社会经济发展、全球粮食供应和粮食安全做出了重要贡献（Cambell and Pauly，2013）。随着世界海洋捕捞强度的不断加大，海洋水产资源逐步衰退。因此，各国都在积极发展海水养殖业，特别是发展中国家在海水养殖生产中占有相当高的比例（杨宇峰等，2012；FAO，2015）。目前，我国海洋渔业经济正处在一个新的十字路口，未来10～20年中国渔业经济如何提升效率，如何实现可持续发展，是有待深入研究的重大课题。要实现海洋渔业经济增长和环境保护双赢的目标，关键是要解决制约渔业经济发展的"瓶颈"，开展基于渔业生态系统结构功能的系统研究和渔业技术提升，强化管理，为海洋渔业经济的可持续发展增添新的动力。

（一）海水养殖种类

海水养殖的主要种类有鱼类（遮目鱼、比目鱼、大菱鲆、鲷、鰤、鲑鳟、石斑、鲆鲽、罗非鱼、海鲈等）、虾类（日本对虾、斑节对虾和凡纳滨对虾等）、贝类（牡蛎、贻贝、扇贝、蛤、鲍鱼等）和大型海藻红藻（紫菜、江蓠）、褐藻（海带、裙带菜）、绿藻等（FAO，2015；Soto，2009；Yang et al.，2004）。

（二）世界海水养殖产量

据FAO（2015）的资料，2012年世界水产养殖总产量为9043.2万t，海水养殖产量（包括咸水养殖，下同）4840.3万t，占53.52%（图11-1）。亚洲历来是世界水产养殖的主要生产基地，近10年来年均增长约10%，2012年海水养殖总产量达4358.3万t，占世界总产量的90.04%，但产值仅占67.64%。

2012年海水养殖总产量超过100万t的国家共有8个，中国位居世界第一。海水养殖总产量排名前8位的国家分别是中国（占世界海水养殖总产量的比例为57.05%）、印度尼西亚（15.49%）、菲律宾（4.61%）、韩国（3.08%）、挪威（2.73%）、越南（2.44%）、日本（2.15%）、智利（2.10%）（图11-2）。上述8个国家的海水养殖产量占世界总产量的89.65%（FAO，2015）。

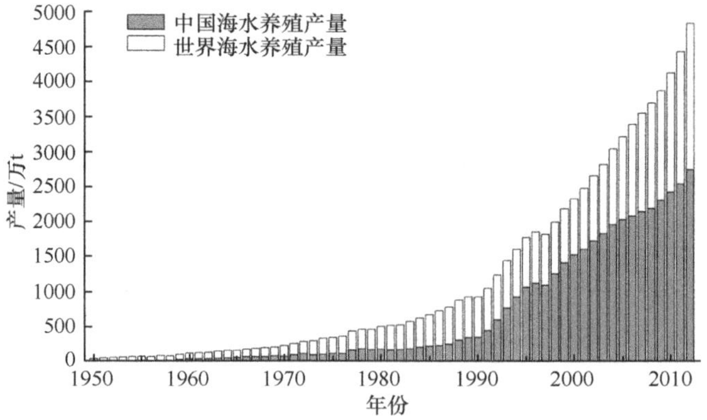

图 11-1　世界和中国海水养殖总产量（1950～2012 年）（FAO，2015）

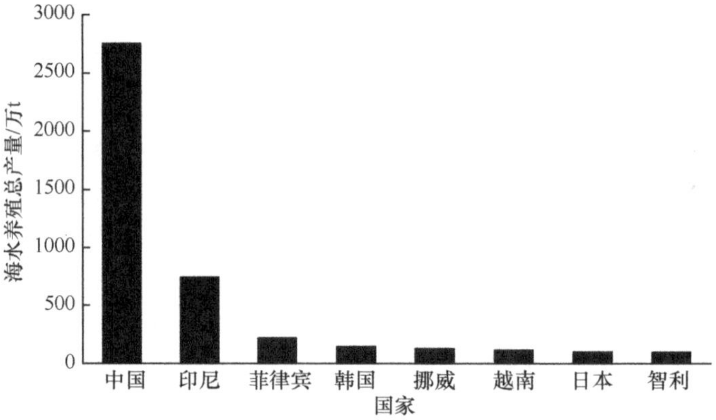

图 11-2　2012 年海水养殖总产量超过 100 万 t 的国家（FAO，2015）

（三）海水养殖结构

海水养殖品种的结构在世界五大洲差异较大，在海水养殖产量最多的亚洲，其养殖品种的比例与其他大陆明显不同。海藻在亚洲占有重要地位，2012 年海藻产量约占海水养殖总产量的一半，美洲没有海藻大规模栽培，欧洲仅有少量海藻栽培，主要是海水鱼类养殖和贝类养殖。在产值方面，亚洲以贝类为主，世界其他地区以鱼类为主（图 11-3）。

二、中国海水养殖发展状况

新中国成立初期，我国海水养殖总产量不足 10 万 t。随着科学技术的不断进步，海水养殖产量逐年增加。1961 年全国海水养殖产量为 15.86 万 t，70 年代年产量增加到近 80 万 t。从 80 年代中期开始，养殖产量大幅增加，年产量从 1986 年的 150.08 万 t 增加到 1996 年的 765.89 万 t，2012 年达 1643.81 万 t。在沿海地区，山东、福建、广东和辽宁的海水养殖产量最高（图 11-4），2012 年 4 省的产量占全国海水养殖总产量的近 80%（农业部渔业局，2013）。

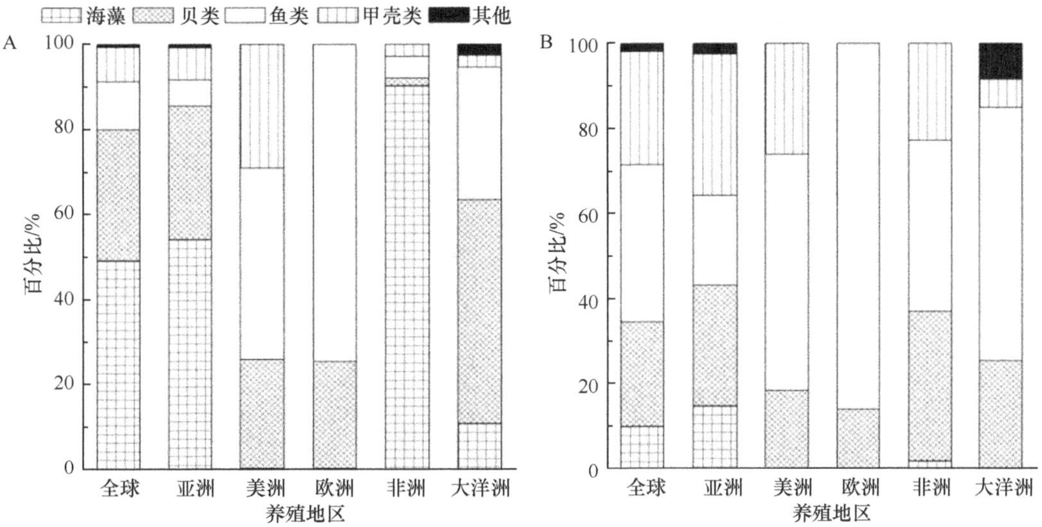

图 11-3　2012 年五大洲海水养殖产量（A）和产值（B）的比较（FAO，2015）

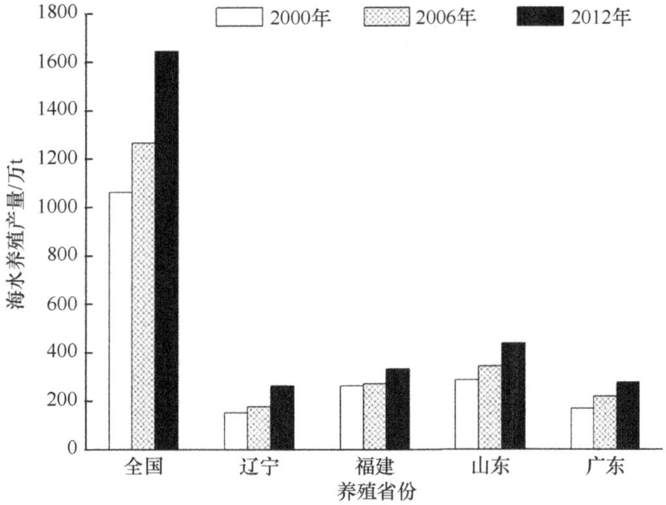

图 11-4　中国主要海水养殖省份的年产量（2000～2012 年）
（农业部渔业局，2001，2007，2013）

我国海水养殖在产量不断增加、品种不断增多的同时，主养品种却发生了重大变化。1967～1980 年，大型海藻产量占中国海水养殖总产量的 50%～60%，海带产量最高，1980 年达 252 907t（干重）。从 1981 开始，大型海藻在海产品中的比例开始下降，而贝类、虾蟹类、鱼类等经济动物所占比例开始上升（图 11-5）。从养殖产量和面积来看，贝类养殖已成为我国海水养殖业的第一养殖对象，2012 年贝类产量占全国海水养殖总产量的 73.51%（农业部渔业局，2013）。

三、中国海水养殖的特点

近年来，我国海水养殖业一直处于稳步发展态势。尤其是进入 21 世纪后，中国坚持

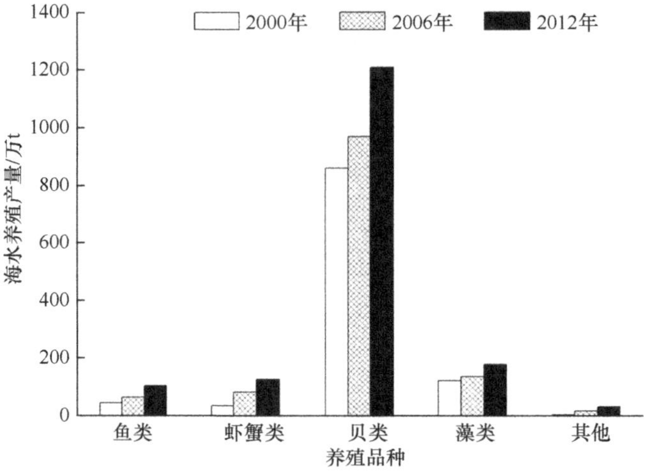

图 11-5　我国各海水养殖种类的产量（2000～2012 年）
（农业部渔业局，2001，2007，2013）

以养为主的渔业发展方针，有力促进了中国海水养殖产业朝着多品种、多模式、工厂化和集约化方向发展，确定了我国世界第一海水养殖大国的地位。我国海水养殖发展呈现出三个主要特点：一是海水养殖产业规模大，发展速度快。自 20 世纪 80 年代改革开放以来，全国海水养殖总产量逐年增加，2013 年养殖总产量是 80 年代初期的近 20 倍。养殖方式从传统池塘养殖、滩涂养殖、近岸养殖逐渐向工厂化循环水和深水离岸养殖模式发展。二是海水养殖产业化、设施化水平不断提高。近几年海水养殖机械化和自动化程度显著提升，同时随着同规格养殖产品可集中大量上市，推进海水养殖业社会化和组织化程度快速提升，如江苏的紫菜产业已形成以苗种繁育、良种选育、水产品加工流通为一体的产业链。三是海水养殖品种结构不断优化，健康生态养殖逐步推进。鲆鲽类、石斑鱼、大黄鱼、对虾、海参、鲍鱼等名贵高档海水养殖水产品和大型海藻所占比例在一些海区不断提高，从南到北沿海区域的优势产品产业带逐步形成。同时，水产品质量安全管理意识逐步强化，大型海藻-经济动物复合养殖模式和健康生态养殖的生产理念渐渐为养殖业主接受（方平等，2012；杨宇峰等，2012）。

第二节　中国养殖海域主要环境问题与大型海藻生物修复

中国海水养殖业始于 20 世纪中期，经过以海带为代表的大型海藻规模栽培、对虾、贝类和海水网箱鱼类养殖 4 次产业化浪潮，养殖产量逐年递增，养殖品种不断丰富，养殖模式由最初的粗放式养殖向集约化发展。迈入 21 世纪后，高投入、高产出和高收益的养殖模式有力地推动了中国海水养殖业的快速发展。养殖产量从 20 世纪 50 年代初期不足 10 万 t 增加到 2013 年的 1500 万 t 多，已连续 20 多年位居世界第一。但大规模养殖带来了负面影响，导致养殖海域环境污染负荷不断加大，N、P 浓度高，局部水体生态系统失衡，养殖区及邻近水体赤潮频发，养殖海域污染已成为困扰我国海水养殖业可持续发展的严重环境问题（杨宇峰等，2012）。按照国际保护基金会的计算方法，2013 年中国的海洋健康指数仅 58 分，排在世界 220 个国家中的第 161 位，说明中国海洋生态安全形势十分严峻（OHI，2013）。

一、养殖海域 N、P 污染与富营养化

养殖海域一般位于沿海内湾，除养殖自身污染外，生活污水和工农业废水污染也十分严重，致使养殖区营养盐含量长期处于高水平。此外，在养殖海域沉积物中也积累了大量营养物质（杨宇峰等，2007；Xu et al.，2007）。N、P 污染物输入的不平衡，致使海域营养盐结构发生变化。随着养殖规模的日益扩大，养殖区 N 的污染速度远远高于其他营养元素。20 世纪 80 年代初，大亚湾水质优良，属于典型的 N 限制性水域（彭云辉等，2002）。自 90 年代以来，由于工农业的发展、人口的剧增、海水养殖面积的扩大，无机氮的输入大幅度增加，使该海域的无机氮含量增加了 4 倍，与此同时 N/P 则降低了 20 倍，该海域转变成为 P 限制性水体（韦桂峰，2005；王朝晖等，2004）。

海水养殖 N、P 污染来源于水产养殖动物的排泄物、粪便、饵料残留、分泌脱落物、死亡个体等，它们在海水中的形式与浓度变化对海水养殖生态系统的生物地球化学过程有重大影响。与其他人类活动向海洋的排污量相比，目前海水养殖的排污量虽然并不太大，但在局部海域的影响却极为明显。林钦等（1999）研究表明，海水网箱养殖每养成 1t 鱼，排入环境的 N、P 负荷量分别为 161kg 和 32kg。李纯厚等（2004）评估了对虾池塘养殖主要污染物的环境负荷量和排放量，结果显示对虾池塘养殖 N、P 环境负荷量分别达 45.8kg/t 和 10.1kg/t，其中随养殖废水排放入海的环境排放量分别为 1.39kg/t 和 0.65kg/t。崔毅等（2005）推算出养殖 $1hm^2$ 扇贝每年排放的 N 和 P 约为 0.043t 和 0.007t，并估算出 2002 年黄渤海海域养殖扇贝每年向海洋中排放的 N 和 P 分别为 2528t 和 412t。

残饵是虾池向海水中输入营养物质的主要来源，即使是在管理较好的虾池，也会有一些残饵未被虾摄食。崔毅等（2005）在对黄渤海海水养殖自身污染评估时推算，若按年平均饲料效率为 15%～20%，饲料系数为 2，黄渤海海区 2002 年养殖对虾产量为 7.9×10^4t 计，有 1.2×10^5t 以上残饵排入大海。此外，他们还计算出 2002 年大约有 $1.03\times10^8m^3$ 养虾废水排入黄渤海海域，折合排放 1198t N、119.8t P 及 23960t COD 至邻近海域。以饲料和鱼苗形式输入至鱼类网箱养殖系统的 N 只有 27%左右通过鱼的收获而回收，约有 23%沉积于底部沉积物中（杨逸平等，1999）。沉积物中有机营养物质的富集使异养细菌大量繁殖，对沉积物中的有机质进行分解，向水体释放 N、P 等营养物质，导致海域富营养化。

二、养殖区及邻近水体赤潮频发

养殖海域环境污染及水体富营养化为赤潮的发生提供了物质基础。中国沿海赤潮多发生在近岸海域，特别是增养殖区及其邻近海域，增养殖区赤潮的频繁发生，一方面与陆源污染的排放有关，另一方面与养殖水域的自身污染密不可分。在赤潮发生数量逐年上升的同时，赤潮发生的规模也在急剧扩大，持续的时间不断延长。同时，有毒有害赤潮发生频率增加所造成的危害日趋严重。

据统计，全球每年由赤潮造成的水产养殖业直接经济损失达数十亿美元。在我国已报道的赤潮事件中，约 60%的赤潮事件对水产养殖和捕捞业造成直接经济损失，其中约

30%的事件为灾难性的，可使受害区的水产养殖业经济损失达 80%以上。据估算，近年来我国沿海因赤潮灾害造成的直接经济损失超过 100 亿元（关道明和战秀文，2003）。养殖区有害赤潮的发生不仅对养殖业造成巨大损失，有些能产生毒素的赤潮藻类还能够在贝类体内积累，通过食物链的富集放大，危及人类身体健康甚至生命。

三、富营养化养殖海域大型海藻生物修复

当前，近海环境生物修复和环境管理研究已经成为世界各国政府和科学家关注的热点（Halide et al.，2009；Collado-Vides et al.，2007）。国际上为降低海洋环境健康风险采用的重要技术手段之一是生物修复技术（Yang et al.，2015；Sanderson et al.，2008；Yang et al.，2006）。

大型海藻是海洋生态系统中重要的初级生产者，约有 10 500 种，其中直接或间接为人类所利用的有将近 500 种，人类栽培的种类约有 220 种。大型藻类不仅是海水养殖中重要的养殖对象，而且在修复海域生态环境方面起着重要作用。规模化栽培大型海藻不仅可有效降低 N、P 等营养物的浓度，而且通过大型海藻的光合固碳作用，构成了水域初级生产力基础，在水生生态系统中具有重要的环境作用。大型海藻对优化海洋生态系统结构、参与碳循环、防治富营养化和赤潮有重要的生态作用，同时它也是重要的生态环境材料（杨宇峰等，2005）。

大型海藻是海洋环境中对 N、P 污染物非常有效的生物过滤器（Buschmann et al.，2008）。研究发现，大型海藻对营养元素的选择性吸收，可在相当程度上改善海域营养盐结构，从而通过上行效应对浮游植物群落结构产生调控作用，规模化栽培大型海藻为解决海水养殖区富营养化问题提供了一条有效途径（Mirta et al.，2010；Marinho-Soriano et al.，2009；Yang et al.，2006）。

在养殖生态系统中，大型海藻栽培对环境具有良好的净化和调控作用。大型海藻产量高，对 N、P 及其他污染物具有强大的吸收和储存能力（Yang et al.，2006），是海洋环境中非常有效的生物过滤器，对提高水质作用显著（邹定辉和夏建荣，2011；Yang et al.，2015；Nelson，2009；Fei，2004）。

据 Haglund 和 Pedersen（1993）报道，1hm^{2}海区每年可生产江蓠 258t，通过江蓠的收获，可去除 1020kg N 和 374kg P。另据 Troell 等（1999）研究，江蓠与大马哈鱼混养可去除鱼类养殖过程中排放到环境中的 50%～95%可溶性铵，能有效降低近海 N、P 污染风险。当 N、P 营养盐浓度较高时，大型海藻具有超累积营养盐的能力，是海洋生态系统中重要的 N 库和 P 库。此外，栽培的大型海藻容易从水体中收获，可将吸收的 N、P 从水体中永久除去，在生长阶段又容易跟踪和分析。因此，用大型海藻对养殖环境进行生物修复具有独特的优势，是国际上推崇的优选方案之一（Abreuet et al.，2011；Buschmann et al.，2008）。

此外，一些大型海藻还能产生他感物质，并和共生的真菌一起对赤潮微藻产生直接的抑制作用，从而达到防治赤潮的目的（Lu et al.，2011）。大型海藻是水域生态系统的天然组成成分，不会对自然环境造成不利影响，而且具有可观的经济价值，是一种符合生态安全并具有较高经济价值的理想海洋污染生物防治材料（Buschmann et al.，2008；Fei，2004）。

我国是世界上人工栽培大型海藻产量最高的国家，占世界产量的 70%以上。随着大型海藻人工栽培规模的扩大，大型海藻在我国近海环境 N、P 等生源要素的生物地球化学过程中的作用日益增强，并对近海生态系统产生重要影响。根据养殖区的现状，探索并实施在海水鱼、贝类养殖区混、套养大型海藻的技术，使养殖区动物性养殖和大型海藻栽培平衡发展。利用大型海藻的生物修复功能，改善养殖区的水环境质量，是实现我国海水养殖绿色生产和可持续发展的有效途径。在众多的海藻中，江蓠因为产量大、经济价值高、能净化水环境，现已发展成为最重要的海洋环境修复材料（Yang et al., 2015）。

第三节　海洋渔业管理与可持续发展对策

海洋是地球生命维持系统的重要组成部分，其浩瀚的水域为人类的生存发展提供了广阔空间。除海洋生物资源给人们带来了丰富的食物外，海洋为发展航运、采矿、化工、旅游等多种行业提供了良好的条件。随着科技的发展，各种海洋资源开发活动中形成的多种海洋产业已成为沿海国家经济重要的内容之一。传统的海洋管理，主要是从各种海洋资源开发利用过程中的利益平衡和资源保护角度来制定海洋管理政策。随着全球范围内对海洋资源、环境与安全的广泛关注及沿海国与周边国家在岛屿争端、油气开发和海域划界等方面问题的不断出现，海洋权益成为了许多沿海国家海洋管理政策的重心。

目前的海洋管理是指各级政府海洋行政主管部门代表国家履行对本国领海、海岸带和专属经济区的海洋权益管理、资源使用管理和海洋环境管理等基本职责。海洋管理的概念随着海洋管理的实践发展而变化。海洋管理具有国家性和国际性。国家性指国家有权对本国的海洋利用和保护进行统筹规划管理。国际性是由全球海洋自然的统一性决定的，如在公海的航行自由，以及其他资源开发的权利等、邻国之间海洋污染的相关性等。因此，影响国家海洋管理制度的因素不仅有国内的，也有国际的。

一、发达国家海洋渔业管理

在海水养殖管理方面，一些渔业发达国家结合本国自身特点，建立了较完善的海水养殖体系和渔业管理制度，取得了明显效果。

（一）挪威

挪威海水养殖品种以冷水性鱼类为主，主要种类包括大西洋鲑、大西洋鳕鱼、大西洋庸鲽、虹鳟等。挪威以大西洋鲑作为主要养殖品种，从养殖设施构建、饲料营养、产品加工到产品物流等多个环节进行了系统研究，建立了较成熟的产业链，形成了强大的大西洋鲑养殖产业。挪威在水产养殖、水产品质量控制与销售方面建立了完善的法律体系，保证了水产养殖业在政府控制下健康、有序的发展。养殖许可证制度是较早建立的制度，规定所有鱼类和贝类养殖均需要从挪威渔业主管部门获取养殖许可证方可开展养殖生产，且设定养殖产量上限，养殖产量要根据出口配额实行生产产量配额，并通过养殖饲料投喂配额来控制产量。20 世纪 80 年代，挪威水产养殖业受到弧菌等病害的困扰，抗生素在养殖中大量使用，考虑到鱼体内药物残留及对社会公共安全的潜在影响，挪威渔业主管部门组织开展疫苗研制工作，成功研制出针对鲑鱼细菌病的疫苗，养殖病害发生频次大大降低，鲑鱼养殖产量也随之大幅提升。围绕大西洋鲑，挪威水产科技部门开展了长期、系统的品种选育工作，生产速度明显提高，2 年可达 5kg，饲料系数由 3.5 降至 1 左右；通过开展工厂化循环水养殖技术、深水网箱装备及配套养殖技术研究，有效提升了养殖容量，降低了养殖成本。挪威作为一个渔业强国，其渔业发展与管理模式值得中国学习和借鉴（方平等，2012）。

（二）日本

日本是传统的海洋大国，非常重视海洋开发利用及海洋管理。2013 年 4 月，日本内阁会议通过了新《海洋基本计划》，进一步明确了实现新型海洋国家的海洋管理目标。早期，日本对海洋的利用和开发主要是根据海洋自然资源的属性，海洋行政也是针对海洋渔业、海上交通、海洋矿产等海洋资源利用而建立的按行业职责进行部门分工管理的海上行政管理体系。但是，海洋的整体性、流动性和国际性又决定了需要对开发利用活动加以统筹管理，只有从国家的整体利益出发对海洋事务进行全面规划和综合管理，才能达到有效维护国家海洋权益、开发海洋资源、保护海洋环境、促进海洋经济持续发展的目标。日本海洋管理体制的最主要特征就是内阁全体成员参与的海洋政策决策机制。日本最高的海洋政策决策机构是成立于 2007 年的综合海洋政策本部。该机构直接负责策划、推进日本的中长期海洋政策和海洋基本计划，统筹协调有关涉海部门的海洋政策落实情况（何东，2014）。日本自身海洋权益成为了日本海洋管理政策的重心。

日本渔业生产以海洋渔业为主。自 20 世纪 70 年代开始，海水捕捞业发展受到限制。日本高度重视 200n mile 以内水域的渔业生产，海水养殖业迅速发展起来。与此同时，日本严格按照养殖空间和水域环境发展海水养殖业，将海水养殖产量控制在 120 万 t 的水平，避免因盲目追求产量而带来养殖密度过大、环境恶化、影响水产品质量安全等问题。日本海水养殖主要品种有鱼类（主要为真鲷等）、贝类（扇贝和牡蛎）和大型海藻（紫菜、海带和裙带菜）。政府认为唯有安全生产、稳定供应，才能使养殖户的经济效益稳定，这与中国过分注重养殖产量提升形成鲜明对照（方平等，2012）。日本养殖企业非常注重养殖水产品的质量，在浒苔陆基养殖中，养殖用水采用海面 300m 以下的洁净海水，以保障养殖用水水质和浒苔的高质量。

（三）美国

美国是当今世界的海洋强国，有着漫长的海岸线和丰富的海洋资源，也拥有世界上最大的海上专属经济区和广阔的大陆架。美国海洋管理制度在发展和演变中相继经历了行政区划管理、部门管理、综合管理 3 种海洋管理模式。影响美国海洋管理制度的主要因素包括：美国对国家利益与安全的界定、利益集团、州政府和联邦政府分权博弈中的合作、国际海洋法等。奥巴马政府上台后进一步强化了美国海洋管理制度，其措施包括：成立国家海洋委员会，统筹和协调联邦政府各部门的海洋管理工作，建立以生态保护为核心的区域协调综合管理机制，强化海岸警卫队的海上执法能力，实现海上力量全面合作和高效管理（夏立平和苏平，2011）。

美国关于海洋管理制度的研究，最早是在对海洋科技动向进行研究的同时涉及研究相关的海洋政策和海洋管理制度。其代表性文件包括美国海洋委员会 1959 年的《美国海洋学十年规划》，1969 年的《美国 1971～1980 年海洋学计划》，以及 20 世纪 80 年代的《新技术革命与美国海洋开发政策》。这些文件对美国的海洋政策、海洋管理、海洋立法，以及某些海洋管理协调机构的职能进行了探讨。从 20 世纪 80 年代开始，美国出现了独立于海洋学研究之外的海洋管理制度研究。2003 年 5 月，美国民间智库皮尤海洋委员会（Pew Oceans Commission）提交了题为《规划美国海洋事业的航程》（*America's Living Oceans：Chartinga Course for Sea Change*）的报告，集中了水产界、科技界、自然保护领域、教育界、政府部门、慈善事业和产业界等广泛的意见，倡导恢复和保护海洋与海岸带生态系统，维护海洋权益，建议美国制定新的海洋政策（夏立平和苏平，2011）。

20 世纪 60 年代，美国率先提出了“海洋和海岸带综合管理”的概念，后来这一概念被国际社会接受，在 1992 年的联合国环境与发展大会上被写入《21 世纪议程》。海洋在美国国家战略中有着至关重要的地位和作用。美国历来从国家利益与国家安全的高度制定其海洋管理制度。

（四）加拿大

加拿大水产资源丰富，渔业发达，海洋开发利用与管理历史悠久，在长期海洋利用管理过程中，逐步建立了比较系统的海洋渔业管理体系和完备的海洋渔业法律，其渔业法律体系具有门类多、层次多、形式多等特点。加拿大渔业法律的主要目标是保护和发展渔业生态环境，因此与海水养殖相关的法律是在充分考虑环境保护的基础上制定并实施的。20 世纪 60 年代实行的《渔业法》和《沿海渔业保护法》仍然是渔业管理的法律基础。加拿大全国渔业海洋事务主管部门（DFO）作为政府管理部门，对养殖发展实施总量控制原则，根据养殖水域可容纳量确定养殖企业数量和总生产量。养殖企业定期对生产海域环境进行水质监测，并定期报送管理部门。凡从事水产养殖的企业必须同时持有土地使用证和养殖许可证，土地使用证向联邦或土地管理部门申请，养殖许可证向渔业主管部门申请，渔业主管部门在有关咨询公司的意见下决定是否批准。加拿大水产养殖业属于相对新型的产业，地位非常重要，自 2008 年以来每年养殖产量为 17 万 t 左右。主要的养殖品种为大马哈鱼、大西洋鲑、紫贻贝、太平洋牡蛎、美洲牡蛎等。大马哈鱼是加拿大最主要的养殖种类，加拿大养殖水产品的主要出口国为美国，占总量的 95%。加拿大渔业管理的主要目标是保护、恢复和发展渔业生态环境，为国民和出口市场提供高质、安全的水产品。加拿大渔业管理的优先考虑因素是生态环境，其次是渔民生产就业（方平等，2012）。

（五）韩国

自 1996 年韩国成立海洋水产部后，韩国的海洋管理体制由原来的分散型管理转变为集中统一管理体制，并根据海洋管理的动态，不断调整其海洋管理体制，大大提高了海洋管理的效率，为沿海国家发展海洋管理体制提供了重要参考。

韩国在海洋管理初期阶段也出现了海洋管理机构臃肿，职能重叠，办事效率低下，与海洋相关的法律不健全或过于繁琐，不利于执行等问题。这些问题导致韩国在海洋开发的过程中不仅出现了由于地区间海域临界线划分不清引发的渔业纠纷问题，还引发了过度开垦湿地、海水水质下降、赤潮频发等环境问题。在建设“海洋强国”的口号下，韩国海洋水产部于 1996 年成立，这也意味着在韩国实行了近 30 年的涉海行业分散管理体制的结束和综合管理模式的确立。韩国海洋水产部负责对全国的所有海洋事务进行统一、综合管理。

渔业是韩国的支柱产业之一，因此渔业管理成为了韩国涉海事务管理的一个重点领域。韩国海洋水产部渔业资源局主要负责管理近海渔业和养殖渔业，调整渔业资源，签署并负责实施中韩日渔业协定，管理违法渔业行为，确立渔业秩序，负责渔业品生产和渔业资源的管理。

韩国综合管理海洋体制的最大特点是其“一元化”的管理模式，将涉及海洋的水产、造船、航运、港湾、海洋治理、外事、海洋裁判、海上执法等部门合并在一起，解决了过去几十年来韩国在海洋管理上出现的政策重复、职能分散、效率低等问题，大大提高了海洋政策的执行力。韩国在渔业管理方面制定了非常完善的法规制度，如《渔业法》《渔业法施行令》《总渔获量规定》《渔业资源保护法》《渔业资源保护法施行令》《渔业养殖成法》《指定养殖水域的相关规定》《渔业动植物确认的相关规定》《特定保护水面及管理的相关规定》等。韩国的这些法律按照海洋政策、海运港湾、水产渔业及海上安全等进行分类管理，值得我国借鉴和学习（魏志江等，2013；Aquainfo，2015）。

（六）俄罗斯

俄罗斯十分重视海洋的综合管理，其所构建的海洋综合管理模式开世界之先河，比美国早了几乎 10 年。俄罗斯联邦政府海洋委员会（海洋委员会）是俄罗斯海洋综合管理的最高机构，2001 年 9 月 1 日由俄罗斯联邦政府批准成立。作为一个常设机构，它主要负责协调联邦行政机关、联邦主体行政机关和科研机构从事的所有海洋活动，包括研究、开发世界海洋和南北极地区的一切行动。

俄罗斯作为传统的海洋强国，十分重视海洋的综合管理。为加强各执法主体之间的协调行动，提高执法效率，维护海洋权益，俄罗斯成立了国家海洋委员会作为海洋行政管理的高层决策协调机构。海洋委员会成员由多个涉海部门的高层领导组成，各涉海部门职责明确，建立了跨部门合作与协调机制。俄联邦渔业署由俄联邦国家渔业委员会改组成立，隶属于俄联邦农业部。2008 年 6 月，俄联邦政府批准并颁布了《俄联邦渔业署条例》，旨在为相关渔业机构进行海上执法时提供法律依据，以更好地履行渔业署的行政职能。俄联邦渔业署的主要职责包括：按照国家法律法规对渔业及捕鱼船队的生产活动实施管理；对生水生物资源及其生长环境进行保护、合理利用、研究和监控；保障渔船和海港的渔业生产活动的安全；与俄联邦国防部、俄联邦自然环境和生态部等相关部门协商并确定专属经济区内外国船只进行商业捕鱼的区域和时间，并及时告知联邦海关机构等（万青松和陈雪，2014）。

（七）智利

智利是水产养殖增长较快的国家之一，早在 20 世纪 20～70 年代就开始了商业化水产养殖，主要采用粗养和半精养模式进行贝类养殖，还创建了鲑鱼养殖中心。从 80 年代中期开始，智利以鲑鱼为重点开展商业化养殖，鲑鱼产业快速发展，1997～2004 年水产养殖产量年平均增长率为 10.5%。到 2004 年养殖产量达到 68.8 万 t，出口量 43.1 万 t，其中绝大多数来源于鱼类精养系统。网箱养殖和延绳养殖贝类是智利采用的主要养殖系统，同时还有部分再循环水养殖系统等陆基养殖系统。智利养殖产品大部分出口，主要出口到美国、日本和欧盟。智利鲑鱼养殖业经过近 20 多年的持续发展，养殖产量占世界养殖鲑鱼总消费量的近一半，成为世界上最重要的鲑鱼生产国家之一。这是政府、外国企业和科研机构联合推动的结果。发展初期，政府出资从国外引入鲑鱼种苗，从财政支持、政策扶持和环境培育方面给鲑鱼养殖业发展提供了保障，智利鲑鱼养殖业得到了初步发展。发展的中后期，企业逐步成为主体，大量小型企业不断联合扩大，企业资本密集度加强，生产技术不断成熟，同时依靠强大的科技支撑，解决了鲑鱼养殖中苗种繁育、营养饲料、大规模水产病害暴发和水产品质量安全等科技难题，有力地推动了鲑鱼养殖业的发展。智利鲑鱼养殖业的快速发展为人们提供了一个经验，即发展中国家可以在充分利用自然资源禀赋的前提下，依靠国际资本和先进科学技术推动海水养殖产业升级（方平等，2012）。

二、基于生态系统的海水养殖环境管理

海洋生态系统是海洋生物种群与非生物环境相互依托、相互作用的庞大动力学系统，包含着生物过程、生物地球化学过程、地质过程、物理过程等的叠加过程及其非线性相互作用，具有高度的复杂性。海洋区别于陆地的主要特点是其物理环境的连续性、流动性和多变性。在波浪、潮汐和海洋环流的作用下，海洋不断地经历着水体内部的输运、混合、扩散、循环等动力过程。海洋中的化学、生物、沉积等过程的演变皆与物理过程密切相关（刘慧和苏纪兰，2014）。

以生态系统为基础的海洋综合管理模式主要包含两个要素。一是以海洋科技发展为基础。支持对海洋、海岸带的研究，包括基础科学、基础设施和技术的发展，数据和信息管理的改善，预报和数据产品的改善，挽救生命和财产等具有重大社会利益的研究等。建立全球性的对海观测网络，其中包括海洋综合观测网络，建设和部署新型的研究和调查平台，建立国家海洋水质监测网络，协调海洋和海岸带测绘活动。二是区域协调。突破行政区域界线，加强以生态系统为基础的区域协调。联邦机构在相同或不同的区域设有区域机构，同一件事情，几个地区组织都有类似或不同的管辖权，易引发冲突。最典型的是区域项目逐个立项，很少考虑对流域生态系统及其他方面的累积影响。因此，从生态系统而非行政边界角度考虑和解决问题的方式越来越被接受。以美国切萨皮克湾（Chesapeake Bay）为例，由于该海湾的环境状况恶化，导致联邦机构、州、县、市政府携手以海湾生态系统为着眼点，共同解决整个海湾地区的水质和生物资源问题，产生了良好的效果。因此，国家海洋政策框架的一个重要组成部分是以生态系统为基础的区域战略，鼓励区域各界广泛参与，形成区域合作，解决区域的实际问题，实现共同确立的区域目标。目前，美国政府把基于生态系统的管理方法作为指导海洋管理工作的基本原则（夏立平和苏平，2011）。

海洋为人类提供多种海产食物、宜人景观及发展空间等，随着科技水平的提高，人类对海洋资源和空间的开发利用强度越来越大。近 20 年来，一些发达国家非常重视基于

生态系统的海洋管理（marine ecosystem-based management，MEBM）。基于生态系统海洋管理的基本内涵是，在充分了解和尊重海洋生态系统结构与功能的基础上对海洋开发活动进行全面管理，以保护海洋健康和维持其生态系统服务功能。MEBM 的目标就是实现海洋资源的可持续利用和海洋经济的可持续发展，以满足当代和未来人类的需要。

在海洋生态系统的框架下规范和管理开发活动，特别是在解决区域性海洋管理问题方面取得了较大成效。目前，人们普遍认为渔业管理应该向着基于生态系统综合管理的方向发展。基于生态系统的渔业管理（ecosystem-based fishery management）的基本理念是，从针对单种和多种资源的管理走向以生态系统理论为基础的整体化、科学化渔业资源保护和管理。

20 世纪，渔业管理以保持目标种群的最高生产率（最大捕获量）和补养资源为指导原则，尽管效果不佳，但始终将渔业生产置于生态系统中考虑，注意到了生态系统整体的作用因素。近年来，随着环境的不断恶化和生态系统概念的逐渐普及，基于生态系统的渔业管理正逐渐为政府和大众所接受。

基于生态系统的渔业管理包括了生物、经济、社会等各方面因素，理论研究和实施过程具有复杂性、多变性、开放性和不确定性等特点，容易引发各种风险，如水域生态系统的生物危机、产业系统的经济危机和沿海地区的社会危机，需要政府对生态系统各组分进行协调管理。因此，海岸带综合管理的焦点主要集中在政府综合管理和协调能力的加强。目前这种管理机制在国际上已经获得公认，其优势在于可以克服以往海洋环境管理过于分散的缺陷，并从更全面的角度制定海洋政策，提高政府的规划和管理能力。例如，韩国政府于 1995 年制定出《21 世纪新海洋政策指南》，并成立了海洋事务与渔业部，包括了所有涉海部门的职能，强化了政府综合管理的能力，促进了政府各项措施的实施，保障了韩国水产养殖产量位居世界前 10（Aquainfo，2015）。

三、中国海水养殖业可持续发展对策

海水养殖业是海洋经济的重要组成部分，是当前全球食品行业增长最快的领域之一。随着人类对海产品需求的增加，捕捞产量的降低，耕地面积的减小，世界各国仍将继续重视海水养殖产业的发展。目前，主要渔业大国的发展模式具有共同的特点：在国家海洋战略指导下发展养殖产业，注重养殖用水水质，围绕少数养殖品种开展系统性养殖技术研究和自动化程度很高的养殖生产。中国海水养殖要走上健康快速发展道路，不能全盘照搬国外渔业大国的发展模式，但要充分借鉴国外成功的发展经验。

（一）强化海洋意识，加强海洋管理

当前，中国海洋资源开发的需求迫切，管理工作形势严峻而复杂。要充分发挥《全国海洋功能区划》的作用，需尽早开展基于生态系统的海洋管理研究，制定出一系列量化指标，将其作为制定规划或评估生态系统健康水平和服务功能受损程度的依据。在规划及实施过程中，需要协调所有涉海行业的利益，包括环保、旅游、渔业、交通运输和能源等，只有这样才能把海洋管理上升到生态系统的水平。

近期宜结合海洋功能区划对全国近海和浅海进行分区管理，通过划定生态“红线区”

来保护主要渔业生物栖息地。要加快修正现有涉海法规中“重开发、轻保护”的内容，让保护生态系统的原则得到全面体现，制定实施细则，便于执行、考核和监督。国际经验表明，实现科学的海洋管理有两个至关重要的条件：一是让公众参与“区划”全过程，包括规划、立法和监督等；二是确定表征海洋生态系统健康的指标和明确的管理目标，体现多用途、政策性、价值观和科学性等特点。这些是开展适应性管理的基础（刘慧和苏纪兰，2014）。

美国、加拿大、日本、俄罗斯等国家非常注重系统规划，制定了统一的国家海洋政策，从国家战略层面重视对海洋资源的开发利用。目前，我国还没有制定统一的国家海洋政策，应该尽快出台相应的国家海洋政策或者国家海洋战略文件，制定在中国领海、内陆水域、大陆架及国际公海从事海洋活动的细则。海洋政策或海洋战略应该确定国家近期、中期和长期海洋活动的目标和任务，为国家海洋活动开展提供指导和法律依据（万青松和陈雪，2014）。在欧盟，加强了相邻海域波罗的海、黑海、地中海和大西洋沿海国家的合作和协调，以加强基于生态系统的海洋管理，为欧盟沿海国家的社会经济发展创造了良好条件（Raakjaer et al.，2014）。

尽管我国的海水养殖产量位居世界第一已20多年，一些养殖技术也具有独创性和世界影响，然而我国的水产科技还不够发达，养殖管理还有待提高。特别是针对我国养殖产量数据的准确性问题，国际上仍有不少质疑的声音（Campbell and Pauly，2013）。因此，加强海水养殖技术研发，提供准确的产量、养殖环境信息显得尤为重要。

（二）发展优势品种，大力提升品种品牌

中国海水养殖品种近100余种，但形成规模养殖的产品较少。为满足国内外市场需要，必须调整养殖产品结构，按照各地区水域条件和生产特点，确定适宜的重要海水养殖品种，进行重点开发，单种精做，如挪威的大西洋鲑、日本和韩国的紫菜，提高研究工作和养殖生产的系统性和精准性。集中资金和科研力量重点培育和发展主导品种，系统研究并解决养殖过程中品种退化、病害、营养饲料等问题，形成我国海水养殖优势品种，建立区域性养殖品牌，提高养殖产品附加值，建立以苗种生产、成品养殖、饲料研发、产品加工、商品贸易配套服务等为一体的完整产业链。国外的鲑鳟养殖正是从年产量几百吨的小养殖场向年产量几千吨或更高产量的集团式单位发展。养殖场主正从家庭变为公司，甚至成为跨国公司。大型养殖场拥有从孵化到成品加工一整套技术与产业。

（三）大力发展水产种业

良种是推动海水养殖可持续发展的物质基础。“十一五”期间，我国通过全国原良种审定委员会审定的良种共39个，有力地促进了养殖产业的发展。但是，良种不足仍然是限制中国海水养殖健康发展的根本性问题。应依靠科技，加快发展育种高新技术和前沿技术，掌握核心种质资源，加强海水养殖新品种培育，促进海水养殖的良种化。

（四）保障水产品质量安全

随着国内外市场对水产品质量安全水平的要求不断提升，加强养殖标准化建设、开展标准化生产是根本途径。在海水养殖发展过程中，应高度重视渔业标准化生产体系的

建设工作，抓紧制定渔业生产各环节的标准或操作规范，尽快建立既符合国情又适应国际市场的标准化体系，同时加快各类标准化养殖区、标准化养殖基地建设，不断扩大养殖标准化生产规模，努力抓好养殖标准化的推广实施和技术服务工作，以推进海水标准化健康养殖。经济动物养殖对环境有诸多不良影响，如污染、病害、养殖品种逃逸、红树林和盐沼地减少等，为了降低不良影响，需要加强养殖水域生物修复技术和养殖废水处理技术研发，保障养殖水产品的质量安全。

（五）大力发展和推广工业化养殖

工业化养殖应在养殖过程中，以及对养殖产品进行加工将其变成终端产品乃至消费产品的整个过程中全部进行工业化操作。工业化养殖主要涵盖 4 方面的内容：第一是装备工程化；第二是技术现代化；第三是生产工业化；第四是管理工业化。我国海水工业化养殖，尤其是陆地工业化养殖起步较晚。20 世纪 80 年代中期仅有少数发电厂用温排水养过真鲷、牙鲆、河豚等少数鱼类，80 年代末开始有一些地区由完全的海上捕捞作业方式向陆上养殖过渡，建立陆地养殖场，陆基养殖海水鱼、鲍得到发展。我国目前现行的工业化养殖设施设备简陋，只有简单的水动力设备、充气泵、沉淀池、过滤池、养殖车间、开放式流水管伐等，没有严密的水处理设施，养殖废水多数未经处理直接排放入海，处于工业化养殖的初级阶段。此外，不规范的养殖模式导致养殖动物体质虚弱、病害频发，不得不长期大量使用各种药物（有些甚至是违禁药物）对抗疾病，从而导致养殖对药物严重依赖，缺乏足够长的停药期使残留药物代谢，最终造成养殖产品有毒有害物质含量超标。因此，需解决药物残留超标和生产无公害水产品过程中的关键问题，必须加强科学管理，防止疾病发生、传播，从而减少用药甚至不用药。

目前，中国海水养殖业的工业化程度偏低，环境付出代价大，与可持续发展的要求尚存在较大差距，发展海水工业化养殖是中国养殖业重点方向之一。大力发展海水工业化养殖将有效推进海水养殖产业转型升级，有力推动渔业产业发展。发展海水工业化养殖就是在品种养殖、加工流通乃至产品消费整个过程中，全部实现工业化操作。同时必须明确产业管理者定位，牢固树立市场理念，以市场化理念为指导来组织生产，依托技术创新推动养殖工业化进程。在土地资源有限的条件下，循环水式利用工业化养殖模式，需结合水体理化因子参数自动检测和调控。自动化调控是发展高值水产养殖的技术方向之一。

（六）推广基于生态系统水平管理的复合海水养殖模式

传统的单一品种高密度鱼、贝类养殖造成水域环境恶化，大力推广生态系统水平复合海水养殖模式将是今后海水养殖发展的方向之一（Abreu et al.，2011）。当前我国的海水养殖业主要为单品种养殖，立体综合养殖场中的多种养殖品种可以利用不同的营养级和生态位。例如，在东亚的一些养殖场，混养鱼类、滤食性贝类和大型海藻，网箱养殖鱼类产生的饵料残渣、排泄物等有机废物可以被大型海藻和贝类利用，这样的养殖系统可以减少对环境的污染，并增加养殖产出。目前，我国海水养殖发展应针对资源环境可持续利用等科学问题和产业发展需求，以生态系统水平养殖为基础，开发不同养殖水域、不同种类的多营养层次综合养殖新模式和新技术，促进营养物质循环利用，减少养殖活动对环境的影响，提高单位水体养殖产量，逐步实现生态系统水平的渔业管理目标。

（七）大力发展大型海藻栽培产业

大型海藻是重要的海洋生物资源，被广泛用于印染、食品及功能食品、纺织、农业、医药等领域，具有非常重要的经济、营养、药用及生态价值。近年来，随着海藻加工行业产业结构调整步伐的加快，食用海藻的份额不断加大，以碘、胶、醇产品为代表的海藻化工业也逐渐向产业链下游的海藻纤维、海藻多糖、海藻化妆品、海藻肥料等多品种、精细化方向发展，带动了产业链上游海藻养殖业的发展，产业附加值不断提高。大型海藻在生长过程中可以将无机盐转化成有机物，能净化海水的同时，还能为鱼、虾、贝等海洋生物提供繁殖、生长、栖息场所和丰富的饵料。通过开展大型海藻与经济动物复合养殖，可以有效降低养殖鱼贝类产生的高浓度 N、P 营养物，同时有益于养殖动物的健康（Abreu et al.，2011；Bansemir et al.，2006）。大型海藻的规模栽培与人工牧场的建设，对发展海洋经济、缓解近海富营养化和改善近海生态环境具有十分重要的意义（Yang et al.，2015，2006；Fei，2004）。

参 考 文 献

崔毅, 陈碧鹃, 陈聚法. 2005. 黄渤海海水养殖自身污染的评估. 应用生态学报, 16(1): 180-185.

方平, 徐瑞永, 孙昭宁. 2012. 渔业发达国家管理模式对中国海水养殖业的启示. 世界农业, 5: 63-66.

关道明, 战秀文. 2003. 中国沿海水域赤潮灾害及其防治对策. 海洋环境科学, 22(2): 60-63.

何东. 2014. 日本海洋海疆管理机制及其最新政策动态. 浙江社会科学, 7: 100-111.

李纯厚, 黄洪辉, 林钦. 2004. 海水对虾池塘养殖污染物环境负荷量的研究. 农业环境科学学报, 23(3): 545-550.

林钦, 林燕棠, 李纯厚. 1999. 我国海水网箱养殖环境氮磷负荷量的评估. 海洋水产科学研究文集. 广州: 广东科技出版社: 217-225.

刘慧, 苏纪兰. 2014. 基于生态系统的海洋管理理论与实践. 地球科学进展, 29(2): 275-284.

农业部渔业局. 2001. 2000 年中国渔业年鉴. 北京: 中国农业出版社.

农业部渔业局. 2007. 2006 年中国渔业年鉴. 北京: 中国农业出版社.

农业部渔业局. 2013. 2012 年中国渔业年鉴. 北京: 中国农业出版社.

彭云辉, 孙丽华, 陈浩如, 等. 2002. 大亚湾海区营养盐的变化及富营养化研究. 海洋通报, 21(3): 44-49.

万青松, 陈雪. 2014. 试析俄罗斯海洋管理体系. 欧亚经济, 1: 51-61.

王朝晖, 李锦蓉, 齐雨藻, 等. 2004. 大亚湾养殖区营养盐状况分析与评价. 海洋环境科学, 23(2): 25-28.

韦桂峰. 2005. 广东大亚湾西南部海域营养盐结构的长期变化. 生态科学, 24(1): 1-5.

魏志江, 陈卓, 叶浩豪. 2013. 试论韩国海洋管理体制及其对中国的启示. 当代韩国, 4: 62-72.

夏立平, 苏平. 2011. 美国海洋管理制度研究. 美国研究, 4: 77-93.

杨逸平, 王增焕, 孙建, 等. 1999. 精养虾池主要化学因子变化规律和氮的收支. 海洋科学, 23(1): 15-17.

杨宇峰, 宋金明, 林小涛, 等. 2005. 大型海藻栽培及其在近海环境中的生态作用. 海洋环境科学, 24(3): 77-80.

杨宇峰, 王庆, 聂湘平, 等. 2012. 海水养殖发展与渔业环境管理研究进展. 暨南大学学报(自然科学版), 31(5): 532-541.

杨宇峰, 赵细康, 王朝晖, 等. 2007. 海水养殖绿色生产与管理. 北京: 海洋出版社.

邹定辉, 夏建荣. 2011. 大型海藻的营养盐代谢及其与近岸海域富营养化的关系. 生态学杂志, 30(3): 589- 595.

Abreu M H, Pereira R, Yarish C, et al. 2011. IMTA with *Gracilaria vermiculophylla*: productivity and nutrient removal performance of the seaweed in a land-based pilot scale system. Aquaculture, 312(1-4): 77-87.

Aquainfo. 2015. Outlook for Korean aquaculture industry. Aquaculture Magazine English Edition, 3(1): 20-82.

Bansemir A, Blume M, Schroder S, et al. 2006. Screening of cultivated seaweeds for antibacterial activity against fish pathogenic bacteria. Aquaculture, 252: 79-84.

Buschmann A H, Varela D A, Hernández-González M C, et al. 2008. Opportunities and challenges for the development of an integrated seaweed-based aquaculture activity in Chile: determining the physiological capabilities of *Macrocystis* and *Gracilaria* as biofilters. Journal of Applied Phycology, 20: 571-577.

Campbell B, Pauly D. 2013. Mariculture: a global analysis of production trends since 1950. Marine Policy, 39: 94-100.

Chopin T, Sawhney M. 2009. Seaweeds and their mariculture. *In*: Steele J H, Turekian K K, Thrope S A. Encyclopedia of Ocean Science . 2nd. Publisher: Elsevier: 4477-4487.

Collado-Vides L, Caccia V G, Boyer J N, et al. 2007. Tropical seagrass-assoociated macroalgae distributions and trends relative to water quality. Estuarine, Coastal and Shelf Science, 73: 680-694.

FAO. 2015.　http: //www. fao. org/figis/servlet/TabSelector[2015-1-15].

Fei X G. 2004. Solving the coastal eutrophication problem by large scale seaweed cultivation. Hydrobiologia, 512: 145-151.

Haglund K, Pedersen M. 1993. Outdoor pond cultivation of the subtropical marine red alga *Gracilariatenuistipitata* in brackish water in Sweden. Growth, nutrient uptake, co-cultivation with rainbow trout and epiphyte control. Journal of Applied Phycology, 5: 271-284.

Halide H, Stigebrandt A, Rehbein M, et al. 2009. Developing a decision support system for sustainable cage aquaculture. Environmental Modelling & Software, 24: 694-702.

Kenichi O, Sadaaki Y, Keiji H, et al. 2008. Bloom of a large diatom *Chaetoceros densus* in the coastal area of Kagawa Prefecture from Harima-Nada to Bisan-Seto, the Seto Inland Sea, in February 2005 : environmental features during the bloom and influence on Nori *Pyropia yezoensis* cultures. Nippon Suisan Gakkaishi, 74(4): 660-670.

Lodeiro P, Cordero B, Barriada J L, et al. 2005. Biosorption of cadmium by biomass of brown marine macralgae. Bioresource Technology, 96: 1796-1803.

Lu H, Xie H, Gong Y, et al. 2011. Secondary metabolites from the seaweed *Gracilaria lemaneiformis* and their allelopathic effects on *Skeletonema costatum*. Biochemical Systematics and Ecology, 39(4-6): 397-400.

Marinho-Soriano E, Nunes S O, Carneiro M A A, et al. 2009. Nutrients' removal from aquaculture wastewater using the macroalgae *Gracilaria birdiae*. Biomass and Bioenergy, 33(2): 327-331.

Mirta Teichberg M, Sophia E, Fox S E, et al. 2010. Eutrophication and macroalgal blooms in temperate and tropical coastal waters: nutrient enrichment experiments with *Ulva* spp. Global Change Biology, 16(9): 2624-2637.

MsuyaF E, Neori A. 2008. Effect of water aeration and nutrient load level on biomass yield, N uptake and protein content of the seaweed *Ulva lactuca* cultured in seawater tanks. Journal of Applied Phycology, 20(6): 1021-1031.

Natarajan S, Shanmugiahthevar K P, Kasi P D. 2009. Cholinesterase inhibitors from *Sargassum* and

Gracilaria gracilis: seaweeds inhabiting South Indian coastal areas (Hare Island, Gulf of Mannar). Natural Product Research, 23(4): 355-369.

Nelson W A. 2009. Calcified macroalgae-critical to coastal ecosystems and vulnerable to change: a review. Marine and Freshwater Research, 60(8): 787-801.

Ocean Health Index (OHI). 2013. Index by Country[DB/OL]. http: //www. oceanhealthindex. ore, /Countri es/[2013- 12-29].

Raakjaer J, van Leeuwen J, van Tatenhove J, et al. 2014. Ecosystem-based marine management in European regional seas calls for nested governance structures and coordination-a policy brief. Marine Policy, 50: 373-381.

Sanderson J C, Cromey C J, Dring M J, et al. 2008. Distribution of nutrients for seaweed cultivation around salmon cages at farm sites in north-west Scotland. Aquaculture, 278: 60-68.

Soto D. 2009. Integrated mariculture, a global review. FAO Fisheries and Aquaculture Technical Paper 529. ISSN 2070-7010.

Tada K, Fujiwara M, Honjo T. 2010. Water quality and Nori (Porphyra) culture in the Seto Inland Sea. Bunseki Kagaku, 59(11): 945-955.

Troell M, Ronnback P, Halling C, et al. 1999. Ecological engineering in aquaculture: use of seaweeds for removing nutrients from intensive mariculture. Journal of Applied Phycology, 11: 89-97.

Xu Z N, Lin X T, Lin Q, et al. 2007. Nitrogen, phosphorus, and energy waste outputs of four marine cage-cultured fish fed with trash fish. Aquaculture, 263: 130-141.

Yang Y F, Fei X G, Song J M, et al. 2006. Growth of *Gracilaria lemaneiformis* under different cultivation conditions and its effects on nutrient removal in Chinese coastal waters . Aquaculture, 254: 248-255.

Yang Y F, Li C H, Nie X P, et al. 2004. Development of mariculture and its impacts in Chinese coastal waters. Reviews in Fish Biology and Fisheries, 14: 1-10.

Yang Y F,Chai ZY,Wang Q, et al. 2015. Cultivation of seaweed *Gracilaria* in Chinese coastal waters and its contribution to environmental improvements. Algal Research, 9: 236-244.

Zertuche-González J A, Camacho-Ibar V F, Pacheco-Ruíz I, et al. 2009. The role of *Ulva* spp. as a temporary nutrient sink in a coastal lagoon with oyster cultivation and upwelling influence. Journal of Applied Phycology, 21(6): 729-736.

附录　广东省大型海藻名录

（一）蓝细菌门 Cyanobacteria

蓝藻纲 Cyanophyceae

1　色球藻目 Chroococcales

石囊藻科 Entophysalidaceae

石囊藻属 *Entophysalis*

颗粒石囊藻 *Entophysalis granulosa* Kützing

管鞘藻属 *Hormathonema*

附钙管鞘藻 *Hormathonema epilithicum* Ercegovic

水胞藻科 Hydrococcaceae

蓝枝藻属 *Hyella*

簇生蓝枝藻 *Hyella caespitosa* Bornet et Flah.

微囊藻科 Microcystaceae

微囊藻属 *Microcystis*

害鱼微囊藻 *Microcystis ichthyoblabe* Kützing

2　聚球藻目 Synechococcales

平裂藻科 Merismopediaceae

集胞藻属 *Synechocystis*

水生集胞藻 *Synechocystis aquatilis* Sauvageau

3　假鱼腥藻目 Pseudanabaenales

假鱼腥藻科 Pseudanabenaceae

盘旋藻属 *Spirocoleus*

纤细盘旋藻 *Spirocoleus tenuis*（Meneghini）P. C. Silva

螺旋藻属 *Spirulina*

海生螺旋藻 *Spirulina subsalsa* Oerstedt

微鞘丝藻属 *Leptolyngbya*

脆微鞘丝藻 *Leptolyngbya fragilis*（Gomont）Anagnostidis et Komárek

4　颤藻目 Oscillatoriales

颤藻科 Oscillatoriaceae

缩毛藻属 *Blennothrix*

黏状缩毛藻 *Blennothrix cantharidosma*（Gomont ex Gomont）Anagnostidis et Komarek

鞘丝藻属 *Lyngbya*

巨大鞘丝藻 *Lyngbya majuscula*（Dillwyn）Harvey

颤藻属 *Oscillatoria*

庞氏颤藻 *Oscillatoria bonnemaisonii*（P. Crouan et H. Coruan）P. Crouan et H. Coruan

席藻科 Phormidiaceae

微鞘藻属 *Microcoleus*

原型微鞘藻 *Microcoleus chthonoplastes*（Mertens）Zanardini

细柔微鞘藻 *Microcoleus tenerrimus* Gomont
席藻属 *Phormidium*
墨绿席藻 *Phormidium nigroviride*（Thwaites ex Gomont）Anagnostidis et Komarek
束毛藻属 *Trichodesmium*
红海束毛藻 *Trichodesmium erythraeum* Ehrenberg ex Gomont
汉氏束毛藻 *Trichodesmium hildebrandtii* Gomont
5　念珠藻目 Nostocales
软管藻科 Hapalosiphonaceae
鞭鞘藻属 *Mastigocoleus*
贝生鞭鞘藻 *Mastigocoleus testarum* Lagerheim ex Bornet et Flahault
微毛藻科 Microchaetaceae
拟弯线藻属 *Camptylonemopsis*
大拟弯线藻 *Camptylonemopsis major* Tseng et Hua
念珠藻科 Nostocaceae
植生藻属 *Richelia*
胞内植生藻 *Richelia intracellularis* J. Schmidt
三离藻属 *Trichormus*
多变三离藻 *Trichormus variabilis*（Kützing）Komarek et Anagnostidis
胶须藻科 Rivulariaceae
眉藻属 *Calothrix*
丝状眉藻 *Calothrix confervicola*（Roth）C. Agardh ex Bornet et Flahault
黏滑眉藻 *Calothrix contarenii*（Zanardini）Bornet et Flahault
苔垢菜 *Calothrix crustacea* Thuret
伪枝藻科 Scytonemataceae
褶丝藻属 *Kyrtuthrix*
斑点褶丝藻 *Kyrtuthrix maculans*（Gom.）Umezaki
胶聚线藻科 Symphyonemataceae
海雹菜属 *Brachytrichia*
海雹菜 *Brachytrichia quoyi*（C. Ag.）Bornet et Flahault
（二）褐藻门 Phaeophyta
褐藻纲 Phaeophyceae
1　水云目 Ectocarpales
水云科 Ectocarpaceae
定孢藻属 *Acinetospora*
定孢藻 *Acinetospora crinita*（Carmichael ex Harvey）Kornmann
费氏藻属 *Feldmannia*
椭圆费氏藻 *Feldmannia elliptica*（Saunders）Luan et Ding
广东费氏藻 *Feldmannia guangdongensis* Luan et Ding
不规则费氏藻 *Feldmannia irregularis*（Kützing）Hamel
毛窝费氏藻 *Feldmannia minor*（Saunders）Luan et Ding
拉尔费氏藻 *Feldmannia rallsiae*（Vickers）Wang et Luan
褐茸藻属 *Hincksia*
松果褐茸藻 *Hincksia conifera*（Boergesen）Luan et Ding
柱状褐茸藻 *Hincksia mitchellae*（Harvey）Silva in Silva，Meñez et Moe

2　黑顶藻目 Sphacelariales
　黑顶藻科 Sphacelariaceae
　　黑顶藻属 *Sphacelaria*
　　　具角黑顶藻 *Sphacelaria cornuta* Sauvageau
　　　叉开黑顶藻 *Sphacelaria divaricata* Montagne
　　　硕硬黑顶藻 *Sphacelaria rigidula* Kuetzing
3　网地藻目 Dictyotales
　网地藻科 Dictyotaceae
　　网翼藻属 *Dictyopteris*
　　　宽叶网翼藻 *Dictyopteris latiuscula*（Okamura）Okamura
　　　波状网翼藻 *Dictyopteris undulata* Holmes
　　网地藻属 *Dictyota*
　　　网地藻 *Dictyota dichotoma*（Hudson）Lamouroux
　　　叉开网地藻 *Dictyota divaricata* Lamouroux
　　　线状网地藻 *Dictyota linearis*（C. Agardh）Greville
　　　刺叉网地藻 *Dictyota patens* J. Agardh
　　团扇藻属 *Padina*
　　　树状团扇藻 *Padina arborescens* Holmes
　　　南方团扇藻 *Padina australis* Hauck
　　　包氏团扇藻 *Padina boryana* Thivy in Taylor
　　　小团扇藻 *Padina minor* Yamada
　　　四迭团扇藻 *Padina tetrastromatica* Hauck
　　褐舌藻属 *Spatoglossum*
　　　侧面褐舌藻 *Spatoglossum latum* J. Tanaka
　　　褐舌藻 *Spatoglossum pacificum* Yendo
　　圈扇藻属 *Zonaria*
　　　圈扇藻 *Zonaria diesingiana* J. Agardh
4　索藻目 Chordariales
　铁钉菜科 Ishigeaceae
　　铁钉菜属 *Ishige*
　　　铁钉菜 *Ishige okamurae* Yendo
　　　叶状铁钉菜 *Ishige sinicola*（Setchell et Gardner）Chihara
　黏膜藻科 Leathesiaceae
　　石棉藻属 *Petrospongium*
　　　石棉藻 *Petrospongium rugosum*（Okamura）Setchell et Gardner
　多丝藻科 Myrionemataceae
　　多丝藻属 *Myrionema*
　　　考氏多丝藻 *Myrionema corunnae* Sauvageau
5　萱藻目 Scytosiphonales
　萱藻科 Scytosiphonaceae
　　如氏藻属 *Rosenvingea*
　　　东方如氏藻 *Rosenvingea orientalis*（J. Agardh）Børgesen
　　萱藻属 *Scytosiphon*
　　　萱藻 *Scytosiphon lomentaria*（Lyngbye）Link

6　墨角藻目 Fucales

马尾藻科 Sargassaceae

羊栖菜属 *Hizikia*

羊栖菜 *Hizikia fusiforme*（Harv.）Okamura

马尾藻属 *Sargassum*

剑形马尾藻 *Sargassum acinarium* Setchell

剑形马尾藻厚叶变种 *Sargassum acinarium* var. *crassiuscula* Grunow

尖叶马尾藻 *Sargassum acutifolium* Greville

龙舌兰马尾藻 *Sargassum agaviforme* Tseng et Lu

狭叶马尾藻 *Sargassum angustifolium*（Turner）C. Agardh

线形马尾藻 *Sargassum capilliforme* Tseng et Lu

果叶马尾藻 *Sargassum carpophyllum* J. Agardh

围绕马尾藻 *Sargassum cinctum* J. Agardh

灰叶马尾藻 *Sargassum cinereum* J. Agardh

灌木马尾藻 *Sargassum fruticulosum* Tseng et Lu

拟乌黑马尾藻 *Sargassum fuliginosaides* Tseng et Lu

无肋马尾藻 *Sargassum fulvellum*（Turner）C. Agardh

草叶马尾藻 *Sargassum graminifolium*（Turner）J. Agardh

谷粒马尾藻 *Sargassum granuliferum* C. Agardh

广东马尾藻 *Sargassum guangdongii* Tseng et Lu

半叶马尾藻中国变种 *Sargassum hemiphyllum* var. *chinense*（Turn）J. Agardh

亨氏马尾藻 *Sargassum henslowianum* J. Agardh

赫氏马尾藻 *Sargassum herklotsii* Setchell

铜藻 *Sargassum horneri*（Turn.）C. Agardh

粉灰马尾藻 *Sargassum incanum* Grunow

全缘马尾藻 *Sargassum integerrimum* Tseng et Lu

中间马尾藻 *Sargassum intermedium* Tseng et Lu

雷州马尾藻 *Sargassum leizhouense* Tseng et Lu

莫氏马尾藻 *Sargassum mcclurei* Setchell

海黍子 *Sargassum muticum*（Yendo）Fensholt

硇洲马尾藻 *Sargassum naozhouense* Tseng et Lu

圆锥马尾藻 *Sargassum paniculatum* J. Agardh

小叶马尾藻 *Sargassum parvifolium*（Turner）C. Agardh

展枝马尾藻 *Sargassum patens* C. Agardh

羽叶马尾藻 *Sargassum pinnatifidum* Harvey

斜叶马尾藻 *Sargassum plagiophyllum* C. Agardh

多孢马尾藻 *Sargassum polyporum* Montagne

上川马尾藻 *Sargassum shangchuanii* Tseng et Lu

裂叶马尾藻 *Sargassum siliquastrum*（Turn.）C. Agardh

荚托马尾藻 *Sargassum siliquosum* J. Agardh

亚匙形马尾藻 *Sargassum subspathulatum* Grunow

斯氏马尾藻 *Sargassum swartzii*（Turner）C. Agardh

鼠尾藻 *Sargassum thunbergii*（Mertens）O'Kuntze

瓦氏马尾藻 *Sargassum vachellianum* Greville
围氏马尾藻 *Sargassum wightii* Greville

（三）红藻门 Rhodophyta

红毛菜亚纲 Bangiophycidae
1　紫菜藻目 Porphyridiales
紫球藻科 Porphyridiaceae
小红球藻属 *Rhodella*
小红球藻 *Rhodella purpureum*（Drew et Ross）Zheng et Li
2　红盾藻目 Erythropeltidales
红盾藻科 Erythropeltidaceae
红枝藻属 *Erythrocladia*
不规则红枝藻 *Erythrocladia irregularis* Rosenvinge
沙哈林藻属 *Sahlingia*
全缘沙哈林藻 *Sahlingia subintegra*（Rosenvinge）Kornmann
星丝藻属 *Erythrotrichia*
肉色星丝藻 *Erythrotrichia carnea*（Dillwyn）J. Agardh
拟膜形星丝藻 *Erythrotrichia pseudomembranacea* Zheng et Li
3　角毛藻目 Goniotrichales
角毛藻科 Goniotrichaceae
茎丝藻属 *Stylonema*
厚膜茎丝藻 *Stylonema crassimembranaceum* Zheng et Li
简单茎丝藻 *Stylonema simplicissimum* Zheng et Li
纤细茎丝藻 *Stylonema tenue* Zheng et Li
三叉茎丝藻 *Stylonema trinacriforme* Zheng et Li
单侧茎丝藻 *Stylonema unilaterale* Zheng et Li
4　红毛菜目 Bangiales
红毛藻科 Bangiaceae
红毛菜属 *Bangia*
短节红毛菜 *Bangia breviarticulata* Tseng
红毛菜 *Bangia fusco-purpurea*（Dillw.）Lyngbye
紫菜属 *Porphyra*
皱紫菜 *Porphyra crispata* Kjellman
长紫菜 *Porphyra dentata* Kjellman
广东紫菜 *Porphyra guangdongensis* Tseng et Chang
坛紫菜 *Porphyra haitanensis* Chang et Zheng
多枝紫菜 *Porphyra ramosissima* Pan et Wang
圆紫菜 *Porphyra suborbiculata* Kjellman（Kjellman）Kuntze
真红藻亚纲 Florideophycidae
5　顶丝藻目 Acrochaetiales
顶丝藻科 Acrochaetiaceae
旋体藻属 *Audouinella*
网地旋体藻 *Audouinella dictyotae*（Collins）Woelkerling
太平洋旋体藻 *Audouinella pacifica*（Kylin）Garbary
粗壮旋体藻 *Audouinella robusta*（Børgesen）Garbary

连续旋体藻 *Audouinella seriata*（Børgesen）Garbary

6　海索面目 Nemaliales

皮丝藻科 Dermonemataceae

皮丝藻属 *Dermonema*

垫形皮丝藻 *Dermonema pulvinatum*（Grunow）Fan

台湾皮丝藻 *Dermonema virens*（J. Ag.）Pedroche et Vila Orth

乳节藻科 Galaxauraceae

乳节藻属 *Galaxaura*

簇生乳节藻 *Galaxaura fasciculata* Kjellman

太平洋乳节藻 *Galaxaura pacifica* Tanaka

硬乳节藻 *Galaxaura robusta* Kjellman

污浊乳节藻 *Galaxaura squalida* Kjellman

亚灌木状乳节藻 *Galaxaura subfruticulosa* Chou

伞状乳节藻 *Galaxaura umbellata*（Espoer）Lamouroux

果胞藻属 *Tricleocarpa*

白果胞藻 *Tricleocarpa fragilis*（Linnaeus）Huisman et Townsend

粉枝藻科 Liagoraceae

粉枝藻属 *Liagora*

大井粉枝藻 *Liagora dajingensis* Tseng et Li

广东粉枝藻 *Liagora guangdongensis* Li

徐闻粉枝藻 *Liagora xuwenensis* Tseng et Li

海索面科 Nemaliaceae

海索面属 *Nemalion*

海索面 *Nemalion vermiculare* Suringar

7　珊瑚藻目 Corallinales

珊瑚藻科 Corallinaceae

叉节藻亚科 Amphiroideae

叉节藻属 *Amphiroa*

宽扁叉节藻 *Amphiroa anceps*（Lamarck）Decaisne

珊瑚藻亚科 Corallinoideae

叉珊藻属 *Jania*

蹄形叉珊藻粗短变型 *Jania ungulate* f. *brevior*（Yendo）Yendo

厚叉珊藻 *Jania verrucosa* Lamouroux

无节珊瑚藻亚科 Melobesioideae

中叶藻属 *Mesophyllum*

红色中叶藻 *Mesophyllum erubescens*（Foslie）Lemoine

拟中叶藻 *Mesophyllum simulans*（Foslie）Adey

拟中叶藻卷皱变型 *Mesophyllum simulans*（Foslie）f. *crispescens*（Foslie）Lemoine

宽珊藻亚科 Mastophoroideae

宽珊藻属 *Mastophora*

太平洋宽珊藻 *Mastophora pacifica*（Heydrich）Foslie

似绵藻属 *Spongites*

远藤似绵藻 *Spongites yendoi*（Foslie）Chamberlain

8　石花菜目 Gelidiales

石花菜科 Gelidiaceae

拟石花菜属（新拟名）*Gelidiophycus*

小拟石花菜 *Gelidiophycus divaricatus*（G.Martens）Boo，Park et Boo

石花菜属 *Gelidium*

细毛石花菜 *Gelidium crinale*（Turner）Gaillon

匍匐石花菜 *Gelidium pusillum*（Stackhouse）Le Jolis

匍匐石花菜圆柱变种 *Gelidium pusillum* var. *cylindricum* Taylor

匍匐石花菜扁平变种 *Gelidium pusillum* var. *pacificum* Taylor

亚圆形石花菜 *Gelidium tsengii* Fan

9　柏桉藻目 Bonnemaisoniales

柏桉藻科 Bonnemaisoniaceae

海门冬属 *Asparagopsis*

紫杉状海门冬 *Asparagopsis taxiformis*（Delile）Trevisan

10　杉藻目 Gigartinales

茎刺藻科 Caulacanthaceae

链藻属 *Catenella*

粗壮链藻 *Catenella nipae* Zanardini

亚伞形链藻 *Catenella subumbellata* Tseng

茎刺藻属 *Caulacanthus*

茎刺藻 *Caulacanthus ustulatus*（Turner）Kützing

内枝藻科 Endocladiaceae

海萝属 *Gloiopeltis*

海萝 *Gloiopeltis furcata*（Postels et Ruprecht）J. Agardh

鹿角海萝 *Gloiopeltis tenax*（Turner）Decaisne

杉藻科 Gigartinaceae

软刺藻属 *Chondracanthus*

中间软刺藻 *Chondracanthus intermedius*（Suringar）Hommersand

海膜科 Halymeniaceae

蜈蚣藻属 *Grateloupia*

江氏蜈蚣藻 *Grateloupia chiangii* Kawaguch et Wang

角质蜈蚣藻 *Grateloupia cornea* Okamura

对枝蜈蚣藻 *Grateloupia didymecladia* Li et Ding

海门蜈蚣藻 *Grateloupia haimenensis* Li et Ding

复瓦蜈蚣藻 *Grateloupia imbricata* Holmes

舌状蜈蚣藻 *Grateloupia livida*（Harvey）Yamada

稀疏蜈蚣藻 *Grateloupia sparsa*（Okmaura）Chiang

阳江蜈蚣藻 *Grateloupia yangjiangensis* Li et Ding

沙菜科 Hypneaceae

沙菜属 *Hypnea*

密毛沙菜 *Hypnea boergesenii* Tanaka

鹿角沙菜 *Hypnea cervicornis* J. Agardh

长枝沙菜 *Hypnea charoides* Lamouroux

裸干沙菜 *Hypnea chordacea* Kützing
冻沙菜 *Hypnea japonica* Tanaka
耳壳藻科 Peyssonneliaceae
耳壳藻属 *Peyssonnelia*
耳壳藻 *Peyssonnelia squamaria*（Gmelin）Decaisne
育叶藻科 Phyllophoraceae
拟伊藻属 *Ahnfeltiopsis*
扇形拟伊藻 *Ahnfeltiopsis flabelliformis*（Harv.）Masuda
广东拟伊藻 *Ahnfeltiopsis guangdongensis* Xia et Zhang
马氏拟伊藻 *Ahnfeltiopsis masudai* Xia et Zhang
瑟氏拟伊藻 *Ahnfeltiopsis serenei*（Dawson）Masuda
红翎菜科 Solieriaceae
红翎菜属 *Solieria*
细弱红翎菜 *Solieria tenuis* Xia et Zhang
11　江蓠目 Gracilariales
江蓠科 Gracilariaceae
江蓠属 *Gracilaria*
异枝江蓠 *Gracilaria bailinae*（Zhang et Xia）Zhang et Xia
芋根江蓠 *Gracilaria blodgettii* Harvey
张氏江蓠 *Gracilaria changii*（Xia et Abbott）Abbott，Zhang et Xia
樊氏江蓠 *Gracilaria fanii* Xia et Pan
硬江蓠 *Gracilaria firma* Chang et Xia
粗江蓠 *Gracilaria gigas* Harvey
长喙江蓠 *Gracilaria longirostris* Zhang et Wang
混合江蓠 *Gracilaria mixta* Abbott，Zhang et Xia
缢江蓠 *Gracilaria salicornia*（C. Ag.）Dawson
细基江蓠 *Gracilaria tenuistipitata* Chang et Xia
细基江蓠繁枝变种 *Gracilaria tenuistipitata* var. *liui* Zhang et Xia
真江蓠 *Gracilaria vermiculophylla*（Ohmi）Papenfuss
真江蓠简枝变种 *Gracilaria vermiculophylla* var. *zhengii*（Zhang et Xia）Yoshida
12　伊谷藻目 Ahnfeltiales
伊谷藻科 Ahnfeltiaceae
伊谷藻属 *Ahnfeltia*
帚状伊谷藻 *Ahnfeltia fastigiata*（Post.et Ruprecht）Makienko
13　红皮藻目 Rhodymeniales
环节藻科 Champiaceae
环节藻属 *Champia*
日本环节藻 *Champia japonica* Okamura
环节藻 *Champia parvula*（C. Ag）Harvey
14　仙菜目 Ceramiales
仙菜科 Ceramiaceae
凝菜属 *Campylaephora*
凝菜 *Campylaephora crassa*（Okamura）Nakamura
纵胞藻属 *Centroceras*

纵胞藻 *Centroceras clavulatum*（C. Agardh）Montagne
软毛藻属 *Wrangelia*
海南软毛藻 *Wrangelia hainanensis* Tseng
绒线藻科 Dasyaceae
绒线藻属 *Dasya*
帚状绒线藻 *Dasya scoparia* Harvey
红叶藻科 Delesseriaceae
顶群藻属 *Acrosorium*
具钩顶群藻 *Acrosorium venulosum*（Zanardini）Kylin
顶群藻 *Acrosorium yendoi* Yamada
鹧鸪菜属 *Caloglossa*
鹧鸪菜 *Caloglossa leprieurii*（Montagne）J. Agardh
侧枝鹧鸪菜 *Caloglossa ogasawaraensis* Okamura
松节藻科 Rhodomelaceae
鱼栖苔属 *Acanthophora*
藓状鱼栖苔 *Acanthophora muscoides*（Linnaeus）Bory de Saint-Vincent
刺枝鱼栖苔 *Acanthophora spicifera*（Vahl）Børgesen
软骨藻属 *Chondria*
树枝软骨藻 *Chondria armata*（Kützing）Okamura
软凹藻属 *Chondrophycus*
软凹藻 *Chondrophycus cartilaginea*（Yamada）Garbary et Harper
姜氏软凹藻 *Chondrophycus kangjaewonii*（Nam et Sohn）Garbary et Harper
波状软凹藻 *Chondrophycus undulatus*（Yamada）Garbary et Harper
栅凹藻属 *Palisada*
乳头栅凹藻（新拟名）*Palisada perforata*（Bory de Saint-Vincent）Nam
凹顶藻属 *Laurencia*
凹顶藻 *Laurencia chinensis* Tseng
略大凹顶藻 *Laurencia majuscula*（Harvey）Lucas
日本凹顶藻 *Laurencia nipponica* Yamada
冈村凹顶藻 *Laurencia okamurae* Yamada
似瘤凹顶藻 *Laurencia similis* Nam et Saito
新管藻属 *Neosiphonia*
倾伏新管藻 *Neosiphonia decumbens*（Segi）Kim et Lee
东木新管藻 *Neosiphonia eastwoodae*（Set. et Gard.）Xiang
蛇皮新管藻 *Neosiphonia harlandii*（Harvey）Kim et Lee
日本新管藻 *Neosiphonia japoncia*（Harvey）Kim et Lee
多管藻属 *Polysiphonia*
布兰特多管藻 *Polysiphonia blandii* Harvey
混乱多管藻 *Polysiphonia confuse* Holl.
钝顶多管藻缠结变型 *Polysiphonia ferulacea* f. *implicata* Tseng
六棱多管藻 *Polysiphonia forfex* Harvey
纤细多管藻 *Polysiphonia gracilis* Tseng
霍维多管藻 *Polysiphonia howei* Holl.

淡盐多管藻 *Polysiphonia subtilissima* Montagne

膨根多管藻 *Polysiphonia upolensis*（Grun.）Holl.

（四）绿藻门 Chlorophyta

1　丝藻目 Ulotrichales

丝藻科 Ulotrichacceae

丝藻属 *Ulothrix*

软丝藻 *Ulothrix flacca*（Dillwyn）Thuret in Le Jolis

2　石莼目 Ulvales

礁膜科 Monostromataceae

礁膜属 *Monostroma*

礁膜 *Monostroma nitidium* Wittrock

石莼科 Ulvaceae

盘苔属 *Blidingia*

边缘盘苔 *Blidingia marginata*（J. Agardh）Dangeard

浒苔属 *Enteromorpha*

条浒苔 *Enteromorpha clathrata*（Roth）Greville

扁浒苔 *Enteromorpha compressa*（Linnaeus）Nees

曲浒苔 *Enteromorpha flexuosa*（Wulfen）J. Agardh

肠浒苔 *Enteromorpha intestinalis*（Linnaeus）Nees

浒苔 *Enteromorpha prolifera*（Muller）J. Agardh

石莼属 *Ulva*

天见石莼 *Ulva amamiensis* Tanaka

蛎菜 *Ulva conglobata* Kjellman

裂片石莼 *Ulva fasciata* Delile

石莼 *Ulva lactuca* Linnaeus

孔石莼 *Ulva pertusa* Kjellman

网石莼 *Ulva reticulata* Forsskal

硬石莼 *Ulva rigida* C. Agardh

多刺石莼 *Ulva spinulosa* Okamura et Segawa in Segawa

3　刚毛藻目 Cladophorales

刚毛藻科 Caldophoraceae

硬毛藻属 *Chaetomorpha*

硬毛藻 *Chaetomorpha antennina*（Bory）Kuetzing

螺旋硬毛藻 *Chaetomorpha spiralis* Okamura

根枝藻属 *Rhizoclonium*

错综根枝藻 *Rhizoclonium implexum*（Dillwyn）Kuetzing

4　管枝藻目 Siphonocladales

布多藻科 Boodleaceae

网叶藻属 *Struvea*

英氏网叶藻 *Struvea enomotoi* Chihara

法囊藻科 Valoniaceae

网球藻属 *Dictyosphaeria*

网球藻 *Dictyosphaeria cavernosa*（Forsskal）Borgesen
腔刺网球藻 *Dictyosphaeria spinifera* Tseng et Chang

5 蕨藻目 Caulerpales
蕨藻科 Caulerpaceae
蕨藻属 *Caulerpa*
杉叶蕨藻 *Caulerpa taxifolia*（Vahl）C. Agardh

6 松藻目 Codiales
松藻科 Codiaceae
松藻属 *Codium*
阿拉伯松藻 *Codium arabicum* Kuetzing
长松藻 *Codium cylindricum* Holmes
刺松藻 *Codium fragile*（Suringar）Hariot

7 羽藻目 Bryopsidales
羽藻科 Bryopsidaceae
羽藻属 *Bryopsis*
羽藻 *Bryopsis plumosa*（Hudson）C. Agardh

8 绒枝藻目 Dasycladales
绒枝藻科 Dasycladaceae
轴球藻属 *Bornetella*
寡囊轴球藻 *Bornetella oligospora* Solms-Laubach
球形轴球藻 *Bornetella sphaerica*（Zanardini）Solms-Laubach
多枝藻科 Polyphysaceae
伞藻属 *Acetabularia*
伞藻 *Acetabularia calyculus* Lamouroux in Quoi et Gaimard